D1750011

Thomas Meyer zur Capellen
Lexikon der Gewebe

Reihe Edition Textil

Thomas Meyer zur Capellen

Lexikon der Gewebe

2., erweiterte Auflage

Deutscher Fachverlag

Die Deutsche Bibliothek – CIP-Einheitsaufnahme

Thomas Meyer zur Capellen:
Lexikon der Gewebe / Thomas Meyer zur Capellen. - 2., vollst. überarb. und erw. Aufl. - Frankfurt am Main : Dt. Fachverl., 2001
  (Reihe Edition Textil)
  ISBN 3-87150-725-3

ISBN 3-87150-725-3
ISSN 1435-036X
© 2001 by Deutscher Fachverlag GmbH, Frankfurt am Main.
Alle Rechte vorbehalten.
Nachdruck, auch auszugsweise, nur mit Genehmigung des Verlages.
Umschlag: Bayerl & Ost, Frankfurt
Satz: Frohberg Media, Freigericht
Druck und Bindung: Wiener Verlag, Himberg

Vorwort zur 1. Auflage

Dieses Lexikon beschäftigt sich mit einem zentralen Aspekt des umfangreichen Textilbereiches, und zwar mit dem Gewebesektor und seinen speziellen Handels- und Qualitätsbezeichnungen. Exakte Warenbeschreibungen mit den technischen Details vermitteln dem Leser eine lebendige Vorstellung der entsprechenden Waren, ihrer Herkunft, der Bindung, Einstellung und Ausrüstung.

Angesprochen werden folgende Zielgruppen:
- Studenten der Fachrichtungen Mode-Design und Textiles Management, Direktricen, Bekleidungstechniker, Gewandmeister, Schneider und alle Auszubildenden mit dem Schwerpunkt Textil;
- Textileinkäufer für den Einzelhandel und den Versandhandel, die Abteilungen der Qualitätsentwicklung und -sicherung;
- textilinteressierte Laien.

Das Lexikon unterstützt die Textilschulungen, es ist am Arbeitsplatz und auch beim Einkauf im In- und Ausland ein wertvolles Hilfsmittel für die Benennung und Beurteilung von textilen Warengruppen. Dies umso mehr, da vergleichbare frühere Lexika seit langem vergriffen sind. Auch wurden neben völlig neuen Begriffen alte, teilweise in Vergessenheit geratene Textilbezeichnungen aufgenommen. Damit werden zum einen Studenten des Textilfaches mit aktuellen Begriffen vertraut gemacht, andererseits können Textilrestauratoren auch Textilkonstruktionen klassischer Prägung nachlesen, kann der textilinteressierte Leser Stoffnamen nachschlagen, die in der Mode- und Kostümgeschichte vorkommen.

Ein kleines Jeans-Ausrüstungslexikon zeigt beispielsweise neueste Entwicklungen auf. Da der Ausrüstung heute und zukünftig eine wesentliche Bedeutung zukommt, ist eine Reihe klassischer und moderner Verfahrensweisen in dieses Lexikon mit aufgenommen worden. So findet der Leser auch außergewöhnliche Ausrüstungsbezeichnungen wie „gebackene Textilien" oder „Curing" allgemein verständlich erklärt.

Ein beruflicher Schwerpunkt des Autors liegt im Firmenschulungsbereich; deshalb ist das Lexikon in besonderem Maße auf die Erfordernisse des Einkaufs und der Qualitätsentwicklung abgestimmt. Es wurden neben den typischen Warenbezeichnungen Begriffe aufgenommen, die von allgemeinem textilen Interesse sind (z. B. Einstellungen, Maße, Gewichte, Enzyme etc.). Aufgrund des wachsenden Textilimports aus dem asiatischen, indischen und auch südamerikanischen Raum wurden die Handels- und Qualitätsbezeichnungen um die englische Übersetzung ergänzt, da das Englische die Geschäftssprache ist. Das Lexikon dient also als Nachschlagewerk, soll aber zugleich für einen immer internationaler werdenden Markt „fit" machen.

Vorwort zur 1. Auflage

Im Anhang befindet sich zusätzlich ein englisch-deutsches Verzeichnis, sodass ein schnelles Auffinden des gesuchten englischen Begriffs unter dem deutschen Stichwort im Lexikon kein Problem darstellt. Um dem Leser weiterführende Informationen zu geben, wurde dem Lexikon darüber hinaus ein Literaturverzeichnis beigefügt, das auch Hinweise auf vergriffene Werke enthält, die nur noch über die Fernleihen der öffentlichen Bibliotheken zu erhalten sind. Bewusst wurde auf Fotografien verzichtet; zur Illustration dienen Schwarzweißabbildungen, überwiegend von Bindungspatronen.

Besonders herzlich möchte ich mich bei allen bedanken, die mich mit fachkundigem Rat unterstützt haben. Wertvoll waren auch die Hinweise meiner Studenten und Teilnehmer aller Firmenseminare.
Stellvertretend für viele möchte ich mich besonders bedanken bei Thorsten Rentel (AMD) und Prof. Jürg Meyer zur Capellen für die aktive Unterstützung bei den Arbeiten am Computer. Bei Prof. Jochen Tensfeld (Textilchemie, FH Hamburg) für die vielen hilfreichen Fachgespräche, bei Caroline Rosenberg (Lektorat) für ihre einfühlsame und engagierte Betreuung und bei Julia Walch für die gelungene grafische Umsetzung dieses Projektes sowie bei Eric Langerbeins (Leiter der AMD) für die moralische Unterstützung bei der Entwicklung dieses Buches.
Darüber hinaus gilt mein besonderer Dank den vielen Firmen aus Industrie und Handel; stellvertretend seien genannt: Gore (Putzbrunn), Hoechst, Bayer, BASF, Akzo (Sympatex), Windel (Windelsbleiche, Bielefeld), Nystar (Neumünster), Otto Aversano (Hamburg) und P&C (Düsseldorf).
Für jeden Rat oder konstruktive Kritik bin ich dankbar und werde versuchen, diese Punkte bei einer Neuauflage zu berücksichtigen.

Hamburg, im Juni 1996

Thomas Meyer zur Capellen

Vorwort zur 2., erweiterten Auflage

Die Neuauflage dieses Lexikon resultiert in erster Linie aus der Nachfrage eines Leserkreises, der den direkten Zugriff auf kurz gefasste Informationen zum Textilbereich zu schätzen weiß. In besonderem Maße spreche ich mit diesem Lexikon Studentinnen und Studenten der Fachrichtungen Modedesign und Textiles Management an. Zudem wende ich mich damit an Direktricen, Bekleidungstechniker, Gewandmeister, Textildesigner, Schneider, Textileinkäufer für den Einzelhandel sowie an den Textilverkauf, den Versandhandel und an die Abteilungen der Qualitätsentwicklung und Qualitätssicherung.

Neben der inzwischen fälligen Überarbeitung habe ich eine erhebliche Erweiterung vorgenommen. Damit trage ich den rasanten Entwicklungen in der Chemiefaserindustrie Rechnung. Durch die Zunahme an Chemiefasern hat in den letzten Jahren weltweit ein Verdrängungswettbewerb stattgefunden, dem wir nicht zuletzt eine unüberschaubare Markenvielfalt der Produkte „verdanken". Das Weltfaseraufkommen im Bereich der Chemiefasern betrug 1999 ca. 29,5 Mio. t, im Vergleich dazu lag das der Baumwolle in den Jahren 1998/99 nur noch bei 18,5 Mio. t. Die neuen Produkt- oder Markennamen lassen meist weder Rückschlüsse auf das verwendete Material (z. B. Polyester) noch auf die Konstruktion (z. B. Köper) oder die Handelsbezeichnung (z. B. Gabardine) zu, sodass der Textileinkäufer oder der im Verkauf Tätige kaum eine Möglichkeit hat, das jeweilige Produkt zu beurteilen. Das neue Lexikon der Gewebe unternimmt hier den Versuch, eine Reihe von Markenprodukten mit ihren speziellen Eigenschaften zu beschreiben, um so eine Hilfestellung bei der besseren und sicheren Differenzierung der Stoffe zu geben. Wegen der Fülle der Marken und ihrer dauernden Neu- und Weiterentwicklung kann diese Darstellung nur exemplarisch bleiben. Dabei bin ich mir der Problematik bewusst, Markenprodukte zu präsentieren, die teilweise sicher nur einen eingeschränkten Zeitwert haben.

Außerdem werden jetzt Naturfasern wie Baumwolle oder insbesondere Kaschmir, die in der früheren Ausgabe nicht berücksichtigt wurden, ausführlich dargestellt. Mir erschien es sinnvoll, die Kenntnis von den allgemeinen und spezifischen Eigenschaften der Natur- und Chemiefasern dem Leser nahezubringen, da diese auch wesentlich in neue Verbindungen hineinwirken.

Unter dem Stichwort „Kurzzeichen" werden alle im Buch aufgeführten Chemie- und Naturfasern mit der entsprechenden Abkürzung alphabetisch aufgeführt, z. B. Polyester (PES) oder Schurwolle (WV).

Die Darstellung der textilen Rohstoffe ist bewusst allgemeinwissenschaftlich gehalten und entbindet den an spezielleren Informationen Interessierten nicht davon, weitere Fachliteratur heranzuziehen.

Vorwort zur 2., erweiterten Auflage

Begriffe aus der Weberei, wie etwa Schusseintragssysteme und Bindungsformeln, finden Sie ebenfalls in dem vorliegenden Nachschlagewerk.

Neu aufgenommen sind Darstellung von Warenpässen (fabric orders), die in vielen Einkaufsbereichen nicht die notwendige Beachtung finden, häufig deshalb, weil den Mitarbeitern in den betreffenden Firmen die Interpretationsmöglichkeit der technischen Daten fehlt. Das im Anhang aufgeführte zweisprachige Verzeichnis (englisch – deutsch) wurde entsprechend erweitert.

Meine Arbeit ist in hohem Maße von vielen europäischen Firmen durch technische Informationen und durch marketingstrategische Hinweise unterstützt worden. Ein besonderer Dank gilt Frau Marianne Rehm von der Firma Nylstar („Meryl"), Frau Regina Kuhlmann und dem Amaretta-Team von Haru-Kuraray, DuPont („Tactel", „Cordura", „Coolmax", „Thermastat" und „Lycra"), Acordis („Sympatex"), Hoechst („Trevira"), Devetex („Neva'Viscon").

Für die Unterstützung im Naturfaserbereich bedanke ich mich herzlich bei Herrn Neumann von der Bremer Baumwollbörse („Baumwolle"). Für die engagierte wissenschaftliche Unterstützung im Wollbereich („Kaschmir", „Pashmina") bin ich Herrn Dr. Kim-Hô Phan vom deutschen Wollforschungsinstitut Aachen in besonderem Maße zu Dank verpflichtet. Wie auch beim ersten Lexikon begleitete mein Professor, Kollege und Freund Jochen Tensfeldt mit wesentlichen Fachgesprächen meine Arbeit. Vielleicht ist dies ein Ansporn für ihn, sein überaus profundes chemisches Wissen in einem Chemiefaserlexikon den interessierten Kreisen zugänglich zu machen. Dieses Lexikon wird nicht nur von mir mit größter Spannung erwartet.

Ein herzlicher Dank geht auch an meinen Sohn Fabian, der mir bei der Computerarbeit mit seinem technisch-kreativen Wissen jederzeit zur Seite stand, an Frau Beatrix Türmer (Lektorat) für ihre engagierte und sensible Betreuung, an Herrn Dipl.-Chem. Manfred Bartl für die Erfassung und kompetente Korrekturarbeit an der ersten Auflage und an Frau Caroline Götzger für das gelungene neue Layout des Lexikons.

Für die große Aufmerksamkeit an meinem ersten Buch bedanke ich mich sehr herzlich und hoffe, dass meine überarbeitete Neuauflage gleichfalls das Interesse der Leserschaft finden mag. Letztlich möchte ich mich für die Kritik an meiner ersten Auflage bedanken, sie war ein besonderer Ansporn für diese Neuauflage.

Hamburg, im August 2000

Thomas Meyer zur Capellen

Inhaltsverzeichnis

1. **Patronendarstellungen der Grundbindungsarten und Kett- sowie Schussschnitte** 11
2. **Lexikonteil** 15
3. **Verzeichnis der wichtigsten Handels- und Qualitätsbezeichnungen** (englisch – deutsch) 380
4. **Verzeichnis der wichtigsten Ausrüstungs- und Appreturbegriffe** (deutsch – englisch) 396
5. **Verzeichnis der wichtigsten Druck- und Färbeverfahren** (deutsch – englisch) 398
6. **Verzeichnis der Bildquellen** 400
7. **Fachliteratur** 404

Patronendarstellungen der Grundbindungsarten und Kett- sowie Schussschnitte

Für jeden, der sich mit Geweben befasst, sind die Kenntnisse der Bindungstechnik unverzichtbar. Nachfolgend werden deshalb die am häufigsten verwendeten Konstruktionen dargestellt. So wird ein direkter Vergleich der unterschiedlichen Bindungen möglich. Die Kett- und Schussschnitte stellen anschaulich die jeweiligen Fadenverläufe dar. Der Bindungsrapport ist in Kette und Schuss mit einem Pfeil markiert: Die Bindungskurzzeichen sind nach DIN 61101, Teil 2 erstellt, die alte Form (DIN 61101) steht ebenfalls dabei.

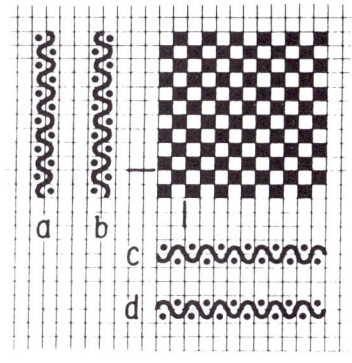

Abb. 1: Leinwand $\quad L\frac{1}{1}$
10-0101-01-00

Abb. 2: Kettrips $\quad RQ\frac{2}{2}$
10-0202-01-00
(Q = Querrips)

Abb. 3: Schussrips $\quad RL\frac{1}{1}$ 2 fd
10-0101-02-00
(L = Längsrips)
fd = fädig)

Abb. 4: Panama $\quad P\frac{2}{2}$
10-0202-02-00

Patronendarstellungen

Abb. 5: Kettköper Z   K $\frac{2}{1}$ Z
(righthand)
20-0201-01-00

Abb. 6: Kettköper S   K $\frac{3}{1}$ S
(lefthand)
20-0301-01-03

Abb. 7: Gleichgratköper Z   K $\frac{2}{2}$ Z
20-0202-01-01

Abb. 8: Schussköper Z   K $\frac{1}{2}$ Z
20-0102-01-01

Abb. 9: Kettatlas   A $\frac{4}{1}$ 3
31-0104-01-03

Abb. 10: Schussatlas   A $\frac{1}{4}$ 2
30-0104-01-02

Patronendarstellungen

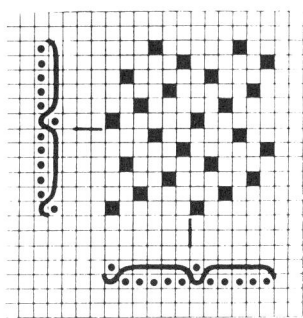

Abb. 11: „unreiner" Schussatlas $A\frac{1}{5}$ 3/4/4/3/2
30-0105-01-0304040302

Abb. 12: Mehrgratköper Z $K\frac{2\ 3}{1\ 2}Z$
20-02010302-01-01

Abb. 13: Doppelkreuzköper (Lauseköper) $K_K\frac{2}{2}$
20-0202-01-010203

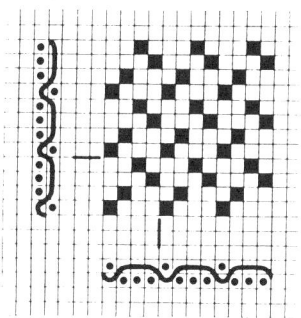

Abb. 14: Schusskreuzköper $K_K\frac{1}{3}$
20-0103-010203

Abb. 15: Spitzköper über 8 Fäden entwickelt aus der Grundbindung $K\frac{2}{2}$
20-0202-01-01

Abb. 16: Fischgratköper über 12 Fäden entwickelt aus der Grundbindung $K\frac{2}{2}$
20-0202-01-01

Abseitengewebe (doubleface, reversible = umkehrbar): Handelsbezeichnung für Gewebe mit beidseitig verwendbaren Warenseiten. Sie werden aus Zwei- oder Mehrfadensystemen entwickelt, wobei mit Bindekette oder Bindeschuss gearbeitet wird. Der Begriff „Abseite" wird auch für Jacken oder Mantelstoffe mit angewebtem Futter verwendet. Ein typischer „Reversible" ist der → Crêpe-Satin oder der zweifarbige → Doubleface, ebenso der → Charmelaine.

Acala: amerikan. Baumwollzüchtung, wird i. Allg. als Upland-Baumwolle gehandelt. → Baumwolle.

Acetat (CA): 1905 von A. E. Eichengrün erfunden. Edelzellstoff (hochwertige Alphacellulose) oder Baumwoll-Linters reagiert mit Essigsäure zu Cellulose-Acetat (Acetylcellulose) und wird dann in Aceton gelöst. Die zähflüssige Spinnlösung besteht zu einem Viertel aus Cellulose-Acetat und zu drei Vierteln aus Aceton. Die Essigsäure wird chemisch gebunden und im Trockenspinnverfahren hergestellt, das teure Aceton wird zurückgewonnen. Auf diese Art entstehen feste, seidigschimmernde Fäden. Sie können, im Gegensatz zu Viskose-Cupro, ohne chemische Nachbehandlung verarbeitet werden und sind günstiger als die meisten Chemiefasern. Acetat findet man unter den Markennamen Arnel (Hoechst Celanese SA, Belgien), Dicel (Acordis, Deutschland), Silene (Novaceta SpA, Italien), Tricel (Courtaulds Plc, Großbritannien) und Teijin-Acetate (Teijin Ltd., Japan). Man unterscheidet zwei verschiedene Acetattypen:

1. *Zweieinhalbacetat (CA)*, auch Acetat genannt, bestehend aus 49–54 % Essigsäure und 51–54 % Cellulose. Eigenschaften: Der thermoplastische Bereich liegt bei 180–200 °C, der Schmelzpunkt bei ca. 250 °C. Es besteht eine sehr gute Texturierfähigkeit. Dieser Acetattyp zeichnet sich durch einen edlen Glanz aus, als Filament wirkt er naturseidenähnlich, als Fasergarn sehr wollähnlich. Das spezifische Gewicht beträgt 1,30 g/cm^3, es ist damit leichter als Seide (1,37 g/cm^3). Die Reißfestigkeit liegt im trockenen Zustand bei 1,3–1,5 cN/tex, nass bei 0,8–1,2 cN/tex. Die Ware hat einen weichen, geschmeidigen Griff, einen eleganten Fall, geringe Knitteranfälligkeit. Die Feuchtigkeitsaufnahme beläuft sich auf 6–6,5 %, daher ist die Trocknungszeit entsprechend gering (1/3 der Trocknungszeit von Viskose). Ferner hat dieses Acetat ein gutes antistatisches Verhalten. Waschen ist bei 30 °C in der Feinwäsche möglich, jedoch sollte das Textil nicht gewrungen oder gerieben werden und anschließend feucht aufgehängt werden. Die Bügeltemperatur beträgt 120 °C (etwas über 1 Punkt). Acetat besitzt eine hohe Elastizität, daher eine gute Formbeständigkeit und geringe Einlaufwerte. Es ist acetonlöslich, daher ist keine Fleckenentfernung mit Aceton oder mit acetonhaltigem Nagellackentferner möglich.

2. *Triacetat (CTA)* wird im Trockenspinnverfahren gewonnen (60–62 % Essigsäure und 40–37,5 % Cellulose). Es ist thermoplastisch verformbar (Plisseé, Bügelfalten, Crash-Effekte) und texturierfähig. Der Erweichungsbereich liegt bei 220–250 °C, der Schmelzpunkt bei 300 °C, die Feuch-

Adria

tigkeitsaufnahme beträgt 3–4 %. Die Textilien können bei 200 °C (3 Punkte) gebügelt werden. Die Nassfestigkeit beträgt 80 %. Die Ware ist leicht zu waschen bei bis zu 60 °C und kann geschleudert werden. Sie knittert kaum, trocknet schnell, ist schrumpffrei und somit maß- und dimensionsstabil.
Die Triacetatfasern stehen den synthetischen Chemiefasern am nächsten. Sie können nicht mit den gleichen Farbstoffen gefärbt werden wie die cellulosischen Fasern.
Einsatz: DOB, Futterstoffe, Samte, Plüsche und Dekostoffe.
Literatur: P.-A. Koch; G. Satlow: Großes Textil-Lexikon. Deutsche Verlags-Anstalt, Stuttgart 1965.

Adria (adria, auch → corkscrew): Woll- oder Baumwollgewebe oder Mischungen mit Chemiefasern in abgeleiteten Ripstypen (Schrägripsbindungen) für Kleider- und Kostümstoffe (→ Abb. 17/18). Aber auch verstärkte abgeleitete Atlasbindungen können eingesetzt werden. Die Kleiderstoffe liegen im Gewicht bei ca. 140–180 g/cm², Kostümstoffe um ca. 30–50 g/cm² höher. Häufig werden Kammgarnzwirnkette bis Nm 80/2

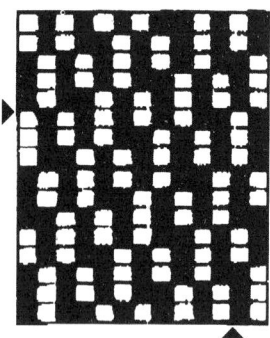

Abb. 18: Adria

und Kammgarnschuss Nm 40/1 eingesetzt. Die rechte Warenseite kennzeichnet eine leichte Schrägbetonung und ein schöner Glanz.

Aeterna: → Äterna.

Äterna (lat., aeterna = Ewigkeit): Der Begriff weist auf die Gebrauchstüchtigkeit hin und war eine klassische Bezeichnung für gutes Bettlakengewebe in Leinwandbindung. Vereinzelt verwendete man auch noch den Ausdruck „Bettlaken zur Mitte verstärkt". Die Kettfäden – meist Zwirn – nehmen von beiden Webkanten gerechnet in bestimmten Abständen zur Warenmitte hin an Fadendichte zu. Diese strapazierfähige Ware ist in seiner Fadenfeinheit und der Bindungskonstruktion (Leinwand) dem → Dowlas ähnlich. An Materialien wurden Reinleinen, Halbleinen und Fasermischungen aus 80 % Baumwolle und 20 % Viskose verwandt. Um eine gute Haltbarkeit zu gewährleisten, wurden in der Kette Zwirne und im Schuss Garne eingesetzt.

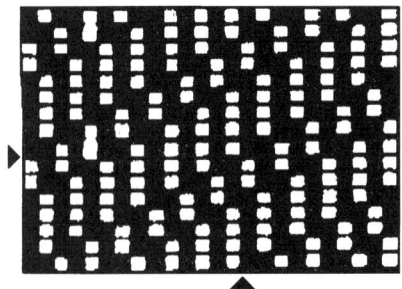

Abb. 17: Adria

Ätzsamt (burnt-out velvet; frz. → velours dévorant, velours enlevé): → Ausbrenner.

Ätzsatin (burnt-out satin): → Crêpe reversible.

Ätzspitze (burnt-out lace): Imitation der alten → Nadelspitze. Sie wurde erstmalig von den Gebrüdern Wetter in St. Gallen hergestellt. → Luftspitze.

Affenhaut (velveton): Bildbezeichnung für duvetine- oder velvetonähnliche Gewebe mit längerem Flor, der eine Strichlegung möglich macht. → Velveton.
Einsatz: Mantel- und Jackenstoffe für DOB und HAKA (→ Abb. 93, → Duvetine).

Afghalaine (afghalaine): Ein fast schon historisches Gewebe, das ursprünglich aus afghanischer Wolle (Kammgarn/ Streichgarn) gefertigt wurde und heute kaum mehr im Handel zu finden ist. Die Bindungen können variieren; Leinwand, Kreuzköper (K 2/2), Kreppbindungen. Der eigentliche Afghalaine ist in Leinwandbindung gewebt. Die Kettfolge besteht in der Regel aus 1Z/1S oder 2Z/2S gedrehten Voilegarnen. Im Schuss überwiegen 2Z/2S. Durch die unterschiedlichen Kett- und Schussdrehungen entsteht einstellungsbedingt eine feine Längsrippigkeit. Bei Garnen ist diese Optik nicht so prägnant, aber dafür ist die Ware locker und leicht sandig im Griff. Verwendet man Zwirne, ist die Oberfläche klar und der Griff etwas kreppartig rau. Trotzdem hat der Afghalaine einen weichen, fließenden Fall, bedingt durch die relativ geringe Drehung der Garne/Zwirne und die etwas offene Einstellung. Die Ware kommt überwiegend stückgefärbt in den Handel. Durch die Ausrüstung, Waschen und Färben, sieht sie leicht meltoniert, d. h. leicht verfilzt aus. Afghalaine war eine typische Herbstware für den DOB-Bereich. Bindungsbeispiel: → Aida.

Aida (ada canvas, coarse stiff fabric): Oberflächenstrukturen bei Webwaren mit Durchbruch- und Lochmusterungen. Aida, auch als → Natté bezeichnet, ist ein typisches Stickgrundgewebe und entsteht durch die Verwendung spezieller Scheindreherbindungen – bei echten Dreherbindungen umschlingen sich die Kettfäden gegenseitig. Das gitterähnliche Bild ergibt sich aus der Kombination engbindiger und langflottierender Kett- und Schussfäden der Rips- oder Panamabindung. Lange Zeit wurde dieses Gewebe mehr für den Stickereibereich als für den DOB- oder HAKA-Sektor verwendet. Mit einer Weichausrüstung ist das Aida eine schöne Som-

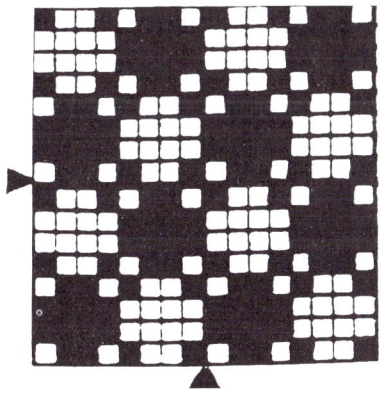

Abb. 19: Aida

Ailanthusspinner

merware, weil es dann porös, luftig und kühl ist, aus reiner Baumwolle aber ist es relativ schwer und schiebeanfällig (Aidabindung → Abb. 19, Scheindreherbindung → Abb. 20). Das ursprünglich als Stickgrund verwendete Aidagewebe wird auch unter dem Oberbegriff „Ajour" geführt.
Einsatz: Kleiderstoffe, Hemden, Wäschestoffe, Deko- und Tischwäschestoffe und mit Steifeappretur als Stickereigrund.

Ailanthusspinner: Wildseidenspinner, der vom Tussahspinner (→ Wildseide, → Seide) zu unterscheiden ist und unter dem Namen → Eri(a)seide geführt wird.

Aircoat (engl., air = Luft, coat = Mantel): frei übersetzt ein Wind- und Wettermantel und somit ein Funktionsgewebe für den Outdoor-Bereich. Es ist ein aus Belgien stammendes Baumwollgewebe mit lederähnlicher Optik, welches mit einer Kunstharzbeschichtung (z. B. PU) ausgerüstet ist. Es besitzt eine gute Luftdurchlässigkeit, ist sehr reißfest, abwischbar und reinigungsbeständig. Das Gewebe büßt durch Kälte nicht an Weichheit ein, neigt also nicht zur „Verbrettung".
Einsatz: Mäntel und Jacken.

Ajourbindung (open work weave): Sieb- oder Gitterbindung, eine Konstruktion für offene Gewebetypen mit stickereiähnlichem Charakter. Die Durchbrüche dienen der Dessinierung und werden nicht immer flächendeckend eingesetzt. Bei diesen Geweben kann man die Dreherbindung verwenden, bei der sich die Kettfäden gegenseitig umschlingen und die eine besondere Schafteinrichtung erfordert, aber auch einfache Schaftmusterungen wie → Scheindreher. Der Durchbrucheffekt wird hier durch sehr eng kreuzende Bindungseinheiten erreicht, die sich mit längeren Flottierungen abwechseln (→ Aida). Bei Gestricken und Gewirken wird dieser Effekt durch das Umhängen einzelner Maschen erreicht. Ajourbilder können bis zur Netzoptik führen. Bindungen → Abb. 19/20.
Einsatz: Sommerware für DOB und KIKO, im Heimtextiliensektor für Gardinen und Dekostoffe.

Abb. 20: Ajour

Ajourgewebe (ajour fabric, open work fabric): Web- und Maschenwaren mit Durchbrucheffekt. Erreicht wird der Effekt bei Webwaren durch den Einsatz von Dreher- oder Scheindreherbindungen, bei Maschenwaren durch das Umhängen einzelner Maschen. Der Begriff wird im Weberei-, Stickerei- und Maschenwarenbereich verwendet, selbst Netzgewebe werden als Ajour bezeichnet. Sehr häufig wird die halbtransparente Optik oder Durchbruchoptik auch durch Ausbrennertechnik erreicht (→ Ausbrenner). → Aida.

Alcantara®: Markenname von Toray Ltd. Japan/Italien für ein Lederimitat. Es ist ein → Mikrofaserwirbelvlies aus 70 % Polyester und 30 % Polyurethan, das aus einer Mikrofaser mit dtex 0,16 entstand, die im Laufe der technischen Entwicklung auf dtex 0,044 verfeinert wurde. (1 g mit einer Feinheit von dtex 0,16 ist ca. 62,5 km lang, bei einer Feinheit von dtex 0,044 sind es sogar 225 km.) Das Ausgangsmaterial ist Polyester und Polystyrol. Letzteres ist beim Ausspinnen der superfeinen PES-Fibrillen als Mantel- bzw. Stützmaterial notwendig. Das 2-Komponenten-Filamentbündel wird dann auf eine Länge von ca. 50 mm zugeschnitten und zu einem mehrmals übereinandergelegten Vlies gefertigt. Auf einer Nadelanlage entsteht in der gewünschten Stärke ein „Filz" als Zwischenprodukt. Mit Spezialmaschinen trennt man nun das Polystyrol vom Polyester und ersetzt es durch Polyurethan. Das für diesen Prozess notwendige Lösungsmittel wird zu 100% zurückgewonnen. Das entstandene „Sandwich" wird in Querrichtung getrennt, sodass aus einer Produktion zwei Stücke entstehen. Der letzte Schritt ist die Bearbeitung durch spezielle Schleiffolien, die die PES-Fibrillen an die Oberfläche bringen und somit der Ware die typischen Eigenschaften verleihen wie Weichheit, geschmeidiger Griff, Drapierfähigkeit und einen leicht seidigen Glanz. Wird eine Nubuk- oder Nappaoberfläche gewünscht, lässt man das PUR an der Oberfläche gerinnen und erhält so die Narbigkeit eines Glattleders. Alcantara ist qualitätsgeprüft (Certitex) und öko-zertifiziert (→ Öko-Tex Standard 100), d. h. es wird uneingeschränkte Hautfreundlichkeit garantiert. Das Lederimitat wird in einer breiten Farbpalette angeboten.
Einsatz: Konfektion (DOB, HKA), Accessoires, Möbelstoffe und hochwertige Fahrzeugausstattung.

Aloehanf (aloe hemp): Ausgangsmaterial ist ein Ananasgewächs, welches überwiegend in West- und Ostindien angebaut wird. Die Verarbeitung entspricht der von → Sisal, → Ananasbatist und → Ananasfasern.

Alpaka (alpaca, paco):
1. Garne und Zwirne aus den Haaren der südamerikan. Lamaart. Alpaka ist sehr weich, langstaplig, seidenartig glänzend.
Auf den Hochebenen der südamerikanischen Anden in 4.000–5.000 m Höhe sind die Tiere eisiger Kälte und glühender Hitze ausgesetzt, wovor sie ihr extrem dichtes, widerstandsfähiges Haar schützt. Alpakas werden in der Regel nur alle zwei Jahre geschoren. Je Tier erhält man ein ca. 3,5 kg schweres Vlies. Pro Jahr steht der Welt nur eine Schiffsladung Alpaka zur Verfügung, was den hohen Preis verständlich macht. Der seidige Glanz, der angenehme Griff, die Leichtigkeit und die Wärme machen Gewebe, Gestricke und Gewirke aus Alpaka so komfortabel.
Das Haar des Alpakas ist von winzig kleinen Schuppen umgeben, die besonders glatt anliegen und dadurch das Licht besser reflektieren, was den edlen Glanzeffekt erklärt. Langlebig,

Alpakka

strapazierfähig, unempfindlich im Gebrauch wird dieses Material auch mit Kaschmir verglichen.
Man verwechsle diesen Begriff nicht mit → Alpakka!
Die Faserlänge beträgt 150–300 mm, Flaumhaare sind ca. 100 mm lang, der Querschnitt ist rund bis oval, der Faserdurchmesser beträgt 30–50 µm, bei den Flaumhaaren 15–20 µm.
Einsatz: Pullover, Jacken, Anzüge, Kostüme, Mäntel, Accessoires usw.
2. Als Handelsbezeichnung steht der Name auch für sog. Halbwollqualitäten (Kette Baumwolle, Schuss Alpaka) in Kamm- oder Streichgarntypen. Bindung: Tuch (Leinwand). Dieser Typ wird auch als → Lüster oder Orleans bezeichnet. Hieraus fertigt man leichte Sommerjacken, aber auch Schürzenstoffe. Der Lüster ist härter und spröder im Griff.

Alpakka (alpaca rayon): Alpakkagarn wird aus Reißwolle hergestellt und ist von minderer Qualität. Nicht verwechseln mit → Alpaka!

Amara: Markenname von Haru-Kuraray, wurde schon Anfang der 80er-Jahre in → Amaretta™ umbenannt.

Amaretta™: Markenname für ein → 1984 entwickeltes Mikrofaserwirbelvlies der Haru-Kuraray GmbH, Aßlar. Die GmbH wird von der deutschen Firma Haru GmbH (Finanzholding) und der Kuraray Co. Ltd. in Osaka/Japan gehalten. Dritter Gesellschafter ist die Marubeni Co. Ltd. in Osaka/Japan.
Amaretta™, auch als Hightech-Material bezeichnet, ist ein Rau- und Glattlederimitat, das sich aus 60 % Polyamid-Mikrofaser (dtex 0,001–0,01) und 40% atmungsaktivem Polyurethan-Harz zusammensetzt. Ausgangsmaterial sind Mikrofibrillen-Verbundfasern vom sog. „Spaghetti-Typ". Zur Herstellung werden zunächst zwei Polymerverbindungen (Polyamide) gemischt, geschmolzen und normal ausgesponnen (Schmelzspinnverfahren). Aus den Feinfasern wird ein Vlies hergestellt, indem man die Fasern in drei Richtungen miteinander verwirbelt und anschließend mit einem porösen, luftdurchlässigen Polyurethan-Harz imprägniert. Hierdurch werden die mechanischen Eigenschaften, der Griff, die Elastizität, Scheuerfestigkeit und Reißfestigkeit verbessert. Anschließend wird aus den Fasern mit einem Lösungsmittel eine der beiden Polymere „herausgewaschen" (Hüllenentfernung). So entsteht aus jeder Feinfaser ein Mikrofaserbündel und das Mikrofaserwirbelvlies. Es folgt ein Oberflächenschliff und anschließend der Färbeprozess. Abschließend wird die Ware gebürstet, um dem Raulederimitat Strich und Profil zu geben. Glatte Oberflächen entstehen, indem man das PUR an der Oberfläche gerinnen lässt, so z. B. bei Amaretta™ HiTech und Sofrina (Mikrofibrillen-Verbundfasern). Daneben gibt es den Artikel Nash, ein Materialtyp, der für den Schuhbereich verwendet wird. Bei Lauvest, Rubina und Toraylina entsteht ein Matrixfibrillensystem in einem Spinnprozess. Die Fibrillen bestehen aus dreieckigen Polyestersegmenten, die in eine Polyamidmatrix eingebettet sind. Die Matrix kann geschrumpft oder gelöst werden und es entsteht ein weiches, dichtes Raulederimitat.

Amaretta™

Amaretta™ Typ KX 7600
225 g/m² Stärke: 0,6 mm

Amaretta™ Typ KX 7500
180 g/m² Stärke: 0,5 mm

Amaretta™ Typ KX 7400
135 g/m² Stärke: 0,35 mm

Amaretta™ ist winddicht, wetterdicht und atmungsaktiv und lässt sich, ohne einzulaufen, problemlos bei 30 °C im Schonwaschgang behandeln. Weiterhin ist die Leichtigkeit und die Knitter- und Fleckenunempfindlichkeit (→ Scotchgard™) hervorzuheben. Das weiche, geschmeidige Amaretta™ kann gestanzt, bedruckt, geprägt, perforiert, laminiert und beliebig eingefärbt werden. Haru-Kuraray versichert eine ökologisch unbedenkliche Produktion, da Amaretta™ ohne FCKW hergestellt wird und keine Zusätze wie Formaldehyd, Cadmium, Dioxin, PCP oder Pestizide Verwendung finden.

Einsatz: DOB, HAKA, Autopolster, Schuhe, Taschen, Gürtel und Möbelstoffe (Schiffsausstattung der Queen Elisabeth).

Quelle: Info-Material von Haru-Kuraray GmbH, Aßlar.

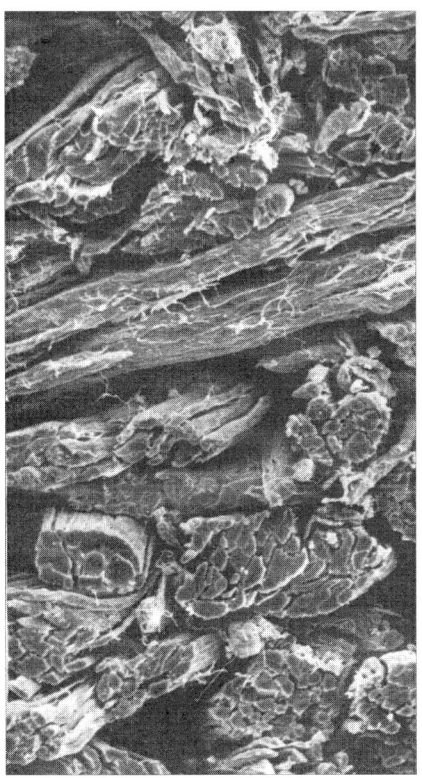

Abb. 21: Haut-Querschnitt

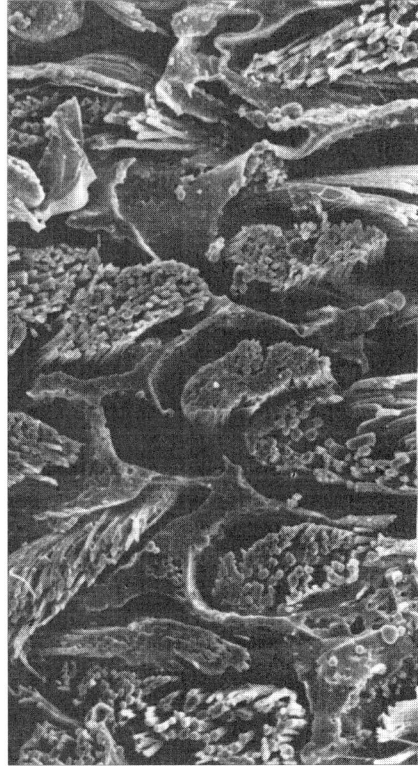

Abb. 22: Amaretta™-Querschnitt

Amicor™, Amicor™ PLUS und Biokryl: Markennamen für die antibakterielle (AB) und fungizide (AP) Ausrüstung einer Polyacrylfaser (PAN) der Firma Acordis, Deutschland.
Die unterschiedlichen Markennamen sollen unterschiedliche Abnehmer ansprechen. Biokryl wendet sich an einen Kundenkreis, der an hygienischer, antimikrobieller, sauberer Bekleidung interessiert ist.
Amicor™ steht mehr für Ästhetik, Komfort und Frische. Abgesehen von den verwendeten Tradenames sind die Fasern chemisch und physikalisch identisch.
Bei dieser Veredlung werden antimikrobielle oder fungizide Substanzen (ein sog. chemisch-organisches Additiv, Triclosan) mit dem Spinnprozess in die Faserstruktur eingebracht, sodass sich diese Substanzen in Wasser nicht auflösen können. Diese Zusätze migrieren aber aufgrund der porösen Struktur einer nassgesponnenen Acrylfaser teilweise auf die Außenseite der Faser und nehmen so ihre antibakteriellen Aufgaben wahr. Tests haben gezeigt, dass die Hemmzone, der Abstand zwischen der Faser und dem Bakterium, teilweise über 15 mm groß ist (→ Abb. 23). Es entsteht eine sehr hautfreundliche und absolut wasch- und reinigungsbeständige Materialtype (200 Wäschen). Reiben sich durch hohe Beanspruchung Teilbereiche der Substanzen ab, werden diese durch die im Kern gespeicherten Zusätze immer wieder ergänzt. Amicor™ lässt sich sehr gut mit anderen Faserstoffen mischen, z. B. mit Baumwolle (CO), Viskose (CV), Wolle (WO), Seide (SE) und Polyester (PES).

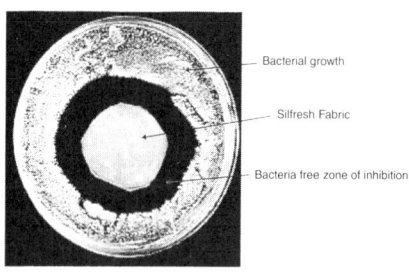

Abb. 23: Amicor

Die antimikrobische Effizienz stellt sich schon bei einem Mischungsanteil von nur 20% ein. Amicor™ hält die Kleidung länger frisch, steigert den Komfort und ist pflegeleicht.
Die fungizide Amicor™ PLUS-Type ist als Ergänzung und Komforterweiterung dieses Angebots zu sehen.
Einsatz:
Amicor™ (AB): Unterwäsche, Sportkleidung, T-Shirts, Sweatshirts, Schutzkleidung, Kinderkleidung, Handtücher, Kissen, Bettwäsche, Matratzenüberzüge.
Amicor™ PLUS: Socken, Strümpfe, Haus- und Straßenschuhe, Wärmeunterwäsche, Badematten, Decken, Kissen, Bettwäsche, Matratzenüberzüge.

Ammoniakausrüstung (ammonia finish): → FLA-Finish.

Amylasen (amylases): Enzyme, die Stärke und Glykogen (tierische Stärke) abbauen. Man unterscheidet tierische (Pankreas-Amylasen), pflanzliche (Malz-Amylasen) und bakterielle (Aspergillus-Amylasen) Amylasen. Sie werden auch für das „umweltfreundliche" Stonen bei Jeans verwendet (→ Enzyme).
Man unterscheidet folgende Arten von Amylasen:

- *Malz-Amylasen* pflanzlichen Ursprungs (Diastofor, Ferment D),
- *Pankreas-Amylasen* tierischen Ursprungs (Degomma DK, Viveral),
- *Bakterien-Amylasen,* die von bestimmten Bakterienkulturen erzeugt werden (Biolasen).

→ Tabelle 1 gibt die optimalen Temperatur- und pH-Wert-Bereiche verschiedener Amylasen an.

Ananasbatist (pineapple cloth): überwiegend in Manila produzierte, leinwandbindige Ware, feinfädig wie ein → Batist, aus Fasermischungen von Ananasfasern (→ Aloehanf) und Baumwolle. Er hat einen feinen, weichen Griff und eine gleichmäßige Struktur und wird heute selten, dann aber im hochwertigen DOB-Bereich verwendet. Aufbereitung → Sisal.
Einsatz: Hemden, Blusen, Kleider.

Ananasfasern (pineapple fibre): verspinnbare feine Blattfasern (Bromeliafasern) aus der essbaren Ananas. Diese wird speziell auf den Philippinen gezüchtet, aber auch in Mittel- und Südamerika sowie in Indien, und dient aufgrund ihrer Reißfestigkeit der Herstellung von Seilen und Schnüren. Mit Baumwolle kann sie zu feinen Geweben, dem sog. → Ananasbatist, verarbeitet werden. Gewebe aus 100 % Ananasfasern sind unregelmäßig in der Struktur, etwas kräftig im Griff und ähneln einem mittelfeinen Leinengewebe. Die Faserlänge beträgt nur 4–10 mm, die Breite ca. 4–8 µm. → Aloehanf.
Einsatz: Hemden, Kleider, Blusen, Kostüme und Anzüge.

Angorakanin (WA) (angora rabbit hair): Wolle bzw. Haar des Angorakaninchens. Das Flaumhaar ist von großer Feinheit, bei rundem Querschnitt ca. 15 µm, bei bandförmigem Querschnitt ca. 40 µm, die Stapellänge beträgt ca. 60 mm. Der Griff ist weich, die Optik glänzend. Durch die relativ kurze Stapellänge neigt Angora zum Flusen. Die Markkanäle in den Fasern können sehr viel Luft einschließen, woraus sich die hohe Wärmeisolation erklärt. Die leicht ölhaltige Oberfläche wirkt hydrophob, dadurch lädt sich die Faser höher elektrostatisch auf und wirkt im Zusammenhang mit der Wärmeislolation antirheumatisch (Rheumawäsche). Bei Überempfindlichkeit gegen Angora ist Unterwäsche aus Polyester oder Polypropylen zu empfehlen, das bei vergleichbaren Eigenschaften einen hohen Tragekomfort garantiert. Der jährliche Ertrag pro Tier liegt bei ca. 200–400 g.

	pH-Bereich	Temperatur-Bereich
Malz-Amylasen	ca. 5,0	ca. 55 °C
Pankreas-Amylasen	ca. 6,8	ca. 50–55 °C
Bakterien-Amylasen	ca. 6,3–6,5	ca. 75–89 °C

Tab. 1

antibakterielle Ausrüstungsarten 24

Einsatz: Wäsche, Pullover, Jacken, Decken und als Beimischung im Schwerkonfektionsbereich. → Kaschmir. → Pashmina.

antibakterielle Ausrüstungsarten: Es werden folgende Marken angeboten: 1. → Amicor™, Amicor™ PLUS und Biokryl (Courtaulds/Akzo Fibres), 2. → MicroSafe® (Celanese NV), 3. → Bactekiller® (Kanebo Ltd., Japan), 4. → Silfresh und → Situssa Fresh (Novaceta, Italien), 5. → Bactenet (Multiplast, Frankreich), 6. → Deoson Plus (Gebrüder Colsmann, Deutschland).

Antisnag-Ausrüstung (engl., snag = Ziehfaden, → snagging = zieheranfällig): schiebe- und laufmaschenfeste Ausrüstung, auch als „snag resistance" (engl., resistance = Widerstand) bezeichnet. Gewebe, welche zu offen eingestellt sind und aus Filamentgarn bestehen, neigen zum Schieben, wobei die Kett- und Schussfäden verrutschen und die Nähte aufschlitzen können. Bei Maschenwaren können die Maschen verzerrt und herausgezogen werden. Dieser unerwünschte Effekt wird – wie auch bei Pillingbildung – durch Weichmacher noch verstärkt. Man behebt dieses Problem mit klebenden, filmbildenden Produkten und mit chemischen Mitteln, die die Faseroberfläche leicht rau gestalten. Filmbildende Mittel aus Acrylpolymeren werden verwendet, um das Gewebe waschmaschinen- bzw. reinigungsbeständig zu machen. Für rauere Oberflächen setzt man Metallkomplexsalze und Kieselsäuredispersionen ein. Diese Ausrüstung muss vorsichtig aufgebracht werden, um die Vernähbarkeit zu gewährleisten.

Antung: seidenproduzierende Provinz in China. → Honan.

Aprikosenhaut (duvetine): → Duvetine.

Aramidfasern: Chemiefaser aus synthetischen Polymeren. Die erste Faser dieses Typs wurde 1966 von St. L. Kwolek (DuPont) entwickelt, während die erste Vorarbeit zur Entwicklung des Aramids bereits 1935 von dem amerikan. Erfinder des Polyamids, W. H. Carothers (DuPont) geleistet wurde. Aramidfasern gehören mit Glas und Kohlenstoff zu den Hochleistungsfasern. Bei den Aramidfasern werden in die Polyamidketten aromatische Strukturen eingebaut. Die Moleküle enthalten aromatische Benzolringe und Amidgruppen.
Markennamen sind → Kevlar (Meta-Aramidfaser), Teijinconex (Meta-Aramidfaser), → Nomex (Para-Aramidfaser) und → Twaron® (Para-Aramidfaser).
1. Eigenschaften von *Meta-Aramid* (m-Aramid): Längsansicht: glatt und strukturlos; Querschnitt: länglich; Eigenfarbe: gelb; spezifische Dichte: $1,38 \, g/cm^3$ mit 44–53 cN/tex hohe Zugfestigkeit; Zersetzungstemperatur: 370 °C. Aramide schmelzen nicht, sondern verkohlen in der Zündflamme. Bei Wegnahme der Flamme verlöschen sie von selbst. Die Feuchtigkeitsaufnahme beträgt bei 20 °C 65 %, die Luftfeuchte 5 %. Meta-Aramid besitzt eine gute Widerstandsfähigkeit gegen organische Lösungsmittel. Heiße Konzentrate von Säuren und

Laugen zerstören die Faser. Die Lichtbeständigkeit ist relativ gering. Bei direkter Sonneneinwirkung sinkt die Reißfestigkeit bei Meta-Aramidfasern nach 40–60 Wochen auf 50 %, bei Para-Aramidfasern nach 16 Wochen auf 65–80 %.
Einsatz: Schutzkleidung, Asbestersatz, Bezugs- und Dekoartikel und Isolationsmaterial für elektrische Anlagen.
2. Eigenschaften von *Para-Aramid* (p-Aramid): Längsansicht: glatt und strukturlos, Querschnitt: rund; Eigenfarbe: weiß; spezifische Dichte: 1,44 g/cm³; mit 190 cN/tex sehr hohe Zugfestigkeit; Zersetzungstemperatur: 500 °C; Feuchtigkeitsaufnahme: 7 %; Lösungsmittelbeständigkeit und Lichtbeständigkeit wie Meta-Aramid. Einsatz: Sportartikel (Tennisschläger, Skier), Flugzeugbau, Automobilindustrie, Hitzeschutz, Löschdecken, Schnittschutz und Geotextilien.
Literatur: P.-A. Koch: Faserstofftabellen. Deutscher Fachverlag, Frankfurt/Main 1989.

Armure/Kammgarn-Armure (amure dress goods; frz., armure = Rüstung): Die kleinen Schaftmuster, die für dieses Gewebe typisch sind, kennt man auch unter den Namen Perlseide oder Granitseide. Sie entstehen durch das Kombinieren verschiedener Grundbindungen sowie deren Ableitungen, wie z. B. Rips und Panama. Auch Ripskrepp, Kautschukbindungen und kleine Karoeffekte gehören dazu (→ Abb. 24 und → Abb. 26). Die klassische Armure ist ein kahlausgerüstetes Wollkammgarngewebe, sie ist aber ebenso in Seiden- oder Viskoseausführung zu finden. Die Armure hat ein klares Gewebebild, bei dem die Bin-

Abb. 24: Armure aus einer Ripskombination

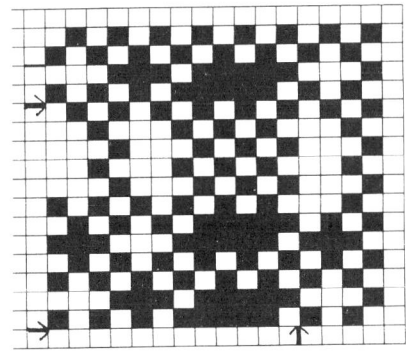

Abb. 25: Taft-Armure

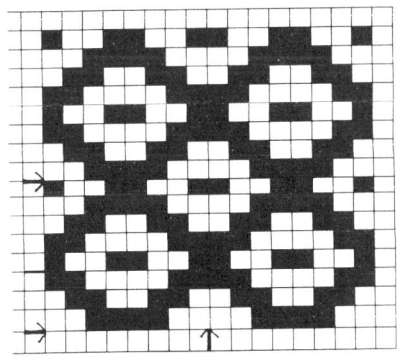

Abb. 26: Kleider-Armure

Arraché

dungseffekte z. T. durch farbige Fäden unterstützt werden. Bei einfarbiger Ware sind die Bindungsstrukturen oft nur durch die Lichtreflektion erkennbar. Diese Bindungen werden auch als frei verteilte Muster auf taftbindiger Ware verwendet (Taft-Armure → Abb. 25). und sind im Handtuchbereich auch als → Gerstenkorn bekannt. Eine weitere Musterungsart wird durch versetzte Ripsbindungen erzeugt. Der Unterschied liegt hier in der Verwendung von Wollkammgarn (Kammgarn-Armure), während für Handtücher überwiegend mittelstaplige Baumwolle eingesetzt wird. → Kammgarn-Carré.
Einsatz: Kleider, Kostüme, Deko und Krawattenstoffe.

Arraché (arrache; frz., arracher = herausreißen): Arraché wird überwiegend aus Woll- oder Wollmischgeweben hergestellt und kommt natur- oder stückfarbig in den Handel. Arraché ist meist diagonal (Köper) oder in größeren Fischgratdessins (Chevron, Herringbone) gemustert, wobei die Diagonalrippen stärkeres Profil zeigen. Die in der Rohware sichtbaren längeren Flottierungen dienen in der Ausrüstung (dem Walk- und Rauprozess) dazu, die Einzelfasern besser aus dem Fadenverbund herausziehen zu können (arracher). Dadurch wird ein gerautes, wärmeisolierendes und kräftiges Gewebe gebildet. Der Rauflor ist nicht, wie z. B. beim Strichtuch, in Strich gelegt. Der Arraché gehört mit dem → Velours und dem → Flausch zu den klassischen Wintergeweben. Der Flor ist beim Arraché lang und wirr, beim Flausch kurz und wirr; beim Velours wird der Flor

sehr kurz und gleichmäßig gehalten. Einsatz: Mäntel, Jacken für DOB und HAKA sowie Decken.

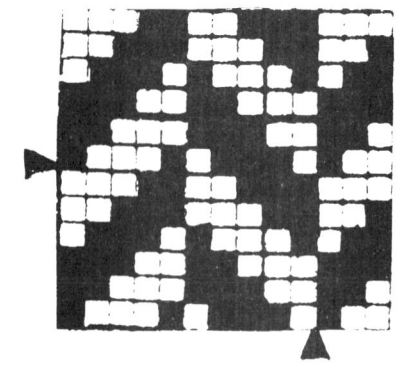

Abb. 27: Arraché (Fischgratbindung) Grundbindung 20-0303-01-01

Ashmouni/Ashmuni: langstaplige ägyptische Baumwollsorte, ist als → Mako und → Jumelbaumwolle bekannt geworden und ist heute nur noch historisch von Interesse. → Baumwolle.

ASTM (American Society for Testing and Materials = Gesellschaft für Werkstoffprüfung): Von diesen Prüfungen sind Funktionsmaterialien wie Membranen, Lederimitate und Mikrogewebe wie z. B. → Gore-Tex®, → Sympatex®, → Tech-tex™ usw. betroffen.

Astrachan: Webpelz, nach der gleichnamigen Stadt in den GUS benannt, auch als Eisblumenplüsch bezeichnet. Der Astrachan wird als Ruten- oder Doppelplüschware hergestellt. Grundgewebe dieser Pelzimitation ist meist Baumwolle, der Flor kann aus Mohair,

Seide, aber auch Viskose sein. Um die typische Optik zu erhalten, wird das Florgewebe „astrachiert", d. h. die Flordecke wird gekocht, geknautscht und gedämpft. → Krimmer.
Einsatz: Mäntel, Jacken, DOB und HAKA.

Astrachin: → Astrakin.

Astrakin (bonded crimped fabric): Astrakin ist als Faux Cloqué einzustufen, da hier die stark blasigen Muster nicht wie beim echten Cloqué durch die Webtechnik eines Doppelgewebes hergestellt werden, sondern durch das Zusammenkleben zweier Gewebelagen (daher auch Klebecloqué). Die Oberware wird aus Normalfäden (Normaldrehung) gewebt. Material ist je nach Verwendung Seide, Chemiefasern, Wolle usw. Das untere Gewebe besteht aus einer Crêpe-Georgette-Ware, Kette und Schuss aus Kreppgarn 2 Z- und 2 S-Drehungen, geschärt oder geschossen. Die Optik des Astrakin richtet sich nach der mustermäßigen Bedruckung (z. B. durch den Rotationsfilmdruck). Nach dem spannungslosen Trocknen wird die Ware in heißem Wasser mit Seife und Soda krepponiert. Auch andere Ausrüstungsvarianten sind möglich. Das Kreppgewebe springt ein, und die Oberware muss den Schrumpf zwangsläufig mitmachen. So entstehen blasenförmige Figuren, die nicht immer so haltbar sind wie der echte → Cloqué, da sich der Kleber lösen kann.
Einsatz: DOB, z. B. Kleider, Blusen, Kostüme, und Dekoartikel.

Atlas (atlas, sateen, satin; arab., atlas = kühl, glatt): Gewebetypen, die immer atlasbindig gewebt werden. Meistens wird der 5-bindige Kettatlas verwendet (→ Abb. 9). Die Ketteinstellung ist fast immer doppelt so dicht wie die Schussfadenanzahl pro Zentimeter. Atlasgewebe zeigen eine glatte, strukturlose und gleichmäßige Oberfläche. Der Griff ist weich, geschmeidig und der Fall sehr elegant. Die Optik ist bindungstechnisch bedingt, da der Atlas keine sich berührenden Bindungspunkte hat. Je größer die Flottierungen (8-, 10-, 12-bindiger Atlas), desto dichter muss die Wareneinstellung sein. Die Folgen einer zu geringen Einstellung wären schlechtes Verarbeitungsverhalten und eine geringe Schiebefestigkeit. Der Griff ist einstellungs- und faserbedingt. Der Begriff Atlas allein sagt nichts über die Materialzusammensetzung aus und ist daher meistens näher bezeichnet, z. B. als Seidensatin, Polyestersatin, Acetatsatin, Baumwollatlas/-satin, Wollatlas usw. (→ Satin) Einstellungstechnisch ist der Atlas sehr breit gefächert, in der Kette von ca. 40–120 Fd/cm und im Schuss von ca. 25–60 Fd/cm. Das Gewicht liegt bei reinseidenen Qualitäten zwischen 30 und 60 g/m². Wenn laufende Meter (lfm) gerechnet werden, muss auf die Warenbreite 86–150 cm geachtet werden. Bei Chemiefaser (ohne Mikrofilamente) rechnet man mit dem doppelten Gewicht. Ein klassisches Gewicht für einen Baumwollsatin liegt bei ca. 120 g/m². Einstellungsbeispiel: Fd/cm in Kette und Schuss 50 x 31, Nm 68 x 68 in Kette und Schuss. Der Schussatlas (→ Abb. 29) wird überwiegend für robuste, stärkere Gewebekonstruktionen verwendet, z. B. Möbelstoffe,

Atmungsaktivität, Atmungsfähigkeit

Taschenfutter. Eine Ausnahme bildet u. a. der → Crêpe-Satin.
Atlasgewebe mit geringem Glanz werden meist für Tageskleider und Blusen verwendet, stark glänzende Satins für Abendkleider, Tops, Kostüme etc. Je nach Gewicht und Optik gibt es noch spezielle Gewebebezeichnungen: Kettatlas wie → Duchesse, → Liberty, → Messaline, → Merveilleux, → Foulardine, → Satinella und Schussatlastypen wie → Moleskin, → Zanella und → Crêpe-Satin.

Abb. 28: Kettatlas 5-bindig (Flechtbild und Patrone)

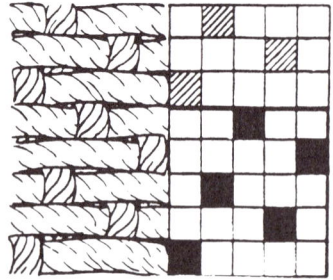

Abb. 29: Schussatlas 5-bindig (Flechtbild und Patrone)

Atmungsaktivität, Atmungsfähigkeit (breathability): → Wasserdampfdurchlässigkeit.

Ausbrenner (burnt-out fabric), **Dévoré** (frz., dévorer = verzehren): Transparent- oder Halbtransparentgewebe wie → Batist, → Georgette oder → Voile. Je nach Verwendung weisen sie einen fließenden Fall und weichen Griff auf. Jacquardähnliche Optiken werden z. B. durch folgende Materialzusammensetzung erzielt: fasergesponnene Mischung aus CO und PES oder CV und PES. Eine andere Variante ist das Schären von einem Faden PES und einem Faden CO im Schuss. Ein Garn wird dabei mit weicher, das zweite mit Kreppdrehung gesponnen. Die dritte Möglichkeit besteht in der Verwendung von Core-spun-Garnen. Weitere Materialkombinationen für eine Ausbrennerware sind PES mit CA, PES mit WO oder CV mit CA. Ausbrenner werden als Raschelware und Strickware angeboten.
In der Veredlung bedruckt man das Gewebe mit Chemikalien, die Cellulose-Anteile (z. B. Viskose) werden chemisch zersetzt, d. h. verbrannt, während die synthetischen Chemiefaseranteile (z. B. Polyester) erhalten bleiben. Das mit Ätzpaste bedruckte Gewebe wird im Ofen bei 150 °C ca. 1–2 Min. getrocknet und anschließend kalt ausgespült, um den Cellulose-Anteil zu entfernen. Man erhält eine halbtransparente Ware, die im Dekobereich auch als „Inbetween" bekannt ist. → Velours dévorant.
Einsatz: Kleider, Hosen, Strumpfhosen, Jacken, Dekostoffe, Accessoires.
Literatur: M. Peter; H. K. Rouette: Grundlagen der Textilveredlung. Deutscher Fachverlag, Frankfurt/Main 1989[13].

Avivage (finish, finishing; frz., avivre = beleben): Das Avivieren wird schon in der Flocke oder – wie bei Chemiefasern – nach dem Ausspinnen vorgenommen, um in der Verarbeitung die notwendige Glätte, Weichheit und bei Chemiefasern die antistatische Wirkung zu gewährleisten (Spinn-Avivage). Nach dem Färben erhalten die Garne/Fäden eine weitere Avivage, die auf die geforderten Eigenschaften abgestimmt wird. Die Avivagen bestehen überwiegend aus grenzflächenaktiven Substanzen wie Fetten und Ölen. Da hierbei auch ökologische und humanökologische Probleme entstehen können (z. B. Abbaubarkeit, Krankheitsauslöser), sucht man nach alternativen Möglichkeiten.

Axminster-Teppich (axminster carpet): nach der im Südwesten Englands (Grafschaft Devon) gelegenen Stadt Axminster benannter eingewebter Chenilleteppich, bei dem das Effektmaterial Chenille den sog. Flor bildet. Dieser Teppich gehört zu den Veloursteppichen und wurde in der gleichnamigen Stadt schon 1755 produziert. In Deutschland (Olsnitz im Vogtland) ist diese Ware um 1880 gewebt worden.

Babycord (baby cord): → Cordsamt (Waschsamt/Waschcord).

Bactekiller®: Polyesterfaser (Filament), in die ein permanenter, anorganischer Stoff eingelagert wird, der in der Lage ist, Bakterienentwicklungen zu stoppen, in Japan von Kanebo entwickelt. Der Wirkstoff ist → Zeolith, ein Mineral, das auch in der Natur vorkommt, an dessen Molekularstruktur Edelmetalle angelagert werden, und zwar die antibakteriellen Substanzen Silber und Kupfer. Diese Art der „Veredlung" wirkt keimtötend, d. h. sie entzieht den Bakterien den Nährboden und verhindert so deren Vermehrung. Zum einen zerstören die Metall-Ionen die Zellwände der Bakterien, zum anderen entsteht aktiver Sauerstoff, der im Zeolith in großen Mengen vorhanden ist und der die Bakterienvermehrung hemmt. Diese antibakterielle PES-Faser ist gut hautverträglich, da keine Chemikalien aufgetragen werden; zudem treten keine schädlichen Abstrahlungseffekte auf. Bactekiller® kann als Faser, als Filament oder in Mischung verarbeitet werden.
Einsatz: Berufsbekleidung für Krankenhäuser, Hotels, Küchen usw., Sportschuhe und -kleidung, Hotelwäsche, Socken, Strümpfe und Unterwäsche.

Bactenet: antibakterielles Textilprogramm für Heim- und Haustextilien sowie für den Bekleidungsbereich, in Frankreich von Multiplast entwickelt, verfügbar als Web-, Maschen- und Vliesstoffe.
Wie bei Bactekiller® werden → Zeolithe in die Polyesterspinnmasse eingebunden (ähnelt einem Sand-Honig-Gemisch) und erzeugen eine über 90 %ige Bakterienreduzierung. In untrennbarer Form enthält Bactenet ein anorganisches Synthese-Bakterizid, welches mit mikroskopischen metallischen Partikeln vermischt ist. Unter dem Einfluss von Feuchtigkeit – selbst Umgebungsfeuchtigkeit reicht aus – wird aktiver Sauerstoff erzeugt, der die infektiösen Pilze und Keime zerstört. Es entsteht ein hygienisches textiles Erzeugnis ohne jegliches Reizrisiko für die Haut. Es wird weder der Griff noch die Optik des Produktes verändert, ebenso entwickelt dieses Material keinen spezifischen Geruch. Außer Chlorwasser können alle Reinigungs- oder Desinfektionsmittel benutzt werden.
Bactenet gibt es in 100 %igem PES als auch in Mischungen aus 51 % Polyester, 29 % in der Masse gefärbter blauer Viskose und 20 % Polypropylen. Bactenet wird als Faser- und Filamentgarn angeboten.
Einsatz: Bekleidungstextilien, Putz-, Scheuer- und Reinigungstücher.

Bäckerkaro: typisches Berufskleidungsdessin in Form eines ca. 2–3 cm großen Karos, eine vergrößerte Form des → Pepita, bei festen Geweben in Leinwand-, bei etwas weicheren in Köperbindung. Durch die Schär- und Schussfolge entstehen hier immer zwei Volltöne (Schwarz und Weiß) und ein Zwischenton (Grau).

Bagdad: gazeähnliches Gewebe mit farbigen → Broché- oder Lancéschüssen (die lose Einstellung bewirkt die hohe Transparenz). Die Grundbindung ist Leinwand. Der nach der Hauptstadt des heutigen Irak benannte Bagdad wird überwiegend für den Deko-/Gardinenbereich verwendet und stellt eine günstigere Variante zur Madrasgardine dar (→ Madras). Er hat keine hohe Schiebefestigkeit, eignet sich aber für sommerliche Blusenstoffe. Bagdadgardinen werden nur noch sehr selten produziert. → Abb. 30.

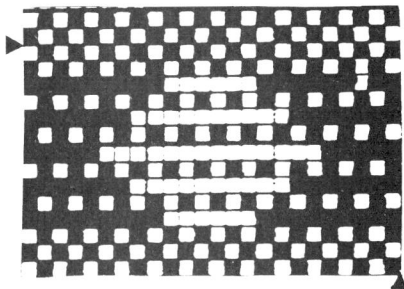

Abb. 30: Bagdad (Lancé)

Abb. 31: Bajadere

Baggings (engl., bagging = Sackleinwand, Sackgewebe): grobes, leinwandbindiges Jutegewebe, das als Verpackungsmaterial eingesetzt wird. Im Modedesignbereich gut geeignet für experimentelles Arbeiten. Baggings sind auch unter dem Namen „Sakings" bekannt.

Bajadere (bayadère): indische Tempel- oder Berufstänzerinnen und zugleich die Bezeichnung für die von ihnen getragenen webgemusterten Stoffe, im textilen Bereich zumeist klarfarbige Querstreifenmusterungen in Rapporten von mindestens 10 cm. Für diese Effekte werden verschiedene Bindungsarten verwendet, die Streifen können z. B. wechselweise in Leinwand und Atlas binden. Einsatz: Kleider-, Trachten- und Dekostoffe.

Balance Project: Dieses Umweltprojekt der Firma W. L. Gore & Associates GmbH (→ Gore-Tex®) steht für die Selbstverpflichtung von Gore und den Konfektionären, Produkte ökologisch zu optimieren. Abgetragene Gore-Tex®-Bekleidung (Tragedauer ca. 6–8 Jahre) wird wieder zurückgenommen, z. B. von Gore-Tex Bugatti, Schöffel, Mammut usw. Da entsprechend der Beanspruchung unterschiedliche Materialien (sortenreine Komponenten) zum Einsatz kommen, werden diese zunächst getrennt und den entsprechenden Recyclingverfahren zugeführt. Die Gore-Tex®-Membran (PTFE) wird pulverisiert, zu Pellets geformt, erhitzt, wieder zur Membran extrudiert und gereckt (thermomechanisches Verfahren). → Ecolog Recycling Network.

Ballonseide (balloon silk): → Fallschirmseide.

Bandstreifengewebe (rayé fabric): Musterungsart, bei der schärungsbedingt breite verschiedenfarbige Längsstreifen entstehen. Der Schuss-

Barchent

eintrag ist uni. Die optische Wirkung kann durch Bindungseffekte verstärkt werden. Dieser Köper wird unterschiedlich aneinander gelegt, sodass die Streifen auch durch die Bindung gekennzeichnet sind.

Barchent (dimity, barchent, barchant, Fustian; arab., Barrakan = grober Wollstoff): Barchent ist eine kräftigere Ausführung des Flanells, eine starke ein- oder beidseitig geraute Ware. Das Gewebe ist nicht so weich wie Flanell und hat linksseitig geraut Ähnlichkeit mit dem → Finette und dem → Croisé finette. Der Flor ist unruhig, wirr und nicht so gleichmäßig wie beim Flanell. Barchent wird überwiegend in Köperbindung gewebt. Die Kette sind Watergarne, der Schuss Vigogne-Imitatgarne. Das Rauen erhöht auch hier das Wärmeisolationsvermögen, aber die mechanischen Festigkeiten nehmen ab. In einigen Regionen wird der Barchent auch als Inlett verwendet.
Einsatz: Bettwäsche, Arbeitskleidung (Schlosserbarchent), Hemden, Thermohosen. Der Name „Barchent" wird heute selten verwendet, gebräuchlich ist stattdessen die Bezeichnung „Wintercotton". → Schlosserflanell.

Barré (frz., barre = Stab, Querstange, Querleiste): Bezeichnung für eine Querstreifenmusterung, die bindungstechnisch oder über Farbeffekte konstruiert wird. Teilweise wird auch eine plastische Querrippenmusterung als Barré bezeichnet. „Tarvers" ist eine andere Bezeichnung für „Barré", der Gegensatz ist Rayé (→ Zusatzbezeichnungen).

Basselisse (low warp, basse-lisse): Begriff aus der Bildteppichweberei. Bei der Basselisse-Technik liegt die Kette waagerecht (Gegensatz: Hautelisse-Technik). → Gobelin.

Bastseide (bast silk, raw silk, ecru silk, unboiled silk, gummed silk): Name nach indischen und chinesischen Rohseiden des Tussahspinners, die im Handel als → „Honan" und → „Shantung" bezeichnet werden. Gemeint sind naturfarbige, aber auch bedruckte Rohseidengewebe in Taftbindung mit krachendem Griff und unregelmäßiger Fadenstruktur. Meist zeigt Bastseide Titerschwankungen in Schussrichtung. Die Bastseide kann auch aus Viskosefaserstoff und Polyester imitiert werden. Einsatz: Kostüme, Kleider, Jacken sowie Deko- und Möbelstoffe.

Batavia (batavia silk): lateinischer Name für die Niederlande, bis 1950 Name von Djakarta (Hauptstadt von Indonesien), im Textilbereich eine alte Bezeichnung für ein dichtes Seiden- oder Chemiefasergewebe in 4-bindigem Gleichgratköper, bei dem der Grat auf beiden Seiten klar zum Ausdruck kommt. Batavia zeichnet sich durch einen weichen Griff und einen fließenden Fall aus. Die Ware ähnelt dem → Seidentwill.
Einsatz: Kleider, Kostüme und Jacken.

Batik (batic style): Namensbildung nach Batak, dem Namen eines malayischen Volkes. Aus Java stammende Kunstgewerbetechnik, die besser als Malreserve oder Musterungs- und Färbeverfahren bezeichnet werden müsste, bei uns aber als Handelsbezeichnung verwendet wird. Das Mus-

ter wird mit heißem Wachs auf das Gewebe gezeichnet (Wachsreserve). Beim späteren Kaltfärben bleiben die reservierten Stellen weiß. Wird der Stoff vor dem Färben gestaucht oder gepresst, entstehen mehr oder weniger feine Risse oder Knickstellen, die nach dem Färben die typischen aderförmigen Effekte zeigen. Ist der Farbstoff fixiert, wird der Stoff gekocht, um das Wachs herauszulösen. Die Batik ist immer eine Gewebereserve und keine Faden- oder Garnreserve wie der → Ikat. Als „falsche Batik" wird die mechanisierte Knüpfbatik (→ Plangi und → Tritik) oder Wickelreserve bezeichnet (→ Abb. 188 A-D).
Einsatz: ursprünglich bei den Zeremonialtüchern Indonesiens, die starke Verwandtschaft zum Ikat aufzeigen, heute für Kleider, Hosen, Jacken, Tischwäsche, Deko- und Möbelstoffe sowie Accessoires.
Literatur: B. Khan Majlis: *Indonesische Textilien.* Rautenstrauch-Joest-Museum, Köln 1984.

Batist (lawn, batiste; indisch, baftas = Dichte): Baumwollgewebe von unterschiedlicher Feinheit (feine Kattune). Es wird importiert und in England oder Holland veredelt.
Andere Herkunftsbedeutung: Feinste Leinengewebe aus langstapligem Flachs. Abgeleitet von dem flandrischen Weber Jean-Baptiste Chambrey (13. Jh.).
Batiste werden in drei Gruppen eingeteilt:
– leichter oder offener Batist, auch „Batist claire" genannt:
  Einstellung: ca. 36 x 28 Fd/cm, Nm 85 x 85,
– mittlerer Batist oder „demi claire":
  Einstellung: 32–45 Fd/cm in Kette und Schuss, Garnfeinheit: ca. Nm 85–100,
– dichter Batist, auch „Batiste hollandée" genannt:
  Einstellung: 31–47 Fd/cm in Kette und Schuss, je nach Qualität schwanken auch die Feinheiten zwischen Nm 70 und 80. Weitere Konstruktionen: → Einstellungsgewebe.

Je nach Einsatz von Kett- und Schussmaterial unterscheidet man einfache Baumwollbatiste aus kardierten Garnen und → Makobatist aus gekämmten Mako-/Ashmouni-Qualitäten. Batiste sind immer leinwandbindig, weich und geschmeidig und werden weiß, stückgefärbt oder bedruckt und kahlappretiert in den Handel gebracht. Aus preislichen Gründen haben sie häufig eine höhere Kett- als Schussdichte (gutes Erkennungszeichen für Kett- und Schussrichtung).
Einsatz: Blusen, Kleider, Nachtwäsche, Bettwäsche, Taschentücher, Hemden usw. Zu den Batistarten gehört eine große Gruppe von Geweben wie: Seidenbatist, Noppenbatist, → Glasbatist, Organdy, → Voile, → Opal und → Zefir.

Baumégrad: Maßeinheit nach dem französischen Chemiker A. Baumé für das spezifische Gewicht von Flüssigkeiten, das Zeichen ist Bé.

Baumrindenkrepp (tree bark crêpe): → Borkenkrepp.

Baumwolle (cotton): Samenhaare mehrerer Arten von Baumwollpflanzen (Gossypium) aus der Familie der Malvengewächse. Das arabische Wort qutn (quten) blieb modifiziert noch im

Baumwolle

veralteten deutschen Begriff „Kattun" sowie in Katoen (niederländ.), cotton (engl./amerikan.), coton (frz.) und in il cotone (ital.) erhalten.
Obwohl die Baumwolle schon vor fast 4.000 Jahren in Asien angebaut wurde, wurde sie in Europa erst im 13. Jh. bekannt.
Baumwolle wird in tropischen und subtropischen Gebieten, dem sog. Cotton Belt (43 Grad n. Br. und 33 Grad s. Br.), angebaut. Während der Wachstumsperiode braucht 1 kg Baumwolle im Sudan und in Ägypten ca. 20.000–27.000 l Wasser, in Israel dagegen ca. 7.000 l.
Mit der Erfindung der Egreniermaschine durch den Amerikaner E. Withney 1793, die mechanisch die Samenhaare von den Samenkernen trennt, trat die Baumwolle als billiger Faserrohstoff ihren Siegeszug um die Welt an.
Baumwollhaare sind ursprünglich zylindrisch und dickwandig und bestehen jeweils aus einer einzigen Zelle. Während des Wachstums wird die Zellwand gestreckt, wobei ihre Dicke zunimmt. Mit fortschreitender Reife trocknet das schleimigklebrige Protoplasma im Innern ein, sodass die zylindrische Form verloren geht. Infolge des Zusammenfallens der Seitenwände entsteht ein gebundenes, plattgedrücktes Band mit wulstartig erhöhten Rändern. Zum Schutz gegen Witterungseinflüsse ist jedes Haar mit einem gummiartigen Häutchen, der Cuticula, umgeben. Man geht davon aus, dass das Vorhandensein der Cuticula Ursache für die korkenzieherartigen Windungen ist. Diese Windungen verleihen der Faser ein gutes Haftvermögen, durch das das Verspinnen, trotz einer Stapellänge der Einzelfasern von 15–55 mm, sehr begünstigt wird. Nicht verspinnbare Faseranteile (unter 10 mm) werden als → Linters bezeichnet und für → Acetat und Cupro-Fasern (→ Cupro-Filament) verwendet.
Chemisch setzt sich die Baumwolle aus 80–90 % Cellulose; 4–5 % Hemicellulose; 0,5–1 % Wachsen und Fetten; 1,5 % Eiweiß; 1–8 % Asche (Mineralbestandteil) und 6–8 % hygroskopisch gebundenem Wasser zusammen.
Die Qualitätsmerkmale sind Reinheit, Glanz, Seidigkeit und Weichheit. Der natürliche Farbton ist hellcreme über beige bis dunkelbraun. Von Natur aus wirkt die Baumwolle matt, hochwertigen Sorten ist ein seidiger Glanz zu Eigen.
Ihre weiteren Eigenschaften sind: Stapellänge: 15–55 mm; Feinheit: dtex 1,25–4; Festigkeit: im trockenen Zustand gut, nass sehr gut (20-50 cn/tex); guter Scheuerwiderstand; Dehnbarkeit, Elastizität und Knitterwiderstand sind gering; keine Formbarkeit; sehr gute Feuchtigkeitsaufnahme (Feuchtfühlgrenze bei 20 %); gute bis sehr gute Hitzeverträglichkeit (bis ca. 200 °C). Die Baumwolle als native, d. h. gewachsene Cellulosefaser zeigt gegenüber Säuren nur sehr geringen Widerstand, gegenüber Laugen allerdings ist sie sehr unempfindlich (z. B. Natronlaugenbehandlung bei der Mercerisation). Bei feuchter Lagerung kann es zur Bildung von Stockflecken kommen. Waschmittel, auch Vollwaschmittel, verträgt Baumwolle sehr gut; weiß kann sie bei 95 °C, bunt bei 60 °C gewaschen werden. Die Bügeltemperatur liegt bei 200 °C (3 Punkte). Sie verbrennt ähnlich wie Papier mit leicht stechendem Geruch und Flugasche als Rückstand.

Die folgende Liste enthält Baumwollvarietäten unterschiedlicher Herkunftsländer mit Angabe der Stapellänge, des Griffs und der Farbigkeit, wobei die letzten beiden Kriterien durch die Produktion und Veredlung erheblich verändert werden können. Man spricht bei Baumwolle nach ISO bei weniger als 23,81 mm Stapellänge von kurzstaplig (short) bei 24,61–27,78 mm von mittelstaplig (medium); bei 28,85–30,96 mm von mittellang (medium to long); bei 31,75–43,93 mm von lang (long) und bei 35,72–44,45 mm von extra lang (extra long).

- Peru: *Tanguis:* 28,5–30,1 mm, grob, cremefarbig; *Pima:* mit 38,1–41,2 mm extra langstaplig, hervorragende Qualität, weich, seidig-glänzend, hellfarbig,
- USA (Neu Mexiko, Kalifornien): *Acala:* Upland-Baumwolle, 28,5–30,1 mm,
- USA (Südosten: Alabama, Florida, Georgia): *Deltapine:* Upland-Baumwolle, 26 mm, mittlere Feinheit, relativ große Zugfestigkeit, weißhellgrau,
- USA (Mississippi-Staaten, Nordmexiko): *Deltapine:* 26,2–27,7 mm, relativ gute Zugfestigkeit und Weichheit; *Pima:* 34,9–36,5 mm,
- Dominikanische Republik: *Sea Island:* 38,1 mm, sehr gute Zugfestigkeit, seidig glänzend, weiß (ohne Weltmarktbedeutung),
- Ägypten: *Giza 45:* handgepflückt, diverse Varietäten, 33,3–34,9 mm, fein, weich, geschmeidig, cremefarbig; *Ashmouni/Ashmuni,* auch Mako oder Jumel genannt: 29 mm, kein Anbau mehr, vergleichbar mit Giza 45,
- Sudan: *Barakat:* 33–45 mm, weich, zugfest, cremefarbig,
- Côte d'ivoire: *Isa:* 100% handgepflückt, 27,7–29,3 mm; *Stam:* 100% handgepflückt, 27–29,3 mm,
- China: *Zhongmian:* 95% hand-, 5% maschinengepflückt, 30,2 mm, weich und geschmeidig; *Lumian:* 30,9 mm,
- Indien: *Bengal Deshi:* handgepflückt, 15–18 mm, billige Sorte, grob, kräftig, gelblich bis bräunlich, stumpf, evtl. problematisch in der Verarbeitung und Veredlung, Einsatz: Einlagen und Schulterpolster.

Die Weltfaserproduktion von Baumwolle lag 1998/99 bei ca. 18,5 Mio. t. Im Vergleich dazu lag die Weltproduktion von Chemiefasern 1999 bei ca. 24,45 Mio. t.

Der durchschnittliche Baumwollertrag in Kilogrammm pro Hektar betrug in Israel: 1.741, in der Türkei 1.133, in den USA 709, in Ägypten 685 und in Indien 295. (Aus 1 kg Baumwolle gewinnt man ca. 30 kg Fasern.) Im Vergleich beläuft sich der Leinenertrag (Flachs) kg/ha auf 1.300–1.700 und der Hanfertrag kg/ha auf 2.500–3.300.

Einsatz der Baumwolle:
- Verspinnbare Baumwollfasern: Bekleidung: Oberbekleidung für Sport, Freizeit und Beruf, mit Ausrüstung auch für Regen- und Spezialkleidung, Unterwäsche, Strümpfe, Accessoires. Heimtextilien: Bett- und Tischwäsche, Hand- und Badetücher, Teppiche, Läufer, Bodenbeläge, Deko-, Gardinen- und Möbelstoffe, Wandtapeten. Medizinische Verwendung: Mull und medizinische Watte. Industrie: Gummi-, Schuh- und lederverarbeitende In-

Baumwollrohgewebe

dustrie und Polierscheiben. Weitere Verwendung: Planen, Zelte, Markisenstoffe, Segel, Netze, Säcke, Isolier- und Klebeband, Industriewatte, Polstervlies, Staubfilter, Tücher jeglicher Art, Handstrickgarne, Industriezwirne.
- Rohlinters: Rohverarbeitung: Matratzenvliese, Polstermaterial, Filze. Cellulose-Reinverarbeitung (chemisch umgewandelte Reinlinters): Cupro (früher bekannt unter dem Begriff Kupferkunstseide), Hohlfasern für die Dialyse, Acetat, Triacetat, z. T. Viskosefasern, Viskosewursthaut, Cellulose-Acetat für Spritzgussartikel, Fotofilme, Lacke. Faserige Cellulose: feine Druck- und Briefpapiere, Banknoten und Dokumentenpapiere, Künstlerpapiere, Labor- und diagnostische Papiere, Vliese.
- Baumwollsamen: raffiniertes Öl: Margarine, Backfett, Salat- und Speisemayonnaise. Raffinierrückstände: Seife, Pharmazeutika, Kosmetika, Fettsäuren, Gummi und Kunststoffe, Insektizide, Imprägnierungen, Beschichtung von Leder, Papier und Textilien. Ölkuchen: Schrot, Viehfutter und Dünger.

Samenschalen: Viehfutter, Dünger, Verpackungen und Kleie sowie synthetisches Gummi.
Quelle: www.baumwollboerse.de

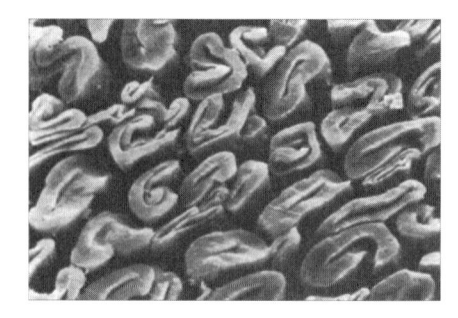

Abb. 33: Faserquerschnitt Baumwolle, nierenförmig

Baumwollrohgewebe: → Grey cotton. → Nessel.

Behördentuch, Lieferungstuch (civilian uniforms, military cloth): alle tuchartigen Qualitäten für Behörden, Polizei, Bahn, Bundeswehr usw. Je nach Einsatz gibt es genaue Vorschriften und Qualitätsrichtlinien, welche auch eng kalkuliert werden. Sehr oft sind es Mischungen aus

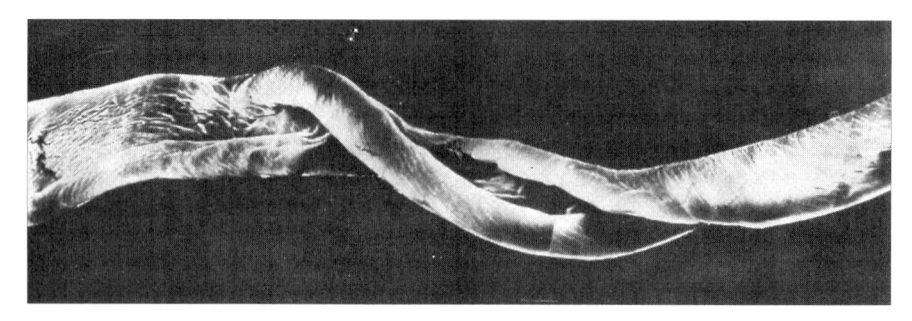

Abb. 32: Baumwollfaser 2000 x vergrößerte Längsansicht, korkenzieherartige Verdrehung der Faser (Aufnahme mit Raster-Elektronenmikroskop „Stereoscan")

Streichgarn und Kammgarn, überwiegend aus Wolle, aber auch immer häufiger mit Polyesteranteilen (Pflege, Gewicht, Preis) versetzt. → Trikotgewebe. → Trikotine → Gabardine.

Beiderwand (tied double cloth, two-sided stuff): ein aus dem Gebrauch gekommenes, typisch ländliches Doppelgewebe in Leinwandbindung, das ausschließlich in zwei Farben gewebt wurde. Die Wahl der Farben war vom Anlass abhängig, z. B. rot-weißes Gewebe für die Hochzeit, schwarz-weißes zur Trauer. Stark verbreitet war das in Dänemark auch als „Bettgardinen" bezeichnete Gewebe im deutsch- und dänischsprachigen Schleswig-Holstein des 17. und 18. Jh., aber es findet bereits im 14. Jh. in Westfalen Erwähnung. Als Garne wurden Leinen und Wolle verwendet. Das Gewebe besteht aus einer Grund- und einer Bindekette, im Aufbau gleicht es dem Doppelgewebe. Das Verhältnis von Kette und Schuss ist bei der klassischen Beiferwand 4:1. Das Muster ist ein freies Doppelgewebe, während die zwei Gewebelagen des Grundes durch regelmäßige Abbindungen verbunden sind. Dadurch entsteht auf der Rückseite ein Negativbild mit den charakteristischen Vertikalrippen. Die Motive sind z. T. sehr schlicht, z. T. sind die Muster auch von der Reichhaltigkeit der Damaste (floral, figürlich, geometrisch) beeinflusst, jedoch in der Ausführung einfacher, bedingt durch die verwendeten groben Garne. Noch Anfang des 20. Jh. war Beiderwand auch ein typisches Gewebe für grobe, halbwollene Rockstoffe der Bauersfrauen und Mägde.

Einsatz: Bettvorhänge, Dielenausschmückung, Trachten, Röcke und Schürzen.
Literatur: Vokabular der Textiltechniken Deutsch. Centre International d'Étude des Textiles Anciens (C.I.E.T.A.) 34, Rue de la Charité 2e 1971.

Bekleidungssystem (clothing system): Abstimmung der kombinierten Kleidungsstücke unter Berücksichtigung der spezifischen Eigenschaften der Materialien, orientiert am Kenntnisstand der Textilchemie, Bekleidungsphysiologie, Textiltechnik und der Schnitt- und Fertigungstechnik. Beispiel für ein optimales Bekleidungssystem:
1. Funktionsunterwäsche als *leitende Schicht:* Sie wird direkt auf der Haut getragen und besteht aus Funktionsfasern (z. B. Polypropylen), die im Gegensatz zur Baumwolle keine Feuchtigkeit speichern, sondern die Feuchtigkeit von der Haut weg zur nächsten Schicht transportieren.
2. Die *Zwischenschicht* bezeichnet man als Isolationsschicht; sie wird über der leitenden Schicht getragen. Sie kann aus verschiedenen Materialien bestehen, wobei synthetische Fasern (z. B. Polyestervlies) in modernen Bekleidungssystemen bevorzugt werden, da ihre Isolationsfähigkeit auch im nassen Zustand weitgehend erhalten bleibt und sie zudem bis zu viermal schneller trocknen als Baumwolle.
3. Die *Außenschicht* ist die schützende Schicht. Sie wird je nach Wetterbedingungen über der leitenden und/oder über der isolierenden Schicht getragen und entscheidet über das Wohlbefinden (Wellness) des Trägers. Nasse Bekleidung beschleunigt den

Belima X

Wärmeverlust und führt damit zu einem unangenehmen Tragegefühl. Dies kann man durch eine wind- und wasserdichte Außenschicht und ein hohes Maß an → Wasserdampfdurchlässigkeit (Atmungsaktivität) gegen einen Hitzestau verhindern.
Quelle: Gore-Tex® Technologie, Putzbrunn.

Belima X: Markenname einer speziellen Mikrofaser von Kanebo Ltd., Japan. → Belseta®. Schon 1977 begann die Markteinführung von Belima mit dem Lederimitat Belleseime®. Es ist ein Matrixfibrillentyp (Bi-Komponentengarn aus 70 % Polyester und 30 % Polyamid) mit einem Zahnrad- oder Orangenprofil. Aus dieser Mikrofaser entstand eine Produktpalette von großer Vielseitigkeit in gewebter und Non-Woven-Ausführung. Einsatz: Bekleidung (Indoor/Outdoor), Möbelstoffe, Accessoires.

Abb. 34: Ultrafeine Mikrofaser aus 30% Polyamid (Matrix) und 70% Polyester (dreieckige Fibrillen)

Belleseime®: Raulederimitat aus Mikro (Mikrofaser) von der Firma Kanebo Ltd., Japan. Die Spezialfaser nennt sich → Belima X, ein ultrafeines Bi-Komponentengarn, ein sog. Matrixfibrillensystem (→ Abb. 34). Belleseime® besteht aus 68 % Polyester, 20 % Polyamid und nur 12 % Polyurethan und wird als Webware wie → Belseta® hergestellt. Durch das spezielle Ausrüstungsverfahren erhält man eine weiche, geschmeidige Ware mit guter Elastizität. Belleseime® kann auf normalen Nähmaschinen verarbeitet werden und ist durch den geringen Anteil an PU reinigungsbeständiger. Belleseime® gibt es in zwei Ausführungen unter dem Markennamen Belleseime®: Belleseime® und das superleichte Belleseime® SL. Eine weitere sehr leichte Qualität, die zur Produktpalette gehört, ist → Savina®.
Einsatz: Jacken, Mäntel, Kostüme, Hosen und Möbelstoffe.

Belseta®: Gruppe von funktionellen Geweben aus ultrafeinen Mikrofilamenten mit dem Markennamen → Belima X (→ Belleseime®), von Kanebo Ltd., Tokio/Japan entwickelt, von Girmes J. L. de Ball, Nettetal/Deutschland vertrieben. Der hohe Wasserwiderstand (ca. 700 mm–1.000 mm) wird durch die starke Schrumpfausrüstung erreicht. Dabei wird der PES-Anteil von der PA-Komponente getrennt, sodass hochfeine Einzelfilamente (dtex 0,09) entstehen (→ Abb. 37). Die Wasserdampfdurchlässigkeit ist mit über 3.200 g/m² in 24 Std. sehr gut und unterstützt im Wesentlichen den guten Tragekomfort. Durch die Verdichtung ist die Gewebestruktur nicht mehr zu erkennen und es entsteht eine sehr feine und elegante Optik. Die Innenseite braucht nicht beschichtet oder laminiert werden. Griff und Geschmeidigkeit tragen zum Wellness-Gefühl des Trägers bei. Eine Wasser abweisende Ausrüstung macht das Produkt resistent gegen leichten Regen und Schneefall. Belseta® kann von Hand oder in der Waschmaschine gewaschen sowie chemisch gereinigt werden, Flecken sind mit lauwarmem Wasser, ggf. mit Feinwaschmittel zu entfernen. Knitterfalten werden mit dem Dampfbügeleisen (120 °C, 1 Punkt) und einem Bügeltuch beseitigt.

Einsatz: Active Sportswear, modische Oberbekleidung, z. B. Mäntel, Hosen, Sakkos, Accessoires, Schuhe, Hüte, Taschen, Bettwaren, z. B. Daunendecken.

Abb. 35: Matrix-Fibrillen Garn → Belima X

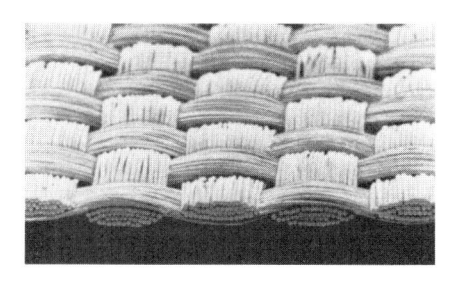

Abb. 36: Belseta® Rohware

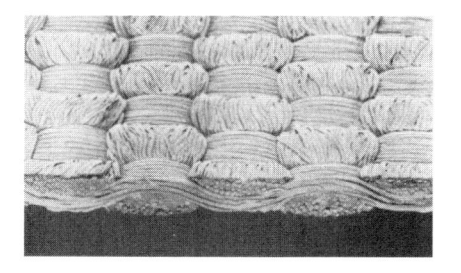

Abb. 37: Belseta® Fertigware (geschrumpft)

Belseta® PS: Lederimitat, eine Variante von Belseta®, wird geschmirgelt oder „gepeacht" (PS steht für peach skin = Pfirsichhaut). Die Ware wird weich und geschmeidig, aber etwas schmutzanfälliger. Dieses Mikrogewebe wiegt nur 130 g/m^2 und kommt damit dem Wunsch der Kunden nach Komfort und Leichtigkeit der Bekleidung nach. Die technischen und bekleidungsphysiologischen Eigenschaften entsprechen → Belseta®.

Einsatz: Sportswear, Outdoor wie Jacken, Mäntel, Blousons, aber auch Kostüme und Röcke.

Literatur: M. Meincke: Atmungsaktive Wunderstoffe. Diplomarbeit FH Hamburg, Hamburg 1992.

Bengal: indische Baumwollsorte, die nur regional gehandelt wird (→ Baumwolle). Sie gehört zu den gröbsten und kurzstapligsten Baumwollsorten. Da sie oft wachstumsgeschädigt ist, ist die aus ihr hergestellte Ware problematisch in der Veredlung, nimmt Farbe nur unregelmäßig an und ist schlecht waschbar.

Einsatz: Einlagen, Schulterposter und Füllungen.

Bengaline (bengaline, heavy poplin): Der Name leitet sich von der im Nordosten Indiens liegenden Landschaft Bengalen ab. Ein kräftiger popelineartiger Seiden- oder Chemiefasertaft, bei dem sich durch das Einstellungsverhältnis von Kette und Schuss (z. B. 56 x 22 Fd/cm) eine stärkere Querrippung ergibt. Ursprünglich aus Bengalen stammend und aus reiner Seide gefertigt, wird Bengaline abgewandelt als Halbseidenripsgewebe (Kette: Grège, Schuss: Wollkammgarn). Wird er als Rips bezeichnet, sollte eine echte Ripsbindung vorliegen. Erkennen kann man dies gut an der flachen Rippe. Falscher Rips hingegen hat eine feste halbrunde Rippe und wird mit der Leinwandbindung konstruiert. (Bindungsbeispiele falscher Rips/echter Rips → Abb. 195 und → Abb. 198.) Einsatz: Der Bengaline wird für Moirés, als Kleider- oder Besatzstoff verwendet.

Berufsbekleidung (industrial clothing, professional clothing): wird aus widerstandsfähigen Gewebetypen gefertigt, die auf starke Beanspruchung im Gebrauch ausgelegt sind. Voraussetzungen dafür sind:
– feste Gewebekonstruktion (Haltbarkeit),
– sehr gute Farbechtheit (Kochbeständigkeit),
– Dimensionsstabilität (→ Sanfor, maximal 1 % Einlauf) und
– passende Colorierung.

Klassische Berufsbekleidungsgewebe sind Schilfleinen (etwas aus der Mode), Kadett, Regatta, Pepita (→ Bäckerkaro und → Metzgersatin). Bei den Bindungen überwiegen Leinwand, Köper, Whipcord, Trikot, Hohlschuss für Cord und Cordsamtbindungen. Heute werden den veränderten Ansprüchen gemäß passende Bekleidungstextilien in Mischungen (65 % PES, 35 % CO) oder Gewebe aus 100 % PES angeboten. Diese Gewebe sowie Hightech-Vliese (→ Tyvek®) werden unter Berücksichtigung hygienischer, bekleidungsphysiologischer und auch entsorgungstechnischer Gesichtspunkte entwickelt.

Beschichten: → Coating.

Bett-Damast: → Damast (Bett-Damast).

Bettleinwand: → Stößelleinen.

Bettstout (bedstout): → Stout.

Biber (beaver): Das Gewebe wird analog dem weichen Fell des Bibers „Biber" genannt. Gehört wie → Molton und → Kalmuck zu den gerauten Gewebetypen und ist die leichteste Ausführung in dieser Gruppe. Das Gewebe wird in Leinwand oder Köper und einseitig (Hemdbiber) oder beidseitig geraut (Betttuchbiber) angeboten. Geliefert wird die Ware in Weiß, Blau oder Rosé, seltener garnfarbig. Betttuchbiber wird auch bedruckt. Der Rauflor ist wirr, das Bindungsbild aber oft noch zu erkennen. In der Kette setzt man Watergarne ein, im Schuss weich gedrehte Mulegarne, denn geraut wird nur der voluminöse Schuss. Einstellung: 18 x 14 Fd/cm, Nm 40 x 10 (Köperbindung); 17 x 9 Fd/cm, Nm 40 x 10 (Leinwandbindung).

Billroth-Batist (cerecloth): Name nach dem deutschen Chirurgen Dr. Theodor Billroth (1829–1894), der neue Operationstechniken einführte. Es ist ein wasserdichter, leinwandbin-

diger, einfacher Baumwollbatist in gelblichroter Farbe. Er enthält eine Leinölimprägnierung mit anschließender Glättebehandlung durch den Kalander.
Einsatz: medizinische Verbände (daher auch die Bezeichnung „Verbandbatist").

Bindepunkt, Bindungspunkt (crossing-point, interlacing-point): Verkreuzungsstelle zwischen einem Kett- und einem Schussfaden ($\rightarrow$ Abb. 38/39).

Kettfaden

Schussfaden

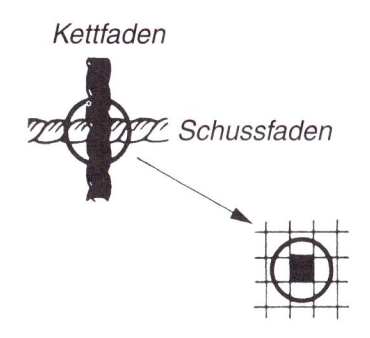

Abb. 38: Bindungspunkt, Kettfadenhochgang. Der Kettfaden liegt über dem Schussfaden.

Kettfaden

Schussfaden

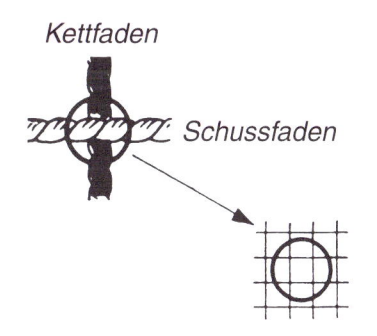

Abb. 39: Bindungspunkt, Kettfadentiefgang. Der Kettfaden liegt unter dem Schussfaden.

Bindung, Gewebebindung (weave, cross weave): rechtwinklige Fadenverkreuzung von Kett- und Schussgarnen. Dabei liegt der Kettfaden entweder über (**Ketthochgang**) oder unter dem Schussfaden (**Kettiefgang**).

Bindungskrepp (crêpe weave): $\rightarrow$ Kreppgewebe.

Bindungskurzzeichen: Konstruktionsangaben für Gewebegrundbindungen und deren einfache Ableitungen, wobei Buchstaben-Zahlen-Kombinationen oder nach der neueren DIN Zahlenkombinationen (DIN 61101, Teil 2) jeden einzelnen Schritt beschreiben. Diese neuen Kurzzeichen sind international verständlich und in der Datenverarbeitung einfacher zu handhaben.
Folgende Grundbindungen werden mit den Bindungskurzzeichen dargestellt: Leinwand, Köper, Atlas. Aus diesen Grundbindungen können alle anderen abgeleitet werden.
Die alten Kurzzeichen, bestehend aus Buchstaben-Zahlen-Kombinationen, sollen, da sie international noch im Gebrauch sind, kurz erklärt werden: Für die Leinwandbindung steht „L", für die Köperbindung steht „K" und für die Atlasbindung „A". Die Hebung und Senkung wird durch einen Bruchstrich gekennzeichnet.
Die Bindungen sehen wie folgt aus:
Beispiel Leinwand:

$$L \frac{1}{1} = \begin{matrix} \text{Ketthebung} \\ \text{Kettsenkung} \end{matrix}$$

Die Addition beider Zahlen ergibt den Höhenrapport 2. Das „L" steht aber

Bindungskurzzeichen

auch für die Versatzart, im dargestellten Fall ein Vollversatz (schachbrettartig).
Beispiel Köper:

$$K \frac{2}{2} \begin{matrix} = \text{Ketthebung} \\ = \text{Kettsenkung} \end{matrix}$$

Die Versatzzahl ist, wenn sie nicht angegeben wird, immer 1 und wird bei Köper nur explizit genannt, wenn sie größer ist, z. B. 2.
Beispiel Atlas:

$$A \frac{4}{1} \begin{matrix} = \text{Ketthebung} \\ = \text{Kettsenkung} \end{matrix} \quad 2 = \underset{\text{(Steigerungszahl)}}{\text{Versatzzahl}}$$

2 ist die Versatzzahl. Der Höhenrapport ist 5 (4 + 1).
Wird eine längere Bindung dargestellt, z. B.

$$K \frac{2\ 4\ 5}{3\ 1\ 2}$$

so folgt immer der Hebung eine Senkung: zwei Hebungen, drei Senkungen, vier Hebungen, eine Senkung, fünf Hebungen, zwei Senkungen.
Bei der neueren DIN besteht der Schlüssel oder Code aus vier, durch Bindestriche voneinander getrennten Teilen.
Beispiel Leinwandbindung:
10 – 0101 – 01 – 00.
Die 10 stellt symbolisch die Bindungsart dar, hier Leinwand = 1. Die 0 bedeutet, dass die Bindungspatrone mit einer Ketthebung beginnt (Kästchen wird ausgezeichnet). Wird die 0 durch eine 1 ersetzt, also 11, beginnt die Bindung mit einer Kettsenkung (Kästchen wird leer gelassen).

0101 bedeutet 01 Ketthebung und 01 Kettsenkung. Gezeichnet (patroniert) wird immer von links unten nach oben, dem Vertikalverlauf eines Kettfadens entsprechend. Aus der Addition dieser Zahlen ergibt sich immer die Höhe des Bindungsrapports.
Die folgende 01 zeigt die Fädigkeit an, d. h. die nebeneinander gleichbindenden Kettfäden. Entsprechend der Bindung kann diese endlos variiert werden. Wird z. B. stattdessen 04 angegeben, bedeutet das, dass vier Fäden gleich binden, d. h. deckungsgleich gezeichnet werden.
00 ist die Versatz- oder Steigungszahl. 00 zeigt keinen Versatz, sondern bedeutet, dass der zweite Kettfaden entgegengesetzt (schachbrettartig) bindet.
Beispiel Köperbindung:
20 – 0301 – 01 – 01
Die 20 steht symbolisch für Köper, 0301 heißt drei Ketthebungen und eine Kettsenkung, 01 ist die oben erklärte Einfädigkeit und der letzte Teil, die 01, steht für die Versatzzahl. Sie bedeutet, um wieviel Schussfäden die Ketthebung und Senkung vom ersten Kettfaden nach oben versetzt wird, im vorliegenden Beispiel ist diese Versetzung eine „treppenartige" um eine „Stufe".
Beispiel Atlasbindung:
30 – 0401 – 01 – 02
Die 30 steht für Atlas, die restlichen Zahlenbedeutungen wie oben erklärt. Eine praktische Anwendung dieser Kurzzeichen wird auf den ersten Seiten dieses Buches unter „Patronendarstellungen" aufgezeigt.

Bindungspatrone (weave design): → Patrone.

Bindungsrapport (pattern repeat, rapport): kleinste, in sich geschlossene Bindungseinheit, die sich fortwährend in Kett- und Schussrichtung wiederholt. → Abb. 40.

Abb. 40: Bindungsrapport 3 x 3 (Bindungsrapport durch Pfeile markiert)

Biokryl: → Antibakterielle Ausrüstungarten.

Black Watch: Ursprünglich der Military → Tartan, das Muster der 42nd Black Watch Royal Highlanders, ist Black Watch als die Bezeichnung für alle Karos ähnlicher Farbgebung (Schwarz, Marine, Dunkelgrün) heute ein Begriff im DOB- und HAKA-Bereich. Früher in Schottland meist aus feinem Streichgarn hergestellt, wird Black Watch, wie fast alle Tartans, heute in der Regel aus Kamm- oder Streichgarn in Köperbindung gewebt, selten in Tuchbindung.

Blaudrucke (blue printing, indigo printing): Klassische Blaudruckgrundware ist ein kräftiges Leinengewebe oder der leinwandbindige Cretonne. Blaudrucke wurden früher als Schürzen- und Kleiderstoffe verwendet und zeichneten sich durch eine tiefblaue Indigofärbung aus. Das Färbeverfahren wird als Reservedruck bezeichnet. Dabei wird das Muster mit Hilfe eines Models und Reservepaste (früher Papp genannt) auf den Stoff gedruckt. Die Farbe entsteht durch Reduktion und Oxidation. Im eigentlichen Sinn ist also der Blaudruck gar kein Druck, sondern eine Färbung, denn die Figuren bleiben weiß (Reservedruck) und der Fond wird blau. Der Reichtum der Blaudrucker hing von der Vielfalt ihrer Druckmodel ab. In Deutschland gibt es noch einige Blaudruckereien (z. B. in Scheeßel/Niedersachsen), die aber im Gegensatz zum 18. und 19. Jh. keine wirtschaftliche Bedeutung mehr haben. Der echte Indigo wird natürlich seit Erfindung des künstlichen Indigos 1897 (Küpenfarbstoff) kaum noch verwendet, es sei denn zu einem besonderen Anlass wie die Geburtstagsjeans „Levis vintage 501". Heute werden Blaudrucke z. T. durch die Ätzdrucktechnik imitiert.
Literatur: P.-A. Koch; G. Satlow: Großes Textil-Lexikon. Deutsche Verlags-Anstalt, Stuttgart 1965. H.-J. Goerschel: Blaudruck, ein altes Handwerk. Mobile, Aurich 1979.

Blei: → Gifte/Toxine.

Bleichen (to bleach, to brighten): Dieser Veredlungsvorgang hat die Aufgabe, die beim Abkochen oder Beuchen nicht entfernbaren Begleitstoffe der Baumwolle, wie Pektine, Eiweißverbindungen, Fette und Wachse, zu

Bleichen

entfernen oder deren Eigenfarbe zu nehmen. Bei Chemiefasern wird durch das Bleichen z. B. ein hoher Weißgrad für reinweiße Artikel erreicht, und bei gefärbten Textilien werden die Farbtöne abgemildert, ohne sie dabei in ihren Eigenschaften negativ zu beeinflussen.

Die Chlorbleiche ist eine Oxidationsbleiche. Das bleichende Element ist nicht das Chlor, sondern der frei werdende Sauerstoff (Natriumhypochlorit = Chlorbleichlauge, NaClO, und Natriumchlorit, $NaClO_2$).

Konzentrierte Chlorflotten haben eine höhere Bleichgeschwindigkeit als verdünnte. Wenn die Temperatur über 35 °C liegt und dann um 10 °C erhöht wird, wird dabei die Bleichgeschwindigkeit verdoppelt; zugleich nehmen die Faserschädigungen zu und der Chlorverbrauch erhöht sich. Der beste Temperaturbereich zum Bleichen liegt bei 20 °C. Die stärksten Schäden treten im Neutralbereich (pH 7) auf; der vorteilhafteste Bleicheffekt wird bei pH 9–10 erzielt (→ pH-Wert). Soll nicht vollbebleicht werden, empfiehlt sich die Kaltbleiche. Einem Vergilben und Faserschäden beugt man durch eine anschließende Neutralisation vor. Bei richtiger Anwendung ruft die Chlorbleiche kaum Faserschädigungen hervor, ist außerdem preiswert und eignet sich gut für Mischgewebe, z. B. aus Baumwolle und Polyester. Sie führt jedoch zu einer beträchtlichen Gas- und Geruchsentwicklung, zu Korrosionsschäden an den Maschinen und zu Abwasserproblemen.

Die Sauerstoffbleiche oder Wasserstoffperoxidbleiche, kurz Peroxidbleiche genannt (H_2O_2), wird normalerweise im alkalischen Bereich durchgeführt, da im sauren Bereich die Bleichwirkung sehr gering ist. Das Bleichen beginnt in langen Flotten bei 40–50 °C und wird langsam auf 80–90 °C gesteigert. Der beste pH-Wert liegt bei 10,5–12. Im Neutralbereich entsteht Sauerstoff, der starke Faserschädigungen hervorruft. Damit beim Trocknen keine Alkalirückstände auftreten, die ein späteres Vergilben und eine Faserschädigung zur Folge hätten, wird z. B. mit Ameisensäure neutralisiert. Vorteile dieses Bleichverfahrens sind eine gute Reinigung des Gewebes und ein beständiges Weiß.

Die Kaliumpermanganat oder Permanganatbleiche wird aufgrund hoher Kosten und einer schwierigen Handhabung nur selten angewandt. Sie eignet sich für Tussahseide (→ Tussah), Stone-washed-Artikel und Jeans. Im alkalischen Bereich entwickelt sich Braunstein, der in einem zweiten Bad durch Natriumbisulfit neutralisiert werden muss, um ein Vergilben und eine Faserschädigung zu vermeiden.

Eine Vollbleiche, bei der in einer ersten Stufe mit Chlor und in einer zweiten Stufe mit Peroxid gebleicht wird, wird auch als „aktive Sauerstoffbleiche" bezeichnet. Eine reine Chlorbleiche hat ein gelbstichiges Weiß und einen strohigen Griff zur Folge, eine reine Peroxidbleiche führt zu einem beständigeren Vollweiß und einem weichen Griff.

Literatur: M. Peter; H. K. Rouette: Grundlagen der Textilveredlung. Deutscher Fachverlag, Frankfurt/Main 1989[13].

Bleichen von PES und PA: Polyester, dessen ursprüngliche Farbe gräulich

ist, wird entweder mit Titandioxid belegt und weiß ausgesponnen oder es werden Sauerstoffbleichen vorgenommen. Dabei wird entweder das Material ein- bis zweimal peroxidgebleicht oder es wird eine Chloritbleiche angewandt, bei der nicht das Chlor, sondern der frei werdende Sauerstoff die Faser bleicht.
PA 6 und PA 66 werden reinweiß ausgesponnen, später aber nach Bedarf mit Wasserstoffperoxid gebleicht. Mischgewebe aus Polyester bzw. Polyamiden und Baumwolle können sehr gut mit Peroxid gebleicht werden, wobei bei beiden Fasergattungen ein fast identischer Weißton entsteht. Farbveränderungen treten mit der Zeit zuerst bei der Baumwolle auf, Polyamid weist eine höhere Beständigkeit auf. Um hohe Weißspitzen zu erreichen, wird der optische Aufheller eingesetzt.
Färbungen werden bei Polyamid überwiegend mit Säurefarbstoffen durchgeführt, bei Polyester verwendet man Dispersionsfarbstoffe. PA 6 nimmt den Farbstoff intensiver auf als PA 66.

Blockkaro (plaid): typische Musterung, die sich von den klassischen → Farbeffekten wie → Hahnentritt, → Vichy und Pepitakaros (→ Pepita) absetzt. Der Schär- und Schussrapport umfasst eine größere Zahl von gleichfarbigen Fäden, sodass man ab 3 cm großen Karos vom Blockkaro spricht. Die Flächen sind meist quadratisch angelegt. Pepita z. B. ist sehr klein kariert, die Größe der Karos liegt bei ca. 5 mm. Überwiegend werden zwei, manchmal drei Farben für die Musterung eingesetzt, sodass eine klare Farbigkeit entsteht.

Einsatz: Kleider, Jacken, Hemden, Heimtextilien, hier vor allem Tischdecken.

Blue Denim: → Denim. → Jeans.

Blue Jeans: → Jeans.

Blumensamt (floral velvet): etwas offener, sehr kurzfloriger Viskosesamt, der zur Herstellung künstlicher Blumen verwendet wird. Darüber hinaus ist Blumensamt auch zu Dekorationszwecken und für experimentelle Arbeiten sehr gut einsetzbar. Es handelt sich hierbei nicht um einen Samt mit floraler Musterung. Der Name weist lediglich auf seinen Verwendungszweck hin.
Samtqualitäten: → Velours.

Blusenserge (blouse twill): ein im Wollbereich interessanter leichter Gewebetyp, ein 3-bindiger Kettköper aus sehr feinen, garngefärbten Kammgarnen (Siro-spun). Bei der Herstellung von Blusenserge (→ Serge) handelt es sich um ein Spezialverfahren, mit dem auch die reinwollenen Cool-Wool-Gewebe hergestellt werden. Trotz Superwash-Ausrüstung gehört der Artikel zu den kostengünstigen Blusengeweben. Er kann bei 30–40 °C in der Maschine gewaschen werden.

Bombyx mori: Zuchtseidenspinner. → Seide.

Bondings (engl., bond = verbinden, verkleben): Zusammenfügen von zwei textilen Flächen (z. B. Oberstoff, Futterstoff oder Vliese) mittels eines Klebers oder Thermoplasten. Es wird dadurch eine Verstärkung des Textils er-

Borkenkrepp, Borkencrêpe 46

reicht, die die Verarbeitung und die Trageeigenschaften verbessert. → Laminieren. → Kaschieren.

Borkenkrepp, Borkencrêpe (bark crêpe, tree bark crêpe): Artikel aus Seide, Chemiefasern oder Baumwolle, auch Baumrindenkrepp, Narben- oder Rindenkrepp genannt, der Längsfalten in baumrindenähnlicher Struktur aufweist, die auf die Materialzusammensetzung oder die Ausrüstung zurückzuführen sind oder bei schwereren Geweben auf die Bindungstechnik. Man unterscheidet zwischen der Gaufrierveredlung, eine Borkenprägung mittels Präge- oder Gaufrierwalzen, dem Gaufrieren mit Waschechtprägung (Everglaze), materialbedingten Borkeneffekten und Rinden- oder Längsfalteneffekten durch die Bindung.
Leinwandbindige Gewebe in Borkenmusterungen entstehen durch den Einsatz von Normalgarnen in der Kette und Kreppgarnen im Schuss, und zwar in einer Drehrichtung (Z oder S). Beim Wechsel von einem Z-Garn und einem S-Garn entsteht eine gleichmäßig narbige Oberfläche nach dem Krepponieren. Stärker, d. h. borkenähnlicher erscheint das Muster nach der Nassbehandlung, wenn das Garn mit nur einer Drehrichtung verwendet wird. Gleichmäßige Rindenmusterungen erhält man durch den Gaufrierkalander vor dem Krepponieren. In der Nassbehandlung – auch bei Dampf – springt die Ware in die vorgeprägten Figuren. Einstellungsbeispiel: 34 x 30 Fd/cm, Nm 120 x 100. Der Borkenkrepp, der durch das Gaufrieren entsteht, ist unter den Kreppgeweben der einfachste Typus.

→ Kreppgewebe. → Sandkrepp. → Mooskrepp.

Bosci (bosci): → Javanese.

Bouclé (bouclé, bouclé fabric; frz., bouclé = gelockt, bucklig): Gewebe mit unruhiger Oberfläche, die durch Kräuselzwirne (2–3-stufig) hervorgerufen wird. Der Bouclé zeigt Knoten und auch kleine Schlingen, die größer als beim → Frotté, jedoch kleiner als beim → Loopzwirn sind. Verwendet werden Kamm- und Streichgarne aus Natur- und Chemiefasern. Bei feinen Kammgarnartikeln können die Knoten fast verdeckt sein, die Ware zeichnet sich aber durch einen kräftigen Griff aus. Bei hochwertigen Bouclés ist der Knoten- oder Schlingenfaden aus Mohair, Alpaka o. Ä., wodurch die Ware einen schönen Glanz erhält. Man unterscheidet zwischen groben und feinen Bouclés, deren Bindungsgrundlage überwiegend Leinwand oder kleinrapportige Bindungen wie Krepp ist. Bouclé gehört trotz seiner lebendigen Oberfläche zu den kahlappretierten Stoffen. Der Griff (Haptik) ist je nach Ausrüstung rau bis hart, heute auch vielfach weich. Bei seiner relativ offenen Einstellung und entsprechenden Effektzwirnen hat das Gewebe eine gute Knitterresistenz und eignet sich sehr gut für Tageskleider, Kostüme, Mäntel und Röcke. Als Winterstoff wird Bouclé verstärkt oder als Doppelgewebe mit Bindekette-Bindeschuss hergestellt. Aufgrund seiner kleinen Schlingen ist er relativ zieheranfällig. Loopstoffe ähneln Bouclé, sind aber mit einer größeren Schlinge versehen. Aufgrund der relativ hohen Preise von Ef-

fektzwirnen setzt man das Material nicht vollständig, sondern nur im Verhältnis 1:2 oder 1:3 in Kette und Schuss bzw. nur in Kette oder nur im Schuss ein. Bouclé-Imitationen werden ohne Schlingenzwirne gewebt und bekommen lediglich durch die Kreppbindung ihre unruhige Oberfläche. Bouclé wird ebenso für bestimmte Teppichkonstruktionen und getuftete Teppichböden verwendet.
Einsatz: DOB, HAKA und Heimtextilien.
Literatur: D. C. Buurman: Lexikon der textilen Raumausstattung. Buch-Verlag Buurman KG, Bad Salzuflen 1996².

Bouclé mit Flammenoptik (bouclé flake yarn fabric): Klare Gewebebilder aus Bouclézwirnen werden häufig mit einem → Flammé kombiniert, um einen belebenden Effekt zu erzeugen.

Bouclézwirn (bouclé twisted yarn): Effektzwirne mit Knoten oder kleinen Schlingen. Der dickere Zier- oder Effektfaden läuft beim Vorzwirnen schlingenartig verdichtet auf eine Anzahl von Grundfäden (1–4) und wird beim Zurückzwirnen in seinem Effekt befestigt.

Bougram, Bougran (buckram): Bougram wird als Zwischenfutter und für Bucheinbände verwendet. → Einlagestoff (Bougram).

Bouillon, Kantille (bullion): Schraubendrähte aus sehr fein ausgezogenen Metalldrähten, die im Gegensatz zum → Lahn rund sind. Der Querschnitt kann sowohl rund als auch polygonal sein. Wenn der Draht auf eine kantig geschliffene Nadel gewickelt wird, spricht man von „Krausbouillon".

Bourette (bourette; frz., bourre = Woll- oder Füllhaar, Noppen- oder Knotenseide): Dieser Seidentyp wird beim Kämmen der Schappeseide (→ Schappeseidengewebe) gewonnen. Sie wird auch unter dem Namen „Seidenhoddy" geführt. Die Faser ist kurzstaplig (unter 60 mm), relativ grob und mit Verunreinigungen versehen. Im Streichgarnverfahren werden daraus gröbere Garne hergestellt. Gewebe aus Bourette werden als Handelsnamen mit der gleichen Bezeichnung geführt. Bourette ist ein wenig grob, leicht knotig und unregelmäßig in der Struktur und erinnert an → Frotté. Das Gewebe besitzt gute Elastizitätseigenschaften, ist also kaum knitteranfällig. Der Griff ist rau, jedoch durch die Streichgarne gleichzeitig weich. Bourette hat ein höheres Wärmeisolationsvermögen als Schappe. Gewebt wird überwiegend in Leinwandbindung, seltener in Panama, Rips oder Fischgrat. Indische Bourettegewebe sind schwerer und gröber (Gewicht ca. 180 g/m²). Chinesische Typen sind leichter (Gewicht ca. 150 g/m²), feiner und haben kaum Verunreinigungen. Die Farben variieren von Ecru bis hin zu gelblichen und grauen Tönen.
Einsatz: Hemden, Kleider, Jacken, Pullover, Kostüme und leichte Decken.

Boutonné (frz., bouton = Knopf):
1. Noppengewebe, welches mit Knoten- und Noppenzwirnen in einfachen Grundbindungen gewebt wird. Die knospen- oder knopfartigen Erhöhungen führen zu dieser Bezeich-

Boyau

nung. Der Stoff hat eine leicht raue Oberfläche mit einer interessanten Struktur.
Einsatz: Tageskleider und Kostüme.
2. Zusatzbezeichnung für erhabene Punktmusterungen (z. B. im Flockdruck oder bei Cloquétypen).

Boyau (boyau; frz., boyau = Schlauch, Darm/Darmsaite), manchmal auch „Boyeau"): Hohlschusskonstruktion aus Seide oder Chemiefasern (glänzend), bei der die Schüsse auf der rechten Warenseite flottieren (im Gegensatz zum verwandten Cotelé, bei dem die Hohlschüsse auf der linken Seite flottieren). Es ist eine einkettig-einschüssige Ware, bei der auf jeden Hohlschuss ein leinwandbindiger Schusseintrag folgt. Hohlschuss und Leinwand arbeiten versetzt, sodass das Bild abgesetzte Längsstreifen zeigt (→ Abb. 41). Wenn die Bindung durch Leinwand- oder Ripsstreifen unterbrochen wird, treten die Hohlschussstreifen noch plastischer hervor (→ Abb. 42). Wichtig ist hier eine hohe Schussdichte und eine geringere Ketteinstellung; deshalb ist Boyau ein relativ teures Gewebe. Der Boyau kann aber auch als Bildbezeichnung für leinwand- oder taftbindige Gewebe mit aufgelegten Satin- oder Ripsstreifen (Rayés) verstanden werden. Diese Gewebe sind preisgünstiger, da hier mit

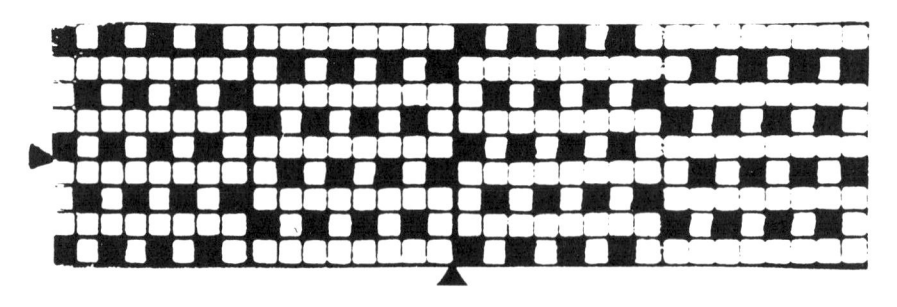

Abb. 41: Boyau

Abb. 42: Boyau

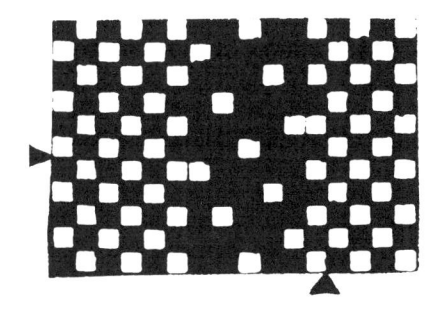

Abb. 43: Boyau

einer höheren Kett- als Schussdichte gearbeitet wird.
Im Englischen versteht man unter „boyau" auch einen hochgedrehten Zwirn aus Baumwolle.
Einsatz: typische Möbel- und Repräsentationsstoffe des Empire, Kleider, Dekostoffe (→ Abb. 43).

Broché (broché; frz., broche = Spindel, Brosche, Nadel; ital., broccare = durchwirken): Broché ist ein einkettig-einschüssiges Gewebe mit einem zusätzlichen Muster- oder Figurschuss zum Grundgewebe. Der Musterfaden wird nur in einer Figur hin und her geführt und ist mit dem Grundgewebe fest verbunden. Hierfür ist eine besondere Brochierlade notwendig, die nach jedem Grundschuss vor das Riet geklappt wird, damit die kleinen Spulen den Brochierschuss eintragen können. Die mustermäßige Aushebung wird über die Jacquardmaschine gesteuert (→ Brokat). In Schussrichtung erzeugt das Gewebe den Eindruck eines Stickereieffekts. Es ist fest, da der Schuss über die ganze Figur geführt wird. Der sog. „Sprengfaden" (von einer Figur zur anderen laufend) wird nach dem Weben abgeschnitten.

Man unterscheidet den einseitigen Broché (→ Abb. 44) und den beidseitigen Broché (→ Abb. 45). Dieses sehr teure Verfahren wird heute relativ selten verwendet und ist durch den sog. → Lancé découpé ersetzt worden. Auch die Bezeichnung „Faux Broché"

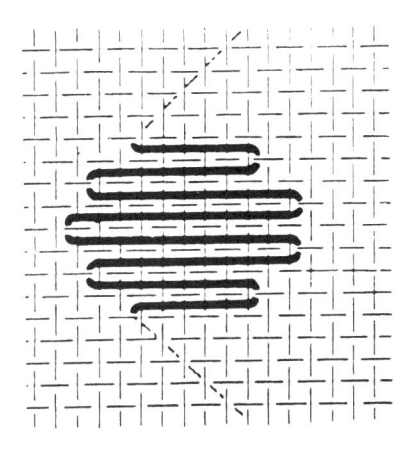

Abb. 44: Einseitiger Broché: Der Brochéfaden liegt nur auf der rechten Warenseite.

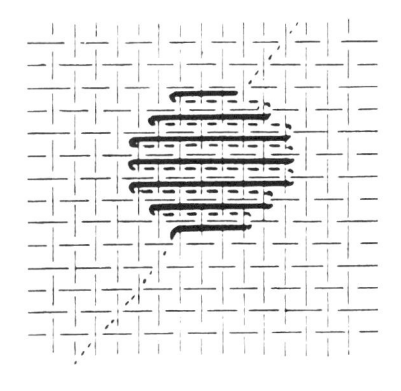

Abb. 45: Beidseitiger Broché: Der Brochéfaden liegt auf beiden Seiten des Gewebes.

Brokat

weist auf einen Lancé découpé hin (vgl. → Abb. 46 und 47).
Einsatz: Wäsche, Dekoartikel, Tischdecken und Abendkleider.

Abb. 46: Einseitiger Broché: Der Schussfaden wird über das ganze Dessin hin und her geführt, ohne abgeschnitten zu werden. Es entsteht eine sehr feste Einbindung.

Abb. 47: Lancé decoupé: Der Schussfaden wird abgeschnitten. Die Festigkeit wird über eine doppelte Leinwandkontur erreicht; trotzdem sehr zieheranfällig.

Brokat (brocade; ital., broccato = Brokat, abgeleitet von frz., → broché = Spindel, Nadel, „broderie" bedeutet „Nadelarbeit", „Stickerei"): Im 17. und 18. Jh. bezeichnete man mit Brokat ein schweres, reich gemustertes Seidengewebe, das mit Gold- oder Silberfäden durchwirkt war. Heute werden reich gemusterte, schwere, aber auch relativ leichte Stoffe als Brokat bezeichnet, wenn sie ganz oder teilweise mit Metallfolienfäden (Mefo) belegt oder reich jacquardgemustert (vor 1800 wurden Zug- und Zampelstühle eingesetzt) mit einer großen Vielfarbigkeit gearbeitet sind (z. B. Taschenbrokate). Genau genommen entspricht die Bezeichnung „Brokat" nicht der Webart, sondern weist auf ein ursprünglich brochiertes Gewebe hin. Brokat ist eine Handelsbezeichnung, die einen Materialzusatz erhält, z. B. Seidenbrokat. Billigbrokate findet man in jedem Kaufhaus bei Läufern, Untersetzern, Bügel- und Telefonbezügen. Nicht zu verwechseln mit → Gobelin.

Brokatelle (brocatelle): Handelsbezeichnung, die im Zusammenhang mit dem → Damast genannt werden sollte, da der Begriff eine stark plastische Wirkung beschreibt, die dadurch hervorgerufen wird, dass durch ein zweites Kett- und Schussfadensystem ein Doppel- oder Hohlgewebe entsteht. Diese Gewebeart findet man erstmals um 1520. Die stark plastische Wirkung entsprach der Mode der damaligen Stilepoche. Es handelt sich um die Verkleinerungsform von → Brokat, womit man zum Ausdruck bringen wollte, dass die Brokatelle („kleiner Brokat") nicht so anspruchsvoll, d. h. nicht so

bunt und reich gemustert war wie der Brokat.
Einsatz: Jacken, Kostüme, Heimtextilien.

Broken Twill (engl., broken twill = gebrochener Köper im Sinne von Kreuzköper): → Jeans (Jeansausrüstung).

Buckskin (engl., buck = Bock, skin = Fell): Eine Griff- und Bildbezeichnung für ein Woll- oder Halbwollgewebe in Köperbindung oder deren Ableitungen. Bei einer Wollzwirnkette wird für den Schuss teilweise Reißwolle, Baumwolle oder Viskosefasergarn verwendet. Die Ware wird einem Walkprozess unterzogen und dann ein- oder beidseitig geraut.
Einsatz: Anzüge, Mäntel; Hosenstoffe in preiswerten Qualitäten heißen auch → Cassinet oder → Tirtey.

bügelarm (minimum iron): Bei dieser Ausrüstung kann man das Textil auch ohne Bügeln tragen; durch leichtes Bügeln erhöht sich allerdings der Glätteeffekt. Dies ist bedingt durch den geringeren Einsatz von Kunstharzen. → bügelfrei. → pflegeleicht.

bügelfrei (no iron): Textilien mit dieser Auszeichnung sind mit cellulosevernetzenden Kunstharzen oder einer Flüssigammoniak-Ausrüstung (FLA) versehen, sodass sie ca. dreißigmal faltenfrei und dimensionsstabil gewaschen werden können. → bügelarm. → pflegeleicht. → Sanfor.

Bundfutter (waist lining): überwiegend mit Streifen oder Rauten bedrucktes, schussatlasbindiges Baumwollgewebe, welches zum Abfüttern des Hosenbundes verwendet wird. Einstellung ca. 34 x 44 Fd/cm, Nm 70 x 60, Gewicht ca. 140 g/m^2. Ausrüstung: Bedrucken, Appretieren, Kalandern. Bundfutter wird aufgrund der höheren Dehnbarkeit schräg zugeschnitten.

Burberry®: geschützter Markenname der gleichnamigen englischen Firma.
1. Klassischer Baumwoll-Gabardine, der aus einer Vollzwirnware hergestellt wird. → Gabardine.
Einsatz: Imprägnierte Mantelstoffe für Berufs- und Freizeitkleidung, ohne Imprägnierungen auch für Anzüge und Kostüme.
2. Mäntel aus feinem, reinwollenem Kammgarn, die imprägniert eine feine und teurere Wetterbekleidung darstellen als 1.

Byssus (byssus fabric): feinfädiges, poröses Hemdengewebe in Halbdreherbindung ohne aktuelle Bedeutung. Diese hochwertige Ware wurde in Kette und Schuss mit mercerisierten Makozwirnen gearbeitet und kam uni und bunt gemustert in den Handel.

Byssusseide, Muschelseide (byssus silk, shell silk, sea silk): zum Faden erstarrtes Sekret bestimmter Steckmuschelarten, auch Lana Penna, Pinna nobilis, Kammmuschel, Miesmuschel, von den Arabern auch Meereswolle genannt. Der sog. Byssusschopf, den die Muscheln ähnlich wie Insekten aus einer Spinndrüse ausscheiden, um sich damit am Meeresgrund zu verankern, besteht aus einer Vielzahl von 20–50 cm langen Fäden. Schon im Altertum bekannt, wurde diese Seide bis zum Ende des 19. Jh. in größerem Um-

Byssusseide, Muschelseide

fang gewonnen und zu hochwertiger Kleidung verarbeitet. Die feinsten Muschelseidengewebe verarbeitete man in Indien und exportierte sie. Byssusseide hat fast die Festigkeit einer Bombyxseide, die daraus gefertigten Stoffe zeigen einen mondlichtähnlichen Glanz, besitzen einen weichen Griff und einen fließenden Fall. Monschauer Weber fertigten eines der letzten Textilien aus Byssusseide, das mit feinster Merinowolle gemischt war und der „Madame mère", Napoleons Mutter, zum Geschenk gemacht wurde. Unter dem Mikroskop kann man die beiden Seidenarten Bombyx und Byssus gut unterscheiden: Zuchtseide ist glatt, Muschelseide zeigt die leichte Wellenstruktur des Meeres, aus dem sie kommt. Byssusseide ist nicht mit Byssusleinen zu verwechseln, welches ein feines, schleierartiges Flachsgewebe war und z. B. für Mumienbinden verwendet wurde. Seit dem vermehrten Aufkommen indischer und persischer Baumwolle im 15. Jh. wurde das feine Byssusleinen mehr und mehr verdrängt.

Einsatz: Kleider, Blusen, Handschuhe, Repräsentationsgewebe und Wandbespannungen.

Cable-Cord, Möbelcord (starkcord):
→ Cordsamt (Cable Cord).

Cachemire (cashmere): französicher Begriff für → Kaschmir.

Caddy (caddy): typisches Wollkammgarngewebe ohne „Bild", d. h. ohne bindungsbetonte Optik. Die leichte Horizontalbetonung wird durch den Einsatz kleiner Köperableitungen erreicht. In der Kahlausrüstung sehr tief ausgeschoren, wirkt er glatt und elegant und ist wenig schmutzanfällig.
Einsatz: Anzüge, Blazer und Kostüme.

Calicot, Kattun (calico, plain cotton cloth):
1. stark appretierter, überwiegend zweiseitig beschichteter und einseitig gefärbter Kattun, wie z. B. Buchbindercalicot.
2. Calicot: Nach der im südwestlichen Indien gelegenen Stadt Culicut benanntes glattes, leichtes Baumwollnesselgewebe in Leinwandbindung (Einstellung z. B. 22 x 17 Fd/cm, Nm 50 x 50), wird auch als → Kattun bezeichnet. Calicot wird als Druckgrund für Hosen, Kittel und Schürzen verwendet und, wenn appretiert, als Futterstoff (→ Bougram) eingesetzt. In etwas gröberer Fadenfeinheit hergestellt, wird Calicot auch als Buchbinderei-Shirting verwendet.

Calmuc: → Kalmuck.

Camaieux, Camaien (frz., en camaieu = in sich gemustert): Gewebedruck, der von der Abschattierung einer Farbe seine interessante Wirkung bekommt. Der Effekt wird nur durch das Auftreten einer Farbe in unterschiedlicher Intensität erzielt (z. B. blau-blau schattiert, rot-rot schattiert usw.). → Faux Camaieux.

Cambric (cotton cambric): Der Begriff leitet sich von der Herkunft, der Stadt Cambrai in Frankreich, ab. In historischen Büchern wird Cambric auch als → Kammertuch bezeichnet. Es ist eine dichte, feinfädige, leinwandbindige Baumwollware, die für Damenwäsche als → Einschütte, Kissen und Stickereigrund verwendet wird. Für den Einsatz als Futterstoff wird Cambric mit einer Weichausrüstung versehen. Ein weiterer Einsatzbereich ist der Verbandsektor.
Die Gewebekonstruktion kann mit einem Makotuch, einem feinen Kattun oder dem leicht stärkeren → Jaconet verglichen werden. Einstellungsbeispiel: Meist gleichmäßig in Kette und Schuss zwischen 40 und 60 Fd/cm bei Fadenfeinheiten von Nm 65–85 in Kette und Schuss (→ Einstellungsgewebe). Hochfädiger wird der Cambric → Perkal genannt und als Inlett verwendet. Der Cambric hat ein klares Warenbild und eine geschlossene Struktur. Er kommt naturfarben, gebleicht oder stückgefärbt auf den Markt.

Caméléon: anderer Name für → Changeant.

Camina: feines Kammgarngewebe (Merinowolle) aus figurierten Cordbindungen (Hohlschussbindung). Die Bindungen können unterschiedliche Musterungen zeigen, wie z. B. Rau-

Canevas

Abb. 48: Camina

ten, Spitzköper (Querzickzack) oder Schrägstreifen. Camina wird überwiegend für Kleiderstoffe verwendet.

Canevas: → Canvas.

Cannelé, Cannelérips (cannelé rep; frz., canneler = auskehlen, riffeln): Cannelés werden überwiegend aus Seide oder Chemiefasern gewebt und sind in der Einstellung, wie beispielsweise der → Épinglé, nicht so dicht wie ein Rips. Daraus ergibt sich eine weiche und fließende Ware mit leicht ausgeprägter Querrippe. Gewebt wird in abgeleiteten Kettripsbindungen. → Haircord. → Nadelrips.
Einsatz: Kostüme, Kleider und Röcke.

Canvas (canvas, kanevas): ursprünglich ein Hanfgewebe, abgeleitet aus lat., cannabis = → Hanf. Schon 500 v. Chr. wurde Hanf als Segeltuch verwendet. Der Anbau von Hanf ist in den USA seit 1937 und in Deutschland seit 1982 gesetzlich verboten, da das Rauschmittel (THC) Haschisch bzw. Cannabis daraus gewonnen wird. Hanf ist als Rohstoff fast universell einsetzbar. Sein Wiederanbau und -einsatz ist in Deutschland seit 1996 wieder erlaubt.
1. Bezeichnung für ein weitmaschiges offenes Gewebe aus Leinen, Halbleinen, Hanf oder Baumwolle, das für den Einsatz als Futterstoff stark appretiert wird. Lose gewebte Canvastypen (geringe Einstellung) werden als Stickereigrund verwendet, ähnlich wie → Stramin. So werden unter der Schreibweise „Kanevas" überwiegend stark appretierte steife Handarbeitsgewebe in Leinwand- und Scheindreherbindung (→ Scheindreher) gewebt und gehandelt.
2. Importbezeichnung für feste, etwas gröbere Baumwollgewebe. Canvaskonstruktionen sind leinwand- und panamabindig. Die Gewebe werden als Garn- und als Zwirnware angeboten und stellen eine sehr strapazierfähige Ware dar.

Einstellungsbeispiele: 72 x 44 Fd/cm, Nm 10 x 10 (Garnware) und 44 x 32 Fd/cm, Nm 10/2 x 10/2 (Zwirnware). Beim Zwirn können sehr schöne Naturmelangen entwickelt werden, indem man zwei verschiedenfarbige Baumwollgarne verzwirnt. Garnware wird in Naturtönen und als Stückfärber angeboten. Die erste Jeans von Levi Strauss war eine leinwandbindige Canvashose aus Hanf und nicht etwa Baumwolle.
Einsatz: Jacken, Hosen, Röcke und Jeans (DOB, HAKA, KIKO) im Freizeitmodenbereich.

Carré (square; frz., carrer = viereckig machen): Die Bezeichnung wird für eine dezente Karomusterung verwendet, die überwiegend durch Bindungseffekte oder Ton-in-Ton-Musterungen erzielt wird. → Zusatzbezeichnungen, z. B. → Kammgarn-Carré.

Cashgora: Wolle einer Ziege, die aus der Kreuzung eines Kaschmirbockes und einer Mohairziege (Angoraziege) entstammte. Die Arten wurden gekreuzt, um den Wollertrag zu steigern und eine weiche, geschmeidige Wolle mit guter Widerstandsfähigkeit, höherer Qualität in einem helleren und damit wertvolleren Farbton zu erzielen. Ursprünglich war Cashgora ein „Zwischenprodukt" bei dem Versuch australischer und neuseeländischer Ziegenzüchter Anfang der 80er-Jahre, Austral-Kaschmir heranzuzüchten. Tatsächlich gab es diese Wollart, jedoch nicht unter diesem Namen, bereits viel früher im Iran, in Kirgisien und Kasachstan durch gewollte oder zufällige Kreuzung der dort lebenden Ziegen. Auch in Europa (Frankreich) hat es zu Beginn des 19. Jh. Kreuzungsversuche mit nachlassendem Erfolg gegeben.

Cashmere wool: englische Schreibweise für → Kaschmir.

Cassinet (cassinet): sowohl englische als auch deutsche Handels- und Qualitätsbezeichnung, veraltete Bezeichnung ist „Kasimir". Es ist ein halbwollener Sommerbuckskin, meist in Köpergrundbindung gewebt (→ Abb. 5–7), mit einer Kette aus Baumwollmouliné (Zwirn) oder Watergarne und einem Schuss aus Streichgarn. Es wird überwiegend in schwarz-weißer und olivgrüner Färbung im Handel angeboten.
Ausrüstung: leicht meltoniert (gewalkt). Baumwollcassinets haben im Schuss weich gedrehte Baumwollimitatgarne. Schwerere Ausführungen werden als Doppelcassinets angeboten und sind dann mit Ober- und Unterschuss gewebt (Schussdoublé).
Einsatz: Hosen, leichte Jacken und Mäntel (→ Buckskin).

Cattun: → Kattun.

Cellenik: Fantasiename, früher unter Célénic von Rodier, Paris gesetzlich geschützt, der ein relativ grobfädiges Gewebe aus Viskosefilament oder -faserstoff bezeichnet. Dieses Gewebe weist überwiegend Taft- oder Panamabindungen auf. Für eine leinenähnliche Optik werden Flammenzwirne mit einer starken Titerschwankung verwendet. Eine körnige Struktur wird durch den Einsatz von gemusterten Panamabindungen erreicht. Um die Oberflächenstruktur

Chambray

noch mehr zu betonen, setzt man auch → Ondé- oder Frisézwirne ein.
Einsatz: Sommerblusen, Kleider und auch als Handarbeitsstoff.

Chambray (chambray, nach der französischen Stadt auch Cambrai genannt): leichtes Baumwollgewebe, keine Jeans im klassischen Sinn (→ Jeans). Es wird nicht in Köper-, sondern in Leinwandbindung, seltener in Panamabindung gewebt, meist blaue Kette und weißer Schuss. Das Gewebe ähnelt dem Denim, ist jedoch leichter, feinfädiger und weicher. Es ist nicht zu verwechseln mit dem leinwandbindigen → Oxford, für deren Unterscheidung der Griff entscheidend ist. Im Jeansbereich spielt der Chambray eine wichtige Rolle. Als Ergänzung oder Ersatz für den schweren Denim findet dieses Gewebe im Leisure-Bereich (Freizeit) sowohl im DOB- und HAKA- als auch im Young-Fashion-Bereich Verwendung.
Einsatz: Hemden, Blusen, Röcke und Leisure.

Chanel-Tweed®: Bezeichnung, die durch das Pariser Couture-Haus Chanel geschützt ist. Man versteht unter dieser Gewebebezeichnung einen weichen voluminösen Kostüm- oder Mantelstoff, der durch den Einsatz von Bouclé- oder Loopzwirnen, teils auch Chenillezwirnen geprägt ist. Im Grunde genommen handelt es sich um ein fast klassisches Bouclégewebe mit Abwandlungen, das mehrfarbig angeboten wird. Darüber hinaus werden mit diesem Stoff bestimmte Stylingelemente verbunden. Bindung: meist Leinwand oder Ableitungen. Bei zu großen Schlingen ist die Zieheranfälligkeit sehr groß und kann zu Reklamationen führen.

Changeant, Caméléon (changeant, shot cloth, wenn aus Taft: changeable taffeta; frz., changer = wechseln, schillern): Zusatzbezeichnung zur Handelsbezeichnung bestimmter Gewebe. Meist werden dabei in Kette und Schuss kontrastfarbene Garne/Fäden komplementär verwendet, die in Verbindung mit der Leinwand-, Köper- oder Atlasbindung je nach Lichteinfall oder Blickwinkel eine wechselfarbige Wirkung haben. Um einen schönen Changeant zu erhalten, ist die Feinheit des Materials mitentscheidend. Vollchangeants werden aus garnfarbigem Material in Kette und Schuss gewebt, z. B. schwarze Kette und farbiger Schuss, wobei letzterer das Schwarz leicht in seine Komplementärfarbe drückt, oder farbige Kette und farbiger Schuss. Bei Futter-Changeants werden aber auch spinngefärbte Viskosefilamentgarne zusammen mit garngefärbten Polyestergarnen verwendet. Im Stückfärber erreicht man diesen Schillereffekt durch verschiedene Faserrohstoffe, z. B. in der Kette Acetat, im Schuss Viskose (Zweibadverfahren). Halbchangeants sind Gewebe, bei denen entweder nur Kette oder nur Schuss garngefärbt ist und später der Stoff überfärbt wird (Ton-in-Ton-Changeant). Bindungstechnisch entsprechend heißen die Gewebe Taft-Changeant mit einer reizvollen gleichseitigen Effekt-Optik, Köper- oder Twill-Changeant, bei dem sich je nach Bindung (kettbetont oder Gleichgrat) ein beidseitiger oder ungleichseitiger Effekt ergibt, sowie Satin-Changeant, ein sehr eleganter Kettsatin, bei dem nur in Bewegung der Farbwechsel zu beobachten ist.

Chantillespitze (chantilly lace): überwiegend schwarze Klöppelspitze, auf duftig-zartem Tüllgrund durch feine Schnürchen konturiert mit meist floralen Dessins. Die Chantillespitze ist sehr wertvoll.

Charmelaine (charmelaine; frz., charme = Anmut, laine = Wolle): Abseitengewebe, überwiegend aus Baumwolle gewebt, mit einer matten, leicht rauen, rechten Gewebestruktur und einer glänzenden, glatten, linken Seite. Hierfür werden verstärkte Atlas- oder abgeleitete Leinwandbindungen und auch Covercoatbindungen (Reformbindungen) verwendet (→ Abb. 49). Auf der rechten Seite kann durch die Bindung ein Scheingrat oder Steilgrat zu einer feinen Musterung beitragen. Der Einsatz von Kammgarnzwirnen in der Stärke Nm 60/2–80/2 macht den Artikel zu einem eleganten, leichten Damenkleider- oder Kostümstoff. Die Kettdichte ist im Verhältnis von ca. 1,5 : 1 höher als die Schussdichte. Charmelaine wird überwiegend uni angeboten. Wird die matte Seite kahlveredelt, erhält auch sie einen schönen Mattglanz. Da man beide Seiten als rechte Warenseite verarbeiten kann, ist das Gewebe, ähnlich dem → Crêpe-Satin, vielseitig zu verwenden.

Charmeuse (charmeuse, locknit; frz., charmeuse = bezaubernd): feine Kettenwirkware aus Chemiefilamenten, oft Polyamid 6. Aus zwei Kettsystemen bestehend, hat die Charmeuse ein maschenfestes Gefüge. Die rechte Warenseite besitzt eine vertikale, die linke eine horizontale Struktur. Die Ware ist elegant und hat einen weichen, geschmeidigen Griff.
Einsatz: Dessous.

Chemiefasern (man-made fibres, chemical fibres): Sammelbegriff für alle Faserstoffe aus synthetischen und natürlichen Polymeren. Als Rohstoffe für die synthetischen Polymere werden Erdöl, Kohle und Gas verwendet für die natürlichen Polymere wird Holz verwendet. → Faserübersicht.

Chenillezwirn (chenille; frz., chenille = Raupe): samtartiger Effektzwirn, der aus einer Vorware entwickelt wird. Die Kettfäden werden in Gruppen eingezogen, der Schuss (später Flor) in Leinwand- oder Dreherbindung eingetragen. Da beim Einziehen nach 4–8 Fäden ein bestimmter Abstand gehalten wird, kann der Schuss in Kettrichtung durchgeschnitten werden. Man erhält dann einen

Abb. 49: Charmelaine (verstärkter Atlas)

Flachstreifen. Die Florhöhe ist abhängig vom Abstand der einzelnen Bänder. Durch Drehung des Zwirns erhält man eine Rundchenille, die als Schussmaterial für samtähnliche Gewebe verwendet wird. Die moderne Herstellung wird auf einer Chenillemaschine (Rund- oder Fasson-Chenille) durchgeführt.
Chenille ist schon seit ca. 1750 für französische Seidengewebe verwendet worden, ebenso für Brochés und Stickereien.
Einsatz: Deko- und Möbelstoffe, DOB, Jacken- und Kleiderstoffeffekte.
Literatur: P.-A. Koch; G. Satlow: Großes Textil-Lexikon. Deutsche Verlags-Anstalt, Stuttgart 1965.

Cheviot: Handelsbezeichnung. Früher aus Cheviotwolle hergestellt, nimmt man heute für den Cheviot überwiegend die etwas weicheren, normalbogigen Crossbredwollen als Kammgarn- oder Streichgarntypen, die im Gebrauch nicht so schnell glänzend werden. Cheviot wird gerne im sportiven Bereich der DOB und HAKA eingesetzt. Kammgarnqualitäten zeigen ein klares Gewebebild (Kahlausrüstung) und erscheinen häufig stückfarbig im Handel. Streichgarngewebe zeigen dagegen häufig lebhaft gemusterte Garne und eine faserige Oberfläche. Bindungen sind meist Köper (K 2/2), Fischgrat oder Spitzköper, Tuch, aber auch kleinere Fantasiebindungen. Aufgrund der gröberen Wolltype sind Streichgarnstoffe weitgehend knitterunempfindlich und robust, während Kammgarntypen durch das Tragen relativ schnell glänzend werden. Aufgrund des härteren Griffs wird der Cheviotstoff häufig im HAKA-Bereich verwendet. Grundsätzlich ist die Widerstandskraft dieser Wollen gegen mechanische Abnutzung verglichen mit feinen Merinoqualitäten geringer; sie weisen, natürlich auch konstruktionsbedingt, im Durchschnitt eine besonders hohe Verschleißtüchtigkeit auf.
Ausrüstung: leichtes Walken (Anstoßen), Waschen, Pressen und Dekatieren. Einstellungsbeispiel: K 2/2 10 x 10 Fd/cm, Nm 8/2 x 8/2.
Einsatz: Anzüge, Kleider, Mantelstoffe, Sportsakkos usw.

Chevreaux, Chevronette: Beide Gewebetypen werden wie der → Chevron mit der Fischgratbindung entwickelt. Der Unterschied liegt im Faserstoffeinsatz. Während der Chevreaux mit Acetatfilament gewebt wird, besteht der Chevronette aus Baumwolle. Die Bezeichnungen werden aber oft allgemein, d. h. ohne Bezug auf das Material verwendet.

Chevron (herringbone; frz., chevron = Dachsparren): i. Allg. Kamm- oder Streichgarngewebe aus Wolle oder Wollmischungen. Konstruktionen sind neugeordnete Köperbindungen, die Z- und S-Grat in einer Bindung ver-

Abb. 50: Chevron (Fischgrat)

einen. Hier wird aus einer Bindungsstruktur ein Dessin, ein → Fischgrat (→ Abb. 50). Bei genauer Betrachtung fällt der Rayé-Charakter auf, der dadurch entsteht, dass die Köpergrate Z und S auf „Schnitt" stehen. Die Mustergröße ist ca. 0,5–4 cm breit, im Unterschied zum Fischgrat, der meist etwas breiter gemustert wird. Chevrons werden kahlausgerüstet und haben eine klare Oberfläche.
Einsatz: Kostüme, Anzüge, Röcke usw.

Chevronette: → Chevreaux. → Chevron.

Chiffon (chiffon; frz., chiffon gaze/gauze; arab. siff = leichtes Gewebe/Gewand; altfrz., chiffe = geringes Gewebe; neufrz., chiffon = Lumpen, durchsichtiger Stoff): feiner Garnkrepp aus reiner Seide oder aus Chemiefasern (1.300–3.000 T/m, 2Z und 2S geschärt und geschossen), der immer aus Filamentgarnen gefertigt ist. Er wird auch als Crêpe-Chiffon gehandelt. Bedingt durch die offene Einstellung (35 × 30 Fd/cm) und die feinen Fäden ist er sehr leicht (18–26 g/m²) und wirkt entsprechend duftig und hauchdünn. Durch die kreppgedrehten Garne wird die Schiebeanfälligkeit in Grenzen gehalten. Chemiefasern (z. B. Polyesterfilament) sind häufig doppelt so schwer. Crêpe-Chiffon hat einen leichten Kreppcharakter und wird mit seinen zarten Längsfalten auch als Chiffonborke bezeichnet. Vor der Ausrüstung werden die faltigen Borkeneffekte mit einem Gaufrierkalander in die Ware gepresst. Beim Krepponieren springt die Ware in die vorgeprägten Muster. Etwas schwerer, aber auch noch durchsichtig, ist der → Voile, der nicht mit dem Chiffon zu verwechseln ist.
Einsatz: Blusen, Tops, Kleider und Accessoires.

Chiffonsamt: → Velours-Chiffon.

Chinagras (cloth grass, china grass): Bastfaser der Boehmeria nivea, eine in Ostindien und China wachsende Nesselart. In Frankreich wurde die Nesselpflanze Boehmeria tenacissima mit dem Namen Ramie kultiviert und als Chinagras gehandelt. Nach anders lautenden Angaben wird der Begriff Ramie nur für verarbeitetes Chinagras verwendet.

Chiné (chiné cloth; frz., chiner = flammig machen): Gewebe unterschiedlicher Qualität mit einer verschwommenen Optik, ähnlich einer chinesischen Tuschezeichnung, hervorgerufen durch eine besondere Drucktechnik. Hierbei wird die Kette vor dem Webprozess bedruckt (Kettdruck = warp printing, → Abb. 51), fixiert und dann auf dem Webstuhl mit überwiegend Unischussmaterial leinwandbindig verwebt (→ Abb. 52). Durch die unterschiedliche Kettfadenspannung während des Einziehens der Kettfäden werden die Figuren nur in Kettrichtung verzogen. Taft-Chinés sind am wirkungsvollsten, das Muster sieht auf beiden Gewebeseiten gleich aus (→ Abb. 52). Wird Köper verwendet, entsteht eine weichere, in der Farbe etwas kräftigere Ware. Nimmt man einen Kettatlas als Bindung, erhält man ein weichfließendes Gewebe mit hohem Glanz und einer starkfarbigen rechten Seite und einer linken Seite,

Chino

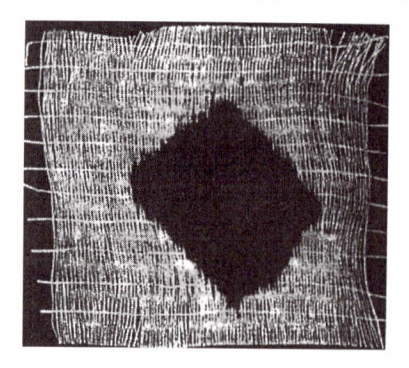

Abb. 51: Bedruckte Kettfäden. Die Schussfäden dienen als Halteschüsse; sie werden vor dem Weben wieder entfernt (eine heute nur selten eingesetzte Technik).

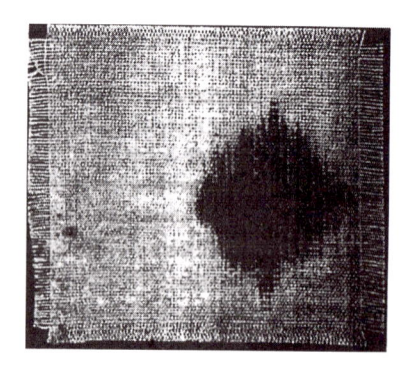

Abb. 52: Gleiches Muster, aber verwebt. Sehr gut sind die Kettverzüge nach oben und unten zu sehen.

die überwiegend schussfarbig uni ist. Chinés werden auch als Gewebedruck und jacquardgemustert angeboten. Den Druck-Chiné erkennt man daran, dass auch der Schuss bedruckt ist und nicht nur das Kettfadensystem. Ein Chiné-Jacquard, oft im Dekobereich zu finden, ist meist gröber und schwerer und gut an der garngefärbten Kette und an der Bindungsvielfalt zu erkennen.
Einsatz: Deko- und Möbelstoffe, Kleider, Kostüme und Jacken.

Chino, Chino ist wie Blue Jeans eine Handels-, Qualitäts- und Farbbezeichnung, ein Klassiker im Freizeitbereich und ebenso der Inbegriff des sog. Campuslook. Der Name geht sehr wahrscheinlich auf die chinesischen Uniformschneider der US-Truppen auf den Philippinen zurück. Laut anderen Quellen verlangten die amerikanischen Offiziere, nachdem sie sich von der Qualität der in Übersee getragenen Uniformen überzeugt hatten, „Chinese pants", woraus sich der Begriff „Chinos" bildete. In der amerikanischen Umgangssprache steht Chino auch für „leicht angebräunt". Der bekanntere Name hierfür ist „Khaki" (pers./engl., khaki = erd- oder staubfarben). Der Farbton ist für Uniformen schon um 1850 von einem britischen Regimentkommandanten eingeführt worden, der die weißen Uniformen seiner Soldaten khakifarben einfärben ließ, damit sie nicht ständig schmutzig aussahen. Der Name Chino fand seine Verbreitung 1898, als die Amerikaner im spanisch-amerikanischen Bürgerkrieg statt der blauen Wolluniformen dieses khakifarbene, kühlende Baumwollgewebe trugen (Chino-Pants).
Als Qualitätsbezeichnung meint Chino ein köperbindiges Baumwollgewebe von ca. 8,5 Unzen (240 g/square yard) mit einem geschmeidigen, angenehmen Griff. Kennzeichnend ist die Steilrippe ähnlich dem → Gabardine, jedoch werden beim Chino weicher gedrehte Garne verwendet. Die

Bindung ist der 4-bindige Kettköper (→ Abb. 6), die Gewebeeinstellung ist meist 2:1. Chino ist sehr strapazierfähig, kann ausrüstungsbedingt fester im Griff sein, wird aber nach einigen Wäschen weicher. Von Händlern wird blaues Chino-Gewebe mit dem fantasiereichen Namen „Demin-Chinos" bezeichnet. Modisch bedingt werden diese Stoffe heute leicht geschmirgelt, sodass der Griff sehr weich wird und die Oberfläche einer Pfirsichhaut ähnelt. Allerdings geht durch diese Aufbereitung die Strapazierfähigkeit verloren und die Anschmutzbarkeit nimmt zu.
Einsatz: Hosen, aber auch Röcke, Hemden, Blusen und Westen.

Chintz (chintz; Hindi, chint = bunt, gefleckt; frz., cirer = wachsen, bohnern): Chintz ist eine **leinwandbindige, glänzende Ware**, deren Gewebegrundlage meist Renforcévarianten (→ Renforcé) sind. Anfang des 17. Jh. wurden bunt bedruckte Nesselgrundqualitäten aus Indien nach England importiert. Später veredelte man diese Ware mit einem Wachsüberzug (Wachsauftrag und anschließendes Kalandern bei 90 °C). Das Verfahren erzeugte eine dichte, glatte, glänzende, abwischbare und steife, aber auch schmutzunempfindliche Ware.
Heute nimmt man gefärbte oder bedruckte Baumwollgewebe und kalandert die Ware (mechanische Appretur) in leicht feuchtem Zustand mit einem Friktionskalander (bei 180–210 °C läuft die beheizte Stahlwalze schneller als die Kunststoffwalze). Durch den reibenden Druck wird die Oberfläche plan verschliffen und vergrößert, sodass der gewünschte Effekt entsteht.

Soll der Glanz permanent sein, wird das Gewebe vorher mit entsprechenden Kunstharzen (auf Melaminbasis) imprägniert, vorgetrocknet, friktioniert und nachgehärtet (bei 40 °C waschbar). Chintz wird auch in Chemiefaserqualitäten (PES, PA) angeboten. Diese sind waschbeständig, da hier die thermoplastische Verformung ausgenutzt wird.
Einsatz: Dekobereich, Bezugsstoffe, Kleider, Jacken usw.

Chlor: → Gifte/Toxine.

Chlorfasern (CLF): aus Polyvinylchlorid nach dem Trockenspinnverfahren hergestellt und gehören zur Gruppe der Polymerisatfasern. Der Gattungsname wird verwendet, wenn die Fasern mit mindestens 50 % Gewichtanteil Chlor (chlorierte Olefine) ausgestattet sind. Diese Fasergattung ist gemessen an ihrer Jahresproduktion von geringerer Bedeutung (ca. 20.000 t/Jahr), jedoch sind aus diesem Material eine Reihe interessanter Textilprodukte gefertigt (→ Rhovyl), die man unter den Namen Rhovyl (Rhovyl-Frankreich), Clevyl (Rhovyl-Frankreich) und Envilon (Toyo-Chemical, Japan) im Handel findet. Ihre Eigenschaften sind: mit einer spezifischen Dichte von 1,38–1,45 g/cm³ relativ schwer, keine Fähigkeit zur Feuchtigkeitsaufnahme, sehr niedriger Erweichungsbereich (bei 75–90 °C), der Schmelzbereich liegt bei 180 °C, Chlorfasern gelten durch den hohen Chlorgehalt als schwer entflammbar, sehr gute Licht- und Chemikalienresistenz, hohe elektrostatische Aufladung, Färbeverhalten: schwer anfärbbar. Chlorfasern besitzen zudem ein hohes Schrumpfvermögen.

Ciré

Einsatz: Unterwäsche, technische Textilien, Pullover, Dekostoffe, Vliesstoffe und Perücken.

Ciré (ciré fabric; von frz. cirer = mit Wachs bestreichen): kann optisch dem Chintz ähneln, jedoch entsteht hier der Glanz- oder Lackeffekt durch chemische Appretur mit Friktionskalandern oder durch eine Behandlung mit Wachs, PU oder PVC. Während der Lackdruck aus einer partiellen Belegung mit Glanzeffekten besteht, ist der Ciré ein flächendeckend beschichtetes, härteres Glanzgewebe. Da diese Veredlungstechnik früher bei Haspelseidenqualitäten ausgeführt wurde, beschränkt man sich, um den Ciré-Effekt zu erreichen, auf Endlosfilamente wie Viskose, Acetat oder Polyester.
Einsatz: Jacken, Mäntel, DOB, Anzüge oder Tops und Heimtextilien.

Cisélé (cisélé): Seidenkreppgewebe, schrumpfecht und Wasser abweisend ausgerüstet mit weichem Griff und guter Verarbeitungseigenschaft. Es hat, ähnlich einem → Mooskrepp, Kreppbindung und hochgedrehte Garne/Zwirne in Kette und Schuss.
Einsatz: Blusen, Kleider und Kostüme.

Clan (engl., clan = Sippe, Clique): Schottenstoffe, die familien- oder gruppenbezogen sehr unterschiedliche Musterungen zeigen (→ Tartan).

Cloqué (crimped fabric, blister cloth; frz., cloqué = zusammengeschrumpft, blasig, narbig): Überwiegend für Kleiderstoffe verwendet, ist die stark strukturierte, hohltaschenförmige Blasenstruktur des Gewebes auf zwei Kett- und zwei Schusssysteme zurückzuführen.
1. Ein sog. *echter Cloqué* wird mit zwei Kett- und zwei Schusssystemen gewebt, wobei eine glatte Kette (normale Garndrehungen) und eine Kreppkette (Kreppdrehungen, z. B. 2.500 T/m) sowie ein glatter Schuss und ein Kreppschuss eingesetzt werden. So entstehen zwei Gewebelagen übereinander, ein Glatt- und ein Kreppgewebe. Der Musterung entsprechend werden diese nur bindungstechnisch partiell miteinander verbunden. In der Ausrüstung schrumpft das Kreppgewebe und zieht das Glattgewebe an den nicht abbindenden Stellen blasenförmig nach oben (Materialüberschuss).
2. Ein *Halbcloqué* ist ein Gewebe mit nur einem Kettsystem und zwei Schusssystemen. Dies ergibt gegenüber dem Erstgenannten eine geringere Profilierung und ist preisgünstiger.
3. Ein *Schrumpfcloqué* ist ein Gewebe mit nur einem Kettsystem und zwei Schusssystemen. Hier wird statt glatten Garnen und Kreppgarnen geschrumpftes und ungeschrumpftes synthetisches Material verwendet (überwiegend in Leinwandbindung). Der Blaseneffekt bildet sich hier wieder beim Ausschrumpfen der Ware. Das nicht ausgeschrumpfte Material entspricht dem Kreppgarntyp des Vollcloqué.
4. *Jacquardgemusterte Cloqués* lassen sich preisgünstig mit Elastan im Schuss produzieren, denn sie benötigen nur zwei Fadensysteme.
5. *Unechter Cloqué* wird auch als → Astrakin bezeichnet. Es ist ein Klebecloqué, bei dem zwei Gewebe getrennt gewebt werden, wiederum ein Glatt- und ein Kreppgewebe. An-

schließend wird ein Gewebe mit dem vorgegebenen Dessin bedruckt, nicht mit Farbe, sondern mit einem Kleber. Danach lanisiert (verklebt) man beide Gewebe miteinander und krepponiert es wie einen echten oder einen Halbcloqué. Die Profilierung ist meist nicht so prägnant, jedoch billiger, aber auch oft nicht so haltbar. Einige Klebecloqués können nicht gereinigt werden, da sich der Kleber löst.

6. Der *Prägecloqué* sieht ähnlich wie ein geprägter → Seersucker aus. Einkettig-einschüssig (Baumwolle, Chemiefaser oder Mischungen) wird er in der Ausrüstung durch Gaufrage (Prägekalander) profiliert. Er ist kein Doppelgewebe. Die Gebrauchseigenschaften sind sehr unterschiedlich. Cloqués sind insgesamt knitterunanfällig, was auf den Einsatz von Krepp- oder Schrumpfgarnen zurückzuführen ist. Die Profilierung bleibt auch nach der Wäsche erhalten. Beim Vollcloqué wird das Luftaustauschvermögen vermindert, aber die Wärmeisolation erhöht. Cloqués aus Chemiefasern wiegen ca. 100 g/m^2, Viskosetypen ca. 150–250 g/m^2.
Einsatz: Abendkleider, Repräsentationskleidung und DOB.

Cloth (engl., cloth = Zeug, Tuch, Tuchstoff): stark glänzender Futtersatin, die alte Bezeichnung ist „Halbwollsatinella". Die Kette besteht aus hochgedrehten mercerisierten Baumwollzwirnen oder -garnen, der Schuss meist aus Wollkammgarn. Für die Konstruktion verwendet man den 5-bindigen Kettatlas, eine Art umgekehrten → Zanella.

Clouté (von frz. clouter = mit Nägeln beschlagen): leichtes Gewebe, in den 30er-Jahren modern, leinwand- oder köperbindig mit lameähnlichen Schusseffekten (travers). Dafür werden Cellophanbändchen verwendet, sodass die Glanzeffekte nagelkopfähnlich glänzen (→ Lamé). In ähnlicher Weise sind heute Hightech-Gewebe mit Metallfolien verwebt oder paillettenartig bedruckt, die im Handel aber unter anderem Namen laufen.
Einsatz: Kleiderstoffe.

Coating, Coated Fabric (engl., coating = Beschichten, beschichtetes Gewebe): einseitiges Aufbringen filmbildender Produkte. Das Auftragen kann unterschiedlich vorgenommen werden, durch einen Rakelauftrag oder durch eine Schmelzbeschichtung.
Bei der Beschichtung von Planen z. B. wird eine PVC-Paste aufgerakelt und anschließend im Gelierkanal verfestigt. Für Oberbekleidung (z. B. Outdoor-Jacken) verwendet man überwiegend Polyurethan. Dabei wird direktbeschichtet oder nach dem Umkehrverfahren gearbeitet. Beim Direktbeschichten wird z. B. eine Polyurethan-Paste in mehreren feinen dünnen Strichen auf ein vorher aufgerautes Baumwollgewebe aufgerakelt. Zwischen jedem Rakelstrich muss zwischengetrocknet werden. Eine Kalanderbeschichtung wird meist mit vier Walzen durchgeführt. Die Arbeitstemperatur liegt bei ca. 200 °C. Der Spaltenabstand wird von Walze zu Walze kleiner. Beim Umkehrverfahren, das bei leicht viskosen Beschichtungsmassen oder bei zu offenen Gewebetypen eingesetzt wird, ist ein Hilfsträger nötig (überwiegend Papier). Es soll dadurch ein Durchschlagen der Beschichtung verhindert werden.

Vor- und Nachteile verschiedener Beschichtungstypen:
- *Polyvinylchlorid:* Vorteile: preisgünstig, leicht verschweißbar, hohe Abriebfestigkeit, Wetterfestigkeit, flammenhemmend; Nachteile: relativ spröde, Weichmacher notwendig, keine Trockenreinigung, wird bei Kälte starr, ist sehr schwer,
- *Polyurethan:* Vorteile: breiter Variationsbereich, lösungsmittelunempfindlich, gute Knickfähigkeit (besonders bei Kälte), hohe Abriebfestigkeit, dünne Beschichtung möglich, mikroporöser Auftrag möglich; Nachteile: eingeschränkte Wetterfestigkeit (hydrolyse- und UV-empfindlich), teuer,
- *Polyacrylat:* Vorteile: gute Wetterbeständigkeit, alterungsbeständig, preisgünstig; Nachteile: lösungsmittelanfällig, keine gute Knickfestigkeit, keine guten mechanischen Eigenschaften.

Literatur: M. Peter; H. K. Rouette: Grundlagen der Textilveredlung. Deutscher Fachverlag, Frankfurt/Main 1989[13].

Coker: amerikanische Baumwollzüchtung.

ComforTemp®: Die Grundlage dieser Technologie von Schoeller, Schweiz, beruht auf der Erprobung von → PCM durch die NASA für die Apollo-15-Mission. PCM verändern bei einer bestimmten Temperatur den Aggregatzustand. Es findet ein Phasenwechsel von flüssig nach fest und umgekehrt statt. Bei ComforTemp® werden die Paraffine (PCM) in winzige Mikrokapsel eingeschlossen. So sind sie wasch-, reinigungs- und witterungsbeständig. PCM ist auf einen bestimmten Temperaturbereich eingestellt. Erhöht sich die Körper- oder Umgebungstemperatur, speichert PCM die überflüssige Wärme. Sinkt die Temperatur wieder, gibt das Material die zuvor gespeicherte Wärme ab. Auf diese Weise ist dem Träger so ausgestatteter Ware bei extremen Temperaturschwankungen weder zu kalt noch zu warm. Das persönliche Komfortklima stellt sich ein und die Leistungsfähigkeit bleibt länger konstant.
Alle Artikel sind bei 40 °C waschbar und ebenso reinigungsbeständig.
Einsatz: Bekleidung, Schuhe, Handschuhe für Sport, Freizeit und Arbeit. ComforTemp® wird ebenso für Sitzbezüge im Transportbereich und in der Medizin verwendet.
Quelle: www.schoeller-textiles.com

Coolmax: Markenname für eine Spezialfaser (Dacron von DuPont) aus Po-

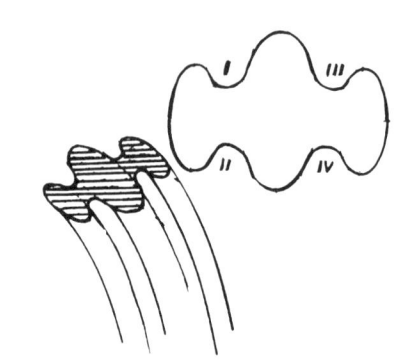

Abb. 53: Faserquerschnitt mit vier Oberflächenkanälen. Diese Faserform mit ihrer großen Oberfläche bildet ein Transportsystem, das Feuchtigkeit von der Haut ableitet.

lyester, als Filament und Fasergarn hergestellt und verarbeitet, die für den Sportswear-Bereich entwickelt wurde und dort besonders im Sportsockenbereich eingesetzt wird. Es ist eine sog. Vierkanalfaser (Filament) mit einer um 20 % größeren Oberfläche als runde Fasern, die die Feuchtigkeit nicht absorbiert, sondern direkt von der Haut nach oben „wegsaugt", um sie an die Umgebungsluft oder an die Textilaußenseite abzugeben. Durch den speziellen Querschnitt hält sie die Haut länger trocken als vergleichbare Stoffe aus Baumwolle oder Polyamid.

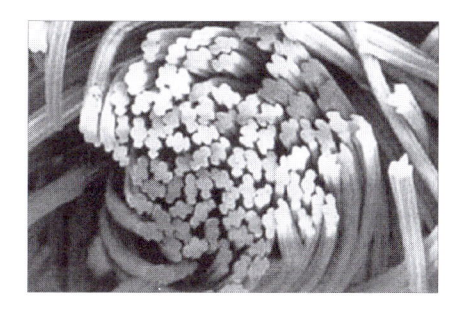

Abb. 54: Coolmax (Querschnitt)

Durch seine Funktion beugt Coolmax Überhitzen, Scheuern und Muskelunterkühlung vor; denn zu diesen unerwünschten Effekten kommt es, wenn der Schweiß im hautnahen Bereich gestaut oder von der Textilie absorbiert wird, sodass das Kleidungsstück am Körper haftet. Die Feinheit der Coolmax-Filamente unterstützen die Weichheit des Textils und den geschmeidigen Griff. Polyester nimmt nur sehr wenig Feuchtigkeit auf (ca. 0,3 % bei 65 % Luftfeuchtigkeit), daher kann Coolmax in sehr kurzer Zeit wieder trocknen. Coolmax wird als Web- und auch als Maschenware produziert sowie mit und ohne Elastan verarbeitet. Der Griff variiert von seidiger Geschmeidigkeit bis zum typischen trockenen Baumwollgriff. Coolmax ist schrumpf- und formbeständig, waschmaschinen- und trocknergeeignet; es neigt nicht zur Geruchs- und Moderbildung und behält lange sein gutes Aussehen. Sehr gern wird Coolmax in Kombination mit → ThermaStat™ verarbeitet, da beide Typen ergänzende Eigenschaften besitzen. Bei Trikots für Biker z. B. wird das Vorderteil aus Coolmax gearbeitet und kann der Überhitzung des Körpers entgegenwirken; das Rückenteil aus dem wärmehaltenden ThermaStat™ gefertigt ist ideal, um der Unterkühlung vorzubeugen. Im Textil ist der Unterschied beider Materialien nicht zu sehen. Da beides PES-Fasern sind, ist die Verarbeitung und vor allem die Pflege unproblematisch. Coolmax wird immer häufiger auch in Mischung mit anderen Chemie- und Naturfasern für Wäsche und Funktionsstrümpfe eingesetzt.

Cool Wool (engl., cool wool = kühle Wolle): Qualitätsbezeichnung für leichte, feine Wollgewebe aus feinster Merinowolle (nur mit Wollsiegel, wenn Merinowolle verwendet wurde). → Super 100, Super 100's. → Light Wool. Im Mittelalter wurde Merino besonders vom spanischen Königshof bevorzugt, der den Export von Merinowolle sogar bei Todesstrafe verbot. Im 19. Jh. wurden Merinoschafe in Australien und Südafrika vermehrt gezüchtet, denn je trockener und heißer das Klima, desto feiner wird die Schur (Merinos in Australien und Südafrika liefern rund 530 Mio. kg Schurwolle, die Weidefläche pro Schaf und Jahr umfasst ca. 3.000 m²). Ca. 160 Mio. kg beträgt der Anteil an feiner Merinowolle, aus dem Cool Wool gefertigt wird. Ein Merinovlies wiegt bei Neuzüchtungen 7 kg, der Durchmesser eines für Cool Wool verwendeten Haares beträgt 21 µm. Die stark gekräuselten Wollen werden nach dem Wäscherei- und Kämmprozess zu sprungelastischen Garnen oder Zwirnen versponnen, um daraus glatte, aber aufgrund der Freskodrehung poröse und kühle Gewebe zu weben oder zu stricken. Vorzüge der sog. Cool-Wool-Qualitäten ist ihre Leichtigkeit: Ein Blazer wiegt nur ca. 500 g, ein Anzug weniger als 1000 g. Das Gewicht von Cool-Wool-Artikeln beträgt im HAKA-Bereich maximal 330 g/lfm, im DOB-Bereich bis herunter auf 220 g/lfm. Die Warenbreite liegt, wie bei anderen Stoffen, meist bei 150 cm (zwischen den Leisten). Diese Qualitäten werden auch als → Super 100's/120's angeboten.

Ein weiterer Vorteil der Cool-Wool-Qualitäten ist ihr Kühleffekt, eine Eigenschaft der Schurwolle, die sich nicht nur die Beduinen mit ihren Burnussen zunutze machen. Dieser Effekt hängt mit dem Aufbau des Wollhaares zusammen, das in der Lage ist, Feuchtigkeit in Form von Dampf aufzunehmen und bei trockener Luft wieder an den Körper abzugeben. Eine gute Qualität erkennt man, wenn man den Stoff in der Hand knautscht und drückt. Cool Wool ist rücksprungelastisch aufgrund der hohen Kräuselung und der hohen Drehung des Fadenmaterials und springt faltenlos in die Ausgangslage zurück. Diese Eigenschaften kannte man auch schon früher bei → Fresko- und → Tropical-Artikeln. Das Neue bei Cool Wool ist die Garnfeinheit, die durch das entwickelte Siro-spun-Verfahren erreicht wird. Das Gewebe fällt leicht und locker, evtl. Knitter erholen sich am besten in feuchter Luft. Alle Cool-Wool-Artikel müssen kahlappretiert sein, d. h. keine abstehenden Faserenden zeigen. Cool Wool erkennt man am eingetragenen Verbandszeichen, aber nur in Verbindung mit reiner Schurwolle. Der Begriff Cool Wool ist nicht geschützt und kann auch für sehr leichte Gewebe aus Fasermischungen verwendet werden (z. B. Schurwolle und Mikrofaser).

Cord, Kord (engl., cord = Seil, Schnur): Cord darf nicht mit → Cordsamt verwechselt werden, obwohl sich in den letzten Jahren diese Kurzbezeichnung als Synonym für Cordsamt durchgesetzt hat. Die Cordbindungen stellen

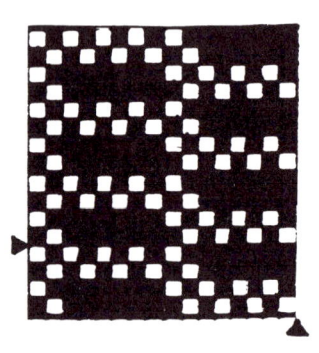

Abb. 55: Einfache Cordbindung (Hohlschuss): Hier wechseln Rippen- und Hohlschüsse von Rippe zu Rippe.

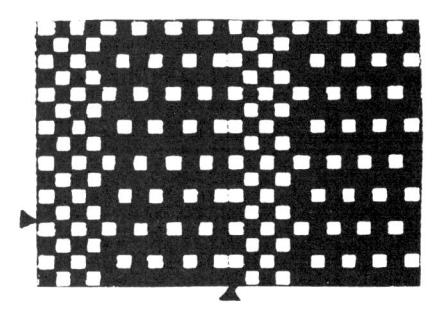

Abb. 56: Cordbindung: Ein Schuss arbeitet über die ganze Breite als Hohlschuss, der andere als Rippenschuss.

den Übergang vom einfachen Gewebe zu denjenigen Gewebetypen dar, die aus mehr als einem Kett- und einem Schussfadensystem konstruiert werden. Es sind Flachgewebe in Hohlschussbindung (auch Struck- oder Biesenbindung genannt), im Gegensatz zum Cordsamt, der ein Flor- oder Polgewebe ist. Cordgewebe haben ein vertikal geripptes Aussehen wie ein Schussrips. Die tiefen Einschnitte kommen durch die in Kettrichtung verlaufende Leinwandbindung zustande. Die längsgerippten Hohlschussbindungen können unterschiedlich konstruiert werden:
Jeder Schuss arbeitet als Hohl- und als Bindeschuss (→ Abb. 55, Kettschnitt → Abb. 57).
Man arbeitet mit zwei Schüssen. Der eine flottiert unter mehreren Kettfäden (Hohlschuss) hindurch, bindet dann über zwei oder mehrere Fäden ab (z. B. in Leinwand oder Rips). Der andere Schuss, der sog. Bindschuss, arbeitet durchgehend in Leinwand- oder Köperbindung (→ Abb. 56).
Die Längsrippen mit starker Profilierung ergeben sich aus den flottierenden Schussfäden (linke Seite), die die rechte Gewebeseite nach oben wölben. Wenn eine Füllkette verwendet wird, ist die Rippe noch plastischer. Sie wird häufig auch für den → Côtelé verwendet. Da die rechte Seite in Leinwandbindung gewebt wird, entsteht ein strapazierfähiger Gewebetyp. Zwischen den Rippen sind engbindende Schneidfäden, die für das Luftaustauschvermögen sorgen; die auf der Rückseite flottierenden Schussfäden ermöglichen eine gute Feuchtigkeitsaufnahme. Da ein Teil der Cordbindungen zu den verstärkten Gewebetypen zählt, ist somit auch das relativ hohe Gewicht zu erklären. Feinere Qualitäten liegen bei 100–180 g/m^2 (Hemden und Kleider). Für Hosen werden Qualitäten von ca. 350 g/m^2 verwendet. Farben: überwiegend uni. In Wollqualitäten werden aber auch → Moulinézwirne für die Kette verwendet. Bindungstechnisch dem Cord verwandt ist der → Côtelé. Die Rippenbreite bei Cord ist jedoch etwas größer und das Gewebe schwerer.
Einsatz: DOB, HAKA, Hosen und Jacken.

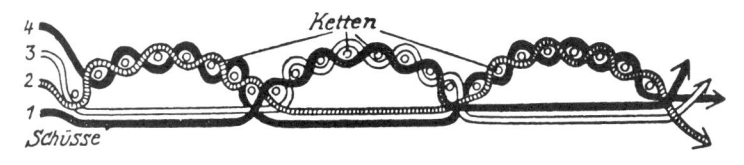

Abb. 57: Kettschnitt durch eine Cordbindung

Cordsamt, Kordsamt

Cordsamt, Kordsamt (rib velvet, cord velvet): Der Cordsamt (nicht zu verwechseln mit → Cord) ist ein Polgewebe, das aus drei Fadensystemen besteht. Das Grundgewebe bindet entsprechend dem Warentyp, wie nachfolgend erläutert, leinwand- oder köperbindig. Der sog. Polschuss flottiert über mehrere Kettfäden hinweg und bindet den Noppentyp (V oder W) entsprechend ab. Bei klassischen Cordsamten verlaufen die Rippen immer in vertikaler Richtung. Den Samtcharakter erhält das Gewebe aber erst in der Veredlung, wenn die Rippenschläuche mit Rundmessern aufgeschnitten werden (→ Abb. 59). Verteilt man dagegen die Flornoppeneinbindung über die gesamte Fläche, entsteht ein sog. Schusssamt, der sog. → Velvet (→ Abb. 58 (C)). Beim Cordsamt wie auch beim → Samt gibt es Polaufnoppen V (→ Abb. 58 (4)) und Poldurchnoppen W (→ Abb. 58 (3)), ebenso Doppel-V- und Doppel-W-Noppen. Festigkeit und Güte eines Cordsamtes werden von verschiedenen Faktoren bestimmt (Kettschnitt → Abb. 60). Nachfolgend einige typische Cordsamtgewebe:

1. *Nadelsamt* (→ Abb. 58 (B)): mit weniger als 1 mm Florhöhe und ca. 70–90 Rippen pro 10 cm der feinste Samt. Die feinen Schläuche werden z. T. mit Einzelmessern auf der Schneidemaschine aufgetrennt. Grundbindung: Leinwand oder V-Noppe. Nicht mit Nadelrips verwechseln.
2. *Waschsamt* oder *Waschcord:* Florhöhe ca. 1 mm bei 50–70 Rippen pro 10 cm. Manchmal wird auch diese Ware schon als Nadelsamt bezeichnet. Grundbindung meist Leinwand und V- oder W-Noppe. Waschsamt wird auch als Feincord, Mille rayé, Mikrocord oder Babycord bezeichnet. Gewicht ca. 230 g/m^2, abhängig von Material und Einstellung.
Einsatz: Kinderkleidung, Hemden, Röcke und leichte Jacken.
3. *Damencord* (→ Abb. 58 (B)): breitere Rippung mit ca. 30–40 Rippen pro 10 cm und einer Polhöhe von ca. 1,5 mm. Grundgewebe immer Leinwand, meist V-Noppe. Gewicht ca. 300–350 g/m^2 für Hosen, Röcke, Mäntel usw. Damencord ist gegenüber dem Genuatyp die leichtere Ausführung.
4. *Manchester* oder *Genuacord* (→ Abb. 58 (A)): im Englischen häufig als Corduroy bezeichnet. Rippenbreite ca. 25–40 pro 10 cm, Florhöhe ca. 1,5 mm. Ähnlich dem Damencord, aber nur als Köpergrundgewebe (3-bindiger Kettköper), häufig mit W-Noppe. Grundgewebe und Florschuss sind meist aus starkem Baumwollgarn/Zwirn (auch PES), sodass das Gewebe sehr stark und strapazierfähig ist. Aufgrund seiner hohen Schussdichte (Florschuss/ Grundschuss 2:1 und 3:1) besitzt Genuacord eine dichte Flordecke. Gewicht ca. 340–500 g/m^2, je nach Verwendung. Im Handel wird er überwiegend als Stückfärber angeboten. Als Arbeitskleidung ist Genuacord ein relativ wenig schmiegsames und weiches Gewebe, modische Varianten können jedoch extrem weich ausgerüstet sein.
5. *Trenkercord,* auch *Wellpappencord* oder *Breitcord:* Rippenbreite ca. 20–25 pro 10 cm, Polhöhe ca. 2,5 mm. Sehr hohe Schussdichte mit Floreinbindung in W-Noppen. Schwerstes Gewebe mit ca. 500–550 g/m^2.
Einsatz: überwiegend Berufskleidung, Hosen und Jacken.

Cordsamt, Kordsamt

Cordsamt- und Schusssamtbindungen

A Beispiel; Manchester- oder Genuacordsamt
B Beispiel; Damencord und Nadelsamt
C Beispiel; Velvet oder Schusssamt
1 Grundkette
2 Grundschuss
3 Polschuss aufgeschnitten W-Noppe
4 Polschuss aufgeschnitten V-Noppe
5 Polschuss nicht aufgeschnitten
6 Bindungsrapport (Grundbindung Köper)
   20-0201-01-01
7 Bindungsrapport (Grundbindung Leinwand)
   10-0101-01-00

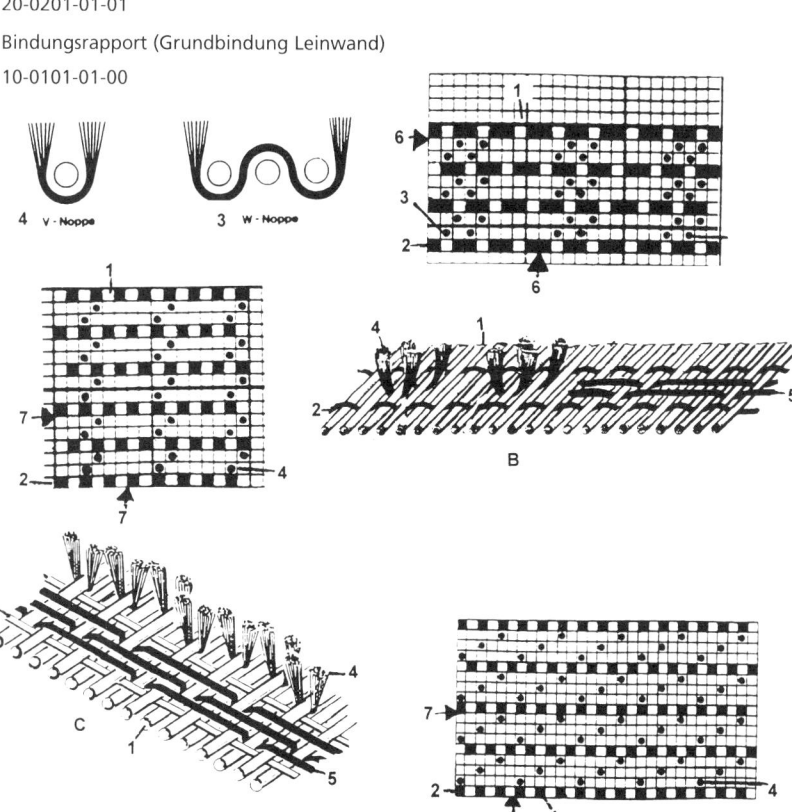

Abb. 58: Cordsamt- und Schusssamtbindungen

Cordsamt, Kordsamt

6. *Cable-Cord:* veraltete Bezeichnung für einen kräftigen Breitcordsamt. Grundschuss meist Köper, für schwere Gewebe auch verstärkter Atlas. Es folgen zwei bis drei oder mehr Florschüsse, die dann aufgeschnitten werden. Klassischer Möbelstoff, wird aber auch zu Hosen und Mänteln verarbeitet.
Der Cable-Cord hat 7–9 mm breite Rippen und einen 2–3 mm hohen Flor. Er ist damit noch breiter und hochfloriger als der Trenkercordsamt.
7. *Fancy-Cord:* Cordsamt mit einer sog. Wechselrippe. Entweder mit verschieden breiten Rippen oder mit abwechselnd aufgeschnittenen und nicht aufgeschnittenen oder schachbrettartig versetzten Rippen. Feinheit, Florhöhe sowie Rippenbreite sind bei diesem Gewebe musterungsabhängig.
Wichtig und maßgebend für einen guten Cordsamt (ob Baby-, Genua- oder Trenkercordtypen) ist die feste Floreinbindung, die von mehreren Faktoren bestimmt wird, nämlich von der Kombination aus Material (Baumwolle, Viskose, Wolle, Chemiefaser), von der Fadenart (Garn/Zwirn), von der Kett- und Schussdichte, der Grundbindung (Leinwand, Köper usw.) und auch der Einbindung (V- oder W-Noppen) sowie deren Wechselfolge (Grundschuss-, Polschussanzahl) und, ganz wesentlich, von der Ausrüstung. Die Veredlung (Cordsamt, Samt) erfordert hohes technisches Können, Erfahrung und spezielle maschinelle Einrichtungen.
Zur Orientierung einige Circa-Angaben für Kett- und Schussdichten:
Beispiel Genuacordsamt: Leichte Qualitäten (Damencord) haben Leinwand als Grundbindung und häufig einen V-Noppen-Typ. Schwerere Qualitäten weisen fast immer Köperbindung auf: K 2/1 oder K 4/4 und W-Noppen. Das Verhältnis von Grund- und Florschüssen ist ebenso entscheidend wie die Dichte des Grundgewebes. Kette mit Baumwollzwirn, Nm 34/2–60/2, Schuss mit Baumwollgarn, Nm 20–36. Die Kettdichte liegt bei ca. 20–30 Fd/cm, die Schussdichte der Grund- und Florschüsse bei ca. 40–70 Fd/cm. Das Gewicht liegt bei ca. 375 g/m^2.

Abb. 59: Schneidscheiben zum Auftrennen von Rippensamt. Hier wird die ganze Warenbreite in einem Arbeitsgang aufgeschnitten.

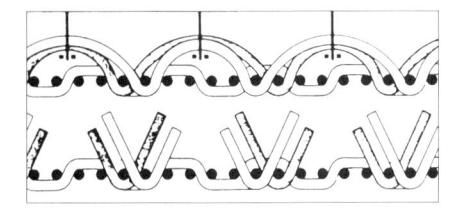

Abb. 60: Kettschnitt durch einen Cordsamt

Cordura: Markenname für ein lufttexturiertes Polyamidfilament (Taslan). Durch die hohe mechanische

Verwirbelung mittels feiner Luftdüsen erhält das Polyamidfilamentenbündel eine sehr starke innere Festigkeit. Einzelne Filamente ragen schlingen- und schleifenartig aus dem Fadenverband heraus, wodurch Taslan große Ähnlichkeit zu Fasergarnen aufweist. Cordura besitzt eine hohe Abriebfestigkeit, ist pillingresistent und somit hervorragend geeignet für extrem beanspruchte Outdoor-Bekleidung im Sportbereich, weiterhin für Rucksäcke, Taschen, Koffer, Schuhe und Verstärkungen für Sportbekleidung von Bikern, Inlinescatern, Motorradfahrer usw. Im Gegensatz zu anderen Texturierverfahren wird bei Taslan sehr hohe Zugbelastung angestrebt; es hat dagegen nicht die Elastizität oder Bauschigkeit anderer texturierter Chemiefasern. Cordura ist gegenüber anderen Taslantypen glatter und fester und hat keinen rauen Griff. Als Gewebe verarbeitet erhält Cordura häufig eine Teflon®- oder Scotchgard™-Ausrüstung (Fleckenschutz). Vervollständigt wird dieses Funktionsmaterial durch eine Polyurethan-Rückenbeschichtung, die jedoch immer dampfdurchlässig sein sollte.
1. Konstruktionsbeispiel: Kette und Schuss: dtex 560 (Taslan), Leinwandbindung, Einstellung: 19,5 x 14,5 Fd/cm, Breite: 150 cm, PU-rückenbeschichtet und mit Scotchgard™-Ausrüstung.
2. Konstruktionsbeispiel: Kette und Schuss: dtex 1110 (Taslan), Einstellung: 13 x 12 Fd/cm, Leinwandbindung, Breite: 150 cm, PU-rückenbeschichtet, Scotchgard™-Imprägnierung (Öl und Wasser abweisende Ausrüstung).
→ Polyamid. → Nylon.

Corduroy, Corderoy, Cordroy (corduroy, corded velvet, rip velvet): schwerer Schussköpersamt, meist aus Baumwolle mit mittelbreiten Längsrippen. → Manchester. → Rippensamt. → Cordsamt.

Corkscrew (engl., corkscrew = Korkenzieher):
1. Der Begriff weist auf das Aussehen des Gewebes hin. Kennzeichnend sind, im Gegensatz zu → Adria, flach verlaufende Diagonalrippen. Steigungsgrat und Köperneuentwicklung sind hier entscheidend (→ Abb. 61/62). Corkscrew wird in Kammgarn-, aber auch in Streichgarnqualitäten gewebt, muss aber nicht aus Wolle sein. Polyester und Viskose sind Alternativen. Es handelt sich um ein dichtes Gewebe, da Kette und Schuss eng eingestellt

Abb. 61: Corkscrew

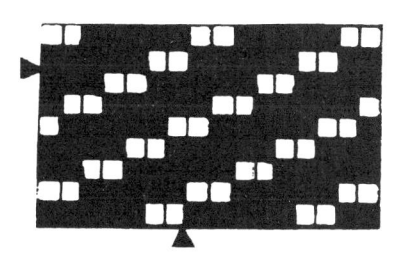

Abb. 62: Corkscrew: Flachkörper (27 °C)

werden. Repräsentative Optik in zumeist dunklen Farben. Die Eigenschaften werden überwiegend vom eingesetzten Faserstoff bestimmt.
2. Ein Spezialzwirn, der durch das Zusammendrehen eines dicken, hochgedrehten Wollgarns mit einem dünneren seine typische, dem Namen entsprechende Optik erhält.

Côtelé (côtelé fabric; frz., côte = Rippe): Diese überwiegend einkettig-einschüssigen Gewebe zeigen eine gewisse Verwandtschaft mit dem Cord. Da Cordgewebe aus sog. Struck-, Biesen- oder Hohlschussbindungen entwickelt werden, kommt die Bezeichnung „Côtelébindung" dazu. Kennzeichnend für diese Stoffe sind die kleinen, schmalen, leinwandbindigen Rippen, die in Kettrichtung verlaufen. Auf der Geweberückseite flottieren die Hohlschüsse über die entsprechende Rippenbreite. Die längs genarbte rissige Geweboberfläche entsteht somit durch die in Vertikalrichtung gemusterte Cordbindung (Hohlschussbindung → Abb. 63 und → Abb. 55/56). Manchmal wird der Côtelé auch als → Piqué bezeichnet.
Das Gewebe wird in folgende Gewichtsklassen unterteilt:

– mittelfeine Baumwollcôtelés: Kette ca. 40–46 Fd/cm mit einer Fadenfeinheit von ca. Nm 40–60, Schuss ca. 28–32 Fd/cm mit einer Fadenfeinheit von ca. Nm 40–60, Gewicht (netto) ca. 130–170 g/m^2,
– feine Baumwollqualitäten: Kette ca. 60–80 Fd/cm mit einer Fadenfeinheit von ca. Nm 50–85 (Batistfeinheit), Schuss ca. 30–36 Fd/cm mit einer Fadenfeinheit von ca. Nm 40–85, Gewicht (netto) ca. 135–195 g/m^2.

Besonders plastisch wird der Côtelé durch den Einsatz von Kreppgarnen für den Hohlschuss (Crêpe Côtelé); das Einsetzen einer Füllkette ist ebenfalls möglich. Für Blusen und Besatz werden häufig Baumwollcôtelés in Uni verwendet; durch farbige Streifen in der Kette/Schärung lassen sich auch Längsstreifen erzielen. Der Faserstoffeinsatz ist für diese Handelsbezeichnung nicht Ausschlag gebend, sodass man u. a. von Baumwollcôtelé, Wollcôtelé, Seiden- oder Chemiefasercôtelé spricht. Diese Warengruppe ist aufgrund ihrer Bindungskonstruktion sehr strapazierfähig.
Einsatz: Blusen, Hemden, Kleider und Bettwäsche.

Abb. 63: Côtelé

Côteline (coteline; frz. Verkleinerungsform, côtelé = kleine oder schmale Rippe): Gegenüber der Côtelébindung (Hohlschuss) werden beim Côteline Querripsbindungen mit unterschiedlich breiten Rippen verwendet. Um die Rippen zu verstärken und plastischer zu gestalten, setzt man teilweise starke Schussfäden ein, aber auch mehrere feine Schüsse nach Art eines echten Rips. Da der Côteline sehr feine, teilweise dick und dünn abgesetzte Rippen aufweist, darf man ihn nicht mit dem → Ottomanen verwechseln.
Einsatz: Kleider-, Kostüm- und Möbelstoffe. Möbelstoffe werden bei Côtelinefond auch jacquardgemustert angeboten.

Cottonade (engl., cotton = Baumwolle): veralteter Ausdruck für den kräftigen Hauskleiderstoff (Schürzencottonade) in Leinwandbindung, meist gestreift oder kariert gemustert, vergleichbar mit → Siamosen.

Couverture (bed linen, cover; frz., couverture = Bezug, Bettdecke): gleiche Gewebetype wie Linon. Couverture ist leinwandbindig, in der Ausrüstung gesengt, gebleicht, dann aber nicht uni belassen, sondern bedruckt. Die Dessinpalette ist sehr umfangreich, vom Floral- über Fantasiemuster bis hin zu grafischen Dessins ist alles möglich. Die Schmutzunempfindlichkeit wird durch dunklere Drucke verstärkt.

Covercoat (cover coating; engl., to cover = bedecken, coat = Rock): Bezeichnung für einen Stoff, der als Überrock verwendet wurde. Vom Namen her kann man das Gewicht und auch die ungefähre Beschaffenheit des Gewebes ableiten. Es ist eine strapazierfähige, dicht gewebte Steilgratköperware oder ein Gewebe aus verstärkter Kettatlasbindung mit ausgeprägtem Grat (→ Abb. 64). Für die Kette werden häufig Moulinézwirne (fein gesprenkelte Optik) aus Kamm- oder Streichgarn (Nm 28/2 oder 30/2) verwendet. Oft wird aus wirtschaftlichen Gründen aber auch, wie beim Imitatgabardine, eine einfache Köpergrundbindung verwendet (K 2/2, → Abb. 7).
Covercoat kann auch Ähnlichkeit mit einem Gabardine haben. Durch die hohe Ketteinstellung wird eine steile Rippe erreicht. Ähnlich aufgebaute Unis mit leichter Strichausrüstung werden ebenfalls als Covercoat bezeichnet. Kammgarnqualitäten werden kahlappretiert, Streichgarntypen mit leichter Strichausrüstung versehen (leicht meltoniert).
Einsatz: Mäntel, Jacken und Wetterbekleidung.

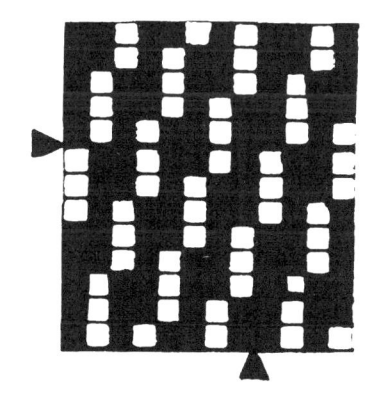

Abb. 64: Covercoat (verstärkter Kettatlas)

Craquelé

Craquelé (crinkle fabric, craquelé; frz., craqueler = rissig, narbig): Kleidergewebe mit narbiger, borkenähnlicher Optik. Craquelé wird über Gaufrierkalander oder Hohlschussbindung, meist in Längsstreifen, entwickelt. Daher weist die Ware Ähnlichkeiten mit → Seersucker auf. Der Craquelé kann aber auch über schrumpfenden und nicht schrumpfenden Chemiefasern entwickelt werden. Bei Hitzeentwicklung (in Wasser oder Dampf) zieht sich das Schrumpfmaterial zusammen und das nicht schrumpfende bildet das Muster. Eine weitere Möglichkeit besteht im Einsatz von Normalgarnen und Kreppgarnen (oder Zwirnen), dann aber mit Bindungskombinationen wie Leinwand/Schussrips.

Crash (engl., crash = zerbrechen, krachen; engl., crinkle = sich kräuseln, krümmen): Oberbegriff für jede Art der künstlichen Knitteroptik, die aus modischen Gründen absichtlich permanent in das Textil eingebracht wird. Einige Veredler differenzieren hier genauer: Crash ist der Effekt für vorgeknitterte Gewebe aus Seide oder Chemiefasern. Hierfür wird überwiegend Polyamid verwendet, in geringem Maße Polyester. Für Crash-Effekte bei Seide wird Kunstharz eingesetzt.
Crinkle ist den Baumwollrohstoffen vorbehalten, deren Einsatzbereich im Freizeit- und Jeanslook-Sektor liegt. Da bei Baumwolle keine starken Knitter möglich sind, bedeutet Crinkle „fein geknittert". Bei diesem Veredlungsvorgang werden also im Gewebe bewusst Falten produziert, wobei die Fasergattung und die Gewebekonstruktion von großer Bedeutung sind. Der Effekt sollte in jedem Fall fixiert sein. Baumwollcrash wird trocken gewalkt (mechanisch gestaucht), anschließend wird der Crash-Effekt (Falten) mit Kunstharzen imprägniert und auskondensiert. Ausgeführt wird dieser Veredlungsvorgang im Foulard oder in der Nassausrüstung.

Spezialmaschinen für Crash und Crinkle gibt es nicht; so ist man auf das Know-how und die Fantasie der Veredler oder Techniker angewiesen, um den vorhandenen Maschinenpark zu nutzen (Garnfärbegeräte, Walken, Strangfärbeapparate usw.). Baumwollgewebe können auch in Längsrichtung in Falten gelegt, anschließend in Netze verpackt und in großen Schleudern bearbeitet werden. Hier ergibt sich ein „All-over-Crinkle-Effekt", der anschließend mit Reaktantharzen fixiert wird. Diese Fixierung ist aber nicht permanent. So dürfen keine zu hohen Ansprüche an die Ware gestellt werden. Die Ausrüstungsmehrkosten liegen bei ca. 15–30 % des fertigen Stoffes.

Chemiefasern werden vor dem Thermofixieren auf Färbemaschinen in Faltung gebracht (Rotostram von Thies; Flockefärbeapparat als Ablageelement für Gewebestränge, die mit Heißwasserdurchströmung gecrasht werden). Die chemische Fixierung oder Thermofixierung der Falten muss natürlich in Schussrichtung spannungslos den Spannrahmen durchlaufen. Die Regelung der Ober- und Unterluft ist dabei sehr wichtig. Außerdem kann man Chemiefasern thermisch prägen (Gaufrage). Hier wird durch eine anschließende Thermofixierung die Dauerhaftigkeit ge-

währleistet (kein oder wenig Einsatz von Kunstharz). Auch durch die Verwendung von Schrumpfgarnen werden Crash- und Crinkle-Effekte erreicht (→ Cloqué). Einfache, billige Baumwoll- oder Viskosecrash-Artikel erkennt man an den sehr groben Knittern und Falten. Der Griff kann hart bis spröde sein. Hier ist keine dauerhafte Crash- oder Crinkle-Optik zu erwarten, da man aufgrund des Preises auf die Kunstharzausrüstung teilweise oder ganz verzichtet hat. Vielfach werden diese Gewebe in warmer Lauge vorgeknittert und dann spannungslos getrocknet. Ein permanenter Effekt zeigt der unter → Cloqué laufende Typ von Schrumpfgarnen mit unterschiedlich hoher Drehung in Z- und S-Richtung. Dauerhafte Crash- und Crinkle-Optik erreicht man bei offenen Gewebetypen; schwieriger ist es bei den dichten, beispielsweise taftähnlich gewebten Waren. Der Crinkle-Effekt macht das Textil teilweise elastisch dehnbar, sodass es bei „enger Schnitttechnik" zum Ausbeulen an exponierten Stellen kommen kann. Im Französischen wird dieser Effekt „Froisé" genannt.
Einsatz: Kleider, Blusen, Röcke und Accessoires.

Creas (creas): Bezeichnung für ein kräftiges, leinwandbindiges Baumwollgewebe. Es stellt eine Cretonnevariante mit Leinencharakter dar. Diese Ware ist dem → Dowlas verwandt und wird überwiegend im Bettwäschebereich eingesetzt.

Crêpe (crêpe; lat., crispus = wirr, kraus): Sammelbezeichnung für alle porösen, etwas wirren, unruhigen Warenbilder, die durch sog. Kreppgarne/-zwirne (echter Krepp) oder durch Kreppbindungen (unechter Krepp) entstanden sind. → Kreppgewebe.

Crêpe Bab (crêpe bab): Halbseidenkrepp aus Wolle und Triacetat. Auf der rechten Warenseite erhält das Gewebe eine tuchartige Ausrüstung.
Einsatz: Kostüm- und Mantelstoffe.

Crêpe-Caid (frz., crêper = kräuseln; arab. caid = Beamter, Statthalter): Kleiderstoff aus überdrehten Wollkammgarnen mit popelineähnlicher Optik (Einstellung 2:1). Das Gewebe ist tuchbindig (Leinwand), der Schuss wird meist 2Z/2S eingetragen. Dadurch kommt der gleichmäßige Kreppcharakter schön zur Geltung.

Crêpe-Chiffon: → Chiffon.

Crêpe chinette: → Crêpon.

Crêpe de Chine, Chinakrepp (frz., Crêpe de chine = Krepp aus China): taftbindiger Schusskrepp, der auch „umgekehrter Crêpe lavable" genannt wird, da die Kreppfäden nur im Schuss in der Folge 2Z-Draht, 2S-Draht vorhanden sind. Der Crêpe de Chine ist nicht so transparent wie der Crêpe lavable. Gute Qualitäten haben aber einen sehr dezenten narbigen Kreppcharakter. Sieht man genauer hin, so entdeckt man auch die typische Querrippigkeit, die durch die Einstellung von Kette und Schuss im Verhältnis 2:1 erreicht wird. Die Handelsbezeichnung ist leider keine Qualitätsbezeichnung mehr. Es werden also unterschiedliche Arten von Filamenten verarbeitet. Neben reiner Seide auch

Crêpe d'hiver

Viskose, Polyester, Acetat und Mischungen (immer Filamente, keine Fasergarne). Ursprünglicher Materialeinsatz: Grége-Kette und Bombyxkrepp-Schuss. Naturseidencrêpe ist relativ leicht, ca. 40–55 g/m². Chemiecrêpes sind dagegen häufig doppelt so schwer (außer wenn Mikrofilamente verwendet werden). Einlaufwerte bei der Wäsche sollten 4–5 % nicht übersteigen.
Einsatz: elegante Blusen, Kleider und Accessoires.

Crêpe d'hiver (frz., crêpe d'hiver = Winterkrepp): Woll- oder Chemiefaserkrepp, aus meist 8-bindigem, heute aus Preisgründen oft aus 5-bindigem Kettatlas gewebt, mit hoher Kett- und geringer Schussdichte. Er ist im Grunde auch ein Reversible mit einer glänzenden (Kett-) und einer narbig-kreppigen (Schuss-)Seite.
Einsatz: Kostüme und Jacken.

Crêpe Georgette (cotton georgette): Der Name ist auf die Tochter Georgette des ersten Fabrikanten dieser Ware zurückzuführen. Es handelt sich um einen leinwandbindigen Vollkrepp, auch Doppelkrepp genannt (→ Abb. 65). In Kette und Schuss werden 2Z- und 2S-gedrehte Garne verwendet. Keine groben, sondern feine Garne sind wichtig, da sonst die Unterscheidung zu den „normalen" Krepps schwierig wird. Die im Gewebe unregelmäßig liegenden Kreppfäden geben dem Stoff eine fast geschlossene Optik; er hat aber gleichzeitig eine gewisse Transparenz. Der Materialeinsatz ist sehr unterschiedlich; neben reiner Seide werden auch Wolle, Polyester, Viskose und Fasermischungen verwendet. Die Bezeichnungen „echter" und „unechter Georgette" beziehen sich aber nicht auf das Material, sondern auf die Kombination aus Leinwandbindung und Kreppfäden in Kette und Schuss (→ Abb. 1).

Der unechte Georgette wird in Kreppbindung gewebt und hat normal gedrehte Garne, hat aber den Vorteil, dass er eine bessere Dimensionsstabilität besitzt (→ Abb. 66). Der Griff ist körnig, sandig, feinnervig. Der Luftaustausch ist gut, ebenso die Knitterresistenz. Allerdings lässt die Formbeständigkeit zu wünschen übrig, da die Kreppfäden beim Tragen zum Relaxieren neigen. Bei Feuchtigkeit haben die Kreppfäden das Bestreben, sich zusammenzuziehen. Die Folge: Das Gewebe verliert

Abb. 65: Crêpe Georgette (echt mit Kreppgarnen), Leinwandbindung

Abb. 66: Crêpe Georgette (unecht mit Normalgarnen), Kreppbindung

an Länge und Breite (Schrumpf). Bei feinen Georgettes ist die mechanische Festigkeit nicht sehr hoch. Wichtig ist, dass man den Schnitt auf das Gewebe genau abstimmt. Gewicht ca. 60–150 g/m^2, je nach Material.
Einsatz: Kleider, Jacken, Kostüme, Blusen, Schals und Tücher.

Crêpe-Jersey (crêpe jersey): Dieser Jersey gehört nicht in den Bereich Maschenware, sondern stellt einen Gewebetyp dar, der in der Kombination von Bindung und Garnen seinen trikotartigen Charakter bekommt. Er ist wie der → Crêpe de Chine ein Schusskrepp in der Folge 2Z/2S. In der Kette wird leicht oder normal gedrehtes Material verwendet, im Schuss gekreppte Umwindungszwirne (→ Mooskrepp). Die Bindung baut sich nicht kettfaden-, sondern schussfadenweise auf. Jeder ungerade Schuss (1, 3, 5, 7 usw.) wird in Leinwandbindung (L 1/1) und jeder gerade Schuss (2, 4, 6, 8 usw.) 3/3 gebunden. So entsteht mit mattem Schimmer ein beidseitig gleiches Warenbild mit großer Dehnungselastizität. Crêpe-Jersey wird aus reiner Seide oder Chemiefasern gewebt und ist feiner als der Mooskrepp.
Einsatz: Blusen, Kleider und Accessoires.

Crêpe lavable (frz., crêpe lavable = Waschkrepp): Diese Handelsbezeichnung deckt sich nicht mit dem → Lavable. Im Gegensatz zum Lavable wird Crêpe lavable auch heute noch gewebt. Ein sehr feinfädiges Transparentgewebe in Taftbindung (Leinwand), die die Schiebefestigkeit optimiert. In Kettrichtung werden Kreppfäden verwendet (abwechselnde Drehrichtung der Fäden 2Z/2S, während der Schuss leicht oder gar nicht gedreht ist. Im Gegensatz zum → Crêpe de Chine ist hier die Knitterneigung etwas höher, da der Kreppeffekt relativ gering ist. Man findet es selten uni, sondern meist bedruckt im Handel. Beim Waschen sollte der Schrumpf 3 % nicht überschreiten. Materialeinsatz: Viskosefilament, daher ist Handwäsche erlaubt, was zur Namensgebung beitrug. Das Gewebe besitzt ein gutes Luftaustauschvermögen, da konstruktionsbedingt große Gewebeporen vorhanden sind und ein gutes Feuchtigkeitsaufnahmevermögen, bedingt durch die weiche Schussdrehung. Aufgrund der niedrigen Einstellung von Kette und Schuss hat er nur ein geringes durchschnittliches Gewicht von ca. 90 g/m^2. Das Gewebe ist geschmeidig und weich.
Einsatz: Kleider, Wäsche und Blusen.

Crêpe Marocain (crêpe marocain):
1. Seidentyp: Ebenso leinwandbindig wie → Crêpe de Chine, wird seine Optik aber durch ein stärker quergeripptes welliges Aussehen bestimmt. Auch wird der Schuss in 2Z- und 2S-Richtung eingetragen, aber die Kette ist dichter und der Kreppschuss, oft leider nur mit Voiledrehung, ist etwas dicker. Häufig wird dieser Seidentyp in Viskosequalitäten für Sommerblusen und Kleider verwendet.
2. Wolltyp: Innerhalb der Wollgewebe ist dies ein eher seltenes Produkt. Im Garn und in der Gewebekonstruktion ähnlich dem → Georgette (Einstellung), unterscheidet sich dieser Typ in der Bindung nur dann deutlich, wenn der Georgette in einer Krepp-

Crêpe oriental

bindung gewebt wird. Beim Marocain wird die Tuchbindung (Leinwandbindung) eingesetzt in einem Verhältnis von Kette zu Schuss von ca. 2:1. Dadurch bekommt das Gewebe eine leichte Querrippenstruktur, ähnlich dem → Popeline. Crêpe Marocain ist gröber als Crêpe de Chine. Die Ware hat im Vergleich zu anderen Kreppqualitäten einen leichten Lüster. Kette: normal gedrehtes Material (Garn oder Zwirn), Schuss: Kreppgarne (Zwirne). Es ist ein Gewebetyp, der öfter im Chemiefaserbereich (Viskose endlos) angesiedelt ist.
Einsatz: Blusen, Kleider und Accessoires.

Crêpe oriental: → Lavable.

Crêpe reversible (engl., crêpe reversible = Abseitenkrepp): Reversiblegewebe mit ungleichen, aber beliebig verwendbaren Gewebeseiten (→ Crêpe-Satin). Hier handelt es sich um ein sog. Kettdoublé. Eine Kreppkette und ein Kreppschuss arbeiten in Panamabindung wie der → Crêpe Romain. Die zweite Kette arbeitet in Schussatlasbindung; dadurch entsteht eine Kreppwarenseite und eine glatte Warenseite (→ Abb. 67). Der Ätzsatin, bei dem beide Kreppsysteme z.B. aus Polyester bestehen und die glatte Kette aus Viskosefilament, ist eine Variation. Die Viskose wird durch den Ätzdruck zerstört und es entsteht mustermäßig ein klar transparentes Gewebe, welches an diesen Stellen dem Crêpe Romain gleicht.
Einsatz: Kleider, Blusen und Accessoires.

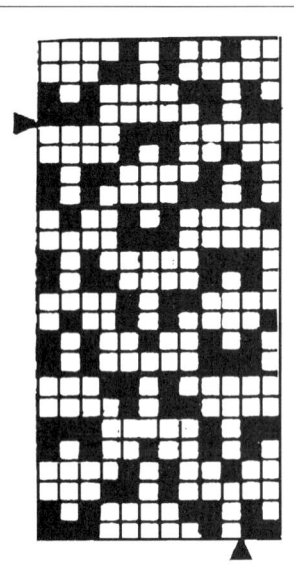

Abb. 67: Crêpe reversible (Kettdoublé); erste Kette Panamabindung, zweite Kette 5-bindiger Schussatlas

Crêpe Romain, römischer Krepp, Panama-Krepp: Der Gewebeaufbau gleicht dem des → Crêpe Georgette. Der Unterschied besteht in der verwendeten Panamabindung. Es können aber auch kleine Fantasiebindungen verwendet werden. Die Drehungsrichtung der Kreppfäden wechselt gemäß der Bindung (2S/2Z), wodurch der Kreppcharakter etwas zurückgedrückt wird, also nicht so stark ist wie beim Georgette. Kennzeichnend ist ein ruhiges Warenbild mit klar erkennbarem Schachbretteffekt. Leicht und feinfädig (Filamentgewebe) gehört dieser Stoff zu den eleganten Kleider- und Blusengeweben.

Crêpe-Satin (crêpe satin, double-sided fabric): atlasbindiger Schusscrêpe

(meist 5-bindig, Schussatlas → Abb. 10), bei dem die Kette aus glatten Grège- oder Organsinfäden besteht und der Schuss aus Kreppfäden mit einer Drehung von ca. 1.400–2.500 T/m (Touren pro Meter). Charakteristisch ist die narbige, popelineartige, fein gerippte rechte Warenseite. Die Optik ist ähnlich dem → Crêpe de Chine oder dem → Crêpe Marocain. Die „technisch" linke Seite ist stark glänzend. Der Griff ist geschmeidig, aber nicht so weich wie bei Satin. Der Crêpe-Satin wird auch als Abseitenkrepp oder → Crêpe reversible bezeichnet, weil beide Seiten rechtsseitig verwendet werden können. Außer in reiner Seide wird diese Ware auch aus Chemiefasern, z. B. Polyester, Acetat usw., angeboten.
Einsatz: Kleider, Blusen und Accessoires.

Crêpon (crêpon): Crêpon unterscheidet sich von anderen Kreppgeweben durch die in nur einer Drehungsrichtung verwendeten Schüsse. Garne/Zwirne werden also entweder nur in Z- oder nur in S-Richtung gedreht. Dadurch entstehen feine, borkenähnliche Falten. Der Begriff wird leider auch etwas verschwommen als Sammelbezeichnung für einige krepppartige Gewebe (crimped effect) verwendet.

Cretonne (sheeting = Bettzeug, deutsche Schreibweise → Kretonne): Als Rohware gehört der Cretonne zur Gruppe der fünf Nesselgewebe (→ Nessel, → Grobnessel, → Renforcé, → Kattun, → Batist und Cretonne) und wird dann auch als Rohcretonne gehandelt. Der französische Textilfabrikant Cretonne brachte als erster diese leinwandbindige Ware in den Handel. Es ist ein mittelkräftiges, immer leinwandbindiges Gewebe mit typisch stumpfer Optik und einem harten Griff. Diese Merkmale ergeben sich aus den stärker gedrehten Kettgarnen (Watergarne) und werden bei Ausrüstung noch verstärkt. Das Gewebe wird häufig auf der rechten Warenseite stark appretiert, aber z. B. im Gegensatz zu → Linon nicht kalandert. Wird der Cretonne in Streifen oder Karos, also buntgemustert (garngefärbt), angeboten, heißt die Ware → Züchen. Typische Einstellung: 24 x 24 Fd/cm, Nm 34 x 34, → Einstellungsgewebe.
Einsatz: strapazierfähige Bettwäsche, Grundware für Kleider, Blusen, Schürzenstoffe, Deko- und Möbelstoffe.

Crinkle: → Craquelé.

Croisé (twilled cloth; frz. croiser = kreuzen, geköpert): Mit Croisé können fast alle geköperten Baumwollstoffe bezeichnet werden. In der Wollindustrie versteht man unter Croisé eine feine, strichappretierte, stückgefärbte DOB-Ware aus feinen Streichgarnen in 3-bindigem Kettköper. Momentan eher selten produziert, spielt Croisé aber weiterhin eine wichtige Rolle bei den → Futterstoffen und ist in vielen Faserstoffqualitäten zu erhalten. Auch leichtere Kleiderstoffe in Köperbindung tragen diese Handelsbezeichnung. Wird Croisé als Futter für den Funktionsbereich verwendet (z. B. Gore-Tex®-Jacken), sollte man auf die exakte Konstruktion und die Ausrüstung achten. Ein Beispiel: 100 % Polyester-Croisé: in der Kette 42 Fd/cm, Garn dtex 50 glatt, im Schuss 29 Fd/cm, Garn dtex 150 texturiert, das Gewicht beträgt ca. 74 g/m^2, die

Croisé finette

Ausrüstung: gefärbt, schiebefest, imprägniert, antistatisch, deodorierend. Croisé ist bei 60°C waschbar.

Croisé finette (twill finette): Wegen seiner gerauten Oberfläche wird der Croisé finette auch als Feinköper-Barchent bezeichnet. Überwiegend 4-bindiger, gleichseitiger Köper mit hoher Schussdichte. Grundsätzlich geraute Innenseite wie → Finette. Einsatz: Wäsche, Röcke und Kleider.

Cupro (CUP): Cellulosetyp (Filament), der nach dem Kupferoxid-Ammoniak-Verfahren hergestellt wird (Nassstreckspinnverfahren). CUP wird unter den Markennamen Asahi Bemberg (Asahi Chemical Industry, Japan) und Bemberg (Bemberg SpA/Italien) gehandelt.
Den Baumwoll-Linters (oder Edelcellulose, → Linters) wird Kupferhydroxid zugefügt. Die daraus entstehende Blaumasse wird mit Ammoniak gemischt und es entsteht eine tiefblaue, viskose Lösung, die gefiltert im Nassstreckspinnverfahren ausgesponnen wird. Cupro endlos ist sehr feinfädig (dtex 0,7–1,9), ähnelt der Seide in Griff und Glanz, kann jedoch noch feiner sein (Seidenfeinheit ca. dtex 1,4). Die Eigenschaften von CUP: spezifisches Gewicht: 1,52 g/cm³; Feuchtigkeitsaufnahme: 12,5 % (bei 65 % relativer Feuchtigkeit); Reißfestigkeit: 13–18 cN/tex; Optik: hochglänzend bis tiefmatt; Waschbarkeit: als Feinwäsche bei 40°C sehr gut. Cupro endlos sollte nicht gerieben und gewrungen werden, es empfiehlt sich, es feucht zu bügeln. Cupro-Gewebe hat einen leichten, fließenden Fall, eine geringere Knitteranfälligkeit als Viskose und besitzt keine sehr gute Kreppfähigkeit. Einsatz: Chiffonsamte (→ Velours-Chiffon), → Flor und auch Grundgewebe, Toile lavable (→ Toile) und → Charmeuse (Kettenwirkware), als Materialmix: Cupro-Leinen und Cupro-Baumwolle, aber auch in 100 %igem Cupro-Gewebe. Lieferländer sind hier Japan und Italien.
In Deutschland ist die Produktion von Cupro aus Umweltgründen in den 80er-Jahren eingestellt worden.

Cupro-Spinnfaser: Herstellung wie → Cupro, wobei der Titer an die entsprechende Naturfasertype wie Baumwolle oder Wolle angepasst wird.
Cupro-Fasern stellen eine sehr wollige Fasertype dar, die sogar merinoartige Kräuselungen und auch einen entsprechenden Glanz besitzen können. Ebenso verhält es sich mit Mohairtypen.
Cupro-Spinnfasern haben folgende Eigenschaften: Sie besitzen eine hohe Nassfestigkeit bei relativ grobem Einzeltiter; wegen der narbigen Oberfläche sind sie gut verspinnbar; ihre Knitteranfälligkeit kann durch eine Kunstharzausrüstung verbessert werden; sie sind mottenunanfällig. Sie eignen sich sehr gut als Mischungen mit Acryl. Beimischungen von Polyamid verbessern die Haltbarkeit. Trotz ihrer Vorteile ist die Faser heute kaum noch von Bedeutung.

Curing (engl., curing = kondensieren): Das Kondensieren bezeichnet man im Englischen auch mit „baking" (engl., to bake = backen). So kommt es im Handel zu merkwürdigen Wortschöpfungen wie z. B. „gebackene Hosen". Mit diesem Ausrüstungsbegriff werden zwei Verfahren bezeichnet:

1. *Post-Curing*, Nachkondensierverfahren (engl., post = nach, curing = Kondensieren, Aushärtung): Das Gewebe (nicht konfektioniert) wird in der Appretur mit einem Vernetzer imprägniert (durchtränkt) und vorgetrocknet. Wichtig ist dabei, dass Vernetzer und Katalysator so aufeinander abgestimmt sind, dass die sensibilisierte Ware möglichst lange (ca. drei Monate) ohne vorzeitige Kondensation gelagert werden kann und es keine Überschreitung der Maximalen Arbeitsplatz-Konzentration (MAK-Wert) für Formaldehyd gibt (BRD: 0,5 ppm). Man verwendet heute Vernetzer für die formaldehydarme Ausrüstung auf Basis von 1,3-Dimethylol-4,5-dihydroxyethylenharnstoff (engl., 1,3-dimethylol-4,5-dihydroxyethyleneurea, DMDHEU). Der Konfektionär erhält somit eine sensibilisierte, aber noch nicht kondensierte Ware. Das Aushärten erfolgt nach dem Konfektionieren im Härteofen unter kontrollierten Bedingungen. Das Verfahren verspricht (wie jede Ausrüstung) eine Bügelfreiheit auch noch nach 20 Wäschen, ist aber gegenüber dem Pre-Curing etwas teurer. Das Prinzip lässt sich folgendermaßen zusammenfassen: Imprägnieren – Trocknen – Schneiden, Nähen – Pressen – Kondensieren.

Tauchschleuderverfahren (dip tumble process): Bei dieser Variante des Post-Curing-Verfahrens wird das konfektionierte Textil in die Ausrüstungsflotte getaucht, abgeschleudert und im Tumbler auf eine Restfeuchte von 10 % vorgetrocknet. Anschließend wird analog dem Post-Curing-Verfahren gearbeitet, sodass der Ablauf sich folgendermaßen darstellt: Schneiden, Nähen – Imprägnieren – Trocknen – Pressen – Kondensieren. Das Verfahren ist interessant, weil das Rohgewebe konfektioniert und dann gefärbt oder bedruckt werden kann. Hochveredelte Ware ist wegen starker Reservierung nicht färbbar. Problematisch bei dem Verfahren ist die ungleichmäßige Penetration, Trocknung und Kondensation des Artikels an Nähten, Kanten, Bund usw. Dadurch kommt es noch eher als beim normalen Post-Curing-Verfahren zu Festigkeitsproblemen, insbesondere zu geringer Scheuerfestigkeit. Deshalb setzt man DMDHEU ein, der zwar weniger wirksam ist, aber die Festigkeit geringer beeinflusst.

2. *Pre-Curing* (engl., pre = vor, curing = Kondensieren): Beim Pre-Curing-Verfahren werden Gewebe aus Chemiefasern (meist Polyester) und Cellulosefasern (meist Baumwolle, z. B. 55 % PES, 25 % CO) wie bei der normalen Hochveredlung mit Flotten, die übliche Vernetzer, Katalysatoren und sonstige Ausrüstungsmittel enthalten, imprägniert, getrocknet und kondensiert. Nach dem Konfektionieren erfolgt auf der Hothead-Presse bei Temperaturen von mindestens 160 °C und hohem Druck die Fixierung der Falten – um diese geht es hauptsächlich bei beiden Verfahren – und das Bügeln. Damit ergibt sich folgender Ablauf: Imprägnieren – Trocknen – Kondensieren – Schneiden, Nähen – Pressen.

Quelle: BASF, Ludwigshafen, Dr. Reinert

CVC (engl., chief = erster, oberster; value = Wert; cotton = Baumwolle): Handelsbezeichnung für Importgewebe aus überwiegend wertvoller Baumwolle. Der Baumwollanteil sollte hier über 50 % liegen. CVC ist eine ähnliche Standardbezeichnung wie → TC.

Dacca, Dacca-Musseline: Dakka (Dhaka), die Hauptstadt von Bangladesch, ist ein wichtiger Produktionsort für feine → Musseline und → Batiste. Dacca ist ein klassischer Druckmusseline.

Damassé (damassé fabric): zweischüssiges Jacquardgewebe für Krawatten, Steppdecken und Dekostoffe. Hochwertige Typen werden in reiner Seide, sonst als Viskosefilament angeboten. Durch die Zweischüssigkeit zeigen die reich gemusterten Dessins schärfere Konturen. Es gibt den echten und den unechten Damassé. Der echte ist immer zweischüssig und hat einen kettatlasbindigen Fond (Untergrund). Die Figurenbildung wird nur durch die geraden oder ungeraden Schüsse bewirkt. Der Schuss, welcher nicht zur Musterung beiträgt, bindet zur Stabilisierung in Leinwandbindung ab. Der Fond wird von beiden Schüssen gebildet. Damassés werden im Gegensatz zu Damasten überwiegend bunt gewebt.
Der unechte Damassé ist eine einkettig-einschüssige Jacquardware (→ Abb. 72), die lediglich durch die reiche Musterung an echte Damassés erinnert. Das bedingt natürlich einen Preisunterschied, wobei im Handel häufiger der unechte Damassé als der echte angeboten wird. → Futterdamassé.

Damast (damask; Damaskus = Hauptstadt Syriens): Ursprünglich verstand man unter Damast einfarbige Seidengewebe mit großzügiger Blumenmusterung in Kett- und Schussatlasbindung. Die toskanische Stadt Lucca war schon im 15. Jh. für ihre prachtvollen Damaste bekannt, die auf Grundlage der chinesischen Seidenstoffe entwickelt wurden. Heute ist der Begriff Damast eine Allgemeinbezeichnung für alle mittel- bis feinfädigen, atlasbindigen Baumwoll- (Bett-Damast, oft merzerisiert), Leinen- (Tischwäsche und Sakraltücher), Halbleinen-, Chemiefaser-, Seiden- und Wollgewebe (Möbel-Damaste). Sie kommen überwiegend weiß, seltener unifarbig, aber nicht buntfarbig in den Handel. Man unterscheidet „echte" Damaste und „unechte" Damaste. Echte Damaste sind an ihrer „Abtreppung" zu erkennen. Hier werden sowohl Kett- als auch Schussfäden in Fadengruppen gehoben oder gesenkt, meist in 4er- oder 8er-Gruppen, da durch eine Litze z. B. vier Fäden geführt werden (→ Abb. 68/68 A/69). Man erreicht so bei geringer Platinenanzahl große Musterrapporte. Nur aus angesetzten Kett- und Schussatlasbindungen entstehen kontrastreiche Musterungen. Hier sind keine anderen Bindungskonstruktionen erlaubt. Der Webvorgang findet auf Damast- oder sog. Damast-Jacquardmaschinen statt. Hierbei webt die Jaquardmaschine das Muster und die vorgesetzte Schaftmaschine (Vordergeschirr) die Atlasbindungen (vor 1805 waren es Zampel- oder Zugwebstühle mit Sondereinrichtungen, → Abb. 73). Der unechte Damast wird auch als Jacquard-Damast (→ Abb. 69/69 A und → Abb. 71/72) bezeichnet. Hiermit kann man sowohl Kett- und Schussatlas als auch schattierende Bindungen weben, einschließlich Taft, Köper usw. Damit erreicht man eine wesentlich plastischere Musterbildung

Damast

Abb. 68: Echter Damst mit 4-fadiger Abstufung. Die Gegenbinder sorgen für eine einwandfreie Gewebeoptik. Typisch ist die grobe Abstufung (Treppung).

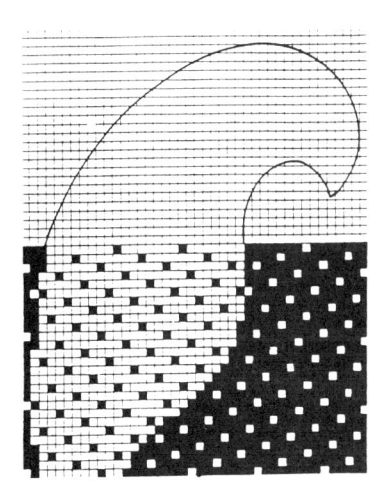

Abb. 69: Unechter Jacquard-Damast mit einfadiger Abstufung. Hier liegt keine grobe Abstufung, sondern eine feine, schön gerundete Figur vor.

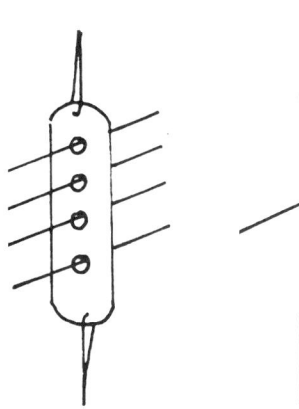

Abb. 68 A: Damast-Litze mit 4-Litzen-Augen

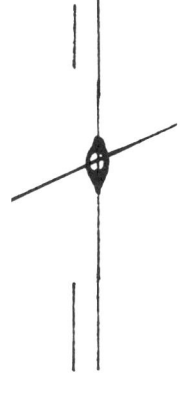

Abb. 69 A: Normale, einaugige Litze

Abb. 70: Echter Damast (Detail) mit scharfer Abbindung, die ein Verschieben der Kett- und Schussfäden verhindert. Auf diese Weise kommen die Konturen besonders klar zum Ausdruck.

Damast

Abb. 71: Jacquard-Damast (Detail) mit scharfer Abbindung

Abb. 72: Jacquard-Damast (Detail) mit Schattierungen und scharfer Abbindung

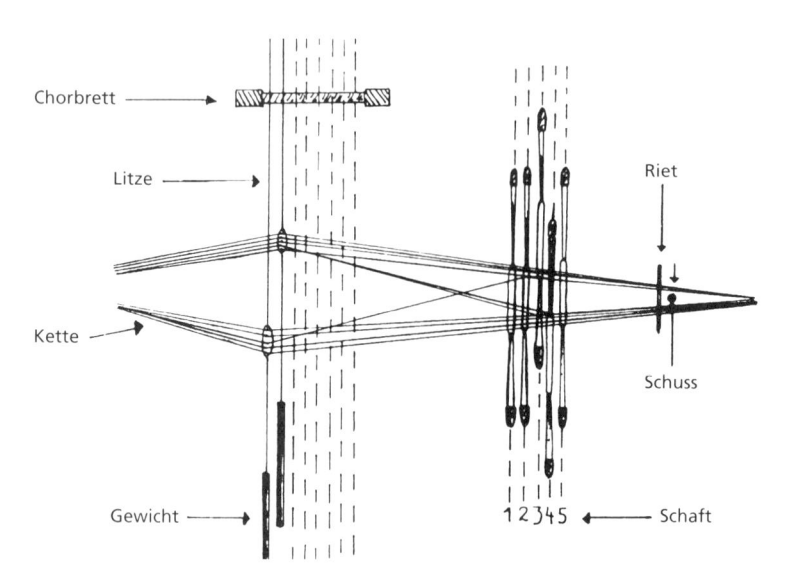

Abb. 73: Arbeitsweise eines Zugwebstuhls für die Herstellung von Damastgeweben

mit glatten Konturen und Randbildung, die sich jedoch immer mehr vom klassischen Damast entfernt. Der Atlas- oder Satincharakter muss jedoch vorherrschen, sonst würde trotz unifarbenem Erscheinungsbild die Ware zum „einfachen Jacquard" umbenannt werden.

Der Möbel-Damast wird auch als → Lampas bezeichnet. Es handelt sich um relativ schwere, reich gemusterte Gewebe, die fast ausschließlich für Möbel- und Dekostoffe sowie Wandbekleidungen verwendet werden. Diese Damaste werden oft mit mehreren Kett- und Schussfadensystemen und vielseitigen Bindungsmöglichkeiten gewebt. Zusätzlich wird auch die Brochémusterung eingesetzt. Ein „Lampasette" ist ein Damast einfacher Bindungstechnik.

Einsatz: Tapeten- und Dekorationsstoffe.

Damaste werden je nach Verwendungszweck in fünf Gruppen eingeteilt:

1. *Tisch-Damast (table damask):* Die auf der Jacquardmaschine hergestellten Gewebe ähneln den Bett-Damasten sehr, werden jedoch häufig in Leinen oder Halbleinen gewebt. Der Bindungseinsatz ist überwiegend 5-bindiger Kett- und Schussatlas. Nur für feinere und dichtere Waren verwendet man den 8-bindigen Atlas. Klassisch und typisch ist für den Bettwäschebereich der Streifendamast, für den Tischbereich der Würfeldamast. Beide sind übrigens schaftgemustert und werden deshalb häufig nicht als echter Damast bezeichnet. Tisch-Damaste gibt es in abgepassten Größen; sie sehen wie Einzelstücke aus, da sie häufig mit Doppelstreifen (längs und quer) eingerahmt sind.

Traditionell waren die Mittag- und Abenddamaste in Weiß gehalten, während die Kaffee- und Teedecken aus Viskosefilament bzw. Viskosefaserstoff oder mercerisierter Baumwolle in zarten Pastelltönen gewebt wurden. Ein Set bestand aus der Decke und den passenden Servietten.

2. *Bett-Damast (bed damask):* Überwiegend aus Baumwolle gewebt, werden Bett-Damaste zum Überziehen von Federbetten (Chemiefaserbetten) und Kopfkissen eingesetzt. Neben einer Vielzahl floraler und geometrischer Dessins ist der oben erwähnte Streifendamast immer wieder ein Klassiker (früher auch als Stangenleinen oder Streifensatin bekannt). Teilweise werden die Streifendamaste (striped damask) heute garnfarbig gewebt und dann als Buntsatins (coloured striped damask) bezeichnet.

3. *Möbel-Damast (Furniture damask):* in schwerer Ausführung auch → Lampas genannt. Es handelt sich um relativ schwere, reich gemusterte Damastgewebe, die im Möbelstoffsektor ihre Verwendung finden, aber ebenso als Dekostoffe und Wandbekleidungen eingesetzt werden. Die Konstruktion besteht oft aus mehreren Kett- und Schussfadensystemen, schattierenden Bindungen (unechter Damast) und zusätzlichen Brochémusterungen.

Materialeinsatz: Wolle, Wolle-Acryl-Mischungen, reine Seide und Viskose. In einfacher Bindungsausführung wird der Möbel-Damast unter Lampasette (→ Lampas) geführt.

4. *Handtuch-Damast (towel damask):* Neben Frottier- und Frottéhandtüchern werden die Damasthandtücher

Damaststreifen

in Leinen oder Halbleinen gewebt. Die Dessins sind vielseitig, floral oder auch geometrisch (z. B. Streifen und Würfel). Es gibt sie abgepasst und als Meterware. Obwohl nicht mehr so häufig im Handel, sind sie hier aufgeführt, um einen Überblick über den vielseitigen Einsatz von Damasten zu geben.

5. *Steppdecken-Damast* (quilt damask fabric): Überwiegend jacquardgemustert und aus Viskosefilamenten bestehend, wird die rechte Seite für Daunen- und Steppdecken verwendet und hat, bedingt durch die Satinbindung, eine sehr glatte Oberfläche. Die Unterseite besteht meist aus Baumwolle oder Viskosefaserstoff, um das Rutschen zu verhindern. Durch den Wechsel von glänzendem und mattiertem Material kann man sehr schöne Licht- und Glanzeffekte erzielen. Heute haben die Steppdecken-Damaste an Bedeutung verloren und sind durch farbig bedruckte Bettwäsche ersetzt worden.

Damaststreifen (damask stripe): typischer Bettwäschestreifen, der aber auch teilweise für den DOB-Bereich verwendet wird. Eine unifarbene Ware, die einen dezenten Streifen durch den Wechsel von Kett- und Schussatlasstreifen zeigt, da hier die Lichtbrechung entscheidend für die glänzende und stumpfe Optik ist (→ Abb. 74). Bindungstechnisch bedingt ist er weicher im Griff als leinwandige

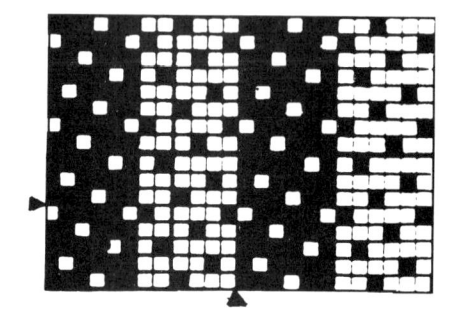

Abb. 74: Damaststreifen: 5-bindiger Kett- und Schussatlas werden aneinander gelegt

Handelsübliche Bezeichnung:	Mindestdaunenanteil:
Reine Daune oder Eiderdaune	100%
Daune	90%
Fedrige Daunen	50%
Dreivierteldaunen	30%
Halbdaunen, Mischung aus Federn und Daunen	15%
Daunenhaltige Federn	9%
Federn	0%

Tab. 2

Musterungen. Die Streifenbreite ist hier sekundär.
Materialeinsatz: Baumwolle, Leinen, Viskose, Chemiefasern und Mischungen. Weitere Streifengewebe sind: → Streifen, → Damast (Bett-Damast), → Streifensatin.
Da dieser Gewebetyp auch auf dem → Schaftwebstuhl hergestellt werden kann, wird er häufig nicht als Damast eingestuft.

Damencord: → Cordsamt (Damencord).

Abb. 76: Gänsefeder

Daunendichte Gewebe (downproof properties/fabrics): Anforderungen an mit Federn und Daunen gefüllte Bettwaren nach DIN EN 13186 (1998). Die hier beschriebenen Daunendichtgewebe sind in ihrer qualitativen Bewertung durch folgende Daunenanteile nach RAL (Deutsches Institut für Gütesicherung und Kennzeichnung) zu unterscheiden (→ siehe Tabelle 2, S. 86):
- *Eiderdaune:* Der Name stammt von der gleichnamigen Ente, die an den Küsten nördlicher Meere zu Hause ist. Die Eiderdaune ist sehr groß und hat zahllose feine Verästelungen. Verglichen mit Enten- und Gänsefedern ist sie, trotz ihrer Größe, extrem leicht und fein. Eiderdaunen werden aus den Nestern von Hand gesammelt und sind immer von bräunlicher Färbung. Da der Eiderbestand sehr klein ist, werden ihre Daunen sehr teuer gehandelt,

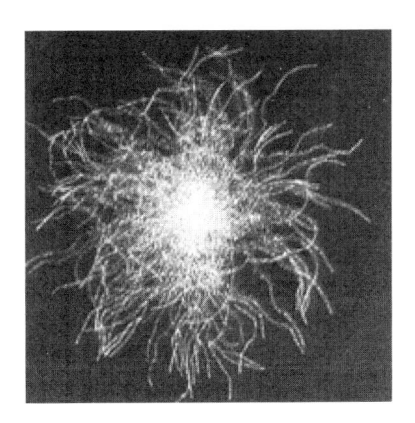

Abb. 77: Daune

- Entenfedern haben einen zierlichen Aufbau und laufen stark gebogen in einer feinen Spitze aus. Es sind gute Grebrauchsfedern für weichere, leichte Füllungen, (→ Abb. 75)

Abb. 75: Entenfeder

Daunendichte Gewebe

- *Gänsefedern* sind stark gebogen, haben am Stielende einen weichen Flaum und sehen oben aus wie abgeschnitten. Sie sind füllkräftig und langlebig (→ Abb. 76),
- Die *Daune* ist das hautnahe Federkleid des Wassergeflügels, ist kiellos und besteht aus kleinen Büscheln von leichten flaumigen Härchen. Sie hat eine ausgezeichnete Füllkraft, ist weich, von geringem Gewicht und sehr wärmeisolierend. Die Daune ist die edelste Steppjacken- und Deckenfüllung (→ Abb. 77).

Die Formel für das Berechnen von Daunendichtgeweben als auch die Grenzwerte der Feder- und/oder Daunendichtigkeit eines Gewebes nach Walz ist der deutschen Norm DIN EN 13186 (Beuth Verlag GmbH, 10772 Berlin) zu entnehmen.
Die Prüfung muss an unveredelten, d. h. zusatzfreien Geweben vorgenommen werden, bei denen folgende Bindungen (Bindungskurzzeichen) eingesetzt werden:
Leinwand 1/1 (10-0101-01-00),
Köper 2/1 (20-0201-01-01),
Köper 2/2 (20-0202-01-01),
Köper 3/1 (20-0301-01-01),
Köper 4/4 (20-0404-01-01),
Atlas 4/1 (30-0401-01-02).

Faserstoff	Konstante
100 % CO	117,75
67 % CO und 33 % PES	114,64
50 % CO und 50 % PES	113,04
33 % CO und 67 % PES	111,44

Tab. 3

Die für die Berechnung festgelegte Konstante bei Fasermischung kann → Tabelle 3 entnommen werden. Die Berechnung ist nur für Gewebe aus Spinnfasergarnen geeignet, wobei ausschließlich die angebenen Bindungsarten Anwendung finden. Die Formel für das Berechnen von Daunendichtgeweben als auch die Grenzwerte der Feder-und/oder Daunendichtigkeit nach Walz kann dem am Beginn des Artikels angegebenen DIN-Blatt entnommen werden.

$$\frac{2\,(36 \times 20) \times (20 + 24) \times 1}{117{,}75 \times 10} = 80{,}7\,\%$$

Beispiel: Kette: 36 Faden/cm und 20 tex, Schuss: 30 Faden/cm und 24 tex, Faserstoff: 100 % Baumwolle, Leinwandbindung. Die Gleichung lautet:
Die Daunendichtigkeit kann man auf unterschiedliche Weise erreichen: Man webt die Inlettstoffe sehr dicht und verzichtet somit auf eine Füllappretur – dies wird nur bei guten Qualitäten gemacht – oder man verklebt die Gewebe mit Appreturmitteln. Anstatt die Gewebeporen durch Verklebung zu verschließen, kann man auch einen guten Oberflächenschluss mithilfe eines Riffelkalanders erreichen. Hier wird je nach Art des Kalanders ein feines Seidenfinish (Glanz) erzielt. Dieser DIN-Anforderung wird nur für den Bereich Betten und Kissen entsprochen, jedoch nicht für daunengefüllte Bekleidung. Einige Ansätze sind aber durchaus übertragbar. Bei Jacken wird z. B. die Dichtigkeit durch eine Acrylatbeschichtung erzielt, wenn nicht die Gewebekonstruktion entsprechend dicht ist.

Denier

Bei Gänse- und Entenfedern kann sich nach dem Feuchtwerden oder Waschen ein unangenehmer Geruch bilden.
Literatur: D. C. Buurman: Lexikon der textilen Raumausstattung. Buch-Verlag Buurman KG, Bad Salzuflen 1996².

Daunenperkal (down percale, bed sheeting): Vergleichbar mit sehr feinem Daunenbatist hat der Daunenperkal eine typische Einstellung: 50 x 50 Fd/cm (in Kette und Schuss), Nm 100 x 100 (in Kette und Schuss), immer leinwandbindig. Einschütte für Steppdecken und Betten. → Perkal. → Inlett.

Decitex (dtex): Die → Feinheitsbezeichnung für Filament- und Fasergarne, eine Untergruppe des tex-Systems findet hauptsächlich in Europa Verwendung. Sie definiert das Garngewicht in Gramm pro 10.000 m Lauflänge. Je geringer der Decitex-Wert, desto feiner das Garn. → Denier (den).

Dégradé (frz., dègrader = abstufen): Dessins, die überwiegend über eine schattierende Bindung oder Schärung entwickelt werden. Der Farbton wird nicht wie beim → Ombré oder → Camaieux gebildet, sondern geht von Hell zu Dunkel und bricht dann abrupt ab. Die Schärung oder den Druck kann man auch im chromatischen Bereich durchführen, ohne den Hell-Dunkel-Kontrast zu benutzen. Dégradés kann man außerdem floral oder geometrisch entwickeln.
Einsatz: Heimtextilien, Jacken und Kostüme.

Delta Pine: Upland-Baumwolle. → Baumwolle.

Denier (den): alte französische → Feinheitsbezeichnung, ausschließlich für Endlosgarne. Denier hier – in Indien, Asien oft nur mit „D" abgekürzt – wird, im Gegensatz zur allgemeinen Lehrauffassung, die → Decitex (dtex) bevorzugt, in vielen Ländern der Erde, besonders den USA, nach wie vor verwendet. Denier gibt das Gewicht des Garns in Gramm pro 9.000 m Lauflänge an. Je weniger Denier (den), desto feiner das Garn. Den wurde (wird) ausschließlich für Filamente verwendet,

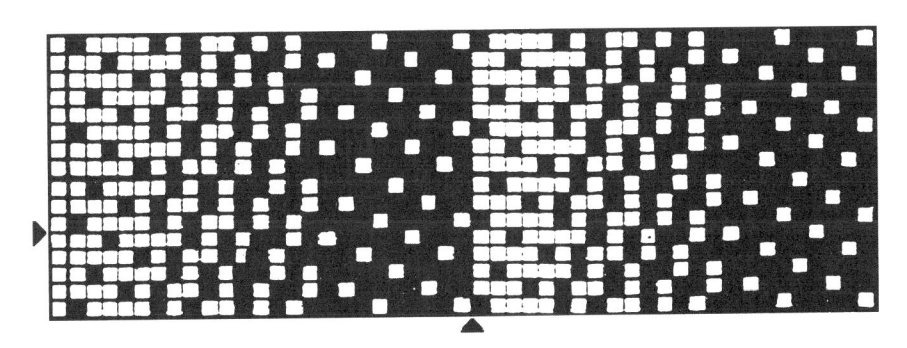

Abb. 78: Dégradé, entwickelt über eine schattierende Atlasbindung. Dadurch wird bindungstechnisch nach einem Rapport eine scharfe senkrechte Kontur erreicht.

Denim

vor der Erfindung der Chemiefaser war es der sog. Seidentiter. Da die Seide früher in Längen von 450 m gehaspelt wurden, ergibt sich daraus ein Verhältnis von 450 m zu 0,05 g, also 9.000 m = 1 g.

Denim: indigoblaue Köperware, die schon im 18. Jh. als Bekleidungsgewebe produziert wurde und die Levi Strauss von einer Textilfirma in Nîmes orderte und über seine Brüder in New York bezog. Serge leitet sich aus der französischen Bezeichnung für 3- oder 4-bindigen Kettköper ab. Serge de Nîmes bedeutet also „kettköperbindige Ware aus Nîmes". Im Slang der Amerikaner wurde aus dieser „umständlichen" Bezeichnung sehr schnell Denim. Levi Strauss legte besonderen Wert auf die Bezeichnung „Denim" statt „Jeans", um den französischen Ursprungsort der Ware zu betonen. Auch wird wie bei dem Begriff → Jeans der Name Twill verwendet, wenn es sich um eine normal ausgerüstete und verarbeitete Ware handelt. Korrekterweise sind farbige Denims oder Jeans (z. B. grün, rot, gelb) einfache Serge- oder Twillgewebe. Denim oder Jeans müssen kräftig, widerstandsfähig, robust und schmutzunanfällig sein, da sie ursprünglich als Arbeitskleidung verwendet wurden.
Einsatz: Hosen, Hemden, Jacken, Mäntel usw.

Deoson Plus: Markenname für einen antibakteriellen Futterstoff der Firma Colsmann (→ Antibakterielle Ausrüstungsarten). Ein sehr gut auf das bekleidungsphysiologische Verhalten abgestimmter leichter Futterstoff mit einem seidigen Griff.
Einstellung: 45 x 25 Fd/cm in Kette und Schuss, ca. dtex 90 x 90 in Kette und Schuss; Material: 100 % antibakterielles Acetat; Breite: 140 cm; Gewicht: 100 g/lfm (ca. 71 g/m^2).
Dieser Futterstoff ist pflegeleicht (30 °C) und universell einsetzbar, z. B. für Kleider, Jacken, Röcke oder Mäntel. Er ist dimensionsstabil, d. h. er läuft nicht ein und ist zudem verschleißtüchtig. Deoson klettert, klebt und kriecht nicht. Er entspricht den Anforderungen schadstoffgeprüfter Textilien nach → Öko-Tex Standard 100.

Deutschleder (moleskin): kräftiges Baumwollgewebe, auch Englischleder, Hirschleder, → Moleskin und → Velveton genannt. Es ist meist in 8-bindigem verstärktem Schussatlas gewebt; die rechte Warenseite bleibt glatt. Die Rückseite wird kräftig geraut, um sie geschmeidig zu machen.
Einstellung: Kette ca. 20–26 Fd/cm, Schuss ca. 40–55 Fd/cm. Fadenfeinheiten: Kette Nm 28/2–40/2 (Zwirn), Schuss Nm 28–40 (Garn).
Erhält der Stoff eine Tuchausrüstung (rechtsseitiges Rauen und Scheren), bezeichnet man ihn als Hirschleder. Leichtere Gewebe (5-bindiger Schussatlas) ohne oder mit nur schwacher Rauung werden Moleskin oder Englischleder genannt. Deutschleder kann als schwerer Moleskin bezeichnet werden. Durch die Entwicklung der → Mikrofaserwirbelvliese ist es vom Markt verdrängt worden.
Einsatz: Arbeitshosen, Gebirgskleidung und Besatz.

Devina-Druck (devina print): Walzendrucktechnik, die dem → Orbisdruck ähnelt. Vom Druckmaschinen-

typ abhängig wird das Dessin von Hand in individuell bestimmbarer Farbvielfalt mosaikartig in Form einer Farbmassenwalze zusammengestellt. Dann wird auf die vorgefeuchtete Ware gedruckt.
Einsatz: DOB und Heimtextilien.

Dévoré: → Ausbrenner.

Diagonal (diagonal rib, twill weave): Bindungsbezeichnung für einen ausgeprägten Diagonalgrat, als Breitgrat- oder Mehrgratköper. Zu normalen Köperwaren hat dieser Typ einen steileren Grat (meist über 63°), der durch die dichtere Ketteinstellung (→ Abb. 79) oder durch eine höhere Steigungszahl in der Bindungskonstruktion (→ Abb. 80) zustande kommt. Im HAKA-Bereich für Hosen- und Anzugstoffe eingesetzt, grob und auch feinfädig in Kammgarnqualität. Im DOB-Bereich feinfädiger; es werden Kamm- und Streichgarntypen verwendet. Diagonal wird als Garnfärber ebenso wie als Stückfärber angeboten. Die Bezeichnung findet man auch bei plastischen Tweedvarianten. Der Fasereinsatz spielt bei dieser Bezeichnung keine Rolle. → Gabardine. → Whipcord. → Diagonaltrikot.

Diagonaltrikot (diagonal tricot): Gewebe mit webstrickähnlichem Aussehen. Klassisch sind die steil verlaufenden Rippen (über 63°), die durch die Steilgratköperbindungen (Köperneuordnungen) gebildet werden (→ Abb. 81). Durch die Doppelrippe entsteht eine Ähnlichkeit zum Trikot. Die Einstellungsdichte ist im Vergleich zu an-deren HAKA-Geweben sehr hoch, z. B. 40 x 30Fd/cm bei Garn/Zwirnstärken von ca. Nm 34/2–40/2 (dtex 300 x 2/ dtex 250 x 2). Das Gewebe hat konstruktionsbedingt ein relativ hohes Gewicht von ca. 320–380g/m². Es wird meist gewalkt und erhält dadurch eine dichte, geschlossene Oberfläche. Die Fol-

Abb. 79: Diagonal-/Ausgangsbindung
20-04010102-01-01

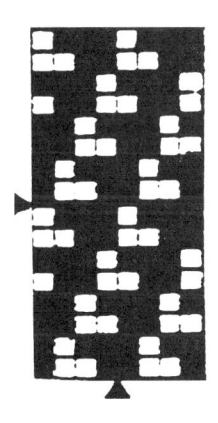

Abb. 80: Diagonal (Gabardine): veränderte Bindung gegenüber Abb. 79 durch die Steigungszahl 2
20-04010102-01-02

Dicelesta

ge sind repräsentative Eigenschaften wie gute Festigkeit, sehr gutes Wärmeisolationsvermögen und eine geringe Knitterneigung, ähnlich wie → Gabardine, Trikot (→ Trikotgewebe, → Trikotine) und → Whipcord.
Einsatz: Anzüge, Hosen, Arbeitskleidung, Reithosen und Uniformen.

Abb. 81: Diagonaltrikot (Doppelrippe, vgl. → Abb. 80)

Dicelesta: Kombigarn von Novaceta, Italien (in Jointventure mit Snia), aus Acetat und einem Mikropolyester in glänzender und matter Ausführung (→ Situssa). Auch hier werden in idealer Weise die spezifischen Eigenschaften von → Acetat und → Polyester miteinander verbunden, besonders in Bezug auf den Färbe- und Ausrüstungsprozess. Dicelesta kann hochgedreht werden, eignet sich gleichermaßen für Crêpes und Halbcrêpes als Gewebe und Maschenware.
Einsatz: Kleider, Blusen, Hemden und Accessoires.

Dimity: englische Bezeichnung für → Flanell oder → Barchent.
1. Köperbindiges, festes, kräftiges Baumwollgewebe mit feiner Kette und gröberem Schuss. Die Ware ist wie Barchent oder Flanell ein- oder beidseitig geraut.
2. Streifensatin (stripe damask), → Damaststreifen, → Damast (Bett-Damast).

DIN-Kurzzeichen für Faserstoffe: → Kurzzeichen.

Doeskin (engl., doeskin = Rehfell): typisches Lieferungstuch für Bahn, Stadtverwaltung, Fluggesellschaften usw. Ein atlasbindiges Gewebe (A 4/1-Garne, Nm 8–14) aus Streichgarnen mit eng anliegender Strichappretur. Andere Qualitäten haben eine Baumwollkette und Wollstreichgarnschuss. Stark gewalkt ist der Doeskin woll- oder stückfarbig im Handel. Durch die Ausrüstung ist die Bindung kaum zu erkennen. Diese Optik kann unterstützt werden, indem man die Kettengarndrehung mit dem Bindungsgrat in einer Richtung verlaufen lässt. Momentan ist der Doeskin nicht so gefragt. Er weist Ähnlichkeiten zum → Buckskin auf.
Einsatz: Mäntel, Anzüge und Kostüme.

Donegal: leinwandbindiger Homespun, nur etwas gleichmäßiger, in Streichgarnausführung, aber auch mit Kammgarnkette und Streichgarnschuss bei hochwertigen Qualitäten in Leinwandbindung (Tweed: Köper/Fischgrat), benannt nach der englischen Grafschaft Donegal in Nordwest-Irland. Donegal wird auch in

Doncester in der Grafschaft York hergestellt. Die Kette ist weiß/beige, der Schuss noppig und farbig. Die Kette kann aber auch in der Manier 1 Faden hell, 1 Faden dunkel geschärt sein; dann ist die Optik etwas gesprenkelt. Durch die leichte Walke ist die Warenoberfläche etwas verfilzt. Der Donegal hat wie Tweed ein gutes Wärmeisolations- und Luftaustauschvermögen, knittert wenig und ist aufgrund seiner melierten Farbigkeit nicht schmutzempfindlich. Das etwas raue, sehr strapazierfähige Gewebe wird bei Mänteln und Sakkos eingesetzt (→ Homespun).

Dongery: Bezeichnung für denimähnliche Gewebe und Tuche, nach Dongchery, einer Stadt in den Ardennen, dem Herstellungsort, benannt. Der köperbindige Gewebetyp wird für Arbeitskleidung und Hosen verwendet und besteht meist aus einer garngefärbten Kette in Blau und einem rohweißen Schuss. Daher wird dieses Gewebe auch als Denimgewebe bezeichnet. Leichtere Gewebe K 2/1, schwere Stoffe K 3/1. Aufgrund der hohen Beanspruchung werden oft Hydronfärbungen eingesetzt. Hydron ist ein Markenname für einen Schwefelküpenfarbstoff, den eine hohe Wasch- und Lichtechtheit auszeichnet.
Einsatz: Berufs- und Freizeitkleidung.

Doppelatlas (double satin): → Satin double face.

Doppelgewebe (double cloth): Stoffe aus zwei Gewebelagen, die in einem Arbeitsgang auf dem Webstuhl hergestellt werden. Die Verbindung von Ober- und Unterseite kann bindungstechnisch durch An- oder Abbindung, Warenwechsel (→ Abb. 82), Bindekette oder Bindeschuss erreicht werden. Das Doppelgewebe ermöglicht verschiedene Musterungen auf beiden Gewebeseiten oder auch eine Gewichtserhöhung und damit evtl. ein höheres Volumen sowie eine bessere Wärmeisolation (ähnlich Kett- oder Schussdoublé).
Einsatz: Jacken, Mäntel, Kostüme, Decken und Möbelstoffe.

Abb. 82: Doppelgewebe/Warenwechsel: Leinwandbindung, Karomusterung, 2 Kett- und 2 Schusssysteme

Doppelköper (double twill, four-end twill): bindungstechnisch ein gleichseitiger, 4- oder 6-bindiger Köper (K 2/2 oder 3/3). Er wird auch Breitgratköper genannt und zeigt die gleiche Anzahl an Hochgängen wie an Tiefgängen. Es handelt sich um eine reine Bindungs- und keine Qualitätsbezeichnung.

Doppelkrepp (double crêpe): → Kreppgewebe.

Doppelplüsch

Doppelplüsch (double plush): Doppelgewebe (zwei Kett- und zwei Schusssysteme), die mit einer oder zwei sog. Polketten (Florketten) verbunden werden. Noch auf dem Doppelplüschwebstuhl werden die zwei übereinander liegenden Gewebe vor dem Aufwickeln auseinander geschnitten. So erhält man wie beim Doppelsamt zwei Florgewebe; die Florhöhe, mindestens 3 mm, wird vom Abstand zwischen den beiden Grundgeweben bestimmt. Bei niedriger Polhöhe (1– maximal 3 mm) spricht man von → Samt. Ist der Flor beidseitig gearbeitet, nennt man das Gewebe, je nach Florhöhe, → Velours, Samt oder Plüsch double face. Diese Gewebetypen werden auch auf schnell laufenden Raschelmaschinen produziert.

Doppelsamt (double velvet): webtechnische Bezeichnung für einen Kettsamt im Gegensatz zum Rutensamt/Rutenplüsch (Technik wie beim → Doppelplüsch). Hierbei werden zwei übereinander liegende Gewebe mit einer oder zwei Polketten nach den Gesetzen der Bindungslehre (Samtbindungen) verbunden. Hat der von den Messern aufgeschnittene Pol ca. 1–3 mm Florhöhe, spricht man von Samt, bei darüber liegenden Florhöhen von Plüsch. → Samte sind im Vergleich zu Raugeweben mit kurzflorigen Oberflächen, wie z. B. → Duvetine oder → Velveton, anfälliger, da sie nur eine Einbindungsnoppe in V- oder W-Form haben, die sich leichter herausarbeiten kann.

Doppeltuch (double cloth): Kammgarnware in Kettdoublébindung (zwei Kett- und ein Schussfadensystem, → Abb. 83). Hierdurch wird eine höhere Reißfestigkeit in Kettrichtung erzielt. Allerdings ist durch die Feinheit und Weichheit der Kammgarne ihre Scheuerbeanspruchung gering, besonders an den Kanten. Früher wurden oft weicher gedrehte Moulinés verwendet und mit Naturseide oder Viskosefilamenten umzwirnt. Besondere Effekte lassen sich hier auch durch den Wechsel von Z- und S-gedrehten Zwirnen erzielen. Neben Leinwand wird auch der 4-bindige Kettkreuzköper eingesetzt. Doppeltuch ist eine hochwertige, im Wollbereich teure HAKA-Ware. Die Fadenfeinheit der Kett- und Schusszwirne liegt bei ca. Nm 50/2–60/2. Das Gewicht bei 150 cm Warenbreite liegt bei ca. 460–540 g/lfm.

Ausrüstung: Waschen, Pressen, Dekatieren.

Einsatz: Kostüme, Anzüge und Hosen.

Abb. 83: Kettdoublébindung für ein Doppeltuch

Doubleface (double-face fabric; frz., double face = zwei Gesichter): Qualität, die bindungstechnisch ein → Doppelgewebe darstellt, entweder zweifarbig oder beidseitig gemustert. Dieser Gewebetyp ist beidseitig ausgerüstet, sodass die Ware doppelseitig verwendet werden kann. Da immer mit einer Bindekette gewebt wird, sind beide Gewebelagen trennbar. So genannte falsche Doubleface-Typen werden zweilagig mit Bändern oder Lederstreifen eingefasst. Das Material ist meist woll- oder garnfarbiges Streichgarn mit Velours oder Flauschausrüstung. Die Materialzusammensetzung ist nicht vorgegeben. Einsatz: hochwertige DOB- und HAKA-Jacken sowie Mäntel.

Doupion, Douppion (twin cocoon ital., doppio = doppelt): ursprünglich eine italienische Nachahmung der Honangewebe und Shantungqualitäten, auch Noppenseide genannt. Ein Seidengewebe, das aus den sog. Doppelkokons der Maulbeerseide (Zuchtseide) gewebt wird. Die Grègefäden werden von den Kokons des Maulbeerspinners, in die sich zwei Raupen eingesponnen haben, abgehaspelt. Das Gewebe wird aber auch z. T. aus Tussah (Wildseide) hergestellt. Maulbeerdoupions haben mehr Glanz als Seiden aus Tussahdoupion. In der Kette wird Grègeseide (Haspelseide), im Schuss häufig Schappeseide (Spinnseide) verwendet. Die unregelmäßigen Schussfäden/Garne (Grège) verleihen dem Gewebe die typische querstreifige Struktur. Dieser Querflammen- oder Strukturcharakter bei Geweben trägt in Frankreich die Allgemeinbezeichnung „Shantung", hat aber dort nicht immer etwas mit Seidenmaterial zu tun.
Bei der Verwendung von Chemiefasern wird der sog. Doupion-Effekt durch Titerschwankungen erzielt. Die Ketteinstellung beim Doupion ist meist doppelt so hoch wie die Schusseinstellung (z. B. 38 x 24 oder 46 x 27 Fd/cm). Kettfadenfeinheit in dtex ca. 82–100. Der Schuss wird in Nm 40–50 oder Ne 23–30 angegeben, da hiermit auf die Verwendung von Schappe (Spinnfasergarn) hingewiesen wird. Die Bindung ist meist Taft, seltener Köper oder Satin. Doupion wird häufig als Stückfärber, aber auch in garnfarbigen Streifen angeboten.
Einsatz: Blusen, Kleider, Kostüme und Accessoires.

Douppion: → Doupion.

Dowlas: Die Gewebebezeichnung für Harttuch oder schweres Leinengewebe leitet sich von der walisischen Stadt Dowlas ab, heute Grobnesselgewebe oder grober Cretonne (Sheeting). Einstellung: 18 x 17 Fd/cm, Nm 24 x 24. Entweder ist das Gewebe kräftig gemangelt oder Mattglanz (Lüster) kalandert, ähnlich dem → Linon, aber nicht so fein.
Einsatz: gebleichte Bettlaken im Gegensatz zum sog. Haustuch, welches gar keine oder nur eine leichte Appretur erhält.
Wenn Watergarne in der Kette verwendet werden, ist der Griff auch nach der Wäsche hart und nicht nur appreturbedingt (→ Irisch Leinen).

Drap de laine: → Drapé.

Drapé (drap de laine; frz., drap = Tuch): Kammgarn-, Halbkammgarn- oder Streichgarngewebe mit Strich- oder Tuchausrüstung. Typisch für den Drapé ist die 8-bindige verstärkte Schussatlasbindung und eine feine, eng anliegende Strichausrüstung (→ Abb. 84).

Drehergewebe

Materialeinsatz: Kammgarnkette mit Nm 64/2–84/2 und Streichgarnschuss Nm 20/1–24/1. Der Drapé ist überwiegend stückfarbig im Handel, hat einen guten Griff und einen edlen, matten Glanz. Kammgarnqualitäten weisen einen mageren Strichflor auf, während Streichgarn- und Halbkammgarntypen voller und dichter sind. Durch eine kurzgeschorene und gebürstete rechte Warenseite ist das Bindungsbild meist gut zu erkennen. → Corkscrew.
Einsatz: DOB und HAKA für Jacken, Mäntel und Blazer.

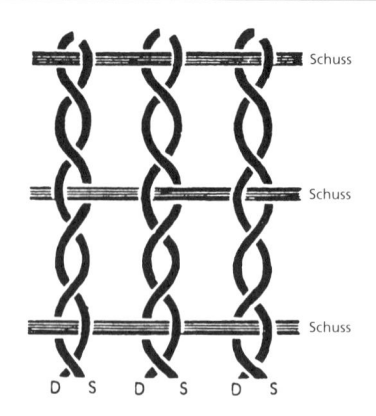

Abb. 85: Volldreher: Die Dreherkette (D) umschlingt die Stehkette (S)

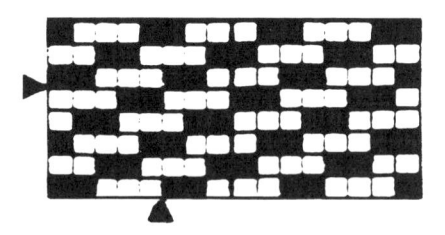

Abb. 84: Verstärkte Schussatlasbindung für einen Drapé

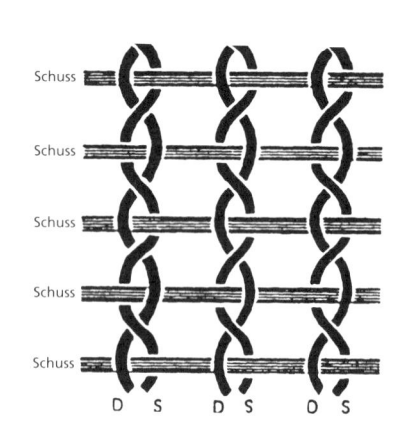

Abb. 86: Halbdreher

Drehergewebe (gauze fabric, gauze cloth, leno fabric): transparente, poröse Gewebe mit offener Einstellung. Um die Schiebefestigkeit zu erhöhen, werden beim Weben sog. Drehergeschirre verwendet. Zwei Kettfäden umschlingen sich gegenseitig (drehen), klemmen den Schussfaden so fest, dass ein Verschieben nicht möglich ist. Verdrehen können sich nur die Kettfäden, weshalb auch die Kett-Schussrichtung gut zu erkennen ist. Die Dreheinheit besteht aus einem Grundfaden (Steherfaden „S" → Abb. 85/86) und einem Dreherfaden (Schlingfaden „D" → Abb. 85/86). Es gibt Volldreher (→ Abb. 85) und Halbdreher (→ Abb. 86). Sie zeichnen sich durch gute Luftdurchlässigkeit und geringes Gewicht aus. Imitationen werden in der Scheindreherbindung gewebt (z. B. Aida). → Ajour. → Aida. → Grenadine.

Drehung, Garndrehung

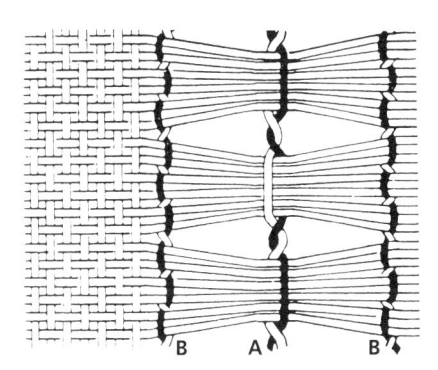

Abb. 87: Gardine mit Ajoureffekt, fest eingebunden durch A = Volldreherfäden und B = Halbdreherfäden

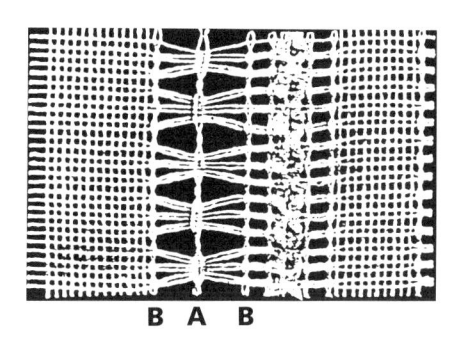

Abb. 88: Gardine original: A = Volldreherfäden und B = Halbdreherfäden

Einsatz: Gardinen (→ Abb. 87/88), Blusen, Kleider, Hemden und Miederwaren.

Drehung, Garndrehung (twist, yarn twist): Die Drehung ist ein entscheidender Faktor für die Eigenschaften eines Fasergarns oder Filamentgarns. Sie bewirkt eine bessere Haftung der Fasern aneinander und den Zusammenhalt der Filamentbündel. Ohne eine Verdrehung liegen die Fasern parallel und sind so nicht verarbeitungsfähig. Bei Filamentgarnen ist eine 0-Drehung möglich, wodurch sie aber sehr empfindlich werden. Man unterscheidet zwei Drehungsrichtungen, und zwar eine Z- und eine S-Drehung (→ Abb. 89/90). Die Zahl der Drehungen wird in Touren pro Meter (T/m) angegeben. Bis zu einem bestimmten Punkt gilt: Je höher die Garndrehung, desto fester das Garn (→ Tabelle 4, S. 98). Wird jedoch der

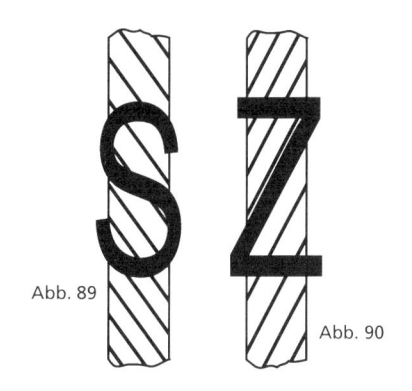

Abb. 89: S-Drehung: Drehung ist bei senkrecht gehaltenem Faden zum Schrägstrich des Buchstabens S parallel.

Abb. 90: Z-Drehung: Drehung ist bei senkrecht gehaltenem Faden zum Schrägstrich des Buchstabens Z parallel. Im Allgemeinen erhalten Zwirne die entgegengesetzte Drehrichtung der Einzelgarne.

Drehungsmöglichkeiten von Filamentgarnen		
Bezeichnung:	S bzw. Z/Tm:	Garneigenschaften:
Ohne Drehung	0	sehr weich, geschmeidig, füllend
Leichte Schussdrehung	40–75	weich, gut deckend
Normale Schussdrehung	75–150	etwas fester, mit Schlichte kettgarnfähig
Normale Kettdrehung	180–300	gute Eigenschaften für hohe Beanspruchungen, für unterschiedlichste Einsatzbereiche
Scharfe Kettdrehung	310–600	hohe Beanspruchung, leicht sandiger Griff
Voiledrehung	650–1100	kerniger, harter, nerviger Griff, geschlossene Garnstruktur
Kreppdrehung	1200–3500	hart, stark nervig, körnig im Griff, schrumpffähig und elastisch, für Herstellung echter Kreppgewebe.

Tab. 4

„kritische Drehungsbeiwert" überschritten, kommt es zum Fadenbruch oder einer Kringelbildung bei der späteren Verarbeitung.
Bei Woll- und Wollmischgarnen werden drei Drehungsbereiche unterschieden (→ Tabelle 4):
Normaldrehung: ca. 100
Moulinédrehung: ca. 175
Kreppdrehung: ca. 200–250
(Angabe in Touren/Meter):
Bei Baumwollgarnen wird die Drehungshöhe überwiegend von der Faserlänge und dem Verwendungszweck bestimmt.
Literatur: H. J. Koslowski: Chemiefaserlexikon. Deutscher Fachverlag, Frankfurt/Main 1993.

3 M: Minnesota Mining & Manufactoring Company, deutsche Tochtergesellschaft: 3 M Deutschland GmbH, Neuss, entwickelt weltweit folgende Produkte:
→ Scotchgard™: Faserschutzausrüstung, Wasser abweisend, gegen ölige und wässerige Flecken,
→ Thinsulate™ Insulation: optimaler Kälteschutz, Wärmeschutz bei Feuchtigkeit und Nässe,
→ Scotchlite™ Reflective Material: Sicherheit bei Dämmerung, hohe Designflexibilität, wasch- und reinigungsbeständig. In Zusammenarbeit mit → Sympatex Technologies entstand z. B.
→ Thermotion® Wear.

Bei dieser Produktpalette verbindet 3 M innovative Technik mit hohem Verbrauchernutzen.
Einsatz: Sport-, Freizeit-, Kinderbekleidung und Berufsbekleidung.

Drell (drill, huckaback, ticks): Das Gewebe ist nach dem Einsatz der Fäden benannt (mittelhochdt. drilich = dreifach). Dreifachgarn bedeutet, dass ein einstufiger Zwirn dreifach eingesetzt wird. Die eingesetzten Bindungen können dem Verwendungszweck entsprechend unterschiedlich sein. Regionalbezeichnungen: Drill, → Zwillich, Drillich. Sehr dichte, fest gewebte Stoffe aus Dreifachzwirn in Köperbindung und Ableitungen (Fischgrat). Fasereinsatz: Hanf, Leinen, Baumwolle, Halbleinen oder Viskose. Bindung: 4-bindiger Kettköper, aber auch Kettkreuzköper oder Atlas. Wird z. B. Atlas verwendet, nennt man das Gewebe Atlas- oder Satindrell. Der Verwendungszweck wird in der Handelsbezeichnung mit angegeben (z. B. Matratzendrell, Markisendrell, Rollodrell, aber auch Miederdrell, Handtuchdrell und Inlettdrell). Der Unterschied zwischen Drell und Zwillich liegt in der Musterungsart. Während der Drell aus der durchlaufenden Köperbindung besteht, wird der → Zwillich dem Muster entsprechend mit mehreren Schäften gewebt, die z. B. für ein Karo, für Rauten o. Ä. gebraucht werden. Als Importware versteht man unter Drill (Einstellung: 37 x 22 Fd/cm, Nm 34 x 34) einen Kettköper K 3/1, im Gegensatz zum Twill (Einstellung: 51 x 24 Fd/cm, Nm 50 x 50, Köper 2/1). Im deutschen Textilbereich wird der Twill häufig als Gleichgratköper K 2/2 gesehen.

Drill, Drillich: → Drell.

Dryloft®: → Gore-Tex®.

Duchesse (duchesse; frz., duchesse = Herzogin): Dieser Gewebetyp stellt einen hochwertigen Natur- oder Chemiefasersatin dar. Aufgrund der im Vergleich zum Satin dichteren Einstellung wird oder wurde früher der 8- bzw. 12-bindige Atlas verwendet (→ Abb. 91). Das höhere Warengewicht macht den Fall fließend und schwer, die Optik ist ebenmäßig, elegant. Die Ware zeigt eine sehr geschlossene, weiche Oberfläche. Heute werden statt der hohen Atlasbindung einfach stärkere Fäden gewählt, um damit in die für den Duchesse typische Warenklasse zu kommen. Das Warengewicht beträgt ca. 60–140 g/m^2.

Abb. 91: 12-bindiger Duchesse

Seidenduchesse hat eine Kette aus Organsin und einen Schuss aus Trame. Einsatz: Repräsentationsgewebe für elegante Kleider und Kostüme.

Duck

Duck (engl., duck cloth = Segeltuch): englische Bezeichnung für ein kräftiges, grobes, panama- oder halbpanamabindiges Baumwollgewebe. Die Panamabindung verwendet man hier nur, um mehr Fäden pro Zentimeter unterbringen zu können. So erhält man eine sehr feste, strapazierfähige Ware (→ Abb. 92). Den verwendeten Panamatyp darf man aber nicht mit einem Panamagewebe verwechseln (→ Panama).
Einsatz: Segeltuch und Zeltplanen.

Abb. 92: Duckbindung

Duckbindung (engl., duck cloth = Segeltuch): zweifädige Leinwandbindung (→ Abb. 92).

Düffel (duffel, duffle): Das nach der belgischen Stadt Duffel benannte Gewebe wird auch als Doppelbarchent (→ Barchent) bezeichnet. Es handelt sich um ein köperbindiges Halbbaumwollgewebe (festgedrehte Baumwollkette und Wollstreichgarnschuss) mit beidseitiger starker Rauung. Als reiner Wollstoff ist Düffel auch unter dem Namen → Spagnolett bekannt. Schwere Qualitäten verstärkt man durch einen Unterschuss. Es ist ein typisches → Lieferungstuch.
Einsatz: Futter, Mäntel und Jacken.

Dungareens (dungaree): kettbetontes, kräftiges Baumwollgewebe (K 3/1) für Overalls und Latzhosen. Häufig sanforisiert; deshalb maximal 1 % Krumpf beim Waschen. → Dongery.

Durchrauer (nap fabric): → Floconné.

Duvet (frz., duvet = Flaum, Daunen): Bezeichnung wird verwendet für Federflaum oder Daune und für das feine Unterhaar der → Kaschmirziege.

Duvetine (duvetine, peach skin; frz., duvet = Flaumfeder, Daunen): Dieser Begriff sowie die alternativen Bezeichnungen Pfirsichhaut (peau de pêche) oder Aprikosenhaut beziehen sich auf den samtartigen Flaum der rechten Warenseite. Dieser entsteht durch wiederholtes Rauen oder Schmirgeln. Das Gewebe ist an seinem kurzen Faserflor zu erkennen, der im Vergleich mit Velours oder

Abb. 93: Verstärkte Schussatlasbindung für Duvetine und Velveton

Duvetine

Flausch nicht ganz so dicht ist. Duvetine ist auch gegenüber → Velveton dünner und loser in der Einstellung. Da hier wie bei allen Rauwaren der Schuss geraut wird, kommen überwiegend der 5-bindige Schussatlas oder Schussköperbindungen sowie verstärkte Atlasbindungen zum Einsatz (→ Abb. 93). Die Einstellung sowie die Kett- und Schussdichte, Fasermaterial und der Rauprozess sind qualitätsbestimmend. Manchmal wird Duvetine auch als Aprikosenhaut, Ledersamt oder sogar als Wildleder bezeichnet. Es ist keine sehr strapazierfähige Ware, aber sie ist nicht so druckempfindlich wie Velours.
Materialeinsatz: Wolle, Baumwolle oder Mischungen. Duvetines werden häufig als Stückfärber angeboten.
Einsatz: Mäntel, Kleider, Kragen und Besatz.

Easy Care

Easy Care (engl., easy = leicht, care = pflegen): Wie „disciplined fabric", „wash and wear", „rapid iron cottonova" oder „non iron fabrics" ist auch „easy care" eine Fantasiebezeichnung, hier für Pflegeleichtartikel. Dahinter kann sich eine Reihe von Ausrüstungsmaßnahmen verbergen: Knitterresistenz, Knitterrückerholung im trockenen wie im nassen Zustand (ein typisches Knitterfreimittel für Easy Care ist methyliertes Harnstoff-Formaldehyd-Kondensat), Bakterizid- und Fungizidbehandlung sowie schmutz- und fleckenabweisende Eigenschaften. Wenn nötig wird außerdem eine Antipillingbehandlung durchgeführt (→ Wash and Wear und → Permanent Press). Der Anteil der Ausrüstungsmittel (Kunstharz) kann bei einem reinen Baumwollprodukt bis zu 14 % betragen.
Quelle: *Arbeitgeberkreis Gesamttextil: Textilveredlung: Appretieren. Frankfurt/Main 1991.*

Eckenband, Eggenband: Leinen- oder Baumwollband in Leinwandbindung, das das Verziehen der Kanten bei Kleidungsstücken verhindern soll. → Hosenschoner.

Ecolog Recycling Network: auf Initiative der Firma Vaude Sport in Tettnang und der → Sympatex Technologies GmbH in Wuppertal 1994 durch den Zusammenschluss verschiedener Unternehmen entstanden.
In diesem Recyclingsystem werden ausschließlich Textilien produziert und wiederverarbeitet, die vom Oberstoff über Kordeln, Reißverschlüsse, Nahtgut bis zur Klimamembran (Sympatex®) vollkommen aus sortenreinem Polyester bestehen. Nach der entsprechenden Tragedauer werden sie von der Ecolog GmbH zurückgenommen und – ohne dass Sortier- und Trennvorgänge nötig wären – in den Recyclingprozess eingebunden. In einem Dreistufensystem findet – je nach Mengenaufkommen – ein entsprechend hochwertiges Recycling statt. Stufe 1 gilt für geringe Mengen anfallenden Materials: Es enstehen daraus neue Produkte wie Accessoires. Eine zweite Stufe gilt für größere Mengen. Es werden daraus neue Träger- und Füllvliese hergestellt. Eine dritte Stufe tritt in Kraft, wenn große Mengen Material anfallen; es werden dann neue Gewebe produziert. → Balance Project.

Écossais (écossais, scotch fabric; frz., écossais, ~e = Schotte, Schottin): Musterungsbezeichnung für Schottenmusterungen, zusammenhängende Karos in verschiedenen Farben. Als sog. Sippenzeichen sind diese Stoffe bekannt als → Tartans oder → Clans.

Einlagestoff (interlining fabric): Die Aufgabe der klassischen Einlagegewebe ist es, dem Kleidungsstück die entsprechende Form zu geben und diese im Gebrauch zu erhalten. Sie müssen also sprungelastisch, form- und reinigungsbeständig und so leicht wie möglich sein und eine bestimmte Steife (Griff) besitzen. Diese Aufgaben werden heute überwiegend von Vliesstoffen (Non Wovens) erfüllt, die fast alle aus Chemiefasern konstruiert sind. Nachfolgend werden die klassischen Einlagen vorgestellt, da einige von ihnen zwar von Chemiefasereinlagen verdrängt wur-

den, neuerdings aber wieder eingesetzt werden:
1. *Bougram*: Ein Zwischenfutter oder Einlagestoff, aufgrund seiner harten Appretur auch als → Wattierleinen bezeichnet, obwohl Bougram feiner ist. Das Gewebe ist relativ offen und leinwandbindig, aber nicht aus Leinen, sondern aus Baumwolle oder Viskosefaserstoff, überwiegend in feiner Kattunqualität konstruiert. Bougram wird stückgefärbt in den Farben Natur, Grau, Schwarz und Marine angeboten und mit starker Füllappretur auch als Bucheinband verwendet.
Einstellungen: 18 x 18 Fd/cm, Nm 60 x 70; 21 x 18 Fd/cm, Nm 60 x 70; 21 x 20 Fd/cm, Nm 60 x 70; 23 x 15 Fd/cm, Nm 50 x 40. Gewicht ca. 50–70 g/m^2. Entsprechende Umrechnungen in die englischen Maßeinheiten Inch/Ne: → Einstellungsgewebe (Kaliks/Kattun). → Tabelle 5, S. 105–106.
Einsatz: Kleider, Anzüge und Sakkos.
2. *Haareinlagegewebe*: leinwandbindig, Kette Baumwoll- oder Acrylzwirn (einstufig), Schuss Wolle oder Ross-, Kuh-, Kälber- oder Ziegenhaare in der Feinheit von ca. dtex 1.200–1.000. Besondere Qualitäten bestehen aus Kamelhaareinlage. Haargarne geben dem Gewebe gute Elastizitätseigenschaften, die durch die Veredlung noch erhöht werden können. Eine Punktbeschichtung sichert eine einwandfreie Frontfixierung (z. B. Sakkos).
Einsatz: Anzüge, Kostüme und Mäntel.
3. *Zwirnrosshaareinlagegewebe*: gegenüber 1. wesentlich elastischer. Zwirne in der Kette und umzwirnte Rosshaare im Schuss. Dies hat den Vorzug, dass die Rosshaare einen festeren Halt im Garn und im Gewebe aufweisen. Um gute Gebrauchseigenschaften zu schaffen, werden ein Schussfaden mit umzwirntem Rosshaar und fünf Schussfäden einfachen Haargarns gewebt (auch einfacher und günstiger).
4. *Wäscheeinlagegewebe*: weiße, glatte, leinwandbindige Gewebe, meist Mischungen aus 80 % Baumwolle und 20 % Viskosefaser. Eine starke Appretur bringt die notwendige Steife. Je nach Einsatz wird diese Ware einlaufsicher, bügelfrei und dimensionsstabil ausgerüstet. Die kräftigeren Stoffe werden auch als → Steifleinen oder Steifnessel bezeichnet.
Einsatz: überwiegend Kragen.

Einschütte, Inlett (ticking, bedstout): Beide Begriffe sind vom niederländischen Wort inlaten = einlassen oder einschütten abgeleitet. Es können feine, dichte Baumwollbatiste (leinwandbindig) sein, aber auch in Köper- oder Atlasbindung konstruierte Gewebe, häufig Makogarne in feinen Garnnummern (Nm 85–135). Die geforderte Daunendichte wird durch Geschlossenheit der Fäden, eine dichte Einstellung, die Füllappretur und das Kalandern erreicht. Je gröber die Feder, desto kräftiger das → Inlett. Wichtig sind eine hohe Farbechtheit, Schweiß-, Säure-, Reib- und Lichtechtheit.
Einstellung: Kette ca. 45–60 Fd/cm aus Nm 85–135, Schuss ca. 40–55 Fd/cm aus Nm 85–135. Normalqualitäten wiegen ca. 120–125 g/m^2, feine Artikel 100–110 g/m^2.

Einstellung (fabric construction, formulation): Hierunter versteht man die technischen Daten einer Gewebekonstruktion. Sie setzen sich aus folgenden Einheiten zusammen:

Einstellungsgewebe

1. → Bindung,
2. Faden pro Zentimeter (Fd/cm) oder Inch (→ Umrechnungstabelle),
3. Fadenfeinheit in → Nm, → Ne oder tex/Dtex (→ Decitex),
4. Gewicht in Gramm oder Unzen pro Quadratmeter.
→ Einstellungsgewebe.

Einstellungsgewebe (fabric construction, set of the fabric): Der Begriff bezieht sich auf meist einfache Gewebekonstruktionen, die standardisiert international gehandelt werden. Wichtig sind hierbei die Grundbindungen und das Verhältnis von Fadendichte zur Garnfeinheit. In der → Tabelle 5, S. 105–106 ist eine Reihe von Gewebekonstruktionen aufgeführt, die auch zeigt, dass eine Handelsbezeichnung, wie z. B. Shirting, durchaus in verschiedenen Qualitäten gehandelt wird. So lässt sich ein bestimmtes Warengewicht auch auf unterschiedliche Weise konstruieren. Zur Erläuterung: Die Grundqualität von → Musselin ist vergleichbar mit dem Renforcé. Der Unterschied liegt in der weicheren Drehung der Garne und der leichten Flusigkeit. Sheeting ist ein kräftiger, grober Wäschestoff. Mit Shirting ist ein weicher, feiner Hemdenstoff gemeint. Typische Standardeinstellungen erscheinen im Fettdruck (→ Tabelle 5, S. 105–106).
Bei Köper-/Twillgeweben kann die Einstellung für den Grat entscheidend sein, so dass es sich bei einigen Qualitäten auch um Steilgratköper handeln kann.
Kurzzeichenerklärung:
Fd = Faden, K = Kette, S = Schuss, Nm = Nummer metrisch, Ne = Nummer englisch.

Bei gleicher Einstellung, aber veränderter Bindung eines Gewebes entstehen zwei völlig andere Gewebegruppen. Beispiel: Aus einem Popeline (Leinwandbindung) wird beim Einsatz einer Köperbindung ein Steilgrat (evtl. Gabardine), weil hier meist das klassische Einstellungsverhältnis 2:1 verwendet wird.

Eiskrepp (ice crêpe): Eine andere Bezeichnung ist Sandkrepp, was aber eine stumpfe Oberfläche voraussetzt. Die kristallähnliche Optik wird durch den geometrischen Aufbau der Bindung und durch den Einsatz glänzender Filamentgarne bestimmt. Im Gegensatz zum echten Krepp (hochgedrehte Kreppgarne/-zwirne) wird dieses Gewebe über die sog. Kreppbindung konstruiert, bei der normal gedrehte Garne/Zwirne verwendet werden (günstigere Preise, bessere Dimensionsstabilität, → Abb. 94). Das Gewebe ist in Kett- und Schussfadenzahl ausgeglichen. Besonders porös und feingliedrig wird Eiskrepp durch relativ kurze Flottierungen, die auch für die bessere Schiebefestigkeit verantwortlich sind.

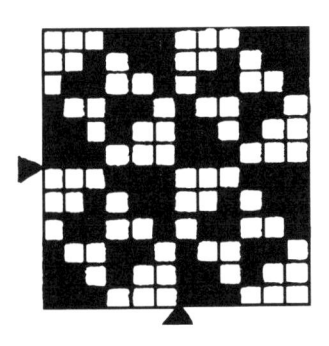

Abb. 94: Eiskrepp

Einstellungsgewebe

Qualität	Fd/cm	Nm	Fd/Inch	Ne	tex	Rohwarengewicht in g/m²
Grobnessel	18/15	20/20	46/38	12/12	50/50	174
Sheeting	**18/18**	**20/20**	**46/46**	**12/12**	**50/50**	**195**
	21/19	20/20	53/48	12/12	50/50	215
Cretonne	22/22	28/28	56/56	16/16	36/36	180
Sheeting	20/20	34/34	52/52	20/20	30/30	131
	22/22	34/34	56/56	20/20	30/30	140
	24/24	27/27	60/60	16/16	36/36	188
	24/24	**34/34**	**60/60**	**20/20**	**30/30**	**150**
	27/27	34/34	68/68	20/20	30/30	170
	27/27	40/40	68/68	24/24	25/25	140
	27/27	40/34	68/68	24/20	25/30	155
Renforcé	30/27	50/50	76/68	30/30	20/20	121
Shirting	27/21	50/50	68/53	30/30	20/20	105
	27/27	**50/50**	**68/68**	**30/30**	**20/20**	**115**
	30/30	50/50	76/76	30/30	20/20	125
Kattun	**22/17**	**50/50**	**56/44**	**30/30**	**20/20**	**74**
Kaliko	21/21	60/70	53/53	36/42	17/14	64
	24/24	60/70	60/60	36/42	17/14	74
	27/21	60/70	68/53	36/42	17/14	77
	28/27	60/70	71/68	36/42	17/14	88
	33/30	60/70	83/76	36/42	17/14	100
Cambric	40/40	67/67	100/100	40/40	15/15	122
	38/40	**68/68**	**96/100**	**40/40**	**15/15**	**126**
	47/40	68/68	120/100	40/40	15/15	138
Madapolam	40/31	60/70	101/78	36/42	17/14	117
Makotuch	36/36	85/85	91/91	50/50	12/12	90
Batiste, lawn	32/35	85/85	82/90	50/50	12/12	86
	36/35	**102/102**	**92/88**	**60/60**	**10/10**	**75**
	41/36	120/120	104/91	70/70	8/8	53
	41/41	100/100	104/104	60/60	10/10	103
	47/43	100/100	119/119	60/60	10/10	95
	43/43	135/135	109/109	80/80	7,4/7,4	68
Perkal	50/50	100/100	127/127	60/60	10/10	107
Popeline	52/28	68/68	132/70	40/40	15/15	127
Hemd	50/26	70/50	127/66	42/30	14,5/20	
Popeline	54/27	100/2 x 100/2	137/68	60 x 2	10 x 2	
				60 x 2	10 x 2	

Tab. 5 (Fortsetzung S. 106)

Elastan

Tab. 5 (Fortsetzung von S. 105)

Qualität	Fd/cm	Nm	Fd/inch	Ne	tex	Rohwarengewicht in g/m²
Mantel, Hemd	46/30	68/68	118/76	40/40	14/14	122
Musselin	27/27	50/50	68/68	30/30	20/20	114
Köperinlett	43/38	40/50	109/96	24/30	25/20	185
Jeans/ Denim Köper	23,5/14,5 25,5/16,5 25,5/14,5 33,5/17,5	11/9 12/18 12/18 24/28	59,5/37 64,5/42 64,7/37 84/44,5	6,5/5 7/10,5 7/10,5 14/16,5	90/111 84/55 84/55 42/35	492/14,5 oz 407/12 oz 355/11,5 oz 254/7,5 oz
Köper Twill	30/30 **36/27** 37/19 37/22 37/24 38/24	40/40 **50/40** 24/24 34/28 28/20 28/28	76/76 **91/68** 94/48 94/56 94/61 96/61	24/24 **30/24** 14/14 20/16 16/12 16/16	25/25 **50/25** 42/42 30/36 30/50 36/36	160 **147** 260 205 280 245

Ausrüstung: Kahlveredlung. Eiskrepp ist unter den unechten Krepptypen der leichteste. → Mooskrepp. → Kreppgewebe. → Crêpe.
Einsatz: je nach Gewicht für Kostüme, Jacken, Kleider, Blusen oder Röcke.

Elastan (EL): Elastan, in Amerika, Kanada und teilweise Asien unter dem Namen Spandex bekannt, wird durch Polyaddition und im Trockenspinnverfahren gewonnen. Bei erstgenanntem Verfahren erfolgt die Bildung der Kettenmoleküle durch Aneinanderlegung verschiedener Moleküle unter intermolekularer Verschiebung von Wasserstoffatomen ohne Abspaltung von Nebenprodukten. Elastane sind lineare Polyurethane, die sog. Schaumstoffe sind vernetzte Polyurethane. Elastanfäden werden als Multifile ausgesponnen und während des Trockenspinnverfahrens miteinander „verklebt".
Elastan ist unter den Markennamen → Lycra® (DuPont de Nemours, USA), Dorlastan (Bayer, Deutschland), Fujibo Spandex (Fuji Spinning Co, Japan) und Kanebo Spandex (Kanebo Synth. Fibers, Japan) im Handel.
Seine Eigenschaften sind: Thermoplastischer Bereich: 175 °C. Bei mehr als 150 °C vergilbt Elastan und wird abgebaut. Der Schmelzpunkt liegt bei ca. 250 °C. Die Feuchtigkeitsaufnahme ist mit 0,5–1,5 % (bei 20 °C und 65 % relativer Luftfeuchte) sehr gering. Höchste Dehnungselastizität: bis 700 % bei 95 % Rückerholung. Das spezifische Gewicht beträgt 1,15 g/cm³ und damit ist Elastan 30 % leichter als Gummi. Elastan ist leicht waschbar,

Elastan

besitzt eine hohe Abrieb- und Scheuerfestigkeit mit Core-spun ohne Umwindung, verhält es sich problematisch. Es ist alterungsbeständig, schnell trocknend, lichtecht (kann durch Stabilisatoren noch erhöht werden), unempfindlich gegen Sonnenöl und Meerwasser sowie gegen Chlorlösungen (Schwimmbad), aber ist anfällig gegen Chlorbleichmittel. Die kritische Bügeltemperatur beträgt 120 °C (etwas mehr als 1 Punkt).

Elastan kann in fünf verschiedenen Verarbeitungsformen verwendet werden:

1. Bei der *Blank- oder Nacktverarbeitung* (bare elastomer yarn) wird das Elastanfilament so wie es ist, ohne „Umhüllung", mit anderen Natur- oder Chemiefasern zu Miederwaren, Bademode, Bündchen, Rundstrickqualitäten und Strumpfwaren verarbeitet.

2. *Einfach umwundenes Elastan* (single covered elastomer) ist mit einem unelastischen Faser- oder Filamentgarn umwunden, doppelt umwundenes Elastan (double covered yarn) mit einer inneren (in Z-Drehung) und einer äußeren Umwindung (in S-Drehung) aus einem unelastischen Filament oder Fasergarn (→ Abb. 95).

3. Beim *Core-spun-Verfahren* wird z. B. → Lycra® und Dorlastan von Stapelfasern wie Baumwolle, Wolle, Leinen, Spinnseide oder entsprechenden Fasergarnen aus Chemiefasern umsponnen. Das Garn ist voluminös und leicht flusig. Wenn Core-Spun-Garne entgegengesetzt der Drehungsrichtung aufgedreht werden, zerfällt das Fasergarn, im Unterschied zum Umwindungsgarn, in seine Einzelfasern, (→ Abb. 96).

4. *Core-twisted-Elastan* (engl., core twisted = umzwirnte Seele) besteht

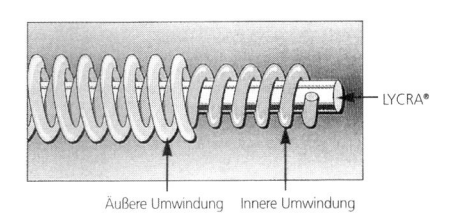

Abb. 95: Einfache und doppelte Umwindung

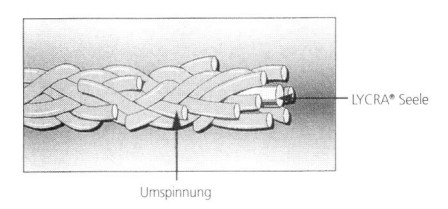

Abb. 96: Core-spun-Garn mit Lycra®

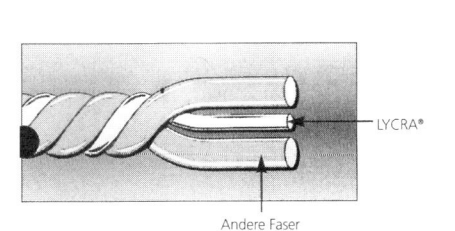

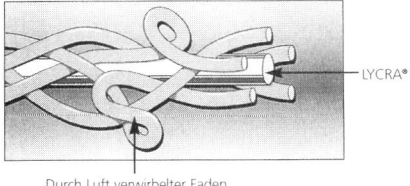

Abb. 97: Lycra® gezwirnt

Abb. 98: Mit Lycra® verwirbeltes Garn

Elastoson-Stretch-Futter

aus blankem oder bereits umwundenen Elastan, das zusätzlich mit einem anderen Faden kombiniert wurde. (→ Abb. 97).
5. *Luftverwirbeltes Elastan* (air-intermingled) – z. B. Lycra, Dorlastan – wird produziert, indem man verstrecktes Elastan mit einem texturierten Multi- oder Mikrofilamentgarn in einer Luftdüse zusammenführt, wodurch sich die Garne in periodischen Intervallen miteinander verschlingen (→ Abb. 98).
Verkaufsargumente für Elastanartikel: Bei Miederwaren garantiert Elastan höchste Dehnungselastizität, dabei ist es leichter als Gummi, stützt ohne einzuengen, ist figurgerecht und leicht waschbar.
Die Verarbeitung von Elastan bei Oberbekleidung, Sportbekleidung, (Badeanzüge, Skibekleidung und Trainingsanzüge) empfiehlt sich, weil Elastan extrem dehnungselastisch ist, die Kleidung körpernahe anliegt und exakt sitzt.

Elastoson-Stretch-Futter: neues Futter der Gebrüder Colsman, Deutschland aus 96 % Acetat und 4 % Elastan (→ Lycra®), Einstellung: Kette 49 Fd/cm, Schuss 28 Fd/cm; Warenbreite: 140 cm; Gewicht: 100 g/lfm.
Elastan wird im Schuss verarbeitet und ist somit querelastisch. Die Ware ist fein, seidig, duftig und eine ideale Verbindung im DOB- und HAKA-Sektor für Wolle/Elastan-Mischungen oder für andere rücksprungkräftige Gewebekompositionen. Dieser Futterstoff sollte nur chemisch gereinigt werden.

Elité: Markenname für ein Filamentgarn der Firma Nylstar, Neumünster (in Jointventure mit Snia BPD und Rhodia), von Rhotex Texturgarne GmbH, Cottbus vertrieben, bestehend aus PBT (Polybutylenterephtalat). Durch die spezifischen Eigenschaften und Merkmale eignet sich Elité besonders für bequeme Kleidung jeder Art. Mit Elitégarnen werden die Kleidungsstücke gefertigt, die beim Träger ein ideales Körpergefühl erzeugen.
Die Faser hat einen weichen, seidenartigen Look, ist elastisch, widerstandsfähig, lässt sich gut einfärben und mit anderen Faserarten mischen (z. B. PBT/CO, PBT/PES, PBT/WV). Neu im Programm sind sieben spinngefärbte Garne (von Rhotex), die sich einfach mit anderen garngefärbten Materialien ideal kombinieren lassen. Ihr Vorteil ist eine hohe Farb-, Reib- und Waschechtheit. Das Material zeigt eine hohe Maßhaltigkeit unter feuchten Bedingungen und trocknet sehr schnell, da es nur 0,4 % Feuchtigkeit aufnimmt (PES 0,2 %, PA 4,5 %). Durch diese Eigenschaft wird das körpereigene Mikroklima erhalten, das angenehme Gefühl des „Eingehülltseins" unterstützt (cocooning) und das Material kommt so dem heutigen Wellness-Gedanken entgegen. Texturiert bauscht Elité ebenso gut wie Polyamid und übertrifft Polyester. Das elastische Erholungsvermögen ist besser als bei den eben genannten Faserarten, eignet sich also z. B. hervorragend für Schwimmsportkleidung.
Der textile Griff, die Lichtstabilität und Formbeständigkeit im nassen Zustand ist besser als bei Polyamid. Die Überlegenheit gegenüber Polyester liegt im guten Biegeerholungsvermögen,

der Bauschigkeit und der Färbeeigenschaften. Es kann mit Dispersionsfarbstoffen bei Kochtemperatur ohne Carrier (Färbebeschleuniger) kostengünstig und umweltfreundlich gefärbt werden.
Elité ist als Filamentgarn für Weberei- und Maschenwaren gleichermaßen gut geeignet und kann hervorragend mit Naturfasern wie Seide, Wolle oder Baumwolle und mit Chemiefasern wie Viskose, Polyester oder Polyamid verarbeitet werden. Schon ein Anteil von 10–20 % Elité reichen aus, um Bekleidung zu schaffen, die sich dem Körper sanft und elastisch anpasst und ein angenehmes Tragegefühl erzeugt.
Elité wird z. B. in den Feinheiten dtex 15 f 5, 22 f 9, 42 f 18, 56 f 24, 78 f 24, 122 f 44, 180 f 48 angeboten. Der Filamentquerschnitt ist rund.
Der Transferdruck bietet sich für positionierte Musterungen und Schriftzüge an. Allerdings muss man berücksichtigen, dass PBT einen niedrigeren Schmelzpunkt als Polyester besitzt (diese Drucktechnik kommt bekanntlich auf PES zur Anwendung). Bei Elité liegt der Schmelzpunkt zwischen 224 °C und 226 °C, bei PES zwischen 256 °C und 258 °C.
Bei 100 %igen Elité-Artikeln wie auch bei Mischgeweben mit PES sollte das Tranferdruckverfahren bei Garntemperaturen von 190 °C und einer Kontaktzeit von 20 Sek. durchgeführt werden.
Alle Artikel aus Elité lassen sich problemlos bei 40 °C in der Waschmaschine waschen.
Einsatz: Trendmode, Sport- und Funktionsbekleidung (Badeanzüge, Tanzkleidung, Trainingsanzüge sowie Gymnastikkleidung), Futterstoffe, Lingerie (Damenunterwäsche, Bodys, Spitzenwäsche), Outdoor-Kleidung (Stretchröcke, krumpfechte Hosen) und Strumpfwaren (Strumpfhosen, Damen- und Herrenstrümpfe).

Energie und Rohstoffe (energy and raw material): Beispiel → Sympatex®.

Englischleder (moleskin): → Moleskin.

ENKA® PROFILE: Markenprodukt hochwertiger Gewebe aus Filamentviskose der Firma ENKA GmbH, Wuppertal (Gruppe Acordis). Diese Filamentgarne haben einen sternförmigen Querschnitt und können damit Geweben und Gestricken neben der höheren Festigkeit einen feinnervigen, sandigen Griff geben. Dieser neuartige Krepp kommt ohne die übliche Hochdrehung (ab 1.100 T/m) der Garne aus, was sich in einer verbesserten Dimensionsstabilität zeigt. Die Textilien haben eine diffuse, seidenmatte Brillanz, wie sie für Filamentviskose bisher noch nicht erreicht wurde. Das Volumen von ENKA® PROFILE erlaubt darüber hinaus kreative Entwicklungen für noch leichtere Stoffe. Die Haptik ist je nach technischen Gegebenheiten sehr variabel, von angenehm sandig über pelzig bis weich-moosig. Je nach Griffwunsch und Anforderungsprofilen kann die Ware mit Weichmachern, Schiebefestmittel und Kunstharzen ausgerüstet werden. Die Dimensionsstabilität kann durch eine Sanfor-Behandlung verbessert werden. Die Farbstoffklasse ist abhängig von den geforderten Echtheiten, für Uni-Artikel werden

ENKA® Sun und Modal® Sun

jedoch überwiegend Reaktiv- oder Direktfarbstoffe verwendet.
Die Filamentpalette umfasst eine Reihe interessanter Garnstärken (Titern):

dtex 84 f 30 gl. o. T.
(glänzend ohne Touren),

dtex 84 f 30 gl. S 90
(glänzend, mit 90 T/m in S-Richtung gedreht),

dtex 167 f 42 gl. o. T.,

dtex 167 f 42 gl. S 90.

Da die Ketten auf der Basis von Acrylat geschlichtet sind, kann man die Schlichte sehr gut zurückgewinnen. Somit entspricht auch diese Produktionsphase den ökologischen Anforderungen.
Viskose wird aus nachwachsenden Rohstoffen gewonnen (South-pine), weitgehend umweltfreundlich produziert und lässt sich nach Gebrauch problemlos entsorgen.
Einsatz: im Web- und Strickbereich von Kleidern, Blusen, Röcken, T-Shirts und Bodys.

ENKA® Sun und Modal® Sun: pigmentiertes Viskosegarn von Acordis Deutschland mit geringer UV-Durchlässigkeit, mit dem es möglich ist, sehr leichte sommerliche Gewebe mit einem optimierten UV-Schutz auszustatten. Um UV-A- und UV-B-Strahlen reflektieren oder absorbieren zu können, muss ein „Spezialgarn" zuerst einmal entsprechend dicht konstruiert sein. ENKA schreibt z. B. für die Weberei bestimmte Konstruktionen vor, um das gestellte Ziel zu erreichen. Beispiel für eine Rohware: Die Bindung ist Leinwand. Als Kettgarn wird ENKA® Sun dtex 110 f 40 S 90, 44 Fd/cm eingesetzt. 110 g dieses Garns sind 10.000 m lang, f 40 entspricht einem Filamentgarn mit 40 Einzelfilamenten, S 90 bedeutet eine S-Drehung mit 90 Touren pro Meter (T/m). Das Garn ist demnach sehr weich und besitzt eine gute Oberflächendeckung. Als Schussgarn wird Modal Sun® 24 Fd/cm Nm 50/1 verwandt. Es handelt sich um ein Fasergarn, welches bei 50 m Lauflänge 1 g wiegt. Das Kettgarn ist fast halb so dick wie das Schussgarn, es ist jedoch doppelt so dicht eingestellt.
Das Flächengewicht beläuft sich im fertigen Zustand auf ca. 120 g/m^2.
Der ENKA®-Sun-Anteil muss mindestens 50 % betragen.
Werden offene Konstruktionen mit ENKA®-Sun-Garnen angeboten, wird das Ziel einer Transmission, die kleiner als 3,3 % ist, nicht erreicht. Ein hervorragender Schutz ist bei weniger als 2,5 % gegeben, was mit einem Sonnenschutzfaktor von 40+ gleichzusetzen ist.
Für eine zweite Konstruktion eines optimierten Sonnenschutzgewebes mit dem UV-Schutzfaktor 40+ wurden wiederum speziell pigmentierte Garne sowie ein optimales Fadenverhältnis von Kette und Schuss verwendet. Die Kette besteht aus ENKA®-Sun-Filamentviskose 110 dtex f 40, 50 Fd/cm, der Schuss aus Lenzing Modal Nm 60/1 mattiert, 1.700 T/m, 2S/2Z, 6–27 Fd/cm. Das Fasergarn hat also 60 m Lauflänge auf 1 g, das Garn hat 1.700 T/m und ist somit ein Kreppgarn. 2S/2Z bedeutet, dass zwei Schüsse in S-Drehung und zwei Schüsse in Z-Drehung eingetragen werden. Dies ergibt eine schön gleichmäßige, sandig-nervige Oberfläche des Gewebes. Fertig beträgt das Flächengewicht ca. 120–125 g/m^2.

Auch nach mehreren Wäschen ist der UV-Schutz bei dieser Artikelgruppe gewährleistet.
Der Einsatz des Pigmentschutzes (Titandioxid) im Garn kann minimiert werden, wenn man mittlere oder intensive Farbtöne wählt; das bedeutet, dass man leichte, dichte Gewebe in einer dunklen Farbigkeit ebenso unbedenklich bezüglich eines guten UV-Schutzes tragen kann wie ein mit „Spezialmitteln" veredeltes Garn.
Sommerkleidung aus diesen ENKA®-Garnen sollte, laut Hersteller, so konfektioniert werden, dass sie möglichst die Haut vollständig bedeckt.
Neuere Forschungsergebnisse haben gezeigt, dass die Verwendung von Nanopulver – der mittlere Teilchendurchmesser von Pigment-TiO_2 beträgt ca. 0,3 µ, in Nanoform 0,08 µ, Handelsname ist Hombitec S 100 der Firma Sachtleben Chemie – als UV-Schutz-Additiv durch die erheblich kleinere Partikelgröße einen extrem hohen Verteilungsgrad des Additivus in der Faser möglich macht, wie er bei der gleichen Menge eines Pigment-TiO_2 nicht erreicht wird.
Literatur: Maschen-Industrie 5/1999. Melliand Sonderdruck 7–8/1997, S. 522–525.

ENKA®-Viskose: Markenname für Viskosestoffe von Acordis Deutschland. (Grundeigenschaften zum Rohstoff → Viskose.)
Der „Viscose Circle of Quality" verpflichtet Faserhersteller, Weber, Veredler und Konfektionäre, exakt festgelegte Qualitätsrichtlinien einzuhalten. In den Acordis-Labors werden die eingereichten Materialproben nach DIN geprüft. Wenn die festgelegten Werte erreicht sind, wird mit der Vergabe einer Lizenznummer die Berechtigung erteilt, das Goldlabel als Qualtätssymbol zu führen.
Bei der Überprüfung der Reißfestigkeit werden 5 cm breite Gewebestreifen aus Kett- sowie Schussrichtung auf elektronischen Zugprüfgeräten belastet (DIN-Norm 53857).
Über 20 kg Belastung müssen die Gewebestreifen standhalten, ohne zu zerreißen.
Die Kontrolle des Nahtschiebverhaltens, d. h. die Prüfung des Verschiebens der Nahtbereiche unter Belastung, ist besonders wichtig bei feinen ‚seidigen DOB-Artikeln. Zunächst wird ein Gewebestreifen ohne Naht mit 7,5 kg belastet, dann einer mit Naht bei einer Belastung von 5 kg. Die Naht darf sich hierbei um nur 1,5 mm öffnen.
Ferner wird die Maßänderung beim Waschen, d. h. das Einlaufen getestet, ein bekanntes Problem bei Viskoseartikeln (teilweise bis 15 %). ENKA®-Viskoseartikel können bei 40 °C Feinwäsche gewaschen werden und dürfen dabei maximal 5 % in Kett- und Schussrichtung einlaufen – ausgenommen sind hier Transparentartikel wie → Chiffons oder hauchfeine → Georgettes.
Damit die typische Brillanz der Farben bei Viskoseartikeln auch beim Gebrauch erhalten bleibt, gibt es beim „Viscose Circle of Quality" genormte Vorschriften für Wasch-, Lösungsmittel-, Schweiß- und Reibechtheit.
Quelle: Acordis, Deutschland.

Enzyme, Fermente (enzymes): Das Wort Enzym ist aus dem Griechischen abgeleitet: enzumos = gesäuert im Sinne von „enthält Sauerteig" (en = in; zum ē = Sauerteig).

Enzyme stellen den Inbegriff des Lebens dar, weil in den Zellen eines Organismus kaum eine Reaktion ohne Enzym abläuft. Jedes Enzym (heute sind ca. 6.000 bekannt) hat seine spezifische Aufgabe und ermöglicht nur eine ganz bestimmte chemische Umwandlung. Enzyme funktionieren wie ein Schloss an der Pforte zu einem genau festgelegten biologischen Stoffwechselpfad: Nur ein Schlüssel, kann es erkennen und öffnen, sodass jener Pfad zugänglich wird.

Die bekanntesten Enzyme sind Verdauungsenzyme: → Amylasen für den Stärkeabbau, Proteasen (z. B. Rennin) für den Proteinabbau, Lipasen für den Fettabbau sowie die Lactase für die Spaltung des Milchzuckers.

Enzyme sind hochkomplexe Eiweiße (Proteine) und somit hitze- und pH-Wert-empfindlich. Beim Menschen denaturieren manche Enzyme schon bei ca. 43°C (hohes Fieber). Enzyme bewahren auch in der Textilveredlung nur dann ihre Funktion, wenn die Temperatur und der pH-Wert dem entsprechenden Enzymtyp angepasst sind. Für die Veredlung wurden auch hitzebeständige Enzyme in thermophilen Mikroorganismen gefunden bzw. gentechnologisch entwickelt. Die Gentechnik wird auch für die Herstellung der meisten Enzyme genutzt. Das Erbgut eines sich rasch vermehrenden Mikroorganismus wird dabei so verändert, dass er das gewünschte Enzym in sehr reiner Form und mit hoher Ausbeute produziert.

Enzyme sind Biokatalysatoren. Viele Reaktionen werden von Enzymen überhaupt erst ermöglicht, um ein Vielfaches gegenüber der unkatalysierten Reaktion beschleunigt und meist durch ausgefeilte Rückkopplungssysteme so gesteuert, dass ein der gerade gegebenen Situation angepasster Stoffumsatz gewährleistet ist.

Einen textiltechnischen Katalysator kann man folgendermaßen veranschaulichen: Wenn man zwei Stoffe mit einem Faden aneinander näht, dann ist die Nadel, die den Faden führt, der Katalysator. Sie tritt während des Arbeitsprozesses auf, ist aber im Endprodukt nicht mehr vorhanden. (Der Faden wäre in diesem Bild das sog. Co-Enzym.) Ohne Nadel wäre es nicht möglich, die Stoffe aneinander zu fügen.

Die Handelsprodukte im Textilbereich sind meist keine reinen Enzyme, sondern mit Salzen, Aktivatoren und Stabilisatoren versetzte, gebrauchsfertige Mischungen.

Literatur: Textilveredlung: Färben. Arbeitgeberkreis Gesamttextil, Frankfurt/Main 1990. Novo Nordisk: Enzyme und was sie leisten. Bagsvaerd, Dänemark 1992. E. Baldwin: Das Wesen der Biochemie. dtv-Wissenschaftliche Reihe, München 1970.

Eolienne (eolienne): Handels- und Qualitätsbezeichnung für ein Halbseidengewebe mit ganz leichter Ripsoptik, eher ein Popeline. Vom Griechischen aeolus = Windgott auch Äolusseide genannt; entspricht der Veloutine. Bindung: Leinwand, in der Kette Grège, im Schuss Wollkammgarn (Voile). Einstellung: Kette 40–50 Fd/cm, Schuss 15–18 Fd/cm Feinheit; Seidenkette dtex 120–76, Schuss Nm 85–100 (Einstellungsverhältnis also 2:1 oder 3:1). Knitterunempfindlicher Gewebetyp mit weichem Griff, dezentem

Glanz und leichtem Raureifeffekt (Voileschuss). Preisgünstige Typen: Viskosette und Viskosefaserstoff oder Baumwollvoile im Schuss.
Einsatz: Röcke, Kleider und Kostüme.

Épinglé (épinglé; frz., épinglé = gerippt): Épinglé wird auch als → Nadelrips bezeichnet. Noch 1904 wurde dieser Begriff für einen Seidenrips verwendet.
1. Kleider- und Kostümstoff, der auch als Ösen- oder Nadelrips bezeichnet wird. Typisch ist der Wechsel zwischen breiten und schmalen Querrippen, der unterschiedlich erreicht wird: Je nach Rippenbreite wird ein starkes und ein feines Garn eingetragen, wobei die Konstruktion leinwandbindig ist. Baut sich die Musterung bindungstechnisch auf, verwendet man den Kettrips, meist R 2/2. Die Ware wird kahlappretiert, gewaschen und überwiegend stückgefärbt. Ein Ripsgewebe hat im Gegensatz zum Épinglé eine wesentlich höhere Kettdichte. Beim Épinglé kann man den Schuss deutlich erkennen, beim guten Kettrips nicht. Der Griff ist beim Épinglé weicher als beim Rips.
Der Faserstoffeinsatz ist sehr unterschiedlich. Wenn unterschiedlich gedrehte Garne (Z- und S-Draht) verwendet werden, gibt es reflexionsbedingt eine optische Täuschung. Daher wird er auch Schattenrips genannt. Er zeigt Ähnlichkeit mit dem → Ottomanen, sollte aber nicht mit ihm verwechselt werden. Wird das Gewebe mit verschieden breiten Rippen konstruiert, kann man die Bezeichnung → Cannelé wählen.
2. Möbelstoffbezeichnung für Kettsamte (→ Samt), die auf sog. Rutenstühlen produziert und deren Polschlingen nicht aufgeschnitten werden (→ Abb. 199/200). Es sind also drei Fadensysteme notwendig, wobei häufig die Polkette aus Wollkammgarn, Baumwollzwirn oder Chemiefasern besteht. Der Schuss besteht aus Baumwoll- oder Viskosefasergarn oder aus Zwirn. Durch den Einsatz unterschiedlich hoher Ruten können sehr schöne Hoch-Tief-Schlingeneffekte gebildet werden. Farbige Effekte kann man durch verschieden bunte Polkettfäden erzielen.

Erbstüll, Tüll (pea tulle, tulle, bobbinet, net): Der Name dieses Stoffes leitet sich von der französischen Stadt Tulle ab; er wird auch Wabentüll oder → Schleiertüll genannt. Es ist ein auf Bobinetmaschinen produzierter Kleider- und Gardinenstoff aus Natur- oder Chemiefasern (Filamente). Die Wabenform ist für den Erbstüll typisch (Sechsecke): Es werden zwei Fadensysteme gebraucht, der Kettfaden und der Bobinetfaden. Je nach Anzahl der Kettfäden hat die Tüllmaschine mehrere Tausend Bobinen. Sie werden zweireihig über die ganze Maschine in gleichen Abständen verteilt. Ist ein Kettfaden (senkrecht liegend) vom Bobinetfaden umschlungen, wird er zum nächsten Kettfaden geführt usw. Dabei binden die Bobinen der beiden Reihen gegeneinander. Hierdurch entstehen über Kreuz liegende Musterungen. In der Veredlung erhalten diese Tülle dann ihre endgültige Form. Durch Spannen der Ware entstehen wabenförmige Öffnungen, die durch eine chemische Appretur fixiert werden. Glatte Erbstülle verwendet man selten für den Dekosektor, überwiegend für Damenblusen und Kleider. Werden Gardinen dieses Typs bestickt, spricht man von Florentiner Tüll. Auch Jacquardmaschinen werden zur Musterung eingesetzt.

Eri(a)seide: Seidenart aus Indien und Ostasien, stammt u. a. vom Rhizinusseidenspinner, der eine domestizierte Form des → Ailanthusspinners ist. Die Kokons dieses Wildseidentyps sind grob haspelbar, werden aber überwiegend in der Schappespinnerei (→ Seide) als sog. Spinnseide verarbeitet. Diese Seidenart hat, wie auch die → Moongaseide, keine Bedeutung mehr.

Eskimo (eskimo cloth): schweres Doppelgewebe aus Streichgarnen. Oft ist die Oberware ein 4-bindiger Kreuzköper, die Unterware in Atlasbindung gewebt. Die rechte Warenseite erhält eine kurzgeschorene Strichausrüstung, die Rückseite wird stark geraut (flauschartig, Erhöhung der Wärmeisolation). Gewicht bei HAKA: ca. 700–900 g/lfm; DOB: 500–600 g/lfm bei 150 cm Warenbreite. Für klassische Eskimos werden Wollstreichgarne verwendet, bei günstigeren Qualitäten im Unterschuss Reißwollgarne. Ausrüstung: sowohl Stückfärber als auch naturfarbig.
Einsatz: Mäntel und Jacken.

Esterházy (esterhazy): eine nur in Österreich übliche Handelsbezeichnung für einen → Glencheck.

Etamine, Estamin, Stramin (etamine, gauze-like transparent fabric; frz., étamine = sehr dünnes Gewebe): auch Siebstoff oder Gitterstoff genannt. Ein gazeartiger, durchsichtiger Kleider- und Gardinenstoff, der in Leinwand, Dreher- oder Scheindreherbindung gewebt wird. Früher wurde dieses Gewebe zum Durchseihen von Soßen verwendet (Siebtuch, Schleiertuch). Als Kleiderstoff oft aus Naturseide oder Chemiefasern hergestellt. Neben normal gedrehten Garnen werden auch Flammen- oder Noppenzwirne eingesetzt. Für den Gardinenbereich verwendet man überwiegend Dreherbindungen, um die Schiebefestigkeit zu erhöhen (→ Abb. 85/86). Wollkonstruktionen werden in leicht poröser, stückgefärbter Ausführung angeboten. Beim Einsatz von Merino im Siro-spun-Verfahren ordnet man leichte Gewebe im Cool-Wool-Bereich an.
Einsatz: DOB, Kleider und Sommerkostüme.

Étamine de laine (frz., étamine = Siebtuch, laine = Wolle;): leichter, poröser Kammgarnstoff für den DOB-Bereich. Seine typische Struktur erhält er durch die → Scheindreher- oder abgewandelte Panamabindung. Auch als Cool-Wool-Artikel hergestellt.

Everglaze (engl., everglaze = dauerhaft glatt, glänzend): Der Handelsname deutet auf den permanenten Glanz dieses Typs hin, der mit einer Prägung kombiniert wird. Es ist ein leinwandbindiges Baumwollgewebe, welches in der Veredlung meist mit Melamin- oder Formaldehyd-Harnstoff-Harzen imprägniert wird. Die positiven Eigenschaften sind wie erwähnt der dauerhafte Glanz, ähnlich einem Chintz-Effekt, die Knitterresistenz und das Schmutz abweisende

Verhalten. An die chemische Ausrüstung (Vorkondensation) schließt sich eine Gaufrierbehandlung an (Prägekalander). Dadurch können die verschiedensten Dessins wie Piqué, Waffelmuster, Punktmusterprägungen usw. in die Ware gepresst werden. Durch das anschließende Nachkondensieren werden die Gaufrier-Effekte permanent fixiert. Sie bleiben auch nach der Wäsche erhalten.

Nicht zuletzt seine Formstabilität macht den Everglaze zu einem geeigneten Gewebetyp für Hemden, Blusen und Sommerkleider. Wird er bedruckt, muss dieser Veredlungsvorgang dem Imprägnieren vorausgehen. Feinfädige Makoware wird mit einem waschbeständigen Chintz-Glanz versehen; auf die anschließende Prägung wird verzichtet. → Chintze sind üblicherweise nicht waschbeständig.

Fachen (fold, ply): Zusammenführen von zwei oder mehreren Einzelfäden (zu unterscheiden vom Zwirnen), die parallel ohne Drehung auf große Garnkörper aufgewickelt werden. Die Fäden werden von der Spule abgezogen, um haftenden Faserflug oder Verunreinigungen mit dem sog. Fadenreiniger zu beseitigen. → Zwirn.

Façonné (faconné; frz., façonner = gestalten, Form geben): → Zusatzbezeichnung, die überwiegend mit dem Handels- oder Bindungsnamen eines Gewebes verbunden ist, z. B. Taft façonné. Gemeint sind kleine, meist frei stehende Musterungen, die auf dem Schaftwebstuhl (auch Jacquardweben möglich) produziert werden: Rauten, Punkte, Rechtecke oder kleine Blüten. Auf meist leinwandbindigem Grund werden Figuren durch Kettflottierungen hervorgehoben (→ Abb. 99).
Einsatz: Futter, Blusen, Kleider, Westen, Hemden usw.

Abb. 99: Façonné (Leinwandgrund, Figuren in Kettflottierungen)

Faden (thread): Sammelbegriff für alle linienförmigen textilen Gebilde, überwiegend im Zusammenhang mit Rohstoff- oder Funktionsbegriffen, wie z. B. Bindfaden, Kettfaden, Nähfaden, Seidenfaden, Nylonfaden usw. verwendet. → Faser, Spinnfaser. → Stapel. → Garn. → Zwirn.

Fadeneinstellung (yarn count): → Umrechnungstabellen für Garnnummern und Einstellungen.

Fagaraseide (fagara silk): Ein Wildseidentyp vom indischen und chinesischen Atlasspinner. → Seide.

Fahnentuch (flag cloth, bunting): meist leinwandbindige, dicht gewebte Stoffe aus Baumwolle, Mischgeweben oder Polyamid. Hohe Licht- und Meerwasserechtheit werden teilweise über die Ausrüstung erreicht, wenn dies – wie bei Baumwolle – nicht vorhanden ist.

Faille (faille): taftbindiges Rippengewebe (falscher Rips), welches aber im Gegensatz zum Taft faille und zum → Taft einen sehr weichen Griff hat. Bei der Naturseidenqualität werden in der Kette Organsinfäden und im Schuss gezwirnte Trameseide oder Schappeseidenzwirne verwendet. Ähnliche Ausführungen gibt es auch in Chemiefasern. Die Rippe wird geprägt durch die hohe Kettfadendichte und den etwas dickeren Schuss. Vom Popeline unterscheidet sich diese Ware durch einen geschmeidigeren Griff und einen weichen Fall, bedingt durch die lose gedrehten Schussgarne/-zwirne. Setzt man in Kette und Schuss komple-

mentärfarbene Materialien ein, entsteht ein reizvoller Changeant-Effekt. Eine Abwandlung ist der Faille Doupion. Hier werden Schussgarne mit Titerschwankungen verwendet (z. B. Flammen- oder Noppenzwirne).
Einsatz: Kleider, Kostüme und leichte Mäntel.

Fallschirmseide, Ballonseide (parachute silk, balloon silk): sehr dicht gewebter Seiden- oder Chemiefaserstoff in Taftbindung (Leinwand) mit entsprechender Ausrüstung für hohe Beanspruchung. Die Handelsbezeichnung Fallschirmseide sagt nichts über die Materialzusammensetzung aus. Es ist hier nur die Konstruktionsbeschreibung des Gewebes gemeint. Feine, taftbindige Polyamidgewebe für den Sport- und Freizeitbereich werden ebenfalls als Ballonseide gehandelt. Chemiefaser für den Outdoor-Bereich erhält oft noch eine Wasserdichtausrüstung (Imprägnierung) und einen Crash-Effekt.
Einsatz: Sport und Leisure.

Falsch-Uni (false uni): → Faux uni.

Fancy (engl., fancy = Buntgewebe): „Fancy" wird hier in einer anderen Bedeutung als beim Fancy-Cord (→ Cordsamt) verwendet: Es handelt sich hierbei um einen beidseitig gerauten Flanell mit melierten Mulegarnen im Schuss. Bindung je nach Einsatz (Hemden, Kleider) Leinwand oder Köper.

Farbeffekte, Farbverflechtungen (colour effect, colour interlacing): Musterung durch verschiedene Garne oder Farben. Andere Gewebemuster als die durch Bindungseffekte erzielten erhält man, indem man in der Kette, im Schuss oder auch in beiden Fadengruppen zugleich verschiedene Farbstellungen oder Garne verwendet. Mit Ausnahme der Längs- und Querstreifen sowie Karomusterungen lassen sich bei verschiedenen Bindungsarten (L 1/1, K 2/2, P 2/2 oder Fantasiebindungen) durch entsprechend gewählte Anordnungen der Schär- und Schussfolge sehr effektvolle Musterwirkungen erzielen. Bei-

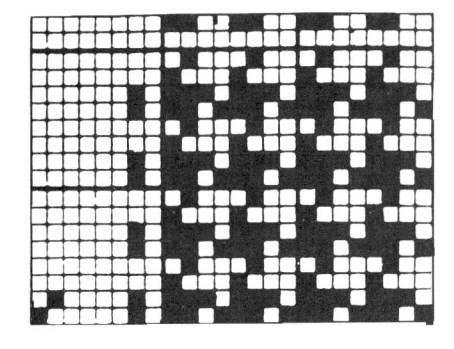

Abb. 100: Hahnentritt (Bindung: Leinwand)

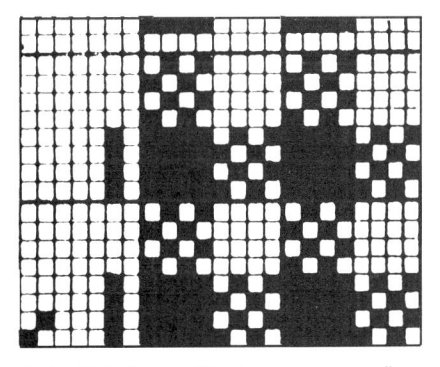

Abb. 101: Pepita (Bindung: Leinwand)

Faser, Spinnfaser

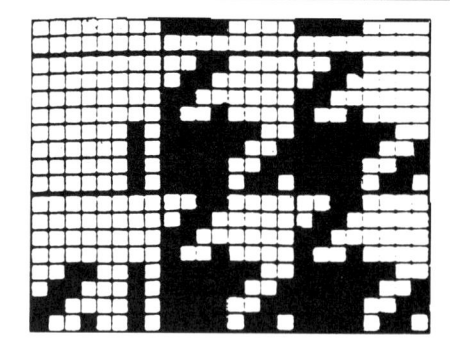

Abb. 102: Vichy (Bindung: Köper) Entscheidend bei allen drei Farbeffekten ist die Kombination von Bindung, Schär- und Schussfolge

spiele: → Hahnentritt, → Pepita, → Vichy, → Fil à Fil, → Mille rayé usw. Die z. T. großen Musterungen sind deswegen interessant, weil die Festigkeit des Gewebes auf einfachen Bindungsstrukturen wie z. B. L 1/1 oder K 2/2 beruht. Es können also feine, leichte und gemusterte Gewebe konstruiert werden, ohne dass verarbeitungstechnische Schwierigkeiten befürchtet werden müssen. Die →

Abb. 100–102 zeigen verschiedene Farbeffekte im Vergleich: Hahnentritt, Pepita und Vichy.

Faser, Spinnfaser (fibre; amerikan. fiber):
1. Der Begriff wird für alle Naturfasern (außer Zuchtseide) als auch für in Stapel geschnittene Chemiefasern verwendet. Sie sind im Gegensatz zum → Filamentgarn in ihrer Länge begrenzt. Fasern werden in Millimetern der Stapellänge (→ Stapel) angegeben, z. B. für eine Baumwollfaser 38 mm Stapellänge.
2. Der Begriff „Faser" wird als Dachbegriff für alle textilen Rohstoffe verwendet, und zwar längenunabhängig, also für Filamente und für längenbegrenzte Fasern. Man spricht von Chemiefasern und der Chemiefaserindustrie, obwohl alle Chemiefasern als Filamentgarne ersponnen werden (→ Tabelle 6, S. 120).

Faserdurchmesser (fibre diameter): wird in → Mikrometer (µm) angeben und kann griff- und qualitätsbestimmend sein.

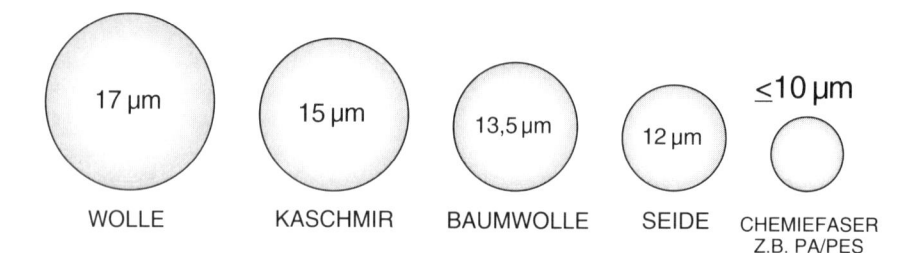

17 µm	15 µm	13,5 µm	12 µm	≤10 µm
WOLLE	KASCHMIR	BAUMWOLLE	SEIDE	CHEMIEFASER Z.B. PA/PES

Abb. 103: mittlere Faserdurchmesser im Vergleich

Fasermischung (fibre blend, blended fibre): Kombination verschiedener Rohstoffe und ihrer Eigenschaften mit dem Ziel, den Gebrauchswert zu erhöhen (Haltbarkeit, Tragekomfort, Pflegeeigenschaften), das Aussehen einer Ware zu verbessern und Preisvorteile zu erreichen.
Die Vorzüge einer Mischung hängen von den verwendeten Rohstoffen und ihrem prozentualen Mischungsverhältnis ab. Hier einige Beispiele:
- Bei Kleiderstoffen (dress fabrics):
  55% PES und 45% WO: geringe Knitterneigung, bessere Form und Faltenbeständigkeit,
  65% PES und 35% CO: leicht zu waschen,
  70% PES und 30% CV: weitgehend bügelfrei,
  80% PES und 20% LI: geringe Knitterneigung, pflegeleicht,
- Bei Anzügen (suits), Hosen (trousers) und Röcken (skirts):
  55% PES und 45% WO: knitterarm,
  55% PAN und 45% WO: gute Strapazierfähigkeit, Faltenbeständigkeit und leichte Pflege,
  70% PES und 30% CV: bügelarm, geschmeidig im Griff,
- Bei Hemden (shirts) und Blusen (blouses):
  50% PES und 50% CO: in Verbindung mit Veredlung der CO pflegeleicht, einsprungfrei,
  65% PES und 35% CO: weich, angenehm, passformhaltig, pflegeleicht,
- Bei Übergangsmänteln (light coats):
  67% PES und 33% CO: waschbar, schnell trocken, gute Farbechtheit,
  70% PES und 30% CV: hohe Wetter- und Lichtbeständigkeit.

Faserquerschnitt (fibre cross-section): Die unten abgebildeten Faserquerschnitte zeigen, wie Chemiefasern modifiziert werden können, um sie mit sehr guten Funktionen (bekleidungsphysiologisch) auszustatten, wie z. B. Wärmeisolation (Hohlfaser) Feuchtetransport (trilobal, Hohlfaser) oder aber Wärmeleitfähigkeit (rund) usw. Alle Naturfasern sind wachstumsbedingt nur aufgrund von Veredlungsmaßnahmen zu verändern (Mercerisation bei der Baumwolle), jedoch nicht in der Bandbreite von Chemiefasern.

Faserstoffe: → Faserübersicht.

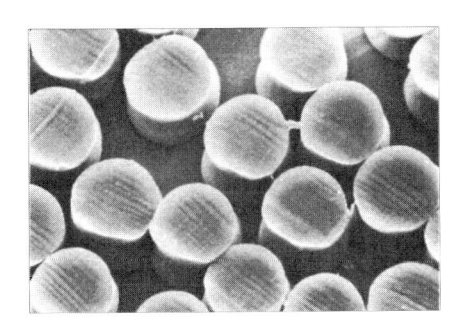

Abb. 104: Faserquerschnitt: rund

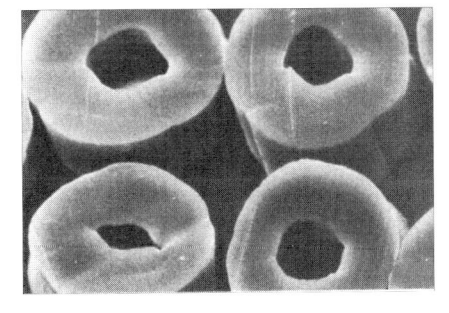

Abb. 105: Faserquerschnitt: Polyester-Hohlfaser

Fashmo Sun Safe™

Baumwolle und baumwollähnliche Chemiefasern		Wolle und wollähnliche Chemiefasern		Bastfasern und ähnliche Chemiefasern
langstaplig etwa 25–55 mm	kurzstaplig etwa 10–25 mm	langstaplig etwa 60–150 mm	kurzstaplig etwa 20–60 mm	langstaplig etwa 30–240 mm
Baumwoll-spinnerei	Vigogne-spinnerei	Kammgarn-spinnerei	Streichgarn-spinnerei	Bastfaser-spinnerei
Baumwollgarne: glatt, gleichmäßig, zugfest, weich, mittlere bis große Feinheit, wenig abstehende Faserenden	Vigognegarne: voluminös, weich, füllig, geringe Festigkeit, viele abstehende Faserenden	Kammgarne: fein, gleichmäßig, zugfest, glatt, wenig abstehende Faserenden, kaum wärmend	Streichgarne: weich, voluminös, geringe Zugfestigkeit, viele abstehende Faserenden, wärmend	Bastfasergarne: glatt, fest, zum Teil rau, hart und spröde

Tab. 6: Fasergarnlängen, Bezeichnungen und Eigenschaften im Überblick

Fashmo Sun Safe™: Dieser Sun-Protect-Artikel (Fashion and More, Aßlar, Deutschland) wird als Super-Hightech-Gewebeentwicklung angeboten. Schon in der Spinnmasse, der sog. Polymerphase, werden den verwendeten Polyesterfilamenten (Fasern) feinste Keramikteilchen beigefügt. Eine Weiterverarbeitung der Garne ist unproblematisch, das spätere Tragen und die Pflege ebenso, da kein Ablösen von Chemikalien auf der

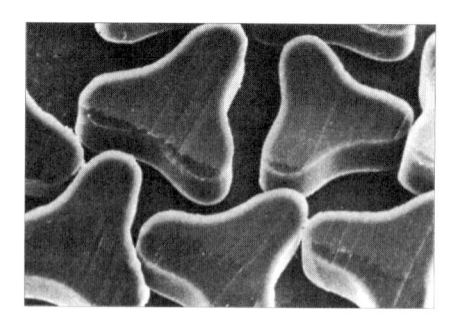

Abb. 106: Faserquerschnitt trilobal

Abb. 107: Faserquerschnitt Viskose: gezähnt, gelappt

Faserübersicht, Natur- und Chemiefasern:

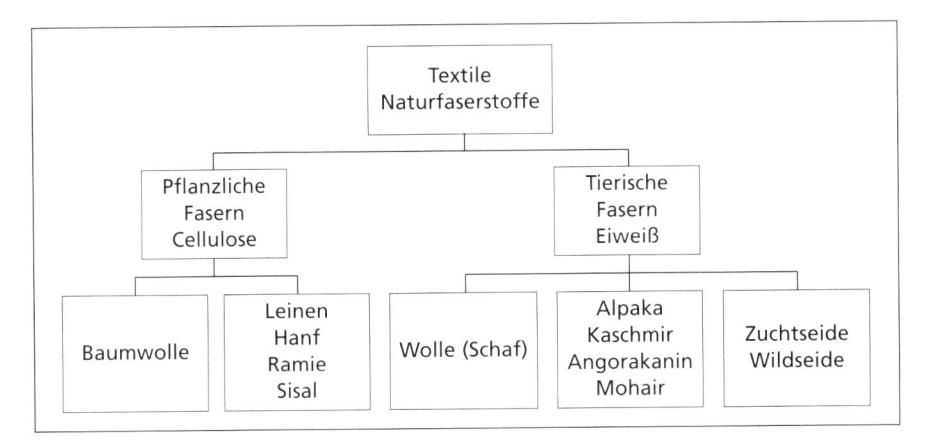

```
                    Textile
                 Naturfaserstoffe
                  ┌──────┴──────┐
          Pflanzliche          Tierische
            Fasern              Fasern
           Cellulose             Eiweiß
         ┌─────┴─────┐       ┌─────┼─────┐
                  Leinen              Alpaka
                   Hanf              Kaschmir      Zuchtseide
      Baumwolle   Ramie   Wolle(Schaf) Angorakanin  Wildseide
                   Sisal              Mohair
```

Tab. 7

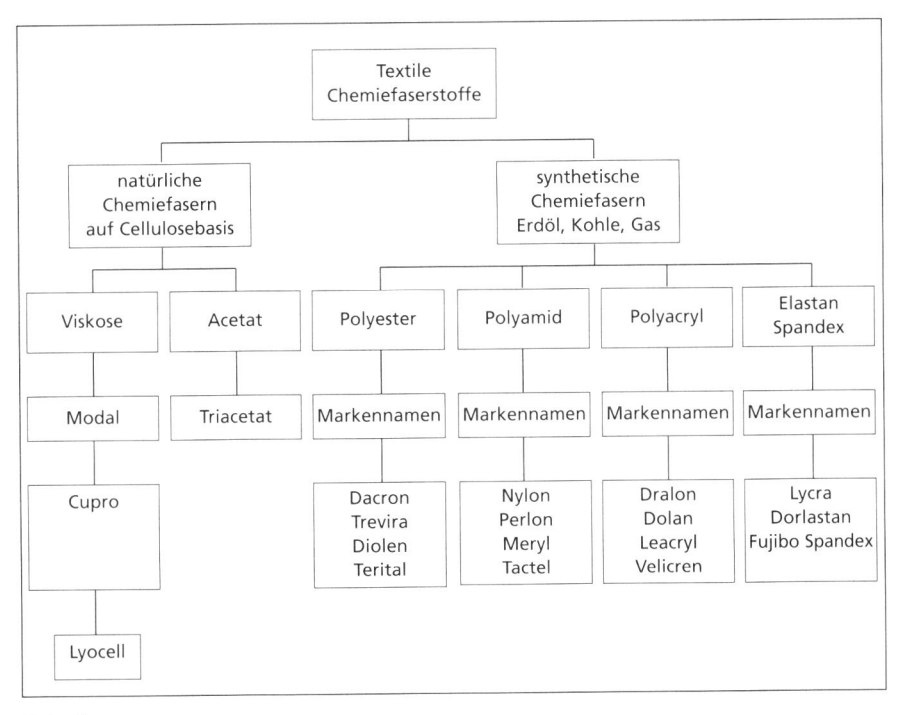

```
                         Textile
                    Chemiefaserstoffe
                   ┌──────┴──────┐
            natürliche        synthetische
           Chemiefasern       Chemiefasern
          auf Cellulosebasis  Erdöl, Kohle, Gas
```

Viskose	Acetat	Polyester	Polyamid	Polyacryl	Elastan Spandex
Modal	Triacetat	Markennamen	Markennamen	Markennamen	Markennamen
Cupro		Dacron	Nylon	Dralon	Lycra
		Trevira	Perlon	Dolan	Dorlastan
		Diolen	Meryl	Leacryl	Fujibo Spandex
		Terital	Tactel	Velicren	
Lyocell					

Tab. 8

Haut möglich ist. Die Keramikpartikel bleiben in der Faser eingeschlossen. Fashmo Sun Safe™ ist ein dichtes, aber leichtes, leinwandbindiges Gewebe, welches sich von traditionellen Polyesterprodukten äußerlich nicht unterscheidet. Daher ist eine Kennzeichnung in Form von Etiketten unbedingt erforderlich.

Dieser Artikel zeichnet sich durch folgende Eigenschaften aus: Er resorbiert ultraviolette Strahlen und bietet mit einem → UPF-Wert von 50–65 einen ausgezeichneten Schutz vor Wärmestrahlen, indem er diese reflektiert; das Textil wird zudem weniger aufgeheizt. Unter einem Fashmo-Sun-Safe™-Polyestergewebe werden durchschnittlich 4 °C weniger gemessen als unter den üblichen Polyestergeweben. Dieser Artikel ist pflegeleicht, bei 40 °C waschbar, ohne die Optik oder den Schutz zu verlieren. Ferner verträgt er eine chemische Reinigung und ist tumblerfähig.

Einsatz: Kinderbekleidung, Sportswear, Wanderbekleidung, Freizeitkleidung und leichte Sommerbekleidung in hellen Farben.

Faux Broché (frz., faux broché = falscher Broché): → Lancé découpé.

Faux Camaieux (frz., faux camaieux = nicht in sich gemustert): gemeint ist, im Gegensatz zum → Camaieux, eine sehr reduzierte Farbigkeit verschiedener Farbskalen, und zwar innerhalb derselben Tonhöhe (z. B. Taubenblau, Jade, Lind, Rosé usw.).

Faux Piqué (false pique, faux piqué): gewebt mit → Piqué-Optik, aber ohne Steppkette. → Waffelpiqué.

Faux uni (false uni): einfarbig wirkendes Gewebe, obwohl kleine Dessins oder farbige Garne verwendet worden sind. Durch die dichte Einstellung oder Minirapporte der Muster wirken diese Stoffe schon aus geringer Entfernung wie Unis.
Einsatz: Blusen, Hemden, Kostüme, Mäntel und Heimtextilien.

Feincord: → Cordsamt (Waschsamt/Waschcord).

Feinheit, Feinheitsbezeichnungen (count): Die Feinheit der Einzelfaser oder eines Einzelfilamentes (Titer) ist ein Merkmal der Faserqualität, gibt aber auch einen Hinweis auf mögliche Eigenschaften des fertigen Produktes. Zur Bestimmung der Feinheiten gibt es Maßeinheiten (tex, dtex, den usw.), welche nachfolgend näher erläutert werden. Die Feinheit eines Garns hat zwei Bezugskomponenten, nämlich Gewicht und Länge, und darf nicht mit Faserdurchmesser verwechselt werden. Hierzu → Mikrometer, µm. → Umrechnungstabellen für Garnnummern und Einstellungen für die deutschen und englischen Maße.
Ein Faden mit einem bestimmten Querschnitt kann aus wenigen Fasern mit einem groben Einzeltiter oder aus vielen Fasern mit feinem Einzeltiter bestehen.
Bei Garnen aus Endlosfilamenten werden meist zwei Zahlen genannt, wobei die erste die Stärke des Garnes, also den Titer, die zweite die Anzahl der Elementarfilamente angibt. Dividiert man die erste durch die zweite Zahl, ergibt sich der Einzeltiter. Gewichtsnummerierungen bestimmen also die Feinheit des Garnes, und zwar

Feinheit, Feinheitsbezeichnungen

durch die Anzahl der Gewichtseinheiten auf eine festgelegte Längeneinheit. International verbindlich ist das System tex; es gibt das Gewicht in Gramm pro 1.000 m des betreffenden Produkts an. → Decitex ist eine Gewichtsnummerierung für Filament und Fasergarn. Sonst ist als Gewichtsnummerierung noch → Denier (den), auch Titer denier (Td) genannt, erwähnenswert, mit der Bezugsgröße 9.000 m.
Beispiele:
- dtex 167 f 72 Z 580: Das gesamte Fadenmaterial wiegt 167 g auf 10.000 m Länge bei einer Filamentanzahl von 72. Das → Multifilgarn (kein Zwirn) ist in Z-Richtung 580 Touren pro Meter gedreht (T/m). Hierbei handelt es sich also um ein Filamentgarn,
- dtex 167 f 290 S 2.460: Das Fadenmaterial wiegt 167 g auf 10.000 m Länge, bei einer Filamentanzahl von 290. Das Multifilgarn ist in S-Richtung 2.460 T/m gedreht. Da die Anzahl der Einzelfilamente höher ist als die Dtex-Zahl, handelt es sich um eine Mikrofaser. Ein Mikrofaser-Filament (Fibrille) muss gleich oder kleiner sein als dtex 1. Da die Fibrille allein verarbeitet sofort reißen würde und somit als Monofil keine guten Eigenschaften aufweist, werden Mikrofilamente immer als multifile Filamente verarbeitet. Die Tourenzahl deutet eine Kreppdrehung (ab 1.000–3.500 T/m Kreppdrehung) an. Damit hat dieses Fadenmaterial eine Kräuselung mit hoher Rücksprungkraft.
- dtex 76 f 34 Z 550 x 2: Hierbei handelt es sich um einen Zwirn mit einem Gewicht von dtex 152 (76 x 2).

- dtex 67 / 38 mm bedeutet: Das Material wiegt 67 g auf 10.000 m. Dieses Beispiel zeigt ein Fasergarn, da hier die Stapellänge (38 mm) angegeben ist,
- 30 den f 20: Filamentgarn mit 30 g pro 9.000 m Lauflänge und einer Anzahl von 20 Filamenten,
- tex 32: Garn mit einer Lauflänge von 1.000 m und 30 g Gewicht.

Längennummerierungen für Fasergarne wie → Nm und → Ne bestimmen die Feinheit eines Garns durch die Anzahl der Längeneinheiten je Gewichtseinheit. Nummer metrisch ist eine Längennummerierung mit der Konstante ein Gramm. Die variable Größe wird in Meter angegeben. Nummer englisch ist wie Nm eine Längennummerierung, nur mit einer konstanten Bezugsgröße von 0,59 Gramm, die variable Größe wird in Meter angegeben. Die englische Baumwollnummer (Ne) leitet sich aus der Länge in Hanks (768 m) und Pfund (lb/453,6 g) ab. Dividiert man 453,6 durch 768, ist das Ergebnis 0,59 g. Neben Ne gibt es noch die selteneren Nummerierungen NeK (Nummer englisch Kammgarn → Super 100, Super 100's) und NeL (Nummer englisch Leinen).
Beispiele:
- Nm 34: 34 m dieses Materials wiegen 1 Gramm. Es handelt sich um ein Garn,
- Nm 68/2: Zwei Garne der Nummer 68 werden miteinander verzwirnt, wiegen also 2 Gramm. Da die Konstante 1 Gramm ist, muss die Garnnummer durch 2 dividiert werden, also 34. Die 2 ist auch die Anzahl der Garne im Zwirn,
- Ne 20: 20 Meter dieses Garnes wiegen 0,59 g. Auch ein Zwirn würde

wie bei Nm notiert werden: Ne 20/2. Übrigens: Ne 20 ist das gleiche Garn wie Nm 34. Der Wert 20 muss nur durch 0,59 dividiert werden. Wird der Wert in Nm 34 ausgewiesen, muss man, um den Ne-Wert zu erhalten, nur 34 mit 0,59 multiplizieren.

Felbel, Felpel, Falbel, Velpel (velpel): hochfloriger Kettplüsch (→ Plüsch), bei dem die Florhöhe ca. 5–8 mm lang ist und in Strich gelegt oder gepresst wird. Die Poleinbindung erfolgt meist in einer W-Noppe, um die Festigkeit zu erhöhen. Er kann auch dessiniert gelegt werden. Hierbei wird der Flor in verschiedene Richtungen gepresst. Das Grundgewebe ist meist Baumwollzwirn in leichter Einstellung (geringe Fadenzahl pro Zentimeter in Kette und Schuss). Der Flor besteht aus Organsin, Schappeseide, Angoragarn oder Viskose. Früher ein typisches Gewebe für Zylinder und Besatz, ebenso für Mäntel- und Möbelstoffe. → Samt.

Fellimitation, Fellplüsch (fur imitation plush): → Webpelz.

Feltine (engl., felt = Filz): geschütztes Warenzeichen der Gütezeichengemeinschaft „Feltine e. V.". Es handelt sich dabei um einen sog. Walkfilz, d. h. ein „non woven product". Er weist keine Kett- und Schussfäden auf, ist somit also bindungslos. Es ist ein textiles Flächengebilde, welches durch intensives Filzen des losen Wollmaterials zustande kommt (→ Filz). Er wird stückfarbig, aber auch bedruckt gehandelt. Feltines haben eine starke Leuchtkraft und sind sehr farbecht. Wegen seiner geringen Flächenstabilität wird er kaum in der Oberbekleidung, außer für Besatz, verwendet. Durch seine Stärke (Dicke) ist er allerdings z. B. für sportliche, lose geschnittene Jacken einsetzbar.

Zusammenfassung der Gütebedingungen:
– Rohstoff: 100 % reine Schurwolle.
– weicher Griff, schmiegsamer Fall, gute Walke bei größtmöglicher Festigkeit,
– Gewicht 250 g/m^2 (Rockfeltine 220 g/m^2), Gewichtstoleranz nach unten 4 %,
– Lichtechtheit,
– Wasserechtheit 3, Waschechtheit 3, Reibechtheit trocken 4, nass 3, Schweißechtheit auf Baumwolle 2–3 und Wolle 2,
– Krumpfarmut bis 3 % Krumpfung,
– Wasser abweisende Ausrüstung.

Quelle: P.-A. Koch; G. Satlow: Großes Textil-Lexikon. Deutsche Verlags-Anstalt, Stuttgart 1965.

Ferment (ferment): → Enzyme.

Fibranne (staple rayon, viscose staple): französischer Ausdruck für Viskosespinnfaser, früher Zellwolle. Der Begriff wird aber auch in der Schweiz und in Belgien verwendet.

Fibre (engl., frz., fibre = Faser; amerikan. fiber): → Faser, Spinnfaser.

Fibrillen (fibril): im eigentlichen Sinne die feinsten Nervenfasern der tierischen und menschlichen Muskeln. Bei den Pflanzen, z. B. der Baumwolle, sind es die Feinstfasern, die spiralförmig in Schichten übereinander liegen. In der Schweiz werden die Elementarfäden der Chemiefaser so genannt. Heute wird die sog. Mikrofaser (Mikrofilament) mit dieser Bezeichnung versehen (Mikrofibrille dtex ≤ 1).

Fil (yarn; frz., fil = Faden, Garn): → Garn.

Fil à Fil (thread by thread, salt and pepper): „Faden an Faden" – Musterung bzw. Farbeffektbezeichnung, im Deutschen auch als „Pfeffer und Salz" bekannt. Konstruktion: 4-bindiger Gleichgrat oder 4-bindiger Kettköper. Schärung (Kettfadenfolge): 1 Faden dunkel, 1 Faden hell. Schussfolge ebenfalls 1 Faden dunkel, 1 Faden hell. Dadurch entsteht eine feine treppenartige Abstufung, die entgegengesetzt dem Köpergrat verläuft (→ Abb. 108). Wenn Panama 2/2 verwendet wird, ist das Gewebe etwas poröser und die Treppung verläuft von links unten nach rechts oben (→ Abb. 109). Die Bezeichnung „Pfeffer und Salz" ist mit einer Schwarz-Weiß-Farbigkeit verbunden, die durch die Mischung einen Anthrazitcharakter bekommt. Fil à Fil wird häufig auch in anderen Farbstellungen gemustert, z. B. → Zucker und Zimt (bräunlichweiß).
Einsatz: Anzüge, Kostüme, Jacken, früher häufig Dienstkleidung. → Farbeffekte.

Filament (filament): Der Begriff wird bei Naturseide (Haspelseide) und bei Chemiefäden verwendet: Bei Chemiefäden bezeichnet man auf chemisch-technischem Weg in endloser Länge produzierte Elementarfäden als Filamente. Es gibt unterschiedliche Herstellungsverfahren.
Literatur: A. Hofer: Stoffe 1. Deutscher Fachverlag, Frankfurt/Main 1992. H.-J. Koslowski: Chemiefaserlexikon. Deutscher Fachverlag, Frankfurt/Main 1993.

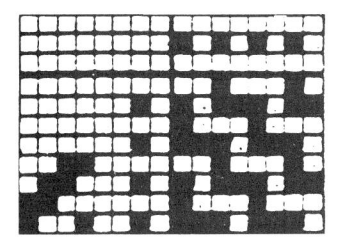

Abb. 108: Fil à Fil. Grundbindung Köper 20-0202-01-01
Schärung: 1 Fd dunkel
1 Fd hell
Schussfolge: 1 Fd dunkel
1 Fd hell
Es entsteht eine treppenartige Abstufung in S-Richtung.

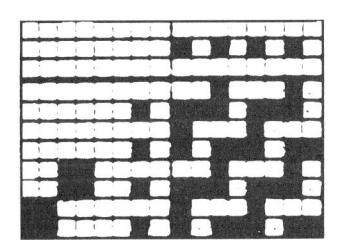

Abb. 109: Fil à Fil. Grundbindung Panama 10-0202-02-00
Schärung: 1 Fd dunkel
1 Fd hell
Schussfolge: 1 Fd dunkel
1 Fd hell
Es entsteht eine treppenartige Abstufung, jedoch in Z-Richtung. Diese Ware ist etwas weicher und offener.

Filamentfeinheit: → Feinheit, Feinheitsbezeichnungen.

Filamentgarne (man-made fibres): Bezeichnung für Endlosfasern, die über chemische Spinnverfahren (Spinndüsen) hergestellt werden oder von Seidenraupen stammen. Ein Filament wird als → Monofil (Monofilgarn) bezeichnet, mehrere Filamente mit oder ohne → Drehung werden → Multifile (Multifilgarne) genannt.

Filieren (spin): Vordrehen (Doublieren) eines Mehrfachgarnes (Zwirnung), um die Festigkeit und die Deckkraft eines Gewebes zu erhöhen. Der Begriff wird überwiegend im Seidenbereich verwendet. Ein Name für den so entstehenden Zwirn ist → Organsin, überwiegend als Kettseide verwendet.

Filz (felt): Filz ist ein sog. „non woven product", welches durch Schub, Druck, Feuchtigkeit und Wärme zustandekommt. Begünstigt wird der Vorgang durch saure oder alkalische Hilfsmittel, bekannt als Walke (Walkfilz). Die Grundfaser ist Wolle, da die Schuppenstruktur ein inniges Verhaken begünstigt und eine intensive, irreversible Verdichtung ermöglicht. Grundlage für einen guten Filz ist Schafschurwolle. Auf dem Krempel wird ein feines Faservlies gebildet und dann zum Verfilzen in die sog. Filzmaschine gegeben (Verhaken der Faserschuppen), wo durch stauchende Bewegung der Filz gebildet wird. Die endgültige Verfilzung findet im anschließenden Walkprozess statt. Danach folgen Waschen, Färben, Trocknen, Pressen und Aufwickeln. Große Hersteller haben sich in einer Gütezeichengemeinschaft zusammengeschlossen und bezeichnen ihre Fabrikate als → Feltine (engl., to felt = filzen, verfilzen).
Eingesetzte Rohstoffe sind tierische Haare wie Kanin-, Kamel-, Kuh-, Kälber- oder Ziegenhaare. In erster Linie sind es aber Schafwollen, die die Grundlage für den Filz bilden. Daneben werden auch nichtfilzende Materialien eingesetzt, wie Baumwolle, Viskosefaserstoff, Flachs und Chemiefasern. Diese Anteile dürfen aber einen Anteil von 70 % nicht übersteigen. → Non Wovens.
Einsatz: Dekoartikel, Hutstumpen, Tischdecken, auch DOB-Bereich.

Filzfreiausrüstung (antifelt finish): Die Filzfähigkeit ist abhängig von der Schuppenstruktur und der Feinheit der Wolle. Wird sie im wässrigen Medium mechanischer Beanspruchung, Druck und Schub ausgesetzt (z. B. in der Waschmaschine), kann eine Wollware bis zu 40 % schrumpfen. Diese Eigenschaft kann durch folgende Ausrüstungsmöglichkeiten reduziert oder ganz verhindert werden: Technisch vermindert man das Filzen durch eine dichte Einstellung des Gewebes (Maschenware) und durch stärker gedrehte Garne (Zwirne). Ebenso werden durch Beimischung von Chemiefasern (40–50 %) die Schrumpfwerte reduziert. Wird jedoch vollkommen filzfreies Material gewünscht, bieten sich drei Verfahrensweisen an:
1. *Subtraktives Verfahren:* Bei diesem Verfahren, das auch als Oxidationsverfahren bezeichnet wird, werden z. B. Kaliumpermanganat, Wasserstoffperoxid, Ozon und Chlor ver-

wendet, wobei Chlor als Oxidationsmittel fungiert. Diese Mittel erweichen die Schuppenkanten oder werden chemisch so modifiziert, dass der sog. Sperrklinkeneffekt aufgehoben wird; man spricht auch vom Entfernen der Schuppenkanten. Bei dieser Methode muss sehr vorsichtig gearbeitet werden, damit die Wolle nicht insgesamt geschädigt wird. Diese Antifilzmethode wird am Kammzug auf der Lisseuse (Spezialwaschmaschine) durchgeführt, um bei noch offener Faserlage eine gute Flottendurchdringung zu erzielen (Neutralisierung mit Basolan von BASF).

2. *Additives Verfahren:* Diesem Verfahren liegt eine mikrofeine Maskierung der Schuppenoberfläche der Wollfaser mit einem Polymerfilm (Kunstharze) zugrunde, welche zu einer leichten Griffverhärtung führen kann. Es ist darauf zu achten, dass die Schuppen der Wolle gleichmäßig benetzt und umhüllt werden, damit eine optimale Antifilztendenz erreicht wird. Verwendet werden Aminoplaste, Polyamide, Polyacrylate und Silicone (z. B. Synthappret von Bayer).

3. *Kombinationsverfahren aus subtraktivem und additivem Verfahren:* Dabei findet zunächst eine Vorchlorierung statt und anschließend eine Polymerbehandlung. Dies ist eine sehr häufig angewendete Methode, weil dabei die Chlormenge auf ein Minimum beschränkt werden kann (z. B. mit Hypochlorid sauer und Polyamidharz). Um die Maschinenwaschbarkeit der Maschenware zu optimieren, ist das Hercoset-Verfahren ausgezeichnet geeignet, bei dem im Kammzug die Aufhebung der Filzfähigkeit erzielt wird. Hercoset 57 ist ein kationisches Polyamidepichlorhydrin.

Wichtig ist bei allen Verfahren die Beachtung des pH-Wertes, der Temperatur, der Konzentration des Bades sowie evtl. Verunreinigungen. Die Garne und Gewebe zeigen nach einer Filzfreiausrüstung einen sehr weichen, geschmeidigen Griff und kommen den heutigen Kundenwünschen entgegen.

Fixiermöglichkeiten von Wollgeweben: → Siroset und → Lintrak-Verfahren.

Finette, Croisé Finette (finette): Gewebe ausschließlich in Köperbindung (oft K 2/2) mit klarfädiger rechter Warenseite und linksseitig mehr oder weniger stark gerautem Wirrfaserflor, auch „leichter Wäscheköper" genannt. Es ist nicht ganz so weich wie Flanell. Eine Unterscheidung zwischen Finette und Finette-Croisé ist nicht leicht, da es sich um die gleiche Gewebeart handelt. Mit Finette wird die feinrippige, mit Croisé die etwas grobrippigere Ware bezeichnet. Erhältlich in uni, stückgefärbt oder bedruckt. Finette ist eine Art → Barchent.
Einsatz: Nachthemden, Sporthemden, Damenröcke; auch Winterkleiderstoffe. → Croisé finette.

Fischgeruch (fish odour): Ausrüstungsbegriff. Fischgeruch bildet sich bei der Hochrüstung von Baumwoll- und Viskoseartikeln durch den Einsatz von Harnstoff-Formaldehyd-Kondensaten oder Carbamidharzen. Er tritt bei unsachgemäßer Anwendung (beispielsweise hohe oder zu lange Temperatureinwirkung beim Kondensieren) auf. Formaldehyd sammelt sich in den Kondensationsanlagen, Amei-

Fischgrat

sensäure in der Ausrüstungsflotte an. Die Beseitigung des Geruchs gelingt meist durch sodaalkalische Wäsche oder durch eine Ozonbehandlung.
Quelle: J. Lösch: Fachwörterbuch Textil. Verlag J. Lösch, Frankfurt/Main 1975.

Fischgrat (herringbone; frz. chevron = Winkel): fischgratähnliche Optik durch den Wechsel der Köperbindungen in Z- und S-Richtung nach einer bestimmten Anzahl von Fäden (Köperneuordnung). Durch die auf Schnitt stehende Bindung ergeben sich Längsstreifen (Rayé), die zwischen 1 und 3 cm breit sein können (je nach Mode auch breiter). Meist in Streichgarn gewebt, zeigt der Fischgrat im Gegensatz zum → Chevron ein plastisches Aussehen. Gebrauchseigenschaften werden vom Material bestimmt. Es ist immer noch der Klassiker bei Tweed (→ Abb. 16).
Einsatz: Mäntel, Anzüge, Sakkos und Kostüme.

Flachs, Bastfaser (flax): → Leinen.

FLA-Finish: Pflegeleicht- und Bügelfrei-Ausrüstung durch Ammoniak, d. h. eine optimierte Form der Easy-care-Ausrüstung, die der klassischen Mercerisation ähnelt (→ Mercerisieren).
Textilen, z. B. Hemden und Blusen, aus Naturfasern wie Baumwolle werden in ihren spezifischen Eigenschaften verstärkt und können ohne die sonst üblichen Einschränkungen verwendet werden. Die Ware wird unter Streckung und Spannung einer Ammoniakbehandlung mit anschließender Kunstharzveredlung unterzogen. Ammoniak ist ein stechend riechendes Gas, welches bei ca. –30 °C flüssig wird. Deshalb wird die Ware unter Luftabschluss behandelt und Ammoniak nach diesem Prozess zurückgewonnen.
Das Ausrüstungsergebnis kann man wie folgt zusammenfassen:
Das Produkt besitzt eine sehr gute Maßstabilität und einen sehr guten Trocken- und Nassknitterwinkel (Spitzen-Monsanto-Wert: über 130 °C in Kette und Schuss) mit einem hervorragenden Glättebild nach der Wäsche. Zudem werden die Farb- und Lichtechtheiten verbessert. Die Stoffe sind strapazierfähiger, die Trockenzeiten verkürzen sich, die Ware hat einen geschmeidigen Griff (weicher als bei mercerisierten Geweben) und ein elegantes Oberflächenbild. Da die mechanischen Eigenschaften optimiert sind, sind die Gewebe scheuerfester und ihre Lebensdauer höher. Mit einer FLA-Ausrüstung erfüllt die Ware alle Kriterien des → Öko-Tex Standard 100.
Für die Verarbeitung der Stoffe mit einer FLA-Ausrüstung ist aber folgendes unbedingt zu berücksichtigen:
Durch die Stabilisierung springt die Ware immer in ihre ursprüngliche Form zurück, sodass das Dressieren kaum möglich ist. Ferner wird der Einsatz feiner Nähnadeln (Nr. 70) und feinen Nähgarns (Nr. 150 statt Nr. 120) notwendig. Zudem benötigt man Polyester-Core-twist statt einer PES-Seele, die mit Baumwolle umsponnen ist. Die Nähfadenspannung sollte so gering wie möglich, die Stichlochbohrung der feinen Nadel und dem feineren Nähgarn angepasst und der Füßchendruck so gering wie möglich sein (evtl. empfiehlt sich der Einsatz eines Pullers). Die Maschinenge-

schwindigkeit für diese Nähte sollte nicht zu hoch sein und am günstigsten ca. 3.000–3.500 Stiche pro Min. betragen. Nähte sind möglichst zu vermeiden. Besonders „kräuselig" sind die Doppelnähte an den Ärmelbündchen und an den Taschen. Wenn diese nicht modisch unbedingt erforderlich sind, sollte man evtl. nur Einfachnähte anbringen.

Flamenga: seidener, chemiefaserner oder halbseidener Kleider- und Rockstoff mit Marocaincharakter (→ Crêpe Marocain). Ursprünglich von einem französischen Mädchennamen abgeleitet, lauten die eingedeutschten Gewebenamen Flamengo oder Flamingo. Es ist ein taftbindiger Schusskrepp aus glänzendem Fadenmaterial, im Gegensatz zum Mattkrepp oder → Flamisol. Da Flamenga stärker als der → Crêpe de Chine ist, ist dieser Stoff auch etwas dichter in der Einstellung. Die Querrippigkeit ist gut zu sehen, da sie ausgeprägter als bei den oben genannten Geweben ist. Der Flamenga hat eine feine, glatte Kette, einen dickeren Kreppschuss und ist manchmal auch mit kleinen Ketteffekten (Faconnés) versehen. Das Warenbild ist unruhig, da die starken Kreppschüsse sich z. T. aus der dichten Kette nach oben durchdrücken. Schuss: 2Z-/2S-gedrehte Garne. Heute wird der Flamenga wie auch der Marocain überwiegend in Viskose- oder Polyesterqualitäten angeboten.
Einsatz: DOB und Kleider.

Flamisol, Mattkrepp (matted crêpe): Dieser Gewebetyp hat mehr Ähnlichkeit mit dem Marocain als mit dem → Crêpe de Chine, da er etwas gröber in der Ausführung ist. Die Bindung ist Taft. Seine Gewebeoberfläche erscheint unruhig und kreppartig. Die Kette besteht aus matten, normal oder weich gedrehten Viskosefilamenten (bei → Flamenga glänzend), der Schuss aus dickeren Viskosefasergarnen oder Wollgarnen mit Kreppdrehung, 1Z/1S oder 2Z/2S geschossen.
Einsatz: DOB und Kleider.

Flammé (flammé): ein mit sog. Flammenzwirnen/-garnen konstruierter, effektvoller Dekostoff, meist leinwandbindig oder in 4-bindigem Schusskreuzköper. Durch den Flammé-Einsatz im Schuss erhält das Gewebe eine starke Querstruktur, die vor allem Unigewebe belebt. Die Bezeichnung ist auch für Möbel- und Kleidergewebe üblich.

Flanell (flannel; frz., flanelle): Die besondere Bedeutung dieser Gewebegruppe liegt in ihrer vielseitigen Verwendung. Man unterscheidet zwei Gruppen von Flanellen: den Wollflanell und den Baumwollflanell; Mischflanellgewebe sind integriert.
1. *Wollflanell:* Er gehört zu den wichtigsten Wollqualitäten und wird auch als „leichter Melton" bezeichnet. Wollflanell kann ein Kammgarn- oder Streichgarnflanell sein. Die Bindung ist überwiegend K 2/2 oder Kreuzköper. Im Gegensatz zum Baumwollflanell sollte dieses Gewebe in der Veredlung nur angestoßen werden (leichte Walke). Durch diesen Prozess bekommt der Kammgarnflanell einen schönen Oberflächenfilz und seinen typischen weichen, schmiegsamen Griff. Wenn die Kammgarne/-zwirne Nm 36/2–40/2 sich nicht gut walken

Flausch

lassen, werden sie vorher leicht geraut. Kammgarnflanelle sind sehr elegant, neigen aber bei exponierter Beanspruchung zum Glänzen. Streichgarnflanelle (Garne Nm 15–20) werden wie Kammgarn ausgerüstet. Sie haben einen leichten Oberflächenfilz, sind aber härter und auch robuster als Kammgarn und nicht so zugfest.

Billigere Flanelle werden nicht gewalkt, sondern wie der Baumwollflanell geraut. Die Bindung ist oft Tuch (Leinwand). Gut erkennen kann man billige Flanelle an der Flusigkeit, im Gegenlicht an der Transparenz. Die Ware ist häufig zu mager und hat nur auf der rechten Warenseite den anliegenden Faserflor, linksseitig ist sie kahl. Bei allen Flanellen ist das Bindungsbild noch zu erkennen.

Die folgenden Gewichtseinteilungen gelten für Kamm- und Streichgarntypen aus reiner Schurwolle. Wolle-Chemiefaser-Mischungen liegen im Gewicht je nach %-Mischung darunter:

Schwerer Flanell 530 g/lfm 350 g/m^2
Mittlerer Flanell 460 g/lfm 300 g/m^2
Leichter Flanell 380 g/lfm 250 g/m^2
Superleichte
Ware 300 g/lfm 200 g/m^2

Die Warenbreite beträgt jeweils 150 cm.

Einsatz beider Gruppen: DOB (Kostüme, Jacken), HAKA (Hosen, Anzüge, Mäntel).

2. *Baumwollflanell:* geraute Ware, meist in Leinwandbindung (günstiger), sonst in Köperbindung K 2/2 gewebt. Der Unterschied zu der Raugewebegruppe Biber/Melton liegt in dem gleichmäßigen, kurzen Faserflor, der durch einen feinen Schmirgelprozess hervorgerufen wird. Langstaplige Baumwolle eignet sich besser, kurzstaplige kann schneller zu einer pillingähnlichen Ausbildung führen. Beim Waschen lösen sich zu viele kurze Fasern, die dann im Flusensieb hängen bleiben (schlechtere Verankerung im Fadenverband).

Einsatz: Hemden, Kleiderstoffe, Skiflanell, Berufsflanelle usw.

Flausch (flaus, fearnought, fleece): Der Name leitet sich von der sog. Flauschausrüstung ab. Diese Qualitäten werden fast ausschließlich aus groben Streichgarnen mit loser Drehung hergestellt, woll- oder stückfarbig veredelt und haben einen weichen, wolligen Griff. Ihre Optik und die haptischen Eigenschaften werden durch intensives Rauen erzielt. Der längere Rauflor liegt rechtsseitig, während linksseitig das Bindungsbild, trotz einer Walke, meist gut zu erkennen ist. Bindung: K 1/2 (→ Abb. 8), K 1/3, aber auch K 2/2 oder A 1/4 (→ Abb. 10), also überwiegend schussbindige Typen. Flauschstoffe können veloursähnlich sein, sind aber offener, die Decken lang und wirr, also nicht veloursartig kurz. Die verwendeten Wollen sind gröber. Um einen dichten Flausch zu erhalten, werden häufig Schussdoublés (→ Abb. 140) oder Doppelgewebe eingesetzt. Wenn Mohair beigemischt wird, dient es zur Glanzerhöhung und Griffverbesserung. Die Flauschoberfläche wird nur durch Rauen und nicht durch Schneiden erzielt (→ Plüsch).

Zu den Flauschgeweben zählt der Ratiné, der Welliné und der Strichflausch. Modische Variante, überwiegend in Chemiefaser angeboten, ist der → Fleece.

Flauschen: leichtes Rauen von Baumwollgeweben im DOB-, HAKA- und KIKO-Bereich, um den Griff weicher zu gestalten und eine winterliche Optik (ähnlich einem Schmirgeleffekt) zu erzielen.

Fleckenentfernung (stain removal, spot removal):
- *Alkohol:* Nach Möglichkeit sollten diese Flecken sofort mit einer Mischung aus kaltem Wasser und Glycerin (Drogerie) eingeweicht und mit Essigwasser nachgespült werden,
- *Apfelsaft:* Die Flecken sollten gleich mit Salz eingerieben und dann mit heißem Wasser ausgewaschen werden. Weiße Textilien können auch mit Zitronensaft behandeln werden,
- *Apfelsinensaft:* Flecken dieser Art werden mit etwas Glycerin aufgeweicht und dann mit lauwarmem Wasser ausgespült,
- *Blut:* Es empfiehlt sich, dieses möglichst gleich mit ganz kaltem Wasser auszuspülen, um ein Gerinnen zu vermeiden. Ist der Fleck nicht mehr zu sehen, kann das Kleidungsstück anschließend wie gewohnt gewaschen werden,
- *Bowlenflecken:* Diese Flecken werden mit warmer Seifenlauge ausgewaschen. Ist der Stoff nicht waschbar, wird der Fleck mit verdünntem Salmiakgeist ausgerieben,
- *Fett:* Kleidungsstücke, die hand- oder maschinenwaschbar sind, werden mit etwas Geschirrspülmittel betupft und der Fleck dann herausgerieben. Fettflecken in Seidengeweben sollten sofort mit Kartoffelmehl und Benzin behandelt werden. Ist der Seidenartikel waschbar, kann man ihn leicht mit Feinwaschmittel einreiben, über Nacht liegen lassen und anschließend normal auswaschen. Fettflecken auf Samtstoffen lassen sich mit einer halbierten Zwiebel gegen den Strich ausreiben, dann lässt man sie trocknen und bügelt sie zuletzt von links. Bei Anzug- oder Kostümstoffen sollte man Fettflecken sofort mit einem Papiertaschentuch so lange reiben, bis es zerfusselt ist. Die kleinen Fusseln saugen das Fett aus dem Gewebe,
- *Filzstift:* Ist der Fleck oberflächlich, wird er mit Oranex betupft. Auch Isopropanol hilft. Weiße Wäsche wird geblichen, mit Vollwaschmittel gewaschen oder mit Eau de Javelle (Chlorbleiche) behandelt,
- *Gras:* Bei weißer Wäsche aus Leinen oder Baumwolle empfiehlt sich Eau de Javelle oder Wasserstoffsuperoxid (Apotheke). Eine andere Möglichkeit ist, das Textil sofort mit Spiritus oder Alkohol zu betupfen und dann auszuwaschen,
- *Harzflecken:* Bei weißen wie auch bei farbigen Stoffen kann man Zitronenöl oder gereinigtes Terpentinöl verwenden. Mit einem weichen Lappen wird dann so lange gerieben, bis der Fleck verschwunden ist und zuletzt mit Gallseife nachgewaschen (vor allem bei Seide),
- *Kaffee:* Ein Fleck z. B. auf einer weißen Tischdecke sollte sofort in kaltem Salzwasser eingeweicht werden. Danach kann das Textil normal gewaschen werden. Kaffee auf Kleidungsstücken sollte vor dem Waschen mit Glycerin behandelt werden,
- *Kakao:* s. → Tee,

Fleckenentfernung

- *Kugelschreiber:* Ein frischer Fleck kann möglicherweise mit Rasierwasser ausgerieben werden, ein älterer mit Spiritus oder einem Gemisch aus einem Teil Essig und einem Teil Spiritus,
- *Kaugummi:* Der Fleck wird mit einem Eiswürfel solange bestrichen, bis dieser hart geworden ist und sich abheben lässt. Stattdessen kann auch das Kleidungsstück in die Gefriertruhe gelegt und dann der gehärtete Fleck abgekratzt werden, evtl. Reste mit Oranex, mit Benzol (Apotheke) oder mit Schaumreiniger entfernen,
- *Kirschen:* Solche Obstflecken werden am besten mit fast kochendem Wasser begossen und dann mit Wasserstoffsuperoxid behandelt,
- *Kognak:* Diese Flecken können mit erwärmtem (reinen) Alkohol ausgerieben werden,
- *Make-up:* Schminkflecken werden mit Isopropanol und anschließend mit Orafleck (Spinnrad) abgerieben. Auf dunkler Kleidung kann man versuchen, es sanft mit trockenem Brot abzureiben,
- *Milch:* Ein neuer Fleck dieser Art sollte mit kaltem Wasser ausgewaschen, ein älterer in warmem Seifenwasser entfernt werden. Man kann auch einen Teil Terpentinöl mit zwei Teilen Zitronensaft mischen und den Fleck damit ausreiben,
- *Obst:* Bei Leinen und Baumwolle werden Flecken mit Zitronensaft beträufelt und dann mit lauwarmem Wasser ausgewaschen. Obstflecken können auch in Buttermilch eingeweicht, dann mit kaltem und später mit heißem Wasser ausgespült werden,
- *Rostflecken:* Leichte Flecken werden mit Zitronensaft betupft, ausgerieben und die Stelle dann heiß von links gebügelt. Eine starke Verschmutzung wird mit fluorhaltiger Zahncreme behandelt und danach ausgewaschen,
- *Rotweinflecken:* Frische Flecken sollten sofort mit Weißwein oder Sekt übergossen werden – beides hinterlässt nach dem Waschen keine Flecken. Oder es wird sofort Salz zum Aufsaugen des Fleckes aufgestreut. Rotweinflecken auf Teppichen können mit Mineralwasser übergossen und dann mit Küchenpapier aufgenommen werden. Aus bunten Baumwoll- oder Wollstoffen sollte man Flecken mit Salmiakgeist (Drogerie oder Apotheke) auswaschen, auf weißen Stoffen Eau de Javelle verwenden,
- *Schokolade:* → Tee,
- *Schuhcreme:* Diese Flecken werden zuerst mit Terpentin abgetupft, dann mit Seifenspiritus eingerieben, mit einem mit Salmiakgeist getränkten Tuch nachgerieben und mit klarem Wasser ausgespült,
- *Stockflecken:* Diese Schimmelpilze auf weißer Baumwoll- oder Leinenware werden nach einer Vollwäsche bei mindestens 60 °C mit Eau de Javelle punktuell behandelt und dann ausgewaschen,
- *Tee:* Textilien mit diesen Flecken werden mit Glycerin behandelt und mit klarem Wasser ausgespült,
- *Teerflecken* und *Wagenschmiere:* Diese Verschmutzung wird mit 100 %igem Isopropanol (Drogerie, Apotheke) von der linken Seite behandelt. Es sollte ein Tuch darunter gelegt werden, damit der Fleck

nicht in die Ware zieht. Danach evtl. mit Oranex behandeln. Altbewährte Methode: Den Fleck fest mit etwas Schweinefett einreiben und mit Seife oder Benzin nachreiben. Man kann es auch mit Terpentin versuchen,
- *Tintenflecken:* Frische Tintenflecken sollten sofort in heißem Salzwasser ausgewaschen und mit Spiritus nachbehandelt werden. Tintenflecken auf weißer Wäsche kann man mit Zitronensaft entfernen. Sollten Rückstände bleiben, kann man diese mit einer Kleesalzlösung (Apotheke) behandeln. Etwas Geduld ist dabei nötig! Tintenflecken auf Wollstoffen sollte man in Milch waschen und dann den verbleibenden Fleck mit Weingeist ausreiben,
- *Tomatenflecken:* Dieser Flecktyp sollte sofort mit warmem Seifenwasser ausgewaschen werden,
- *Wachs:* Bei der Fleckentfernung sollte über und unter den Fleck ein Löschblatt oder Küchenpapier gelegt werden. Die Stelle wird dann mit einem Föhn, Bügeleisen oder heißen Messer erwärmt. Reste lassen sich meist mit Waschbenzin entfernen. Farbiges Wachs wird zunächst ebenso behandelt, dann aber die Farbrückstände mit heißem Essigwasser auswaschen und das Textil danach normal waschen,
- *Whisky:* Ein Fleck auf weißen Stoffen wird mit Eau de Javelle eingeweicht und danach bei 60 °C mit Vollwaschmittel gewaschen.

Für alle genannten Empfehlungen wird keine Garantie übernommen!

Fleece (engl., fleece = Flausch, Schaffell): im übertragenen Sinne verwendeter Begriff für eine Maschenware, die überwiegend als Futterqualität im Handel ist. Die Futterware wird ein-, meist beidseitig mehr oder weniger intensiv gerauht und es entsteht ein sehr gleichmäßiges, dichtes (einstellungsabhängig) Faserfleece. Entscheidend sind die eingesetzten Fasertypen. Was nach dem Waschen oft als Pilling interpretiert wird, bezeichnet der Fachmann bei dieser Qualität als „Verlammen". Fasereinsatz für gute Qualitäten sind ca. 38 mm Stapel bei einer Feinheit von ca. dtex 1,3–1,7. Sehr gut sind auch Fasern aus 50 % PES und 50 % Viskose. Hier wird die eigentlich negative Eigenschaft positiv ausgelobt: Die feinen Fasern „bündeln" sich, und es entsteht der sog. Pelzcharakter. Dieser Look entspricht einem mikrofeinen Schaffell und macht den entscheidenden Effekt aus. Fleece sind weich, kuschelig und wirken in der Optik wie bereits getragen. Neben Polyesterfleecen werden parallel auch hochwertige Wollfleece (→ Flausch) und Mischungen angeboten. Einsatz: Outdoor-Bekleidung, DOB, HAKA, KIKO.

Flock (flock): kurzgeschnittene Chemiefasern von meist weniger als 15 mm Faserlänge, die für die Herstellung von Flocktextilien verwendet werden.

Flockdruck (flockprint): Nach der alten Methode wurden Gewebe im Filmflach- oder Rotationsdruck sowie im Modeldruck mit Klebstoffpaste bedruckt und diese Stellen mit gemahlenen Fasern bestäubt. Nach dem Entfernen des Überschusses durch Klopfen, Bürsten oder Absaugen zeigte

Flocke

sich dann das aufgeflockte Muster als erhabene Figur. Diese Verfahrensweise war auf Dauer nicht zufriedenstellend, da man nur sehr kurze Fasern verwenden konnte, diese sich zudem nicht senkrecht verankern ließen und damit nicht veloursartig wirkten. Bei der heute üblichen Methode, dem elektrostatischen Verfahren, sind diese Schwierigkeiten beseitigt worden. Verwendet werden überwiegend Polyamidflocken, aber auch Polyester, Polyacryl, Viskose und Modal. Der Flächenflock imitiert Rauleder, Velours, Samte und Teppichbodenflor. Der Flor muss für die Imitate sehr exakt geschnitten werden, 0,2–0,3 mm für Rauleder, 1,0–3,0 mm für Samte, 0,5 mm für Velours und 3,5–5,0 mm für Teppiche.

Ferner muss der Kleber, der das Grundgewebe mit dem Flock verbindet, auf das Flockmaterial und auf den Verwendungszweck abgestimmt sein. Bei der Herstellung wird zunächst das Grundgewebe über eine Metallplatte der Beflockungsanlage geführt, die mit einem Minuspol verbunden ist. Das Prinzip beruht auf der Anziehung ungleicher und der Abstoßung gleicher Ladungen. Über der Platte befindet sich der Behälter (Schüttel oder Drehsieb) mit Perlonflock, der positiv geladen ist. An der Faserspitze konzentriert sich die positive Aufladung. Zwischen dem Gewebe und dem Behälter entsteht ein elektrisches Feld, in dem die Fasern wie „Geschosse" vom Pluspol zum Minuspol „fliegen" und senkrecht auf den Klebstoff auftreffen (→ Abb. 111, → Tabelle 9, S. 135). Die Anlagen arbeiten bis zu einer Breite von 2,50 m, die Arbeitsgeschwindigkeit liegt bei ca. 5 m/Min. Nach dem Beflocken wird sofort vorgetrocknet, d. h. geliert. Die Temperatur wie auch die Trocknungsmethoden sind je nach Kleberart sehr verschieden. Der Kleber muss geschmeidig sein, weich bleiben, wasser-, wasch- und lösungsmittelbständig sein. Nach der Trocknung werden überschüssige und nicht haftende Fasern abgesaugt, abgeklopft, abgebürstet und durch ein zweites elektrostatisches Feld entfernt. Es schließt noch eine Nachtrocknung im Hängetrockner oder mit dem Infrarotgerät an. Zuletzt wird die Ware noch einmal gebürstet und dann gewickelt. Zunehmend werden Flockartikel auch im Umdruckverfahren hergestellt.

Flocke (raw stock, bei man-made fibres: loose stock): glatte oder gekräuselte Einzelfasern (naturgewach-

Abb. 110: REM-Aufnahme: Faserverankerung im Kleber nach dem Flockvorgang

Faserstoff	Vorteile	Nachteile
Polyamid (PA)	hohe Verschleißtüchtigkeit auch im Nassbereich, sehr geringe Druckempfindlichkeit	etwas härter im Griff als Viskose bei vergleichbaren Stapellängen
Polyester (PES)	gute Verschleißfestigkeit, sehr geringe Feuchtigkeitsaufnahme im Nassbereich	elektrostatische Auflading, härter im Griff als CV
Polyacryl (PAN)	geschmeidig-weiche Oberfläche, hohe Farbbrillanz, gute Echtheiten, Crash-Effekte sehr gut, ebenso Fellimitationen	druckempfindlich, verschleißempfindlich im Gegensatz zu PES und PA
Viskose (CV)	weiche, seidige Oberfläche	mäßige Strapazierfähigkeit, insbesondere im Nassbereich
Modal (CMD)	vergleichbar mit PAN-Flock, schwer entflammbar	

Tab. 9

sen, geschnitten oder gerissen). Man spricht z. B. von Viskoseflocken, wenn diese angeliefert in Stapellängen von ca. 30–150 mm für die Garnherstellung verwendet werden. Auch lose Baumwolle wird als Flocke bezeichnet.

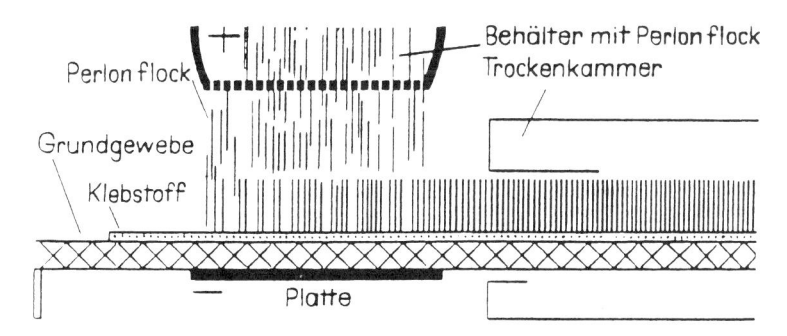

Abb. 111: Beflockungsanlage für Perlonflock, oben der Behälter, positiv elektrisch geladen, unten die negativ elektrisch geladene Platte

Floconné (nap-cloth, floconné): stark gerautes, schweres Mantelstoffgewebe mit weichem Streichgarnschuss, überwiegend als Schussdoublé oder Doppelgewebe konstruiert. Die sog. Flockenschüsse flottieren mustermäßig auf der rechten Seite über mehrere Kettfäden hinweg. Durch den Rauvorgang in der Veredlung werden die Flockenschüsse so durchgeraut, dass ein flockenartiges Bild entsteht (→ Ratiné). Wichtig ist der Einsatz von weichen Woll- oder wollähnlichen Chemiefasern. Als Musterbindung wird häufig der Fischgrat (→ Abb. 16) gewählt.
Diese Gewebe sind auch unter dem Namen „Durchrauer" oder „Rippenvelours" bekannt und gehören zur Warengruppe der → Flausche; sie sind sehr wärmeisolierend.
Einsatz: Wintermäntel und Jacken.

Flor (gauze): dünnes, durchsichtiges oder netzartiges Gewebe mit offener Einstellung aus unterschiedlichstem Material. Es besteht kein Unterschied zu Gaze- und nur ein geringer Unterschied zu Musselinqualitäten. Schon um 1900 war der Ausdruck „Flor" veraltet und Gaze der gebräuchlichere Ausdruck. Es ist nicht zu verwechseln mit Flor- oder → Polgeweben.

Florentiner Tüll (florentine tille): → Erbstüll.

Florettseide (waste silk, schappe silk): gleichzusetzen mit Schappeseide (→ Seide).

Florgarn (gassed cotton yarn, pile yarn): feiner Baumwollzwirn, der durch Gasieren und → Mercerisieren glatt und permanent glänzend ist. Außerdem nimmt Florgarn Farbstoffe besser auf und ist in seiner Festigkeit höher als normale Baumwollgarne/-zwirne.

Florgewebe (pile goods): anderer Ausdruck für → Polgewebe. → Samt.

Florida (florida): österreichischer Ausdruck für Einlagestoffe aus mittel- bis grobfädigen Baumwollgarnen (ähnlich Grobnessel, → Cretonne). Das Gewebe wird gebleicht und erhält eine Steifausrüstung.
Einsatz: Kragen- und Manschetteneinlage.

Flottierung (floating): Einen Kett- oder Schussfaden, der über mehr als zwei Fäden hinweggeht, ohne einzubinden, nennt man eine Flottierung. Die → Abb. 112 zeigt eine Kettflottierung, die → Abb. 113 eine Schussflottierung über jeweils drei Fäden. Je höher diese Flottierung ist, desto eher besteht die Gefahr des Herausziehens eines Fadens oder die Schiebanfälligkeit des Gewebes.

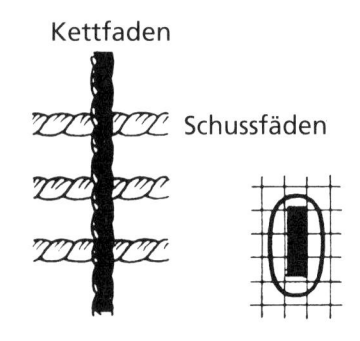

Abb. 112: Kettfadenflottierungen

Kettfäden

Schussfaden

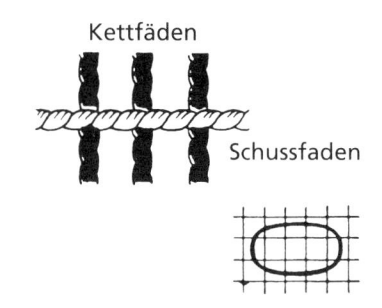

Abb. 113: Schussfadenflottierungen

Foam-backs (engl., foam backed = schaumstoffbeschichtet): Schaumstofflaminat. → Laminat.

Formaldehyd (HCHO): farbloses, in Konzentration stechend riechendes Gas, auch unter den Namen Formalin und Methanal bekannt. Es kommt als 10–15%ige Lösung in den Handel und wird für viele Bereiche verwendet. Die Beunruhigung des Verbrauchers, Formaldehyd sei kanzerogen oder führe zumindest zu allergischen Reaktionen, ist in fast allen Fällen unbegründet. Formaldehyd ist in der natürlichen als auch in der industrialisierten Umwelt weit verbreitet. Es wird seit 1889 großtechnisch hergestellt und die Jahresproduktion beträgt in Deutschland 500.000 t. Keine für die Veredlung verwendete Chemikalie ist so gut erforscht wie diese. Formaldehyd wirkt zudem abtötend auf Bakterien und Viren und wird deswegen auch für Medikamente, Kosmetika, Nahrungsmittel wie auch für medizinische Gewebepräparate verwendet. Formaldehyd stellt nach allen wissenschaftlichen Erkenntnissen in den Konzentrationen, in denen es im privaten und industriellen Bereich in Erscheinung tritt, weder in toxikologischer noch in dermatologischer Hinsicht ein Risiko dar. Beim Abbau des Koffeins (ca. 50–105 mg) einer Tasse Kaffee im Körper entstehen etwa 3–7,5 mg Formaldehyd. Ein Kilo Äpfel enthält 17–22 mg Formaldehyd. Randbemerkung für Raucher: Beim Abrauchen einer Zigarette entstehen 57–115 ppm Formaldehyd. Jährlich werden in Deutschland 138 Mrd. Zigaretten geraucht. Das bedeutet: ca. 200 t Formaldehyd gelangen in die Umwelt. Beim Abrauchen von drei Zigaretten in einer 30 m³ großen Klimakammer entstehen fast 0,2 ppm; bei 15 Zigaretten wird ein Wert von 0,6 ppm Formaldehyd erreicht.
Die Ergebnisse der Tierversuche (1981) können nach medizinisch-wissenschaftlicher Aussage nicht auf den Menschen übertragen werden. Seit 1987 gibt es einen MAK-Wert (Maximale Arbeitsplatz-Konzentration), und zwar von 0,5 ppm mit einer kurzzeitigen Spitzenbegrenzung von 1 ppm für 8 x 5 Min./Schicht. Mit dieser Festschreibung liegt Deutschland über dem wissenschaftlich begründbaren Ziel.
Die Hochveredlung mit Formaldehyd führt praktisch zu keiner Unverträglichkeit, zu Allergien oder einer Sensibilisierung von Testpersonen.

Foulard (foulard; frz., fouler = walken): Druckseidengewebe in Taft-, Köper- oder Satinbindung. Bei reinen Seiden werden in der Kette Grègefäden und im Schuss Trame- oder Schappeseiden verwendet. Das Gewicht nimmt mit höher werdender Flottierung der Bindung zu (leicht bei

Foulardine

Taftbindung, mittel bei Köperbindung, schwer bei Atlasbindung). Der Name wird heute auch für andere Materialkompositionen, darüber hinaus auch zur Bezeichnung großer Kopftücher (grand foulard) verwendet.
Einsatz: Kleider, Blusen, Futterstoff und Accessoires.

Foulardine (cotton foulard): weist eine Ähnlichkeit zum Foulard auf, ist jedoch ein feinfädiger, mercerisierter und bedruckter Baumwollsatin. Einstellung ca. 60–80 Fd/cm in der Kette und etwas loser im Schuss. Den feinen Glanz erhält der Foulardine zusätzlich durch den Riffelkalander (Schreinereffekt). → Atlas.
Einsatz: Blusen, Kleider, Futter-, Krawatten- und Dekostoffe.

Foulé (foulé; frz., fouler = walken): Der Name deutet auf die Ausrüstung hin. Sehr gute Qualitäten bestehen aus 100 % Schurwolle. Bindungstechnisch wird der gleichseitige Kreuzköper (Lauseköper, → Abb. 13) verwendet, seltener Tuchbindung (Leinwand). Man unterscheidet Kamm- und Streichgarnfoulés, wobei die Verwendung von Kammgarnkette und Streichgarnschuss üblich ist. Im Gegensatz zum Flanell wird der Foulé vorgewaschen (angestoßen), dann rechts gerautet und anschließend gewalkt. Die verfilzte Warenoberfläche ist aufgrund des Rauprozesses ein Oberflächenfilz und nicht aus der Ware „organisch" entstanden (Kernfilz). Die rechte Seite hat einen weichen, tuchartigen Griff und ist dicht verfilzt, auf der linken dagegen ist die Bindung noch zu erkennen. Die Festigkeit ist beim Foulé geringer als beim Melton. Kammgarnfoulés bestehen häufig aus Merinozwirnen Nm 36/2–48/2. Da Kammgarne schwer verfilzen, muss die Ware vorher gerautet werden, wodurch sie in Schussrichtung bis zu 40 % ihrer Festigkeit verliert. Deshalb raut man die linke Warenseite gar nicht oder nur sehr leicht. Kammgarnfoulés haben ein relativ geringes Gewicht (ca. 400–450 g/lfm, meist 150 cm Warenbreite). Sie kommen wollfarbig oder als Stückfärber in den Handel. Foulés sind sehr empfindlich gegen Staub und Schmutz und überdies von geringer Scheuerbeständigkeit; beim Reiben oder Bürsten pudelt die Ware (Pilling). Foulé ist nicht zu verwechseln mit feinfädigem → Melton oder dem vergleichbaren → Drapé.
Einsatz: Mäntel, Hosen und Jacken.

Fresko (fresco; ital., fresco = frisch, kühl): Die Oberfläche ist leicht rau und körnig. Diese haptischen Eigenschaften ergeben zusammen mit dem gesprenkelten Aussehen den typischen Freskocharakter. (Als Fresko bezeichnet man auch eine Maltechnik, die auf dem frischen Kalkbewurf einer Wand ausgeführt wird.) Erreicht wird diese Optik durch den Einsatz von Mouliné- oder Freskozwirnen. Es sind zwei- bis sechsfache, in mehreren Zwirngängen hergestellte Spezialzwirne. Der harte, glasige und kühle Griff der Freskostoffe wird durch die hohe Garndrehung (Freskoverdrehung: in Kette und Schuss im Wechsel Z- und S-gedrehte Zwirne) in Verbindung mit der Tuchbindung (Leinwand, seltener Panama) und der Kahlveredlung erreicht. Charakteris-

tisch ist weiterhin seine hohe Knitterunempfindlichkeit. Materialzusammensetzung: Kammgarn, meist Wolle, aber auch Mischungen, häufig mit Marken-Polyester. Fresko sollte nicht mit dem überwiegend in Köperbindung gewebten → Twist verwechselt werden. Die Einstellung ist nicht sehr dicht (ca. 20 x 20 Fd/cm). Herrenanzugstoffe liegen bei 360–400 g/lfm (150 cm Warenbreite), Damenkostümgewebe bei ca. 220–300 g/lfm. Die feineren Feskotypen mit einem Gewicht von ca. 220–300 g/lfm werden als → Tropical bezeichnet. Wegen der guten Luftdurchlässigkeit eignen sich beide Gewebe für Sommerbekleidung, der Fresko aber auch für Herbstbekleidung.
Einsatz: Kostüme (DOB), Hosen, Jacken und Anzüge (HAKA).

Fries (cloth with rough pile): grobes Streichgarngewebe mit beidseitiger kräftiger Rauung, wenn kein filzfähiges Material vorliegt. Bei Wolle wird kräftig gewalkt. Einfache Typen sind in Tuchbindung, schwere mit Ober- und Unterschuss gewebt. Sind zwei Schussfadensysteme vorhanden, werden häufig verschiedene Farben verwendet (Doubleface-Effekt). Der Einsatz des Fries ist auch für Jacken und Mäntel aus Recycling-Wolle denkbar.
Einsatz: Kälteschutz für Fenster und Türen; Woll- und Schlafdecken.

Frisé (frisé): Man unterscheidet zwei Verwendungen des Begriffs:
1. Kleiderstoff: Durch den Einsatz von → Frisézwirnen kann das Gewebe loopartig wirken. Im Gegensatz zum Looptyp sind hier die Schlingen (Loops) nicht so stark ausgebildet.

Ebenso typisch ist der leicht körnige Griff, der auf eine festere Zwirnung zurückzuführen ist. Die Variante ist der → Frisette.
Einsatz: Kostüme, Jacken und Kleider.
2. Möbelstoff: ein ganz anderer Gewebetyp, vergleichbar mit dem → Épinglé. Der Épinglé ist mit einem durchgehenden Schlingenflor gewebt, während der Möbelfrisé abwechselnd Schlingen und Flornoppen zeigt, wodurch sehr interessante Musterungen entstehen können. Der Wechsel zwischen Schlingen und Flor (nicht aufgeschnittene und aufgeschnittene Schlingen) entsteht durch den wechselnden Einsatz von sog. Zug- und Schneidruten (→ Abb. 200–203). Frisé ist häufig in Schaftstreifendessins, aber auch in Jacquardmusterungen gewebt.
Einsatz: Möbelstoffe, Wandbespannungen.

Frisette (frisette): leinwandbindiges Gewebe, bei dem im Schuss ein Fantasiezwirn eingesetzt wird. Weicher gedreht ist es aus Viskosefaserstoff und Mefo, Foliengarn oder Lahn. Als Kettmaterial wird Viskosegarn oder Zwirn eingesetzt. Durch den Schuss erreicht man einen changierenden Effekt.
Einsatz: Kleider und Kostüme.

Frisézwirn (frieze twist): ein dem Bouclé ähnlicher Effektzwirn, der zur Gruppe der Kräuselzwirne gehört.

Frivolitäten (tatting, frz. frivolité): aus dem 17. Jh. stammende Bezeichnung für spitzenartige Handarbeiten. Frivolitäten sind eine durch Schlingen und Knoten hergestellte Schiffchenarbeit (shuttle work). In Irland sind sie auch als „Occiarbeiten" bekannt. Heu-

Froissé

te ist es eine französische Bezeichnung für modische Accessoires, wie Schleifen, Blumen, Modeschmuck usw.

Froissé: → Crash.

Frotté (terry, frotté; frz., frotter = reiben, frottieren): Frotté darf nicht mit → Frottiergewebe verwechselt werden. Während beim Frottier die Schlingen mit Einfachgarnen gewebt werden, kommen die Noppen oder Schlingen beim Frotté durch Effektzirne zustande (Räupelzwirn). Hier verwebt man in Kette oder Schuss Kräuselzwirne. Die Bindungen sind einfach, z. B. Leinwand oder kleinrapportige Kreppbindungen. Die meisten gröberen Gewebetypen haben technisch bedingt keine hohen Kett- und Schussfadenzahlen, sind also durchaus luftporös und sommerlich. Durch die Zwirnung ist eine geringe Knitteranfälligkeit und gute Formbeständigkeit gegeben. Der Noppen- oder Schlingeneffekt ist im Gegensatz zum Frottier zieherunanfällig. Je nach Faserstoffeinsatz gehört Frotté zu den teuren Gewebetypen.
Einsatz: Handtücher, Massagetücher; sportive Kleider, Jacken und Kostüme.

Frottesina: aus der Mode gekommene Bezeichnung für ein poröses Sommerhemdengewebe. Fälschlicherweise als → Panama oder → Natté bezeichnet, wird dieser Stoff in Scheindreherbindung (Gitterbindung, → Aida, → Ajour) gewebt (→ Abb. 114). Um den gitterartigen Effekt zu steigern, kann man in Kettrichtung im Webblatt Fadengruppen freilassen. Das Gewebe wird gebleicht, uni und garnfarbig angeboten. Da die Bindung sehr offen ist, wird die Ware nicht im Stück, sondern die Garne werden im Strang mercerisiert. Häufig werden Makogarne (→ Makobaumwolle) verwendet.

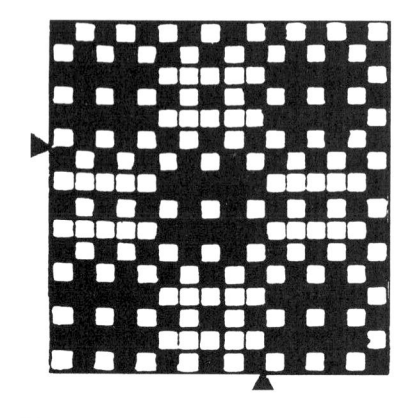

Abb. 114: Frottesina (Scheindreherbindung)

Frottézwirn (terry twisted yarn): Noppenzwirne aus der Gruppe der Kräuseltypen. Festgezwirnt haben sie einen frottierenden Effekt. Zwirn aus überwiegend zwei oder mehreren Grundfäden, die von einem oder mehreren Fäden umzwirnt werden, wodurch eine gleichmäßige oder ungleichmäßige Kräuselung des Fadens entsteht. Hier ist immer eine zweite Zwirnstufe notwendig. So entstehen Noppen, Knoten, aber auch kleine Schlaufen.

Frottiergewebe (terry cloth): Typisches Merkmal dieses Gewebes, das auch als Schubnoppenpolgewebe bezeichnet wird, sind die beidseitigen Fadenschlingen. Es besteht aus drei Fa-

Frottiergewebe

densystemen: einer straff gespannten Grundkette, einer losen Schlingenkette (Polkette) und dem Schuss (2:1 System von Kette und Schuss) und wird in einer besonderen Webtechnik hergestellt (Frottierwebstuhl mit Knicklade). Das Fadenverhältnis Grundkette/Polkette ist meist 1:1, bei sehr feinen Frottiers auch 1:2. Für die Grundkette verwendet man einstufig stärker gedrehte Zwirne (ca. tex 25 x 2, aber auch feinere, ca. tex 17 x 2). Der Polkettfaden ist weicher gedreht, gröber (tex 30 x 2) und meistens noch aus Baumwolle oder Baumwolle-Viskose-Mischungen. Als Schussgarne verwendet man voluminöse, weiche Baumwollgarne zwecks besserer Feuchtigkeitsaufnahme. Die Pol- oder Schlingenbildung ergibt sich aus der unterschiedlichen Spannung zwischen Grund- und Polkette, der Bindung sowie dem unterschiedlichen Ladenanschlag. Zuerst werden zwei oder drei Grundschüsse eingetragen, die jedoch nicht ganz angeschlagen werden; erst mit dem dritten oder vierten Schuss werden sie bis an den Warenrand festgeschlagen. Da die Grundkette straff ist und „gebremst" wird, kann man die Schussfäden schieben. So entsteht das Grundgewebe. Die Bindung ist meist R 2/1 oder R 2/2. Die Schlingenkettfäden werden nicht gebremst, sind also lose, und werden, da sie auf der Gewebeoberseite und der Rückseite über zwei oder drei Schussfäden flottieren und von ihnen eingeklemmt sind, als Pol (Schlinge) aus dem Gewebe gedrückt. In dieser Art lassen sich unterschiedliche Polhöhen herstellen. Entsprechend der Bindung unterscheidet man 3- oder 4-Schuss-Gewebe (→ Abb. 115/116). Die Verschiedenartigkeit der Technik hat Einfluss auf Dichte und Musterungsart des Gewebes. 3-Schuss-Gewebe sind glatter als 4-Schuss-Typen. Erkennungszeichen gegenüber Frotté: In Kettrichtung kann man beim Frottier die Fäden herausziehen, beim Frotté nicht. Eine besondere Art stellt der Frottier-Velours dar. Hier werden auf einer Gewebeseite die Schlingen aufgeschnitten, worauf eine Veloursveredlung erfolgt. Der Griff wird weicher, die Optik repräsentativer. Das Wärmeisolationsvermögen wird gesteigert.
Einsatz: Bademäntel, Handtücher, Freizeitkleidung usw.

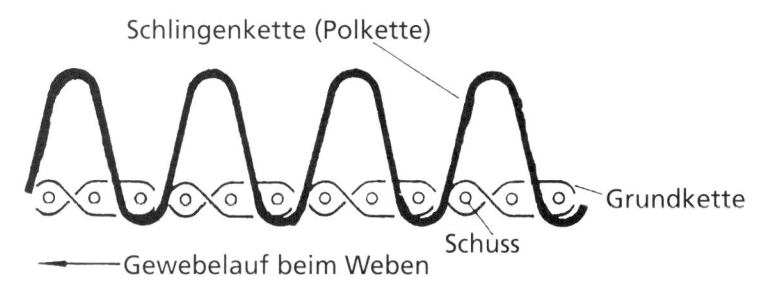

Abb. 115: Prinzip der Frottierbindung

Frottiergewebe

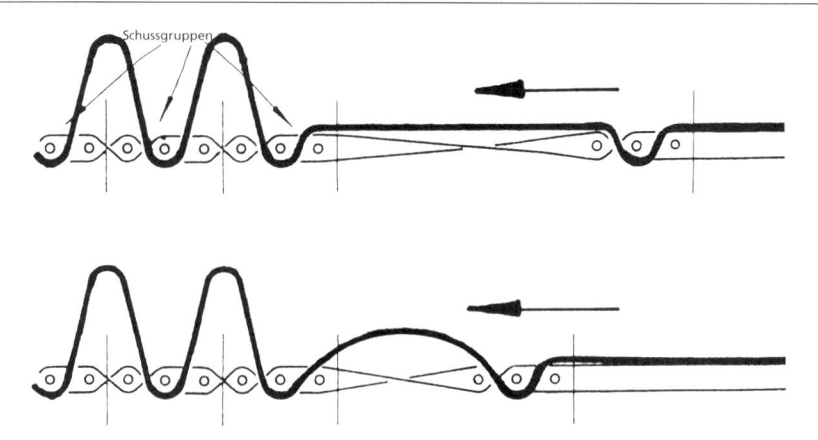

Abb. 116: Prinzip der Schlingenbildung

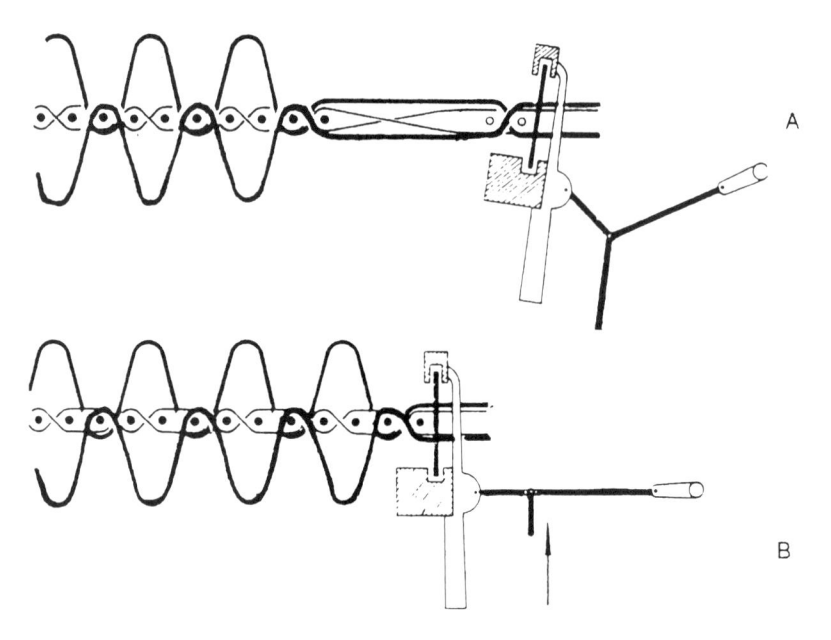

Abb. 117: Wirkungsweise der Knicklade am Frottierwebstuhl

Wirkungsprinzip der Knicklade am Frottierwebstuhl: Die Kurbelscheren an der Webmaschine sind zweiteilig und haben nahe der Ladenstelze ein zusätzliches Gelenk, das über eine Zugstange mit einer Steuervorrichtung verbunden ist. Bei den ersten Schüssen einer Schussgruppe bleiben die Kurbelscheren geknickt (→ Abb. 117/117 A, sodass die Lade beim Blattanschlag einen kurzen Weg zurücklegt. Beim Anschlag des letzten Schusses einer Gruppe wird die Kurbelschere gestreckt (→ Abb. 117/117 B), ihre wirksame Länge vergrößert sich, die Lade geht weiter nach vorn und schiebt mit dem Webblatt alle Schüsse der Gruppe bis an den Warenrand.

Fujiseide, Japanseide (japanese spun silk): Fujiseide wird auch unter der Bezeichnung → Spun silk taffeta und → Toile de soie gehandelt, ist jedoch nicht mit → Pongé zu verwechseln. Es ist eine leichte, matt glänzende Japanseide in Taftbindung mit weichem Griff. In Kette und Schuss werden Schappeseidengarne und -zwirne verwendet. Diese können vom Maulbeer- (Bombyx mori) und auch vom Eichenspinner (Tussah) stammen. Garnbedingte Noppen und Flammen beleben in Schussrichtung die Oberfläche.
Einsatz: Kleider, Blusen, Accessoires und Dekostoffe.

Fulgurante (frz., fulgurant = leuchtend, blitzend): lebhafter, glänzender Seidensatin. Entweder besteht er aus reiner Seide, Halbseide oder Chemiefasern; wobei die Kette Seide, der Schuss Baumwollzwirn ist, teilweise wird er mit feinem Wollkreppschuss gewebt. Die Bindung ist 7- oder 8-bindiger Kettatlas.
Einsatz: Futter, Dekostoff, Besatz und Abendkleider.

Füllschuss (padding thread, stuffer yarn): weich gedrehtes Garn für Polsterstoffe und dickere Gewebetypen. Meist wird er als zusätzlicher zweiter Schuss eingesetzt.

Fustian (fustian, dimity; lat., fossatum = Graben): früher Halbleinen, jetzt grober Baumwollköper, zweiseitig geraut und geschoren. Wird auch als Köperbarchent gehandelt. Die rechte Warenseite ist dem → Duvetine oder → Velveton ähnlich.

Futter (lining): → Futterstoff.

Futterdamassé (lining damassé): jacquardgemustertes, überwiegend unifarbenes Satingewebe aus Viskosefilament. Die Musterung ist dem Einsatzzweck entsprechend dezent.
Einsatz: Kostüme, Mäntel, Pelzmäntel und schwere Jacken. → Damassé.

Futterduchesse (lining duchesse): überwiegend aus Viskosefilament, Acetat oder Polyester gewebter schwerer Satin, im Gegensatz zum → Futtersatin in 8- bis 12-bindigem Atlas konstruiert. Die Kettfadenzahl ist doppelt so hoch wie die Schussfadenzahl. Die Ware weist eine geschlossene Oberfläche auf, ist schwer und glänzend. Heute erreicht man das Gewicht auch über dickere Garne und den 5-bindigen Kettatlas. Bei Futter-Changeants wird die zweifarbig-schillernde Wirkung über die Materialauswahl erreicht, z. B. 60 % Vis-

Futterköper, Glanzköper

kose mit 40 % Acetat (Zweibadfärbeverfahren).
Einsatz: langlebige, schwere Kleidungsstücke, wie z. B. Woll- und Pelzmäntel.

Futterköper, Glanzköper (lining twill): köperbindige Baumwollgewebe und baumwollähnliche Gewebe. Klassisch ist der 4-bindige Gleichgratköper (K 2/2), während der Glanzköper meist ein 4- bis 6-bindiger Schussköper ist (K 1/3 oder 1/5). Der Glanz wird über den Friktionskalander entwickelt.
Einsatz: Westenrücken, Jackentaschenfutter, Hosenfutter usw.

Futterplaid, Plaidfutter (lining plaid): Es besteht aus Viskose oder Polyacrylnitril (PAN), seltener Wolle oder Baumwolle. Die Bindungen sind Leinwand oder der 4-bindige Gleichgratköper. Das Plaidfutter ist mit dem typischen großen „Schottenkaro" versehen und rechtsseitig aufgeraut. Das Gewicht liegt bei ca. 200–250 g/m². Damit ist der Futterplaid schwerer als die Seiden- und Chemiefaserfutterstoffe.
Einsatz: bei sportlichen Mänteln aus Popeline oder Gabardine, als ausknöpfbares Futter für Lederjacken oder Mäntel. → Plaid.

Futtersatin (lining sateen): Dieses Gewebe wird meist aus Viskosefilamenten in 5-bindigem Atlas gewebt. Einstellung ca. 2:1. Der Griff ist weicher, die Gleitfähigkeit besser und das Gewicht höher als bei → Futterserge und → Satin.
Einsatz: Mäntel, Jacken und Kostüme.

Futterserge (lining serge): überwiegend in 4-bindigem Kettköper (K 3/1, → Abb. 6) gewebt. Kette und Schuss bestehen aus Viskose, Acetat, Polyester oder deren Mischungen. Auch hier ist das Einstellungsverhältnis häufig in der Kette höher als im Schuss und kann damit einen steileren Köpergrat ergeben, den man aber nicht mit einem → Gabardine verwechseln darf. → Serge. → Croisé.
Einsatz: Mäntel, Jacken, Hosen, Kostüme usw.

Futterstoff (lining, lining fabric, lining material): Sammelbegriff für Gewebe zum Abfüttern von DOB-, HAKA- und KIKO-Artikeln sowie Bagagerie. Verwendet werden die unterschiedlichsten Faserstoffe, und zwar Natur- und Chemiefasern sowie Mischungen. Die Gewebekonstruktionen sind überwiegend Grundbindungen wie → Taft, → Serge, Köper, → Satin (Atlas). Gute Futterkollektionen bieten aber auch → Faconnés, → Jacquards und → Rhadamés an. Die Gewebebreite schwankt zwischen 60 und 150 cm. Jedoch ist nicht jeder Futterstoff ein Futtertaft! Ein Futterstoff sollte bestimmte Funktionen erfüllen, und zwar muss er gute Rutsch- und Gleiteigenschaften besitzen, sollte innenseitig ein repräsentatives Aussehen haben, sollte sich nicht elektrostatisch aufladen, da dies ein Kleben, Klettern und Kriechen bewirkt. Aus letzterem Grund sollte der Futterstoff etwas Feuchtigkeit aufnehmen können. Zudem sollte er sich durch ein gutes Trageklima und einen guten Temperaturausgleich auszeichnen.
Dem Konfektionsteil sollte der Futterstoff durch gute bekleidungsphysiologische Eigenschaften und gute

Pflegeeigenschaften einen insgesamt höheren Gebrauchswert verleihen. Beispielhafte Futterstoffe sind → Neva'Viscon®, → Venezia, → Elaston-Stretch-Futter und → Deoson Plus. Weitere Vorschläge für Futterstoffe: → ENKA®-Viskose. → Gore-Tex®.

Futtertaft (taffeta for lining): Ebenso wie → Taft ist dieses Gewebe immer Filament und leinwandbindig gewebt. Die verwendeten Materialien sind sehr unterschiedlich, z. B. Seide, Viskose, Polyester, Polyamid, Acetat, Cupro und ebenso verschiedene Mischungen. Bei der Konstruktion liegt eine höhere Kettfadenzahl im Verhältnis zur Schussfadenzahl pro Zentimeter vor (z. B. 1,5:1 oder 2:1).

Farbige Futtertafte, auch → Changeants, werden überwiegend im Stückfärbeverfahren hergestellt und die Palette ist meist sehr umfangreich. Beliebt ist z. B. der Taft-Changeant. Man beachte, dass die Steife der Futtertafte nicht so stark ist wie bei den Kleidertaften, da er ja in erster Linie zum Abfüttern von Kostümen, Jacken, Röcken, Hosen usw. verwendet wird. → Futterstoff.

Futterware (fleecy fabric, lay in fabric): Maschenware (Wirk- oder Strickware), die zur Verstärkung und Wärmeisolierung auf der linken Warenseite einen zusätzlich eingebundenen, weich gedrehten Futterfaden hat, der nachträglich aufgeraut wird. Es gibt auch Kettstuhl-Futterware.

Gabardine

Gabardine (gabardine, gaberdine): Gabardine ist als Handelsname ein Sammelbegriff für alle fein- und dichtfädigen Gewebe mit erhabener Steilrippe von ca. 63°. Man unterscheidet zwei Typen:
1. *Stellungsgabardine:* Er entsteht durch die Köpergrundbindungen (K 2/1, K 2/2, K 3/1) und einem Verhältnis von Kette und Schuss von 2:1 oder 3:1 (Imitatgabardine). Einstellung z. B. 66/25, 100/2 x 70/2 (Vollzwirnware).
2. *Echter Gabardine:* Er wird durch einen kettbetonten Mehrgratköper (K 5/1/1/2 Stg 2) entwickelt, wobei neben der dichteren Ketteinstellung vor allem die Steigungszahl 2 verwendet wird (→ Abb. 118). Die sportlich feine Rippe des sog. Imitat-garbadines unterscheidet sich daher gut von der kräftigeren Rippe des echten Gabardine. Durch den unterschiedlichen Bindungseinsatz ist auch das Warengewicht des echten Gabardine wesentlich höher. Garn- oder Zwirndrehung haben einen starken Einfluss auf das Gewebebild. Sie sollten bei einer klaren Optik in Kette und Schuss in gleicher Drehrichtung arbeiten (z. B. Z-Draht): Dadurch stehen sie im Gewebe rechtwinklig zueinander und verhindern ein Ineinanderschieben der Fäden. Die Drehungsrichtung der Kettfäden sollte außerdem entgegengesetzt dem Bindungsgrat (Z) laufen, also in S-Richtung. Damit ist das Entstehen der Köpergratrippe gewährleistet. Die Fertigware wird einer Kahlappretur unterzogen (Baumwolle wird gesengt, Wollgabardine geschoren).
Materialeinsatz: langstaplige Baumwolle, zumindest in der Kette. Bei Wolle: Kammgarne in der Kette, evtl. Streichgarne im Schuss. Chemiefasern werden in den entsprechenden Stapellängen eingesetzt. Dabei handelt es sich überwiegend um stückgefärbte Ware. In Fernost und Indien wird der Stellungsgabardine häufig einfach als → Twill bezeichnet, obwohl es sich um einen feinen Steilgratköper handelt.
Einsatz: Hosen, Anzüge, Röcke, Mäntel und Jacken.

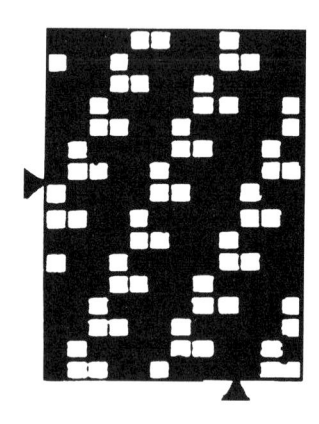

Abb. 118: Echter Gabardine

Garn (yarn): Sammelbegriff für alle linienförmigen, textilen Gebilde, ebenso wie → Faden. Man unterscheidet zwischen Fasergarn/Spinnfasergarn, Filamentgarn, und zwar Monofil und Mulifil, sowie Zwirn → Abb. 119/120/121.

Garndrehung (yarn twist): → Drehung.

Garnfeinheit (yarn count): → Feinheit, Feinheitsbezeichnungen. → Umrechnungstabellen für Garnnummern und Einstellungen.

Spinnfasergarn

Abb. 119: Spinnfasergarn

Filamentgarne

Monofilgarn   Multifilgarne
Monofil   Multifil

Abb. 120: Filamentgarne

Gefachtes Garn   Zwirn

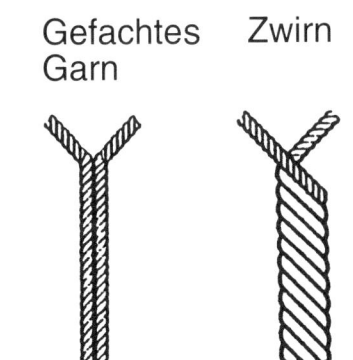

Abb. 121: Gefachtes Garn und Zwirn

Gaufrierkrepp (frz., gaufrer = prägen, pressen): → Borkenkrepp.

Gebackene Textilien (baked fabric): → Curing.

Gekämmte Baumwolle (combed cotton; frz. laine peignée): feine Baumwollgarne, die nach dem Kardieren einem Kämmvorgang unterzogen wurden. Durch das Auskämmen des Kurzfaseranteils erhält man ein sehr gleichmäßiges und glattes Material. Der Prozentsatz der Kämmlinge (Kurzfaseranteil) schwankt zwischen 5 und 20%. Halbgekämmt wird 5% Kurzfaser eliminiert, gekämmt 8–14% und supergekämmt ca. 15–18%. Bei Spezialgarnen liegt der Anteil bei über 18%.
Literatur: J. Lösch: Fachwörterbuch Textil. Verlag J. Lösch, Frankfurt/Main 1975.

Genuacord (genua corduroy, manchester): schwerer Rippensamt mit einer Rippenbreite von ca. 24–40 Rippen pro 10 cm und einer Florhöhe von ca. 1,5 mm. Die Kette besteht meist aus Baumwollzwirn, der Schuss aus Baumwollgarn. Flornoppen: überwiegend V-Form, aber auch W-Form möglich. Genuacord ist strapazierfähig und schwerer als Feincord (→ Abb. 58/58 A). → Cordsamt.
Einsatz: Damen-, Herren-, Freizeit- und Arbeitskleidung.

Georgette (georgette): leinwandbindiger, durchsichtiger DOB-Sommerstoff aus langestapligen Fasergarnen oder Filamenten, sehr fein und mit Kreppdrehungen (1.000–2.500 T/m) versehen. Die abwechselnd einge-

Geraute Baumwollstoffe 148

setzten Z- und S-gedrehten Kreppfäden verleihen der Ware den typischen Griff (nervig, körnig, sandig) und eine diffuse Optik. Neben Wollgeorgette gibt es Seiden- und Chemiefasergeorgette. Diese Gewebe sind sehr elastisch und luftporös. → Crêpe Georgette.
Einsatz (je nach Gewicht): Kleider, Blusen, Kostüme und Jacken.

Geraute Baumwollstoffe (brushed fabric, raised fabric): Baumwollstoffe werden unterschiedlich stark ein- oder beidseitig meist auf Kratzenraumaschinen geraut. Das Rauen bewirkt, dass die Baumwollstoffe weicher, fülliger, wollähnlich werden, ihnen das Kältegefühl genommen wird und sie wärmeisolierender werden. Außerdem werden sie saugfähiger und es wird ihnen eine Dämm- oder Dämpfwirkung gegeben.
Fast immer wird bei dieser Gruppe hart gedrehtes Watergarn in der Kette und weich gedrehtes Mulegarn im Schuss verwendet. Zur Gruppe gehören → Biber, → Molton und → Kalmuck.

Gerstenkorn (huckaback, huck weave): Bezeichnung für ajourähnliche Gewebe, wie z. B. Handtücher, aber auch Kleiderstoffe und Hemden in Gerstenkornbindung. Das Gewebe besitzt eine grobkörnige Oberfläche, ist gut saugend und frottierend. Bei dieser Bindung wird der Leinwandgrund mustermäßig zugesetzt (→ Abb. 122), sodass rechtsseitig Kettflottierungen und linksseitig Schussflottierungen entstehen. Im Vergleich dazu zeigt → Abb. 123 die Patrone einer Scheindreherware. Hier werden bei einem Leinwandgrund Bindepunkte hinzugefügt und weggelassen, sodass ein beidseitig gleiches Gewebe entsteht. Die Einstellung des Gewebes sollte die gleichen Kett- und Schussfadenzahlen aufweisen (→ Scheindreher).

Abb. 122: Gerstenkorn

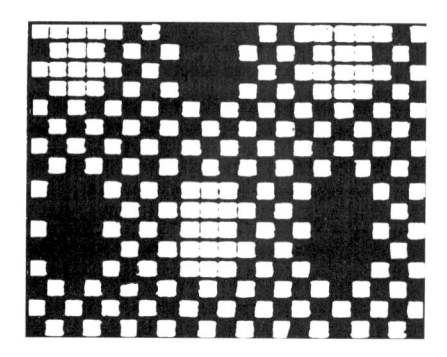

Abb. 123: Patronenbild einer Scheindreherware

Geschirr (harness): Bezeichnung für die Gesamtzahl der Webschäfte (mindestens zwei) inklusive der Aufhängevorrichtung.

Gewebe (woven fabric, cloth): textiles Flächengebilde, das auch als Webware bezeichnet wird. Es besteht aus mindestens zwei sich rechtwinklig verkreuzenden Fadensystemen, dem sog. Kett- und Schusssystem, und wird auf der Webmaschine (der veraltete Begriff ist Webstuhl) hergestellt. Um ein Gewebe zu definieren, sind folgende technische Daten notwendig: textiler Rohstoff, Garnart, Webtechnik (→ Schaft oder → Jacquard), → Bindung, → Einstellung, Musterung, Veredlungstyp und das Flächengewicht.

Gewebebindung (cross weaving, weave): → Bindung.

Gewebeeinstellung (fabric construction): → Einstellungsgewebe.

Gewebeerkennung: → Warenprofile.

Gifte/Toxine: Naturstoffe und Chemikalien, die in bestimmten Dosen die Umwelt und den Menschen belasten und zu Schädigungen führen können. Einige von ihnen sind als Textilgifte bekannt.
Da in den letzten Jahren vermehrt Berichte über „vergiftete" Textilien zu lesen sind, soll an dieser Stelle kurz über die verwendeten Substanzen informiert werden.
Im Gegensatz zum hohen Anteil (ca. 80 %) der nicht immer hinreichend kontrollierten Textilimporte, unterliegen europäische und insbesondere deutsche Textilien sehr strengen Kontrollen bezüglich der chemischen Inhaltsstoffe (→ Öko-Tex Standard 100 und → Öko-Tex Standard 1.000 Plus). Bei den Prüfstandards der Textillabore und textilen Forschungsinstituten werden überwiegend die chemischen Kurzzeichen verwendet, die von vielen Mitarbeitern im Textilbereich nicht verstanden und eingeordnet werden können. Die nachfolgenden Angaben dienen zum besseren Verständnis der textilen Anforderungskataloge in den Firmen.

Anorganische Stoffe:
– Chlor (Cl_2) ist ein gelbgrünes Gas und eine Grundchemikalie der Chemieindustrie. Die Schleimhäute und Lungengewebe werden beim Einatmen verätzt,
– Nitrate (NH_4NO_3, KNO_3) sind wasserlösliche Salze, die als Kunstdünger verwendet werden. Sie reichern sich bei Überdüngung im Grundwasser an. Mit dem Trinkwasser aufgenommen reagieren sie im Körper zu krebserregenden Nitrosaminen,
– Blei (Pb), Cadmium (Cd) und Quecksilber (Hg) sind Schwermetalle. Sie werden für technische Geräte und Apparate verwendet, und zwar für Akkumulatoren (Pb, Cd) und Batterien (Hg). Zudem können sie auch in Farbstoffen und Accessoires vorliegen. Die Dämpfe der Metalle sowie deren Verbindungen sind starke Gifte.

Organische Verbindungen:
– Methanal (→ Formaldehyd) ist ein farbloses, stechend riechendes Gas, welches die Schleimhäute reizt. Es ist die Grundchemikalie zur Herstellung von z. B. Leimharzen oder Kunststoffen. In der Verbindung mit Harnstoff wird es für die Ausrüstung von Textilien verwendet und als Fungizidschutz bei Naturtextilien. Es steht im Verdacht, krebserregend zu wirken, was aber nur bei Tierversuchen in starker Überdosierung festgestellt wurde,

- Benzol (C_6H_6) ist eine farblose, brennbare Flüssigkeit mit typischem Geruch, die mit 5 % in Benzin enthalten ist. Es ist ein Blutgift mit krebserzeugender Wirkung,
- Pentachlorphenol (PCP) ist in reiner Form ein weißer Feststoff mit nadelförmigen Kristallen. Es findet in der Schädlings- und Unkrautbekämpfung Verwendung. Auch als Holzschutzmittel wird es eingesetzt (Insektizid, Fungizid, Herbizid). Bei unsachgemäßer Anwendung dünstet es aus behandelten Stoffen (Holz und Textilien) aus. Es ist ein Leber- und Nervengift,
- Polychlorierte Biphenyle (PCB) ist eine unbrennbare, temperaturbeständige Flüssigkeit mit hohem Siedepunkt. Sie wird als Kühl- (Transformatorenöl) und Hydraulikflüssigkeit sowie als Weichmacher für Kunststoffe verwendet und gilt als Leber- und Nervengift,
- Dichlordiphenyltrichlorethan (DDT) ist ein weißer, pulvriger Feststoff, der in organischen Lösungsmitteln und Fetten sehr gut löslich ist. Dieser Stoff ist nur sehr langsam biologisch abbaubar. Früher war es ein anerkanntes Bekämpfungsmittel gegen die Insekten, die Malaria, Schlafkrankheit und Gelbfieber übertragen. Es gelangt über die Nahrungskette in den menschlichen Körper und sammelt sich im Fettgewebe an und wirkt als Nerven- und Lebergift. Inzwischen ist dieses Insektizid europaweit verboten,
- Dioxin/Tetrachlordibenzodioxin (TCDD) ist eine wasserunlösliche Flüssigkeit und entsteht als unerwünschtes Nebenprodukt bei der Herstellung chlorierter Aromaten, wie z. B. PCP. Es gilt als extrem giftiges Leber- und Nervengift und verursacht schon bei geringen Dosen Chlorakne, bei höheren Konzentrationen sogar Erbschäden und Krebs. Diese Chemikalie ist eine unbrennbare, temperaturbeständige Flüssigkeit mit hohem Siedepunkt. Sie wird als Kühl- (Transformatorenöl) und Hydraulikflüssigkeit sowie als Weichmacher für Kunststoffe verwendet,
- Tributylzinn (TBT) ist eine zinnorganische Verbindung, die überwiegend für Schiffsanstrichfarbe verwendet wird. Sie soll verhindern, dass sich Algen und Schnecken sowie andere Meereslebewesen am Schiffsbug festsetzen. Eine nachgewiesene Schädigung der Meereslebewesen lässt nicht unbedingt den Rückschluss zu, das die Kleinstmengen von 1–2 ppb, die in Bekleidungstextilien gefunden wurden, Schädigungen des menschlichen Organismus wie hormonelle Störungen, Unfruchtbarkeit oder gar Krebs bewirken könnten.

Gimpe: Schnur aus einer Baumwollseele (mehrere Baumwollgarne), die mit farbiger Seide oder Metallfäden sehr eng umwickelt ist. Gimpen werden zu Kleiderbesätzen und reliefartigen Spitzen (→ Guipure) verarbeitet.

Gingham (gingan, ginham; von malaysisch ginggang = karierter Stoff): Importware aus garngefärbtem Buntgewebe (Streifen und Karos) mittlerer Feinheit (für Hemden z. B. 32 x 27 Fd/cm, Nm 76 x 76, in England

80 x 70 Fd/Inch, Ne 45 x 45), welches je nach Verwendungszweck als Schürzensiamosen (kräftig) oder als Hemdenzefir (leicht, fein) bezeichnet wird. Bei hochwertigen Herrenhemden werden in Kette und Schuss Zwirne verwendet. Das Material ist Baumwolle, oft mit einem farbigen Flammenschuss, längs- und quergestreift oder kariert. Die feineren Gewebe nennt man → Indiennes.

Auf dem deutschen Markt ist die Bezeichnung Gingham wieder häufiger zu finden. Der Begriff → Siamosen wird oft gleichbedeutend verwendet. Teils taucht der Name im Importgeschäft auf, teils in Angeboten aus skandinavischen Ländern, England, englischsprachigen Ländern und Frankreich.
Einsatz: Schürzen, Kittel und Hemden.

Gipure: → Guipure.

Gittertüll (lattice tulle): meist eine Kettenwirkware, die im Gegensatz zum → Erbstüll eine deutlich sichtbare Vertikalbetonung hat (Kettrichtung).

Givré (givré): Mantelstoff; Viskosefilamentkette und Wollgarnschuss in glatter und gemusterter Bindung.

Givrine (givrine): Chemiefasergewebe mit starker, ripsartiger Wellenmusterung, wird auch als Wellenrips bezeichnet. Die Bindung ist überwiegend Taft mit einem Verhältnis von Kette und Schuss von mindestens 2 : 1. Die Wellenbewegung wird durch die Verwendung hochgedrehter Kreppschussgarne erzielt.
Einsatz: DOB, Kostüme und Jacken.

Giza 45: hochwertige ägyptische Baumwollsorte, die es in diversen Varietäten gibt. → Baumwolle.

Glacé (glacé; frz., glacer = glasieren, glänzend machen): wird auch als Glanztuch bezeichnet. Im Wollbereich versteht man unter Glacé eine kahlausgerüstete DOB-Ware, bei der die rechte Warenseite vergleichbar ist mit der linken eines sog. Stellungsgabardines (→ Gabardine). Das Gewebe hat keine prägnante Struktur und lässt sich dadurch problemlos verarbeiten. Glacé ist darüber hinaus auch eine Sammelbezeichnung für alle glänzenden und schillernden Gewebetypen, wie z. B. Changeant.
Es wird aus Seide, Viskosefilament und aus Wollkammgarnen hergestellt. Bindungen sind Köper, Atlas und Ableitungen davon.

Glanzatlas (italian cloth): → Zanella.

Glanzköper (lining twill): → Futterköper.

Glas, Glasfasern (GF): Gemisch aus Kieselsäure (Quarzsand) und Metalloxiden, das nach dem Schmelzen durch schnelles Erkalten ohne Kristallbildung in den festen Zustand übergegangen ist. Glas enthält 65–75 % Kieselsäure, 10–20 % Alkalien und 10–20 % gebrannten Kalk, die Kieselsäure ist der eigentliche Glasbildner. Neben dem Glas aus der Schmelze gibt es auch natürliche Glasvorkommen, z. B. in vulkanischem Gestein.
Die Anfänge der Glaserzeugung liegen um 4000 v. Chr. (Mesopotamien und Alexandrien). Glasfasern wurden 1893 erfunden. Glasfilamente werden

Glasbatist

aus alkalifreiem Spezialglas bei 900–1.300 °C geschmolzen und aus Düsen am Boden von Platinschmelzwannen mit hoher Geschwindigkeit abgezogen. Typische Eigenschaften von Glasfasern (Filamenten) sind die hohe spezifische Dichte (2,4–2,6 g/cm³), die Unbrennbarkeit, eine gute Verrottungsbeständigkeit sowie eine geringe Feuchtigkeitsaufnahme (0,1–0,4 %). Weiterhin ist dieses Material sehr spröde und besitzt eine geringe Dehnung. Der Erweichungsbereich liegt bei 500–700 °C, der Schmelzpunkt bei 900–1.330 °C. Die Fasern haben eine Stärke von 0,002–0,1 mm und werden als gekräuselte Glaswolle für Isoliermatten und glasfaserverstärkte Kunststoffe verwendet. Ein typischer textiler Einsatzbereich ist der Objektsektor (Gardinen, Vorhänge, Wandbespannungen), da diese Fasergattung unbrennbar ist.

Glasbatist (glass cambric): leinwandbindiger, feinfädiger, transparenter Makobatist, daher ursprünglich immer fasergesponnen. Farbig wird er häufig auch als Organdy bezeichnet. Glasbatist hat eine pergamentartige Steife; die Kett- und Schussgarne liegen zwischen Nm 120 und 200, bei einer Kettfadendichte von etwa 28 x 38 Fd/cm (typische Einstellung z. B. 31 x 130 Fd/cm, Nm 135 x 170). Auf das beidseitige Sengen, Entschlichten, Bleichen und Vormercerisieren folgt eine kurze Behandlung in 64 %iger Schwefelsäure. Das anschließende kräftige Spülen verhindert eine weitere Spaltung des Cellulose-Polymerisats. Danach wird das Gewebe nachmercerisiert, auf dem Spannrahmen getrocknet und anschließend heiß kalandert. Die Steife und der Glanz bleiben erhalten, wenn die Ware nach der Wäsche und dem Trocknen heiß gebügelt wird. Die Steife unterscheidet diesen Warentyp vom → Seidenbatist und → Opal.

Die Steife und die erhöhte Transparenz kommen wie folgt zustande: Die reaktionsfähige Säure dringt in die interfibrillären Räume der Faser und in den intermicellaren amorphen Bereich ein, wirkt dort lösend auf die Cellulose, die beim Auswaschen der Säure wieder ausgeschieden wird und die die Fibrillen wie auch die einzelnen Fasern unter sich z. T. verklebt. Dadurch werden die reflektierenden Hohlräume ausgefüllt und ein optisch homogenes System geschaffen, das die erhöhte Durchsichtigkeit und den Transparenzeffekt bedingt.

Einsatz: Sommer- und Abendkleider, Blusen, Krageneinsätze und Accessoires.

Glencheck (glencheck, glen plaid): Farbeffekt, der als Handels- und Musterungsbezeichnung geführt wird. Die schottischen Clans (engl., = Sippen) aus den Glens (engl., = grünes Tal) verwendeten unterschiedliche Checks (engl., = Karos). Früher waren die so gemusterten Gewebe nur aus Wolle, heute sind sie auch aus Baumwolle oder Mischungen. Die Überkaros, die auf klein kariertem Fond stehen, entstehen durch das Zusammenspiel von Köperbindung K 2/2 und einer entsprechenden Schär- und Schussfolge. Meist sind sie schwarz-weiß, aber auch farbig. Sie sollten nicht mit → Tartans oder → Schotten verwechselt werden. Einsatz: Mäntel, Jacken, Kostüme, Anzüge usw.

Gminder-Halblinnen: Qualitätsgewebe der Firma Gminder in Reutlingen (mindestens 40 % meist cottonisierter Flachs und 60 % Baumwolle) mit starkem Leinencharakter, hauptsächlich in Leinwandbindung, aber auch in Rips-, Krepp- und Atlasbindung gewebt. Wird sowohl garngefärbt als auch bedruckt gehandelt. → Halbleinen.
Einsatz: Bettwäsche, Kleiderstoffe, Dekostoffe, Tischwäsche und Stickereigewebe.

Gobelin (gobelin, woven tapestry): Bildgewebe, benannt nach einer französischen Färberfamilie, die seit dem 15. Jh. in St. Marcel (Vorort von Paris) einen Färberbetrieb besitzt. Seit 1630 war hier das Wirkatelier des Niederländers Marc de Commans, untergebracht. 1662 ging das Atelier in den Besitz Ludwigs XIV. über und genoss den Ruf einer königlichen Gobelinmanufaktur, der auch noch heute Gültigkeit hat. So ging der Name Gobelin auf die Staatsmanufaktur für Bildgewebe über.
Man unterscheidet echte und unechte (mechanische) Gobelins:
Der echte Gobelin ist ein Bilderteppich oder Wirkgobelin, ursprünglich zur Dekoration und Wärmeisolation an der Wand angebracht. Er wird auf speziellen Webstühlen gefertigt, bei denen meist die Kette nicht waagerecht, sondern senkrecht im Webstuhl liegt (→ Hautelisse im Gegensatz zum → Basselisse). Die Basselissewebstühle werden auch für die Wirktechnik verwendet. Die Schussfäden laufen nicht von der einen zur anderen Warenseite (Webkante), sondern werden von Hand nur so weit in Leinwandbindung geführt, wie es das Dessin verlangt, und laufen dann wieder zurück. So entsteht auf beiden Seiten das gleiche Bild. Die überhängenden Fäden werden später vernäht (→ Abb. 124/125). Da der Schuss nur teilweise eingetragen wird, spricht man auch nicht von Weben, sondern von Wirken. Durch die geringe Ketteinstellung und die hohe Schussdichte bei sehr starkem Fadenmaterial entsteht immer ein Schussripsbild. Als Quer- oder Kettrips erscheint der echte Gobelin nur deshalb,

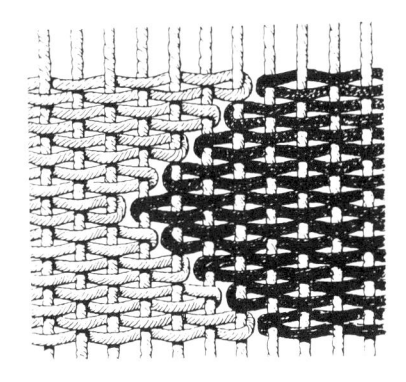

Abb. 124: Gobelin: Wirkerei

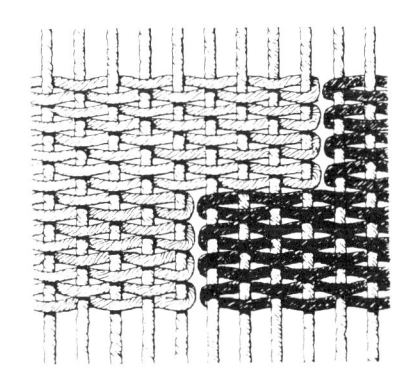

Abb. 125: Gobelin: Schlitzwerkerei

Gore-Tex®

weil insbesondere große Gobelins nach der Fertigstellung um 90° gedreht werden. Gobelins werden (im Bereich des Kunsthandwerks) nur noch sehr selten und als Einzelstücke, nicht mehr in serienmäßiger Produktion gefertigt.
Unechte Gobelins (Jacquardgobelins) werden auf dem mechanischen Webstuhl produziert, allerdings mit mehreren Kett- und Schussfadensystemen. Zu erkennen sind sie an den von einer zur anderen Webkante durchlaufenden Schussfäden. Werden Figuren überwiegend von der Kette gebildet, spricht man von einem Kettgobelin, werden sie vom Schuss gebildet, vom Schussgobelin. Schussgobelins sind meistens gröber als Kettgobelins. Die Gobelingewebe haben immer zwei unterschiedliche Warenseiten. Sie dürfen nicht mit → Brokat verwechselt werden. Diese weisen überwiegend eine glatte, strukturlose Oberfläche auf und sind aus mehreren Bindungsstrukturen zusammengesetzt.
Literatur: P.-A. Koch; G. Satlow: Großes Textil-Lexikon. Deutsche Verlagsanstalt, Stuttgart 1965.

Gore-Tex®: Membran, von Bob Gore 1969 entwickelt. Sie ist aus Polytetrafluorethylen (PTFE), und von opakem, milchig-weißem Aussehen. Diese Membran ist absolut hydrophob (Wasser abweisend) und mikroporös, bis ca. 260 °C hitzebeständig und widerstandsfähig gegen mechanische Beanspruchung. Sie ist nur ca. 0,02 mm stark und hat ca. 1,4 Mrd. Mikroporen pro cm², durch die Schweiß in Dampfform von innen nach außen diffundieren kann. Jedoch kann Feuchtigkeit nicht von außen nach innen dringen. Die Wasserdichtigkeit beträgt ca. 8 bar (80 m Wassersäule, → Sympatex®). Gore-Tex® hat von allen Membranen die höchsten Dampfdiffusionswerte bei trockenem wie auch bei nassem Wetter.

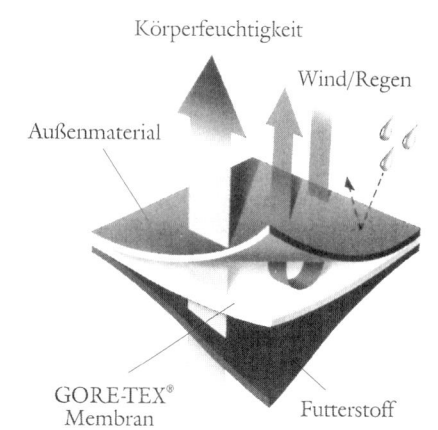

Abb. 126: Gore-Tex® Dreilagenlaminat

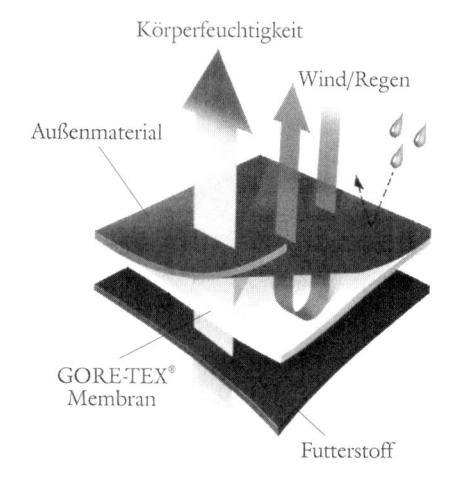

Abb. 127: Gore-Tex® Zweilagenlaminat

Die Membrannähte werden mit einem speziellen Nahtabdichtungsband verschweißt, um eine 100 %ige Wasserdichtigkeit zu garantieren. Die Bekleidung kann bei 30–40 °C gewaschen werden, jedoch sollte man auf Weichspüler verzichten. Ebenso sollte sie nach der Berührung mit Salzwasser (Segeln, Surfen, Rudern usw.) in Süßwasser gut ausgespült werden. Die durchschnittliche Tragedauer eines Gore-Tex®-Produktes beträgt ca. acht Jahre. Zudem ist die Recyclingfähigkeit gut (→ Balance Project).
Das Wichtigste bei einem Hightech-Produkt wie Gore-Tex® ist aber das Wissen um das richtige → Bekleidungssystem.

– *Zweilagenlaminat* (Oberstofflaminat) ist eine direkt mit dem Oberstoff verbundene Membran (→ Abb. 127). Auf der Innenseite der Bekleidung wird die freiliegende Membran durch ein freihängendes Futter geschützt.
Einsatz: Wander-, Ski-, Bikerbekleidung usw.,

– *Light-Laminat* (Futterlaminat) ist eine mit dem Futterstoff verbundene Membran. Die Wahl des Obermaterials kann vom Designer selbst gewählt werden, ob nun sehr leichte bis transparente oder dichte, voluminöse Qualitäten,

– *Dreilagenlaminat:* Diese Membran ist fest mit dem Ober- und dem Futterstoff verbunden (→ Abb. 126). Durch das sehr geringe Packmaß wird dieser Laminattyp auch für Bergsport- und Radsportbekleidung sowie für einen extremen Anwendungsbereich wie Eisklettern und Rucksack-Touren verwendet,

– *Z-Liner-Laminat* (Zwischenlagenlaminat) ist eine mit einem dünnen Trägermaterial (Wirkware) verschweißte Membran, die lose zwischen Ober- und Futtermaterial eingearbeitet wird. Es gibt eine Liner-Variante mit einem Wärmevlies, welches bei Gore auch Thermo-dry genannt wird.
Einsatz: Blousons, Mäntel, Hosen, Jacken, Mützen für Outdoor-Aktivitäten, Leisure-, Trekking-, Wassersport- und Skibekleidung,

– *Gore-Tex® PacLite®-Laminat:* Hier wird ein leistungsfähiges Oberstofflaminat auf der Innenseite durch Polymerpunkte ergänzt, die die Membran vor Abrieb schützen (→ Abb. 128). Die Vorteile sind ein kleineres Packvolumen, mehr Komfort, eine größere Leistungsfähigkeit durch höhere Wasserdampfdurchlässigkeit, ein geringes Gewicht und ein zuverlässiger Schutz vor Nässe selbst bei extremen Wetterbedingungen.
Einsatz: z. B. robuste Bekleidung für leistungsorientierte Bergsportler,

Abb. 128: Gore-Tex® PacLite® Laminat

Gore-Tex®

- *Gore-Tex® Ocean Technology®* ist eine speziell für den Segelsport entwickelte Laminatvariante mit sehr robustem Oberstoff,
- *Gore-Tex® Immersion Technology®* wurde speziell für den Angelsport entwickelt und wird in Trockenanzügen und Hosen verarbeitet. Das Kleidungsstück bleibt auch unter Wasser semipermeabel, und zwar wird der Wert der Wasserdampfdurchlässigkeit besser, je kälter das Wasser ist,
- *Gore Windstopper®* ist eine modifizierte leichte Membran für die Outdoor-Nutzung bei Trockenheit. Sie ist winddicht mit hoher Wasserdampfdurchlässigkeit, aber nicht so wasserdicht wie die bekannte Gore-Tex®-Membrane. Windstopper®-Produkte gibt es in verschiedenen Varianten: zweilagige Liner-Laminate für modische Strickpullover oder dreilagige Vlies-Laminate für Jacken und Handschuhe. Sehr gut ist diese Schutzkleidung, wenn man sich z. B. beim Biken dem Fahrtwind aussetzt (→ Windchill-Effekt). Der Körper fühlt sich wohl und bleibt uneingeschränkt leistungsfähig. Windstopper® hat von allen Membranen, Mikrofasergeweben und PU-Beschichtungen die größte Wasserdampfdurchlässigkeit mit ca. 1.250 g/m² pro Std.,
- *Activent®-Produkte* sind extrem dünne Membrane, die mit einem Oberstoff verbunden sind. Diese sehr wasserdampfdurchlässige und sehr winddichte Konstruktion ist für schweißtreibende Sportarten, wie z. B. Joggen, Radrennfahren, Mountainbiken oder Langlaufen, wickelt worden. Das Produkt läuft in Zukunft jedoch auch unter der Marke Windstopper®,
- *Dryloft®-Produkte* haben die gleiche Technologie wie Activent® (Windstopper®), man verarbeitet sie jedoch mit speziellen Oberstoffen. Textilien wie Schlafsäcke, Westen und Jacken werden hier zusätzlich mit Daunen oder mit einem PES-Vlies gegen Kälte isoliert. Dryloft®-Ausführungen bieten somit Schutz vor Nässe von außen und vor Kondensation in der Isolierschicht,
- *Gore-Tex® → XCR®* ist eine Membran für Outdoor-Bekleidung. Als Dreilagenlaminat ist XCR® (Extended Comfort Range) besonders abriebfest, winddicht und absolut wasserdicht und hat, verglichen mit anderen Gore-Tex®-Produkten, 25 % mehr Dampfdiffusionsdurchlässigkeit. Schwitzt der Sportler durch extreme körperliche Anstrengung (z. B. Bergsteigen, Snowboarden), wird durch dieses Laminat deutlich mehr Wasserdampf nach außen abgeleitet und trägt damit zu einem hohen Komfort- und Wellness-Erleben für den Sportler bei,
- *Gore-Tex®-Membran mit Antistatik-Funktion:* Diese modifizierte antistatische PTFE-Membran wurde für Arbeitskleidung im Outdoor-Bereich entwickelt. Sie soll verhindern, dass von der Kleidung im täglichen Gebrauch durch Reibung elektrostatische Entladungen ausgehen. An gefährlichen Arbeitsplätzen (z. B. Tankanlagen, Gasleitungen) könnte dies zu Explosionen und Flammenentwicklungen führen. Zu diesem Zweck wird die Oberfläche der PTFE-Membran mit leitfähigen, mikroskopisch feinen,

Nano-Carbon-Partikeln versehen. Laut Hersteller bilden diese eine 10.000fach dichtere Gitterstruktur als herkömmliche Carbongewebe. So ist eine statische Aufladung im kritischen Bereich ausgeschlossen. Da dieser Schutz als Zweilagenlaminat verarbeitet wird – der antistatische Schutz liegt auf der Innenseite der Bekleidung –, sind keine Abnutzungserscheinungen durch mechanische Einflüsse zu befürchten. Dieses Produkt ist auch für die Industriewäsche geeignet. Die Arbeitskleidung ist zudem flammenhemmend ausgerüstet, wobei als Obermaterial eine Modacryl-Baumwollmischung vorgesehen ist.
Quellen: W. L. GORE & Associates GmbH, Hermann-Obarth-Str. 24, D-85640 Putzbrunn. www.Gore-Tex.com.

Grain (granite weave; frz., grain = Korn): feingerippte, plastische Gewebe in einer Glattripsbindung gewebt (R 2/2). Sie bestehen überwiegend aus Seide oder Viskosefilament. Grobrippige Gewebe werden auch als „gros grain" bezeichnet.

Granité (granite fabric; frz., granit = Granit): Der Granité erhielt seinen Namen vom harten Griff und der perlähnlichen Optik (→ Abb. 129). Andere gebräuchliche Bezeichnungen sind Granitkrepp, Perlrips oder Royal. Es handelt sich um einen leichten Anzugstoff mit höher gedrehten Zwirnen in Kammgarnqualität. Die Bindung ist Krepp oder verstärkter Atlas (Atlaskrepp). Schwerere Gewebe werden auch für Möbelstoffe verwendet. Andere Quellen beschreiben den Granité als klarfädiges Gewebe, das in versetzter Ripsbindung gewebt ist (→ Royal) und einen leicht körnigen, harten Griff hat. → Sandkrepp.
Quelle: H.-U. Kuhtz, u. a.: Handbuch der Textilwaren. VEB Fachbuchverlag, Leipzig 1980.

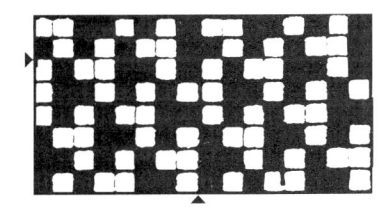

Abb. 129: Granité

Grasleinen (grass cloth, grass linen): reißfestes Gewebe aus Ramie für Sportschuhe, in Mischungen auch im HAKA- und DOB-Bereich einsetzbar. Es wird auch als Chinaleinen bezeichnet.

Grège (grège silk): Haspelseidenfäden aus drei bis acht gemeinsam abgehaspelten Seidenfäden ohne Drehung. Sie halten allein durch den Seidenleim zusammen und dienen als Grundfaden für die Herstellung von → Organsin. Grège wird aber auch als Grègefaden verarbeitet und besteht dann meist aus vier Kokonfäden (acht Einzelfilamenten).

Grenadine (grenadine twist):
1. hochgedrehter (Krepp-)Zwirn aus reiner Seide. Er filiert und mouliniert mit einer Tourenzahl von ca. 1.200–1.800 T/m. Er wird auch für hart gedrehte Chemiefaserfäden verwendet.

Grey cotton

2. feines, reinseidenes oder Viskosefilament-Gewebe in Taftbindung für Blusen und Kleider. Diese Handelsbezeichnung steht aber auch für ein Ajourgewebe in Drehertechnik. Es besitzt eine hohe Transparenz, ist porös, aber sehr schiebefest.
Einsatz: sommerliche Tageskleidung und Blusen.

Grey cotton (engl., grey cotton = graue Baumwolle): Qualitäten unterschiedlicher Baumwollrohgewebe aus Asien, bei denen man zwischen „Pakistan grey" und „China grey" unterscheidet (→ Nessel).
Wegen klimatisch schlechteren Bedingungen in Pakistan ist ein Rohgewebe aus China meist von höherer Qualität. Die Handelsbezeichnungen richten sich nach der jeweiligen Bindungsart und Einstellung (Leinwand, Köper, Atlas) bzw. nach der speziellen Ausrüstungsart. China webt überwiegend reine Baumwollgewebe, während Pakistan auch → TC- und Baumwoll-Viskose-Mischungen anbietet.
Hong Kong weave ist auch eine Baumwollrohware, allerdings werden die Garne auf dem internationalen Markt gekauft. Der Name ist eine allgemeine Handelsbezwichnung ohne direkten Bezug auf die Bindung oder das Gewicht, auch hier werden neben dem reinen Gewebe ähnliche Mischungen wie in Pakistan angeboten.

Grobnessel (cambric, coarse cotton cambric): Dieses leinwandbindige Gewebe, auch Grobcretonne genannt (→ Nessel), ist der kräftigste Rohnesseltyp innerhalb der Gruppe der Nesselgewebe. Eine Einstellung ist z. B. 18 x 18 Fd/cm Nm 20 x 20 (→ Einstellungsgewebe). Es ist ein starkes Gewebe mit festem, durch die höher gedrehten Garne in der Kette etwas hartem Griff und stumpfer Optik. Es hat die gleichen Eigenschaften wie der → Cretonne, ist nur etwas gröber und offener in der Einstellung. Überwiegend stark appretiert, wird Grobnessel für Schürzen und Kleiderstoffe verwendet.

Grogram (grogram): Von diesem Textilbegriff leitet sich der Name für das englische Getränk „Grog" ab, ein Getränk aus Rum, Wasser und evtl. Zucker. Im 18. Jh. wird die Bedeutung des Wortes „Grog" mit dem englischen Admiral Vernon in Verbindung gebracht. Dieser Admiral wurde bei den Matrosen wegen seines Überrocks aus grobem Stoff (grogram) mit dem Spitznamen „Old Grog" tituliert. Als er den Befehl gab, den Matrosen nur noch mit Wasser verdünnten Rum auszuteilen, wurde dieses Getränk nach ihm benannt.
Bei dieser Qualität handelt es sich um einen groben, leinwandbindigen Stoff aus Hanf, Wolle, Seide oder Mohair bzw. aus deren Mischungen.
Einsatz: Jacken und Mäntel.

Gros (gros; frz., gros = stark, kräftig): etwas veraltete Handelsbezeichnung für schwere Seiden- oder Chemiefasertafte, -failles und -ripse (z. B. Gros de Naples, ein schwerer Seidenrips aus Neapel, oder Gros de Tours, ein Seidengewebe aus Tours). → Gros grain (schweres Ripsgewebe).

Gros grain (gros grain; frz., gros grain = grobes Korn): starkes, schweres Ripsgewebe mit stark plastischen Rippen. Gros grain wird deshalb auch als Starkrips bezeichnet.

Grubentuch: typische deutsche Handelsbezeichnung für hell-dunkel gemusterte Handtücher in Köperbindungen und deren Ableitungen. Der Name stammt vom Gebrauch als klassisches Bergwerkshandtuch. Der Farbwechsel von hellem und dunklem Material in Kette und Schuss sowie aneinander gelegte Bindungen in Kett- und Schussköper erzeugen eine würfelartige Wirkung. Seitlich ist das Tuch oft mit einem roten Streifen versehen. Als Fasern werden Leinen oder Halbleinen eingesetzt. Es nimmt gut Feuchtigkeit auf und ist praktisch und robust im Gebrauch.

Guipure, erhabene Stickerei (frz. guipure = übersponnene Seidenspitze): plastische Klöppelspitze, bei der die Musterungen durch Stege verbunden sind und nicht durch einen Netzgrund oder Fond. Heute wird diese Ware als Ätzspitze gearbeitet. Guipure findet hier Erwähnung, da diese Spitzen häufig mit Geweben kombiniert (Besatz) und als Zusatzbezeichnung mitaufgeführt werden. Das Material ist oft Baumwolle und wird mit seiden- oder metallumsponnenen Schnüren, sog. → Gimpen konturiert. Grobe Leinenspitze mit kräftiger Randbetonung durch mitgeführte Gimpe nennt man ebenfalls Guipure oder auch Gimpenspitze. Früher bekannte Arten waren die Guipure de Bruges, Spitzen in strenger, bandartiger Musterung mit Ziernetzeffekten und großen Durchbruchpartien (→ Ajour) und Duchesse de Bruges, eine Kombination von Nadel- und Klöppelarbeit.

Haareinlagegewebe

Haareinlagegewebe: → Einlagestoff (Haareinlagegewebe).

Habutai, Habutaye, Kabe habutai (jap., habotai = weich und leicht): Handelsbezeichnung für reinseidene Gewebe aus Haspelseide in Taftbindung. → Japon und Pongé sind ebenfalls Bezeichnungen für diesen Gewebetyp. Die Gewichtsbezeichnung für Seide ist → Momme (mm). Noch um die Jahrhundertwende und bis in die 20er-Jahre hinein verstand man unter Habutai ein fülliges, geripptes, reinseidenes weißes Gewebe, eine Kombination aus Krepp und Rips. Die Fülle, die Geschmeidigkeit, die Weichheit und der Griff erinnerten an ein Samtgewebe. Habutai galt als einer der prächtigsten Unistoffe Japans.
Einsatz: Festkleider und Kimonos.
Quelle: M. Heiden: Handwörterbuch der Textilkunde aller Zeiten und Völker. Enke, Stuttgart 1904.

Hahnentritt (houndstooth, dogtooth; frz. pied de poule, pied de coq): Handels- und Bildbezeichnung für einen → Farbeffekt, überwiegend zweifarbig. Die Einstellung in Kette und in Schuss ist identisch, die Bindung ist überwiegend Leinwand (→ Abb. 130), aber es kommen auch Panamabindung oder zusammengesetzte Bindungen aus Leinwand und Panama vor. Bei Panama richtet sich die Fadenfarbfolge nach der Größe der Bindungen (bei P 4/4 müssen auch 8Fd dunkel und 8Fd hell im Wechsel angegeben sein, → Abb. 131/132). Durch diese Bindungs- und Farbfolgenkombination entsteht ein kleines Hell-Dunkel-Muster mit krallenähnlichen Verlängerungen an den Karoecken.

Die Musterung ist positiv-negativ und weist keinen Mischeffekt auf. Der Vorteil dieser Dessinierung ist, dass man trotz einer lebhaften Musterung leichte, schiebefeste Gewebe konstruieren kann. Der Materialeinsatz wie Wolle,

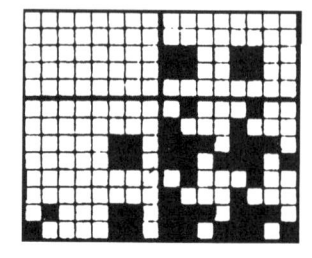

Abb. 130: Hahnentritt
Grundbindung: Leinwand
10-0101-01-00
Schärung: 2 Fd dunkel
2 Fd hell
Schussfolge: 2 Fd dunkel
2 Fd hell

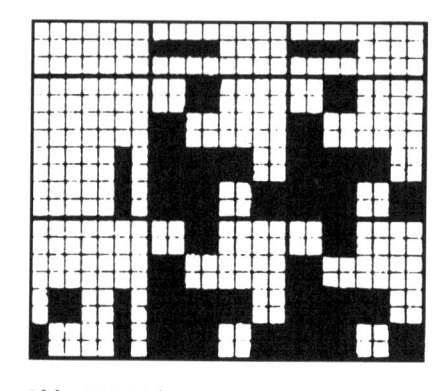

Abb. 131: Hahnentritt
Grundbindung: Leinwand
10-0202-02-00
Schärung: 4 Fd dunkel
4 Fd hell
Schussfolge: 4 Fd dunkel
4 Fd hell

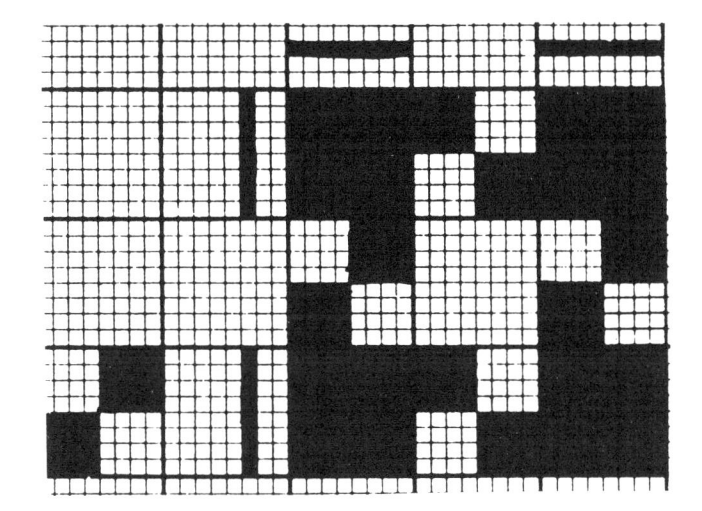

Abb. 132:
Hahnentritt
Grundbindung:
Panama
10-0404-04-00
Schärung:
8 Fd dunkel
8 Fd hell
Schussfolge:
8 Fd dunkel
8 Fd hell

Seide, Chemiefaser usw. spielt bei der Bezeichnung keine Rolle.
Einsatz: Kostüme, Jacken, Kleider, Mäntel, Hemden, Blusen usw.

Haifischhhaut (sharkskin): mattes Chemiefasergewebe in Atlasbindung, welches durch Gaufrieren (Einprägen) eine narbige Oberfläche erhält. Die kleinen und größeren, ineinander liegenden Narben erinnern an die Haut eines Haifisches.
Einsatz: Dekostoffe und Besatz.

Haircord (engl., haircord = Haarschnur): Typisch ist der feine Längsrippencharakter, der (im Gegensatz zum → Nadelrips, → Épinglé oder → Cannelé) konstruktionsbedingt über gemusterte Schussripsbindungen erreicht wird. Kette und Schuss bestehen häufig aus kardierten oder gekämmten Baumwollgarnen mit einer Einstellung von ca. 30 Fd/cm Kette, 26–30 Fd/cm Schuss. Die Garnfeinheit beträgt ca. Nm 50–70. Das Gewicht liegt bei ca. 110–130 g/m^2. Obwohl das Verhältnis von Kette und Schuss fast gleich ist, kommt es zur Längsrippenwirkung. Die Ware hat gute bekleidungsphysiologische Eigenschaften, da Faserstoff und Bindung, der Luftaustausch und das Feuchtetransportvermögen gut kombiniert sind. Das Wärmeisolationsvermögen ist sehr gering, da das Gewebe zu offen ist. Der Haircord erscheint im Handel überwiegend bedruckt und wird für Damenwäsche und als Kleiderstoff eingesetzt. Dieser Gewebetyp hat nichts mit → Cordsamt gemein.

Haitienne: taftbindiges, feingeripptes Seiden- oder Chemiefasergewebe (Viskosefilament), das auch als Haitiseide oder Feinripsseide bezeichnet wird. Der Stoff ist elegant, weich im Griff und dennoch drapierfähig (knitteranfällig), vergleichbar dem → Taft.

Halbleinen

In der Kette wird Organsin, im Schuss Trame verwendet. Einstellungsbeispiel: 45 x 32 Fd/cm, dtex 100–132 (→ Einstellungsgewebe).
Einsatz: Kleider, Kostüme und Abendgarderobe.

Halbleinen (half linen, cotton linen): Qualitätsbezeichnung für ein Gewebe aus Baumwolle, bei dem das Leinen im Schuss eingesetzt ist. Der Mindestanteil an Leinen beträgt 40 %, also z. B. 60 % CO, 40 % LI. → Gminder-Halblinnen.
Einsatz: Tisch- und Bettwäsche, DOB-, HAKA-, Deko- und Möbelstoffe.

Halbpiqué: → Piqué.

Halbvoile: → Voile.

Haman: leichte Baumwollkattune, die gebleicht, gefärbt, appretiert und abschließend rechtsseitig einer Glanzveredlung unterzogen werden. → Jaconet.
Einsatz: überwiegend Futterstoffe und Puppen.

Hammerschlag (hammer-blow): Kreppgewebe mit welliger, unruhiger Oberfläche, die für die Namensgebung ausschlaggebend war. Das Gewebe wird zudem auch als Taft-Cloqué bezeichnet. Der Crêpe-Hammerschlag in reiner Seide soll schon um 1812 in Japan produziert worden sein. Meist taftbindig, werden wechselweise 2Z- und 2S-gedrehte Kreppfäden eingeschossen (auch 4/4 im Wechsel). Auch der wechselweise Einsatz von Voilegarnen mit Normalgarnen ist möglich. Entscheidend wird die Optik von der Ausrüstung bestimmt. Neben der Taftbindung werden auch Bindungskrepps verwendet (→ Abb. 133).
Einsatz: Blusen und Kleider.

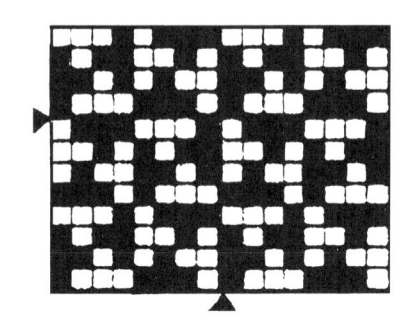

Abb. 133: Hammerschlag

Hanf, Cannabis sativa (hemp): Von „Hanf" spricht man, wenn es sich um die Pflanze handelt, von „Cannabis" eher, wenn man das Rauschmittel oder die medizinische Nutzung meint.
Hanf gehört zu den ältesten, wertvollsten und verschiedenartig zu nutzenden Kulturpflanzen der Menschheit. Er war bereits im 3. Jahrtausend v. Chr. in China bekannt (belegt durch Funde von gewebten Stoffen und Schnüren).
Die Weltproduktion für das Jahr 1993 lag bei nur ca. 242.000 t. Haupterzeugerländer sind Indien mit ca. 46.000 t, China mit ca. 25.000 t und die südlichen GUS-Republiken mit ca. 15.000 t. Der Hanfanbau wurde aus wirtschaftlichen Gründen in der DDR 1971 eingestellt, in der BRD 1965. Verboten wurde Hanf durch eine verschärfte Neufassung des Betäubungsmittelgesetzes am 1.1.1982. Seit 1996 ist der Anbau in Deutschland wieder erlaubt,

aber die zugelassenen Sorten dürfen nur einen sehr geringen Anteil (< 0,3%) an THC (Tetrahydrocanabinol) aufweisen.

Schon 1993 diskutierte man Hanf als Biorohstoff unter ökonomischen und ökologischen Gesichtspunkten, z. B. als Papierersatz, Textilrohstoff, Öllieferant oder Grundstoff für die Bauindustrie. 1994 eröffnete man das erste deutsche Hanf-Museum in Berlin und 1995 das erste deutsche Hanf-Haus, gefolgt von weiteren Hanf-Häusern in anderen Städten. Trotz aller Euphorie und Bemühungen, dem Hanf mit seiner Produktpalette ein neues Ansehen zu verschaffen, wird er zumindest im Textilbereich nur ein Nischenprodukt bleiben, während er im medizinischen Bereich eine weitaus größere Bedeutung hat.

Wenn von Hanfhöchsterträgen die Rede ist, dann nur im Vergleich zu anderen „nachwachsenden Rohstoffen" wie z. B. Leinen. Es gibt Konzepte, die das heutige Brachland in der EU in eine nachhaltige ökologische Nutzung überführen möchten. Hanf würde sich als sehr robuste Pflanze, die auf fast allen Böden gedeiht und auch ohne Düngung ertragreich ist, zumal sie selbstverträglich ist und mehrmals hintereinander an derselben Stelle angebaut werden kann, für solche Projekte eignen.

Hanf ist eine Stängel- oder Bastfaser. Als einjährige Pflanze wächst sie ca. 2–5 m hoch. Die Hanfsamen enthalten ca. 30–35 % Öl (höherer Ertrag als Raps), welches durch Pressen gewonnen wird und als Öl in der Malerei Verwendung findet. Weiterhin nutzt man es zur Seifenherstellung, für die Medizin und als Speiseöl. Die Samen werden auch als Vogelfutter angeboten.

Nur der Hanfstängel liefert die Faser. Er wird im Gegensatz zum Flachs nicht aus dem Boden gerauft, sondern kurz abgeschnitten. Im Vergleich liegt der Hanfertrag mit 2,5–3,3 t pro Hektar etwa doppelt so hoch wie der von Flachs (1,3–1,7 t) und etwa viermal so hoch wie der von Baumwolle (0,6-0,8 t).

Die Eigenschaften des Hanfs sind denen des Leinens sehr ähnlich. Die Farbe variiert von hellgelb über silbergrau bis grünlich. Hanf kann weicher sein als Baumwolle, vor allem aber ist er fester und saugfähiger. Der Feuchtigkeitsgehalt liegt bei ca. 20 %, die Fähigkeit zur Feuchtigkeitsaufnahme beträgt 30 %, die Widerstandsfähigkeit gegen Wasser ist sehr hoch. Die Festigkeit beträgt 46–72 cN/tex (früher RKM = Reißkilometer), die Dehnungsfähigkeit entspricht mit ca. 2 % der von Leinen. Ein geringer Fettgehalt macht den Hanf leicht Wasser abweisend. Textilien aus Hanf sind stark knitteranfällig, sie werden feucht bei ca. 200–220 °C (3 Punkte) gebügelt. Hanf ist sehr gut bei 60–95 °C waschbar, aber, wie Leinen, nur bei geringer mechanischer Belastung.

Die Faser lässt sich sehr gut färben, man erhält brillante Töne (substantive, reaktive und Küpenfarbstoffe sowie mit Vorsicht Pigmentfarbmittel).

Die Verwendung von Hanf aus historischer und aktueller Sicht:

Der fast älteste Einsatz sind Schiffssegel. 90 % aller Schiffssegel wurden schon vor den Phöniziern, spätestens aber seit dem 5. Jh. v. Chr. bis zur Erfindung des Dampfschiffs aus Hanf hergestellt. Das englische Wort „can-

Hank

vas" (Segeltuch) stammt von der holländischen Abwandlung des griechischen Wortes „Kannabis".
Im Bereich der Seefahrt wurde Hanf ferner für Takelage, Ankertaue, Verladenetze, Flaggen, Wanten, Fischernetze und Dichtungsmaterial (Kalfaterwerg) verwendet. Auch die Kleidung der Seeleute, einschließlich der Schuhe, waren aus Hanf.
Papier aus Hanf wurde für Schiffskarten, Logbücher und Bibeln eingesetzt. In den USA waren bis in die 20er-Jahre des 19. Jh. ca. 80 % aller Textilien und Stoffe für Zelte, Planen, Bettdecken, Handtücher, Kleidungsstücke, ebenso Windeln, Gardinen, selbst der Sternenbanner aus Hanf. In anderen Ländern hatte Hanf bis zum Beginn des 20. Jh. diese Bedeutung.
Die Leinwände berühmter Maler, wie z. B. Rembrand, van Gogh, Gainsborough u. a., waren immer aus Hanf. Malgründe aus Hanf sind gegen Hitze, Schimmel und Fäulnis widerstandsfähig und haben einen schönen Glanz (nicht ganz so stark wie Leinen). Farben und Lacke wurden aus Hanföl/Leinöl hergestellt. 1935 verbrauchte man in den USA 58.000 t Hanfsamen für die Produktion von Lacken und Farben. Marktführend im Hanfölgeschäft war das bekannte Chemieunternehmen DuPont. Auch als Leuchtöl war Hanf ideal. Bis Mitte des 19. Jh. stand es in dieser Funktion hinter dem Walöl an zweiter Stelle.
Hanf kann auch als Biomasse angebaut und durch thermische Zersetzung (Pyrolyse) in Brennstoff umgewandelt werden. Man könnte durch Hanf zumindest einen Teil der fossilen Brennstoffe (Kohle, Braunkohle, Holz, Torf) ersetzen.

Bis Anfang des 20. Jh. verwendete man Hanfsamen als Nahrungsmittel für Brei und Suppen. Das Öl ist sehr nahrhaft, es enthält innerhalb der ganzen Flora die meisten essentiellen Fettsäuren. Es stabilisiert das Immunsystem und reinigt die Arterien von Cholesterin. Gepresst erhält man aus dem Samen den sehr proteinreichen Hanfsamenkuchen. Mit Malz versetzt wird er für Kuchen, Brot und Eintopfgerichte verwendet.
Bis zum Prohibitionsgesetz waren Hanfsamen das wichtigste Vogelfutter in der Welt. Hanfsamen haben weder für Mensch noch Tier eine berauschende Wirkung.
Baustoffe, wie z. B. Pressspan, Hartfaserplatten und Dämmmaterial, können aus Hanf hergestellt werden.
In der Medizin wird Hanf gegen Asthma, Grüner Star, Tumore, Rückenschmerzen, Epilepsie, Muskelschmerzen, Arthritis, Herpes, Rheumatismus, Lungenemphysem, Stress, Migräne und Schlafstörungen eingesetzt; er eignet sich zur Reinigung der Lungen und ist außerdem ein Antibrechmittel, Sekretlöser und Appetitanreger.
Literatur: J. Herer: Die Wiederentdeckung der Nutzpflanze Hanf Cannabis Marihuana. Zweitausendundeins, Frankfurt/Main 1993[12].

Hank (engl., hank = Strang, Garnstrang): Längenmaß; 1 Hank entspricht 840 yards = 2.520 feet oder 768 m. → Skein.

Hardanger-Leinen (hardanger cloth): Hardanger-Arbeit ist eine Leinendurchbrucharbeit mit umstickten Rändern und Figuren, überwiegend für Tischdecken gearbeitet. Nach der norwegischen Stadt Hardanger benannt, bezeichnet der Begriff Hardanger-Leinen eine relativ grobe, naturfarbige Leinenware. Etwas porös und gebleicht wird sie überwiegend für Stickereizwecke oder Vorhangstoffe verwendet. Die Bindung ist Leinwand oder Panama. Sie ist dem Kongressgewebe (→ Kongressstoff) sehr ähnlich.

Harris-Tweed: Streichgarnstoffe aus Harris, dem südlichen Teil der Insel Lewis (äußere Hebriden). Gütezeichen und Symbol für die englischen Tweedgewebe ist der stilisierte Reichsapfel mit Malteserkreuz. Originale sind buntfarbig, handgesponnen und handgewebt. Leicht meltoniert wird die Ware überwiegend naturmeliert mit Stichelhaar gewebt. Harris-Tweed ist etwas rau und hart im Griff, aber sehr strapazierfähig. Der Stoff wurde aus Traditionsgründen lange Zeit nur halbe Breite (ca. 80 cm) gewebt.
Einsatz: Kostüme, Sakkos, Hosen und Mäntel.

Haspelseide (reeled silk, top quality silk): → Seide.

Haustuch (household cloth): Handelsbezeichnung für einen Bettwäschestoff, überwiegend als Bettlaken im Handel. Das Gewebe wurde früher zur Mitte verstärkt gewebt, um die Haltbarkeit zu erhöhen. Es ist eine mittlere bis grobe leinwandbindige Nesselware (18–27 Kettfäden und 12–24 Schussfäden pro Zentimeter). Garnnummern: ca. Nm 20, 24 und 28 (Cretonne). Man unterscheidet drei Grundqualitäten:
1. Garnware mit gleicher Einstellung in Kette und Schuss,
2. Garnware mit verstärkter Mitte. Zur Mitte werden die Kettfäden durch einen dichteren Einzug verstärkt,
3. Halbzwirnware, d. h. in der Kette wird Zwirn, im Schuss Garn verwendet. Neben der gebleichten gibt es gefärbte, karierte und bedruckte Ware. Die Ausrüstung ist im Gegensatz zum → Dowlas überwiegend stumpf, wird aber teilweise geraut, um die Wärmeisolation zu erhöhen.

Hautelisse (high warp): Webart mit senkrechter Kette. → Gobelin.

Helvetiaseide (helvetia; lat., helvetia = Schweiz): ein dem → Habutai vergleichbarer Stoff, allerdings mit mattem Glanz. Er ist taftbindig, hat eine Grègekette und einen Schappeschuss. Einstellung: ca. 45 x 40 Fd/cm, dtex 15 x 17. Helvetiaseide wird unifarben und als Imprimé angeboten. Statt reiner Seide wird häufig Viskosefilamentkette und Viskosefaserstoffschuss verwendet.
Einsatz: Kostüme, Mäntel und Regenmäntel.

Hessian (hessian): leinwandbindiges Jute- oder Rupfengewebe, wird gefärbt oder bedruckt für Wandbespannungen und Verpackungen verwendet. Die Leinwandbindung für Jute wird auch Hessianbindung genannt.

Hessianbindung: → Leinwandbindung.

Hirschleder: Warentyp, der in Schussatlas, verstärktem Atlas oder Doppelatlas gewebt wird. Er ist nicht zu verwechseln mit dem Begriff Hirschleder als Wildleder (→ Leder). Durch die

Hochveredlung

rechtsseitige starke Rauung erhält die Ware einen schönen Flächenflor. Deshalb ist Hirschleder dem → Duvetine und dem → Velveton verwandt. → Deutschleder.
Einsatz: Arbeits- und Wanderbekleidung.

Hochveredlung (resin finish, resin finishing): Unter diesem Begriff versteht man eine chemische Ausrüstung der Cellulosefasern (Baumwolle, Leinen, Viskose) sowie deren Mischungen mit synthetischen Chemiefasern zur dauerhaften Verbesserung der Trage- und Pflegeeigenschaften (z. B. Maß- und Formstabilität). Dieser Vorgang erfolgt meist durch den Einsatz von wasserunlöslichen, elastischen Kunstharzeinlagerungen (z. B. Harnstoff, Formaldehyd) oder durch Kunstharzvernetzung mit Reaktantharzen. Ein Nachteil dieser Ausrüstung ist, dass die Baumwoll- oder Leinengewebe etwas von ihrer Scheuer- und Reißfestigkeit einbüßen. Dieses Manko versucht man aber durch entsprechende Fasermischungen (z. B. CO/PES) oder Ausrüstungskombinationen zu reduzieren.
Einige Produkte und Ausrüstungsvarianten eines Artikelbereichs:
– Hemden und Blusen aus Baumwolle: form- und schrumpffest, knitterresistent,
– Arbeits- und Schutzkleidung aus Baumwolle: form- und schrumpffest, flammenhemmend, hydrophobiert, dampfdurchlässig, oleophob,
– Regen- und Wetterschutzbekleidung aus Baumwolle/Polyester: form- und schrumpffest, beschichtet, hydrophobiert, dampfdurchlässig, wasserdicht,
– Segeltuche aus Baumwolle: form- und schrumpffest, fäulnishemmend, hydrophobiert,
– Zeltstoffe, falls aus Baumwolle: fäulnis- und flammenhemmend, hydrophobiert, dampfdurchlässig, wasserdicht,
– Gardinen aus Polyester: Schmutz abweisend, form- und schrumpffest, teilweise mattiert und antistatisch, bei Objektstoffen auch flammenhemmend,
– Einlagegewebe, falls aus Baumwolle: form- und schrumpffest, knitterresistent, griff- und steifappretiert.

Die Hochveredlungsvielfalt kommt dem Kundenwunsch entgegen und ist überwiegend sogar kaufentscheidend, ohne dass der Kunde überhaupt weiß, dass bei einem Textil eine Veredlung vorliegt. Die Ware wird laut Textilkennzeichnungsgesetz nach dem Faseranteil ausgezeichnet und lässt die Inhaltsstoffe unberücksichtigt. Nachdem aber zumindest europaweit der → Öko-Tex Standard eingeführt worden ist, sollten die Textilien neben dem Faserstoff auch die chemischen Bestandteile angeben, die das Produkt maßgeblich mitprägen. Für asiatische Importware wäre eine Zusammensetzung wie die folgende möglich: 72 % Baumwolle, 2 % Acryl, 8 % Farbstoff, 14 % Harnstoff, Formaldehyd, 2,5 % Weichmacher und 1,5 % optische Aufheller.

Holbein: Gewebe nach Art des Damastes in typischer Konstruktion von Kett- und Schussatlas mit farbig abgesetzten Konturen, benannt nach dem Augsburger Maler und Zeichner Hans Holbein d. J. (1497–1543). Die bunten Figurfäden werden durch die

Broché-Technik (→ Broché) erreicht, sodass ein stickereiähnlicher Effekt erzielt wird. Holbein ist ein sehr kostspieliges Gewebe. → Abb. 70.
Einsatz: Tisch- und Bettwäsche.

Homespun (engl., homespun = handgewebt, unregelmäßig, grob): grobes Streichgarngewebe mit beigemischten bunten Noppen, aber auch Bouclé- und Loopzwirne, häufig dem → Donegal ähnlich. Es wird überwiegend Leinwandbindung, seltener Köperbindung verwendet. Das starke Waschen in der Veredlung verleiht dem Homespun eine schöne Dichte und einen relativ weichen Griff. Die Farbigkeit ist der Grund für die Schmutzunempfindlichkeit des Gewebes. Bekleidungsphysiologische Eigenschaften: → Donegal, → Tweed.
Einsatz: Sportsakkos, Anzüge, Kostüme und Röcke.

Honan (honan): chinesisches Rohseidengewebe, benannt nach der chinesischen Provinz Honan, jetzt Henan. Der Honan kommt allerdings auch aus den Provinzen Antung, Shantung, Ninghai und Nanshau. Er wird auch Bastseidenstoff genannt. Heute wird nicht nur die Seide des chinesischen Eichenspinners verwendet, sondern auch japanische und indische Seide. Deshalb werden die Gewebe aus → Tussah auch als → Tussor bezeichnet. Typisch ist der unregelmäßige, noppige Charakter, der manchmal eine leichte Karobildung aufweist. Diese entsteht durch die leichten Titerschwankungen der Kett- und Schussfäden und die unregelmäßigen Schussanschläge. Grundsätzlich wird die Taftbindung verwendet; in der Kette Tussahgrège, im Schuss Tussahtrame. Die echten Honangewebe werden auf Handwebstühlen produziert und sind immer an der blauen Webkante zu erkennen (Schützenwebkante); es handelt sich um Produkte der chinesischen Hausindustrie. Der Farbton ist leicht gelblich bis ocker, der Griff knirschend, wenn die Ware ungewaschen in den Handel kommt. Der stumpfe, milde Lüster (kein Glanz) lässt sich auf die starke Inkrustierung des Serizins im Fibroin zurückführen, welches sich schwer entfernen lässt. Honan wird gerne mit Viskosefilament und Viskosefaserstoff (Fibranne) imitiert. Honan kommt gebleicht, gefärbt, bedruckt und als Naturfaser in den Handel. Die Breite beträgt oft nur 86 cm.
Einsatz: Blusen, Hemden, Kleider, Kostüme und Heimtextilien.

Honanin: Honanimitat aus Chemiefaser. → Honan.

Hopsack (engl., hopsack = Hopfensack): Handels- und Bindungsbezeichnung für ein Mantel- und Kostümgewebe in mattenartiger Verflechtung, das rechtsseitig ein panamaähnliches Warenbild aufweist und linksseitig stark geraut ist. Häufig ist es mit einem Untergewebe, d. h. zweikettig, zweischüssig, gewebt. Es handelt sich um eine rustikale, relativ schwere Warengruppe.

Hosenschoner (trousers shoe guard): Band, überwiegend aus imprägniertem Baumwollgarn (Eisengarn) gewebt. Die seitliche, kordelähnliche Verdickung wird über eine Hohlkante mit Füllkette erreicht. Die Bindung besteht aus Atlas als Kettdoublé

Hosenstreifen

(28 x 17 Fd/cm). Das Band wird zum Schutz des Oberstoffes an der Innenkante des Hosenbeines angenäht.

Hosenstreifen (trouser stripe): Spezialgewebe in unterschiedlichen Faserstoffmischungen und Gewichten. Hochwertige Hosenstreifen werden in feinen Garnnummern in Kammgarnqualitäten gewebt. Bei Gebrauchshosen nimmt man häufig Baumwollkette und Cheviotschuss. Als Bindungen setzt man Köper oder Fischgrat ein, wobei der Effektstreifen durch Schussripsbiesen oder einfache, nicht zu breite Flottierung herausgearbeitet wird. Effektmaterial ist oft Viskosefilament (Rayon), Organsinseide oder Schappeseide. Die Farben reichen von Schwarz über Anthrazit bis Grau. Ausrüstung: Walken, Waschen, Pressen, Dekatieren. Durchschnittliches Gewicht ca. 340 g/m^2. Einsatz: Modische Hosen und Gesellschaftshosen ($\rightarrow$ Streifen).

Hosentaschenfutter (pocketing): Futtergewebe, speziell für den Hosen- und Jackentaschenbereich bestimmt, z. B. $\rightarrow$ Moleskin, $\rightarrow$ Pocketing, $\rightarrow$ Grobnessel. $\rightarrow$ Serge.

Huckaback (huckaback drills): englische Bezeichnung für einen kräftigen $\rightarrow$ Zwillich.
Einsatz: Tischwäsche und Handtücher.

HWM-Fasern (High-Wet-Modul/Modulus): $\rightarrow$ Modal.

Ikat

Ikat (malaiisch, mengikat = binden, umwickeln, knüpfen): ein für das Weben bestimmtes Garn, das stellenweise gefärbt wird. Die Teile des Garnes, die ungefärbt bleiben sollen, werden mit einem farbundurchlässigen Material umwickelt (Blätter, Wachs o. Ä.) und damit reserviert (→ Abb. 134). Das sog. Ikat-Verfahren kann sowohl für die Kette als auch für den Schuss oder für beide Fadensysteme verwendet werden. Das Färbeverfahren ähnelt dem Strangfärben (rope dyeing), allerdings wird hier nur teilweise gefärbt. Man verwebt also ein teilweise gefärbtes Kett- und/oder Schussmaterial. Es besteht eine Ähnlichkeit zum → Chiné, da auch dort Kettfadengruppen oder einzelne Fäden mustermäßig bedruckt werden. Beim Ikat handelt es sich um eine mehr kunstgewerbliche Ausführung, deren Materialien überwiegend Baumwolle und Seide sind. Man erkennt die Ikat-Musterungen auch daran, dass die Farben (je nach Ikat-Typ) in Kett- oder Schussrichtung etwas auslaufen oder sich mischen. Die Verzüge in Kettrichtung entstehen durch das Einziehen der Kette (unregelmäßige Fadenspannung). Es gibt den Kett-Ikat, den Schuss-Ikat und den Doppel-Ikat, der sowohl in Kett- als auch in Schussrichtung Farbverzüge zeigt. Die Ikat-Technik ist sehr weit verbreitet, vorrangig in Indonesien, aber auch in China, Indien, Persien, Afrika, Mexiko, Peru und Chile. Der Ikat ist eine Faden- und Fadenbündelreserve im Gegensatz zu → Batik, → Tritik und → Plangi, welche man als Gewebe- oder Flächenreserve bezeichnen kann. Dass diese Textiltechniken überwiegend zur Herstellung von Tüchern für zeremonielle Zwecke angewendet wurden, ist heute weitgehend unbekannt.

Literatur: S. Laksmi; I. Padma: Indonesische Zermonialtücher aus Sumatra und Bali. Diplomarbeit Fachhochschule für Gestaltung, Hamburg 1995.

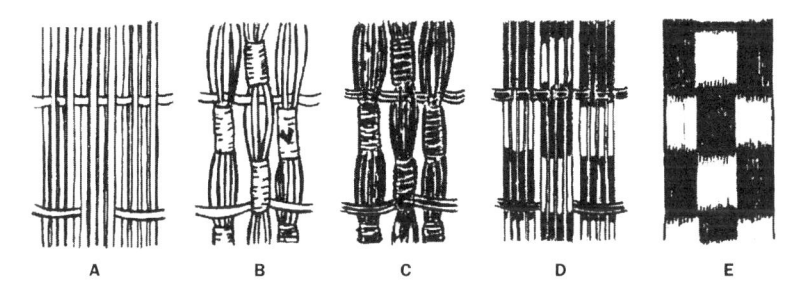

Abb. 134: Ikat-Verfahren
    A Kett- und Schussfadenbündel werden zuerst getrennt.
    B Bast- oder Kunststofffäden bedecken die Flächen, die nicht gefärbt werden sollen.
    C Alle unverwebten Kett- und Schussfadenbündel werden nun in Farbe getaucht.
    D Die reservierten Abschnitte auf den Bündeln werden entfernt und geben den Blick auf ihre ursprüngliche Farbe frei.
    E Nach dem Weben sind die Ikat-Muster erkennbar.

Illusionstüll: → Schleiertüll.

Imprimé (printed fabric): → Zusatzbezeichnungen zu Handelsnamen.

Inbetween (engl., in between = dazwischen): → Ausbrenner.

Inch: englisches Längenmaß, entspricht 2,54 cm. Es wird häufig bei der technischen Einstellung eines Gewebes, z. B. Anzahl der Fäden pro Inch in Kette und Schuss, verwendet.

India (india goods): im englisch-asiatischen Handel die in Ostindien gewebten Erzeugnisse.

Indiennes (indienne): feinere Gewebeausführung als → Gingham; frühere Bezeichnung Zitze. Es ist der Name für feine, bedruckte Baumwollstoffe in besonderer Drucktechnik. Diese sind schon um 1620 zusammen mit Baumwollrohgeweben von der „Compagnie des Indes" aus Indien und Persien nach Europa importiert worden. Die französische Bezeichnung des Indiennes wurde später → Kattun. Die Besonderheit des Druckes bestand darin, dass die Dessinkonturen mit einer Model gedruckt wurden und die Ware anschließend gefärbt oder teilweise ausgemalt wurde. Man konnte auch das ganze Dessin mit dem Modeldruck herstellen.
Einsatz: Kleider, Blusen und Hemden.

Inlett (bedstout, ticking): dichtes Baumwollgewebe in Leinwand-, Köper- oder Atlasbindung. Die Daunen- und Federdichtigkeit wird durch eine hohe Einstellung und durch die Verwendung feiner Garne erreicht. Das Kalandern und, wenn nötig, eine Füllappretur sind typische Veredlungsvorgänge. Klassische Farben sind Rosé, Rot und Blau (heute auch modische Töne). Die Farben müssen reib-, schweiß-, säure- und lichtecht sein. Die Handelsbezeichnungen werden zum einen nach den verwendeten Bindungen benannt, also Daunenbatist (Leinwand), Federleinwand, Köperinlett, Daunensatin (Glanzausrüstung). Oder die Handelsbezeichnung bezieht sich auf die Füllung: → Daunenperkal, Daunenköper, Federköper, → Satin. Auch der Einsatz kann die Handelsbezeichnung bestimmen: Ober- oder Unterbettdrell, Satin. Einstellungen: Normaler Baumwollinlett von 45–50 Fd/cm aus Nm 34–50; Mako-Inlett von 46–60 Fd/cm aus Nm 40–85. Der einfache Baumwollinlett mit offener Einstellung wird auch → Cambric genannt. Für sehr strapazierfähige Ware werden Zwirninletts in verschiedenen Einstellungen angeboten, Kette und Schuss ca. 40–60 Fd/cm und Nm 70/21–135/2. Umrechnung: → Inch und → Ne. → Einschütte.

Irisch Leinen (irish linen): Der Name weist auf die Herkunft dieser sehr guten Leinenqualität hin. In Gegenden mit kräftigem Seeklima wachsen die besten Leinsorten (so auch in Flandern und der französischen Picardie). Irisch Leinen ist ein ähnlicher Gewebetyp wie der → Dowlas, aber aus sehr feinen Leinengarnen gewebt. Die Ware hat einen schönen Glanz und eignet sich besonders gut für Tisch- und Bettwäsche.

Irisé (rainbow coloured): Bild- und Farbbezeichnung für Gewebe und

Maschenwaren, bei denen mehrfarbig glänzende, irisierende Folienfäden (PA oder PES) verwendet werden. Der Glanz hat immer ein perlmuthaftes Aussehen. Diese Folienfäden können als Einzeleffekt (z. B. Schussstreifen) oder aber über die ganze Fläche verteilt sein. Setzt man einfache Bindungsstrukturen ein (z. B. Leinwand oder Köper), kann man Irisé auch als → Lamé bezeichnen. Die Wirkung, die die irisierenden Folienfäden erzeugen, kann man auch durch → Lackdrucke erreichen. Irisés sind meist leichte, modische Stoffe und sind daher eher für einen kurzzeitigen Einsatz, für DOB, Accessoires und Dekoartikel, gedacht.

Island-Wolle: Das sog. Island-Schaf kam vor ca. 1.100 Jahren mit den ersten Wikingern nach Island. Durch die unwirtliche Landschaft und die extremen Witterungsverhältnisse entwickelte das Schaf ein außerordentlich feines Haar, welches in Fachkreisen auch als „isländisches Cashmere" bekannt ist. Die Wolle ist leicht, ähnlich weich wie → Alpaka und hält sehr warm. Dicht gewebt oder gestrickt sind Island-Wollwaren Wind und Wasser abweisend, besitzen ein gutes bekleidungsphysiologisches Verhalten und sind sehr strapazierfähig. Der Griff ist voll und geschmeidig. Island-Pullover werden oft mit traditionell überlieferten Mustern versehen und in aufeinander abgestimmten erdigen Farbtönen gefertigt. Die Langlebigkeit und Pflegeleichtigkeit wird durch eine Superwash-Ausrüstung unterstützt. Leichte Ausführungen können durch die Einarbeitung eines Liners wind- und wetterdicht ausgestattet werden.

Einsatz: Pullover, Jacken, Blousons und Hosen.

Jaconet (engl., jaconet = Jackenfutter): feines Taschenfuttergewebe in Leinwandbindung. Es ist wie → Pocketing rechtsseitig glanzausgerüstet und appretiert und besteht überwiegend aus Baumwolle oder Viskosefaserstoff. Die Qualität ist mit dem → Kattun vergleichbar, aber gröber als ein → Cambric. Die Einstellungen liegen zwischen 21 und 30 Fd/cm sowie bei Nm 60 x 70 Fadenfeinheit. Die Einstellung in der Kette ist meist höher als im Schuss. (Beispiel für Einstellungen in Kette und Schuss: deutsch 27 x 21 Fd/cm, Nm 60 x 60, englisch 68 x 35 Fd/Inch, Ne 35 x 35, → Einstellung.) Jaconet ist ein feiner und weich ausgerüsteter Warentyp und kommt als unifarbener Stückfärber in den Handel (Schwarz, Grau, Dunkelblau, Braun). Er wird als Versteifungsfutter für leichte Oberbekleidung eingesetzt, ebenso als Taschen-, Zwischen- und Westenfutter. Der → Pocketing ist ihm verwandt, jedoch mittelfein und fester im Griff.

Jacquard, Joseph-Marie (*1752 Lyon, † 1834 Oullion/Lyon): Erfinder der sog. Jacquardwebmaschine (1805), bei der im Gegensatz zum Schaftwebstuhl (→ Abb. 207) beliebig viele Fäden einzeln gehoben oder gesenkt werden können, und zwar durch ein von Karten gesteuertes Hubgetriebe. Damit können fast unbegrenzt große Dessins entwickelt werden. Gewebemusterungen, die über die Grundbindungen hinausgehen und bestimmte Dessingrößen überschreiten, tragen als Handelsbezeichnung auch den Namen „Jacquardgewebe", unabhängig von ihrer Bindungsart.

Literatur: A. Hofer: Stoffe 2. Bindung, Gewebemusterung, Veredlung. Deutscher Fachverlag, Frankfurt/Main 1994[7].

Jacquardgewebe (jacquard fabric): Musterungsbezeichnung für Web- und Maschenware mit großrapportigen Dessins, z. B. Jacquard-Damast, Jacquardgobelins, Brokate, gemusterte Matratzendrelle usw.

Japanseide (japon): Japanseide aus Haspel- oder Maulbeerseide: → Japon. Japanseide aus Schappeseide: → Fujiseide oder → Toile de soie.

Japon: Handels- und Qualitätsbezeichnung für reinseidene, immer taftbindige Gewebetypen aus entbasteter Haspelseide des Bombyx mori, die auch → Habutai und Pongé genannt werden. Manchmal wird die leichtere Ware als Pongé, die schwerere Ware als Habutai bezeichnet. Diese Klassifizierung ist aber schwer nachvollziehbar, da viele Händler ihr gesamtes Seidenprogramm von 5–14 Momme und höher mit Pongé, Japon oder Habutai bezeichnen (→ Japanseide, → Unzensatin).
Die Kette sollte immer aus Grège, der Schuss aus Grège oder Trame bestehen. Die verwendeten feinen Fäden (2,3 tex x 2) lassen das Gewebe trotz der hohen Fadenzahlen (45–70 Fd/cm in Kette und Schuss) leicht transparent erscheinen. Die Ware hat einen hohen Glanz, fühlt sich ausgesprochen seidig und weich an und ihr Fall wird mit Gewichtszunahme fließender. Das Gewicht wird überwiegend in → Momme (mm) angegeben. Qualitäten werden durch Stempelfarben unterschieden: 1. Wahl: roter Stempel, 2. Wahl: blauer Stempel und 3. Wahl: schwarzer Stempel.

Einsatz: Blusen, Kleider, Hemden, Accessoires; Lampenschirme und Dekoartikel.

Jaspé-Effektgarn (coloured twist thread): Effektgarn aus zwei verschiedenfarbigen Vorgarnen, gesponnen mit geringer Drehung. Früher aus Baumwolle, heute aus allen verfügbaren Faserstoffen sowie deren Mischungen hergestellt. Es ist also eine Bild- und keine Qualitätsbezeichnung. Gegensatz: → Mouliné.

Jaspégewebe (jaspé cloth): Handelsbezeichnung für Kleider- und Kostümstoffe mit weichem Griff, die überwiegend mit Jaspé-Effekten gewebt sind. Bindungen sind Leinwand, Köper oder Atlas. Vielfach Filamentkette und Jaspéschuss. Häufig wird auch die feine Zweifarbigkeit eines Gewebes (z. B. des Futterstoffes → Venezia) als Jaspé-Effekt bezeichnet.

Java (java canvas): klassischer Handarbeitsstoff in Panamabindung, meist P 2/2, überwiegend Vollzwirnware aus Javabaumwolle, aber auch aus Halbleinen- und Reinleinenqualität. Die Einstellung ist ca. Nm 16/2–24/2. Java ist ein relativ grobes Gewebe.

Javanese (javanese): taftbindiges Viskosegewebe, überwiegend aus Asien importiert (Indonesien, Korea, China). In der Kette besteht es aus Viskosefilament, im Schuss aus Viskosefaserstoff (ausgezeichnet als Viskose/Fibranne oder Viskose/Spun Rayon). Einstellungen jeweils in Kette und Schuss: 120 Inch x 60 den 120 f 50 x Ne 30 (z. B. Japan), 102 Inch x 60 den 120 f 48 x Ne 30 (z. B. Indonesien) und 102 Inch x 60 den 120 f 30 x Ne 30 oder 90 Inch x 62 den 120 f 30 x Ne 30 (z.B. China)
In den meisten Fällen ist die Filamentanzahl der Viskosekettfäden nicht angegeben, kann aber für den Preis und das Griffverhalten ausschlaggebend sein. In Japan kann man z. B. den 120 f 50 ausspinnen, in China dagegen teilweise nur den 120 f 30.
Der Griff ist geschmeidig und weich, wobei die leichte Querrippenoptik auch im Griff zu spüren ist (leicht sandig und ribbelig beim Reiben der aufeinander gelegten Ware). In Indien bezeichnet man diese Ware in konfektioniertem Zustand als Bosci. Die Ware lässt sich sehr gut bedrucken und färben.
Quelle: Otto Aversano, Hamburg.

Jeans: amerikanische Bezeichnung für Blue Gene oder Genois als blaue genuese Gewebe. Mit „genoese" wurden schon sehr früh die Baumwollhosen bezeichnet, die in ihrem einfachen Schnitt den genueser Seemannshosen entsprachen. Im Slang der Hafenarbeiter wurde „genoese" dann zu „Blue jeans" verballhornt. Von dieser Bezeichnung distanzierte sich Levi Strauss, da seine textilen Erzeugnisse aus Nîmes kamen und die Orignalbezeichnung „Serge de Nîmes" (→ Serge) trugen.
Jeansgewebe sind immer köperbindig gewebt: K 2/1 oder K 3/1 in Z-Richtung (Köpergrat) = right hand und S-Richtung = left hand. Die ersten Jeans waren aus → Canvas genäht und hatten eine beige bzw. braune Farbe.
Im Normalfall handelt es sich bei Jeans um Serge (frz.) oder Twillqualitäten (engl.). 1994 verbrauchte die Baumwollindustrie für die Jeansher-

Jeans

stellung 21 % ihrer Jahresproduktion. 1987 wurde vom Chemiekonzern Ciba-Geigy die Jahresproduktion an synthetischem Indigofarbstoff für das Jeansfärben auf ca. 10.000 t geschätzt. Die nachfolgend genannten Ausrüstungsarten müssen auch unter ökologischen Gesichtspunkten betrachtet werden.
Jeansarten und Jeansausrüstung (jeans finishing):
- *Authentic Denim* (engl., = ursprüngliche Jeans): Jeans, die steingewaschen oder enzymgewaschen eine gebrauchte Optik erhalten, z. B. wieder Used Look,
- *Basic* (engl., = die Grundlage bildend): alle klassischen Grundmodelle und immer wiederkehrende Stoffarten (Blue Denim, Black Denim, Natural Denim). Als „Basic" wird auch ein kommerzielles Jeanssortiment bezeichnet,
- *Bio-bleach* (engl., = biologisch gebleicht): Die konfektionierte Ware wird beispielsweise folgendermaßen behandelt: 15-minütiges Entschlichten mit Enzymen bei 80 °C; kalt spülen; 50-minütiges Stonen bei 60 °C und 2 % Enzyme (umweltfreundlich?); bei normalem Denim werden keine Steine, aber 4 % Enzym eingesetzt; kalt spülen; Bleichen mit Glucose (Glucose hat eine reduzierende Wirkung); 10-minütiges Waschen bei 60 °C mit Waschmittel; kalt spülen; 15-minütiges Weichmachen bei 40 °C,
- *Bio-stoning* (engl., synonym: enzyme-washed, enzyme-stoned, stone-washed): Um bei Jeans einen getragenen Warenausfall zu bekommen, wird normalerweise mit Steinen gewaschen und je nach Wunsch mit chemischen Zusätzen zusätzlich gebleicht. Bei Bio-stoning wird ein Enzym (eine bestimmte Cellulase) zugesetzt, das die Indigofarbe auflöst, sodass sie ausgespült werden kann, ohne das Gewebe fasertechnisch zu schädigen. Geringere Mengen Bimsstein schonen nicht nur das Textil, sondern auch die Maschinen. Zusätzlich kann die Produktion erhöht werden, da in der Maschine mehr Platz für Textilprodukte ist. Das Enzym-Stonen ist aber teurer als das klassische Verfahren. Aus diesem Grund verwendet man nur teilweise Enzyme (10–50 %), der Rest wird mit Bimsstein ergänzt,
- *Bio-washed* (engl., auch rinse-washed = wassergespült): Diese Bezeichnung erscheint etwas anmaßend, da lediglich mit klarem Wasser gewaschen wird, um der Ware einen weicheren, etwas volleren Griff zu verleihen. Die Oberfläche wird durch die Trommel und durch die Mechanik leicht angegriffen. Es werden hierbei Flockungsmittel eingesetzt, die nicht so biofreundich sind. Problematisch ist der überflüssige Wasser- und Energieverbrauch bei dieser Ausrüstungsart,
- *Black Denim* (engl., black = schwarz): Dieser Typ ist gegenüber Blue Denim ein Garnfärber (Kette) oder auch stückgefärbt. Er ist echtfarbig und verändert erst nach mehreren Wäschen (gering) seine Farbe. Blue Denim kann man stonen, Black Denim nicht, es sei denn, man verwendet stark chlorhaltige Mittel, mit denen man einen Teil der Farbe oxidativ entfernen kann,

Jeans

- *Blue Denim* (engl., blue = blau): Kettbaumfärbung (warp-dyed), wobei das Kettmaterial bis zu achtmal gefärbt bzw. „ummantelt" werden kann. Die Indigofärbung, heute synthetisch hergestellt (seit Ende des 19. Jh.), ist ein Reduktions- und Oxidationsprozess. Der gefärbte Kettbaum geht anschließend in die Weberei und wird mit weißem Schussgarn zum Denim. Levi Strauss verkaufte um 1870 nur weiße oder braune Canvashosen, erst später kaufte er Indigodenim aus Nîmes (Serge de Nîmes) und brachte die erste Blue Denim auf den Markt,
- *Black changes blue* (engl., black changes blue = Schwarz wird zu Blau): wird auch als Blue-Black oder „black overdyed indigo warp yarn" (engl., = Schwarz überfärbtes indigogefärbtes Kettgarn) bezeichnet. Es ist eine indigo-gefärbte Jeans, die schwarz überfärbt wurde, nach einigen Wäschen also bläulich wird. (Für „Black-Fans" nicht zu empfehlen.)
- *Black-Black:* Dieser Typ ist meistens garngefärbt und wird dann schwarz überfärbt. Hier bleibt der schwarze Farbton über die Tragedauer relativ gut erhalten. (Nicht mit Vollwaschmittel waschen, da diese optische Aufheller enthalten, die den Farbton mit einem Grauschleier belegen: → Optische Aufheller.) Bei schwarzen Färbungen ist kein Stonen mit Enzymen möglich; auch das Stone-washed-Verfahren bringt keinen großen Effekt, da das Garn im Gegensatz zu blue dyed (klassische Färbung von Blue Denim) fast durchgefärbt ist,
- *Broken Twill:* Diese Bezeichnung bezieht sich auf die Bindungstechnik. Gemeint sind Jeans in Kettkreuzköperbindung (K_k 3/1, → Abb. 135), selten auch als gleichseitiger Kreuzköper. Der normalerweise diagonal laufende Z-Grat wird hier nach einer bestimmten Anzahl von Kettfäden in S-Grat-Richtung gebrochen. Wichtig ist die Kettbetonung, um die Strapazierfähigkeit des Gewebes zu gewährleisten,

Abb. 135: Broken Twill

- *Button Fly* (engl., fly = Hosenschlitz): Hosenschlitz mit Knopfleiste, → Zip Fly,
- *Chalk-washed* (engl., chalk-washed = mit Kreide gewaschen): Es handelt sich um eine extreme Moonwashed-Ausführung. Dabei bleibt nur wenig blaue Farbe auf der Ware, der größte Teil ist durch die in Chemikalien getränkten Steine entfernt worden. Es entsteht der Eindruck einer mit Kreide belegten Ware.
Zwei verschiedene Möglichkeiten bieten sich an: Hosen nass und Steine trocken oder Hosen trocken und Steine nass. Die mit Kaliumpermanganat oder Chlorbleiche getränkten Steine (bei trockenen Steinen werden die Hosen entsprechend

vorbehandelt) wirken bei längerer Verweildauer in der nicht mit Wasser gefüllten Trommel auf die Ware ein. Abhängig davon, wie hoch der Weißanteil auf der Fertigware sein soll, kann man das Verhältnis Material zu Steinen bestimmen. Wichtig ist vor allem die Neutralisiation der Ware (pH-Wert neutral), um ein späteres Vergilben zu verhindern,
- *Chambray, Cambray:* leichtes Baumwollgewebe, keine Jeans im klassischen Sinn. Dieses Gewebe ist nicht in Köper-, sondern in Leinwand-, Panama- und evtl. in Nattébindung gewebt. Meist besteht es aus einer blauen Kette und einem weißen Schuss. Das Gewebe ähnelt dem Denim, ist jedoch leichter und feinfädiger und weich im Griff. Bei jeder „Jeanswelle" spielt der Chambray eine wichtige Rolle. Als Ergänzung oder Ersatz für den schweren Denim findet er im Leisure-Bereich sowohl in der DOB, HAKA als auch bei KOB und Young Fashion Verwendung. Einsatz: überwiegend Hemden,
- *Chemical-bleached, Bleached* (engl., chemical-bleached = chemisch gebleicht)*:* Durch Zusetzen von Oxidationsmitteln, chlorhaltige oder weniger aggressive sauerstoffbleichende Substanzen (Wasserstoffperoxid), wird ein insgesamt heller Farbton erreicht, der Jeans mit einem „All-over-used-Look" versieht. Kaliumpermanganat kann ebenfalls verwendet werden, verursacht ggf. aber einen Gelbstich, der von „Jeans-Freaks" nicht akzeptiert wird,
- *Chemical-stoned:* eine erweiterte Form der Stone-washed-Type. Durch Zugabe von Chemikalien wird ein verstärkter „Used Look"

erreicht, ohne die Ware stundenlang zu waschen. Während der Stone-Wäsche wird durch Zugabe von Essigsäure der pH-Wert auf 5,5–6,0 gebracht. Anschließend wird eine Chemikalie beigegeben, die die Farbe leichter „abreibt" als die Steine es tun. Diese Chemikalie ist ein hochwertiges Enzym, welches bei pH-neutralem Wert wirkt,
- *Coloured Denim:* Diese Jeans sind in Kette und Schuss echtfarbig garngefärbt. Hier ist weder beim Tragen noch in der Wäsche ein Färben zu befürchten (im Gegensatz zu Overdyed). Erkennen kann man die Coloured an der „Einfarbigkeit", während der „normale" Denim immer eine blaue Kette und einen weißen Schuss hat. Die Farbskala geht von Gelb über Orange, Rot, Violett usw.,
- *Darkblue, Navy-washed* (Levi's): bezieht sich auf die Kettfärbung, wenn der Farbstoff das Kettmaterial vollkommen durchfärbt, bei Navy-washed z. B. durch doppelt gefärbte Kette. Diese Ware bleibt auch nach mehreren Wäschen dunkel (beim waschen ohne optische Aufheller),
- *Enzyme-washed, Enzyme-stoned:* → Bio-stoning,
- *Fade-out, Washed-out* (engl., to fade out = verblassen, verbleichen): weitere Begriffe für stärker vorgewaschene Jeans, die einen „Five-years-old-Look" haben sollen,
- *501* (Five O One): Diese berühmte Bezeichnung für eine Levi's ist bürokratischen Ursprungs. 501 war die Bezeichnungsnummer für dieses blaue Köpergewebe. Alle Stoffballen, die zum Versand kamen, erhielten die Nummer 501,

- *Garment-washed, Pre-washed* (engl., garment = Kleidungsstück): Qualitätsbezeichnung für vorgewaschene Jeansprodukte. In der Waschlauge verlieren die Stücke ihren festen Griff und gewinnen so beim Käufer „Tragesympathie". Ebenso geht ein Teil des Farbstoffes verloren und man erhält die gewünschte Farbigkeit. Die Dauer das Waschganges bestimmt die Weichheit und die Farbigkeit der Stücke,
- *Hand-me-down-Optik* (engl., hand-me-down = abgelegt, getragen): Entspricht einem Used Look. Die Ware hat einen weichen Griff und die typischen Abriebstellen an Oberschenkel und Gesäß,
- *Mill-washed* (engl., mill = Textilfabrik, Weberei, Mühle): Bezeichnung für Jeansgewebe, die vor der Verarbeitung evtl. vom Produzenten vorgewaschen werden. Das Verwaschen gibt der Ware einen helleren Farbton und einen weicheren Griff (u. a. durch das Entfernen der Schlichte). Bei unsachgemäßem Waschen kann es zur Streifenbildung kommen. Die Hosen haben dann nach der Fertigung ein vorgewaschenes Aussehen, aber an den Nähten und Tascheneingriffen fehlt die getragene Optik. Dieses Verfahren wird seltener eingesetzt, da sich die Stoffe leichter verarbeiten lassen, wenn sie fest und steif sind (z. B. beim Zuschnitt),
- *Moonwashed* (Acid-, Fog-, Marble-, Snow-washed): Auch als Raureif- oder Orangenhautoptik bzw. frost-washed bezeichnet. „Clondike"-Jeans von Levi's oder „snow-washed"-ausgerüstete Jeans von Wrangler weisen eine ähnliche Optik auf. Diese weltberühmte und erfolgreiche Ausrüstung wurde 1986 in Italien von der Firma RIFLE entwickelt; andere Quellen geben Japan als Erfinderland an. Es erfolgt eine normale Vorbehandlung wie unter → Jeanswaschverfahren beschrieben. Nach dem Prozess werden die Steine mit verschiedenen Chemikalien getränkt (Kaliumpermanganat) und die Jeans zusammen mit den Steinen in die Trommel gefüllt. Die Steine wirken trocken auf die Jeans ein, dann wird Wasser dazu gefüllt. Der Waschgang ist härter, intensiver als normal, die Jeans erhalten eine fast kraterähnliche Optik, je nach Steingröße fein, mittel, grob. Aufgrund der günstigeren Herstellung gegenüber Stone-washed-Ware wird „moon" überwiegend für Billigproduktionen eingesetzt. Anschließend wird mit Fixiermittel und Weichspüler gespült. Die Maschinen sollten immer unterbeladen sein, damit die Ware optimal ausfällt. Ware-Stein-Verhältnis je nach Effekt 1:1 oder 2:1, aber auch 1:3,
- *Natural Denim* (engl., natural = natürlich): ein rohfarbener Denim mit gleicher Bindungskonstruktion wie Blue Denim. Auch hier wird die Schlichte nach dem Konfektionsprozess ausgewaschen. Ist die Ware im Farbton gebrochen gräulich, nennt man sie „Off-White",
- *Off-White:* → Natural Denim,
- *Overdyed* (engl., to overdye = überfärben): Wenn Jeans als Modeartikel vertrieben werden, gibt dieses Verfahren dem Handel die Mög-

lichkeit, Farbvarianten anzubieten. Normal blaue oder schwarze Jeans werden mit anderen Farben überfärbt und können so „trendgerecht" angeboten werden. Um eine lebendige Optik zu erhalten und nicht nur uni auszusehen, werden die Jeans vorher gestoned und dann gefärbt. Dieser Typ ist daran zu erkennen, dass auch die Taschenbeutel, Labels und Pflegeetiketten sowie aufgenähtes Zubehör überfärbt sind. Gute Firmen nähen Labels erst nach dem Färben an. Problematisch bei diesem Verfahren ist die Farbechtheit. Der Farbstoff zieht oft nicht 100%ig ein, sodass sowohl beim Waschen als auch beim Tragen Farbstoffe abgegeben werden. Unbedingt vor dem Kauf einen Reibversuch (trocken oder nass) machen,
- *Power-washed, Super-stoned* (engl., powerkraft, Energie: Bei diesem Verfahren wird der Denim entweder länger mit einem erhöhten Steinanteil gewaschen oder weniger Teile werden mit mehr Steinen gewaschen. Das Ergebnis entspricht ungefähr einem 55-maligen Waschen in der Haushaltsmaschine: mehr Abrieb, weicherer Griff und ein „Destroyed Look", d.h., dass Nähte und Kanten zerfetzt sein dürften,
- *Pre-shrunk* (engl., pre-shrunk = vorgeschrumpft, vorgekrumpft): Die Ware wird entweder mit einer Kunstharzbehandlung (Quervernetzung) einlaufsicher ausgerüstet oder einer Sanfor-Behandlung unterzogen (kompressive Schrumpfung, → Sanfor),
- *Soft-washed* (engl., soft washed = weich gewaschen): Die Bezeichnung steht für ein sanftes, relativ kurzes Vorwaschen der Ware. Unter Zusatz von Weichspüler erzielt man einen weichen, vollen Griff, wobei die Hosen relativ dunkel bleiben. Angewendet wird dieses Verfahren, wenn die Jeans ein nicht so stark „gebrauchtes" Aussehen erhalten sollen. Sie haben sehr angenehme Trageeigenschaften.
Beispiel:
- 20-minütiges Waschen bei 60°C unter Enzymzugabe,
- kalt spülen,
- 10-minütiges Waschen bei 60°C unter Zugabe von Waschmittel,
- 15-minütiges Weichmachen bei 40°C.
- *Stone-washed* (engl., stone = Stein): klassische Waschart für Denim. Die Ware erhält ihre ausgeblichene Optik und den typischen Abrieb an Nähten und Kanten. Der Waschladung Jeans werden naturbelassene Bimssteine zugesetzt. Sie reiben während des Waschgangs einen Teil der Farbe ab und ebenso die Fasern. Es entsteht eine „getragene" Optik. Die Waschzeit beträgt ca. 45–90 Min. Dabei reiben sich die Steine fast vollständig auf.
Beispiel:
- Entschlichten,
- kalt spülen,
- 30-minütiges Stonen bei 60°C unter Zugabe von 1%igem Enzym,
- kalt spülen,
- 10-minütiges Waschen bei 60°C unter Zugabe von Waschmittel,
- 15-minütiges Weichmachen bei 40°C.
Beim „Super-stoned"-Effekt wird der Stonewaschgang auf 50 Min. erhöht,

- *Stone-bleached, Chemical-stoned* (engl., stone-bleached = mit Steinen gebleicht): Durch Zugabe von Chemikalien (→ Jeanswaschverfahren) wird ein stärkerer Used Look erreicht. Während der Stone-Wäsche wird durch Zugabe von Essigsäure der pH-Wert auf 5,5–6,0 gebracht. Anschließend wird eine Chemikalie beigegeben, die die Farbe leichter „abreibt" als es die Steine tun. Diese „Chemikalie" kann auch ein hochwertiges Enzym (Amylase) sein, welches im pH-neutralen Bereich und in bis maximal 40 °C heißem Wasser wirkt. Enzyme sind in der Lage, die Farbstoffe zu „knacken", ohne die Ware zu schädigen (→ Bio-stoning). Zur Verbesserung des Effekts wird ein zusätzlicher Waschgang mit Seifenlauge durchgeführt, um ein klares gebleichtes Warenbild zu bekommen. Die Steinmenge richtet sich nach dem jeweils gewünschten Warenausfall. Erkennen kann man eine gebleichte Ware daran, dass auch die Tascheneingriffe, Teile des Bundes und die Nahtansätze keine dunkle Originalfarbe mehr zeigen,
- *Street-bleached, Sun-bleached* (engl., street-bleached = vom Tragen auf der Straße gebleicht): weitere Begriffe für extreme Used Look-Typen,
- *Thermo-Denim:* innenseitig geraute, meist normale Denim-Typen (14,5 oz). Bei leichteren Jeans kann die Hose mit Flanell oder Molton abgefüttert werden,
- *Unwashed* (engl., unwashed = ungewaschen): authentische Optik des Denim. Die Ware wird ohne jeglichen Zusatz gewaschen, lediglich die Schlichte wird entfernt. Der Denim bleibt dunkelblau. Das Waschen bleibt dem Kunden überlassen, wobei zu bedenken ist, dass dieser Original-Typ relativ stark einläuft. Daher sollte man eine Nummer größer kaufen,
- *Used Look, Used washed, Sandblasted* (engl., used look = gebrauchtes Aussehen, sandblasted = sandgestrahlt): Damit der Denim möglichst authentisch und getragen aussieht, wird er vor einem ca. zweistündigen Waschgang entweder ganz oder partiell mit Kaliumpermanganat besprüht, z. B. punktuell auf Schenkel und Gesäß. Bei der Rodeo-Type werden die Innenseiten der Hosen behandelt. Der Effekt kann auch durch Sandstrahl (Quarzsand) erreicht werden. Ergebnis ist die Optik einer uralten Jeans.
Die nach heutigem Erkenntnisstand umweltfreundlichere Variante besteht auch hier im Einsatz von Enzymen. Sie schonen die Natur und vor allem die Fasern. Enzyme sind allerdings teuer und das Verfahren ist zeitaufwendiger. Es wird häufig von „Jeans-Fans" nicht akzeptiert, da keine Used-Optik (bei der Enzymbehandlung gibt es keinen Faserabrieb) vorhanden ist,
- *Vegetable-dyed* (engl., vegetable = Gemüse): Hierunter versteht man kettgefärbte Jeans, jedoch nicht in den klassischen Blau-, sondern in anderen Tönen (Rot, Gelb, Braun usw.). Der Schuss ist wie der der Original-Denim Weiß oder Rohweiß. Der Mode entsprechend wird diese Art auch als Used-washed-Variante angeboten und trägt dann den Doppelnamen „vegetable-used-washed",

Jeansgewichte

Gruppe	Bereich	Charakteristik	Einsatzgebiet
6 oz	6–7,5 oz	superleicht	Hemden, Blusen, Denim
11 oz	10–12,5 oz	Leichtqualität	Sets, Slacks, leichte Hosen, Jacken
14 oz	13–14,5 oz	Normaldenim	Jeans (z. B. Röhre) Jackets
15 oz	15–15,5 oz	schwerer Denim, rustikale Optik	Jeans, Jacket

Tab. 10: Denim-Qualitäten und -Einsatzgebiete

– *Zip Fly* (engl., zip = mit einem Reißverschluss öffnen oder schließen, fly = Hosenschlitz): 1926 brachte die Firma Lee als Erste eine Jeans mit Reißverschluss auf den Markt, die „1001 Zip".
Bei allen Warengruppen ist auf „left hand" oder „right hand" und darauf zu achten, ob die Köperbindung K 2/1 oder K 3/1 ist. Die Bindung beeinflusst Griff, Optik und letztlich auch den Preis. (→ Einstellungsgewebe (Jeans/Denim)).
Quelle: P. Niemeyer; M. Kröger: Die Jeans – Das Kleidungsstück des 20. Jahrhunderts. FHS, Hamburg 1990.

Jeansgewichte: →Tabelle 11.
1 ounce (oz) = 28,35 g
1 yard = 0,9144 m
1 square yard = 0,9144 m x 0,9144 m = 0,8361 m²

Berechnungsbeispiel:
6 oz/square yard =
6 x 28,35 g/0,8361 m²
= 203 g/m² x 1,50 m = 304 g/lfm

Jeansschnitte (jeans shape of cut): Überblick über die verschiedenen Passformen: → Abb. 136.

Ounces/ square yard	g/m²	g/lfm (150 cm breit)
6	203	304
6,5	220	330
7	237	355
7,5	254	381
10	339	508
10,5	355	533
11	373	559
11,5	380	570
11,75	397	596
12	407	610
12,5	423	634
13	440	660
13,75	466	699
14	475	712
14,25	484	725
14,5	492	738
15	508	761
15,25	516	774
15,5	524	787

Tab. 11

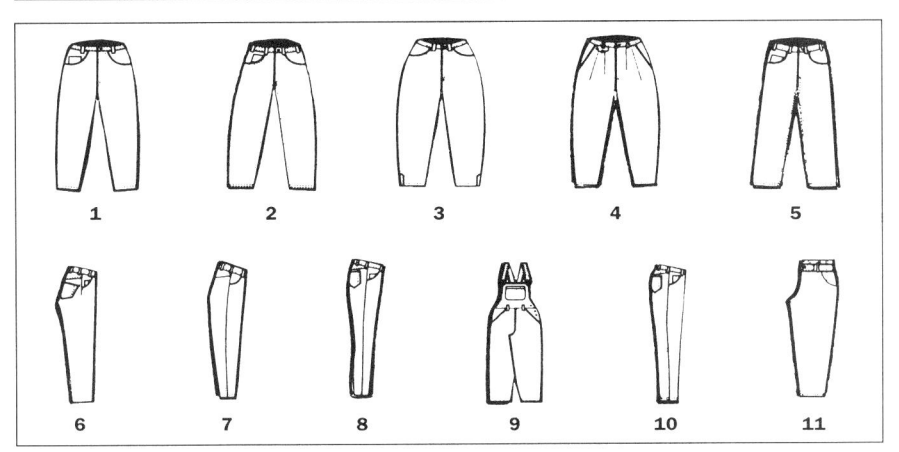

Abb. 136 Jeans-Passformen

1. Basic: 5-Pocket – das Original,
2. Zigarette: gerade geschnittene Männerjeans,
3. Karotte: konisch zulaufende Passform, Problemlöser im Oberschenkelbereich,
4. Bundfalte: konservativ, kein echter Jeansschnitt,
5. Stiefel: bietet mehr Fußweite,
6. Tight Fit: Jeans mit enger Passform,
7. Loose Fit: weite Passform,
8. Stretch: hautenge elastische Jeans (längs-, quer- oder bi-elastisch),
9. Latzhose,
10. Regular Fit: klassische gerade Form,
11. Anti-Fit: erzeugt leicht einen „Entenpo".

Jeanswaschverfahren (washing methods): Allgemeine Informationen: Die Intensität des entsprechenden Wascheffekts ist vom Waschprozess, von der Grundqualität und dem Warengewicht abhängig. Mit Hohltrommelmaschinen erzielt man eine bessere Flottenzirkulation; dieser Maschinentyp ist daher den Mehrkammermaschinen vorzuziehen. Bei Mehrkammermaschinen ist auch die Gefahr der Waschfaltenbildung durch verstärktes Rutschen der Hosen an den nicht perforierten Kammerseiten größer. Durch zunehmendes Warengewicht kann der Warengriff härter und steifer werden, wodurch eine vermehrte Waschfaltenbildung entstehen kann. Gegen diese Faltenbildung können Mittel eingesetzt werden, deren Auswahl vom gewünschten Warenausfall abhängig ist (wash-out, Griff etc.).

Bewährt haben sich in der Praxis folgende Arbeitsgänge:

– Vortoppen der Teile, um konfektions-, transport- oder lagerungsbedingte Falten zu glätten,
– Waschen der Teile auf links,
– hohes Flotten und/oder geringes Beladungsverhältnis (1:10 oder 1:15),
– Weichmacher bereits der Vorwäsche zusetzen,
– schnelles Entschlichten durch Zusetzen hochwirksamer Enzyme u. a. bei hohen Temperaturen,

- Metallteile (Knöpfe, Besätze u. Ä.), die Katalytschäden hervorrufen können, sind erst nach dem Waschen anzubringen (ebenso Lederembleme),
- hellere Farbtöne können durch Zusatz von Chlorbleichlauge erzielt werden (für Overdyed-Artikel und elastische Denims nur begrenzt geeignet). Chlorbleichlauge 1:10 mit Wasser verdünnen und der Vorwäsche zusetzen. Beim Hauptwaschgang muss mit Antichlor (Natriumthiosulfat) neutralisiert werden,
- Übertrocknung bei der Tumbler-Trocknung vermeiden, da dies zu einer Verhärtung des Warengriffs und zu überhöhten Schrumpfwerten führt.

Spezielle Wäsche für verschiedene Denim-Typen (→ Tabelle 12): Denim aus 100% CO Normalwäsche; linke Warenseite außen. Beladungsverhältnis 1:15; Flottenverhältnis 1:10.

Jersey (jersey): benannt nach der Kanalinsel Jersey, wird auch als Crêpe-Jersey bezeichnet. Es handelt sich um einen Webtrikotstoff, der nicht mit dem Maschenwarenprodukt Jersey verwechselt werden sollte. Er wird vielfach in Kette und Schuss aus Seide hergestellt; Grègeseide mit hoher Drehung (Organsin). Schussfolge: 2Z- und 2S-gedrehte Garne in Panama- oder Nattébindung. Es ist ein weiches, dem → Crêpe Romain ähnliches Gewebe. Einsatz: Kleider und Jackenstoffe.

Jumelbaumwolle, Mako-Jumelbaumwolle: Der Name geht zurück auf den französischen Ingenieur Louis Alexis Jumel (1785-1828), der zusammen mit → Mako Bey 1821 als Erster die Baumwollsorte → Ashmouni in Kultur anbaute. Als Begriff oder Markenname ist Jumel, im Gegensatz zu Mako, heute so gut wie unbekannt. → Baumwolle.

Jutegewebe (jute fabric): allgemeine Handels- und Qualitätsbezeichnung für Gewebe, die ganz oder teilweise aus Jute gewebt sind. Jutegewebe werden überwiegend für Verpackungen, Planen, Säcke und Teppiche oder Linoleumunterschichten verwendet (→ Hessian). Jute, aus deren Stängelbast die Faser gewonnen wird, gehört zu den Lindengewächsen. Hauptanbaugebiete sind Bangladesch (Ostbengalen) und Indien (Assam).
Literatur: P.-A. Koch; G. Satlow: Großes Textil-Lexikon. Deutsche Verlags-Anstalt Stuttgart 1965.

Vorwäsche	Hauptwäsche	Spülen
10–15 Min.	20–30 Min.	ca. 10 Min.
bei 40–70 °C	bei 40–70 °C	bei 20–30 °C
2 5 g/l Enzym	1–2 g/l Enzym	
0,5–1 g/l Weichmacher	2–3 g/l nichtionogenes Waschmittel	1–2 g/l Weichmacher

Tab. 12

Kabel (tow): → Spinnkabel.

Kadett (cadet cloth): Muster und Handelsbezeichnung. Der Kadett wird auch als Kieler Drell, Matrosendrell oder Matrosensatin bezeichnet. Er weist eine blau-weiß geschärte Kette mit weißem Schuss in Kettatlasbindung (A 4/1) auf. Schwarz-Weiß-Färbungen sind selten. Manchmal wird der Streifen auch gedruckt. Wird ein Bindungswechsel vorgenommen, wird das Gewebe als Regatta bezeichnet. Es ist ein kräftiges Gewebe aus Baumwolle (und auch Mischungen).
Einsatz: Berufskleidung und Kinderjacken. → Drell.

Käseleinen (cheesecloth): Dieses Gewebe diente ursprünglich zur Verpackung von Käse, Fleisch und festem Salz. Es ist ein unifarbenes, meist gebleichtes, kräftiges Leinengewebe mit leichter Einstellung und relativ starken Titerschwankungen (Dünn- und Dickstellen) in Kette und Schuss. Als modisches Gewebe entdeckt, wird es für Kleider, Blusen und Dekoartikel verwendet. Die Materialzusammensetzung hat auf die Bezeichnung keinen Einfluss (Leinen, Baumwolle, Mischungen oder reine Chemiefaser); es handelt sich um eine reine Herkunftsbezeichnung.

Kalander (calender): Maschinen für unterschiedlichste Veredlungsvorgänge, deren Hauptbauteile schwere Walzen sind. Je nach Anzahl der vorhandenen Walzen unterscheidet man 2-Walzen-Kalander, 3-Walzen-Kalander und Universalkalander mit 4–12 Walzen.

Kalander dienen zur Glanz- und Glätteerzeugung von Textilien und auch für Prägeeffekte mit sog. Gaufrierwalzen. Vom Chintz-Effekt über einen Seidenfinish bis zur Herstellung einer weich-matten Oberfläche hat der Kalander einen großen Anwendungsbereich in der Appretur. Die Stückware wird durch mindestens zwei, meistens aber drei oder vier übereinander angeordnete Walzen mit hohem Anpressdruck durchgeführt (20–40 t/cm^2). Die Walzen sind wechselweise aus Kunststoff (weich) und Stahl (hart), wobei letztere erhitzt werden können. Eine Ausnahme bildet der Herstellung des → Moirés. Hier verwendet man harte Walzenpaare. Der Glanz bei Baumwolle oder Leinen ist jedoch reversibel, da beim Waschen die Fasern quellen und ihre ursprüngliche Form wieder annehmen. Ein permanenter Glanz wird, wenn gewünscht, durch den Einsatz von Kunstharzvernetzern erreicht.

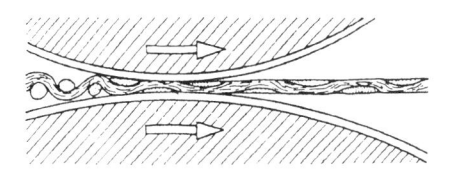

Abb. 137: Verformung des Gewebes beim Kalandern (die Stahlwalze oben glättet das Gewebe, die Kunststoffwalze unten bietet einen „weichen" Gegendruck, sodass die linke Warenseite Struktur behält)

Kaliko 184

Kalandern

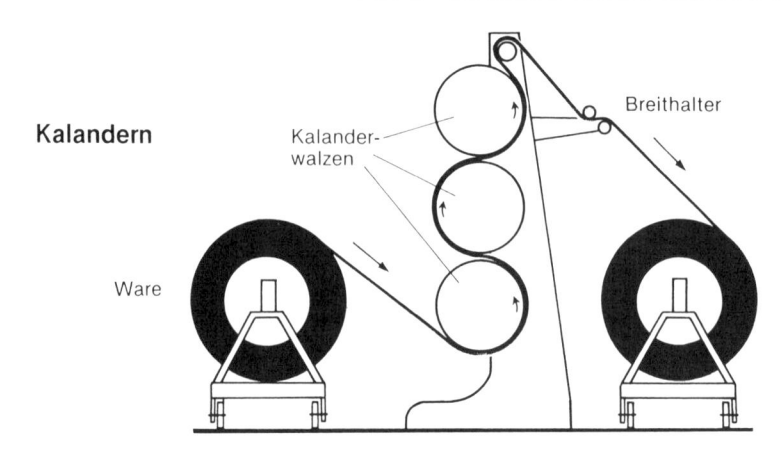

Kalanderwalzen

Breithalter

Ware

Abb. 138: 3 Walzen-Kalenderanlage

Kaliko (calicot, plain cotton cloth): → Calicot. Eine andere Bezeichnung ist Druckperkal. → Perkal.

Kalmuck (calmuc): Der Ausdruck stammt ursprünglich aus dem Türkischen und „Kalmücken" bezeichnet ein westmongolisches Volk. Kalmuck ist eine schwere Baumwollqualität, noch schwerer als → Molton. Beidseitig stark geraut (das Bindungsbild ist nicht mehr zu sehen) wird Kalmuck auch als Swanboy oder Fries bezeichnet. Typische Merkmale sind die sehr gute Wärmeisolation und ein weicher Griff. Die Bindung ist Köper, Kreuzköper oder Atlas; fast immer Schussdoublé (→ Abb. 139/140) oder Doppelgewebe mit Bindekette. Als Material wird, wie bei Biber und Molton, überwiegend Baumwolle eingesetzt. Kalmuck wird rohfarbig (gelblich), weiß oder farbig angeboten.
Einstellung: 24 x 30 Fd/cm und Nm 30 x 10.

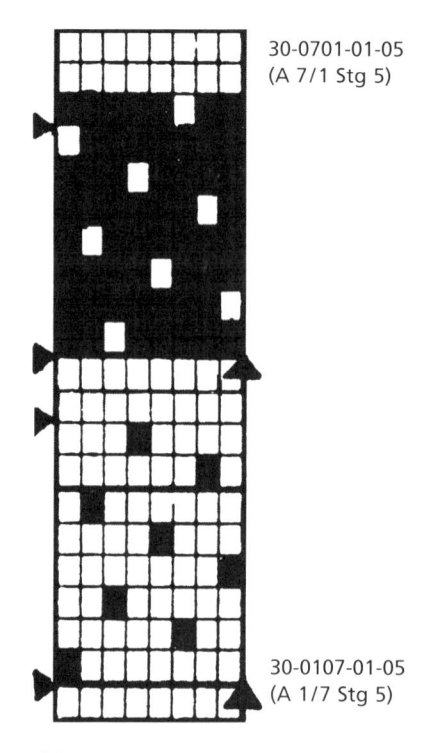

30-0701-01-05
(A 7/1 Stg 5)

30-0107-01-05
(A 1/7 Stg 5)

Abb. 139

Kammgarngewebe

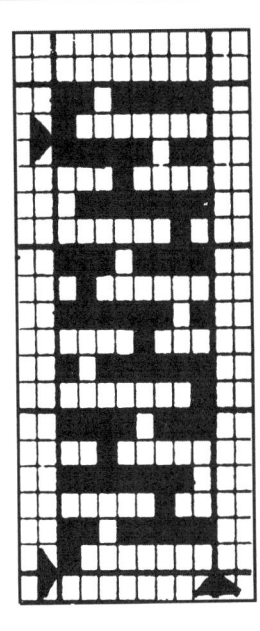

Abb. 140: Beide Bindungen werden schussfadenweise ineinander geschoben, sodass ein Schussdoublé entsteht.

Einsatz: schwere Decken, Betteinlagen, Unterlagen, Mitläuferstoffe bei Druckmaschinen, Bügelbrett- und Mangelbezüge. Kalmuck ist sehr gut für Jacken und experimentelle Arbeiten geeignet.

Kammertuch (cambric): feiner Hemdenkattun mit sehr dichter Einstellung (z. B. 30 x 30 Fd/cm, Nm 70 x 70), auch → Cambric genannt. Als Kammertuch wird aber auch ein starkes, leinwandbindiges Baumwollgewebe zur Herstellung von Röcken und Mänteln bezeichnet.

Kammgarn (Wolle: worsted yarn, Baumwolle: combed yarn): Wolle oder wollähnliches Chemiefasergarn (z. B. Acrylfasern), bei deren Herstellung (Kammgarnverfahren) durch Kämmen die mittleren und kurzen Fasern ausgeschieden werden. Kammgarne werden meist höher gedreht als → Streichgarne und durch die parallel liegenden Fasern sind die Garne glatter (wenig abstehende Faserenden) und zugfester, aber auch geringer wärmeisolierend. Die Stapellänge beträgt ca. 80–150 mm. → Kammgarngewebe.

Kammgarn-Carré: eine Sonderform des → Armure; durch das Aneinanderlegen von Bindungen entstehen karierte Musterungsstrukturen. Die Ware wird kahlveredelt. Sehr dezent gemustert ist sie, wenn unifarbene Garne eingesetzt werden. Etwas auffälliger wird die Dessinierung bei unterschiedlich farbigen Garnen in Kette und Schuss.
Einsatz: sportive und elegante Kleider- und Kostümstoffe.

Kammgarngewebe (worsted cloth, worsted fabric): bestehen in Kette und Schuss aus → Kammgarnen, sind fein- und klarfädiger und leichter als → Streichgarngewebe und überwiegend kahlappretiert. Der Begriff bezieht sich auf die Garnherstellung und nicht auf die Faserstoffart, d. h. Kammgarngewebe können aus 100 % Wolle, aus 100 % Chemiefaser und auch aus deren Mischungen bestehen. Typische Kammgarngewebe sind z. B. → Fresko, → Tropical, → Panama, → Piqué, → Gabardine, → Whipcord, → Cord, → Serge, → Twill, → Flanell, aber auch Gewebe, die sich durch Effektzwirne auszeichnen, wie z. B. → Bouclé, → Mouliné, → Ondé usw.

Kammzug (top): Endprodukt der (Woll-)Kämmerei, das zur Produktion von sog. → Kammgarnen dient. Der Kammzug ist ein zusammenhängendes, paralleles, verzugfähiges Faserband, bei dem die kurzen Fasern (ca. 20–60 mm) herausgekämmt sind. Kammzüge werden meist in Spulenform angeboten und werden auch im sog. Vigoureux-Druck (Kammzugdruck) zu Melangegarnen verarbeitet. → Vigoureux.

Kammzugdruck (top print): → Vigoureux.

Kanevas: → Canvas.

Kantille (bullion): → Bouillon.

Kanvas (canvas, cotton duck): → Canvas.

Kapok (kapok, cotton silk; malaysisch, Pflanzendaunen): Faser des Kapokbaumes, der zur Gruppe der Bombacaceen (speziell Ceiba pentandra, daher auch Bombaxwolle genannt) gehört und u. a. in Brasilien, Indien und Mexiko wächst. Er wird zwischen 40 und 70 m hoch. Die Kapokfaser besteht aus Cellulose und ist kaum verholzt. Verwendet werden die Pflanzenhaare der inneren Fruchtwand der Kapokkapsel (also keine Samenfasern). Die Fasern sind aufgrund ihrer geringen Festigkeit nicht verspinnbar. Sie sind gelblich bis hellbraun, haben einen seidenartigen Glanz, sind ca. 15–40 mm lang und damit der Baumwollfaser vergleichbar, sind seidenweich und fein und haben ein sehr geringes spezifisches Gewicht (ca. 0,30-0,32 g/cm³), weswegen sie einst als Füllmaterial für Rettungsringe und Schwimmwesten verwendet wurden. Kapok kann wegen der große Hohlräume viel Luft speichern, ist von großer Bauschkraft und Wasser abstoßend sowie motten- und milbensicher. Das Material ist heute weitgehend von modernen Chemiefasern, wie z. B. PES und PP, abgelöst worden. Einsatz: Füllmaterial für Polster, Matratzen und Kissen.

Karakulplüsch (caracul pile fabric): → Krimmer.

Karnak: Baumwollsorte aus Ägypten. → Baumwolle.

Kaschieren, Bondieren (bonding; engl., to bond = kleben, verbinden): Im Gegensatz zum → Laminieren steht dieser Begriff für das Verkleben (→ Lanisieren) zweier oder mehrerer Gewebelagen. Zum Verkleben werden sehr dünne Klebefolien nach dem Flamm-Kaschierverfahren verwendet (auch als Bondieren bezeichnet). Nachdem heute auch Schaumstoffe zum Kaschieren eingesetzt werden, wird der Begriff des Laminierens auch hier verwendet.
Literatur: M. Peter; H. K. Rouette: Grundlagen der Textilveredlung. Deutscher Fachverlag, Frankfurt/Main 1989.

Kaschmir (cashmere wool): Man unterscheidet vornehmlich drei Verwendungen des Begriffs:
1. Haar der asiatischen Ziege (lat. Capra hircus laniger), die seit ca. 5.000 Jahren überwiegend in China, Afghanistan, Persien, Iran, der äußeren Mongolei und Nepal (Südseite des Himalaja) beheimatet ist. In kleinen Her-

den gehalten, entwickelt sie das beste Haar auf Weiden in der Höhe von ca. 3.000–4.000 m bei einer Temperatur von ca. −35 °C. Bis Anfang des 20. Jh. kam „die weiße Wolle", damals auch noch Tibethaar genannt, ausschließlich aus dem Gebiet des Himalajas. Heute ist „Kaschmir" zu einem Sammelbegriff mittlerer bis feiner Ziegenhaare geworden (→ Cashgora, → Pashmina, → Mohair$^{(WM)}$, → Angorakanin).

Die deutsche Definition des Begriffs „Kaschmir" oder „Kaschmirhaar" bezieht sich allein auf die Haare der Kaschmirziege, ohne zwischen hoher und minderer Qualität zu unterscheiden.

Entscheidend für die Kaschmirqualität sind u. a. die Faserfeinheit, die Faserlänge und die Farbe. Der beste Kaschmir kommt aus China mit einer Feinheit von 14–16,5 µm und einer durchschnittlichen Faserlänge von 24 mm (braun, zweitklassig) bis 40 mm (erste Qualität). Durch Verarbeitungsfehler können die Textilien zu Pilling, Flusenbildung oder fehlender Passformstabilität neigen. Kaschmir mongolischer Provenienz ist nicht ganz so fein und kann durch Kreuzzuchten 17–18 µm stark sein. Die Faserlänge beträgt teilweise bis 60 mm.

Iranischer und afghanischer Kaschmir hat Faserfeinheiten von 17–19 µm und eine Faserlänge von ca. 21–40 mm, wobei auch Fasern mit 10 und bis 90 mm Stapellänge vorkommen. (Durch teilweise schlecht entgranntes Deck- und Unterhaar ist Kaschmir dieser Provenienz manchmal von minderer Qualität.) Australischer Kaschmir aus Kreuzzuchten hat Feinheiten von 15–19 µm und liegt damit zwischen der Ware aus China und dem Iran. → Cashgora hat im Vergleich dazu eine durchschnittliche Faserlänge von 50 mm, im Einzelfall auch 100–125 mm, und eine Feinheit von ca. 18–23 µm. Ist Kaschmir nur 2–3 µm feiner, kann es bereits 50 % teurer sein (→ MFD).

Es gibt weißen, cremefarbenen, hellgrauen, dunkelgrauen und braunen Kaschmir. Rehbraune bis dunkelbraune Fasern sind typisch für iranischen und afghanischen Kaschmir. Die natürliche Farbe beeinflusst die Qualität und den Preis. Das weiße Haar ist das teuerste, denn dunklere Farben werden vor dem Färben meist gebleicht und verlieren dadurch an Qualität, so z. B. bei Kaschmir von braunen Ziegen aus der Türkei.

Schottland hat klimatisch bedingt nur eine geringe Ausbeute. Die gleichnamige Provinz Kaschmir produziert nur für den Eigenbedarf – das Kaschmirhaar von dort ist in Deutschland unter dem Regionalbegriff → „Pashmina" bekannt.

Die Ziegenhaare werden nur gezupft oder ausgekämmt, mit Ausnahme von Persien, wo die Ziegen geschoren werden. Das weiche, geschmeidige Unterhaar stellt das wertvolle → Duvet (Flaumhaar) dar. Hiervon liegt der Jahresertrag von einem weiblichen Tier bei ca. 100 g, von einem Bock bei ca. 200 g. Das Kaschmirhaar ist flaumig, weich, geschmeidig, leicht, sehr wärmend und elastisch. Schals, die aus dem teuren Duvet (Kaschmir/Pashmina) gewebt wurden, sind so fein, dass man sie durch einen Fingerring ziehen kann. → Shahtoosh.

Die Jahresproduktion von Kaschmir lag 1999 bei ca. 6.000 t von 40 Mio. Tieren. Für einen Pullover benötigt

Kaschmir

man das Haar von sechs Ziegen, für eine Jacke das von zwanzig.
Die Kennzeichnung der Ware ist nur sehr unzureichend (bei Überprüfungen war ca. 60 % falsch etikettiert). Ziegenhaare anderer Regionen, auch Kreuzzuchten, z. B. aus Australien und Schottland, und selbst recycelter Kaschmir werden als Kaschmir verkauft und auch als solcher akzeptiert. Ein hoher Preis ist hierbei kein Gütesiegel. Ebenso ist „one ply"(Einfachgarn), „two ply" oder "eight ply" (Zwirne) allein keine Qualiätsaussage, es gibt nur das eingesetzte Fadenmaterial, Garn oder Zwirn, an.

2. Allgemeine Bezeichnung für feine, weiche Jackenstoffe im DOB- und HAKA-Bereich. Überwiegend als Streichgarn eingesetzt, wird es in der DOB- und HAKA-„Luxusklasse" auch als fein ausgesponnenes Garn (sehr empfindlich) verwebt, verstrickt oder gewirkt. Ware für den häufigeren Gebrauch sollt aus mindestens zweifachen Garnen (zweifach einstufiger Zwirn) bestehen, da sonst die Festigkeit in Frage gestellt ist und vermehrt Pilling auftritt. Kaschmir gilt als die edelste Faser im Bereich der Haare, dicht gefolgt von Alpaka. Reine Kaschmirtextilien sind relativ pflege-

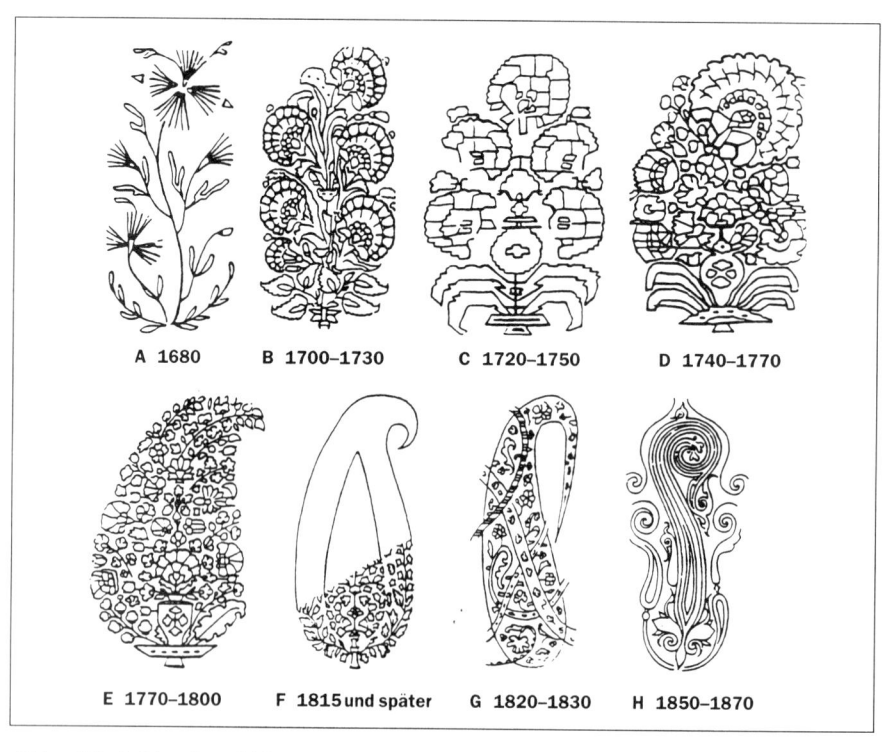

Abb. 141: Paisley-Entwicklungen

A 1680   B 1700–1730   C 1720–1750   D 1740–1770
E 1770–1800   F 1815 und später   G 1820–1830   H 1850–1870

bedürftig. Die Kombination mit Merino ist besonders vorteilhaft, weil die Verarbeitung leichter (Rohgewebeherstellung) wird und man eine Ware erhält, die kräftiger im Griff und strapazierfähiger ist, wodurch sie sich auch für den Schwerkonfektionsbereich eignet. Die Bindungen sind meist 3- oder 4-bindige Kettköper oder Twill (→ Abb. 5/6/7). Maschenware aus Kaschmir stellt einen eigenen, nicht hier zu besprechenden Bereich dar.
3. Das Kaschmir-Muster (Cashmere shawl, Kashmir shawl, Paisley) ist eine Umsetzung der Vegetationsspitze der Dattelpalme und lässt sich bereits bei den Babyloniern finden. Bei ihnen war es das Sinnbild für den Baum des Lebens, sein Schößling galt als Symbol der Fruchtbarkeit. In der indischen und asiatischen Kunst war das Symbol über Jahrhunderte ein Formelement, welches ständigen Veränderungen unterlag. Eine Veränderung des sog. Kaschmir- oder Paisley-Musters (Palmette) sieht man auf der → Abb. 141.
Literatur: K.-H. Phan, in: Prisma-Wochenmagazin 50/1999, S. 5 f.

Kasha®: Handelsname der Firma Rodier in Paris, am 14.10.1921 eingetragen. Es ist ein sehr weiches Gewebe aus Kamm- oder Streichgarnen mit geringer Drehung, auch als Kascha bezeichnet. Dabei wird Kaschmirhaar im Schuss oder auch Kamelhaarwolle in Mischung mit Merino verwendet. Die Bindung ist überwiegend 4-bindiger Gleichgratköper, Schusskreuzköper (K 1/3) oder kleine Fantasiebindungen und nur selten Leinwand. Kasha® erhält eine Foulé-Veredlung (Waschen, evtl. Färben, Walken, Rauen und Dämpfen). Die Oberfläche weist einen leichten Faserflor auf. Kasha® besitzt eine geringe Knitteranfälligkeit, eine gute Wärmeisolation und ein gutes Luftaustauschvermögen, aber keine hohe Strapazierfähigkeit.
Einsatz: elegante Tageskleider.

Kasimir (cassimere): → Cassinet.

Kattun (calicot, plain cotton cloth; arab., qutun = Baumwolle): Kattun als Handelsbezeichnung wird auch → Zitz oder → Calicot genannt und ist ein feines, leinwandbindiges Baumwollgewebe, das auch als Druckgrund für Wäsche und Hemden verwendet wird. Seine Einstellung ist z. B. 28 x 27 Fd/cm, Nm 60 x 70, aber auch offener und gröber wie z. B. 22 x 17 Fd/cm, Nm 50 x 50.

Kattunbindung: → Leinwandbindung.

Kermel: Polyimidamidfaser (PAI) von Rodia, 1972 auf dem Markt eingeführt. Sie zeichnet sich durch eine sehr hohe Hitze- und Flammenbeständigkeit aus und wird als Web- oder Strickware für DOB und HAKA angeboten. Unter starker Hitzeeinwirkung tropft oder schmilzt Kermel nicht. Die Zersetzungstemperatur der Faser liegt bei 380–400 °C. Für Sicherheitsbekleidung wird das Material rein sowie in Mischungen mit Viskose FR (flame resistant), Wolle oder Para-Aramiden produziert. Für Feuerwehranzüge z. B. wird die Kermelfaser um einen Para-Aramidkern gesponnen (Kermel HTA). Die Verspinnung mit den oben genannten Fasern wie Wolle und Viskose FR wird für den Präventionsbereich, z. B. für Piloten und Rennfahrer und hier speziell für deren Unterwäsche, verwendet. Diese Faserstoffgruppe zeichnet sich auch durch ihre extreme Leichtigkeit aus. Kermel wird derzeit spinngefärbt in 36 Standardfarben angeboten.

Kettbaum (warp beam): walzenförmiger Körper zur Aufnahme der Webkette. → Kettfaden.

Kettdruck (warp printing): Diese Technik ist auf Seidenketten schon um 1750 nachweisbar angewendet worden. → Chiné.

Kettfaden (warp thread, end): die bei der Herstellung von Geweben in der Webmaschine vertikal oder längs, d. h. von hinten nach vorn, verlaufenden Fäden.

Kettsamt (warp velvet, velvet): wird auch als echter Samt bezeichnet. → Samt.

Kevlar: → Aramidfaser von DuPont, Schweiz. Diese Markenfaser gehört zur Gruppe der aromatischen Polyamide, kurz Aramidfasern genannt. Kevlar wurde 1965 bei DuPont von der Wissenschaftlerin Stephanie Kwolek entdeckt. Kevlar besteht aus langen Molekülketten, die aus Poly-Paraphenyleneterephthalamid entstehen. Diese Ketten sind hoch orientiert und zeigen eine starke Bindung innerhalb der Kette auf, was zu einer guten Kombination von Eigenschaften führt.
Kevlar ist eine Para-Aramidfaser (Poly-p-phenyleneterephthalamid), die als Filament und Fasergarn Verwendung findet. Alle daraus hergestellten Produkte zeichnen sich durch eine sehr hohe Zugfestigkeit und ein geringes spezifisches Gewicht aus.
Die typische Eigenfarbe von Kevlar ist gelb. Die Festigkeit liegt mit ca. 200 cN/tex zwei- bis dreimal höher als bei hochfesten PES-Garnen und fünfmal höher als bei Baustahl. So wird Kevlar z. B. auch als Ersatz für Stahl in Spannbeton verwendet. Kevlar besitzt ein extrem hohes Energieaufnahmevermögen und mehrlagig verwendet kann diese Faser z. B. Projektile mit hoher Geschwindigkeit stoppen (balliste Kleidung). Die hohe Festigkeit ist verbunden mit geringer Dehnbarkeit (3–4,5 %). Kevlar bleibt bis 200 °C unverändert, bei 500 °C beginnt die Faser zu verkohlen, jedoch ohne zu schmelzen. Bei der Zersetzung verhält sich Kevlar nicht-toxisch, im Unterschied zu beispielsweise Wolle oder PAN, die toxische Gase bilden. Ferner ist diese Aramidfaser chemisch beständig und stellt keine gesundheitliche Gefährdung dar. Die Entsorgungsökologie bei Reinverarbeitung ist sehr gut (recycelbar). Auch die Entsorgung auf Deponien ist unbedenklich, da die Produkte keinen Einfluss auf das Grundwasser ausüben.
Einsatz: ballistische Schutzanwendungen, Splitter- und Schnittschutz (dagegen → Nomex für typische Flammschutzbekleidung). Diese Schutzkleidung benötigen beispielsweise Polizisten oder VIPs, Spezialeinheiten für Verbrechensbekämpfung oder das Militär. Kugelsichere Westen aus Kevlar haben ein sehr geringes Gewicht; sie wiegen weniger als 3 kg, Schutzhelme sogar nur 1 kg. Auch

Rennanzüge für Motorradfahrer werden wegen der hohen thermischen Belastbarkeit aus Kevlar hergestellt. Die Faserzähigkeit von Kevlar ist mitentscheidend bei der Verwendung des Materials für Hand- und Beinschutz z. B. für Waldarbeiter und Feuerwehrleute. Die Schutzwirkung kann durch mehrfach versteppte Lagen dieses Materials noch verstärkt werden. Kevlar wird darüber hinaus für Planen, Segel, Seile und Kabel eingesetzt und wird außerdem für die Verstärkung von Autos, Flugzeugen und Schiffsrümpfen verwendet. Als schwingungsdämpfendes Material setzt man diesen Aramidtyp auch für Tennisschläger und Skier ein. → Twaron®.

Khakigewebe (khaki cloth; pers. khaki = staubfarben): überwiegend aus Baumwolle hergestelltes Gewebe in allen Grundbindungen (Leinwand-, Köper- oder Atlasbindung), wobei der Ton immer sand- oder staubfarben sein sollte.
Einsatz: Tropenanzüge, Uniformen, aber auch Freizeitkleidung wie Mäntel, Jacken und Hosen.

Kid-Mohair: → Mohair(WM).

Kieler Drell: → Kadett.

Kittel (smoke, housecoat, overall): seit dem 12. Jh. deutsche Bezeichnung für ein hemdartiges Oberbekleidungsstück aus Baumwolle. Diese Wortschöpfung hängt wahrscheinlich mit dem arabischen Begriff qutun = Baumwolle zusammen (→ Kattun). Kittelgewebe waren früher Bauernbekleidungsstoffe aus Leinen oder Baumwolle. Daraus entwickelte sich der Arbeitskittel, fest gewebt in Leinwand- oder Köperbindung (Köperkittel). Das Material war bis in die 50er-Jahre hinein überwiegend Baumwolle, heute besteht der Kittel vielfach aus Mischungen (CO mit PES) oder zu 100 % aus Chemiefasern. Um das Einlaufen der reinen Baumwollkittel zu verhindern, wird die Ware einer Sanfor-Behandlung (kompressiver Schrumpf) unterzogen (→ Sanfor).

Klebe-Cloqué: → Astrakin. → Cloqué.

Klötzelleinen (unbleached and unfinished calendered linen): früher war es ein klassisches leinwandbindiges Gewebe aus Leinen für Anstaltskleidung mit genormter Einstellung (z. B. 16 x 16 Fd/cm, Nm 12 x 12 in Kette und Schuss). Daneben wurde es als Futter- und Einlagestoff mit grobem Leinen gewebt (12 x 12 Fd/cm, Nm 14 x 14, je nach Dichte bis Nm 23). Im Gegensatz zum → Wattierleinen ist die Ware weich und geschmeidig im Griff. Farbton: natur-, bastfarben.

Kneippleinen: Name nach Pfarrer Kneipp aus Bad Wörishofen (1821–1897), wird auch Gesundheitsleinen genannt. Es ist ein festes, relativ grobes Bauernleinen aus Flachswerggarn. Bindung: Leinwand, Gerstenkorn. Einsatz: Leinentücher, Unterwäsche, Frottéhandtücher usw. Kneipp- oder Bauernleinen ist dem Baumwollzüchen (→ Züchen) verwandt.

Köperbarchent: → Barchent.

Köpergewebe (twill; frz., serge, Croisé): allgemeine Handels- und Bin-

Kohlestreifen

dungsbezeichnung (keine Qualitätsbezeichnung) für alle Gewebe, die in Köperbindungen gewebt sind. Sie zeichnen sich durch einen mehr oder weniger deutlichen Diagonalgrat aus, der in Z-Richtung (right hand) oder in S-Richtung (left hand) verlaufen kann.

Kohlestreifen (coal stripe): Gewebe mit hellem Fond und grauen bzw. schwarzen, feinen → Streifen (Gegensatz: → Kreidestreifen).

Kongressstoff (congress canvas): ein überwiegend für die Stickerei verwendetes Gewebe in Leinwand- oder Dreherbindung (Halbdreher). Die Ware hat eine geringe Einstellung (offen), starke Baumwollzwirne in Kette und Schuss und ist häufig appretiert. Farbton: überwiegend Beige, Natur und Creme.
In feinfädiger Ausführung wurde der Kongressstoff als Gardine eingesetzt und wird auch als Kanevas (→ Canvas) bezeichnet.

Kord: → Cord.

Kordsamt: → Cordsamt.

Korell, Corell: Hemdengewebe in Halbdreherbindung mit poröser Oberfläche. Kette und Schuss sind aus feinen Baumwollgarnen (Mako, Sea Island). Pro Zentimeter werden 6–8 Dreherschnüre verwendet, was 12–16 Kettfäden (meist dreifacher Zwirn) bedeutet. Im Schuss liegen 6–12 Fäden aus zweifachen Zwirnen.

Korelline: Variante des → Korells in Scheindreherbindung (Leinwandablei-

tungen). Einstellungsbeispiel: 16 x 16 Fd/cm, Nm 28 x 28. Feine Gewebetypen haben Garne mit Feinheiten zwischen Nm 50 und 60 in Kette und Schuss.
Einsatz: Sommerkleider, Blusen und Hemden.

Kotton: österreichische Bezeichnung für → Kattun.

Kottonade: karierte Schürzensiamosen, die oft mit doppelfädiger Kette gewebt werden, um die Festigkeit zu erhöhen. → Siamosen.

Kotze (kotzen, shaggy blanket; der Name leitet sich aus althochdt. kozzo = grobes, zottiges Zeug ab; altfränk., kotta; neuhochdt., Kutte):
1. Name für ein sehr grobes Deckengewebe, stark und beidseitig geraut, aus kräftigen Wollen (Cheviot/Crossbred) in Streichgarn und Reißwolle. Bindung: meist Schussdoublé (ein Kett- und zwei Schusssysteme, → Abb. 140).
2. Bezeichnung für grobe Bauernröcke oder Umhänge (z. B. Schäferkotze). Heute ist es eine süddeutsche Bezeichnung für Umhang, Cape aus Wolle oder Schurwolle. Der Bindungseinsatz ist mode- und preisabhängig.

Kräuselkrepp, Laugierkrepp (crêpe): Kräuselkrepp, auch als Blasenkrepp geführt, ist ein Ausrüstungs- oder Laugierkrepp. Das leinwandbindige Baumwollgewebe, meist in Renforcé- oder Cretonneeinstellung, aber auch Kattun, wird partiell mit Natronlauge bedruckt und schrumpft, den Cellulosefasern entsprechend, an den Stellen, die mit der Lauge in Kontakt kommen.

Die nicht bedruckten Stellen werden beim Schrumpf einbezogen, sodass eine blasenartige Wölbung entsteht. Die Ware hat eine relativ gute Knitterresistenz und ist damit bügelarm. Durch eine Reserve, z. B. mit einer Gummiverdickung, kann man eine Imprägnierung des Gewebes und einen ähnlichen Effekt erreichen. Bei Chemiefasern nutzt man deren Thermoplastizität aus, indem man eine Hitzeprägung macht (Gaufrierkalander). Die Effekte ähneln dem → Seersucker oder dem → Craquelé.
Einsatz: Hemden, Blusen, Kleider und Bettwäsche.

Kreidestreifen (chalk-stripe): Längsstreifen, der im Vergleich zum → Nadelstreifen nicht so hart gezeichnet, sondern einem Kreidestrich nachempfunden ist. Das Grundgewebe (der Fond) ist meist grau oder anthrazit meliert, die Effektfäden überwiegend weiß oder hellgrau. Der Kreidestreifen wird aus 3–4 Fäden gebildet (der Nadelstreifen aus 1–2 Effektfäden). Die Kettfäden weisen durchgehend die gleiche Stärke auf und sind aus dem gleichen Faserstoff. Hierdurch ist die leicht verwaschene, unklare Optik gegeben, die aber noch verstärkt werden kann, indem die Ware leicht meltoniert wird. Als Material wird überwiegend Kammgarn (sowohl Schurwolle als auch Mischungen) eingesetzt. Die Bindung ist durchgehend K 2/2. Die Abstände zwischen den Streifen liegen bei ca. 1–4 cm.
Einsatz: vorwiegend Kostüme, Hosen und Anzüge. → Streifen.

Kreppgewebe, Crêpegewebe (crêpe fabric; frz., crêper = kräuseln): Sammelbezeichnung für alle porösen, unruhigen Warenbilder, die durch sog. Kreppgarne/-zwirne (echter Krepp) oder durch Kreppbindungen (unechter Krepp) entstanden sind und nachfolgend näher beschrieben werden. Das Oberflächenbild eines jeden Kreppgewebes ist wirr, unruhig, kraus oder porös. Die Optik ist damit, je nach Feinheit der Ware, mehr oder weniger rissig, narbig, uneben, im Griff nervig, sandig und wird überwiegend vom Prozentanteil der Kreppfäden bestimmt. Der Glanz ist als matt bis tiefmatt zu beschreiben.
Die verschiedenen Krepparten werden durch die unterschiedlichen Gewebekonstruktionen bestimmt:
1. *Garnkrepp:* Hier verarbeitet man in Kette und Schuss Kreppfäden (Drehungsanzahl ca. 1.000–3.500 T/m), die Bindungen sind überwiegend Leinwand oder kleine Variationen. Schon bei der Veredlung, und zwar durch das Krepponieren, Waschen und Färben, erhält die Ware ihren typischen Kreppcharakter. Weniger markant ist der Kreppeffekt, wenn nur in einem Fadensystem Kreppgarne verarbeitet werden. Durch die hohe Drehung haben echte Krepps eine sehr geringe Knitterneigung. Ebenso ist das Wärmehaltevermögen gering, aber das Luftaustauschvermögen sehr gut. Ein klassischer echter Krepp ist z. B. der → Crêpe Georgette.
2. *Unechte Krepps, Bindungskrepps* (→ Abb. 66, 94): Hier werden sog. Kreppbindungen eingesetzt, um ähnliche Effekte wie beim Garnkrepp zu erzielen. Es sind Bindungskombinationen aus Leinwand, Rips oder Panama, wobei die Flottierungen möglichst nicht mehr als drei Fäden betra-

gen sollten. Das Bindungsbild ist unruhig und sollte nicht zum Bildern neigen (Zieher- und Schiebeanfälligkeit). Die Garne oder Fäden haben bei dieser Konstruktion eine normale Drehung, wodurch der Faserstoff besser zur Geltung kommt als bei den echten Kreppgeweben. Aus Preisgründen ist dieser Typ sehr häufig zu finden. Das Problem der Längung durch das Eigengewicht (bei echten Krepps häufig) ist hier nicht zu befürchten. Ein typisches Gewebe diese Art ist der → Sandkrepp oder → Eiskrepp.
3. *Krepp aus Bindungen und Kreppfäden:* In dieser Qualität verbinden sich alle Eigenschaften der unter 1. und 2. aufgeführten Merkmale, z. B. beim → Mooskrepp, Schaumkrepp. Alle Kreppgewebe sind typisch kahlausgerüstete Waren.
4. *Gaufrierkrepp* oder → *Borkenkrepp, Borken-Crêpe:* Einsatz: Blusen, Kleider, Kostüme, Jacken, Mäntel, Möbelstoffe usw.
5. *Doppelkrepp:* Ein typischer Herbst- und Winterkrepp, der sein Volumen und Gewicht durch eine Doppelgewebekonstruktion erhält. Es werden Kreppgarne oder sog. Crêpongarne eingesetzt (nicht so hochgedreht, dadurch entsteht eine weiche, griffigere Ware mit u. U. einem günstigeren Preis). Die Bindung ist bei hochwertigen Stoffen für das Ober- und Untergewebe Leinwand (bei Wollartikeln sagt man Tuchbindung). Die Bindungen sind durch eine sog. Bindekette verbunden. Die Gewebegruppe wird auch unter → Doubelface eingeordnet, da eine ungefütterte Verarbeitung möglich ist. Der große Materialeinsatz und der allgemeine Kostenaufwand für diese Kreppgewebe macht sich im Preis bemerkbar. Doppelkrepp wird überwiegend im hochwertigen DOB-Genre verwendet. Einsatz: Kostüme, Jacken und Röcke.

Kretonne: deutsche Schreibweise für → Cretonne. Der Entwickler bzw. Fabrikant dieser Ware hieß Cretonne.

Kreuzköper (cross twill): Es sind noch Teile von Köpergraten zu erkennen, die „gekreuzt" sind. Dieser Bindungstyp wird vorrangig in der Wollweberei an Stelle der Atlasbindung verwendet, da der Kreuzköper eine etwas geringere Einstellung (Kette und Schuss) zulässt als der teurere Atlas und dem Gewebe trotzdem eine gute Festigkeit verleiht. Der markante durchgehende Köpergrat ist bei dieser Bindung nicht mehr vorhanden. Im Vergleich zu leinwandbindigen Geweben und zu Köpergrundbindungen kann der Kreuzköper dichter gewebt werden. Besonders gern nimmt man den schussbetonten Kreuzköper bei Rauartikeln. Beim 4-bindigen Schusskreuzköper z. B. werden die Schussfäden besser von den Raukratzen erfasst und so eine intensivere Rauwirkung erzielt (→ Abb. 14). Ist diese Konstruktion nicht zu dicht eingestellt, kann man auch beide Seiten sehr gut rauen. Eine Sonderform des Kreuzköpers ist der 4-bindige gleichseitige Doppelkreuzköper, auch Lauseköper genannt. Dieser Name leitet sich von der Lausitz ab, eine Region mit Tuchindustriestädten wie Cottbus und Finsterwalde. Der Doppelkreuzköper wird im Bereich DOB, HAKA und bei der Herstellung von Dekoartikeln verwendet (→ Abb. 13).

Krimmer, Persianerimitat (caracul cloth, imitation astrakhan): Pelzimitation, die eine gelockte und gekräuselte Oberfläche zeigt und auch als Webpelz bezeichnet wird. Der Krimmer ist eine Plüschware mit höherem Flor und damit dem → Samt verwandt. Das Grundgewebe besteht aus einer Halbzwirnware (Baumwollzwirn in der Kette, Baumwollgarn im Schuss). Die Florkette ist meist aus Mohair oder Chemiefasergarnen (auch Mischungen). Man unterscheidet die Art des Flors danach, ob entweder mit Zug- oder Schneid- bzw. mit Zug- und Schneidruten gearbeitet wird: Durch Zugruten entstehen unaufgeschnittene Florschlingen, durch Schneidruten ein aufgeschnittenes Florbüschel. Gleichhohe Zugruten lassen eine gleichhohe Kräuselung entstehen. Durch den Einsatz unterschiedlich hoher Zugruten werden dagegen verschieden hohe Kräuselungen erzeugt. Schneidruten werden für aufgeschnittene Krimmertypen verwendet.
Häufig wird die Ware anschließend noch bedruckt, um eine noch größere Ähnlichkeit zum Naturpelz zu erreichen.
Man unterscheidet verschiedene Arten des Krimmers:
1. *Persianerkrimmer,* eine Nachahmung des Persianerpelzes, wird für Stulpen und Kragen von Mänteln und Jacken verwendet,
2. *Slinkkrimmer* ist ein sehr heller Krimmerplüsch mit fester Kräuselung.
3. *Karakulplüsch* stellt eine Imitation des Karakulpelzes dar und hat flachgepresste Locken,
4. *Uralkrimmer* hat aufgeschnittene Locken,

Vielfach werden diese Pelzimitationen auch mit Chenille-Effekten ausgeführt; dabei werden auf ein leinwandbindiges Gewebe Chenille-Effektzwirne in bestimmten Bewegungsabläufen aufgeklebt.

Kristalline (crystal): ein dem → Voile verwandtes Gewebe, porös und mit offener Einstellung gewebt. Kristalline besitzt aber durch die Mercerisation einen höheren Glanz, eine bessere Festigkeit, einen weicheren Griff und eine gute Anfärbbarkeit. Es handelt sich überwiegend um Vollzwirnware.
Einsatz: Vorhänge, Damenwäsche und Accessoires.

Kunstleder (artificial leather, manmade leather, leatherette): lederähnliches Produkt, dem meist ein Gewebe, Gestricke, Gewirke oder auch ein Non-Woven-Artikel zugrunde liegt. Kunstleder werden auf unterschiedlichste Weise beschichtet, d. h. mit einem sog. Aufstrich versehen. Grundgewebe sind Nessel, Moleskin oder Duckgewebe. Meist wird mit PVC, PUR, Acrylaten oder auch Kautschuk kunstharzbeschichtet, letzterer kann natürlich oder synthetisch hergestellt sein. Die Leder können vollkommen dicht oder auch, je nach Verwendungszweck, semipermeabel sein. Entscheidend ist die Technik, mit der die Beschichtung aufgetragen wird: Zwischen jedem Aufstrich muss eine Trocknungspause stattfinden, um ein späteres Abplatzen der Beschichtung zu vermeiden. Kunstleder sind unter den verschiedenen Markennamen auf dem Markt; Skai ist neben Skailette und Molti das bekannteste. Diese Lederimitation darf nicht mit Lederimitaten der sog. → Mikrofaserwirbelvliese verwechselt werden.

Kurzzeichen: Es folgt eine Tabelle für Faserarten in alphabetischer Reihenfolge (→ Tabelle 13, S. 196–197):

Name (A–Z)	Kürzel	Kürzel (A–Z)	Name
Acetat	CA	ALG	Alginat
Alginat	ALG	AR	Aramid
Alpaka	WP	CA	Acetat
Angora	WA	CC	Kokos
Aramid	AR	CF	Kohlenstoff
Baumwolle	CO	CLF	Polyvinylchlorid
Cupro	CUP	CLF	Polyvinildenchlorid
Elastan	EL	CMD	Modal
Elastodien	ED	CO	Baumwolle
Flachs, Leinen	LI	CTA	Triacetat
Fluoro	PTFE	CUP	Cupro
Glas	GF	CV	Viskose
Guanako	WU	ED	Elastodien
Gummi	LA	EL	Elastan
Hanf	HA	GF	Glas
Jute	JU	HA	Hanf
Kamel	WK	HR	Rinderhaar
Kanin	WN	HS	Rosshaar
Kapok	KP	HZ	Ziegenhaar
Kaschmir	WS	JU	Jute
Kohlenstoff	CF	KP	Kapok
Kokos	CC	LA	Gummi
Lama	WL	LI	Flachs, Leinen
Metall	MTF	MAC	Modacryl
Modacryl	MAC	MTF	Metall
Modal	CMD	PA	Polyamid 6 u. 66

Tab. 13 (Fortsetzung S. 197)

Tab. 13 (Fortsetzung von S. 196)

Name (A–Z)	Kürzel	Kürzel (A–Z)	Name
Mohair	WM	PAN	Polyacrylnitril
Polyacrylnitril	PAN	PE	Polyethylen
Polyamid 6 u. 66	PA	PES	Polyester
Polyester	PES	PP	Polypropylen
Polyethylen	PE	PTFE	Fluoro (Polytetrafluorethylen)
Polypropylen	PP	PVAL	Polyvinylalkohol
Polyvinylalkohol	PVAL	RA	Ramie
Polyvinylchlorid	CLF	SE	Seide (Maulbeer)
Polvinyldenchlorid	CLF	SI	Sisal
Ramie	RA	ST	Tussahseide
Rinderhaar	HR	WA	Angora
Rosshaar	HS	WG	Vikunja
Schurwolle	WV	WK	Kamel
Seide (Maulbeer)	SE	WL	Lama
Sisal	SI	WM	Mohair (Angoraziege)
Triacetat	CTA	WN	Kanin (Angorakanin)
Tussahseide	ST	WO	Wolle (Schafwolle)
Vikunja	WG	WP	Alpaka
Viskose	CV	WS	Kaschmir
Wolle (Schafwolle)	WO	WU	Guanako
Ziegenhaar	HZ	WV	Schurwolle

Quelle: DIN 60 001, Teil 4.

Kutil: Anfang des 20. Jh. die Bezeichnung für ein festes, grobes, leinwandiges Baumwollgewebe.

Lace (engl., lace = Spitze, Spitzengewebe): Spitze, die auch als → Ajour bezeichnet wird und deshalb hier kurz Erwähnung findet. Der Wortstamm ist sehr wahrscheinlich im Italienischen zu suchen („laccio" oder „lacetto", eine Bezeichnung für das Verschlingen von Fäden). In England versteht man unter dem Begriff eine Klöppelspitze. Laces werden für den DOB-, HAKA- sowie für den Dekobereich verwendet und von der Schweiz insbesondere nach Afrika exportiert. Dort werden die sog. Laces als Kleider, Jacken und auch als Hosen getragen. Die Farbstellungen sind in Helligkeit und Anzahl sehr variabel.

Lackdruck (lacquer printing): Es handelt sich überwiegend um Pigmentdruckverfahren. Auch Lackdruckeffekte fallen unter die Lackdrucke. Die Echtheiten liegen bei euopäischen Firmen bei ca. 3–4 (Nass- und Trockenreibechtheit: beurteilt wird nach dem fünfteiligen Graumaßstab von 1, dem schlechtesten, bis 5, dem besten Wert). Bei Importware sollte man sehr genau auf die Bezugsquelle des jeweiligen Lieferanten achten.
Um irisierende Oberflächen zu schaffen, werden dem Pigment hochmolekulare Plättchen beigemischt. Das Licht wird dadurch unregelmäßig gebrochen und erzeugt so den gewünschten Effekt. Die Farbigkeit kann über die Pigmente gesteuert werden.
Lackstoffe auf Pigmentbasis (organische Stoffe) werden mit Titandioxid (TiO_2) versetzt und dienen als Füllstoffe. TiO_2 ist ein schwer schmelzbares, weißes, feinteiliges Pulver, welches in Wasser, Säuren und Laugen unlösbar ist. Die Lackstoffe besitzen eine relative hohe Empfindlichkeit gegenüber Fetten und Ölen. Vorsicht bei Möbelstoffen wegen Fettabrieb der Haut! Bei Bademoden sowie bei allen auf der Haut getragenen Textilien besteht Kontaktgefahr mit Öl und Fett. Diese Lackfarben sind in ihrer Optik stumpf. Die verwendeten Binder sind überwiegend Acrylate und haben nur eine sehr begrenzte Dehnung, sodass man auf den Textilgrund achten muss (Vorsicht bei Maschenware!). Durch die Verwendung von Polyurethan wird zwar Elastizität erreicht, aber der Preis ist auch entsprechend höher.
Ein Perlmuttschimmer wird durch Beimischungen von Polyesterpartikeln erzeugt. Hier kann die Oberfläche durch heißes Kalandern permanent glänzend gemacht werden. Durch diese Druckverfahren kann eine Griffverhärtung des Textils eintreten. Darüber hinaus wird der Griff stark durch die Dessinabdeckung bestimmt.

Längsripsgewebe (rib lengthwise, weft rib fabric): Bei diesem Gewebe werden die Rippen durch den dichten Schuss gebildet (Schussripsbindung) und laufen im Gegensatz zum → Querrips (Kettrips) in Vertikalrichtung (→ Abb. 3).

Lahn (tinsel, flattened metal thread = glänzend, flitternd): dünner Metalldraht, der flach ausgewalzt wird. Hochwertige Lahne bestehen aus Gold oder Silber, sonst aus Legierungen. Sie werden für Stickerei- und Webereizwecke verwendet, z. B. in → Brokaten oder → Lamés. Die Verwendung von Lahn ist schon in vorchristlicher Zeit bekannt gewesen. Gegensatz: → Bouillon, Kantille

Lambswool (engl., lambswool = Lammwolle): Streng genommen ist dies nur eine Qualitätsbezeichnung für die Verwendung der feinen Wolle, die bei der ersten Schur des Schafes anfällt, und keine Handelsbezeichnung. Lambswool wird weitgehend mit einem weichen und schmiegsamen Griff verbunden. Die Gewebe zeichnen sich aber häufig durch eine starke Pillingneigung aus, die allerdings typisch für jede weiche, feine Naturfaser ist (z. B. Kaschmir). Mischungen mit Chemiefasern können sogar, da sie eine wesentlich höhere Festigkeit haben, noch pillinganfälliger sein. Die Ware wird in Kamm- und Streichgarnausführung für den DOB- und HAKA-Bereich angeboten.

Lamé (lamé): Lamé ist keine eigenständige Handelsbezeichnung, sondern eine Zusatzbezeichnung für bestimmte Gewebekonstruktionen. Es sind taft-, köper- oder satinbindige Gewebe, die überwiegend im Schuss Metall- oder Polyesterbändchen haben (→ Mylar). Mal wird in Streifen gemustert, mal werden flächendeckend Metallbändchen eingesetzt. Die Kette besteht aus Acetat, Polyester, Seide oder Baumwolle. Lamé ist überwiegend ungemustert, mit Ausnahme von Diagonal-, Travers- oder Rayé-Musterungen und ist das Gegenstück zum → Brokat, der immer mit einer reichen Jacquardmusterung versehen ist.
Einsatz: Blusen, Kleider, Tops, Faschingskostüme und Accessoires.

Laméfaden (lamé effect yarn): Diese Bezeichnung steht für ein preiswertes Effektmaterial aus Polyester, Polyamid oder Acetat. Polyamid mit trilobalem Querschnitt bewirkt z. B. einen interessanten Glitzereffekt. Erzeugt der Laméfaden eine unterschiedliche Lichtreflektion, nennt man ihn → Irisé (→ Lackdruck). Effektfolienfäden mit Mylarseele sind brillant in der Farbigkeit und im Gegensatz zum härteren Metall- oder Brokatgarn in der Verarbeitung sehr weich. Taft-Lamé kann z. B. mit günstigen Laméfäden verarbeitet werden, kann aber ebenso hochwertiges Metallgarn enthalten.
Einsatz: universell in DOB, KIKO und bei Heimtextilien.

Laminat (foam back, laminate fabric): Laminate werden auch Multitextilien genannt. Zwei oder drei Gewebe- oder Folienlagen werden miteinander verschweißt, also untrennbar verbunden (Erfindung von Prof. Bayer, 1937). Heute werden auch die verarbeiteten Membrantypen (z. B. → Gore-Tex® und → Sympatex®,) als Laminate bezeichnet.

Laminieren (laminate, foam back): Verschweißen von Textilien oder Membranen nach dem Schmelz- oder Flammverfahren (nicht zu verwechseln mit → Lanisieren). Die Oberflächen der zu laminierenden Teile werden mit der entsprechenden Temperatur angeschmolzen und dann unter Druck mit dem Textil, Schaumstoff oder der → Membran verbunden. Nach dem Erkalten erhält man ein festes, flexibles Material, welches für sog. Wind und Wasser abweisende Artikel (WWA) verwendet wird (→ Kaschieren, Bondieren).

Lamous®

Lamous®: Double-Struktur mit Stützgewebe von der Firma Asahi. → Mikrofaserwirbelvlies.

Lampas (lampas; griech., lampas = Fackel, Lampe): ursprünglich ein schweres Seidengewebe mit greller Musterung. Der Begriff wurde aber auch für ostindische und chinesische bemalte Seidenstoffe verwendet, die von den Holländern nach Europa gebracht wurden.
Heute versteht man unter Lampas einen schweren Damast mit reicher Musterung für Möbel, → Posamente, Dekorationsstoffe und Wandbespannungen. Es handelt sich um ein Gewebe mit mehreren Kett- und Schusssystemen und einer komplizierten Bindungstechnik. Als Lampas werden auch lancierte, nicht brochierte Gewebe bezeichnet. Die Verkleinerungsform Lampasette wird für leichtere Stoffe in einfacher Bindungstechnik verwendet. →Damast (Möbel-Damast).

Lancé (lance, embroidered fabric): Bei diesem Stofftyp wird neben dem Grundgewebe noch ein Figurschuss eingetragen, der im Gegensatz zum → Lancé découpé oder → Broché über die gesamte Breite des Gewebes geführt wird (Dreifadensystem). Beim Lancé wird linksseitig der Faden gut abgebunden, um die Zieheranfälligkeit zu vermeiden (→ Abb. 142). Beim → Liséré (kettlanzierte Ware im Biedermeierstil) werden die Fäden auf der Rückseite flottiert geführt, um auf der rechten unnötige Anbindestellen zu vermeiden, die die Dessinoptik stören würden. Bei der Verwendung als Möbel- oder Dekostoff mit Abfütterung ist eine kurze Abbindung nicht nötig.

Lancé découpé (imitation brocade; frz., lancé découpé = abgeschnittene Lancierfäden): Im Gegensatz zum → Lancé werden hier die Fäden mustermäßig abgeschnitten (→ Abb. 143). Dadurch wird zum einen ein Stickerei- oder Broché-Effekt (→ Broché und → Abb. 144/145) erzielt, zum anderen werden Streifenbildungen verhindert, die bei feineren Geweben, wie z. B. Chiffon, Batist oder Cambric, nicht gewünscht sind. Der Lancé dé-

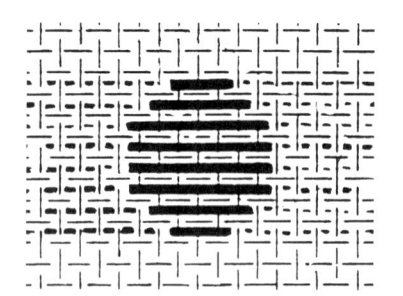

Abb. 142: Lancégewebe: Hier flottiert der Schussfaden auf der Rückseite und bildet das Muster nur auf der rechten Warenseite.

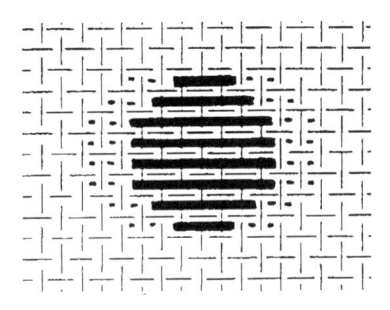

Abb. 143: Lancé découpé: Der Schussfaden bindet mit einer doppelten Leinwandkontur, um ihn fester in das Grundgewebe einzubinden.

coupé, auch als Faux Broché bezeichnet, wird häufig als Broché angeboten (Vorsicht Preis!). Zu erkennen ist der Lancé découpé daran, dass bei den Dessins am Rand rechtsseitig immer eine leinwandbindige Abbindung zu sehen ist, um ein Herausziehen der Fäden zu vermeiden. Auf der linken Seite sind die Fäden abgeschnitten. Dennoch bleibt das Gewebe sehr zieheranfällig.
Einsatz: DOB, Heimtextilien und Besatz.

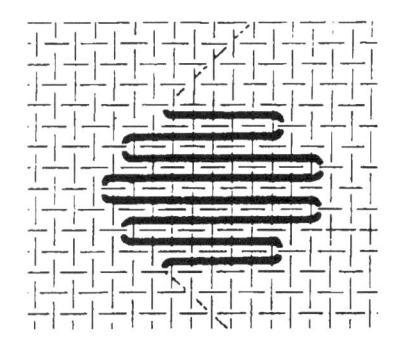

Abb. 144: Einseitiger Broché: Der Brochéfaden liegt nur auf der rechten Warenseite.

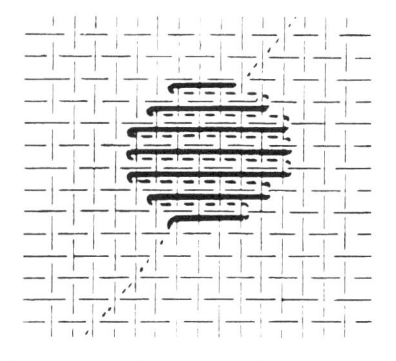

Abb. 145: Beidseitiger Broché: Der Brochéschuss liegt auf beiden Seiten des Gewebes.

Languette, Schlingenstich (scallop): Stichart der Weißstickerei, und zwar ein rechtwinkliger Schlingenstich. Dicht wird er als Kontur oder Randverzierung verwendet, weitläufig gestickt schlingt man ihn reihenweise ineinander.
Literatur: M. Schuette; S. Müller-Christensen: Das Stickereiwerk. Wasmuth, Tübingen 1963, S. 10.

Lanisieren (engl., adhesive joint = Klebeverbindung): Im Gegensatz zum → Laminieren werden beim Lanisieren Textilien oder Schaumstoffe (Bonding) verklebt und nicht verschweißt.

Lastexfäden: Gummifäden, die meist mit Baumwolle, Rayon (Viskosefilament) oder Synthetics umsponnen sind. Die Fäden werden vor allem für Miederwaren, Badebekleidung und Hosen verwendet. Die Bezeichnung „Lastexgewebe" für elastische Oberstoffe ist unzutreffend, wenn es sich dabei um texturierte Filamentgarne handelt.

Lasting (lasting, prunella): ein klassisches Kammgarngewebe aus meist 5-bindigem Kettatlas. Für Kostüme kann auch der sog. → Doppelatlas verwendet werden. Man unterscheidet Kleiderlastings (Gewicht ca. 130–160 g/m^2) und Kostümlastings (Gewicht ca. 220 g/m^2). Die Gewichtsunterschiede werden durch folgende Daten erklärt:
Kleiderlasting: Kette 34–40 Fd/cm,
    Nm 40–56 Kammgarn,
    Schuss 22–28 Fd/cm,
    Nm 48–64 Kammgarn,
Kostümlasting: Kette 34–42 Fd/cm,
    Nm 32–40 Kammgarn,
    Schuss 22–28 Fd/cm,
    Nm 32–40 Kammgarn.

Latex

Bei Kammgarnzwirnen verwendet man Nm 64/2–80/2. Das Gewicht wird also nur durch die Veränderung der Garnstärken beeinflusst. Lastings werden überwiegend in Uni gewebt oder sind in sich gemustert. Werden Moulinés eingesetzt und die Gewichtsklassen erhöht, erhält man einen → Covercoat für Damen- und Herrenmantelstoffe. Außer Schurwollqualitäten bieten die meisten Hersteller auch Schurwolle mit Beimischungen an. Wird in der Kette Baumwollzwirn und im Schuss Kammgarn verwebt, nennt man Lastings auch Paramatta oder Parametta.
Einsatz: Kleider, Kostüme und Mäntel; Möbelstoffe und Schuhobergewebe.

Latex (latex; lat., latex = Flüssigkeit, Nass): Milchsaft tropischer Pflanzen, aus dem Kautschuk und Klebstoff hergestellt werden. Die Bezeichnung wird für Emulsionen und Dispersionen des natürlichen und synthetischen Kautschuks verwendet. Bei Naturlatex handelt es sich um eine kolloide Lösung (Suspension) aus Kautschukmilch. Von Kolloiden spricht man, wenn sich ein Stoff in feinster Verteilung in einer Flüssigkeit oder in einem Gas befindet.
Einsatz: Gummifäden, Kaschierungen usw.

Laugenkrepp (crêpe effects achieved by printing on caustic soda): → Kräuselkrepp, Laugierkrepp.

Laugieren (caustic treatment): alkalische Vorbehandlung von textilen Flächen und Garnen aus Cellulose- und regenerierten Cellulosefasern (Baumwolle, Leinen, Viskose, Modal usw.). Im Unterschied zum → Mercerisieren wird beim Laugieren die Behandlung der Baumwolle in Natronlauge (18–20° Bé) ohne Spannung durchgeführt. Die Ware wird mit Lauge imprägniert, bleibt aufgerollt einige Stunden liegen und wird anschließend gut gespült.
Durch diese Behandlung treten folgende Veränderungen auf: Durch die Quellung der Fasern und der Garne wird eine Verkürzung der Fäden erreicht, die man als Schrumpfen bezeichnet (→ Abb. 146/147). Zudem kommt es zu einer starken Entspannung des Faserinneren. Eine auftretende starke Krumpfung ermöglicht Kräuseleffekte (→ Seersucker). Ferner nimmt die Dichte der Kett- und Schussfäden zu sowie das Quadratmetergewicht, die textile Fläche wird dichter. Die Aufnahmefähigkeit für Farbstoffe und Chemikalien (Vermeidung von unegalen Anfärbungen) erhöht sich und die Elastizität der Fäden wird größer.

Abb. 146/147: Schrumpfung durch Alkalieneinwirkung

Abb. 146: Schussfaden vor dem Laugieren

Abb. 147: Schussfaden nach dem Laugieren

Da beim Laugieren keine Orientierung der Fibrillen stattfindet, wird nur eine unwesentliche Zunahme der Zugfestigkeit erreicht, jedoch eine Flächenverdichtung, wie sie allein durch das Weben oder Wirken nicht erzielt werden kann. Es tritt aufgrund fehlender Spannung und Streckung keine Glanzerhöhung ein.

Lauseköper, Doppelkreuzköper: → Kreuzköper.

Lavable (frz., lavable = waschbar): Die Idee, die dem Lavable zugrunde liegt, leitet sich vom → Crêpe de Chine, Chinakrepp ab. Konstruiert wurde der Lavable von der Bemberg AG. Das Grundmaterial ist Cupro, die Grundbindung Taft (Leinwandbindung). Für den Kettkrepp gilt die folgende Konstruktion: Kette: Kreppfäden 2 Z und 2 Z (1 Z und 1 S); Schuss: mattierte Cupro-Fäden in Normaldrehung. Aufgrund der Konstruktion wird der Lavable auch „umgekehrter Crêpe de Chine" genannt. Unter den Firmen Bemberg AG und Bayer AG wurde Lavable zum Qualitätsbegriff. Es wurden sogar für die Weberei Mindesteinstellungen eingeführt. Je nach Typ der Ware sprach man von Bemberg-Lavable oder Cupresa-Lavable. Typisch ist der geschmeidige und etwas nervige Griff, der fließende Fall und die gute Luftporosität. Neben glatter Taftbindung werden auch → Façonnés als Musterungseffekte eingesetzt. Seit den 50er-Jahren wird der Lavable, wenn überhaupt, nur in geringen Mengen produziert. Webt man das Gewebe in reiner Seide, wird es Crêpe oriental genannt. Dieser ist fast konstruktionsgleich, nur sind die Kett-fäden nicht so hochgedreht (Voiledrehung), sodass der poröse, nervige Charakter nur schwach ist.
Einsatz: Blusen, Kleider, Hemden und Wäsche.

Lavalleinen (frz., Toile de Laval): Der Name bezieht sich auf die französische Stadt Laval (Hauptstadt des Departements Mayenne), den Ursprungsort feiner Leinengewebe; daher früher auch Laval'sche Leinen genannt. Es ist eine ältere Herkunftsbezeichnung für feine → Leinenbatiste. Diese feine, gleichmäßig reinleinene Qualität war leinwandbindig und wurde überwiegend für „Leibwäsche" und Bettzeug verwendet.

Lawn (lawn): Früher wurde die Bezeichnung für schlesische Schleierleinwand verwendet. Im Englischen verstand man unter Lawn feine Leinengewebe bzw. Leinenbatiste (Garne ab Nm 85). → Batist.

lb, lbs (pound): Gewicht, 1 lb entspricht 453,6 g.

Leder (leather, clothing leather): Leder ist die von Oberhaut und Unterhaut getrennte, gegerbte und zugerichtete Tierhaut. Seine Eigenschaften sind abhängig von der Tierrasse, vom Gerbverfahren und von der Art der Nachbehandlung. Man unterscheidet je nach Herkunft Zahmhäute von Zuchttieren, die in Herden leben oder aus Tierhaltungen stammen, und Wildhäute von frei oder wild lebenden Tieren, meist aus dem außereuropäischen Raum.
Für Bekleidungsleder werden überwiegend die Häute von Rind, Lamm,

Lederimitate 204

Schaf, Ziege, Schwein, Hirsch und Reh verarbeitet.
Da Leder ein „nichttextiles" Produkt ist, kann es hier nicht ausführlicher dargestellt werden.

Lederimitate (man-made leather): → Mirofaserwirbelvliese und deren Markennamen.

Ledersamt: → Duvetine. → Velveton.

Leibfutter (inside lining): veralteter Ausdruck für Futterstoff, der noch manchmal zur Bezeichnung der Futter in Schwerkonfektion gebraucht wird. Die Bindung ist häufig Köper oder Atlas, da damit neben den Griffeigenschaften auch ein höheres Gewicht erreicht werden kann, ohne wiederum die Gebrauchseigenschaften einzuschränken. Material: u. a. Baumwolle, Viskose, Polyester oder Mischungen.

Leinen, Flachs (linen, flax): Die Leinen- oder Bastfaser ist die älteste von Menschen verwendete Pflanzenfaser, die aus dem Stängel der Flachspflanze gewonnen wird. Der Begriff „Leinen" wird für das gesponnene Garn, das daraus gefertigte Gewebe und z. T. auch für die Maschenwaren gebraucht. Flachs wird hauptsächlich in den GU-Staaten, auf dem Gebiet der ehemaligen CSSR, in Frankreich, Belgien, Polen, Holland, Rumänien, Ungarn, Ägypten und in der Volksrepublik China angebaut. Seit Anfang der 90er-Jahre gibt es auch wieder in Deutschland einen Flachsanbau.
Der weltweite Jahresertrag lag 1993 bei ca. 600.000–700.000 t, das sind 1,6 % der Weltfaserproduktion. Der durchschnittliche Flachsertrag pro Hektar liegt bei 1,3–1,7 t, im Vergleich dazu ist der Anbau von → Hanf doppelt, der von → Baumwolle halb so ertragreich.
Flachs wird bei der Ernte gerauft, d. h. die Flachspflanzen werden mit den Wurzeln aus dem Boden gezogen und dann gerippelt. Dabei werden die Samenkörner mit kammähnlichen Maschinen abgestreift. Anschließend beginnt das „Rösten" (der Begriff leitet sich von „verrotten" ab). Man unterscheidet zwischen der Tauröste (3–6 Wochen), der Wasserröste (3–5 Tage) und der chemischen Röste. Es werden zunächst die Holzteile (Lignine) entfernt, die mit den Fasern durch Pflanzenleime (Pektine) verbunden sind. Dies ist ein Fäulnisvorgang, bei dem Bakterien die Wandschichten angreifen und zersetzen. Es schließt das „Brechen", „Schwingen" und „Hecheln" an. Da die Holzteile nach der Röste nicht mehr fest mit den Faserbündeln verbunden sind, lassen sie sich nach dem Trocknen auf mechanischem Weg entfernen. Dabei werden die restlichen Holzteile (Schäben) entfernt, der Flachs in seine feinen Bestandteile aufgeteilt und die kurzen Faserenden ausgekämmt. Diese Abfälle nennt man Flachswerg (150–300 mm).
Flachs besteht aus 64 % Cellulose, 16,8 % Hemicellulose, 2,0 % Pektin, 3,9 % Lignin, 1,5 % Fett und Wachs (wasserlöslich), 10 % Feuchtigkeit.
Flachsleinenfasern zeichnen sich durch folgende Eigenschaften aus: Die Pflanzenhöhe beträgt 70–110 cm, die Elementarfaserlänge 4–66 mm, meistens um die 25–35 mm, die technische Faserlänge liegt zwischen

100–600 mm. Die Leinenfaser ist beigefarben oder grau und glänzt mild. Im trockenen Zustand ist die Festigkeit gut, nass beträgt sie ca. 140 % der Trockenfestigkeit. Der Scheuerwiderstand ist sehr gut. Leinengewebe haben eine sehr glatte Oberfläche, sind kühl im Griff und flusen nicht. Die Schmutzempfindlichkeit ist relativ gering; Leinen ist antibakteriell. Die Steifheit ist, bedingt durch dicke Zellen und Faserbündel, sehr hoch, die Dehnbarkeit ist mit ca. 2 % sehr gering. Da seine Elastizität sehr gering ist, besteht eine starke Knitterneigung. Leinen kann 10–22 % Feuchtigkeit sehr schnell aufnehmen und ist auch schnell wieder trocken. Die Wärmeisolation ist wegen der glatten Beschaffenheit und den geringen Lufteinschlüssen schlecht. Laugen verträgt Leinen sehr gut, Säuren schlecht. Bei feuchter Lagerung neigt die Faser zur Stockfleckenbildung. Man kann beim Waschen Vollwaschmittel benutzen, die Waschbarkeit ist gut, bei weißer Ware kann bei 95 °C, bei bunter bei 60 °C gewaschen werden. Leinen verträgt keine starke mechanische Beanspruchung. Die empfohlene Bügeltemperatur beträgt 200–220 °C (3 Punkte); man sollte Leinen feucht bügeln. Wird Leinen verbrannt, reagiert es wie Papier und der Geruch ist leicht stechend. Als Rückstand bleibt hellgraue Flugasche. Zum Färben eignet sich die Reaktivfärbung für Konfektionsgarne und -gewebe, Küpenfarbstoffe mit hoher Lichtbeständigkeit in hellen und dunklen Tönen für Hauswäsche und Möbelstoffe und Schwefelfarbstoffe für hohe Beanspruchung (echte Schwarztöne). Bedruckt werden Leinenprodukte auch mit Pigmentfarbmitteln.

Quellen: Masters of Linen, Confédération Européenne Du Linet Chanvre, 27 Boulevard Malesherbes, F-75008 Paris. Holstein Flachs GmbH, Alte Ziegelei, D-23795 Mielsdorf.

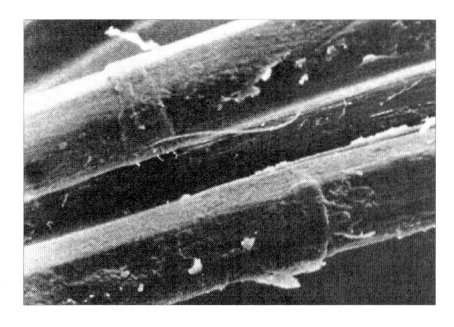

Abb. 148: Flachsfaser-Längsbild: Elementarfaser mit Querverschiebung

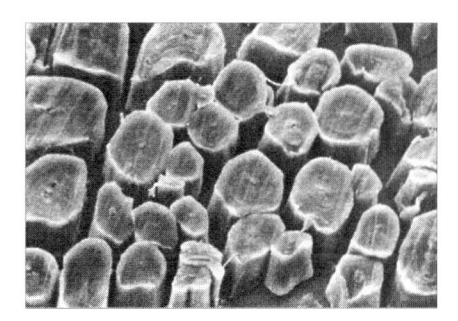

Abb. 149: Flachsfaser-Querschnitt: Separierte Einzelfasern

Leinenbatist (fine linen, linen batiste): allgemeine Bezeichnung für alle sehr feinen, leinwandbindigen Leinengewebe. Die Dichte der Kett- und Schussfäden liegt bei ca. 35–60 Fd/cm. Die

Leinengewebe

hohe Einstellung bedingt feine Garnnummern von ca. Nm 34–60. Um eine klare Optik zu erreichen, wird die Ware meist gesengt, gebleicht und kalandert. Ein alter Name für Leinenbatist ist → Lavalleinen.
Einsatz: Kleider, Blusen, Tisch- und Bettwäsche.

Leinengewebe (linen fabric): Als Reinleinen darf ein Gewebe nur bezeichnet werden, wenn 100 % Reinleinen in Kette und Schuss verwendet werden. Nur sichtbare Ziereffekte können bis zu 7 % verwendet werden. Man unterscheidet Reinleinenqualitäten wie folgt:
- Flachsgarne in Kette und Schuss,
- Flachsgarn in der Kette, Flachswerggarn im Schuss und
- Flachswerggarne in Kette und Schuss.

Halbleinengewebe bestehen in der Kette immer aus Baumwolle, der Schuss besteht aus Leinen. Der Mindestgehalt an Leinen muss 40 % betragen. Reinleinenstoffe haben gegenüber Halbleinen einen kühleren und volleren Griff; sie trocknen schneller und zeigen einen schönen Glanz. Die unregelmäßige Struktur (Titerschwankungen) ist sowohl in Kett- als auch Schussrichtung ausgeprägt.

Leinenimitat (imitation linen): Hierfür werden Garne unterschiedlichsten Ursprungs verwendet. Wichtig ist das unregelmäßige Ausspinnen der Garne, um den typischen Leineneffekt zu imitieren. Bei Einfachgarnen konstruiert man eine sog. Leinenimitatbindung (→ Abb. 150). Die Optik kommt dabei durch die unregelmäßige Einbindung der Garne zustande.

Abb. 150: Leinenimitatbindung

Einsatz: Kleider, Jacken, Hemden und Dekobereich.

Leinwandbindung (plain weave, basket weave, tabby weave): engste Fadenverkreuzung zweier Fäden, die als Grundbindung keine Variablen hat. Das Kurzzeichen hierfür ist L 1/1 bzw. 10-0101-01-00 (→ Abb. 1).
→ Rips, → Panama, im weiteren Sinne → Gerstenkorn und → Kreppgewebe sind Ableitungen der Leinwandbindung. Der Begriff gilt heute als allgemeine Konstruktionsbezeichnung ohne Berücksichtigung des textilen Rohstoffes. Die eigentlich korrekten Bezeichnungen nach DIN 61101 sind rohstoffbezogen und werden wie folgt zugeordnet: Leinwandbindung für die Leinenweber, Tuchbindung für die Wollweber, Kattun- oder Musselinbindung für die Baumwollweber, Taftbindung für die Seidenweber, Hessianbindung in der Juteweberei.
Häufig wird der Begriff „Tuchbindung" für jeden leinwandbindigen Rohstoff verwendet, sogar beim Seidentaft.

Leonische Fäden (metallized filament): Name für Rund- (→ Bouillon) oder Flachdrähte (→ Lahn), die aus versilbertem oder vergoldetem Kupferdraht hergestellt werden. Der Name leitet sich von der spanischen Stadt Leon oder von der französischen Stadt Lyon ab, wo diese Drähte in großen Mengen produziert wurden.
Einsatz: Brokate, Bordüren, Litzen usw.

Levantine (levantine): Gewebe, welches überwiegend aus französischen Webereien in die Levante (Länder des östlichen Mittelmeerraumes), nach Griechenland und Ägypten, exportiert wurde. Es wird auch Seidenfeinköper genannt und ist in 3- oder 4-bindigem Kettköper konstruiert. DieKetteinstellung liegt bei reinseidenen Typen bei ca. 80 Fd/cm Organsin und im Schuss bei ca. 60 Fd/cm Trame. Werden Viskosefilamente verwendet, stellt man die Ware etwas offener ein.
Die Handelsbezeichnung ist heute wenig gebräuchlich. Man verwendet für diese Gewebearten überwiegend die Begriffe → Serge oder Feinserge. Der steile Köpergrat kommt durch die hohe Kettdichte zustande. Wird Levantine als Steppdeckengewebe verarbeitet, appretiert man ihn mit einem Spezialverfahren „daunendicht" (→ Inlett).
Einsatz: Kleider, Blusen, Futterstoff und Steppdecken.

Liberty (liberty): Noch um 1905 bezeichnete man indisch bedruckte Tussahgewebe mit der Handelsbezeichnung „Liberty" nach dem englischen Erfinder dieses Gewebes. Es handelt sich um Seidensatins, die in 7- oder 8-bindigem Kettatlas gewebt sind. Hervorzuheben ist beim Liberty die Weichheit und die hohe Glanzwirkung. Einstellung ca. 56 x 35 oder 70 x 40 Fd/cm mit den 120 (dtex 133) Garnen. Es gibt Reinseiden, Halbseiden- oder Chemiefaser-Libertys.

Lieferungstuch (military cloth): typische Bezeichnung für Behördentuche, in Auftrag gegeben von Bahn, Fluggesellschaften, Militär usw. Darunter fallen Wollstoffe in Strichausrüstung, in Kette und Schuss meist Streichgarne der Feinheit Nm 8–14. Aber auch die Materialzusammensetzung kann vom Auftraggeber bestimmt werden. Ebenso werden Farbe, Gewicht, Reißfestigkeit oder, wenn nötig, Flammfestausrüstung vorgegeben. Neben melierten Tuchen werden auch in der Flocke gefärbte Typen in die Qualitätspalette mit aufgenommen. Die Ausrüstung verdeckt mehr oder weniger das Bindungsbild. Eingesetzte Bindungen sind z. B. Leinwand (Tuch), Köper, Kreuzköper und Atlas. Die Farben sind ruhig, gedeckt, also zeitlos und klassisch. Zwei typische Vertreter sind der → Doeskin (Rehfell) und der → Satin. Beide werden in 5-bindigem Kettatlas gewebt. Unterschied: Die Drehungsrichtung der Garne läuft beim Doeskin in der gleichen Richtung wie der Bindungsgrat, daher bekommt er eine homogene, glatte Oberfläche. Beim Satin wird die Drehungsrichtung entgegengesetzt dem Bindungsgrat gewählt und zeigt eine stärker betonte Gratrichtung. Handelsbezeichnung für Lieferungstuche sind u. a. Strichserge, Düffel, Strichtuch, Drapé und Foulé.

Light Wool

Light Wool (engl., light wool = leichte Wolle): Erweiterung sommerlicher Wollstoffe, ähnlich wie im Bereich der Cool-Wool-Qualitäten (→ Cool Wool). Ob Web-, Strick- oder Wirkware ist für die Bezeichnung unerheblich, jedoch spezifiziert man die Produktpalette, indem man von Light-Wool-Hosen, -Röcken, -Anzügen, -Kostümen, -Jackets, -Abendgarderobe und -Blusen spricht. Diese Qualitäten sind von Wool mark (Europa) eingeführt und an folgende Auszeichnungskriterien geknüpft: Light-Wool-Artikel können aus reiner Schurwolle (99,7 % WV) bestehen oder mit dem Kombi-Wollsiegel versehen aus mindestens 50 % Schurwolle, wenn die anderen Fasern aus Naturfasern wie Seide, Baumwolle oder Leinen sind. Mit Chemiefasern (Polyester, Polyamid, Polyacryl) gemischt muss der Schurwollanteil mindestens 60 % betragen. Auch bei Geweben oder Maschenwaren aus Schurwolle mit Lycra® (Elastan) ist der Anteil von 60 % Schurwolle verpflichtend. Außerdem muss diese Qualität die Leistungskriterien von Wool mark und von DuPont erfüllen.

Der entscheidende Unterschied zu Cool-Wool-Qualitäten besteht zum einen in der Gewichtsklasse, zum anderen in der Rohstoffzusammensetzung. Bei Light-Wool-Qualitäten ist das Gewicht pro m^2 auf 280 g festgeschrieben (420 g/lfm bei 150 cm Warenbreite), bei Cool Wool sind es nur maximal 220 g/m^2 (330 g/lfm bei 150 cm Warenbreite). Die Gewebekonstruktionen sind überwiegend Tuch-, Köper-, Steilgratköper-, Fischgrat- oder Kreppbindungen. Die Garne oder Zwirne werden bei sommerlicher Ware höher gedreht, um eine poröse, ventilationsaktive Wirkung zu erreichen, gleichzeitig gibt dies der Ware einen leicht sandigen, trockenen Griff. Cool Wool, mit dem Wollsiegel zertifiziert, muss aus 100 % reiner Merinowolle sein, Light Wool kann auch aus den oben genannten Mischungen bestehen.

Limbric: feinfädiges, leinwandbindiges Baumwollgewebe aus Makogarnen unter Verwendung von Z- und S-gedrehten Garnen. Durch die Mercerisation erhält das Gewebe einen schönen Glanz.
Einsatz: Damenwäsche.

Linette (linette): Baumwollgewebe mit Leinenausrüstung. Im Gegensatz zum → Linon wird der Linette mercerisiert und erhält dadurch einen dauerhaften Glanz und eine höhere Festigkeit.
Einsatz: Wäschestoffe, Taschentücher und Kleider.

Linke und rechte Warenseite: → Warenprofile.

Linon (sheer lawn, linon; lat., linum = Flachs, Leinen; frz., lin = Leinen): feines bis kräftiges Baumwollgewebe (Grundeinstellung → Cretonne oder → Renforcé) in Leinwandbindung mit leichter Leinenoptik. Der → Dowlas ist dagegen immer grobfädig und zeigt ein ausgeprägtes „Leinenbild". Linon wird gebleicht, gesengt, appretiert und kalandert. Hierbei werden die Fäden plattgedrückt und die Gewebeporen ausgefüllt und es entsteht eine glänzende Oberfläche (rechtsseitig). Gegenüber Rauwaren ist das Ge-

webe schmutzunempfindlicher und fasst sich leinenartig kühl an. Der Glanz dient der Aufmachung und geht nach der ersten Wäsche verloren. Feinere Linons können mercerisiert werden und heißen dann Linette (waschbeständiger Glanz).
Einsatz: Wäsche und Dekostoffe.

Lint (lint, lint cotton): ein für Krankenhauszwecke verwendetes, dichtes Baumwollgewebe in Leinwandbindung. Es ist einseitig geraut, daher sehr weich, wärmeisolierend und schmiegsam.
Einsatz: Augenbinden und Wundbehandlung.

Linters (linters): nicht verspinnbare kurze Baumwollfasern (< 10 mm), die wegen ihres hohen Alphacellulosegehalts für die → Acetat- und Cupro-Produktion (→ Cupro-Filament), teilweise für Viskosefasern sowie für Hohlfasern für die Dialyse verwendet werden. Rohlinters werden für Matratzenvliese, Polstermaterial und Filze eingesetzt. → Baumwolle.

Lintrak-Verfahren: Patent zur Trockenfixierung, 1977 vom Internationalen Wollsekretariat (IWS) angemeldet und 1982 von einem deutschen chemischen Reinigungsbetrieb übernommen. Das Siroset-Verfahren (→ Siroset) hat den Nachteil, dass dabei häufig im Nassverfahren gearbeitet werden muss. Konfektionsbetriebe arbeiten aber praktisch nur unter trockenen Bedingungen. Das Lintrak-Verfahren beruht auf der Applikation eines Siliconpolymers (dünner Streifen) auf der Innenseite der Bügelfalte. Das Siliconharz ist weich und elastisch und wird nach ca. 5 Std. fest. Die Falte ist scharf und permanent gegen alle Einflüsse (Tragebeanspruchung, Witterungseinflüsse, Reinigung). Dieses Verfahren kann auch bei Maschenwaren angewendet werden. Außer für Produkte aus reiner Schurwolle eignet es sich auch für Woll-Mischgewebe. Bei sehr dünnen Stoffen wird es nicht angewendet, weil hier ein Durchdringen des Harzes durch den Stoff möglich ist.

lipophil (lipophil; griech., lipos = Fett, phil = freundlich): fettfreundlich. Als lipophil werden Stoffe bezeichnet, die in der Lage sind, Fett zu binden oder anzuziehen (z. B. Chemiefasern). Gegensatz: → lipophob.

lipophob (lipophob; griech., lipos = Fett, phobie = Angst): fettfeindlich, -abweisend. Als lipophob werden Gewebe bezeichnet, die fettabweisend ausgerüstet sind (z. B. Scotchgard™-Olephobol für Teppiche und Wetterbekleidung; dieses Gewebe ist zudem auch Wasser abweisend, d. h. hydrophob).

Liséré: Sammelbezeichnung für Reinseiden- oder Halbseidengewebe mit damasséähnlicher (→ Damassé) Musterung. Auch Biedermeierdessins werden als Liséré bezeichnet. Typisch sind Kettlancés, die auf der Rückseite lang flottieren, um das auf der rechten Seite liegende Muster durch Anbindungen nicht zu stören. Die Figur wird durch eine satinbindige Kette gebildet, während der Fond rips- oder taftbindig ist. Diese Technik wurde seit Mitte des 18. Jh. angewendet, da die vielen Brochierschüsse, die alle mit der

Hand eingearbeitet wurden, die Gewebe erheblich verteuerten. Die linke Warenseite ist sehr zieheranfällig und sollte, wenn für den Bekleidungs- oder Dekosektor angewendet, abgefüttert werden.

Lisère: ältere Handelsbezeichnung für ein schweres Seidengewebe aus Tours, Lyon oder Paris. Es hat eine Jacquard-Damast-Musterung und ist zusätzlich mit Brochés versehen (häufig Blütenmotive).

Lochstickerei (english embroidery, eyelet embroidery): Die entsprechenden Locheffekte werden auf der Stickmaschine vor dem Besticken mit einem Bohrer in das Grundgewebe gebohrt und anschließend mit einem festen Rand umstickt. Warengriff und Optik sind abhängig vom Stickmotiv sowie von der Grundware. → Ajour.

Loden (engl., loden cloth, unmilled woollen cloth; amerikan., unfulled woollen cloth; althochdt., lodo = grobes Tuch): Ursprünglich waren Loden grobe Stoffe der Bauern aus Süddeutschland. Heute ist Loden ein Sammelbegriff für dichte Streichgarngewebe mit einer mehr oder weniger glatten Oberfläche. Farben: Olivgrün, Graubraun, Schwarzmeliert oder Rotbraun; Loden kann ebenso als uniwirkender Stückfärber eingesetzt werden. Kammgarnloden gibt es auch, aber seltener. Der Begriff „Loden" sagt nichts über die Qualität aus. Er kann aus hochwertiger Schurwolle, aus Wolle sowie aus Reißwolle hergestellt werden. Die verwendeten Bindungen sind meist Köper K 2/2, aber auch Köperableitungen sowie Leinwand (Tuchbindung).

Je nach Verwendungszweck unterscheidet man folgende Lodenarten:
1. *Strichloden* wird auch *Mantelloden, Strichflausch, Strichtuch* genannt und zeichnet sich durch seinen langen, in Strich gelegten Rauflor aus. Da er das Abperlen des Regenwassers begünstigen soll, wird dieser Loden mit dem Strich verarbeitet. Werden Kamelhaare verwendet, spricht man von Kamelhaarloden.
Einsatz: Mäntel, → Kotzen und Jacken.
2. *Meltonloden*, auch *Anzug-* oder *Joppenloden* genannt. Diese Qualität ist auch als Bozener Loden bekannt. Im Gegensatz zum Strichloden wird dieser Loden gewalkt und bekommt dadurch ein verfilztes Aussehen (überwiegend Streichgarnqualitäten). Er hat eine gute Abriebfestigkeit, besser als Strichloden. Ausrüstungsgänge: Meltonappretur (walken), Scheren, Pressen, Dekatieren und Imprägnieren.
Einsatz: Hosen, Röcke, Anzüge, leichte Mäntel und Kostüme.
3. *Trikotloden* wird in Trikotbindung gewebt und ist daher elastischer als die oben genannten Lodentypen.
4. *Trachtenloden* ist ein Meltonloden, der in verschiedenen Farben im Handel ist. Bindung: häufig Kreuzköper, da eine bessere Verfilzung stattfindet.
5. *Waschloden* ist eine modische Variante des klassischen Lodentyps. Hier wird die Ware gewalkt, aber der durch das Verfilzen entstandene Oberflächenflausch wird nicht gelegt, sodass eine unruhige, etwas rustikale Optik entsteht.
Einsatz: Jacken, Mäntel und Kostüme.

Loopstoffe (loop cloth, loop fabric; engl., loop = Schlinge, Schlaufe): Diese Bezeichnung weist bei Geweben auf die Verwendung von → Loopzwirnen hin. Durch die z. T. großen Schlingen sind die Stoffe ggf. sehr zieheranfällig. Einsatz: Mäntel, Kostüme und Jacken.

Loopzwirn (loop yarn): Effektzwirn mit sichtbaren Schlaufen (Schlingen). Sie werden durch einen schlaufenbildenden Zierfaden erzeugt, der von zwei oder mehr Grund- oder Fixierfäden eingezwirnt wird.
Loopzwirne gehören, wie beispielsweise auch der → Bouclé, zur Gruppe der Kräuselzwirne.

Louisianatuch (louisiana cloth): Baumwollgewebe in mittelfeiner Qualität aus der amerikanischen Louisianabaumwolle zum Einsatz im Wäschebereich. Das Gewebe ist leinwandbindig, ähnlich dem → Renforcé und → Madapolam.

Lüster (lustre fabric; frz., lustre = Glanz): Handelsbezeichnung für ein leinwandbindiges Gewebe in glänzender, feiner, leichter Ausführung aus einer härter gedrehten Baumwollkette (Zwirn) und einem stärkeren (dickeren) Wollkammgarnschuss aus Lüstergarn (Glanzgarn), Alpaka oder Mohair. Wenn unterschiedliche Farben in Kette und Schuss verwendet werden, entsteht eine changierende Wirkung. Einstellung ca. 18 x 18 Fd/cm, Nm 30/2 x 16. Gewicht ca. 150 g/m². Ausrüstung: Pressen und Dämpfen. Einsatz: Sommerkleider, Jacken, Mäntel und Futterstoffe.

Luftspitze (burnt-out lace, air lace, lace by discharge agent): Stickereispitze, bei der die Stickmotive von der Dessinanlage so zusammenliegen, dass nach dem Entfernen des Grundgewebes/-gewirkes das Produkt nicht auseinander fällt. Luftspitzen, auch als Ätzspitze bezeichnet, werden auf Stickautomaten hergestellt. Der Stickgrund besteht überwiegend aus Chemiefasern (wasserlösliche Polyvinylalkoholfasern) oder aus Papier sowie Alginatfasern. Diese Materialien können mit 80–90 °C heißem Wasser ausgewaschen werden. Nach dem Entfernen des Grundgewebes erscheint die Stickerei, als sei sie in der Luft gestickt worden. → Nadelspitze.

Luisine (frz., luisant = glänzend, leuchtend): überwiegend aus Seide oder Chemiefasern gewebte Stoffe. Bindungskonstruktion: → Luisinebindung. Konstruktions- und materialbedingt ergeben sich sehr weiche, relativ leichte Gewebe.
Einsatz: Dekostoffe, Jacken und Hutfutter.

Luisinebindung: Ableitung der Leinwandbindung. Hier binden mehrere Kettfäden gleich, daher entspricht die Bindung einem Längs- oder Schussrips. Durch die etwa gleiche Einstellung der Fäden in Kette und Schuss entsteht im Gegensatz zum Schussrips keine sichtbare Längsrippe, sondern ein relativ glattes Gewebe, ähnlich dem → Oxford.

Lurex: zugleich Marke und Gattungsbegriff für ein Metallfoliengarn (→ Mefo), das seit 50 Jahren von Lurex Company Limited, England produziert wird.
Lurex ist ein nicht oxidierendes Aluminiumbändchen, welches mit einem

plastischen Schutzfilm (→ Mylar oder → Acetat) versehen ist. Normal zeigt Lurex einen silbrigen Glanz, kann aber über den Zusatz von Farbpigmenten sehr variantenreich angeboten werden. Die ersten Metallic-Garne waren aufgrund ihrer Steifheit und ihres rauen Griffs relativ wenig „textil". Die Technologie ist heute so weit fortgeschritten, dass immer feinere und weichere Garne angeboten werden. Das Basisgarn ist heute weniger als 6 µm stark und die Schnittbreite des Filamentes liegt bei 0,20 mm. Neuentwicklungen zeigen perlmutt- und altgoldfarbene Effekte und gehen in Richtung polierter Metalle. Ebenso werden transparente, farbige Zellophangarne angeboten. Fluoreszenz-, Spiegel- und Leuchteffekte runden das Lurex-Programm ab.

Für sog. Sparkling-Effekte werden in der Weberei und Maschenwarenherstellung Perlon- und Nylonfäden mit unrundem Querschnitt eingesetzt. Die Verwendung von Cellophanbändchen mit Irisé-Optik ist seltener, da sie web- und wirktechnisch schwierig in der Verarbeitung sind.

Man unterscheidet folgende Glanzeffektgarne:
- Die sog. *Einschichttypen* von Lurex sind lackbeschichtete oder lackmetallisierte Polyesterfolien,
- *Lurex M* ist der Mehrschichttyp, eine dreischichtige Fläche, bei der zwischen zwei Folien eine Aluminiumfolie liegt, die mit einem klaren oder pigmentierten Kleber verbunden ist. Die Verarbeitbarkeit ist gut, aber die Dehnfähigkeit ist herabgesetzt. Man verwendet Lurex M auch zum Verzwirnen mit anderen Materialien,
- *Lurex Standard* hat eine Aluminiumseele und wird beidseitig mit Acetatfolie beklebt. Nur silberfarbene Typen stammen von der Farbigkeit der Alufolie, andere Farben werden durch Farbstoffe (Pigmente) erzeugt, die dem Kleber zugesetzt werden,
- *Lurex MF* ist statt mit einer Acetatabdeckung mit → Mylar, einer hochfesten und hitzebeständigen Polyesterfolie, versehen. Die Wärmebeständigkeit wird damit auf 180 °C erhöht. Gleichzeitig hat dieses Material mit 120 % eine hohe Dehnfähigkeit im Vergleich zu Lurex Standard mit nur 25 %.

Lurex bietet auch Mikrofolien an, die u. a. für Feinstrümpfe, Bademoden und Wäsche eingesetzt werden. Der Griff ist weich und geschmeidig, die Pflegeeigenschaften sind als ausgezeichnet zu bewerten.

Lurex eignet sich für alle Stückfärber (HT-Färbung) und kann heiß-nass behandelt werden. Mit Baumwolle kann man dieses Material ohne Bedenken verarbeiten.

Eine Variante: Alufolie wird mit Hostaphanfilmen belegt; dies ist billiger, das Material neigt aber zum Ausbleichen.

Quellen: A. Hofer: Stoffe 1. Rohstoffe: Fasern, Garne und Effekte. Deutscher Fachverlag, Frankfurt/Main 2000. Expofil News. Vorschau zur 43. Garnmesse, Paris, 25. Mai 2000, S. 3. www.Lurex.com.

Luxor (luxor): köperbindiges (K 2/2), schweres Naturseidengewebe mit einer Kette aus Organsin und einem Schuss aus Trame.

Lycra®: Markenname für → Elastan von DuPont, Markteinführung 1958. Die Qualitätsrichtlinien für die mit Lycra® verarbeiteten Stoffe stellen sich folgendermaßen dar: Lycra® wird nicht allein verarbeitet, sondern immer mit einem oder mehreren Natur- oder Chemiefasern zusammen. Man unterscheidet die Nackt- oder Blankverarbeitung, Core-spun-, Core-twist-, umwundenes (einfach oder doppel) und luftverwirbeltes Lycra®. Schon 2 % reichen aus, um die Lebendigkeit, Geschmeidigkeit und Formstabilität eines Stoffes zu verbessern. Nachfolgend einige Warenbeispiele:
- *Single Jersey:* Minimalgewicht: 160 g/m², Materialkomposition: mindestens 5 % Lycra®, Dehnung: mindestens 80 % in der Länge,
- *Gewebe:* Materialkomposition: mindestens 2 % Lycra®, Dehnung: Mono-Elastizität längs- oder querelastisch, mindestens 20 %, maximal 35 %, Bi-Elastizität: längs- und querelastisch, mindestens 15 %, maximal 25 %, Dimensionsstabilität (Zuwachs, Schrumpf): waschbare Stoffe +/- 3 %, Stoffe mit Wolle +/- 2 %, Stoffe für die chemische Reinigung +/- 2 %,
- *Lycra® 3D:* Dreidimensionale Elastizität bedeutet für Maschenwaren (z. B. Strumpfhosen) eine dynamische Passform, fast unbegrenzte Bewegungsfreiheit und ein sehr gleichmäßiges Maschenbild durch den Einsatz von Lycra® in jeder Maschenreihe. Dagegen können klassische Strumpfhosen mit Lycra® eine leichte Ringeligkeit aufweisen. Die neue Technologie bringt mehr Weichheit (Softness) für das Produkt und eine verbesserte Haltbarkeit,
- In *Lycra®-Powerstretch*-Artikeln müssen mindestens 40 % Lycra® verarbeitet sein.

Richtlinien für die Verwendung von Nähfäden: → Tabelle 14.
Einstellungsbeispiel Denim: schusselastisch 25 % Dehnung, ca. 470 g/m², etwa 148 cm breit; Rohstoffe: 98,5 CO, 1,5 % EL (Lycra®); Endzweck: Jeans; Kette: dtex 840 (84 tex oder 7/1 Ne) 100 % CO indigo gefärbt; Schuss: dtex 800 (80 tex oder 7,4 Ne) Baumwolle core-spun mit dtex 156 Lycra®; Schuss: 15 Schussfaden/cm.
DuPont spricht bei Lycra® nicht von „Stretch" und hebt insbesondere die Bewegungsfreiheit, den Tragekomfort, die dauerhafte Formstabilität, die gute Passform und die verbesserte Knitterresistenz hervor. Optimal wird ein mit Elastan komponierter

	Filamentgarne	Fasergarne (Nm)
leichte Stoffe	dtex 83 x 2	100/2 oder 120/3
schwere Stoffe	dtex 125x2	80/2
besonders strapazierte Nähte	dtex 200 x 2 oder 167 x 2	80/2 oder 100/2

Tab. 14

Lyocell

Oberstoff durch einen elastischen Futterstoff (→ Elastoson Stretch Futter) ergänzt.
Einsatz: gesamter Bekleidungs- und Heimtextiliensektor.
Quelle: W. Loy: Die Chemiefasern: ihr Leistungsprofil in Bekleidungs- und Heimtextilien. Schiele und Schön, Berlin 1997.

Lyocell (CLY): cellulosische Chemiefaser. Es sind folgende Markennamen zu unterscheiden: Lyocell by Lenzing (Stapelfaser), Lenzing AG, Österreich, → Tencel® (Stapelfaser) von Courtaulds Fibers, seit 1998 Acordis, und → New Cell (Filament) von Acordis.
Der Rohstoffname ist in allen Fällen nach dem Textilkennzeichnungsgesetz (TKG) „Lyocell". So stellt sich die Auszeichnungspflicht für Textilien wie folgt dar: 100 % Lyocell (Tencel®) oder 100 % Lyocell (Lyocell by Lenzing) oder 100 % Lyocell (New Cell).
Lyocell besteht aus Cellulose, dem Hauptbestandteil pflanzlicher Zellen. Das Ausgangsmaterial ist Holz, wie z. B. Kiefer oder Eukalyptus. Der aus dem Holz gewonnene Zellstoff wird weiter zu Lyocell verarbeitet. Das Produktionsverfahren stellt eine Weltneuheit dar und basiert auf dem Prinzip des Lösungsmittelspinnens auf schwefelkohlenstofffreier Basis (ein sehr umweltfreundlicher Herstellungsprozess). Es handelt sich um das N-MMO-Verfahren (N-Methylmorpholinoxid) mit einem Vitamin als Stabilisator. Das für den Produktionsprozess notwendige Lösungsmittel wird zu ca. 99,5 % zurückgewonnen. Die Restemissionen werden in adaptierten biologischen Kläranlagen abgebaut. Weiterhin werden Abluftprobleme mit schwefelhaltigen Verbindungen (Schwefelkohlenstoff, Schwefelwasserstoff) vermieden, die z. B. bei der Viskosefaserstoff-Herstellung auftreten.
Lyocell hat einen runden Querschnitt und weist eine besondere Eigenschaft gegenüber anderen Fasern auf; nämlich die sog. kontrollierte Fibrillierung (→ Abb. 151) Hierunter versteht man das örtlich begrenzte Abspalten fibrillärer Elemente längs der Faserachse unter gleichzeitiger Einwirkung von Feuchtigkeit und mechanischer Beanspruchung. Die Ursache für diese Besonderheit ist der hohe kristalline Anteil mit hohem Orientierungsgrad in Richtung der Faserlängsachse. Bei mechanischen Veredlungsprozessen im nassen Medium, wie z. B. Färben oder Tumbeln, findet zunächst eine Quellung statt. Durch diese und durch die gleichzeitigen mechanischen Beanspruchungen werden Fibrillen (Feinstfäserchen) aufgebrochen. Die Veränderung der Faser ist optisch an der Faseroberfläche und auch am Griff festzustellen. Das Ergebnis ist die Schaffung verschiedenster Griffvariationen, die im Endprodukt einem Baumwoll-, Woll- oder Seidenprodukt vergleichbar sind. Wei-

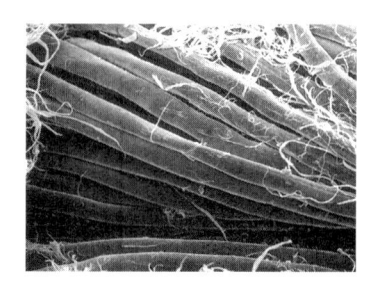

Abb. 151: Lyocell, fibrillierte Fasern

Lyocell

terhin sind sehr vielfältige Peach-Skin-Effekte möglich.

Die Fasern haben eine hohe Nass- und Trockenfestigkeit, d. h. einen hohen Nassmodul, die Feuchtigkeitsaufnahme liegt bei ca. 11,5 % und damit besitzen sie ein gutes Saugvermögen. Die geringe elektrostatische Aufladung ist ein weiterer Vorteil. Unerwünschte Vergrauung der Oberfläche kann man durch den Einsatz von Cellulasen (Veredlungstechnik) verhindern. Lyocell weist eine hohe Reißfestigkeit auf; ein Rohgewebe aus Lyocell besitzt eine 50 % höhere Reißfestigkeit als Baumwolle und ist um 80 % reißfester als Normalviskose. Die CS_2-freien Fasern sind demnach reißfester als klassische Cellulosetypen und Baumwolle. Sie besitzen außerdem einen höheren Weißgrad, haben einen guten Nassschrumpf und nehmen viel Farbstoff auf. Um die Trageeigenschaften zu verbessern, wird Lyocell mit Kunstharzen ausgerüstet sowie mit PES oder Baumwolle gemischt. Die Scheuerfestigkeit entspricht der Modalfaser, liegt aber viel niedriger als Baumwolle und viel höher als Normalviskose.

Quellen: Lenzinger Berichte 1997/98. Hg. v. Lenzing AG, A-4860 Lenzing. Acordis Deutschland, 2000.

Macobaumwolle: → Makobaumwolle.

Macodamast: → Makodamast.

Macotuch: → Makotuch.

Madapolam (madapolam): Der Madapolam (nach der ostindischen Hafenstadt Madapolam) ist ein Feintuch und als Hemden- und Kleiderstoff verwendet eine feinere Ausführung des → Renforcé. Als Wäschegewebe eingesetzt sind seine Qualitäten mit denen von → Batist vergleichbar. Beim Material handelt es sich meist um fein ausgesponnene Louisianagarne oder Giza. Dichte Qualitäten erhalten im Gegensatz zu offenen keine Füllappretur. Madapolam wird gebleicht, bedruckt oder gefärbt und erhält eine Weichausrüstung. Einstellung: 40 x 31 Fd/cm, Nm 60 x 70.

Madras (madras cloth): nach der südostindischen Hafenstadt Madras benannt; ursprünglich der Name für Gardinenstoffe in Dreher- oder Halbdreherbindung von gazeähnlicher Offenheit. Neben dem Grundschuss wurden auch mehrere Musterschüsse verwendet, die man als Broché- oder als Lancéfäden einsetzte. Setzt man keine Dreher-, sondern Leinwandbindung für das Grundgewebe ein, wird die Ware als → Bagdad bezeichnet. Madras ist heute hauptsächlich unter dem Namen Madraskaro bekannt, der für einen baumwollenen, bunt gewebten und karierten Hemdenstoff steht. Die Karos sind leicht länglich und weisen selten einen Weißfond auf.

Mako (maco): historische afrikanische Baumwollsorte (→ Baumwolle). Der Name stammt von dem ägyptischen Gouverneur Mako Bey (um 1820), der sich zusammen mit dem französischen Ingenieur Jumel (→ Jumelbaumwolle) für den Baumwollanbau und seiner Weiterentwicklung verdienstvoll einsetzte. Die bekannteste von Mako und Jumel entwickelte ägyptische Baumwolltype ist → Ashmouni (Ashmuni), die aber seit langem nicht mehr angebaut wird. Vom ägyptischen Staat wird seit langem Giza in diversen Varietäten für den Anbau vorgeschrieben. Trotzdem findet sich nach wie vor der Name „Mako" bei den Endverbraucherprodukten, besonders als Prädikatsauslobung für Bettwäsche und Hemden.

Makobatist (cotton cambric): feiner, leinwandbindiger Baumwollstoff aus ägyptischer Makobaumwolle. Die zarten Gewebetypen werden mit Feinstgarnen (ca. Nm 85–170) gewebt. Der Warencharakter ist zart, weich und fließend (→ Batist).
Einsatz: Wäsche, Blusen und Taschentücher.

Makobaumwolle (mako cotton): klassische Bezeichnung für langstaplige (34–45 mm), feine, beige- bis blassbräunlich-farbige ägyptische Baumwolle mit seidigem Glanz. Der Name leitet sich von Mako Bey ab, dem großen Förderer des ägyptischen Baumwollanbaus (zu Beginn des 19. Jh.), und steht für eine gute Baumwollsorte. Durch verbesserte Züchtungen unterscheidet man heute genauer, z. B. in Giza, Ashmouni und Karnak (→ Baumwolle). Mako wird aber weiterhin für ägyptische und sudanesische Baumwollsorten guter Qualität verwendet.

Makodamast (mako damask): Hierbei handelt es sich um einen Jacquard-Damast in reiner → Makobaumwolle. Er stellt eine hochwertige Qualität dar, hat einen weichen Griff und einen edlen Glanz. Makogewebe sind gleichmäßig fein und eignen sich besonders für Tisch- und Bettwäsche. → Damast.

Makotuch (mako cloth): Qualitätsbegriff. Diesen Gewebetyp, auch Edeltuch genannt, kann man auch als → Kattun oder als dichten → Batist einordnen. Es ist eine leinwandbindige Baumwollware aus Makogarnen mit der Feinheit von ca. Nm 60–100 (also Kattun- bis Batistfeinheit). Die Kett- und Schussfadendichte liegt allerdings noch höher, bei ca. 50–60 Fd/cm. Vor dem Entschlichten werden diese Gewebetypen gesengt oder gasiert. Entsprechend weisen sie ein klares Gewebebild auf. Sehr feine Stoffe werden mercerisiert und erhalten somit u. a. einen waschfesten Glanz und eine höhere Festigkeit.
Einsatz: Wäsche, Nachthemden, Blusen und Taschentücher.

Manchester: Name für ein Cordsamtgewebe – nach der Stadt Manchester (früher Mittelpunkt der englischen Baumwollindustrie) – mit einer Rippenbreite von ca. 25–40 Rippen pro 10 Zentimeter und einer Florhöhe von ca. 1,5 mm. → Genuacord. → Corduroy.

Marceline: Handelsbezeichnung nach der französischen Stadt Macellin (Departement Isère) für leichte, taftartig glänzende Seidengewebe. Es hat eine dichtere Einstellung in der Kette als Pongé, daher die leichte Querrippung. Die Kette besteht aus Organsin, der Schuss aus Trame. Bei Viskosegeweben besteht die Kette aus hochgedrehten Viskosefilamentfäden, der Schuss aus weich gedrehten Viskosefilamenten. Einstellung zwischen 50 und 70 Fd/cm, Schussdichte ca. 30–40 Fd/cm.
Einsatz: Futter, Lampenschirme und Dekostoffe.

Marengo (marengo): Ortschaft in Norditalien und zugleich Garn- und Gewebebezeichnung:
1. Klassische Handelsbezeichnung für dunkel melierte Kamm- oder Streichgarnartikel, die in Tuch- oder Köperbindung gewebt sind. Die Melange erzielt man durch zwei gemischte Vorgarnpartien, bei denen der schwarze Faseranteil bei ca. 95 % und der weiße bei ca. 5 % liegt. Dadurch entsteht eine sehr dezentfarbige und unempfindliche Ware. Nach dem Webprozess folgt eine Meltonappretur, d. h. durch das Walken erhält die Ware einen dichten, festen Flor, der durch die Dekatur festgelegt wird.
2. Marengogarn, Marengogewebe: Man unterscheidet wie bei der → Melange zwischen einem Marengogarn und Marengo als Gewebebezeichnung. Bei Garnen (überwiegend Streichgarn) handelt es sich um eine Farbmelange aus ca. 95 % schwarzen und 5 % weißen Fasern. Es ist ein sog. echter Farbfasermix.
Streichgarngewebe sind häufig köperbindig und bestehen bestenfalls aus 95 % schwarzem und 5 % weißem Faseranteil. Der klassische Marengo ist

aus Wolle oder reiner Schurwolle komponiert.
Einsatz: Mäntel, Jacken, Anzug- und Kostümstoffe.

Markisenstreifen, Markisendrell, Marquisendrell (awning duck): optisch auffällig breite, starkfarbige Längsstreifen, meist in Gelb, Orange, Braun und Rot, wegen der Schmutzempfindlichkeit selten in Weiß. Die Bindung besteht aus Leinwand- oder Duckbindung, als Faserstoff werden stark appretierte Baumwolle, Leinen sowie heute überwiegend Chemiefaser verwandt. → Umbradrell.

Marocain: → Crêpe Marocain.

Marquisendrell: → Markisenstreifen.

Matelassé (matelassé; frz., matelassé = gesteppt): Im Gegensatz zum → Cloqué ist dieser Typ erhaben, jedoch nicht blasenartig, da kein Kreppfaden verwendet wird. Früher wurde er überwiegend aus reiner Seide oder Halbseide (Seidenkette, Wollschuss) gewebt, heute ist es ein aus allen üblichen Fasern, natürlichen wie synthetischen, gewebter Stoff mit plastischer, profilierter Optik. Notwendig sind hier zwei Kett- und drei Schussfadensysteme (z. B. Obergewebe Seide oder Chemiefasern, Untergewebe Chemiefasern oder Baumwolle). Die Grund- oder Fondbindung ist Taft (Leinwand), die Figuren sind oft Satinbindung (Atlas). Schon der Bindungseinsatz ergibt eine differenzierte Lichtreflexion und Unterschiede in der Plastizität, da Leinwand tiefer bindet als Satin. Gepolstert wird der Matelassé durch einen dickeren Füllschuss, die Figuren werden durch den Steppschuss vom Fond getrennt. Durch diese Trennungslinien entstehen die Einschnitte, die der Ware die entscheidende Reliefwirkung verleihen. Matelassé wird im Gegensatz zum → Piqué nicht mit einer Steppkette, sondern mit einem Steppschuss gewebt.
Einsatz: Möbel- und Dekostoffe, Jacken.

Matratzendrell (mattress drill): kräftige Baumwoll- oder Halbleinengewebe in Köper- oder Atlasbindung. Die Firma Bekaert in Belgien z. B. ist eine bedeutende Weberei für Matratzendrelle. Die Qualitätstypen unterscheiden sich in ihrer Dichtigkeit (Kette-Schuss-Einstellung) und nach ihrer Musterungsart:
– *Satindrell:* Hier wird aufgrund der höheren Zugbeanspruchung der Kettatlas gewählt (meist 5-bindig). Er wird uni oder gestreift angeboten,
– *Fischgratdrell:* Etwas ungenaue Bezeichnung, weil es sich eigentlich um einen kettbetonten Kreuzköper handelt (K 3/1), der vom Z-Grat nach einer bestimmten Anzahl von Fäden in S-Grat weitergeführt wird (→ Broken Twill). Schwere Gewebe werden mit einer Baumwollzwirnkette gewebt,
– *Jacquarddrell:* Der Begriff Drell weist hier nur auf die Festigkeit des Gewebes hin. Die Jacquardtechnik ermöglicht eine enorme Mustervielfalt, mit der man sich sehr gut den jeweiligen Tendenzen anpassen kann. Häufig wird als Grundbindung der 5- bis 8-bindige Atlas verwendet, auf dem die Dessins besonders gut herauskommen.

Matrosensatin (cadet satin): Baumwollgewebe aus 5-bindigem Kettatlas. → Kadett.

Mattkrepp (matt crêpe): → Flamisol.

Maulbeerseide (mulberry silk): Synonym für Zuchtseide, Haspelseide, Bombyxseide (→ Seide). Maulbeerblätter sind die Nahrungsgrundlage dieser Zuchtseidenraupe.

Mefo: Kurzform für Metallfoliengarn (→ Lurex).

Mehrgratköper (side twill, combined twill): Köperbindung, die innerhalb des Bindungsrapports mehrere unterschiedliche Grate aufweist (z. B. K 3/2/1/4). Gegenüber dem Gleichgratköper (z. B. K 2/2) zeigt ein kettbetonter Köper immer mindestens zwei verschiedene Hochgänge und Tiefgänge. Es gibt sowohl kett- als auch schussbetonte Mehrgratköper.

Melange (blended fabric, mixed fabric): optisches Beschreibungsbild eines Garnes oder eines Gewebes. Es gibt Melangen im Garnbereich, die in der Flocke gefärbt oder gemischt werden. Die Qualität des Gewebes, ob Wolle oder Chemiefasern oder eine Mischung beider, ist gleich. Ein Melangegarn wird auch aus zwei bis vier verschiedenfarbigen Vorgarnen hergestellt, die gemischt und dann zu einem Garn gesponnen werden. Optisch ergibt sich aus den verwendeten Farben immer ein Farbton (Schwarz und Weiß zu jeweils 50 % ergeben optisch einen Grauton). Melangen aus 95 % Schwarz und 5 % Weiß nennt man → Marengo. Melange wird nicht nur für Gewebe, sondern auch für Maschenwaren verwendet. Schöne Melangen ergeben auch unterschiedliche Baumwoll-Polyestermischungen (→ TC und → CVC), wenn sie stückgefärbt werden. Melangen dürfen nicht mit → Vigoureux-Effekten, → Jaspé-Effektgarnen oder → Moulinés verwechselt werden.

Melton (melton finish): Name nach der Ortschaft Melton in der Grafschaft Leicester/England. Unter einer Meltonausrüstung versteht man eine mehr oder minder starke Walke. Das Gewebe wird aus Kamm- oder Streichgarnen gefertigt, meist in Tuch- (Leinwand-), Kreuzköper- oder anderen schussbetonten Bindungen mit feiner Walkausrüstung. Die Gewebeoberfläche ist bei Kammgarnmeltons so verfilzt, dass man die Bindung nicht mehr erkennt. Auch → Foulés werden als Meltonartikel bezeichnet. Ebenso können Velours, Flanelle, Loden oder Strichtuche Meltonausrüstung erhalten, wobei das Einwalken den Warencharakter bestimmt. Bei den genannten Geweben handelt es sich dann um Endausrüstungen. Bei gröberen Streichgarnstoffen bleibt die Filzdecke offen. Hier und bei „angestoßenen" Flanellen z. B. spricht man von meltonierter Ware. Bei preiswerteren Artikeln wird häufig nur geraut und der teure Walkprozess vorgetäuscht. (Vorsicht bei Flanellen: Die hohe Strapazierfähigkeit resultiert in erster Linie aus der äußerst starken Walkverdichtung. Von einer Rohbreite, die bei 230–240 cm liegt, werden diese Stoffe teilweise auf 140 cm Warenbreite eingewalkt und in Kettrichtung um ca. 30 % gestaucht.) Inwie-

Membran

weit bei einem Melton durch den Walkprozess das Bindungsbild der Oberfläche unter dem entwickelten Filz verschwindet, ist eine Frage der Walkdauer und der Verwendung feiner, gut filzender oder gröberer, wenig filzender Wollen. Bei einer leicht meltonierten Ware lässt sich die gewünschte Verfilzung auch durch einen längeren Waschprozess erreichen (neutrale Walke). Ausgangsmaterial ist fast immer ein weich gedrehtes Streichgarn. Es bringt die besten Voraussetzungen für eine schnell einsetzende Verfilzung mit. Die Einstellung muss entsprechend lose sein, damit die Einzelfasern genügend Bewegungsfreiheit haben, unter der Einwirkung der mechanischen Bearbeitung der Walke den Wanderungsprozess an die Oberfläche der Ware vollziehen zu können. Da komplizierte Bindungen nicht zur Geltung kommen, beschränkt man sich auf die oben genannten.
Einsatz: Mäntel, Jacken, Hosen, Anzüge, Kostüme; je nach Ausführung und Gewicht Indoor- und Outdoor-Artikel.

Membran (membrane): kein Gewebe, sondern dünne „Folie", die aber häufig mit Textilien zusammen verarbeitet wird. Die wichtigsten Membrantypen sind → Gore-Tex® und → Sympatex®.

Mercerisieren (mercerizing): Form der Textilveredlung, die von dem Engländer John Mercer (1791–1866) im Jahr 1844 „entdeckt" wurde. Er beschäftigte sich eigentlich mit dem Laugieren und erst ca. 50 Jahre später entdeckte Horacem Arthur Lowe (1869–1930) das vollständige Verfahren und wendete es an. Bei der Mercerisation (auch: Merzerisierung) werden Garne, Zwirne (keine Fasern), Gewebe und Maschenwaren aus Baumwolle in Natronlauge (oder Ammoniak) von über 25° Bé unter gleichzeitiger Spannung und Streckung behandelt. Folgende Arbeitsschritte werden vorgenommen: Imprägnieren mit der Lauge (20–40 Sek.), Spannen, Auswaschen unter Spannung, Absäuern und Spülen. Hierdurch werden folgende Eigenschaften der Baumwolle verändert: Die Cuticula wird zerstört, der Querschnitt wird größer und nimmt fast kreisrunde Formen an. Das Lumen verschwindet und die Spiralwindungen drehen sich auf, wodurch die Baumwolle einen seidigen Glanz bekommt. Die Faserlänge verkürzt sich um ca. 20–25 %. Zudem verändert sich der makromolekulare Aufbau. Die Kristallite orientieren sich in Richtung Faserlängsachse. Die innere Faseroberfläche nimmt zu. Der Effekt von Hochveredlungen verbessert sich.
Die Baumwolle wird beständiger gegen Angriffe von Chemikalien, Mikroorganismen, Sonnenlicht und Bewetterung. Ihr Farbstoffaufnahmevermögen nimmt zu (bis zu 25 %). Die Einzelfasern werden reißfester, die Dimensionsstabilität verbessert sich und die Knitterneigung nimmt ab. Man unterscheidet zwischen der Kalt- und Warm-Mercerisation, auf deren unterschiedliche Ergebnisse hier aber nicht eingegangen wird. Leinen und Leinenmischungen können auch mercerisiert werden.
Literatur: M. Peter; H. K. Rouette: Grundlagen der Textilveredlung. Deutscher Fachverlag, Frankfurt/Main 1989[13].

Merino Extrafine: Bekleidung aus den feinsten Wollen des Merinoschafes. Der vorgeschriebene Faserdurchmesser liegt bei ca. 19,5 µm und feiner (Internationales Wollsekretariat). Die Qualitäten werden in Streich- und Kammgarnausführungen angeboten.

Merveilleux (frz., merveilleux = wunderbar): Glanzseide, jedoch schwerer als → Messaline; wird im 7-bindigen Atlas (im Gegensatz zum Messaline) gewebt. Der stärkere Glanz wird durch den prägnanten Scheingrat (Garndrehung läuft entgegen dem Bindungsgrat) bewirkt. Schwere Qualitäten ähneln dem → Duchesse. Kennzeichen: elegant, voller Griff, weicher Fall.
Einsatz: Kostüme, Kleider und Repräsentationsgewebe.

Meryl®: Markenproduktpalette von Nylstar CD (Jointventure von Rodia und Snia), dem größten Produzenten von Polyamid 6 und 66 in Europa (weltweit die Nummer 2). Das Grundmaterial ist Polyamid 6 und 66. Rohstoffspezifische Eigenschaften: → Polyamid.
Der Markenname „Meryl®" ist kein Fasername, sondern bezieht sich auf einen fertigen Stoff. Die Qualitätspalette ist sehr vielfältig und umfasst sowohl Strick- und Wirkware als auch Webereiprodukte. Das Markenzeichen wird nur an jene Produzenten in Konzession gegeben, die mit Nylstar-Polyamidgarnen besonders innovative Artikel herstellen. Dem Meryl®-zertifizierten Stoff liegt immer eine Nylstar-Spezialität zugrunde, d. h. ein Polyamidgarn mit einem Dtex-Wert pro Filament, der kleiner als 1,6 ist oder einer Filamentgruppe mit verändertem Querschnitt (z. B. trilobal, hexalobal). Desweiteren findet man hochglänzende, halb- und tiefmatte, texturierte, gedrehte oder umwundene Qualitäten auf dem Markt. Meryl® wird sowohl rein als auch in jeder Mischung mit Naturfasern angeboten.
Diese Markenprodukte zeichnen sich durch ein Höchstmaß an Tragekomfort aus, und zwar wegen der Weichheit der eingesetzten Mikrotypen (dtex < 1,6 wird bei PA auch noch zu den „mikronahen Typen" gerechnet, sonst dtex < 1,3). → Faserdurchmesser. Faserquerschnitts- und Faserfeinheitsvergleich → Mikrometer, µm).
Die Produkte weisen ein sehr geringes Gewicht auf und sind pflegeleicht, sie trocknen mehr als dreimal schneller als Baumwolle (Meryl®-Artikel in 45 Min., Baumwollartikel in 150 Min.) und sie sind so gut wie bügelfrei, da ihre Elastizitätseigenschaften sie immer wieder in die ursprüngliche Form zurückbringen.
Zur schnellen Unterscheidung der verschiedenen Einsatzbereiche ist der Outdoor/Sportswear-Sektor mit einem grünen Label versehen, der Wäsche- und Bademoden-Sektor mit einem roten Label und der Fashion-Bereich mit einem beigen Label.
Einsatz: Wäsche, Strümpfe, Strumpfhosen, Bademoden, Unterbekleidung, Oberbekleidung, Sport- und Straßenbekleidung, Accessoires und Bagagerie.
Folgende Neuentwicklungen werden unter Meryl® angeboten:
– *Meryl® Nexten:* Polyamidfaser, ein Polymer aus PA 66 halbmatt mit einem hohlen Faserquerschnitt. Nexten wird in verschiedenen Feinhei-

Meryl® 222

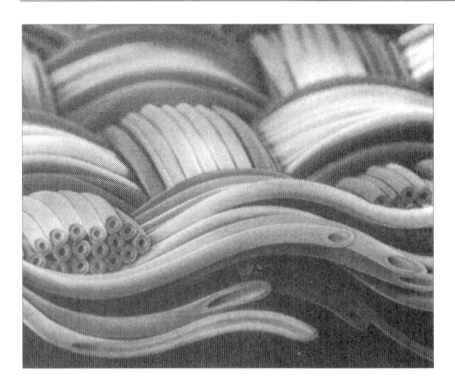

Abb. 152: Hohlfaser Meryl® Nexten (Polyamid)

Abb. 153: Rechteckig geplatteter Faserquerschnitt von Meryl® Satiné

Abb. 154: Zum Vergleich: Faserquerschnitt der Wildseide

ten angeboten, z. B. von dtex 58 f 20 über dtex 78 f 20 bis zu dtex 165 f 40, jeweils glatt, und 140 f 40, 195 f 40 taslanisiert sd (engl. semi dull, = halb matt). Die angebotene Palette liegt also nicht im Mikrobereich, jedoch sind die daraus gefertigten Textilien 30 % leichter und besitzen ein 15 % besseres Isoliervermögen gegenüber normalen Polyamidgeweben und eine hohe Strapazierfähigkeit. Die herausragende Eigenschaft ist jedoch die temperaturausgleichende Wirkung. Von den Spinnereien werden zudem Mischgarne, z. B. aus Viskose, Leinen, Polyester, Elastan und Baumwolle, angeboten. (→ Abb. 152).
Einsatz: hochwertige Sport- und Wäscheartikel.

- *Meryl® Satiné:* Filamenttype mit geplättet rechteckigem Querschnitt (→ Abb. 153), durch den sie im verstrickten Zustand einen vollen Glanz erhält. Ähnlich wie die Mikrofasern hat der Stoff einen geschmeidig-weichen Griff und bietet sehr guten Tragekomfort. Die geringere Filamentanzahl und der dadurch etwas größere Durchmesser des Einzelfilamentes (bezogen auf gleiche Dtex-Werte des Garnes) garantieren eine höhere Widerstandskraft gegen Abrieb und Fusselbildung oder Pilling.
Bei der Entwicklung neuer Filamentgarne orientieren sich Wissenschaftler häufig an Vorbildern aus der Natur. Ein solches Beispiel ist Meryl® Satiné (Querschnittsvergleich zwischen Wildseide und Satiné → Abb. 153/154).
Einsatz: Unterwäsche, Bademoden, Spitze und DOB (Prêt-à-porter),

Meryl® Souplé: Mit Souplé erweitert Nylstar seine Angebotspalette für den Strumpf- und Unterwäschebereich. Entscheidend für das Wohlfühlverhalten dieser Textilien sind folgende Punkte: Sie sind dauerhaft antistatisch, kleben daher nicht an der Haut und sie bleiben nach vielen Wäschen geschmeidig und weich. Strümpfe und Wäsche passen sich den natürlichen Formen und Bewegungen des Körpers vollkommen an. Die Ware trocknet viermal schneller als z. B. Baumwolle und ist bügelfrei. Die sofortige Annahme von Feuchtigkeit und deren schneller Abtransport verhindern das Entstehen eines Fröstel- und Nässegefühls,

– *Meryl® Tango:* Garne, die ihren Charakter durch unterschiedliche Mattierung und Faserquerschnitte erhalten. Die verschiedenen Faserquerschnitte werden in einem Spinnprozess gewonnen, also nicht in einem späteren Arbeitsprozess „verzwirnt". Man erreicht mit diesen Qualitäten eine lebendige Oberflächenstruktur sowie haptische und optische Eigenschaften, die denen der Naturseide sehr ähnlich sind (→ Abb. 156),

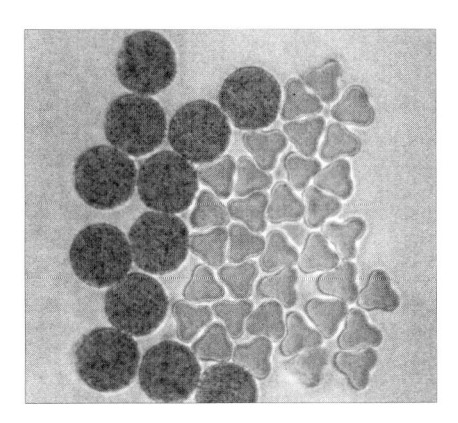

Abb. 155: Runde und trilobale Faserquerschnitte bei Meryl® Tango

– *Meryl® Spring:* Diese lufttexturierte, sehr matt wirkende Polyamidfaser hat einen trockenen, baumwollartigen Griff und insgesamt Baumwollanmutung. Sie kann aber im Gegensatz zur Naturfaser sehr dicht gewebt werden, sodass das Textil sich durch Wind- und Wetterdichtigkeit auszeichnet. Durch den sehr guten Feuchtetransport von innen nach außen kann der Träger weder „auskühlen" noch frieren. Hier ist eine echte Alternative zum Naturlook geschaffen worden,

– *Meryl® mit UV-Schutz* (UPF 135): Durch das Einlagern von Titandioxid (Pigment-TiO_2) schon während des Spinnprozesses ist es möglich, einen hohen und permanenten UV-Schutz zu erreichen. Gegenüber einem an der Oberfläche der Faser liegenden Schutz, ist hier das Pigment im Polymer eingeschlossen und kann deshalb durch Einwirkungen mechanischer Art und durch Waschen nicht entfernt werden. Entscheidend für den UV-Schutz ist aber die technische Einstellung, d. h. die Dichte des Gewebes bzw. der Maschenware. Denn selbst bei der Verwendung hochdichter UV-Fasern kann ein Textil sehr niedrige UPF-Werte unter 10 aufweisen, wenn z. B. der Anteil offener Stellen (Löcher) kleiner als 10 % der Gesamtfläche ist.

Das Warengewicht der unter Meryl® laufenden Produkte liegt bei ca. 300 g/m² (→ ENKA® Sun).

Merzerisieren

Quellen: PA-Hohlfaser Meryl Nexten, in: Melliand Textilberichte 2/2000, S. 6. www.nylstar.com.

Merzerisieren (mercerizing): → Mercerisieren.

Messaline: Ein Glanzatlas aus 5-bindigem Kettatlas, der nach der sizilianischen Stadt Messalina benannt wurde. Wenn Seide eingesetzt wird, dann Bombyx mori (Organsin/Trame) oder seidenähnliche Chemiefasern wie z. B. Polyester, Viskose, Acetat oder Cupro. Der erhöhte Glanz wird durch das Kalandern erreicht, das sog. Messalinieren. Naturseidenmessaline haben ein relativ geringes Gewicht von nur ca. 30–50 g/m^2, Standardchemiefasern (kein Mikro) haben dagegen ein Gewicht von ca. 100–150 g/m^2.

Meter: deutsches Längenmaß; 1 m entspricht 1,093 yards oder 33,37 Inches.

Methanal: → Formaldehyd. → Gifte/Toxine.

Metzgersatin, Metzgerblusensatin: weiß-blau gestreifte Baumwollware, in 5-bindigem Schussatlas gewebt (→ Abb. 10). Die meist schwarzen Streifen sind aufgedruckt, seltener gewebt. Um eine geringere Anschmutzbarkeit und ein klares Gewebebild zu erreichen, wird die Ware vor dem Entschlichten gesengt. Den Schussatlas verwendet man, um eine höhere mechanische Festigkeit zu erreichen. → Streifen.
Einsatz: klassische Berufskleidung, aber auch Freizeitkleidung.

MFD: Abkürzung für Mittlerer Faserdurchmesser, wird in → Mikrometer, μm angegeben.

MicroSafe®: hergestellt von der Firma Celanese NV, wird als Acetatfaser sowie als Filament und in vielen Fasermischungen auf dem Markt angeboten, bietet Schutz gegen Bakterien und Pilze, Modergeruch und Milben. Da der antimikrobielle Schutz in der Faser liegt, ist die Wasch- und Reinigungbeständigkeit gewährleistet. Der weiche, seidenähnliche Griff des Acetatstoffes bleibt ebenso erhalten wie der Glanz und die Knitterresistenz. MicroSafe® ist nicht allergen, hält die Bekleidung länger frisch, ist weniger toxisch als beispielsweise Coffein und ist zudem noch umweltfreundlich.
Einsatz: Active Wear, Unterwäsche, Kissen, Matratzen, Bettwäsche, aber auch Hunde- und Pferdedecken, ferner Socken, Strümpfe, Handschuhe, Schlafsäcke, Heimtextilienbereich und klinischer Bereich (Bandagen, Filter, Klinikwäsche, Mundschutz usw.).

Miederstoffe (corset fabric): Je nach Einsatzgebiet werden für Miederstoffe, auch Korsettstoffe genannt, verschiedene Bindungen sowie Musterungen und Faserstoffe unterschiedlicher Herkunft verwendet: Atlas, Satin, Jacquard, Drell, Batiste, Linons usw.; teils unelastisch, teils elastisch (Elastan). Zu den Miederstoffen gehören Corsagen, Büstenhalter, Unterhosen, Unterhemden, Mieder, Schnürmieder, Strumpfhaltergürtel usw.
Da der überwiegende Teil der Miederwaren nicht gewebt, sondern als

Mikrofasergewebe

Maschenware angeboten wird, verweise ich auf die Fachliteratur, z. B.: *D. Markert: Maschen-ABC. Deutscher Fachverlag, Frankfurt/Main 1990*[9].

Mikrocord: → Cordsamt (Waschsamt/Waschcord).

Mikrofaser: → Mikrofasergewebe.

Mikrofasergewebe (micro fibre fabric): Allgemeinbezeichnung für Feinstkapillargewebe, die überwiegend aus Polyester oder Polyamid bestehen (Beispiel Gewebekonstruktion → Warenbeschreibungskarte). Der Begriff „Mikrofaser" ist streng genommen nicht ganz korrekt, es wäre besser, die Kurzform „Mikrofil" zu verwenden, da der überwiegende Teil aus Filamenten und nicht aus Fasern besteht. Im Handel und Verkauf wird ein Mikrofasergewebe oft ohne Bezug auf den Rohstoff gehandelt – sicher bewusst, um beim Kunden nicht die alten Vorurteile gegen Chemiefasern hervorzurufen. Die positive Bewertung von Mikrofasergewebe geht in erster Linie auf die sehr hohe Faserfeinheit zurück und die sehr guten Eigenschaften von → Polyester, → Polyamid, in letzter Zeit auch von → Modal und → Lyocell. Der weiche Griff und die Geschmeidigkeit lassen eine Abwertung als „typische" Chemiefaser nicht mehr zu. Die Garne bestehen aus Fibrillen, die eine Feinheit von mindestens dtex 1,0 oder kleiner haben müssen, d. h. ein Gramm dieses Garns hat eine Länge von 10.000 m. Ob man ein Mikrogewebe oder nur eine „Imitation" kauft, kann man nachprüfen, indem man die Titerstärke des verwendeten Polyesters durch die Anzahl der Filamente teilt. (Technische Daten erfragen!) Bei dtex 165 f 180 z. B. wird 165 durch 180 geteilt und man erhält 0,9. Hier handelt es sich also um eine Mikrofaser. Bei dtex 165 f 100 wird 165 durch 100 geteilt und man erhält 1,65. Der Dtex-Wert liegt über 1,0, hierbei handelt es sich demnach nicht um ein Mikrofasergewebe, obwohl das Gewicht bei beiden Materialtypen gleich ist. Bezeichnungen wie „Micro-Touch", „Micro-Feeling", „Micro-Look" oder „Micro-Finish" sind keine Garantie für echte Mikrofaser, daher → Warenbeschreibungskarte kontrollieren!
Die Eigenschaften der Mikrogewebe entsprechen dem verwendeten Rohstoff, z. B. Polyester. Das gute beklei-

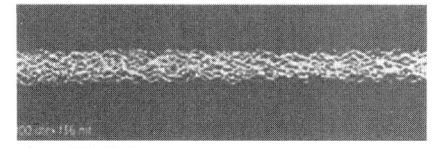

dtex 100 f 36

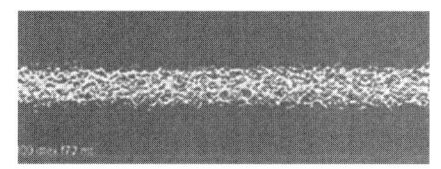

dtex 100 f 72

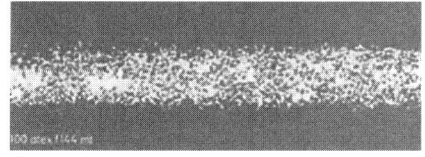

dtex 100 f 144

Abb. 156: Vergleich von texturierten Standardfasern mit texturierten Mikrofasern gleicher Garnstärke

Mikrofaserwirbelvlies

dungsphysiologische Verhalten ist abhängig von der Webdichte und der Bindungskonstruktion (Leinwand, Köper, Atlas). Besonders texturiert werden die Mikrofasern sehr voluminös und haben im Vergleich zu Standardfasern u.a. eine wesentlich höhere Wärmeisolation (→ Abb. 156).

Outdoor-Bekleidung aus Mikrofasern hat folgende Vorzüge: Sie ist Wasser abweisend, wasserdampf durchlässig (semipermeabel), atmungsaktiv und windundurchlässig.

Für den Indoor-Bereich (z. B. Blusen, Hemden, Kleider) werden andere Eigenschaften betont. Entweder besteht die Kleidung aus 100 % Mikrofasern (PES und PES oder PES und PA) oder aus Mischungen mit Viskose, Wolle oder Seide. Hier besteht ein Fadensystem aus Mikrogarnen, das andere Fadensystem ist der entsprechende Mischungspartner. Die Textilien sind geschmeidig, weich, atmungsaktiv, haben einen fließenden Fall und eine große Variationsbreite in der Optik (glänzend, matt, halbmatt usw.). Bei geschmirgelter Ware kommt es nur zu einer geringen oder gar keinen elektrostatischen Auflading.

Mikrofaserprodukte sind zudem sehr gut waschbar (30 oder 40°C Feinwäsche). Hochwertige Polyester-Blusen z. B. sollte der Kunde selbst und mit Feinwaschmittel waschen; Vollwaschmittel können Polyester angreifen.

Auch als Futterstoff sind Mikrogewebe im Angebot. Die Verarbeitung eines funktionellen Oberstoffes mit normalem Futter ist nicht sinnvoll. Nur in ihren Funktionen aufeinander abgestimmte Stoffe (also Oberstoff und Futter aus Mikro) ergeben einen optimalen Tragekomfort. Ein Mikrofutter ist leicht, wasch- und reinigungsbeständig, dampfdurchlässig, d. h. die verdampfende Körperfeuchte wird durch die feinen Poren des Gewebes transportiert und gelangt so problemlos in die nächste Gewebelage. Die Haut bleibt trocken, das Futter klebt nicht auf der Haut und die Geruchsentwicklung wird zusätzlich reduziert. Aufgrund seiner Dichte stellt auch der Futterstoff eine Sperrzone gegen Feuchtigkeit dar, sollte der Oberstoff einmal „versagen". Weiterhin sind diese Futterstoffe abriebfester als klassische Futter. Durch ihre gute Schiebefestigkeit sichern sie kritische Stellen im Kleidungsstück. Ein Futterstoff aus Mikrofaser weist folgende Eigenschaften auf: Er ist einlaufsicher, dimensionsstabil, dampfdurchlässig, Geruchsentwicklung eindämmend und nahtschiebefest.

Mikrogewebe sind aufgrund ihrer Feinstfilamente knitter- und kantenabriebanfälliger. So sollte man dem Bindungstyp und der Verarbeitung besondere Beachtung schenken. Weiterhin schmutzen geschmirgelte oder gesandete Gewebe relativ schnell an. Mikrofasergewebe können problemlos verarbeitet werden, da sich die Nadeleinstiche wieder schließen, und müssen daher nicht mit Nahtabdichtbändern versehen werden, wie z. B. Laminate. Die Recyclingfähigkeit ist bei sortenreinem Polyester sowie bei Polyamid sehr gut (→ Ecolog Recycling Network). Einige bekannte Markenprodukte sind: → Belseta®, → Lamous®, → Tactel® → Trevira Finesse® → Lyocell und → Modal.

Mikrofaserwirbelvlies (man-made leather, microfil nonwoven fleece): Lederimitat aus Mikrofaser, besser ein Filament (dtex ≤ 1), welches den Wirrfaserstrukturen aus Kollagen ähnelt. Corfam von DuPont und Clarino von Kuraray, Anfang der 60er-Jahre entwickelt, waren die ersten Lederimitate. Das Produkt war vornehmlich für die Schuh- und Lederindustrie gedacht. Erst Mitte der 70er-Jahre gelang den Japanern der Vorstoß mit Lederimitaten auf dem Bekleidungssektor. 1971 wurde Escaine/Alcantara von Toray Industries erfolgreich eingeführt. Seitdem haben sich viele japanische Firmen mit ähnlichen Produkten auf dem Markt etabliert, während DuPont schon 1971 die Produktion von Corfam wieder einstellte. Es werden einschichtige Materialien wie Alcantara und Amaretta™ als „Single Strukturen" von „Double Strukturen" wie Lamous® und Glore Valcana unterscheiden, die ein Stützgewebe besitzen (→ Tabelle 15).

Mikrofaserwirbelvliese zeichnen sich durch Widerstandsfähigkeit, Weichheit, Luft- und Feuchtigkeitsdurchlässigkeit sowie Anpassungsfähigkeit an Modetendenzen aus, sind waschbar und reinigungsbeständig (keine Lederreinigung), hautsympathisch, knitterresistent, Wasser abstoßend, weitgehend fleckenunempfindlich und besitzen hohe Lichtechtheiten. Es kommt zudem zu keinen Schnittverlusten durch eine unregelmäßige Form.

Mikrometer, μm (micron): Maßzahl (1 μm = 10^{-6} m), die u. a. für die Stärke (Durchmesser) eines Filaments oder einer Faser verwendet wird, um deren genaue Feinheit angeben zu können (→ Wolle, → Kaschmir, → Mohair, → Mikrofaser). Eine Naturfaser wie z. B.

Produkt	Firma	Einsatz
Amaretta™ (1978)	Haru-Kuraray	Bekleidung/Möbelstoffe (→ Amaretta™)
Sofrina (1980)	Haru-Kuraray	Bekleidung/Taschen
Nash	Haru-Kuraray	Schuhe, Bälle, Taschen
Escaine/Alcantara	Toray	Bekleidung/Möbelstoffe, Accessoires, Fahrzeugausstattung
Lamous®	Asahi	Bekleidung/Möbelstoffe
Glore	Mitsubishi	Bekleidung
Savina®	Kanebo	Bekleidung
Cordley	Teijin	Bälle, Schuhe
Hilake	Teijin	Bekleidung

Tab. 15

Milanaise 228

Mohair hat eine Stärke von ca. 25 µm, in diesem Fall spricht man schon von einem nervigen Material. Kaschmir dagegen liegt mit ca. 15 µm im feineren, weicheren Griffbereich. Baumwolle ist ca. 13,5 µm stark, damit fühlt sich dieses Material weich und geschmeidig an und kann gar nicht kratzen, wie z. B. eine grobe Wolle mit ca. 32 µm (Crossbred). Die Stärke von Mikrofilamenten oder -fasern ist kleiner als 10 µm (grafische Darstellung der verschiedenen Querschnitte/Feinheiten → Abb. 103, Feinheitsvergleich Natur- und Chemiefasern). Die 3. und 4. Generation der „Hightech-Fasern" können nur unzureichend (wenn überhaupt) mit den Naturfasern verglichen werden. Auf die Weiterverarbeitung der Fasern zu Garnen oder Zwirnen mit ihren Drehungen pro Meter (Tm) und die sich daraus ergebenen Griffeigenschaften wird hier nicht weiter eingegangen.

Milanaise (milanaise): Baumwoll- oder Viskosefaserstoffware, in Köper (meist 3-bindiger Schussköper) gewebt, ausgerüstet mit weichem Griff und hohem Glanz. Den mechanisch-technologischen Ansprüchen entsprechend ist auch die Schussbindigkeit gewählt, nämlich eine feste, feinere Kette und ein kräftiger, etwas weicher gedrehter Schuss. Nicht verwechseln mit → Milanese.
Einsatz: überwiegend Futterstoffe.

Milanese (milanese fabric): maschenfeste Kettwirkware (rechts/links) mit Diagonalstreifen, die auf sog. Milanesestühlen produziert wird. Die Ware zeigt eine Atlaslegung ohne Umkehrreihe.
Einsatz: Damenwäsche.

Mille fleurs (mille fleurs; frz., mille fleurs = tausend Blumen): sehr kleine, ganzflächige Musterung mit Blumen oder Blüten (Streublumen), in Jacquardtechnik oder Drucktechnik ausgeführt. Die Gewebegrundlage ist häufig Baumwolle (Renforcéqualität); darüber hinaus werden auch Seiden- oder Chemiefaserfonds verwendet.

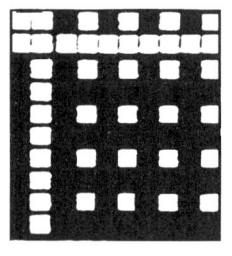

Abb. 157: Millepoints
Leinwandbindung
Schärung: 1 Fd dunkel
1 Fd hell
Schussfolge: durchgehend dunkel

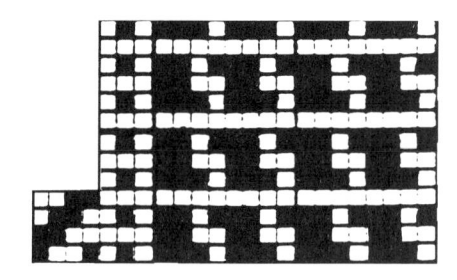

Abb. 158: Millepoints
Köperbindung (K 2/2)
Schärung: 2 Fd dunkel
2 Fd hell
Schussfolge: 1 Fd dunkel
1 Fd hell

Millepoints (millepoints; frz., mille points = tausend Punkte): Musterungsbezeichnung für sehr kleine, punktförmige Dessins, die sowohl web- als auch drucktechnisch hergestellt werden. Webereitechnisch wird Millepoints als → Farbeffekt bezeichnet; die Grundbindung ist Leinwand, die Schärung: 1 Fd dunkel und 1 Fd hell, die Schussfolge uni → Abb. 157. Bei der Köperbindung wird die Schär- und Schussfolge verändert (→ Abb. 158).

Mille rayé (mille rayé; frz., mille rayé = tausendfach gestreift): Bei Webwaren wird dieser → Farbeffekt verwendet, der sehr feine fadenweise → Streifen in Vertikalrichtung erzeugt (→ Abb. 159).
Die Ware wird in Leinwandbindung gewebt.
Schärung: 1 Fd dunkel
1 Fd hell
Schussfolge: 1 Fd dunkel
1 Fd hell
Das typische Merkmal dieser Farbverflechtung ist, dass beide Seiten verschiedene Streifenlagen haben, z. B.

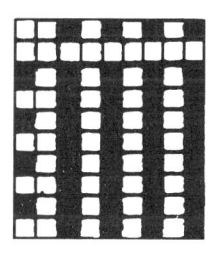

Abb. 159: Mille rayé
Leinwandbindung
Schärung: 1 Fd dunkel
1 Fd hell
Schussfolge: 1 Fd dunkel
1 Fd hell

rechts vertikal (rayé), links horizontal (travers). Wird ein Streifen gedruckt oder normal gewebt (z. B. Zefir), entsteht beidseitig ein Streifen mit gleicher Laufrichtung. Als Mille rayé wird auch der sehr feine → Nadelsamt bezeichnet.

Mille traverse (milletravers; frz., mille traverse = tausend Querstreifen): → Abb. 160. Vergleiche auch → Mille rayé.

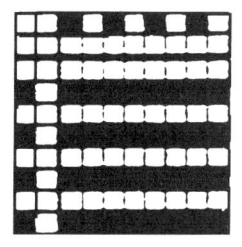

Abb. 160: Mille travers
Leinwandbindung
Schärung: 1 Fd dunkel
1 Fd hell
Schussfolge: 1 Fd dunkel
1 Fd hell

Mitläuferstoffe (back cloth, runner cloth): Diese Gewebe werden in der Textildruckerei eingesetzt. Es sind häufig gebrauchte Gewebebahnen, die unter der zu bedruckenden Ware liegen. Sie nehmen überschüssige oder durchgedrückte Farbe auf und verhindern dadurch eine Verschmutzung sowohl der Druckmaschine als auch der Druckdecke. Eine Trocknung vor erneutem Gebrauch findet entweder getrennt statt, oder der Mitläufer wird von einem Mitläuferwäscher gereinigt. Material: überwiegend Baumwolle.

Modacryl

Modacryl (MAC): Modifikation des Acryls, die zwischen 50 und 85 % Gewichtsprozent Acrylnitril enthalten muss. Dieser Materialtyp weicht dadurch in seinen Eigenschaften von dem bekannteren → Polyacrylnitril ab. Modacryl wird nur noch in Japan und den USA (modacrylic) produziert. Es wird unter folgenden Markennamen gehandelt: Kanekalon (Kaneka Corp., Japan), Velicren FR (Montefibre SpA/Italien).
Eigenschaften: Das spezifische Gewicht beträgt 1,30–1,42 g/cm^3 (Acrylfasern 1,15 g/cm^3) und es ist schwer entflammbar. Die Pflegeeigeschaften hängen von der Konfektionierung des Textils ab; überwiegend wird chemische Reinigung empfohlen.
Einsatz: Pelzimitationen mit zurückhaltendem Glanz (eckiges Faserprofil) und hoher Weichheit, Heimtextilien, Bodenbeläge (besonders im Objektbereich), flammenhemmende Oberbekleidung, Schutzkleidung, Perücken.

Modal® SUN: → ENKA® Sun. → Sun-Protect-Textilien.

Modal, HWM, Polynosic: modifizierte Viskose mit einem verbesserten Kraft-Dehnungsverhalten und einem höherem Polymerisationsgrad. Die Herkunft des Begriffs „Polynosic" ist umstritten, könnte aber eine Abkürzung für „Polymeres non synthetiques" (nichtsynthetische Textilfasern mit langen Kettenmolekülen) sein.
Dieser Materialtyp hat eine höhere Laugenbeständigkeit und ein geringeres Quellvermögen. Die verbesserte Faserfestigkeit bringt eine Verringerung der Schlingen- und Scheuerbeständigkeit. Aus der geringeren Dehnung ergibt sich auch eine gute Form- und Dimensionsstabilität gegenüber dem CV-Standard.
Die Fasern werden als Modal, HWM-Fasern (High-Wet-Modul/Modulus) oder Polynosic-Fasern (war warenrechtlich durch die Association Internationale Polynosic in Genf geschützt) angeboten. Die Fasertypen besitzen gegenüber Viskose-Normaltypen eine höhere Trocken- und Nassfestigkeit (HWM-Nassdehnung muss bei 22,5 cN/tex unter 15 % bleiben).
Unter dem Gattungsnamen „Modalfasern" werden HWM-Typen hauptsächlich in Europa und in den USA hergestellt und weiterverarbeitet; Polynosic-Typen dagegen überwiegend in Asien. Die Modalvariante Polynosic kommt demnach eher aus dem asiatischen Raum; wird Modal angeboten, kommt es aus Europa oder den USA und wird auch als HWM-Type bezeichnet. Alle Polynosic-Modaltypen sind zur Mischung mit Baumwolle geeignet. Sie können mercerisiert werden, ohne ihre Eigenschaften zu verlieren und werden auch kunstharzausgerüstet. Da Modal-Polynosic mehr Feuchtigkeit aufnimmt, kann es beim Färben von Mischungen durch ungleiches Aufziehvermögen zu Problemen kommen.
Polynosic kommt unter verschiedenen Handelsnamen auf den Markt, wie z. B. Colvera, Modal by Lenzing, Zantrel, Zaryl, Koplon, Scaldyne; in Deutschland war es früher unter Phyron und Danulon bekannt. Die genannten Namen sind nur zeitlich begrenzt gültig.
Die HWM-Fasern zeigen gegenüber Polynosic-Fasern eine etwas geringere Alkalibeständigkeit und Faserfes-

tigkeit. Aber wegen der geringeren Sprödigkeit der Modalfasern bieten Modaltypen bessere Eigenschaften zur Reinverarbeitung.
Eine Neuentwicklung ist die von Lenzing angebotene Cellulosefeintiterfaser „Modal 1,0 dtex Micro", kurz Modal Micro genannt. Sie hat die bekannten technologischen Eigenschaften von Modal, bringt aber verbesserte Garnfestigkeit mit, die gerade für feinfädige Artikel von Bedeutung ist. Artikel aus Modal Micro haben einen besonders geschmeidigen, weichen Griff und einen fließenden Fall. Vergleich zwischen Modal HWM und Modal Polynosic: (→ Tabelle 16):

Mohair (WM): Die Mohairziege, die auch als Angoraziege bekannt ist, ist eine kleine, in Vorderasien domestizierte Ziegenart mit seidigglänzendem und langwelligem Haar. Im Türkischen bedeutet Mohair „edles Tuch aus Ziegenhaar" und der Begriff Angora bezeichnet das frühere Ankara, ist also ursprünglich eine Regions- und keine Tierbezeichnung. Die Faserlän-

		Modal HWM = High-Wet-Modulus	Modal Polynosic
Feinheit	dtex	1,0–1,3	1,7
Trockenfestigkeit	cN/tex	35	37
Trockendehnung	%	13	11
Nassdehnung	%	14	12
Nassreißfestigkeit	cN/tex	19–20	26
Nassmodul	cN/tex bei 5 % Dehnung	6	11
Schlingenfestigkeit	cN/tex	9	5–6
Fibrillierung	Mark	1	3
relative Nassfestigkeit	%	54	70
Wasserrückhaltevermögen	%	60	60
Faserquellung/Durchmesser bei pH 7,2	%	25–30	25–30
alkalische Widerstandsfähigkeit		hoch	hoch

Tab. 16

Quelle: Lenzing Fibres, Österreich.

ge beträgt 100–300 mm, je nach Schur. Jährlich liefern die Tiere ca. 4 kg Haar. Der → Faserdurchmesser liegt, abhängig vom Alter des Tieres, bei 25–65 µ. Der Griff ist leicht nervig im Gegensatz zum → Angorakanin. Mit den deutlich ausgeprägten Schuppen besteht Ähnlichkeit zur Schafwolle. Die Filzfähigkeit ist relativ gering, daher ist zumindest eine Handwäsche von Mohairprodukten unproblematisch. Das beste Mohair kommt zur Zeit aus Südafrika und wird überwiegend für Maschenprodukte wie Pullover, Pollunder, Strickjacken usw. verarbeitet. Der Begriff Kid-Mohair (Baby-Haar) bezeichnet das besonders feine (ca. 24 µ), glänzende Haar junger Ziegen.

Moiré (moiré, watered effect): Musterungsart, für die meist rips- und ripsähnliche Gewebetypen verwendet werden, wie Popeline, Rips oder Ripspapillon. Die Oberfläche, der sog. Moiré-Effekt, ist gekennzeichnet durch eine wellenartige oder holzgemaserte Musterung. Der Lichtbrechungseffekt ist so unregelmäßig, dass eine sich ständig verändernde Dessinoptik entsteht. Die Grundgewebetypen können aus Seide, Leinen, Baumwolle, Viskose oder reinen Chemiefasern sein. Die Moirierung läuft vertikal und kommt auf zwei unterschiedliche Arten zustande:
Der echte Moiré entsteht durch das Übereinanderlegen zweier gerippter Gewebelagen (oder durch das Doublieren einer Ware), die vorgefeuchtet (faserabhängig) mit hohem Druck (20–40 t/cm^2) durch einen Walzenkalander geführt werden (Moirékalander). Da die Rippen nicht parallel laufen, kommt es zu Überlagerungen und somit zum Glattpressen der Kreuzungsstellen. Somit entsteht eine veränderte Lichtreflexion: die platten Stellen glänzen, die erhabenen bleiben stumpf. Dieser echte Moiré wird auch „Moiré antique" genannt und hat keine Rapportwiederholung (jedes Stück ist ein Unikat). Negativ bei doubliert moirierter Ware ist die sog. Doublierfalte, die kaum wieder zu entfernen ist.
Der unechte Moiré hat in jedem Fall einen Rapport in der Länge. Hier durchläuft das einfache Gewebe sog. Prägewalzen (Gaufré) und erhält somit das Moirémuster. Der Effekt ist bei ripsartiger Oberfläche kaum vom echten Moiré zu unterscheiden. Die Optik gleicht auch hier der einer bewegten Wasseroberfläche.
Sind im Gewebe z. B. Satinstreifen und es wird „moiriert", spricht man von Moiré rayé. Wird ein Jacquardrips moiriert, handelt es sich um einen Moiré figuré. Aber Vorsicht: Wird das Moirémuster von einem Jacquardmuster dargestellt, ist es ein Jacquard-Moiré. Erkennen kann man das an der Bindungsvielfalt, an dem statischen Erscheinungsbild des Musters. Werden native Faserstoffe oder Viskose verwendet, ist die Moirémusterung nicht wasch- und bügelbeständig. Durch die Nassbehandlung wird die hygroskopische Wirkung der Fasern wirksam, die Faser quillt und der Effekt geht verloren, es sei denn, der Moiré ist kunstharzveredelt (sonst Reinigung). Die Thermoplasten sind ebenfalls wasch- und reinigungsbeständig. Vor dem Kauf unbedingt nach den Pflegeeigenschaften fragen. Günstige moiréähnliche Gewebe werden aus Polyamid, Acetat oder Poly-

ester hergestellt, die Bindung ist häufig Atlas oder Leinwand. Um den gewünschten Moiré-Effekt zu bekommen, wird hier die Ware über Gaufrierwalzen im thermoplastischen Bereich verformt. Dies gibt immer eine statische Dessinoptik.
Einsatz: Jacken, Kleider, Westen, Heimtextilienbereich, Bänder, Schleifen, Futter, Posamente usw.

Mokett, Moquette (moquette): klassischer Begriff für Möbelstoffe, die im Gegensatz zum → Épinglé oder → Frisé als geschnittene Florware produziert werden. Je nach Dessinierung stellt man das Gewebe auf Schaft- oder Jacquardmaschinen her. Es gibt Doppelmokett, nach dem Prinzip des → Doppelsamtes hergestellt, oder den Rutenmokett, der auf Rutenstühlen gewebt wird. Unterscheidungsmerkmal zwischen beiden Techniken: Beim Rutenmokett liegen die für das Muster nicht gebrauchten Fäden auf der Rückseite, während beim Doppelmokett alle Fäden „aktiv arbeiten". Für den Rutenmokett verwendet man drei Fadensysteme: Grundkette, Pol- oder Florkette und das Schusssystem. Beim Doppelmokett braucht man für jedes Gewebe Kette und Schuss, aber nur ein Polfadensystem, insgesamt also fünf Fadensysteme. Man spricht von 1-, 2-, 3- und 4-chorigen Moketts („chorig" steht für Kette). Eine Ware wird aber nur dann als mehrchorig bezeichnet, wenn alle Farben innerhalb einer Längsnoppenreihe abwechselnd an der Musterung beteiligt sind. Es gibt also auch 6- ·bis 8-farbige Moketts, die nur 3- bis 4-chorig sind, da hier die Vielfarbigkeit über die Schärung

gelöst wird. Nun zwei Beispiele für Wareneinstellungen:

Schaftmokett:
Grundkette 12 Fd/cm Nm 34/2 (CO-Zwirn)
Florkette   18 Fd/cm Nm 24/2 (Weftzwirn)
Schuss   6 Fd/cm Nm 14/2 (CO-Zwirn)
Weftmaterial ist als etwas härtere Cheviotwolle zu verstehen.

Jacquardmokett:
Grundkette 15 Fd/cm Nm 40/2 (CO-Zwirn)
Florkette   10 Fd/cm Nm 24/2 (Weftzwirn)
Schuss   6 Fd/cm Nm 14/2 (CO-Zwirn)

Moleskin, Deutschleder, Englischleder (engl., mole = Maulwurf, skin = Fell): kräftiges Baumwollgewebe in Schussatlasbindung mit hoher Schussdichte (ca. 30–35 Fd/cm) und geringerer Ketteinstellung, wird für Berufskleidung und Taschenfutter eingesetzt. Gute Qualitäten haben Baumwollzwirn in der Kette und Garne im Schuss (→ Pilot). In der Veredlung wird oft die linke und die rechte Warenseite geraut, die rechte dann aber noch geschoren, sodass diese Seite dem Maulwurfsfell ähnelt. Dickere Moleskins werden auch als Englischleder bezeichnet. Leider fehlt den heute angebotenen Typen oft der Rau- und Schereffekt.
Aufgrund seiner Festigkeit eignet sich Moleskin gut für die Verarbeitung als Hosenfutter und als Arbeitshosen. Für Taschenfutter wird das Gewebe in halber Breite geliefert (oft 60cm).
Erkennungszeichen: Stückfärber in Basic-Farben (Grau, Beige, Braun). Moleskins haben eine Webkante und eine zickzackförmig geschnittene Kante.

Mollino: österreichischer Ausdruck für ein leinwandbindiges, mittelkräftiges Baumwollgewebe (→ Cretonne).

Molton

Molton (molleton, silence cloth, hush cloth; frz., mol, molle = weich, zart): Bei Baumwollmoltons handelt es sich um eine schwerere Biberart. Auch die Bezeichnungen Schwerflanell und Baumwollfries sind üblich. Die Bindung ist Leinwand oder Köper K 2/2. Es ist ein beidseitig stark gerautes Gewebe mit Watergarnen in der Kette und Mulegarnen im Schuss, bei dem je nach Rauprozess das Bindungsbild mehr oder weniger zu sehen ist. Molton verfügt über ein gutes Wärmeisolationsvermögen, hat einen weichen Griff und ist leichter als Kalmuck. Das Gewebe ist rohfarben, gebleicht oder in Pastelltönen zu haben. Zur Erkennung der Kettrichtung zieht man auf beiden Richtungen einen Faden aus dem Gewebe heraus. Der fest gedrehte ist der Kettfaden, der weiche, stark flusige das Schussgarn. Vor der Verarbeitung sollte der Molton gewaschen werden (60 °C), da das Gewebe bis zu 10 % einlaufen kann.
Einsatz: leichtere Schlafdecken, Bettlaken, Wickeltücher, Kinderunterlagen und Unterspannung für Lackfolien.

Momme (mm): japanische Gewichtseinheit für → Seide. 1 momme entspricht 3,75 g/square yard oder 0,836 m². Somit sind z. B. 8 momme x 3,75 g = 30 g auf 0,836 m². Hier spricht man von einer 8er-Seide.

Monofil (monofil yarn): einfädiges Filamentgarn, das aus einer „Einlochdüse" ersponnen wird, das Gegenteil von → Multifil. Monofile werden aus

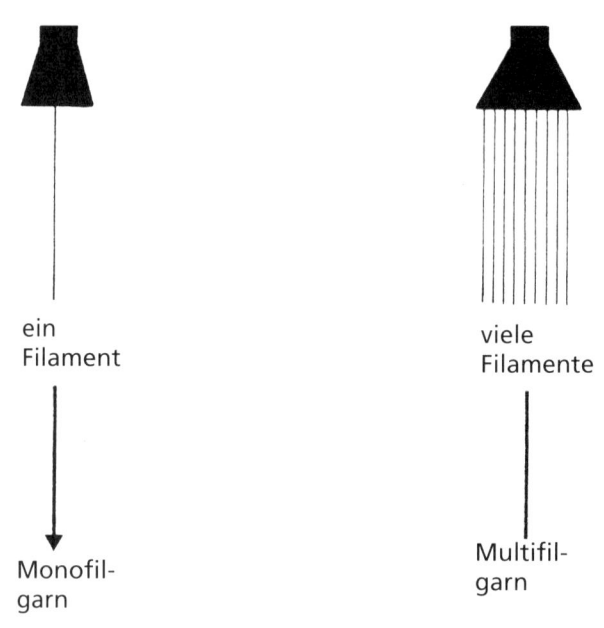

ein Filament

Monofilgarn

Abb. 161: Spinndüse mit einem Bohrkanal

viele Filamente

Multifilgarn

Abb. 162: Spinndüse mit mehreren Bohrkanälen

synthetischen Polymeren ersponnen und z. B. für Angelschnüre, Borsten, Netze und Filmdruckschablonengaze verwendet. → Spinnkabel. → Filamentgarne.

Moonga-, Mugaseide: Bombyxseide aus Assam (Antheraea assama), von geringer Bedeutung. → Seide.

Mooskrepp, Schaumkrepp (moss crêpe): bildhaft gemeinte Fantasiebezeichnung für einen „Kombinationskrepp". Es werden an Stelle von Leinwandbindungen Kreppbindungen verwendet, die Flottierungen gehen aber über maximal 2–3 Fäden (sonst zieheranfällig) nicht hinaus: Das Besondere ist die Verwendung von Umwindungsgarnen aus Viskosefilament und Acetat in Kette und Schuss. Nur der „Seelenfaden" hat Kreppdrehung von ca. 2.000–2.600 T/m. Diese Feinheiten liegen zwischen dtex 80 und 120. Das Umwindungsgarn aus Acetat z. B. ist weich gedreht und etwas dicker (dtex 160 und 250–500 T/m). Das Ergebnis ist eine feine, krause, „moosige" Oberfläche mit rauem, nervigem Griff und matter Optik.
Ähnlich aufgebaut ist auch der noch feinere Crêpe-Jersey. Ein relativ schwerer Gewebetyp (180–250 g/m^2), dessen Fall nicht so weich und fließend ist wie z. B. beim → Crêpe Georgette. Er wird überwiegend stückfarbig produziert und für Tageskleider, Kostüme und Jacken verwendet. → Eiskrepp. → Sandkrepp. → Kreppgewebe.

Moquette: → Mokett.

Moscovite, Moskowit (moscovit): Name nach der russischen Hauptstadt Moskau. Hierunter versteht man verschieden starke Ripsgewebe, eine Art → Épinglé oder → Ottomane. Es handelt sich dabei um Ripse, bei denen feine und starke Rippen zum Ausdruck kommen. Die typischen Moscovitegewebe weisen neben drei bis vier feinen Rippen immer eine grobe Rippe auf. Als Material wird in der Kette Grège, im Schuss Kammgarn, Baumwolle oder Viskosefaserstoff, also eine Filament-Faserstoff-Komposition eingesetzt. Durch die Filamentkette hat die Ware eine sehr elegant glänzende Optik.
Einsatz: Mäntel, Kostüme, Möbel- und Dekostoffe.

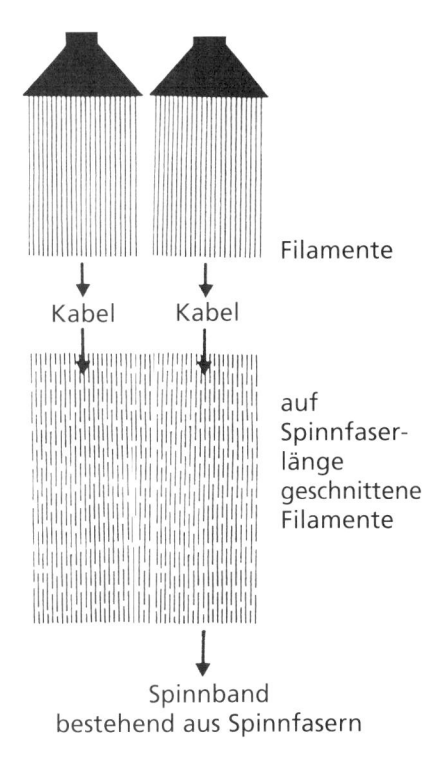

Abb. 163: Viele Spinndüsen mit sehr hoher Anzahl an Bohrkanälen

Moskowa-Mantelstoff (Moscow-coat): Name nach der russischen Hauptstadt Moskau, dem früheren Absatzgebiet dieses Artikels. Es sind schwere, meist dunkelfarbige Herren- und Damenwintermantelstoffe aus Streichgarnen oder Reißwolle. Der als Doppelgewebe (zwei Kett- und zwei Schusssysteme) konstruierte Typ wird kräftig gewalkt, wodurch die Wärmeisolation erhöht wird. Er ähnelt dem → Eskimo.

Mouliné (mouliné fabric): Handelsbezeichnung für DOB- und HAKA-Stoffe, die mit → Moulinézwirnen hergestellt werden. Überwiegend mit einer Kahlausrüstung versehen und leicht meltoniert (→ Melton), haben sie ein gesprenkeltes, melangiertes Aussehen. Mouliné ist deshalb nicht mit einer →Melange zu verwechseln. Das eingesetzte Fasermaterial ist unterschiedlich, hat aber Kammgarnlänge. Bindungen sind Tuch, Köper oder Kleinkrepps. Die Zwirne können, je nach Griff, weicher oder härter gedreht sein. Die härtere Drehung entspricht dem eigentlichen → Moulinézwirn.

Moulinézwirn (coloured twisted yarn): Effektzwirn (kein Garn, → Jaspé-Effektgarn), der aus Kontrastfarben und mit hoher Tourenzahl gedreht wird. Um den melangeähnlichen Effekt auch bei weicher Ware zu bekommen, wird er entsprechend den Modetendenzen auch mit geringerer Drehung angeboten.

Mousselin: → Musselin.

Mule, Mulegarn: → Watergarn.

Mull (cheesecloth, gauze): Baumwollwebstoff, der mit Mulegarn (weich gedreht) in Leinwandbindung gewebt wird. Die Ausrüstung besteht in Entfetten und Bleichen. Je nach Einstellung bezeichnet man die Ware auch als 18-, 20- oder 24-fädig usw. Beispiel: Ein 20-fädiger Mull hat 12 Kett- und 8 Schussfäden pro Zentimeter.
Einsatz: Verbandstoff und Kinderwindeln (wird auch als Windelnessel gehandelt).

Multicolor (multicolour fabric): Bezeichnung für Gewebe, die mit vielfarbigen Garnen oder Zwirnen gewebt sind, den sog. Multicolorgarnen oder -zwirnen. Die Gesamtwirkung kann melangeartig-uni oder aber sichtbar vielfarbig sein. Multicolor steht auch für eine Zusatzbezeichnung bei Handelsnamen.
Die Verfahrensweisen, mit denen diese Effekte erzielt werden, sind sehr unterschiedlich, z. B. Flockemelange, Garnmelange, das Verdrehen verschiedenfarbiger Garne zu Zwirnen, Differential dyeing usw.

Multifil (multifil yarn): vielfädiges Filamentgarn, das aus „Mehrlochdüsen" ersponnen wird. Multifile können aus synthetischen und natürlichen Polymeren ersponnen werden (z. B. Polyester, Polyamid, Viskose, Modal). Seide ist die einzige Naturfaser, die als Endlosfilament von der Seidenraupe produziert wird (→ Seide). → Filamentgarne. Gegensatz → Monofil.

Mungo (mungo): Garne aus Reißwolle oder Abfallstoffen. Sie sind kurzstaplig, beschädigt und relativ hart.

Muschelseide (shell silk): → Byssusseide.

Musselin, Mousselin (muslin): Der Musselin, benannt nach der irakischen Stadt Mossul, früher bekannt wegen ihrer Webwaren, ist ein leinwandbindiger Kleiderstoff in Baumwolle, Viskose (Fasergarn), Wolle oder Mischungen. Der weiche Griff und der fließende Fall sind auf die weiche Drehung der Garne (ca. Nm 50) und das Fehlen des Sengvorgangs zurückzuführen. Musseline haben eine zartflusige Oberfläche und sind überwiegend weich ausgerüstet. Für die Druckveredlung wird das Gewebe gesengt und härter appretiert (Einstellung oft wie Renforcé, → Einstellungsgewebe).

Mögliche Einstellung sind:

Fd/cm in Kette und Schuss	Nm in Kette und Schuss
27 x 24	50 x 50
27 x 27	50 x 50
24 x 24	34 x 34
30 x 30	50 x 50

– *Musselin als Makogewebe:* Darunter versteht man einen mercerisierten Makobatist. Kette und Schuss sind aus gekämmten Mako-/Ashmounigarnen (Nm 120–150). Wenn das Gewebe etwas offener ist, ist der Unterschied zum → Voile in der Normaldrehung der Garne zu sehen. Einsatz: DOB-Nacht- und Unterwäsche sowie Sommerkleider.

– *Wollmusselin:* tuchbindiger Kleider- und Accessoirestoff aus Kammgarnen in Kette und Schuss (Nm 36), auch „Mousseline de Laine" genannt. Wenn es sehr feine Typen sind, nennt man sie „Mousseline cachemire". Grundeinstellung wie oben, aber auch 27 x 21 Fd/cm, Nm 50 x 50 möglich, Warengewicht ca. 80–160 g/m^2.
Einsatz: Kleider und Blusen (DOB).

Mylar: hochfestes Polyester, das als Beschichtung für technische Gewebe (z. B. Kevlar und Mylar) verwendet wird oder als Kaschierung für Lurex mit Aluseele dient.
Einsatz: Segel, Planen, Pullover, Jacken usw.

Nacktverarbeitung von Elastan: → Elastan.

Nadelkopf (needle point): Schaftgewebe, das als → Farbeffekt eingesetzt wird und eine punktartige Musterung zeigt. → Pfauenauge.

Nadelsamt: feingerippter Baumwollcordsamt, nicht zu verwechseln mit Nadelrips. → Cordsamt.

Nadelrips, Niedelrips: → Épinglé und → Cannelé, nicht mit → Nadelsamt zu verwechseln.

Nadelspitze (needle point lace): Handarbeit, bei der die Dessinzeichnung auf Papier oder Pergament der Stickboden ist. Die einzelnen Dessinkonturen werden über den Schling- oder Knopflochstich gebildet. Da die Papierunterlage nicht durchstochen wird, entsteht der sog. Luftstich, der den Namen Luftspitze erklärt. → Ätzspitze. → Luftspitze.
Literatur: P.-A. Koch; G. Satlow: Großes Textil-Lexikon. Deutsche Verlags-Anstalt, Stuttgart 1965.
G. Graff-Höfgen: Die Spitze. Verlag Georg D. W. Callwey, München o. J.

Nadelstreifen (pin stripe, pencil stripe): kontrastfarbiger Streifen aus 1–2 eingescherten Fäden. Seine Farbigkeit ähnelt der des → Kreidestreifens. Die Rapportbreite liegt bei ca. 0,5–3 cm. Bindungstechnisch unterscheidet man hier die Fondbindung, meist in 4-bindigem Gleichgratköper in dunklem Farbton, von der Effektfadenbindung in einer Kettripsbindung (→ Abb. 7 und → Abb. 2). Hierdurch wird der Effekt im Gegensatz zum Kreidestreifen sehr deutlich markiert. Die Ware wird überwiegend kahlveredelt. Weitere Streifengewebe → Streifen.
Einsatz: Hosen, Anzüge und Kostüme.

Nainsook (nainsook, nyansook): Der Begriff bezieht sich auf eine feine ostindische Baumwollmusseline. Er wird aber auch für Sheeting- und → Shirting-Qualitäten mit Appreturausrüstung verwendet.

Nankinett (nankinet): feinfädigere Ware als der → Nanking (wie dieser von der chinesischen Stadt Nanking abgeleitet) mit Garnen der Feinheiten Nm 50–60 (Ne 30–35). Die Bindung kann sowohl Leinwand als auch Kettköper sein. Nankinett wird gerne als Futterstoff eingesetzt. Der Nankinett ist eine leichtere Gewebeart als der Nanking.

Nanking (nanking, nankeen): ursprünglich ein naturfarbener Kattun aus rötlich-gelber chinesischer Baumwolle, heute ein naturfarbener oder rötlich gefärbter Baumwollnessel (Leinwandbindung, Nm 34–50), benannt nach der gleichnamigen chinesischen Stadt. Beliebt war dieses chinesische Gewebe wegen des schönen Glanzes und der Farbechtheit. Verwendet wurde Nanking für Sommerkleider und Blusen. Spätere chinesische und europäische Nachahmungen konnte man an der geringen Farbechtheit erkennen. Im 19. Jh. färbte man weiße Baumwollgewebe mit Eisenchloridlösungen, um den typischen Farbton zu treffen. Köpernanking in kettbindigem Köper (K 2/1 oder K 3/1) gewebt, blaue Kette, heller Schuss, wird für Jeans und Sommerjacken sowie für Taschenfutter verwendet. Die Fadenfeinheiten liegen zwischen Nm 34–50 in Kette und Schuss. Feinfädige köper- und leinwandbindige Gewebe mit den Garnnummern Nm 50–60 nennt man → Nankinett.

Nanshau: Seidengewebe aus Tussahseide in Taftbindung, benannt nach einer chinesischen Provinz. Es zeichnet sich durch eine große Streifigkeit aus und ist daher auch minderwertiger als → Honan.

Nash: Markenname der Firma Haru-Kuraray. → Amaretta™.

Natté (natté; frz., natte = Matte, Zopf; natter = flechten): Häufig wird diese Handels- und Bindungsbezeichnung für Woll-, Misch- und Chemiefasergewebe verwendet, bei Baumwolle wird häufig der Begriff → Panama gebraucht. Es handelt sich um klare, poröse, etwas offene, flechtartige Gewebebilder in glatter oder gemusterter Panamabindung. Auch zusammengesetzte Bindungen aus Längs- und Querrips zählen dazu. Besonders prägnant ist Natté, wenn z. B. feinfädige Kammgarne in Voiledrehung eingesetzt werden. Sind die Garne wenig gedreht und flusig, ist die Oberfläche geschlossener und weicher. Dann verliert Natté/Panama seine belüftende und kühlende Wirkung, die das Gewebe aufgrund seiner etwas offenen Konstruktion sonst auszeichnet.
Die Einstellung ist ca. 28 x 24 Fd/cm, Nm 48/2 (bis Nm 60/2), das Gewicht beträgt je nach Einstellung ca. 150–250 g/m. Verwendet man die Leinwandbindung, kann man über einen Farbeffekt eine „Nattéoptik" erzielen (→ Abb. 164).
Einsatz: Kleider- und Kostümstoff.

Naturfaser: → Faserübersicht.

Ne: Längennummerierung von Fasergarnen auf 0,59 g bezogen (20 Ne = 20 m, das Gewicht beträgt 0,59 g), früher NeB (Nummer englisch Baumwolle). Die englische Baumwollnummer leitet sich ab von der Länge in Hanks oder Skein (768 m), bezogen auf ein englisches Pfund (lb 453,6 g). Das ergibt 453,6 : 768 = 0,59 g.

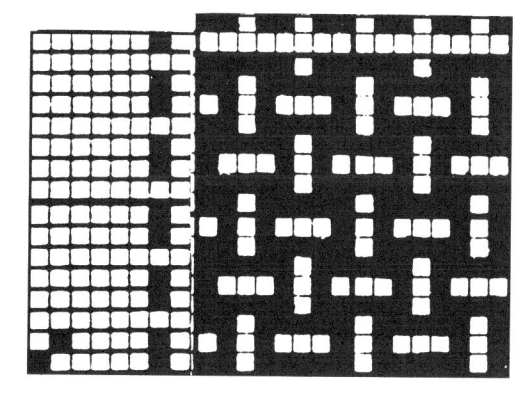

Abb. 164: Kleider-Natté
Grundbindung Leinwand
10-0101-01-00
Schärung: 2 Fd dunkel
                1 Fd hell
Schussfolge: 2 Fd dunkel
                       1 Fd hell
Es entsteht eine Flechtmusteroptik ohne Schiebeanfälligkeit.

Negro: selten gewordener Name für einen glänzenden, quergerippten Gewebetyp, bei dem Mohairgarn oder -zwirn in der Kette und Baumwollgarn im Schuss verwendet wird. Durch die dichte Ketteinstellung kommt das glänzende Mohairmaterial gut zur Geltung. Bindungen sind Leinwand und Rips.
Einsatz: Kleider- und Kostümstoffe.

Neopren (neoprene): Markenname der Firma DuPont für einen Chloropren-Kautschuk, eine Art Kunstkautschuk, der durch Polymerisation von Chlorbutadin und Kohlenwasserstoff entsteht. Das Material wurde schon 1931 von den amerikanischen Chemikern W. H. Carothers (Erfinder von Polyamid 66) und Reverend J. Nieuwland entwickelt, durch die Firma Du-Pont hergestellt und als „Neoprene" bezeichnet. Es weicht in seinen Eigenschaften in vieler Hinsicht vom Kautschuk ab. Neopren ist weicher, geschmeidiger, höher elastisch, hat eine extreme Wasserdichtigkeit, ist porenlos und luftundurchlässig, aber, im Gegensatz zu den Membrantypen, auch nicht dampfdurchlässig. Aufgrund seines hohen Chlorgehalts ist es schwer entflammbar.
Neopren wird als Kompaktbeschichtung mit einer textilen Grundware (Maschenware, z. B. aus Polyamid) verbunden, wobei der textile Anteil lediglich Stützfunktion hat. In dünnerer Ausführung wird Neopren als Wärme- und Stützgürtel verwendet. Die Einsatzbereiche liegen im Sportswear-Sektor (z. B. Surfen, Wasserski und Tauchen, Wandern, Tennis, Skilaufen usw.) und evtl. für Szenegänger im Clubwear-Bereich, in leichten Ausführungen für modische Bekleidung.
Quelle: www.dupont.com

Nessel, Rohnessel, Baumwollrohgewebe (grey cotton cloth, grass cloth): ursprünglich in Deutschland aus der gewöhnlichen Brennnesselfaser Urtica dioica hergestelltes Gewebe, das in Ostindien und China unter dem Namen Chinagras, in Frankreich unter Ramie bekannt ist. 100 kg Brennnessel ergeben nur 10 kg Faserstoff. (In einigen Regionen Deutschlands, z. B. Niedersachsen, wird versucht, Brennnesseln wieder als textiles und technisches Material einzuführen.) In erster Linie ist „Nessel" heute ein Sammelbegriff für alle leinwandbindigen Rohgewebe aus Einfachgarnen. Die webstuhlrohe Ware wird ohne Ausrüstung in den Handel gebracht. Sie kann brettig oder leicht schmierig sein, da die Schlichte in der Ware verbleibt. Nicht gebleicht hat sie, je nach Qualität, einen gelblichen bis bräunlichen Farbton und ist mit kleinen Samenkapselresten behaftet. Entscheidend ist die Fadendichte (Fd/cm oder Fd/Inch) und die Fadenfeinheit in Kette und Schuss (Nm oder Ne, der eigentlich übliche Tex-Wert wird noch selten verwendet), weshalb auch der Begriff Einstellungs- oder Stellungsgewebe verwendet wird. Es gibt fünf Standardqualitäten: → Grobnessel (coarse cotton cambric), Rohcretonne (sheeting), Rohrenforce (shirting), Rohkattun (calicot, plain cotton cloth) und Rohbatist (lawn, batiste).
Einsatz: Grundschnitte, Erstschnitte, Unterpolsterungen, Dekostoffe, Tragetaschen usw. → Einstellungsgewe-

be. → Cretonne. → Renforcé → Kattun → Batist.

Neva'Viscon®: Markenname für einen hochwertigen, modernen → Futterstoff der Firma Devetex, Bielefeld-Krefeld. Warenbeschreibungskarte/Warenpass für Neva'Viscon® (hilfreich für Bestellung und Qualitätssicherung!):

1. Beispiel:
Futterstoff für DOB/HAKA
Rohstoff: 70 % Viskose, 30 % Polyamid
Breite: ca. 140 cm
Gewicht: ca. 100 g/lfm = ca. 71 g/m^2
Bindung: Taft (Leinwand)
Kette: 32 Fd/cm Garn: dtex 117 CV/PA
Schuss: 24 Fd/cm Garn: dtex 117 CV/PA
Pflegeanleitung: 30 °C Schonwäsche, nicht chloren, bügeln (1 Punkt), P-reinigen (Behandlung in Reinigungsmaschinen möglich), nicht trocknergeeignet.

2. Beispiel:
Neva-Behörde (Futterstoff für Behördenkleidung):
Rohstoff: 72 % Viskose, 28 % Polyamid
Breite: ca. 140 cm
Gewicht: ca. 120 g/lfm = ca. 86 g/m^2
Bindung: Taft (Leinwand)
Kette: 35 Fd/cm Garn: 117 dtex CV/PA
Schuss: 29 Fd/cm Garn: 117 dtex CV/PA
Pflegeanleitung: 30 °C Schonwäsche, nicht chloren, bügeln (1 Punkt), P-reinigen, nicht trocknergeeignet.
Die Filamentanzahl kann in beiden Fällen zwischen 24 und 48 liegen.
Einsatz: Anzüge, Sakkos, Kostüme und Behördenkleidung.

New Cell: von Acordis, Deutschland als Filament produziert und überwiegend im Maschensektor verarbeitet. Mit den Grundeigenschaften von → Lyocell (→ Tencel®) ausgestattet, wird New Cell im oberen Marktsegment positioniert: in der hochwertigen DOB, der Damenwäsche und im Feinstrumpfbereich. Am besten ist die Marktposition mit dem Einsatz von Cupro zu vergleichen. New Cell lässt sich als Cellulosematerial erstaunlicherweise texturieren, was bisher den Thermoplasten vorbehalten war.
Aus der Kooperation mit führenden Unternehmen der Textilindustrie und der Konfektion entwickelte sich ein Produktprogramm mit folgenden Feinheiten (Titer): dtex 40 f 30, dtex 80 f 60, dtex 120 f 90 und dtex 150 f 90.

Nicki, Nikki (cut-pile sweater): Dieser Warentyp ist nicht gewebt, sondern stellt eine Maschenware dar und sollte daher nicht mit Velours oder samtähnlichen Gewebetypen verwechselt werden.
Literatur: D. Markert: Maschen-ABC. Deutscher Fachverlag, Frankfurt/Main 1990.

Niedelrips, Nadelrips: → Haircord.

Ninghai: Wildseidengewebe aus dem Faden des chinesischen Tussahspinners, nach der chinesischen Provinz Ninghai benannt. Es ist dem → Honan ähnlich, aber leicht quergerippt, schwerer und sehr kräftig im Griff. Die Querrippung liegt an der höheren Ketteinstellung oder an dem etwas stärkeren Schuss.
Einsatz: Kostüme, Deko- und Möbelstoffe.

Ningpo: chinesische Baumwollsorte.

Nm = Längennummerierung nur für Fasergarne auf 1 g bezogen. Variabler Meter-, konstante Grammwerte (z. B. Nm 34 = 34 m eines Fadens wiegen 1 g). Umrechnung Nm auf Ne: Ne x 1,7 oder dividiert durch 0,59 (z. B. Ne 20 x 1,7 = Nm 34 oder Ne 20 : 0,59 = Nm 34).

No Iron (engl., no iron = kein Bügeln erforderlich): Im Gegensatz zu „wash'n' wear" (→ Wash and Wear) bezieht sich diese Ausrüstung auf den Stoff, der bügelleicht, knitterarm und evtl. auch Schmutz abweisend ausgerüstet ist. Er sollte schnell trocknen und dimensionsstabil sein. Hier muss man auf Zusatzmaterialien wie Futter, Nahtgut und Accessoires achten. Mit der Kunstharzausrüstung ist eine geringere Scheuerbeanspruchung verbunden. → bügelfrei. → bügelarm. → pflegeleicht.

Nomex: Meta-Aramidfaser von DuPont, Schweiz, wird als Filament und Fasergarn verwendet. Nomex wird im Gegensatz zu → Kevlar vornehmlich für Hitze- und Flammschutzartikel eingesetzt. Die sehr hohe Beständigkeit gegenüber Hitzeeinwirkung (bis 250 °C, die Zersetzung beginnt oberhalb von 318 °C) ist so gut, dass man Nomex außer für Schutzbekleidung auch für Sicherheitswäsche benutzt (dtex 1,4). Sehr geschmeidig, weich und durch den Zusatz von Elastan (z. B. → Lycra®, Dorlastan) sehr elastisch hat diese Meta-Aramidfaser einen guten Griff. Soll die Schutzwirkung erhöht werden, mischt man 5 % Kevlar und 2 % Antistatikfasern dazu. Der Festigkeitswert ist mit 1.100 cN/tex ca. siebenmal geringer als bei Kevlar, bringt jedoch noch ausgezeichnete Strapazierfähigkeit mit sich. Nomex-Garne sind wesentlich scheuerbeständiger als vergleichbare Garne aus CO oder PAN.

Gegen Wassereinwirkung ist Nomex etwas anfällig, für normale Waschzyklen ist dies aber ohne Bedeutung. Gegenüber milden Chemikalien ist dieser Aramidtyp resistent, nicht aber gegen konzentrierte Säuren und Laugen. Nomex-Fasern sind weiß und mit Pigmentfarbmitteln sehr echt färbbar. Gewebe aus Nomex oder Kevlar sind weich und sehr leicht, bis zu 50 % leichter als herkömmliche Schutzkleidung. Die Vielseitigkeit von Kevlar und Nomex wird dadurch erreicht, dass man, je nach Einsatzbereich, Fasermischungen entwickelt, die den jeweils gewünschten Eigenschaften entsprechen.

Einsatz: Flammenschutzkleidung für Feuerwehr, Rennfahrer, Tankwagenfahrer sowie Offshore-Bekleidung.

Non Wovens (engl., non woven fabrics = nicht gewebte Textilien): Sammelbegriff für alle nicht gewebten Textilien, d.h. textile Verbundstoffe, insbesondere die Vliesstoffe in den unterschiedlichsten Ausführungen. Vliestypen sind u. a. → Filz, → Mikrofaserwirbelvlies, → Amaretta™, → Alcantara, → Lamous®, → Tyvek®, Faservliese, Nadelvlies-Bodenbelag und Nadelfilz.
Literatur: D. C. Buurman: Lexikon der textilen Raumausstattung. Buch-Verlag Buurman KG, Bad Salzuflen 1996[2].

Noppé (knopped fabric, slubby fabric): modische Gewebe, die mit sog. Noppen- oder Knotenzwirnen versehen sind. Effekte dieser Art werden

teilweise auch mit → Tweed oder, wenn besonders plastisch, mit → Boutonné bezeichnet. Die Verteilung der Noppen kann mustermäßig oder allumfassend im Zwirn vorgenommen werden, sowohl einfarbig als auch multicolor. Für den Noppé setzt man kleinrapportige Bindungen wie Leinwand, Köper oder Krepp ein. Der Griff ist kräftig bis hart aufgrund der höheren Drehung des Zwirns, der sowohl in Kette als auch im Schuss verwendet wird.
Einsatz: Jacken, Kostüme, Kleiderstoffe und Sakkos.

Nylon: Auf der Suche nach einem Fasermaterial, welches in seinen Eigenschaften der Seide ähnelt oder sogar noch besser ist, verfügten am Ende zwei Chemiekonzerne, DuPont de Nemours in den USA und in Deutschland die IG Farben, über völlig verschiedene Grundpatente für Produkte, die in ihren Eigenschaften sehr ähnlich waren: Nylon und Perlon.
Das Nylon-Patent wurde am 21. September 1938 veröffentlicht; am 29. Januar 1938 hatte Professor Schlack erstmals das Perlon synthetisiert. Um sich gegenseitig wirtschaftlich nicht zu schaden, tauschten beide Konzerne ihre Patente aus und teilten sich die Absatzmärkte. Das war kurz vor Beginn des Zweiten Weltkrieges. 1943 wurden dann die ersten Nylons vorgeführt. Mit dem Kriegsende verfielen die Polyamid-Patente, was zur Folge hatte, dass das Perlon-Know-how über die ganze Welt verbreitet wurde. Auch Nylon wurde zum Welterfolg. Das entwickelte Fasermaterial hieß zuerst Polymer 66. Das Wort „Nylon" wurde aus werbetechnischen Gesichtspunkten ausgewählt: Aus Norun (engl., no run = keine Laufmasche) über Nuron und Nulon wurde Nylon. In diesem Namen ist aber noch eine Abkürzung versteckt: „Now You Lousy Old Nippon", die amerikanische Antwort auf die japanische Faserentwicklung.
Es stellte sich später heraus, dass unter diesem Namen 1850 in England schon einmal eine Schuhcreme angeboten wurde.

Nylon 190 T: → T 190.

Nylon Ribstop: „rutschhemmendes" Polyamidgewebe, konzipiert für den Outdoor-Sektor, und zwar für Blousons und (Regen-)Jacken. Das Gewebe erkennt man an der Taftbindung (Leinwand) und einem kleinen Webkaro, welches durch die Kett- und Schussfadenfolge eines dickeren Garnes zustande kommt. Das Karo hebt sich leicht profiliert ab. Das Produkt gibt es in unterschiedlichen Gewichtsklassen und zeichnet sich häufig durch eine zusätzliche PU-Rückenkaschierung (back-coating) aus, die es bei guter „Atmungsaktivität" absolut wind- und wasserdicht macht. Überwiegend wird der Ribstop als Stückfärber angeboten. Eine typische Einstellung ist z. B.: 162 x 78 Fd/cm und Nm 120 x 120 bei einem Gewicht von 130 g/m^2. Die Einstellung wird bei englischsprachigen Lieferanten überwiegend in inch und Denier (den) oder bei Fasergarn in Ne angegeben.
Die Einstellung in deutschen Maßen: 64 x 30 Fd/cm und Nm 133 x 133 (64 Kettfäden/cm und 30 Schussfäden/cm. Die Fadenfeinheit in Kette und Schuss beträgt dtex 133.

OE-Garn, Rotorgarn (open end yarn): Nach dem Open-end- (engl., open end = offenes Ende) oder Rotor-Spinnverfahren hergestellte Garne. Sie haben mittlerweile in der Textilindustrie einen festen Platz eingenommen. Aufgrund der Spinntechnik – es handelt sich im Gegensatz zur Ringspinntechnik um ein diskontinuierliches Verfahren – unterscheiden sich OE-Garne hinsichtlich Charakter und Qualität deutlich von den Ringgarnen. Der wesentliche Unterschied liegt in der Reißfestigkeit, die beim OE-Garn 15–20 % niedriger sein kann als beim → Ringgarn. Sie ist jedoch stark vom verwendeten Rohstoff (Baumwolle, Wolle, Chemiefasern) abhängig. Das OE-Spinnen wird auch als Kurzspinnverfahren bezeichnet, da im Gegensatz zum Ringspinnen nur kurze Stapellängen verarbeitet werden können. Vergleicht man Ringgarn mit OE-Garn, so hat Ringgarn eine höhere Zugfestigkeit, eine niedrigere Drehung und ein kleineres Volumen. Die Fasern liegen parallel statt wirr wie beim OE-Garn, die Oberfläche ist glatter, die Abriebfestigkeit geringer, die Reflexion stärker. Die Stapellänge ist kurz bis lang, bei OE-Garnen kurz. OE-Garne werden zur Herstellung von Geweben und Maschenwaren verwendet, bei denen ein ruhiges, fülliges Warenbild und eine relativ hohe Scheuerbeanspruchung gefragt ist.

Öko-Tex Standard 100: Dieses Markenzeichen steht für den humanökologischen Sektor von Textilien und wurde 1991 vom österreichischen Forschungsinstitut und dem Forschungsinstitut Hohenstein ins Leben gerufen. Institute anderer Länder schlossen sich dieser Idee an. Korrekt heißt das Label „Schadstoffgeprüft nach Öko-Tex Standard 100". Die Auszeichnung wird für ein Jahr vergeben, kann aber von den Firmen jeweils für ein Jahr verlängert werden. Das Label ersetzt das frühere MST (Markenzeichen schadstoffgeprüfte Textilien). Das zweite, Prüfsiegel MUT (Markenzeichen umweltgeprüfte Textilien) wird nicht mehr vergeben.
Öko-Tex 100 befasst sich innerhalb einer textilen Kette mit dem mittleren Segment, nämlich dem humanökologischen Aspekt. Die Kette beinhaltet außerdem die Produktionsökologie und die Entsorgungsökologie.
Öko-Tex sollte nicht mit einer Naturfaserkollektion oder -produktion verwechselt werden, denn die Forschungsinstitute bestimmen keine Naturfasertypen, sondern untersuchen Textilien ausschließlich auf chemische Inhaltsstoffe. Die Materialien, wie Baumwolle, Wolle, Seide, synthetische oder Regenaratfasern (z. B. Viskose) spielen dabei also keine Rolle.
Neben diesem Branchenzeichen gibt es bereits eine Reihe von Öko-Labeln mit recht unterschiedlichen Ansprüchen, teilweise sind deren Anforderungsprofile noch geringer als Öko-Tex. Im Vergleich dazu stellt der Versandhandel z. T. höhere Ansprüche an die Ware. So verlangt z. B. OTTO von seinen Lieferanten für den Bereich „Future-Collection", dass die Stoffe nur in geschlossenen Wasser- und Farbkreisläufen gefertigt werden. Ab Frühjahr 1995 wurde auf Kunstharzausrüstung (Knitterresistenz) mit Formaldehyd ganz verzichtet und nur noch „mechanisch gekrumpft" (z. B. → Sanfor). OTTO und auch andere Versen-

der verzichten zudem auf optische Aufheller und Chlorbleiche.

Eine produktionstechnische Überwachung des gesamten Herstellungsprozesses wird vom Arbeitskreis Naturtextil (AKN) vorgenommen, zu dem aber nur sehr wenige Hersteller, nämlich 16 Firmen, gehören.

Größere Firmen bieten oft nur eine kleine Umweltkollektion an, es sind dies bei näherer Betrachtung häufig Forschungs- oder Pilotprojekte.

Unter humanökologischen Aspekten wird im Rahmen von Öko-Tex eine Reihe von Vorprüfungen durchgeführt. Dafür werden die Textilien in einzelne Produktgruppen unterteilt und mit Standard 101 bis 116 bezeichnet.

Die Prüfungen setzen sich aus 17 Einzeluntersuchungen zusammen, wobei u. a. der pH-Wert, der ungebundene Formaldehyd-Anteil, mögliche Schwermetall-Anteile, z. B. Nickel (Ni), Cadmium (Cd) usw. überprüft sowie der Pestizidgehalt, z. B. DDT, Lindan, Deldrien usw. festgestellt werden. Letzterer darf im hautfernen Bereich nicht mehr als 1,0 mg/kg Faserstoff und im hautnahen nicht mehr als 0,5 mg/kg Faserstoff betragen.

Ferner wird sichergestellt, dass keine Azo-Farbstoffe, die reduktiv in Amine aufgespalten werden können, verwendet wurden. Auch wird auf die Vermeidung von chlororganischen Carriern (Färbebeschleuniger) Wert gelegt. Eine Flammenschutzausrüstung ist in Deutschland verboten, in den USA ist sie dagegen für Nachtwäsche aus Chemiefasern vorgeschrieben.

Dieser Standard 100 wird in naher Zukunft vom → Öko-Tex Standard 1.000 Plus abgelöst werden.

Öko-Tex Standard 1.000 Plus: Das neue Öko-Tex-Label für produktionsökologisch gestaltete Textilien ist von der internationalen Gemeinschaft Öko-Tex mit Sitz in Zürich verabschiedet worden und soll allmählich → Öko-Tex Standard 100 ablösen.

Betriebe der Textil- und Bekleidungsindustrie können diese Label erwerben, wenn ihre Produktionsbedingungen hinsichtlich ihrer Umweltverträglichkeit bestimmte Kriterien erfüllen. Der Kriterienkatalog für diesen Standard umfasst 80 Seiten und berücksichtigt Aspekte wie Energieverbrauch, Arbeitsbedingungen, Abwasserausstoß, Emissionen, Lärmbelästigung sowie den Ausschluss bestimmter Chemikalien, u. a. bestimmte Azo-Farbstoffe.

Als weltweit erster Betrieb erhielt der Schweizer Textilveredler Cilander den Öko-Tex Standard 1.000 plus. Er kann aber erst dieses Label verwenden, wenn alle an der Herstellung des Kleidungsstückes beteiligten Produktionsbetriebe – von der Spinnerei bis zur Konfektion – den Öko-Tex Standard haben und zusätzlich die humanökologischen Aspekte einer Ware nach Öko-Tex Standard 100 berücksichtigt wurden.

Anders als bei der Zertifizierung Öko-Tex Standard 100 muss das neue Label in Zürich angemeldet und verliehen werden. Das Label gilt für drei Jahre und kostet zwischen 10.000 und 20.000 Franken.

Oilcloth (engl., oil cloth = Öltuch): schwere Jacken- und Mantelgewebe, die mit einer fett-/öllähnlichen Beschichtung veredelt sind. Die Ware kann „schreiben" und an exponierten

Ombrégewebe

Stellen auch knicken. Klassische Wachstuch- oder Ölbeschichtung: → Wachstuch.

Ombrégewebe (ombré fabric; frz., ombre = Schatten): schattierende Gewebemusterung, die web- oder drucktechnisch hergestellt werden kann. Der stufenlose Übergang von Hell nach Dunkel oder von einem zum anderen Farbton wird webtechnisch über Kett-Schussatlas oder hochflottierende Köperbindungen erreicht, indem man mit sog. Zusatzpunkten arbeitet, welche z. B. langsam einen Schussatlas in einen Kettatlas verwandeln (→ Abb. 165).
Man kann auch über die Schärung farbiger Garne Ombrés herstellen. Farbombrés (gedruckt) werden durch langsame Abtönung von Hell nach Dunkel in Kett- oder Schussrichtung erreicht. Das Gegenstück zum Ombré ist der → Dégradé.

Ondé (ondé; frz., onde = Welle, Woge): Der Begriff „Ondé" hat verschiedene Bedeutungen:
1. Alle Gewebearten, die sich durch den Effekt von Ondézwirnen auszeichnen, werden als Ondé gehandelt. Sie haben einen etwas rauen, aber vollen Griff.
2. Als Ondé werden auch ripsartige Seiden- oder Chemiefasergewebe bezeichnet, die im Schuss mit Ondézwirnen gearbeitet sind.
3. Im Seidenbereich wird damit ein Organsinfaden beschrieben, der mit einem Grègefaden verzwirnt ist.
4. Ondé ist außerdem ein namengebender Effektzwirn, nämlich ein Spiralzwirn, bei dem zwei Fäden meist gleichen Titers mit gegensätzlichen Drehungsrichtungen miteinander in S- oder Z-Drehung verzwirnt werden. Dabei dreht sich das eine Garn etwas auf und das andere zu, sodass das etwas offenere Garn sich um das andere herumlegen kann. Bei gleichzeitig unterschiedlicher Fadenzuführung entsteht ein schraubenartiger, gleichmäßiger Wendeleffekt.
Die Faserstoffarten können unterschiedlich sein.

Ondoyant (frz., ondoyant = wogend, wellenförmig): Sammelbezeichnung für Seidengewebe in Atlas- oder Ripsbindung, auch Wellenatlas bzw. Wellenrips genannt.
In der Kette werden → Organsin, im Schuss → Schappeseide oder entsprechende Fäden aus dem Chemiefasersektor verwendet. Die wellenförmigen Rippen entstehen durch die Bin-

Abb. 165: Ombré entwickelt über eine schattierende Atlasbindung: Hier wird bindungstechnisch eine weiche Hell-Dunkel-Schattierung erzielt.

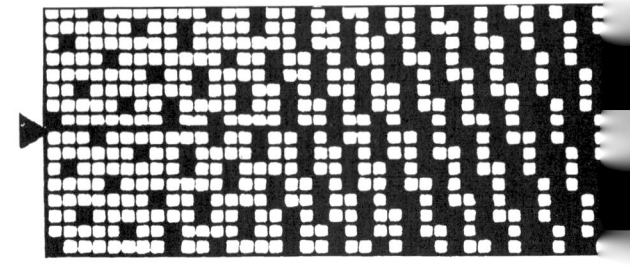

dung oder durch die eingesetzten Effektzwirne wie z. B. Ondé.
Einsatz: Kostüme, Jacken, Kleider und Dekobereich.

Opal (opal): Wegen seiner Batistkonstruktion (L 1/1) nach dem Halbedelstein auch Opal-Batist genannt (gekämmte Ashmouni-/Makogarne Nm 85–120 und 44 x 40 Fd/cm Kette/Schuss). Der Warencharakter (milchig-weiß, weicher Griff und stumpfer Glanz) wird durch den Veredlungsprozess des sog. Opalisierens erreicht. Die Ausrüstung umfasst folgende Arbeitsgänge: beidseitiges Sengen, Entschlichten, Bleichen, Mercerisieren, kurze Behandlung in 60 %iger Schwefelsäure, anschließendes Spülen, dann spannungsloses Mercerisieren (Laugieren). Hierbei schrumpft das Gewebe in der Kette ca. 20 % und im Schuss ca. 15 % (daher die milchig-weiße Optik). Die Transparenz ist säureabhängig, bei geringerer Konzentration ist der Effekt milchiger und der Griff weicher. Dann wieder Spülen, Trocknen und zum Abschluss heiß Kalandern. Die Ausrüstung ist waschbeständig.
Einsatz: Kleider, Blusen und Wäsche.

Optische Aufheller (optical brightener, fluorescent brightening agents): Neben Oxidationsmittel wie Wasserstoffperoxid, Kaliumpermanganat oder Natriumhypochlorid werden optische Aufheller eingesetzt, um einen „optimalen Weißgrad" auf der Ware zu erzeugen. Es handelt sich um farblose, wasserlösliche, organische Substanzen (mit relativ kompliziertem chemischen Aufbau). In Pulverform sind sie im Handel erhältlich oder schon dem Waschmittel zugesetzt.
Wirkung: Optische Aufheller absorbieren den für das menschliche Auge unsichtbaren kurzwelligen ultravioletten Anteil des Tageslichts und transformieren ihn in langwelliges violettblaues Licht (weiß). Man muss sie als Substanzen verstehen, die einem (substantiven) Farbstoff vergleichbar von der Faser aufgenommen werden und fluoreszierende Eigenschaften besitzen. Sie werden sowohl bei Natur- als auch bei Chemiefasern verwendet, wobei Chemiefasern vor dem Ausspinnen schon aufgehellt werden können. Um einen sehr hohen Weißgrad zu erreichen, werden Chemiefasern aber meist während der Stückveredlung zusätzlich aufgehellt. Das größte Einsatzgebiet für optische Aufheller ist die Waschmittelindustrie.
Die Probleme in der Anwendung liegen im Unterschied zwischen dem

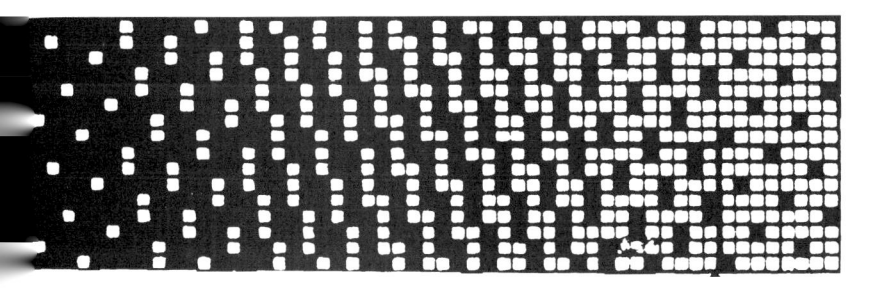

Waschmittel und dem optischen Aufheller: Das Waschmittel bewirkt einen Reinigungsvorgang, der optische Aufheller etwas Ähnliches wie eine Färbung. Ein Bleichmittel kann z. B. einer echten Färbung nichts anhaben, vorausgesetzt, es ist in der Waschflotte gut gelöst und vorschriftsmäßig verwendet. Der optische Aufheller dagegen überlagert die Farbe des Stoffes mit einem grauweißen Überzug, führt also zu einer veränderten Farbigkeit. Je öfter farbige Textilien aus Chemiefasern mit Vollwaschmittel gewaschen werden, desto stärker vergrauen oder vergilben sie. Feinwaschmittel sind frei von optischen Aufhellern. Man sollte also sehr auf getrenntes Waschen von Bunt- und Weißwäsche achten. Negativ ist auch die Tendenz, bei langanhaltender Lichteinwirkung zu vergilben. Bei Wäschestücken, die durch die häufige Anwendung von optischen Aufhellern vergilbt sind, kann man nur mit einem Entfärber versuchen, die Ware wieder weiß zu bekommen.

Optische Aufheller sind in den letzten Jahren viel besser geworden. Gegen Schmutz und Schweiß sind sie unempfindlich, nicht jedoch gegen Luft und Licht. Achtung bei Polyamid und Polyester: Polyamid ist in der Lage, sehr viel optische Aufheller bei relativ geringer Temperatur zu binden. Aber auch Polyester soll schneeweiß werden, braucht ihn also ebenso. Allerdings benötigt man bei Polyester höhere Temperaturen, um das Gewebe aufzuhellen. Behandelt man beide Chemiefasergewebe in einer Lauge, nimmt Polyamid aufgrund seiner besseren Affinität zu Aufhellern viel mehr Substanzen auf als Polyester und das Polyamidgewebe vergilbt. Also müssen Aufheller enthaltende Waschmittel sehr gut dosiert werden. Hautirritationen oder allergene Auswirkungen werden sehr selten beobachtet, aber auch hier gilt: Vorsichtig dosieren.

Orbisdruck (orbis printing): ehemaliger Vielfarbendruck für modische Kleider und Tücher. Auch als Mosaikdruck bekannt, erlangte er keine große Bedeutung. Die Farbanzahl auf der Farbwalze ist unbegrenzt. Die vorgefeuchtete Ware kommt mit der Walze in Kontakt und bringt fanta-

	Z-Vordrehung/m	S-Zwirnung/m
Taftzwirnung	550–700	450–600
Satinzwirnung	375–450	250–350
Samtzwirnung	300–400	600–700
Stratorto	bis 1.000	bis 1.000
Grenadine	500–2.000	1.400–1.800

Tab. 17

sievolle Muster hervor. Die mit Orbis- und → Devina-Druck hergestellten Drucke sind als Unikate zu bezeichnen (sehr schön, aber teuer).

Organdy (organdy, glass cambric): → Glasbatist.

Organsin, Organzin (organzine): hochgedrehter Seidenzwirn aus 2–3 - Grègefäden. Er wird überwiegend als Kettmaterial eingesetzt. Die Grègefäden werden in Z-Richtung vorgedreht (filiert) und in S-Draht verzwirnt (mouliniert). Nach Anzahl der Drehungen wird unterschieden (→ Tabelle 17, S. 248).

Organza (organza): Handelsbezeichnung für taftbindige, leicht transparente Gewebe, deren Steife zwischen → Chiffon und → Glasbatist bzw. → Organdy liegt. In Kette und Schuss werden hart gedrehte, unentbastete Organsinseiden (→ Grenadine, Drehung → Organsin) verwendet. Durch den Erhalt des Serizins ist der Faden knirschend hart, was durch die Drehung noch verstärkt wird. Der Glanz ist reduziert seidig, im Gegensatz zu entbasteten Haspelseiden, dafür ist das Gewebe aber widerstandsfsähiger. Gute Drapierfähigkeit, Stand, Bauschigkeit und hohe Transparenz zeichnen dieses duftige Gewebe aus. Wenn voilegedrehte Garne verwendet werden, verändert sich der Griff (weniger hart). Kette und Schuss liegen bei ca. 20–35 Fd/cm, die Fadenfeinheiten bei dtex 30–33. Organza wird auch aus Chemiefasern hergestellt (PES, PA und auch Acetat). Hier können durch etwas gröbere Titer oder durch Veredlungsverfahren wie Steifausrüstung die typischen Eigenschaften erreicht werden. Häufig ist jedoch der Griff bei Chemiefaser-Organza weicher und das Gewebe etwas lappig, vor allem aber schwerer als Oranza aus reiner Seide.
Er kommt in Naturfarben, gebleicht, gefärbt, bedruckt und auch bindungstechnisch- oder fadengemustert in den Handel.
Organza-Variationen gibt es unter folgenden Namen:
– *Organza-Changeant:* Hier werden in Kette und Schuss Kontrastfarben verwendet, die sich im Auge des Betrachtes mischen und dadurch eine schillernde, farbwechselnde Wirkung zeigen,
– *Organza-Flockdruck:* Durch den → Flockdruck können sehr interessante Dessins entwickelt werden, da er einen dreidimensionalen Effekt zeigt (teilweise nur chemische Reinigung möglich),
– *Organza rayé:* Bezeichnung für einen Längsstreifen, häufig durch andersfarbige Effekte oder durch aufgesetzte Streifen in anderen Bindungen (z. B. Köper oder Atlas) erzeugt,
– *Organza travers:* Querstreifen, der durch das Einschießen von Effektfäden wie Lurex, Bouclés oder anderen Spezialzwirnen eine interessante Optik erhält.
Einsatz: Abendkleider, Besatz, Kragen, Blusen und Einlagen.

Orientine: alter Begriff für ein dicht gewebtes, kräftiges Köpergewebe (→ Barchent), welches beidseitig stark geraut ist und für Unterwäsche verwendet wurde.

Orléans: sommerliches Halbwollgewebe, ähnlich dem → Lüster, klein gemustert, häufig in Panamabindung mit Baumwollkette und Mohairschuss. Einsatz: im Mantel-, Kleider- und Futterstoffbereich.

Ornis: seltenere Bezeichnung für einen leichten, zarten Wollmusselin (→ Musselin).

Orrayé: schweres, jacquardgemustertes Naturseidengewebe in dichter Einstellung. Das Typische ist die durch Metallgarne erzeugte Dessinierung, die auf Satingrund profiliert zum Ausdruck kommt. Durch die reiche Musterung und den Metallfaden kann das Gewebe auch als → Brokat bezeichnet werden.
Einsatz: Jacken, Mäntel und Dekobereich.

Ottomane (ottoman; frz., ottoman = osmanisch, türkisch; türkischer Stoff): Der Ottomane, benannt nach dem Sultan Osman (1288–1326), dem Begründer des Türkischen Reiches, wird auch als Breitrips oder Ottomanrips bezeichnet. Er gehört zu den Ripsgeweben mit ausgeprägt breiter, gleichmäßiger Querrippenoptik (Glattrips oder ein gemusterter Rips, → Abb. 166). Kürzere Bindungen werden ohne Verstärkung, längere Bindungen (Flottierungen) mit Verstärkung gewebt (evtl. Bindekette), um die Schiebfestigkeit zu erhöhen. DieKetteinstellung ist meist doppelt so hoch wie der Schuss. Das unterscheidet ihn z. B. vom → Épinglé. Leichte Ottomane werden zu Kostüm- und Kleiderstoffen verarbeitet und weisen meist eine flache Rippe auf, während die schweren typische Möbelstoffe sind (teilweise sehr gut als Mäntel und Jacken zu verarbeiten). Eine plastische Rippe wird auch durch den Einsatz unterschiedlich dicker Garne erreicht. Größere Auswahl bei diesen Geweben haben oft Deko- und Möbelstoffgeschäfte. Seiden- oder Chemiefaserottomane haben aufgrund der breiten Reflexionsfläche einen sehr eleganten Glanz. Um einen guten Möbelstoffottomanen herzustellen, kann man auch andere Bindungen verwenden (z. B. Panama), aber mit doppelt so hoher Kettdichte. Bindungsbedingt entstehen zwei verschiedene Warenseiten (→ Abb. 167). Der Épinglé weist nur auf den ersten Blick Ähnlichkeiten auf. Er unterscheidet sich vom Ottomanen durch die wesentlich offenere Einstellung. Die Ausrüstung ist materialabhängig; Kahlappretur, Meltonappretur, flausch- oder veloursähnliches Aussehen. Das Gewicht schwankt zwischen 200 und 450 g/m².
Einsatz: Kleider, Jacken, Mantelstoffe sowie Heimtextilien.

Abb. 166: Ottomane (Ripsbindung)
10-0401010103020101-01-01

Outlast®

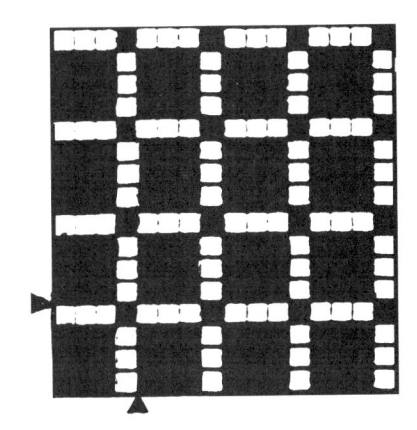

Abb. 167: Ottomane (Panamabindung)
10-0301-0301-00
dichte, feine Kette und dicker Schuss

Ounce (engl., ounce = Unze): englisches Gewicht, 1 ounce entspricht 28,36 g. Jeansware wird z. B. in Ounces gehandelt.

Outlast®: innovatives Produkt von Ploucquet, Heidenheim, Deutschland, das ursprünglich für die NASA und die U.S. Air Force entwickelt wurde. Outlast® verwendet mikrothermische Stoffe, sog. „Mikrokapseln", die in Fasern, Geweben und Schaumstoffen verarbeitet sind. Die Kapseln bestehen aus in Kunststoff eingeschlossenen Wachskugeln bzw. Paraffinen. In Acrylfasern können diese Paraffine z. B. direkt mit dem Spinnvorgang eingearbeitet werden.

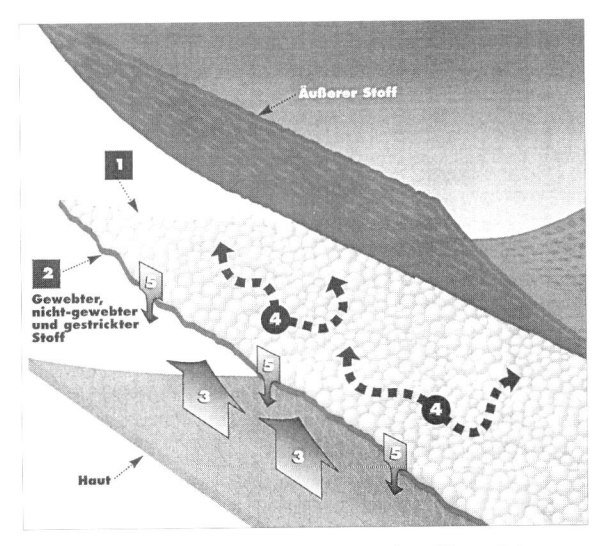

Abb. 168: Outlast®-Querschnitt
(1) Stoffe mit Outlast® enthalten Millionen mikroskopisch kleine Kapseln aus temperaturausgleichendem Material.
(2) Fast alle textilen Flächen können mit dem Outlast®-System ausgerüstet werden. In Acrylfasern werden die mikroskopischen Kapseln sogar direkt eingearbeitet.
(3) Das Outlast®-System absorbiert und speichert überschüssige Körperwärme und reduziert optimal ein Überhitzen. Dies ist bei klassischer Bekleidung nur mit voluminösen Thermovliesen möglich.
(4) Die gespeicherte Wärme wird gleichmäßig auf der ganzen Fläche verteilt und gelangt auch in Zonen, die ohne Körperwärme-Kontakt kalt bleiben.
(5) Das Outlast®-System setzt die gespeicherte Wärme frei, wenn es das Mikroklima in Hautnähe erfordert und schafft somit zusammen mit dem Körper eine hervorragende Thermobarriere – eine individuelle Komfortzone: → Abb. 169–169C: Outlast® im Vergleich.

Outlast®

Abb. 169: Outlast®

Abb. 169 A: ComforTemp®

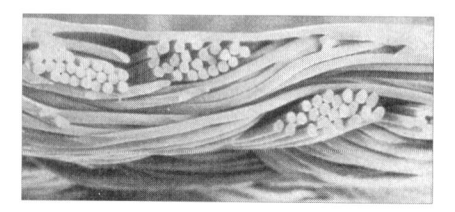

Abb. 169 B: Sympatex®

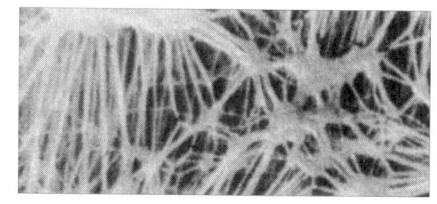

Abb. 169 C: Gore-Tex®

Da diese Paraffine eine Temperaturanbindung an die Haut brauchen, um optimal reagieren zu können, eignen sich bei der Verarbeitung besonders Futterlaminate und Linersysteme auf der Basis von Fleece und weicher Polyester-/Polyamid- Maschenware oder -Gewebe.
Die Funktionsweise beruht auf der temperaturausgleichenden Eigenschaft der Mikrokapseln. Die Außenhülle der mikrothermischen Kapseln besteht aus einem sehr wärmeleitfähigem Kunststoff und im Inneren befindet sich eine auf Paraffin basierende Substanz. Die Kapseln können durch Änderung ihres physikalischen Aggregatzustandes Wärme aufnehmen, speichern und auch wieder abgeben. Genauer gesagt: Paraffin wird durch die Körperwärme flüssig. In diesem Zustand wird die überschüssige Wärme aufgenommen und gespeichert. Die Haut wird dabei gekühlt. Dieser Vorgang hält so lange an, bis die Leistung der Kapseln erschöpft ist. Kühlt das Klima um Outlast® herum ab, verfestigt sich das Material, wodurch die entstandene Energie in Form von Wärme an den Körper zurückgegeben wird. Da Wärme- und Kältespitzen abgefangen werden, kann im Gegensatz zu traditionellen Isoliermaterialien ein optimales Körperklima (zwischen Haut und Textil) gehalten werden. So wird ein Überhitzen oder Unterkühlen vermieden.
Die Phasenübergänge zwischen festem und flüssigem Zustand gaben den Kapseln ihren Namen: Phase Change Material (→ PCM). Dieser Vorgang ist unbegrenzt wiederholbar.
Outlast ist wasch- und reinigungsbeständig.
Einsatz: Outdoor-Kleidung (Skianzüge, Mäntel, Hosen, Handschuhe, Socken usw.), Arbeitskleidung (Jacken,

Arbeitsanzüge, Handschuhe usw.) und Heimtextilien (Federbetten, Matratzen, Bettwäsche, Decken).
Quelle: www.ploucquet.de

Oxford (Oxford): typisches, leicht zweifarbiges Hemdengewebe aus kräftiger, ungerauter Baumwolle und einer Cretonnegrundware (→ Cretonne). Weichere Gewebe dieser Klasse werden in Richtung → Renforcé entwickelt und neigen, teilweise ausrüstungsbedingt, zur Lappigkeit. Der Oxford hat eine etwas rustikale Optik, einen leicht nervigen Griff und eine matte, stumpfe Oberfläche. Im Gegensatz zum → Zefir werden hier wesentlich gröbere Garne und neben der Leinwandbindung auch Ableitungen und offenere Einstellungen verwendet. Bindungen sind Leinwand, Panama (→ Abb. 171) und der glatte Schussrips, die sog. zweifädige Leinwandbindung. Sie wird auch als Halbpanama bezeichnet.
Bindungen: Zweifädige Leinwandbindung (→ Abb. 170): Kette: 36–40 Fd/cm und Nm 40–80; Schuss: 32–38 Fd/cm und Nm 28–34.

Durch die feineren Kettfäden und den gröberen Schuss kann hier die Einstellung auch doppelt so viele Kettfäden aufweisen wie der Schuss. Panamabindiger Oxford ist gleichmäßiger in der Oberfläche und hat ein ausgeglichenes Zahlenverhältnis zwischen Kette und Schuss.
Seltener ist der Oxford leinwandbindig (→ Abb. 172). Einstellung: Kette: 16–24 Fd/cm und Nm 28–34; Schuss: 16–24 Fd/cm und Nm 20–34.
Nicht zu verwechseln mit → Chambray, einer Jeanslook-Ware in Leinwandbindung, die aber auch mit blauer Kette und weißem Schuss gewebt wird. Außerdem sollte der Griff beim Oxford wesentlich kräftiger sein als beim Chambray.

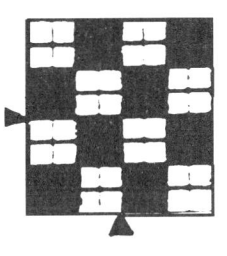

Abb. 171: Oxford/Panamabindung
10-2020-02-00

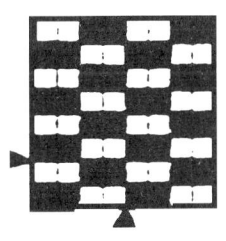

Abb. 170: Oxford/2-fädige Leinwandbindung
10-0101-02-00

Abb. 172: Oxford/Leinwandbindung
10-0101-01-00

Paisley-Muster (paisley pattern): Paisley-Muster und Kaschmir-Muster sind zwei Bezeichnungen für dieselbe Dessinart. Der Begriff Paisley stammt von der Textilstadt Paisley in der Nähe Glasgows. Hier wurden um 1808 die ersten Textilien mit Kaschmir-Mustern gewebt und bedruckt. Den Namen Kaschmir erhielten die stilisierten Blumenmotive, die immer die Kontur eines tropfenähnlichen Gebildes darstellen, von dem gleichnamigen Bundesstaat in Indien. Ursprünglich wurden diese „Symbole" in feinster Handarbeit auf Kaschmir-, Seiden- und Baumwollgewebe gestickt. Der Kaschmir-Musterungstyp wurde jedoch schon viel früher für Teppichdessins in Persien und Syrien verwendet. Entwicklung von Paisley-Mustern: → Kaschmir, → Abb. 141.

Panama (panama, hopsack fabric): Ableitung der Leinwandbindung mit vervielfachten Kett- und Schussfäden, daher manchmal auch Würfelleinwand genannt (Quadratentwicklung → Abb. 4). Es entstehen flechtartige Gewebe, die offener, poröser und luftdurchlässiger sind als Leinwand und auch eine geringere Festigkeit als Rips haben, der die zweite Ableitung der Leinwandbindung ist. Fast alle typischen Panamabindungen sind gleichseitig und haben eine etwa gleiche Kett- und Schussfadeneinstellung pro Zentimeter. Durch entgegengesetzt bindende Fäden bilden sich leichte „Schlitze", woduch sich die oben beschriebenen Gewebeeigenschaften ergeben. Die Variationen sind vielfältig, je nach Abwandlung der Bindungen. Wird z. B. die Einstellung beibehalten, aber die Bindung als zweifädiger Schussrips gezeichnet, nennt man das Gewebe einen Halbpanama und nicht Schussrips. Der gemusterte Panama wird häufig als → „Natté" (frz., natte = Matte, Zopf; natter = flechten) bezeichnet. Typisch ist der weiche Griff und die geringe Knitteranfälligkeit. Typische Panamagewebe sind Kleiderstoffe wie Natté, → Crêpe Romain, → Selenik. Für Anzüge wird der Kammgarn-Natté verwandt, für Unterhemden Panamagewebe und für Handarbeitsgewebe gibt es das → Hardanger-Leinen.

Panamahut (panama hat): ein in Würfelleinwand (Panamabindung) fein geflochtener Hut aus den Blattschößlingen der Kolbenpalme. Sein Herkunftsland ist Ecuador und nicht Panama. Beim Bau des Panamakanals 1879 entdeckten ihn französische Ingenieure nicht nur als hervorragenden Sonnenschutz, sondern auch als sehr leichtes, unverwüstliches und auch modisches Accessoire. So eroberte dieser praktische Hut von Panama aus die Welt .
Quelle: Manufactum, D-45729 Waltrop, Katalognachtrag Sommer 1999, S. 33.

Panne, Panne-Samt, Spiegelsamt (panne, mirror velvet; frz. velours miroir): im eigentlichen Sinne eine Ausrüstungsbezeichnung von „pannieren", dem Flachlegen des Flors durch Bügeln oder Pressen. In Frankreich werden alle Seiden und Chemiefaserfilamente als Panne oder Velours couché bezeichnet. Das Grundgewebe ist meist aus feinem, mercerisiertem Baumwollzwirn, der Florfaden oft aus Viskosefilament

(Rayon). Sehr interessant sind auch Panne-Samte mit Lurex oder Bändchengarnen. Herstellung: → Samt.
Einsatz: Abendkleider und Kostüme.

Panne-Atlas (panne satin): → Pannette.

Pannette, Panne-Atlas (panne satin): Spiegelatlas, der in der Weberei und nicht in der Samtweberei entsteht, sozusagen eine Imitation des → Panne. Die Bindung ist der 8- bis 10-bindige Kettatlas (→ Abb. 173). Bei Seidenqualitäten wird in der Kette Grègeseide und im Schuss Florettseide verwendet. Durch die dichte, geschlossene Oberfläche wird ein ähnlicher Spiegeleffekt wie beim Panne-Samt erzielt. Bei günstigeren Typen ersetzt man die Seide durch Viskosefilament und Baumwolle.
Einsatz: Hutindustrie und Revers.

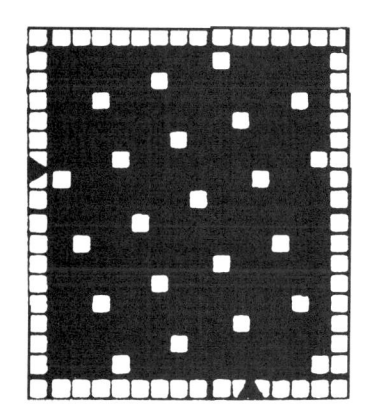

Abb. 173: 10-bindiger Kettatlas 30-0901-01-07

Papillon (worsted poplin; frz., papillon = Schmetterling): klassischer, eleganter Wollpopeline mit Kammgarnkette und Kammgarnschuss (z. B. 80/2), auch Ripspapillon genannt. Die Einstellung in der Kette ist wesentlich höher als im Schuss, sodass eine feine, etwas dezentere Rippe als beim → Popeline entsteht (Bindung Leinwand). Die Ware wird kahlappretiert und meist stückgefärbt. Das Gewicht liegt bei ca. 120–150 g/m^2. Als Halbseidengewebe mit ähnlicher Optik ist der → Eolienne zu nennen.
Einsatz: Kleider und leichte Mäntel.

Paramatta, Parametta: → Lasting.

Paramentstoff (parament): Gewebe, die für kirchliche Zwecke verwendet werden, wie z. B. Altardecken, Wandbekleidung, Priestergewänder usw.
In klassischer Ausführung überwiegend in Leinen gewebt, gibt es auch wertvolle Gewebe aus Seide oder Halbseide, die mit Gold oder Silber bestickt sind. Reiche Musterungen vor 1805 wurden mit dem Zug- oder Zampelwebstuhl handgewebt, nach 1805 auf dem Jacquardwebstuhl (→ Abb. 73 Zugwebstuhl).

Pashmina, Pashm: regionale Bezeichnung für Kaschmirziegenhaar aus dem südlichen Himalaja, Kaschmir und teilweise GUS. Pashmina wird regional verarbeitet und nur in Kaschmir verkauft.
In letzter Zeit ist Pashmina eine „Modebezeichnung" für sehr feines Kaschmir. Bei den teuren fast ausschließlich gewebten Textilien, wird nur das feinste Unterhaar (→ Duvet) verwendet. Kaschmir, so scheint es, ist im Sprachgebrauch so überstrapaziert, dass Modedesigner und Produzenten bemüht waren, einen „neuen" alten

Patrone, Bindungspatrone 256

Namen für das klassische Kaschmirprodukt zu finden. Aus England und den USA kommen Pashmina-Schals und -Tücher in Twillbindung aus einer Mischung 55% Kaschmir 45% Seide. Auch dieses Produkt wird generell als Pashmina gehandelt. → Kaschmir. → Cashgora.

Patrone, Bindungspatrone (pattern, point paper design, weave pattern): technische Zeichnung einer Gewebebindung auf → Patronenpapier.

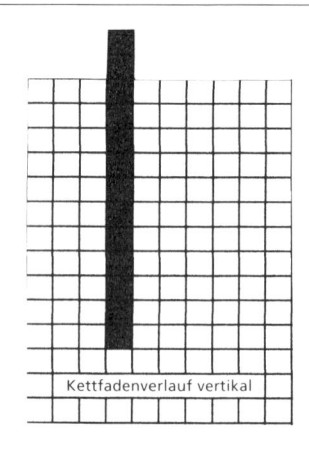

Abb. 177: Kettfadenverlauf vertikal

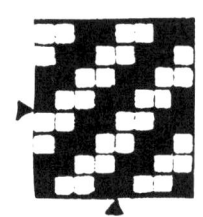

Abb. 174: Bindungspatrone (Köper)

Patronenpapier (pattern paper, point design paper): kariertes Spezialpapier für die zweidimensionale Darstellung von Gewebebindungen. Für → Schaftgewebe verwendet man üblicherweise quadratisch aufgeteilte Papiere (8:8 oder 4:4), während man für Jacquarddessin das Verhältnis der Kett- und Schussfadendichte auf die

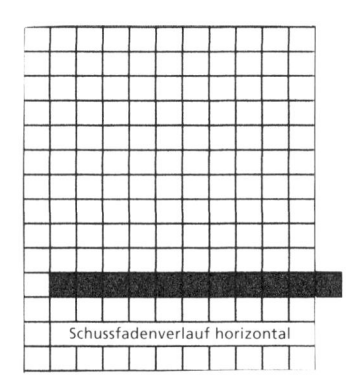

Abb. 178: Schussfadenverlauf horizontal

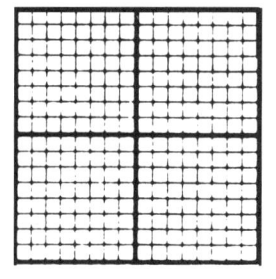

Abb. 175: Patronenpapier 8:8

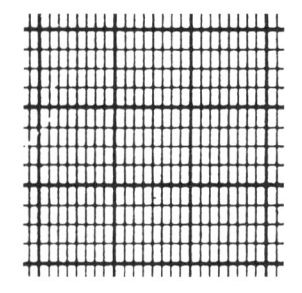

Abb. 176: Patronenpapier 8:4

Einteilung des Papiers überträgt (z. B. 8 : 4 oder 16 : 8). Man vermeidet so Verzerrungen bei der technischen Darstellung eines Musters.

Die karierten Felder stellen die rechtwinkligen Fadenverkreuzungen eines Gewebes dar, bei dem die vertikal verlaufenden Linien die Kettfäden und die horizontal verlaufenden Linien die Schussfäden symbolisieren. Beide Fadensysteme bilden zusammen eine Verkreuzungsstelle, den sog. → Bindepunkt.

Patronenpapiere werden heute noch für Schaftentwicklungen verwendet, während große Dessins für den Jacquardbereich überwiegend direkt über den Scanner laufen. Hier erfolgt die Umsetzung auf das Kartenspiel oder die Module. Karten oder Module sind die „Impulsgeber" für Ketthebungen/-senkungen, die die Konstruktion des Gewebes bestimmen.

PCB: → Gifte/Toxine.

PCM: englische Abkürzung für Phase Change Material und die Bezeichnung für Materialien (z. B. Paraffine wie Hexadekan, Heptadekan usw.), die ihren Aggregatzustand zwischen fest und flüssig verändern können.
Im textilen Anwendungsbereich liegen diese Materialien in fester als auch in flüssiger Form vor. Kleine Plastikkügelchen von nur wenigen Mikrometern Durchmesser umschließen sie und verhindern so ein Auslaufen des flüssigen Paraffins (→ Abb. 179).
Diese Mikrokapseln sind druckunempfindlich, wärmeresistent und können ohne Probleme gewaschen oder gereinigt werden.

Ursprünglich ist diese Technologie in den 80er-Jahren für die NASA entwickelt worden, um die thermischen Eigenschaften von Textilien (Astronautenanzüge) zu verbessern. Heute werden diese Materialien von namhaften Firmen wie Bugatti mit → Outlast® und Schoeller mit → ComforTemp® für Bekleidungsstücke, wie z. B. Skianzüge, Handschuhe, Anoraks oder Mäntel usw., eingesetzt.

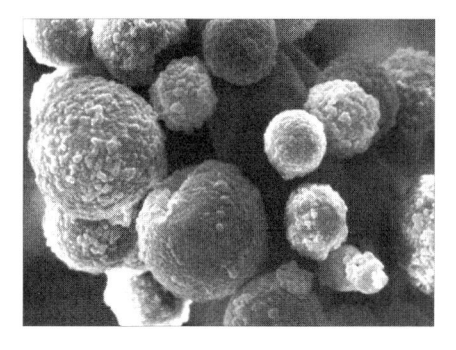

Abb. 179: REM-Aufnahme von Mikrokapseln aus Kunststoff, in denen das Paraffin eingeschlossen ist

PCP: → Gifte/Toxine.

Peau de Pêche (frz., peau de pêche = Pfirsichhaut): → Duvetine.

Peigniertes Garn (combed yarn; frz., peigner = kämmen): ein sehr gleichmäßiges Garn aus reiner Baumwolle, bei dem alle kurzstapligen Fasern und Verunreinigungen durch den sog. Kämmprozess eliminiert worden sind. Dieser Begriff bezieht sich nur auf Baumwoll- oder baumwollähnliche Chemiefasern. → Kammgarn hingegen bezieht sich auf Wolle oder wollähnliche Chemiefasern.

Pekiné: → Péquins.

Peking: → Péquins.

Pelzimitation (fake fur, artificial fur): Die Pelzimitationen gehören zu den Plüschen und lassen sich in vier Gruppen einteilen:
1. *Kettplüsche:* Diese Gewebe gehören zur Gruppe der Flor- oder Polgewebe und sind den hochflorigen Plüschen sehr verwandt. Zu den zwei Fadensystemen (Kette und Schuss) für das Grundgewebe kommt noch ein drittes (oder viertes) Fadensystem, die Polkette, hinzu. → Webpelze können echten Pelzen täuschend ähnlich sein, aber auch Fantasieentwicklungen darstellen. Zur historischen Entwicklung der Florgewebe → Samt.
Der Materialeinsatz für Grundgewebe und Pol kann sehr unterschiedlich sein. In der Kette verwendet man überwiegend Zwirne, im Schuss Garne (Baumwolle, CO-PES-Mischungen oder Viskose). Auch der Floreinsatz ist verschieden und hängt von der gewünschten Optik und den Gesamteigenschaften des Webpelzes ab. Für weiche „Pelze" werden Kammgarne in den Stärken dtex 2,2–6,7 verwendet. Die Einstellung ist bei Plüschen und Pelzimitationen gröber als bei Samten (weniger Fäden pro Zentimeter in Kette und Schuss und gröbere Fadenmaterialien). Um einen festen Halt der Florfäden zu garantieren, wird häufig der Rücken des Grundgewebes mit Kunstharz kaschiert.
Sollen echte Tierfelle nachempfunden werden, setzt man für das Unterhaar feine, stark schrumpfende Fasern in der Stärke von ca. dtex 3,7 ein und grobe Fasertypen von ca. dtex 9–33 für das Oberhaar. Sollen die Pelze „dreistufig" konstruiert werden, kann man für das Mittelhaar Fasern mit einem Titer von dtex 11–17 verwenden. Werden bei der Doppelplüschherstellung z. B. Mohairgarne eingesetzt, muss man dieses etwas steife und spröde Material gut einbinden, z. B. eine W-Noppe verwenden (wenn V-Noppe, dann mit einer Deckkette versehen). Um tierfellähnliche Färbungen zu erreichen, färbt man die Florspitzen an. Die Farbe wird dabei auf die trockenen Polspitzen mit einer sog. Hachurenwalze aufgetragen (frz., hachures = Schraffur). Damit ist eine feine Riffelung der Musterwalze gemeint, die schräg zur Laufrichtung der Ware verläuft. Beim Viskoseflor kann auf die vorgefeuchtete Ware „gespitzt" werden. Weitere Webpelze: → Astrachan, → Krimmer.
2. *Raschelplüsche* (nach der französischen Schauspielerin Elisabeth Raschel, 1821–1858) gehören zur Gattung der Maschenwaren und werden auf der Kettwirkmaschine produziert. Die gute Wirtschaftlichkeit liegt an der hohen Produktionsleistung und an dem sehr geringen Schneidabfall. Die Polfäden (auch Vorgarne, Lunten) sind selbst bei glatten Garnen sehr fest eingebunden. Wie beim Doppelsamt entstehen hier während des Wirkens ebenfalls gleichzeitig zwei Plüschwaren, zwischen denen die Polfäden hin und her geführt werden. Die Florhöhe, also der Abstand zwischen den Nadelbarren, kann bis zu 14 cm betragen (Einzelplüschflorhöhe 7 cm). Jeder Warengrund sowie der Pol werden mit Hilfe von zwei Fadenscharen hergestellt. Dabei werden Kettfäden von den

sich vertikal bewegenden Nadeln umschlungen. Auf einer separaten Trennmaschine werden diese mit einem Bandmesser, das permanent nachgeschliffen wird, aufgeschnitten.
Kettwirkware hat gegenüber Querfadenware nicht nur den Vorteil der schnelleren und günstigeren Produktion, sie ist auch wesentlich formstabiler und bildet keine Laufmaschen. Sie kann aber im Gegensatz zum Webpelz nicht stückgefärbt werden. Hier setzt man Garnfärber, Flockefärbungen und auch Kammzugfärbungen ein.
3. *Kammzugwirk-* oder *Strickplüsche:* Diese Warengruppe wird auch als Luntenflor bezeichnet und auf Rundstrickmaschinen mit Kardiereinrichtungen gearbeitet.
Tuftingplüsche (engl., tuft = Haarbüschel) sind bei der Produktion von Pelzimitationen noch relativ neu. Die Optik, das Gewicht sowie die Polhöhe ist den Web- und → Raschelplüschen sehr ähnlich.
4. Beim *Tuftingplüsch* wird eine einflächige Trägerware (ein Gewebe, Gewirk oder Vlies) von einem Polfaden durchzogen. Dabei hält auf der unteren Seite der Ware ein Greifer mit anschließendem Messer den Polfaden fest und bildet eine Schlinge, sobald die Öhrnadel sich wieder nach oben durch die Trägerware bewegt. Das Messer durchschneidet die erste Schlinge, wenn eine weitere entsteht. Häufiger wird eine einflächige Polschlingenware gearbeitet, die anschließend geschoren wird. Bei dieser Scher- oder Schneidplüsch genannten Ware kommt es je nach Florhöhe zu einem Materialverlust von ca. 20–30 %. Die aufgeschnittenen, geschorenen und aufgebürsteten Henkel ergeben einen feinen Flor. Besonders wichtig ist beim Tufting, dass die Polnoppen verfestigt werden, da diese nur in der Grundware hängen. Hierzu wird die Rückseite des Trägermaterials beschichtet.
Einsatz: Mäntel, Jacken, Besatz und Heimtextilien.
Quelle: B. Orthmann: Webpel., Facharbeit FH Hamburg, Hamburg 1985.

Pelzpiqué: → Piqué.

Pepita (pepita, check pattern fabric): Dieser nach einer spanischen Tänzerin aus der Biedermeierzeit benannte Gewebetyp ist ein klassischer → Farbeffekt und zeigt immer ein klein kariertes Muster in Leinwand- oder Köperbindung. Je nach Mustergröße (bis maximal 1 cm) und Fadenfeinheit schärt man bei leinwandbindigen Geweben 3 Fd hell/3 Fd dunkel, 4 Fd hell/4 Fd dunkel oder 6 Fd hell/6 Fd dunkel, 6 in der Kette, und in Schussrichtung die gleiche Farbfolge (→ Abb. 180). Typische Farbstellungen sind Weiß mit Schwarz, auch mit Blau, Grün oder Rot. Die zweifarbige Musterung kann auch auf drei oder vier Farben erweitert werden. Bei der Rapportgröße bis zu 1 cm spricht man von einem Pepitamuster, bei größerer von einem Blockkaro oder Küchenkaro, hierzu gehört auch das → Bäckerkaro.
Setzt man statt der Leinwandbindung den 4-bindigen gleichseitigen Köper ein, muss man die passende Schär- und Schussfolge wählen: Der Farbenrapport muss immer höher sein als der Bindungsrapport (z. B. K 2/2, Bindungsrapport ist 4, → Abb. 181). Die

Pepita

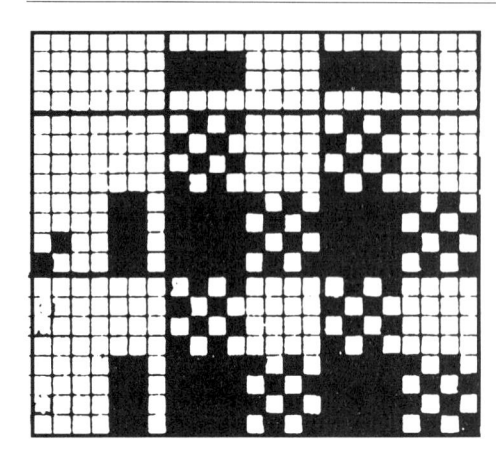

Abb. 180: Kleiderpepita
Grundbindung Leinwand
10-0101-01-00
Optisches Bild:
1 Karo weiß, 1 Karo
schwarz und 1 bzw. 2
Karos in Mischeffekten

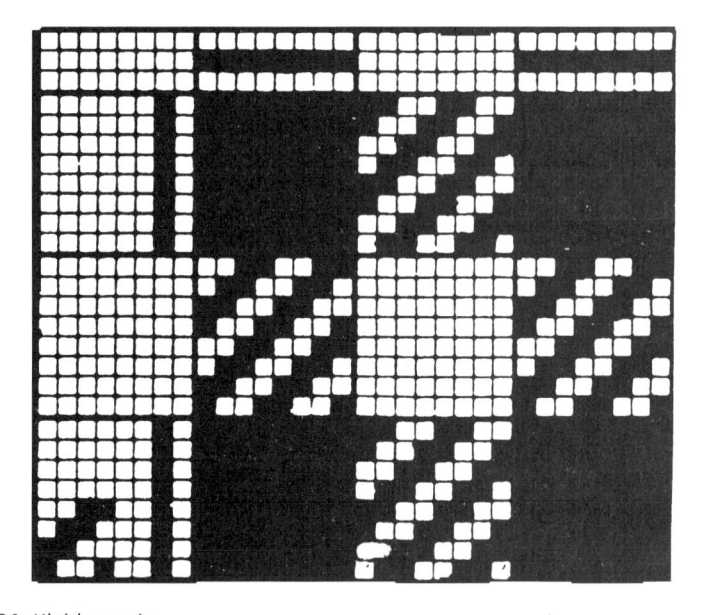

Abb. 181: Kleiderpepita
Grundbindung Köper
20-0202-01-01
Schärung: 8 Fd dunkel
            8 Fd hell
Schussfolge: 8 Fd dunkel
             8 Fd hell
Optisches Bild: 1 Karo weiß, 1 Karo schwarz und 1 bzw. 2 Karos in Mischeffekten und Diagonalstruktur: Die klare Karowirkung bleibt erhalten.

Schär- und Schussfolge muss also mindestens 6 Fd hell/6 Fd dunkel oder 8/8, 10/10 betragen. Nur dann entsteht optisch ein klein kariertes Karo mit zwei Vollfarben (Schwarz und Weiß) sowie einem Mischton (Grau). Das Dessin hat immer eine Vertikal- und eine Horizontalbetonung. Der Köperpepita hat einen weicheren Griff und ist etwas voller als die leinwandbindige Ware (→ Abb. 180). Leider werden farbige Pepitas auch als Vichykaro bezeichnet, obwohl → Vichy ein anderer Farbeffekt ist. Dieser Name weist nicht auf den verwendeteten Faserstoff hin, sondern stellt nur eine Musterungsbezeichnung dar. Pepitamuster werden überwiegend gewebt (auch im Maschenwarensektor produziert), weniger gedruckt.
Einsatz: Blusen, Hemden, Kostüme, Sakkos im DOB-, HAKA- und KIKO-Bereich sowie Dekosektor.

Péquin (pékin): nach der chinesischen Hauptstadt Peking auch Pekings oder Streifenseide benannter Musterungsbegriff für reinseidene Kleider- und Blusenstoffe mit Längsstreifen (Rayés).

Abb. 182: Péquins

Der Fond ist taftbindig, voileartig transparent und durch atlas- oder ripsbindige Längsstreifen unterbrochen (→ Abb. 182). Am Begriff „taftbindig" erkennt man die verwendete Garnart: Seide oder Chemiefaser, in jedem Fall ein Filament. Auch Gaufré-Effekte in Längsstreifenausführung nennt man so. Früher wurde diese Bezeichnung für bemalte oder bedruckte schwere Seidenstoffe und Leinentapeten verwendet.

Perkal (percale; pers., pärgal = Perkal): Handelsbezeichnung für mittelfeine, leinwandbindige, bedruckte Baumwollgewebe, oft auch Druckbatist genannt. Einstellung: → Renforcé, → Kattun oder → Batist. Das Gewebe ist sehr weich und wird für Hemden, Blusen, aber auch für Bettwäsche verwendet (→ Inlett). Als Importware wird eine sehr dichte, leinwandbindige Baumwollware (unifarbig) als Perkal (127 x 127 Fd/Inch, Ne 68 x 80), eine etwas offenere Ware als → Cambric bezeichnet. Eine klassische Cambric-Einstellung ist z. B. 100 x 100 Fd/Inch, Ne 40/40. → Einstellungsgewebe.

Perlé (perlé): schweres Jacken- oder Mantelstoffgewebe aus dem Bereich der Flausche. Rechtsseitig wird Perlé ähnlich einem → Ratiné spezialausgerüstet, sodass er perlenähnliche Faserknötchen zeigt, die gleichmäßig über die Oberfläche verteilt sind (All-over-Dessin). Die Knötchen sind kleiner als beim Ratiné.

Perlrips (pearl rip): Musterungsbezeichnung für Stoffe, die mit versetzten Ripsen gewebt sind (→ Abb. 183). Dadurch werden perlartige Profilie-

Permanent Press 262

Abb. 183: Perlrips

rungen im Gewebe erzeugt. → Royal.
Einsatz: Kostüme, Mäntel, aber auch Möbel- und Dekostoffe.

Permanent Press (engl., permanent = dauerhaft, press = fixiert): Während bei der → Easy-Care-Ausrüstung lediglich die Pflegeleichtigkeit gefordert ist, kommt hier die Formstabilität von Falten und Nähten hinzu. Angewendet wird dieses Verfahren überwiegend bei reiner Baumwolle und Mischungen aus Baumwolle und Polyester.
Das Verfahren ist auch als Post-Curing bekannt. → Curing.
Literatur: M. Peter; H. K. Rouette: Grundlagen der Textilveredlung. Deutscher Fachverlag, Frankfurt/Main 1989, S. 735.

Persenning (sail-cloth; engl., tarpaulin = geteertes Segeltuch; frz., ceinture = Umhüllung): sehr starkes, kräftiges Gewebe, als 2-fädige Leinwand- oder Halbpanamabindung konstruiert (patroniert wird eine Schussripsbindung), welches imprägniert wird und somit wasserfest ausgerüstet ist. Als Segeltuch verwendet wurden sie früher geteert.
Das Material war überwiegend Leinen und Hanf, jedoch sind diese Faserstoffe heute durch neue, festere, leichtere und wetterbeständigere Materialien, wie z. B. → Polyamid, → Kevlar, → Polyester ersetzt worden.
Einsatz: Segeltuch, Wagenplanen, Bootsdecken und Zeltstoffe.

Pers (floral ticking): Sammelbezeichnung für bedruckte Bettwäschegewebe. Wird auch als Bettpers bezeichnet.

Persianerimitat (artificial persian lambskin): → Krimmer.

Pfauenauge, Vogelauge (peacock's eye, bird's eye): Es handelt sich dabei um einen → Farbeffekt; die größere Punktmusterung gibt dem Gewebetyp seinen Namen, kleinere Punktmusterungen nennt man → Nadelkopf. Schär- und Schussfolge erzielen das Muster; sie sind je 2 Fd hell, 2 Fd dunkel (es können auch andere Farben verwendet werden, → Abb. 184).
Die Auffälligkeit des Punktmusters ist

Pfirsichhaut

abhängig von der Farbigkeit beider Farbensysteme. Die Bindung ist meist der 8-bindige Hammerkrepp. Durch die hohe Bindigkeit ist es möglich, dichte, feine Kammgarnzwirne einzusetzen, sodass ein Gewebe mit sehr guten Gebrauchseigenschaften entsteht (Einstellung z. B. 30–34 Fd/cm in der Kette). Der Kammgarnstoff erhält eine Kahlausrüstung, um die typische Dessinierung hervorzuheben. Für den klassischen Bereich werden dunklere Töne bevorzugt, da das Gewebe weniger schmutzanfällig ist.
Einsatz: Anzüge, Hosen und Kostüme.

Pfeffer und Salz (salt and pepper, thread by thread): Farbeffekt durch schwarz-weiße Farbverflechtung. → Fil à Fil.

pflegeleicht (wash and wear, easy care): Ausrüstungsart, die Waschmaschinenfestigkeit, schnelles Trocknen, Bügelfreiheit und damit Knitterresistenz beinhaltet. Hier bezieht sich die Ausrüstung auf das fertige Textil.

Pfirsichhaut (peach skin): → Duvetine.

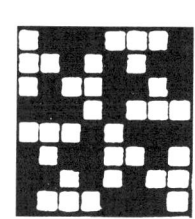

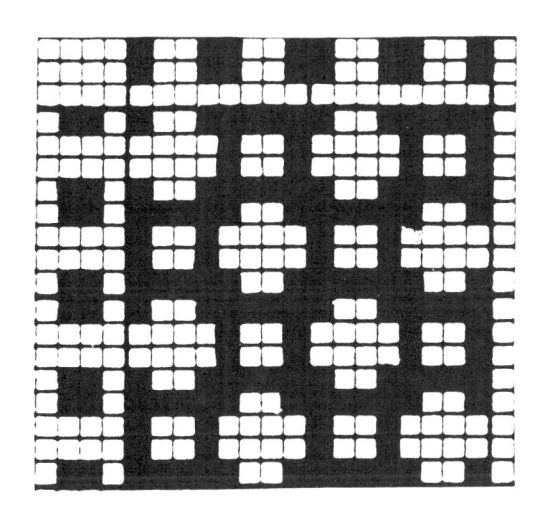

Abb. 184: Pfauenauge (Farbeffekt)
  Die Abfolge der farbigen Fäden in Kette und Schuss bestimmen mit der Bindung das Dessinbild. So entsteht ein Mustereffekt mit unterlegter Kreppbindung.
  Schärfolge (Kette): 1 Fd schwarz
                      2 Fd weiß
                      1 Fd schwarz (Schärrapport)
  Schussfolge: 1 Fd schwarz
                      2 Fd weiß
                      1 Fd schwarz
  Der Bindung ist ein 8-bindiger Krepp zugrunde gelegt.

pH-Wert

pH-Wert Skala

```
1   2   3   4   5   6   7   8   9   10  11  12  13  14
|___|___|___|___|___|___|___|___|___|___|___|___|___|
```

                               Baumwolle
                ───
        Wolle, Seide
        ──────────────────

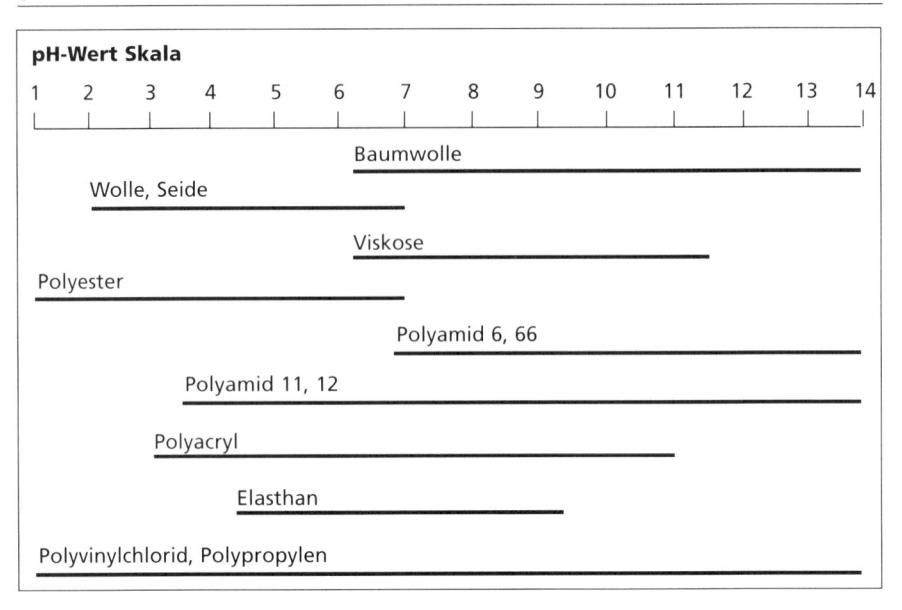

                                    Viskose
                        ─────────────────────────────────
Polyester
────────────────────────

                                    Polyamid 6, 66
                        ─────────────────────────────────────

                    Polyamid 11, 12
                ─────────────────────────────────────

                Polyacryl
            ───

                            Elasthan
                ─────────────────────────────────────

Polyvinylchlorid, Polypropylen
──

Tab. 18: Unempfindlichkeit unterschiedlicher Fasern im sauren und alkalischen Bereich

Lösung	pH
0,36 % Salzsäure	1
Magensaft	0,9–1,5
Zitronensaft	2,0–2,5
Speiseessig	2,7–3,5
saure Milch	4
reines Wasser	7
hartes Wasser	8,0–8,5
Seifenlauge	8,2–8,7
0,17 % Ammoniak	11
0,40 % Natronlauge	13

Tab. 19: Vergleich: saure und alkalische Flüssigkeiten

pH-Wert (pH-value; lat., Potentia hydrogenii): Der pH-Wert ist eine 1909 in die Chemie eingeführte Maßzahl für die Aktivität der freien Wasserstoffionen in einer Lösung. Da dieser Begriff im Öko-Tex-Bereich und selbst in Versandkatalogen und anderen textilen Bereichen Erwähnung findet, möchte ich eine allgemeinwissenschaftliche Darstellung dieses Begriffes geben. Wie aus der Skala (→ Tabelle 18) zu entnehmen, gibt der pH-Wert die alkalische und die Säureempfindlichkeit der verschiedenen Rohstoffe wieder. Die Balkenmarkierungen geben den Unempfindlichkeitsbereich der entsprechenden Faserstoffe an, z. B. hat Baumwolle eine sehr gute Verträglichkeit gegenüber Laugen, nämlich ca. 6,5–14, während Wolle und Seide alkalisch sehr empfindlich sind, aber eine gute Säureunempfindlichkeit aufweisen (7–2). Die

→ Tabelle 19 mit den pH-Werten von 1–13 zeigt Vergleiche von im täglichen Leben vorkommenden und überwiegend verwendeten Mitteln, um eine bessere Vorstellung von sauren und alkalischen Flüssigkeiten zu bekommen.

Pilling (pilling effect): knötchenartige Faserbündelungen auf der textilen Warenoberfläche, tritt bei Naturfasern, z. B. Wolle, weniger als bei Chemiefasern auf. Verursacht wird Pilling durch permanent wiederholtes Reiben auf dem Gewebe (Maschenware). Zuerst arbeiten sich einzelne Fäserchen aus dem Faserverband heraus, sind aber noch mit dem Garn und dem Gewebe gut verbunden. Sie verschlingen und rollen sich zu kleinen Knötchen zusammen und verleihen dem Textil eine unattraktive Optik. Auch bei Wolle ist dies der Fall, jedoch brechen bei stärkerer Beanspruchung die Fasern ab und stellen somit kein größeres Problem dar. Bei Chemiefasern ist aufgrund ihrer wesentlich höheren Knickbruchfestigkeit ein Abbrechen schwieriger, sodass die Pillingknötchen am Textil verbleiben. Verminderung bzw. Abhilfe kann durch folgende Maßnahmen erreicht werden: längere Stapel und gröbere Titer wählen, härter gedrehte Garne/Zwirne verwenden oder eine dichte Gewebeeinstellung wählen und mit einer Kahlappretur versehen. Ferner hilft die Vermeidung von langen Flottierungen oder Thermofixieren, Bürsten, Schleifen und Sengen.
Möchte man aber flauschige und locker eingestellte Web- oder Maschenware aus synthetischen Spinnfasergarnen ohne Pilling erzeugen, setzt man sog. modifizierte PES- und PAN-Fasern ein, die nicht zu Pilling neigen (z. B. → Trevira 350®, → Abb. 235).
Wird der Biegewiderstand durch tri- oder pentalobal profilierte Typen gesteigert, reduziert sich die Pillingtendenz. Setzt man Hochbausch-Spinnfasergarne ein und verwendet als ausgeschrumpften Faseranteil die profilierte Type, dann wird bei der Entwicklung des Bausches nur die Oberfläche des Garns pillingarm gestaltet. Auch durch Verkürzung der Polymerketten erzielt man über reduzierte Festigkeiten verminderte Pillingneigung. Weitere Möglichkeiten bieten Fasermischungen, z. B. PES/CV. Beispiele für reine PES-Typen sind Trevira 350® von Hoechst, Diolen® 21 von Akzo-ENKA, Tergal T 911 von Rodia. Beispiele für PAN-Typen sind Dolan 40 und Dolan 44 trilobal (dreilappiger Querschnitt) von Hoechst, Leacril NO Pill von Monsanto.
Je feiner die Faser, desto geringer ist die Pillingneigung, da die Biegeelastizität heruntergesetzt wird (z. B. brechen bei Mikrofasergewebe die Fasern ab). Entscheidend ist aber auch die entsprechende Stapellänge, z. B. ca. 38 mm und die Faserfeinheit von ca. dtex 1,3. Anmerkung: Einige Firmen bieten Kaschmirprodukte an, bei denen das Pilling als Qualitätsauszeichnung ausgelobt wird!
Ein zum Pilling neigendes Textil sollte nie mit Weichspüler behandelt werden, da weiche Fasern sehr viel stärker zum Verschlingen neigen. Beim Verkauf pillinganfälliger Ware ist eine besonders gute Beratung bezüglich der Pflege wichtig.
Quelle: W. Loy: Taschenbuch für die Textilindustrie. Fachverlag Schiele & Schön, Berlin 1994 und www.trevira.de.

Pilot (pilot cloth; niederländ., piloot = Lotse): schweres Baumwollgewebe, meist in 5-bindigem Schussatlas gewebt (→ Abb. 10). Die Rückseite wird kräftig geraut. Bei leichten Pilots werden Baumwollgarne mit Nm 28–34 verwendet, im Schuss Garne der Stärke Nm 12–24. Bei schweren Qualitäten verwendet man Baumwollzwirne Nm 34/2–40/2, Schussgarn Nm 12–4.
Mittlere Einstellungen des Gewebes: 18–24 Kettfäden pro Zentimeter und 16–36 Schussfäden pro Zentimeter. Handelt es sich um Köperpilot, werden diese Gewebe in Kettköperbindung gewebt (4-bindig oder Fischgrat). Hier wird natürlich die Kette dichter gewählt als der Schuss. So genannte Doppelpilots webt man als Schussdoublés. Der Pilot wird auch als → Moleskin oder Englischleder bezeichnet.
Einsatz: klassische Berufskleidung, Hosenstoff (Pilothosenstoff); Pilot wird auch als Taschenfutter verwendet (dann als Moleskin angeboten).

Pima: amerikanische Baumwollsorte. → Baumwolle.

Piqué, Pikee (piqué; frz., piquer = steppen): Diese Ware hat wie der → Matelassé eine erhabene Optik; das Aussehen (Steppcharakter) wird durch die Bindungstechnik bestimmt.
Bindung: 2 Kettsysteme (Oberkette = Steppkette) und 2 Schusssysteme (Oberschuss = Füllschuss). Hier bindet also die Steppkette mustermäßig ein (→ Abb. 185).
Um einen guten Effekt zu erzielen, muss die Steppkette sehr straff gespannt sein. Die Bindung der Oberware ist Leinwand. Besteht das Grundgewebe aus nur einer Grund- und einer Steppkette und einem Schussfaden, handelt es sich um einen Halbpiqué. Der falsche Piqué hat wie der Waffelpiqué nur ein Kett- und ein Schussfadensystem (→ Abb. 186, → Waffelpiqué). Er wird auch Faux Piqué genannt (→ Abb. 187).
Zusammenfassung:
1. Piqué arbeitet mit einer Steppkette und zeigt nur einen Bindungstyp (Leinwand).
2. Matelassé arbeitet mir einemSteppschuss und zeigt meist zwei Bindungen (Leinwand und Atlas).
3. Ableitungen wie Halbpiqué werden ohne Füllschuss gearbeitet; der → Waffelpiqué erhält seine Profilierung durch die Bindung.
4. Wird der Piqué rückseitig stark geraut, kann er als Pelzpiqué bezeichnet werden.
Einsatz: Jacken, Kleider, Blusen, Mäntel und Heimtextilien.

Plaid (engl., plaid = schottischer Überwurf, Reisedecke): groß karierte, überwiegend mehrfarbige Tücher und Decken aus Wolle, Halbwollqualitäten, Baumwolle sowie aus Chemiefasern und Mischungen Naturfaser/Chemiefaser. Wird Wolle eingesetzt, werden die Plaids meist gewalkt und mit einer Strichappretur versehen. Die Bindung ist meist der Doppelköper K 2/2 (→ Abb. 7). Traditionell gehörte der Plaid zur schottischen Nationaltracht (→ Tartan) und war ein Manteltyp. Der Stoff wurde aber auch als Tapete verwendet. → Futterplaid. → Schlafdecken.
Aktueller Einsatz: Decken, Reisedecken, Tücher und Umschlagtücher.

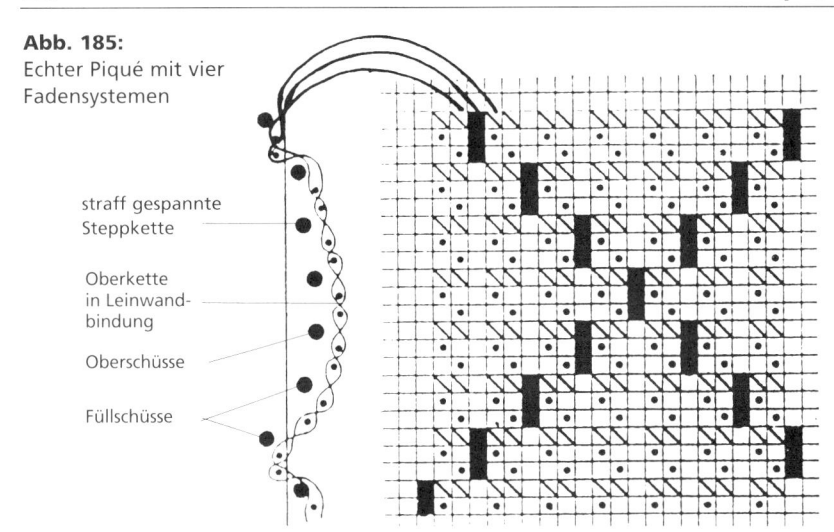

Piqué, Piké

Abb. 185:
Echter Piqué mit vier Fadensystemen

straff gespannte Steppkette

Oberkette in Leinwandbindung

Oberschüsse

Füllschüsse

Abb. 186:
Zum Vergleich: ein falscher Piqué mit einem Kett- und einem Schussfadensystem; die „Steppung" wird durch den Schuss imitiert (weiß durchlaufende Rautenlinien).

Schusslinierung für Steppimitation

Abb. 187: Waffelpiqué
Typisch ist hier der Positiv-Negativ-Effekt.

Plangi, Plangi-Färbung

Abb. 188 A–D: Wickelreserve

Abb. 188 A: stellenweise umwickelter Stoff

Abb. 188 B: gefärbter Stoff

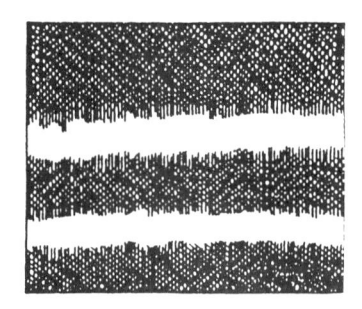

Abb. 188 C: gemusterter Stoff

Abb. 188 D: Abbindungen und Musterungen beim Plangi-Verfahren

Plangi, Plangi-Färbung (reserve dyeing; malaiisch, plangi = bunt oder ausgesparter Fleck): Farbmuster, das durch Abbinden von Stoffteilen hervorgerufen wird. Um diese Dessinierung zu erreichen, wird der ausgebreitete, überwiegend leinwandbindige Stoff an den zu reservierenden Stellen hoch gehoben oder hoch gedrückt. Die dadurch entstehenden Zipfel werden mit einem Band ganz oder teilweise umwickelt (→ Abb. 188 A). Wie bei der → Batik bleiben die reservierten Stellen beim Färben in der Ursprungsfarbe erhalten. Nach dem Entfernen der Bänder erhält man helle, kreisförmige Muster vor dunklem Hintergrund. In Indonesien werden Batik, Plangi und → Tritik gerne miteinander kombiniert. → Abb. 188 A–C zeigen eine typische Wickelreserve, die häufig mit der Batik-Technik verwechselt wird.

Plissé, Plissee (pleating, plissé, pleated fabric; frz., plissé = gefaltet): Bei der Herstellung dieses Stoffes werden die Falten 90° zum Fadenlauf gelegt. Für die Verarbeitung des Plissés wird die Breite zur Höhe genommen, so laufen im konfektionierten Teil die Falten vertikal. Man unterscheidet drei Arten von Plissé:
1. Webplissé: Bei dieser Technik lässt sich der Plissé nicht wie beim Ausrüstungsplissé wie eine Harmonika auseinanderziehen, da die Falten ähnlich wie eine Frottierware hergestellt werden. Notwendig sind zwei Kettfadensysteme, eine Grundkette und eine Faltenkette (Plissé). Durch eine Knicklade am Webstuhl wird nicht jeder Schuss, sondern nur jeder dritte oder vierte Schuss angeschlagen. Beide Ketten verbindet man in Leinwand- oder Ripsbindung. Weitere Musterungen sind z. B. durch Ajour möglich. Wenn ein Stück Grundgewebe fertig ist, wird der Schuss auf die doppelte Faltenbreite dicht in die lose eingestellte Plissékette eingeschossen. Anschließend schlägt die Lade das Faltenstück fest an das vorgewebte Grundgewebestück an. Dabei wird der aus Plissékette und -schuss bestehende Faltenabschnitt nach oben gedrückt. Die Ware ist relativ schwer und fällt nicht so gut. Daher ist sie mehr für den Dekorationsbereich geeignet als beispielsweise für den DOB-Sektor.
2. Ausrüstungsplissé: Diese Art der Plissébildung wird überwiegend eingesetzt, da ein wesentlich besserer Fall und eine höhere Dehnbarkeit der Gewebe gewährleistet ist (z. B. Kinder- oder Damenröcke). Ursprünglich nur aus Wolle, nutzte man bei diesem Material die Formbarkeit aus. Glatte Wollstoffe wurden in Falten gelegt und durch Einbrennen und Dekatieren gefestigt. Die Kunstharzausrüstung ermöglichte es später, auch Baumwoll- und Viskosegewebe zu plissieren. Vorgang: Imprägnieren der Gewebe in Kunstharzlösungen; anschließendes Trocknen bis auf einen bestimmten Prozentsatz an Restfeuchte. Auf der Plissiermaschine in Falten gelegt, wird die Ware dann durch Hitzeeinwirkung fixiert. Bei thermoplastischen Fasern wie Polyester oder Polyamid unterbleibt eine vorherige Kunstharzbehandlung (umweltfreundlich). Die Plissébehandlung wird maschinell, aber auch von Hand vorgenommen (geradlinig, wellenförmig, smogartig, d. h. durch Zierstiche ge-

Plüsch

faltet, Quetschfalten). Nicht mit → Crash verwechseln.
3. Bindungsplissé: Hierbei wird die Faltenbildung durch spezielle Bindungen erzeugt.

Plüsch (plush, pile fabric): Plüsch ist ein Samtgewebe mit einer Florhöhe von mindestens 1 mm. Die Herstellung erfolgt mit sog. Rutenstühlen oder durch die Doppelwebtechnik. Die Grundbindungen sind (wie beim → Samt) Leinwand sowie deren Ableitungen und Köper. Eine dichte Ware wird immer durch eine Köperbindung und nicht durch eine Leinwandbindung erreicht und hat infolgedessen auch ein höheres Warengewicht. Die hochflorigen, sehr dicht gewebten Stoffe werden für den KIKO-, den DOB-Bereich und auch für den Deko- und Möbelsektor verwendet. Aus Polyamid werden Bürstenwaren hergestellt (→ Mokett, → Felbel). Sehr häufig werden Plüsche auch als Rundstrick-, Rundwirk-, Raschel- und Nähwirkware angeboten.
Einsatz: KIKO, DOB, Accessoires und Heimtextilien.

Pocketing (engl., pocket = Tasche): Diese Futterqualitäten werden meist in Leinwandbindung produziert. Ohne Ausrüstung kann man den Pocketing auch als Rohcretonne bezeichnen. Sehr gerne werden Mischungen genommen wie z. B. 51 % Polyester und 49 % Baumwolle (eigentlich 50 zu 50; das Unterverhältnis entsteht oft aus zolltechnischen Gründen). Aber auch 85 % Baumwolle und 15 % Polyamid sind möglich. Durch die festere Kette und den gröberen, weicher gedrehten Schuss kann in der Ausrüstung (Kalander) die Oberfläche plattgedrückt werden. Es entsteht ein rechtsseitiger Glanz und eine hohe Dichte. Die Qualität ist dimensionsstabil und trocknet schnell. Das Gewicht liegt bei ca. 130–150 g/m². Wird eine Köperbindung verwendet, nennt man das Gewebe Taschenköper oder Taschendrell. Dieser eignet sich gut als Rocktaschenfutter, da er etwas weicher und geschmeidiger ist und auf dem Oberstoff nicht abzeichnet. Feiner als Pocketing ist der → Jaconet.
Einsatz: Hosen- und Jackentaschenfutter.

Pointillé (polka dot pattern): Zusatzbezeichnung für Gewebetypen mit punktartiger Musterung. Sie können bedruckt oder gewebt, aber auch geprägt sein.

Polgewebe (pile fabric; frz., poil = Flor: webtechnische Bezeichnung für → Samte, → Plüsche, Frottier- und Florteppiche (→ Webpelz). Diese Gewebegruppe arbeitet mit einer Grundkette, einem Grundschuss und der Flor- oder Polkette. So tritt entweder eine Polschlinge oder ein offener Flor aus dem Grundgewebe hervor.

Polsternessel (upholstery grey cotton cloth): → Kattun in naturfarbener oder gefärbter, vielfach appretierter Ausrüstung zum Bespannen von Polstergarnituren. Wird nur für die Rückseite oder nicht sichtbare Bereiche verwendet.

Polyacrylnitril (PAN): wird durch Polymerisation (Zusammenschluss vieler einheitlicher, einfacher, ungesättigter Moleküle zu Makromolekülen ohne

Nebenprodukte) im Trocken- und Nassspinnverfahren gewonnen. Die Filamente sind sehr seidig glänzend, fasergesponnen ist PAN sehr wollig.
Unter folgenden Markennamen wird es produziert: Acrilan (Monsanto Co., USA), Dralon (Bayer AG, Deutschland), Crylor (Rhône-Poulenc, Frankreich), Dolan (Hoechst AG, Deutschland), Leacril (Montefibre SpA, Italien), Orlon (DuPont de Nemours, USA), Velicren (Snia Viscosa SpA, Italien).
Eigenschaften:
Der thermoplastische Bereich liegt bei ca. 250 °C. Da der Schmelzpunkt von Polyacrylfasern über dem Zersetzungspunkt liegt (sie verkohlen vor dem Schmelzen), werden sie im Gegensatz zu Fasern aus PES oder PA, im Trocken- oder Nassspinnverfahren ersponnen. Das spezifische Gewicht beträgt 1,14–1,30 g/cm^3 und ist somit leichter als PA und PES. Die Feuchtigkeitsaufnahme bei 20 °C und 65 % relativer Luftfeuchtigkeit liegt bei 1–2 %. PAN besitzt eine hohe Bauschfähigkeit und ein hohes Wärmeisolationsvermögen. Optik und Griff ähneln der Wolle. Polyacrylnitril hat eine hohe Licht- und Wetterbeständigkeit. Die Dehnungselastizität beträgt 60–65 %. Die Knitterneigung ist gering, die daraus gefertigten Textilien sind strapazierfähig und schwer entflammbar. Die Spinnfasertypen neigen zu Pilling. PAN ist widerstandsfähig gegen Säuren und Laugen ($\rightarrow$ Polyester und $\rightarrow$ Polyamid). Gewaschen wird PAN bei 40–50 °C. Als wollähnlicher Typ oder mit Wolle gemischt, ist PAN fäulnis- und mottensicher und hat einen guten Feuchtetransport. Die kritische Bügeltemperatur liegt bei 120 °C (etwas mehr als 1 Punkt).
Verkaufsargumente für PAN-Artikel:
Oberbekleidung aus PAN ist sehr strapazierfähig, leicht zu pflegen, wärmend und waschbar.
Bei *Strickwaren* kommt die Bauschigkeit, das geringe Gewicht und die Formbeständigkeit positiv zur Geltung. Außerdem filzen PAN-Strickwaren nicht, wärmen gut, sind leicht zu waschen, besitzen die Eigenschaft, gut Feuchtigkeit zu transportieren und sind schnell trocken. (Vorsicht: Nicht auf der Heizung trocknen!)
Für *Unterwäsche* eignet sich PAN, weil diese dann ebenfalls gut wärmt, weich und leicht ist, elastisch und pflegeleicht.
Decken, Web- und Wirkpelze aus PAN sind leicht und bauschig und bieten einen guten Tragekomfort. Positiv wirkt sich auf diese Textilien aus, dass PAN nur wenig Feuchtigkeit aufnimmt, schnell trocknet, wärmehaltig ist, d. h. antirheumatisch wirkt. Ferner filzen diese Decken und Pelze nicht und sind sehr gut waschbar.
Tischdecken, Vorhang- und Dekostoffe aus PAN zeichnen sich durch eine hohe Haltbarkeit, geringe Schmutzhaftung und eine leichte Waschbarkeit aus. Spannen ist nicht erforderlich. Die Ware läuft nicht ein, ist weitgehend bügelfrei und besitzt eine sehr gute Lichtbeständigkeit.
Möbelstoffe und Teppiche (keine Teppichböden) aus PAN sind elastisch, bauschig und füllig, wärmehaltig, leicht zu pflegen und besonders lichtbeständig.
Literatur: P.-A. Koch: Faserstofftabellen. Deutscher Fachverlag, Frankfurt/Main 1989.

Polyamid

Polyamid (PA): Gruppe vollsynthetischer Faserstoffe mit alternierend eingebauten Amidgruppen in den Kohlenwasserstoffketten, im Schmelzspinnverfahren gewonnen. Die bekanntesten Arten sind PA 6 (Perlon), das über Polymerisation, und PA 66 (Nylon), das über Polykondensation gewonnen wird. Polymerisation ist der Zusammenschluss vieler einheitlicher, einfacher, ungesättigter Moleküle zu Makromolekülen, wobei keine Nebenprodukte entstehen. Unter Polykondensation versteht man die Verbindung gleicher oder verschiedenartiger Moleküle zu neuen größeren Molekülen, wobei Nebenprodukte, wie z. B. Wasser oder Alkohol, abgespalten werden. Heute werden diese Fasern oft texturiert verarbeitet.

Polyamid wird unter folgenden Markennamen produziert: Amilan (Toray, Japan), Antron (DuPont de Nemours & Co., USA), Bri-Nylon (DuPont Fibremakers Ltd., Australien), Cordura (DuPont), Enkalon (ENKA BV, Niederlande), DuPont-Nylon (DuPont), Kanebo Nylon (Kanebo Ltd., Japan), Meryl® (Nylstar), Tactel (DuPont, Deutschland), Supplex (DuPont de Nemours & Co., USA).

Eigenschaften	PA 6	PA 66
Thermoplastischer Bereich	175 °C	235 °C
Schmelzpunkt	223 °C	265 °C
Feuchtigkeitsaufnahme bei 20 °C und 65 % relative Luftfeuchtigkeit	4,3 %	3,8 %
Trockenzeit	schnell trocknend, da geringe Feuchtigkeitsaufnahme	
spezifisches Gewicht	1,14 g/cm³	
Nassfestigkeit	hoch, neigt jedoch zur Lappigkeit	
Reißfestigkeit in cN/dtex trocken	PA 6-Spinnfaser: 3,8–5,2 PA 6-Filament: 4,1–5,8 PA 6-hochfest: 7,5–8,3	PA 66-Spinnfaser: 4,1–4,5 PA 66-Filament: 4,6–5,8 PA 66-hochfest: 6,1–7,4
Reißfestigkeit in cN/dtex nass	PA 6-Spinnfaser: 3,3–4,6 PA 6-Filament: 3,6–5,1 PA 6-hochfest: 6,6–7,3	PA 66-Spinnfaser: 3,6–4,0 PA 66-Filament: 4,0–5,1 PA 66-hochfest: 5,3–6,4
Scheuer- und Biegefestigkeit (Teppichgarne)	am höchsten, 10–15mal höher als Baumwolle	
Dehnungselastizität	mit 80–90 % groß	

Tab. 20

Besonders hervorzuheben ist die Reißfestigkeit von PA, weil das Material fester als Baustahl ist. Polyamid ist knitterarm und formbeständig, zeichnet sich durch einen guten Feuchtetransport aus, der aber titer- und konstruktionsabhängig ist, und lädt sich elektrostatisch auf. Es ist ferner laugenbeständig, seewasser-, fäulnis- und mottenfest. Die Spinnfasertypen neigen zu Pilling. Unter Lichteinfluss kann es zu Festigkeitseinbußen kommen. Die kritische Bügeltemperatur liegt bei 120 °C; die geeignete Temperatur liegt bei etwas mehr als 1 Punkt (100 °C). PA 6 und PA 66 sollte man bei 30–60 °C waschen.

Verkaufsargumente für Polyamidartikel: Die Verwendung für *Wäsche* und *Miederwaren* empfiehlt sich, weil PA leicht, weich und schmiegsam ist, außerdem sehr hautsympathisch. Es trägt nicht auf, ist zart und duftig. Es ist formbeständig, läuft beim Waschen nicht ein und trocknet schnell.

Für *Sportbekleidung* eignet es sich wegen des niedrigen Gewichts, seiner hohen Elastizität, guten Formbeständigkeit und hohen Strapazierfähigkeit. PA ist leicht zu waschen und trocknet schnell.

Strümpfe und Strumpfhosen aus PA sind hauchzart und besitzen trotzdem eine hohe Festigkeit. Die starke Dehnungselastizität von PA bewirkt einen faltenlosen Sitz. Das Material ist kaum spürbar, hautsympathisch, und wieder ist die leichte Waschbarkeit für diese Verwendung vorteilhaft.

Möbelstoffe und Teppiche (Teppichböden) sind, wenn sie aus PA bestehen, sehr strapazierfähig, haben eine hohe Abriebfestigkeit und dadurch eine lange Lebensdauer. Sie sind leicht zu reinigen und besitzen eine sehr gute Elastizität (Wiedererholungsvermögen).

Literatur: P.-A. Koch: *Faserstofftabellen*. Deutscher Fachverlag, Frankfurt/Main 1989.

Polyester (PES/PET): wird als Polykondensatfaser im Schmelzspinnverfahren gewonnen. Unter Polykondensation versteht man die Verbindung gleicher oder verschiedenartiger Moleküle zu neuen größeren Molekülen, wobei Nebenprodukte, wie z. B. Wasser oder Alkohol, abgespalten werden.

Polyester wird oft mit anderen Chemiefasern oder mit Naturfaser gemischt. Es wird als Filament und fasergesponnen eingesetzt. Ebenso wie PA wird es sehr oft texturiert verwendet. PES wird im Schmelzspinnverfahren gewonnen.

Markennamen sind beispielsweise Avitron (Norddeutsche Faserwerke, jetzt Rhône-Poulenc Filtec SA, Schweiz), → Coolmax (DuPont de Nemours), → ThermaStat™ (DuPont de Nemours), Dacron (DuPont de Nemours, USA), Delcron (Nylon de Mexico SA, Mexiko), Diolen® (ENKA AG, Deutschland), Dunova (Vierkanalfaser von DuPont), Kanebo PES (Kanebo Ltd., Japan), Kuraray PES (Kuraray Co., Japan), Mitrelle (ICI Fibres, GB), Teijin Tetoron (Teijin Ltd., Japan), Tergal (Rhône-Poulenc Filtec SA, Schweiz), Terital (Montefibre SpA, Italien), Terylene (DuPont Fibremakers Ltd., Australien), Toray Tetoron (Toray Industries, Inc., Japan), Trevira (Hoechst AG, Deutschland).

Polyimidamidfasern

Eigenschaften von Polyester:
Der thermoplastische Bereich wird bei 230–240 °C erreicht. Der Schmelzpunkt liegt bei 256 °C. Die Feuchtigkeitsaufnahme bei 20 °C und 65 % relativer Luftfeuchtigkeit ist mit 0,2–0,5 % gering (daher nicht quellend). Das spezifische Gewicht beträgt 1,38 g/cm^3. Die Reißfestigkeit im trockenen Zustand liegt bei PES-Spinnfasern bei 3,5–4,0 cN/dtex, bei PES-Filamentgarnen bei 4,5–6,0 cN/dtex, bei PES-Filament-hochfest bei 6,1–7,4 cN/dtex. Im nassen Zustand liegt der Wert für PES-Spinnfasern bei 3,5–4,0 cN/dtex, für PES-Filamentgarne bei 4,5–6,0 cN/dtex und für PES-Filament-hochfest bei 5,3–6,4 cN/dtex. Die Scheuerbeständigkeit ist hoch, fünf- bis achtmal höher als bei Baumwolle.
Polyester ist sehr elastisch, knitterarm und formbeständig. Bestimmte Spinnfasertypen neigen zu Pilling. Polyester lädt sich elektrostatisch auf. Das Material hat eine gute Säurebeständigkeit (→ Polyamid) und ist schwer anfärbbar (Dispersionsfarbstoffe). Es besitzt eine hohe Licht- und Hitzebeständigkeit. Es ist ferner mottensicher, schimmel- und fäulnisbeständig. Es kann nur wenig Feuchtigkeit aufnehmen, dafür Feuchtigkeit gut transportieren.
Die kritische Bügeltemperatur liegt bei ca. 150 °C (2 Punkte). Waschen sollte man Polyester bei 30–95 °C, je nach PES-Typ.
Verkaufsargumente für Polyesterartikel: Für *Anzüge und Kostüme* eignet sich Polyester wegen der geringen Knitterneigung. Zudem ist es bügel- und plisséfaltenbeständig. Es hat keinen Einsprung und besitzt eine gute Formbeständigkeit, d. h. es läuft weder ein, noch beult es aus. Die Strapazierfähigkeit der Kleidung aus Polyester ist sehr hoch.
Blusen, Hemden und Kleiderstoffe aus Polyester sind pflegeleicht, besitzen eine hohe Farbechtheit (natürlich ist dies farbstoffabhängig) und lösen ein angenehmes Trageempfinden aus. Sie haben einen weichen Griff, behalten ihre Passform und trocknen schnell.
Bei *Krawatten und Schals* überzeugt die geringe Knitterneigung, die hohe Abriebfestigkeit, der dezente Glanz (fasertypen- und bindungsabhängig) und die unproblematische Reinigung.
Für den Einsatz bei *Wäsche* sprechen die Weichheit und die Schmiegsamkeit von Polyester. Außerdem ist es hautsympathisch, leicht zu pflegen und läuft nicht ein. Das Material lässt sich sehr gut mit anderen Fasern mischen.
Die Verwendung von Polyester für *Regen- und Übergangsmäntel* bietet sich wegen der geringen Schmutzhaftung, dem geringen Wasseraufnahmevermögen, der hohen Licht- und Wetterbeständigkeit und der geringen Knitterneigung des Materials an.
Bei *Gardinen und Stores* eignet sich Polyester wegen seiner hohen Lichtbeständigkeit, der guten Haltbarkeit und wegen des fließenden Falls. Das Material ist zudem duftig, einsprungfrei, schnell zu waschen, rasch trocken und es kommt zu keinem Spannen, wie z. B. bei Baumwollgardinen. Ferner ist Polyester weitgehend bügelfrei.
Literatur: P.-A. Koch: Faserstofftabellen. Deutscher Fachverlag, Frankfurt/Main 1989.

Polyimidamidfasern (PAI): werden ebenso wie PES durch Polykondensation, aber im Trockenspinnverfahren produziert. Das Polymer stellt eine Verknüpfung von Amid- und Imidstrukturen dar und liegt mit seinen Eigenschaften zwischen den Polyamiden und den Polyimiden. Die Fasern besitzen eine sehr gute Trockenreißfestigkeit und nehmen ca. 3 % Feuchtigkeit auf. Weitere Eigenschaften: → Kermel, Markenfaser von Rodia.

Polyimidfasern (PI): Polykondensate aus aromatischen Diaminen mit hoher Wärmebeständigkeit. Sie werden unter dem Markennamen P 84 von Lenzing AG, Österreich gehandelt. PI wird als Stapelfaser und Filament produziert. Die spezifische Dichte ist mit 1,42 g/cm^3 hoch. Die Feuchtigkeitsaufnahme beträgt nur 3 %. Die Fasern besitzen eine gute Chemikalienbeständigkeit, ausgenommen Alkali.

Polynosic: → Modal.

Polypropylen (PP): Polymerisatfaser, synthetische Faser, die durch Polymerisation von Propylen zu linearen Makromolekülen entsteht, gehört zur Gruppe der Polyolefinfasern. Erfunden wurde PP 1953, die industrielle Produktion begann 1960 (Schmelzspinnverfahren: → Polyester und → Polyamid).
Polypropylen wird besonders dort eingesetzt, wo Beständigkeit gegen Feuchtigkeit verlangt wird. PP wird als Filament und als Faser produziert und gehört zu den am stärksten expandierenden Chemiefasern.
Als Markennamen seien folgende beispielhaft genannt: Amco (American Manufacturing Co., USA), Betelon (TTB Tech Tex Bremen GmbH, Bremen, Deutschland), Meraklon (Moplefan SpA, Italien), Toray Pylen (Toray Industries, Japan), Vegon (Faserwerke Bottrop, Deutschland).
Eigenschaften:
Der thermoplastische Bereich wird bei 149–154 °C erreicht, der Schmelzpunktbereich von PP liegt bei 165–175 °C. Das spezifische Gewicht beträgt 0,87–0,94 g/cm^3. Die Feuchtigkeitsaufnahme liegt bei 20 °C und 65 % Luftfeuchtigkeit bei 0,05 %. Die Reißfestigkeit liegt im trockenen und nassen Zustand bei 2,5–6,0 cN/dtex. PP wird in Faserfeinheiten von dtex 1,5–120 angeboten. Die Entwicklung geht zu noch feineren Titern.
PP zeichnet sich durch eine gute Wärmeisolation und eine hohe Lichtbeständigkeit (mit Stabilisatoren) aus. Sehr gute Farbechtheiten sind nur durch Spinnfärbung zu erreichen. Typisch sind ferner die hohe Wetterbeständigkeit und die sehr hohe Strapazierfähigkeit. PP ist scheuerfest, kochbeständig, fäulnisbeständig (gut bei Geotextilien) und resistent gegen Säuren und Laugen in nicht zu starker Konzentration.
Verkaufsargumente für Polypropylen-Artikel:
Unterwäsche und Sporttextilien aus PP sind pflegeleicht, besitzen eine sehr gute Passformstabilität, sind angenehm auf der Haut, kochbeständig, zeichnen sich durch einen sehr guten Feuchtigkeitstransport und sehr schnelle Trocknungszeit aus. Außerdem sind die Textilien sehr leicht und gut recycelbar.
Für *Planen,* wie z. B. die Verpackung des Berliner Reichstags durch Christo, *Markisen und Gartenmöbelbezüge* eignet sich PP wegen der sehr hohen

Polyvinylalkoholfasern

Wetterbeständigkeit, der Unempfindlichkeit gegen Feuchte, der hohen Farbechtheit und der sehr hohen Strapazierfähigkeit.
Teppichböden (speziell *für Bad* und *WC*) sowie Outdoor-Beläge aus PP sind wasserunempfindlich (verrotten nicht), sehr strapazierfähig und haben eine sehr lange Lebensdauer.
Literatur: P.-A. Koch: Faserstofftabellen. Deutscher Fachverlag, Frankfurt/Main 1989.

Polyvinylalkoholfasern (PVAL): von W. O. Herrmann und W. Haehnel 1931 erfundene Synthesefasern, die heute überwiegend in Japan und China produziert werden. PVAL werden aus Polyvinylalkohol nach dem Nassspinnverfahren ersponnen. Beim Nassspinnen werden viskose (zähflüssige) Spinnmassen in ein flüssiges Spinnbad (Fällbad) gesponnen, in welchem sich die Filamente verfestigen. Die Spinngeschwindigkeiten liegen bei ca. 10–120 m/Min., also wesentlich weniger als beim Trocken- oder Schmelzspinnverfahren. Es können bei dieser Produktionsform bis zu 200.000 Einzelfilamente je Düse ersponnen werden. Das Fällbad ist je nach Anforderungsprofil aus verschiedenen Chemikalien zusammengesetzt. Werden diese wasserlöslichen Filamentgarne noch mit Aldehyden vernetzt (z. B. Formaldehyd), sind sie unlöslich (Vinylalfasern). Eigenschaften: Die spezifische Dichte beträgt 1,26–1,30 g/cm³, die Feuchtigkeitsaufnahme 5 %. PVAL-Fasern besitzen eine gute Scheuerfestigkeit, zeichnen sich durch einen seidenartigen Glanz aus und sind gut färbbar. Die aus ihnen gefertigte Ware ist aber knitterempfindlich.

Markenprodukte sind Solvron und Vilon (Nitivy Co., Japan), die als Filament angeboten werden, und Kuralon (Kuraray Co., Japan), das als Filament und Fasergarn angeboten wird.
Einsatz: Die wasserlöslichen Typen (Solvron, Kuralon) als Stickgrund für Ätzspitze, als Trennfäden oder zur Entwicklung von Baumwollhohlgarn (Spinair). Wasserunlösliche Typen (Vinylalfasern) werden für technische Textilien (Seile, Taue, Netze) und als Bindefasern für Vliesstoffe benutzt.

Pompadour: Name nach der Marquise de Pompadour (1721–1764), der Geliebten Ludwigs XV. Neben dem beutelförmigen Damentäschchen versteht man hierunter die klassischen Seidenbrokate mit reicher Floralmusterung, also beispielsweise farbige Zampel- und Zugwebstuhlgewebe (ab 1805 Jacquardgewebe) oder brochierte Damaste (→ Broché und → Damast). Pompadoure sind Gewebe mit sehr komplizierter Gewebetechnik und wertvollem Materialeinsatz wie Seide, Gold- und Silberfäden. Später wurden sie überwiegend in Viskosefilament nachgeahmt.
Einsatz: Deko- und Möbelstoffe, Besatz, Kissen, Beutel usw.

Pongé (pongee): → Japon. → Habutai.

Popeline (poplin, popelin): Wahrscheinlich geht der Name auf Poperinghe zurück, einer flandrischen Stadt, die im Mittelalter ein bedeutendes Zentrum für die Tuchweberei war. Das Zusammenspiel von Leinwandbindung, der Fadenfeinheit und dem Kettfaden-Schussfaden-Verhältnis (2 : 1 bis 3 : 1) ergibt ein leicht

quergeripptes Gewebe mit mattem Glanz. Die feine Rippe darf keine prägnante Betonung haben, sonst wäre es schon ein falscher Rips. Popeline wird kahlappretiert und zeichnet sich demzufolge durch ein klares Gewebebild aus. Durch Mercerisieren bekommt Baumwollpopeline einen milden waschbeständigen Glanz. Typisch ist auch der körnige Griff. Popeline ist lediglich eine Handelsbezeichnung und auf keinen bestimmten Faserstoff festgelegt. Popeline aus Wolle, Seide, Polyester und Fasermischungen sind überwiegend stückgefärbt, können aber auch gemustert produziert werden.
Popelinetypen:
– *Vollpopeline* mit Zwirnen in Kette und Schuss,
– *Halbpopeline* mit Zwirn in der Kette und Garn im Schuss und
– *Imitatpopeline* mit Garnen in Kette und Schuss.

Typische Einstellungen sind für Kette und Schuss 52 x 26 Fd/cm, Nm 70 x 50 für Hemden und 54 x 27Fd/cm, Nm 100/2 x 100/2 für Mäntel. → Einstellungsgewebe.
Wollpopeline werden → Papillon genannt. Sie haben eine Kammgarnkette und einen Streichgarnschuss; es sind geschmeidige Kleider-, Kostüm- und Mantelstoffe.
Halbseidenpopeline nennt man → Eolienne (Naturseidenkette und hart gedrehter Kammgarnschuss). Die Ware hat einen leichten „Raureifeffekt" und wird auch façonnégemustert angeboten. Der Vollpopeline wird auch → Trikoline® genannt.

Posamente (trimmings): Sammelbezeichnung für Litzen, Kordeln, Tressen, Borten, Biesen, Schnüre, Fransen, Quasten, Pompons und Rosetten. Sie werden auf sog. Posamentstühlen produziert, teilweise in Handarbeit. Einsatz: Accessoires für DOB- und Heimtextilien.

Post-Curing: → Curing.

Ppm: Abkürzung für parts per million (Teile von einer Million) und als solche Konzentrationsangabe, um geringe Mengen von Chemikalien in Wasser, Lebensmitteln oder Textilien anzugeben.

Pre-Curing: → Curing.

Projektileintragsverfahren (gripper, projectil insertion): flaches Metallprojektil mit einem integriertem Greifer zum Festhalten des Schussfadens. Einseitiges Eintragssystem. → Schusseintrag.

Proteine: → Enzyme. → Amylasen.

Pure Merino Wool: Siegel des Internationalen Wollsekretariats (IWS) für Damen- und Herrenbekleidung aus reiner Schurwolle. Die Bedingungen für diese Markenauslobung sind höchste Qualität (99,7 %), ein Faserdurchmesser von 22 µm oder feiner. Es können aber 5 % größere Faseranteile von 30 µm mitverarbeitet werden, um die Haltbarkeit und den Griff zu verbessern.

Pyjama (pyjama cloth): → Schlafanzugflanell.

Qiana: spezielle Polyamidfaser (Nylon 472) von DuPont, die vom Molekülaufbau dem Polyamid 66 ähnelt. Diese Fasergeneration sollte die vielseitigste im Polyamidprogramm werden, wurde aber schon wenige Jahre später aus Kostengründen und geringer Resonanz beim Verbraucher vom Markt genommen. Qiana zeichnete ein sehr geringes spezifisches Gewicht aus (1,02 g/cm^3) und der Schmelzpunkt lag etwas höher als beim PA 66. Die Feuchtigkeitsaufnahme war gegenüber PA 66 verbessert, die elektrostatische Auflösung war damit geringer, die Farbbrillanz sowie die Knitterresistenz waren sehr gut. Das Waschen und die chemische Reinigung waren möglich. Qiana vergilbte nicht und war plissierfähig.
Einsatz: Wäsche, Krawatten, Schals sowie Druckgrundgewebe für seidenähnliche Produkte (Kleider, Herrenhemden, Damenblusen häufig mit → Honan- oder → Shantung-Optik).

Quadrillé (checked; frz., quadrillé = kariert): Zusatzbezeichnung für klein gewürfelte, karierte Gewebe (Viereckdessins), teilweise nur für Chemiefasergewebe in der DOB verwendet (→ Zusatzbezeichnungen).

Qualität: Definition nach Total Quality Management (TQM): „Qualität ist die Erfüllung der vereinbarten Eigenschaften zur dauerhaften Kundenzufriedenheit unter Berücksichtigung der Qualität der Arbeitsbedingungen (Qualität der Innenbeziehungen) sowie unter Berücksichtigung der Qualität der Außenbeziehungen."
Zit. nach: Regina Lübke: Die Entwicklung von der Qualitätskontrolle zum TQM und ihre Bedeutung für die Bekleidungsindustrie. Diplomarbeit FH Hamburg, Hamburg 1993.

Querrips (warp rib, warp rep): Die Bezeichnung weist auf die im Gewebe ausgeprägte Querrippe hin, die von der dichten Einstellung der Kettfäden gebildet wird und daher auch Kettrips genannt. wird. Der englische Begriff weist genau auf den Kettripstyp hin. Die Rippen verlaufen in Schussrichtung, die Rippe bildet sich durch die dichte Einstellung der Kette. Die Ripsbindung (→ Rips und Abb. 2) ist eine Ableitung der Leinwandbindung, bei der zwei oder mehr Schüsse in ein Webfach eingetragen werden. Bei hochbindigen, sehr weichen, schön glänzenden Kettripsen muss auf die Schiebefestigkeit geachtet werden (Daumendruckprobe). Sie sollten aber grundsätzlich mit Verstärkung gearbeitet werden (→ Abb. 197).

Radamé: → Rhadamé.

Radzimir (radzimir): Dieses Gewebe ist nach einer Krefelder Textilfirma gleichen Namens benannt. Um die Jahrhundertwende verstand man unter diesem Begriff ein fest gewebtes, reinseidenes „Taffetgewebe". Es ist, nach aktueller Bedeutung, ein relativ schweres Seiden- oder Chemiefasergewebe, das fein gerippt ist. Verwendet wird die sog. Radzimirbindung, eine Veränderung des 4-bindigen gleichseitigen Köpers (K 2/2). Der Eindruck der Querrippigkeit kommt z. B. durch das Weglassen des fünften Schusses (→ Abb. 190) zustande, weil die Diagonalrippe dabei fast verloren geht. Die Querrippen sind in den Abbildungen gut zu erkennen, wenn man die Augen halb schließt. Das Gewebe wird auch Ripsköper genannt. → Abb. 189 zeigt eine Köperneuordnung durch das Weglassen eines Bindepunktes (nicht verwechseln mit → Rhadamé).
Einsatz: Damenkleiderstoffe.

Ramagé (ramagé; frz., ramage = Rankenmuster): jacquardgemusterter Stoff aus Seide oder Chemiefasern. Große, dekorative, vegetabile Musterungen wie Zweige, Äste, Ranken oder Laubwerk zeichnen ihn aus.
Einsatz: Kleider und Dekostoffe (je nach Ausrüstung).

Raschelplüsch (raschel pile fabric, raschel plush): → Pelzimitation.

Ratiné (ratine, rateen; frz., ratiner = kräuseln): Das Woll- oder Acrylgewebe wird auch als Perlflausch, Knotenflausch oder Flockenstoff bezeichnet. Es ist eine schwere Jacken- oder Mantelstoffqualität, die zuerst gewalkt

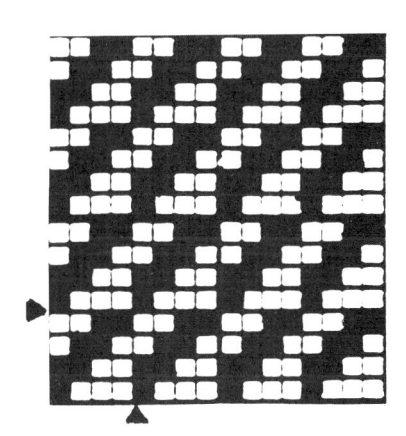

Abb. 189: Köperneuordnung der Grundbindung 20-0202-0101 durch das Weglassen eines Bindepunktes im Rapport (querrippige Wirkung)

Abb. 190: Köperneuordnung durch das Weglassen jedes fünften Schusses (querrippige Wirkung)

wird. Danach wird der Flor durch rotierende Gummischeiben zu Knötchen oder Locken, aber auch zu Perlen oder Wellen zusammengedreht. Entwickelt wird die Veredlung auf der gleichnamigen Ratiniermaschine. Je nach Musterung nennt man diesen Effekt auch Welliné oder Perlé. Hier ist der Einsatz von schussbetonten Köper- oder verschiedenen Atlasbindungen notwendig, überwiegend in Doppelgewebetechnik. Die Ware hat eine sehr gute Wärmeisolation und wird überwiegend als Stückfärber angeboten. Beim ersten Betrachten könnte man den Ratiné für eine mit Pilling übersäte Ware halten; dabei handelt es sich aber um das klassische Erscheinungsbild, das keinen Anlass zur Reklamation gibt. Einsatz: DOB und HAKA (Mäntel und Jacken).

Rayé (stripe pattern, rayé fabric; engl., ray = Strahl; frz., rayé = gestreift): Zusatzbezeichnung (Musterungsbezeichnung) für alle in Längsrichtung (vertikal) gestreiften Gewebe (Gegensatz: → Travers). Hier ist die Verwendung von unterschiedlichsten Bindungen möglich. Die Streifen können durch farbige Garne, durch Druck, Bindung, Drehungsrichtung der Garne (Z und S) oder durch Prägung erzielt werden.
Einsatzbereiche sind von der Grundware und der Veredlung abhängig.

Rayon (engl., ray = Strahl; frz. rayonne von frz., rayon = Strahl): Nach den Bezeichnungsregeln der Federal Trade Commission der USA ist es der amtliche Gattungsname für Chemiefaserstoffe aus regenerierter Cellulose (Viskose endlos). Ebenso englische und italienische Bezeichnung für „Viskose Kunstseide". In Deutschland wurde die Schreibweise → Reyon verwendet.

Rechte und linke Warenseite: → Warenprofile.

Recycling Systeme: → Ecolog Recycling Network. → Balance Project.

Reflective Material: Sicherheitsmaterial, das die Erkennbarkeit und damit die Sicherheit von Personen bei Dämmerung und Dunkelheit durch eine sehr hohe Rückstrahlwirkung des einfallenden Lichtes (z. B. Autoscheinwerfer) erhöht. Scotchlite™ von 3 M Deutschland GmbH, Neuss, Deutschland (→ 3 M) besitzt ein offenes, sehr weitwinkliges Rückstrahlsystem aus katadioptrisch wirkenden Glaskugeln (→ Abb. 191). Das auftretende Licht wird eng gebündelt, brillant silberweiß zur Lichtquelle zurückgestrahlt. Der Aufbau sieht folgendermaßen aus: Auf einem Grundgewebe (65 % PES und 35 % CO oder 100 % PES) oder einer Maschenware (94 % PES und 6 % PA 66) wird ein Polymerisat kaschiert, welches wiederum mit einer Reflektorschicht (Aluminium) versehen ist. Hierin eingebettet befinden sich die reflektierenden Glaskugeln. Andere Konstruktionen können auch mit einer Vinylschicht oder einem Papierträger abgedeckt werden. Für das direkte Bedrucken von Textilien gibt es auch reflektierende Siebdruckfarbe (8010 in Antrazitgrau).
Diese Hightech-Materialien können bei 40–60 °C in der Haushaltswäsche gewaschen werden (ca. 50 Waschzyklen, bei niedriger Waschtemperatur von 40 °C verlängert sich die Le-

bensdauer des Materials). In der chemischen Reinigung leidet der Reflektionseffekt und übersteht nur ca. 25 Zyklen. Neben grifffesten Gewebetypen zeichnen sich einige Serien durch einen weichen Griff und einen ausgezeichneten Fall aus.
Einsatz: Berufs- und Freizeitbereich, Accessoires sowie Warnbekleidung, in zunehmendem Maße auch für modische Hightech-Bekleidung.
Quelle: 3M Deutschland GmbH, Personenschutz-Produkte, Carl-Schurz-Str. 1, D-41453 Neuss.

Reformflanell (bullhide): sehr weicher, zweiseitiger, oft kräftig gerauter Baumwollfanell mit Traversmusterung (quergestreift). Die Streifen sind fadengemustert und nicht gedruckt. Der Schuss wechselt zwischen einem naturfarbenem Faden und einem grauen oder braun melierten Faden. Als Kette wird meist ein Dreizylindergarn, als Schuss eine Zweizylindergarn oder Imitatgarn eingesetzt. Die Garnstärke ist identisch mit der von Flanell.

Regatta (regatta): Durch die Längsstreifen dieser Baumwollware ähnelt das Gewebe dem → Kadett. Regatta wird allerdings in der Regel in Kettköperbindung gewebt, und zwar K 3/1, K 2/1, selten in Leinwand (→ Abb. 5 und → Abb. 6). Die Kettstreifen werden über die Schärung entwickelt, meist 8 Fd blau, 8 Fd weiß. Hier wird die Farbbezeichnung oft als „Regatta hell" angegeben, während „Regatta dunkel" blau-schwarz gehalten ist. Die Kette ist wesentlich dichter eingestellt als der Schuss (z. B.

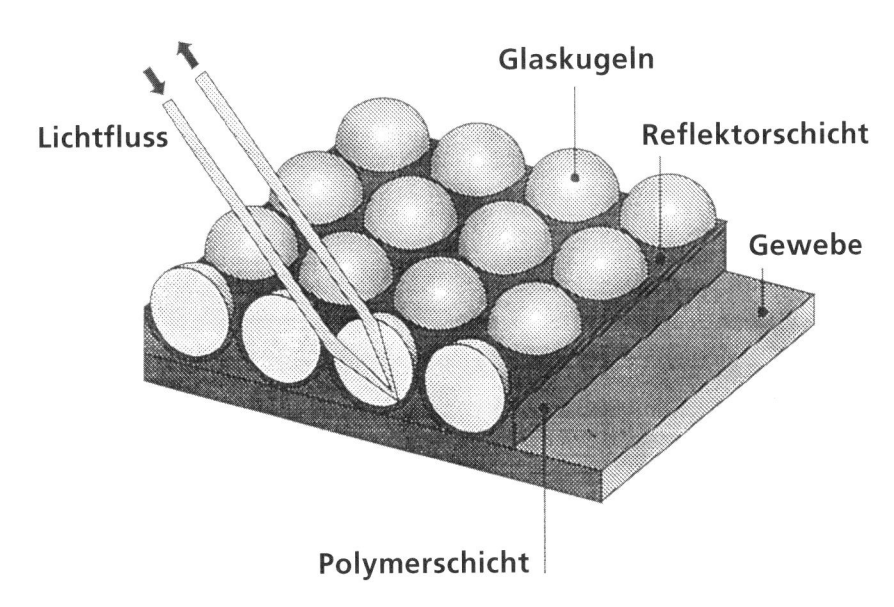

Abb. 191: Scotchlite™ Reflexgewebe

Reine Wolle

38 x 22 Fd/cm). Da Regatta überwiegend für Berufsbekleidung verwendet wird, ist es ratsam, die Ware zu sanforisieren (kompressive Schrumpfung), um die Formbeständigkeit zu gewährleisten. Es handelt sich um ein sehr strapazierfähiges, robustes Gewebe.
Einsatz: Berufsbekleidung wie Hosen, Jacken, Blusen, Kleider, Kittel usw.

Reine Wolle (pure wool): Gewebe aus reiner Wolle müssen laut IWS (Internationales Wollsekretariat) aus 99,8 % reiner Schurwolle bestehen und nur zu 0,2 % aus technisch bedingtem Faseranflug. Wollmischungen mit Chemiefasern müssen 50 % Schurwolle aufweisen, und die Chemiefaser muss ein Markenprodukt sein.

Reinleinen (pure linen): Qualitätsbezeichnung für ein aus 100 % Leinen bestehendes Gewebe. Halbleinen dagegen muss mindestens 40 % Leinen im Schuss aufweisen, 60 % ist Baumwolle. Beim Halbleinen muss die Kette grundsätzlich aus Baumwolle und der Schuss aus Leinen bestehen.
Einsatz: HAKA, DOB und Heimtextilien.

Régence (régence): Für dieses Gewebe wird die Hohlschussbindung mit kettbetonter rechter Warenseite (→ Cord) eingesetzt. Dadurch ist eine hohe Kettdichte erforderlich. Es ist ein Reinseiden- oder Halbseidengewebe; die Kette besteht aus Organsin, der Schuss aus Schappeseide oder Baumwolle.
Einsatz: Kleider- und Krawattenstoffe.

Renforcé (shirting; engl., shirt = Hemd; frz., renforcer = verstärken): Beim Renforcé handelt es sich um ein Fein- oder Dichtnesselgewebe, das wie der → Cretonne leinwandbindig ist. Gebleicht, gefärbt oder bedruckt wird das Gewebe für Hemden- und Kleiderstoffe verwendet. Je nach Einsatz wird er weich oder härter ausgerüstet. Renforcé hat eine stumpfe Optik. Feinere Typen werden auch → Madapolam genannt.
Einstellungsbeispiel: 27 x 27 Fd/cm, Nm 50 x 50 (→ Einstellungsgewebe).

Reps: Bezeichnung für den Rips in der Schweiz.

Reversseide (lapel silk): Kettdoublé, ursprünglich aus reiner Seide gewebt, mit sehr hoher Kettdichte und geringem Schusseintrag. Hier werden zwei Bindungen verwendet: Kettatlas und Schussatlas (5-bindig). Da-

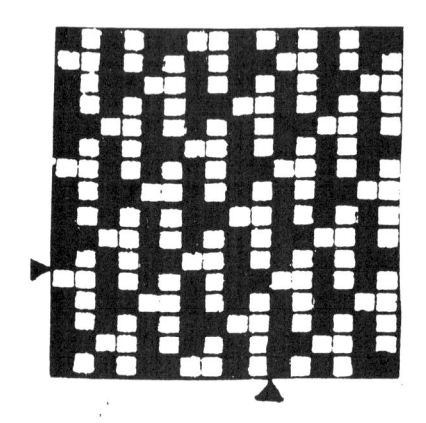

Abb. 192: Kettdoublé für Reversseide. Hierbei werden zwei Atlasbindungen kettfadenweise ineinander geschoben:
FD 1–3–5 usw.,
5-bindiger Kettatlas,
FD 2–4–6 usw.,
5-bindiger Schussatlas

durch zeigt das Gewebe auf beiden Seiten einen Kettsatin (→ Abb. 192). Das Gewicht liegt bei ca. 220 g/m². Der übliche Materialeinsatz ist eine Organsinkette und Baumwollzwirn im Schuss. Es ist eine sehr elegante, glatte, glänzende und geschmeidige Ware.
Einsatz: Revers für Gesellschaftsanzüge (Smoking) und andere Repräsentationsware.

Reversible: → Crêpe reversible.

Reyon (rayon; frz., rayonne): In Anlehnung an den amerikanischen bzw. englischen Gattungsbegriff → Rayon von der deutschen Chemiefaserindustrie 1948 geprägte Bezeichnung für Cellulosefasern (Viskose-Acetat-Cupro), später für Endlosgarne aus regenerierter Cellulose (Viskose, Cupro). Ab 1953 wurde Reyon nur noch für Viskose endlos verwendet. Reyon sollte die bis dahin übliche Bezeichnung „Kunstseide" verdrängen. Der Begriff konnte jedoch nicht überzeugen und ist 1976 durch den Gattungsnamen „Viskose endlos" (Viskose) ersetzt worden. Englischsprachige Länder verwenden weiter den Begriff „Rayon" für Endlosgarne. Stapelfasern aus Cellulose werden als „spun rayon" oder „fibranne" bezeichnet.

Rhadamé, Radamé (rhadamé): typischer → Futterstoff, benannt nach der Stadt Rhadames in Tripolis, der auch als Glanzköper bezeichnet wird. (Dies weist auf die Verwendung von Endlosseide oder heute überwiegend Chemiefaser als Filament hin.) Es ist ein schwerer Futterstoff in Köper- oder Atlasvariationen. Der Kettköper 4/1 sowie der 6-bindige Kettatlas werden kettfadenweise verschoben (vertauscht) oder verstärkt, wodurch eine plastische Diagonale entsteht. Der Grund für die Zusatzpunkte (Verstärkung) liegt in der wesentlich besseren Schiebefestigkeit des Stoffes. Aber auch der Köper 3/1/1/1 wird für diese Stoffe gerne verwendet. Diese besonderen Bindungskonstruktionen nennt man auch Rhadamébindung. Altasbindige Rhadamés sind gegenüber dem klassischen Satin plastisch strukturiert. (Nicht verwechseln mit → Radzimir!) Bevorzugte Materialen bei Changeants sind z. B. Acetatfilamentkette und Viskosefilamentsschuss, bei Unis Viskosekette und Polyesterschuss.
Einsatz: Futter für Mäntel, Jacken, Kostüme und Pelze.

Rhovyl: Markenzeichen der französischen Firma Rhovyl mit einer interessanten Produktpalette. Rhovyl ist eine → Chlorfaser (CLF) und wird aus Polyvinylchlorid nach dem Trockenspinnverfahren hergestellt. Die Fasern werden mit mindestens 50 % Gewichtsanteil Chlor (chlorierte Olefine) ausgestattet. Handelsnamen sind Clevyl (Rhovyl SA, Frankreich) und Envilon (Toyo Chemical Co., Japan).
Typische Eigenschaften:
Die Faserfeinheiten liegen zwischen dtex 2,4 und dtex 15, sind also relativ kräftig im Vergleich zu Feinstfilamenten oder Fasern. Die als Stapelfasern (verschiedene Stapellängen) angebotenen Produkte werden als Kammgarne, baumwollähnliche Garne und für die Verarbeitung von Faservliesen verwendet. Rhovyl-Textilien sind schwer entflammbar, da chlorhaltig, und neh-

Rhovyl

men kein Wasser auf, wodurch sie sehr schnell trocknen. Sie bleiben geschmeidig und weich und weisen im trockenen wie im feuchten Zustand die gleichen mechanischen Kenndaten (Elastizität, Bruchdehnung, Festigkeit) auf.

Rhovyl ist gegen anorganische Chemikalien (Säuren, Alkali und Oxidationsmittel) völlig unempfindlich, nicht aber gegen organische Lösungen (Schwefelkohlenstoff, Aceton, Trichlorethylen, Nitrobenzol usw.). Die chemische Reinigung könnte Rhovyl-Textilien daher beeinträchtigen. Rhovyl-Textilien verrotten und faulen nicht und sind meerwasser- und sonnenbeständig. Bei Unterbekleidung ist der Tragekomfort bezüglich der Wärmeisolation, Atmungsaktivität sowie der Luftdurchlässigkeit hervorzuheben. Bei Kälteeinwirkung bleibt die Ware weich und geschmeidig und löst kein unangenehmes Gefühl durch feuchtigkeitsbedingte Kälte aus.

Werden diese Gewebe im Operationsbereich verwendet, haben sie den Vorteil, nicht an Wunden zu haften und keine Rötungen zu erzeugen.

Das Färben der Flocke, der Garne oder im Stück erfolgt mit Dispersionsfarbstoffen. Bedrucken kann man Rhovyl ebenfalls mit Dispersionfarbstoffen (maximal 120 °C mit ganz niedriger Spannung). Pigmentdruck ist nur für kleinere Dessins geeignet, da sonst eine Griffverhärtung eintreten kann. Der Transferdruck kann nicht bei reinen Chlorfasern zur Anwendung kommen. Hier müssen bestimmte Fasermischungen vorliegen. Thermomechanische Ausrüstung wie Moirieren, Prägen oder Kräuseln ist möglich und erzielt absolut trage- und waschfeste Effekte. Alle im Folgenden beschriebenen Rhovyl-Produkte sind aus Chlorfasern hergestellt:

- *RHOVYL'FR®* ist für den Einsatz bei Heimtextilien, Schutzkleidung und Vliesstoffen gedacht, da diese Type sehr hitzebeständig ist,
- *RHOVYL'On®* setzt man für warme Unterbekleidung, Pullover, Strümpfe und Socken ein. Die Garne müssen mindestens 85 % Rhovyl enthalten. Diese Bekleidung zeichnet sich durch sehr gute Kälteisolierung und optimale Wärmeregulierung aus, sodass ein Gefühl „kuscheliger Behaglichkeit" entsteht,
- *RHOVYL'Up®* ist eine Mischung aus 70 % Rhovyl und 30 % Modal und eignet sich für Sportbekleidung (Skifahren, Bergsteigen, Golfen, Wandern). Sie optimiert den Abtransport von Feuchtigkeit und wirkt kälte- und feuchtigkeitsregulierend,
- *RHOVYL'As®* antibacterial ist der antiseptische Fasertyp, der überall dort eingesetzt wird, wo Bakterien und Pilze auftreten können (Strümpfe, Unterwäsche). Diese Ausrüstung bleibt auch nach mehrmaligem Waschen erhalten,
- *RHOVYL'Eco®* ist eine umweltfreundliche Faser, die aus wiederverwerteten PVC-Mineralwasserflaschen gewonnen wird. Dabei ergeben 25 Flaschen einen Pullover. Durch das Stufenfiltrationsverfahren werden die verschmutzten Flaschen von Restfremdkörpern (Deckel, Etiketten, Klebstoff) befreit, dann wird das PVC gespänt, verflüssigt und anschließend als Filament ausgesponnen. Es erfolgt

eine Nachbehandlung und das Schneiden in entsprechenden Faserlängen.
Einsatz: Pullover, Fleecejacken und Fleecehemden.
Im Rhovyl-Programm sind außerdem folgende Mischungen: RHOVYL'Lin® (mit Leinen), RHOVYL'Laine® (mit Wolle), RHOVYL'Soie® (mit Seide) und RHOVYL'Ramie® (mit Ramie).

Riet, Webblatt (reed, weavers reed): Vorrichtung aus in gleichen Abständen eingebundenen Metallstäben. Das Riet dient zum Anschlagen des → Schussfadens und um einen gleichmäßigen Abstand der Kettfäden zueinander einzuhalten. Das Riet bestimmt die Kettfadeneinstellung (→ Einstellung).

Rietstab (dent): Stahlflachstab, der im Webblatt (Riet) senkrecht eingebunden ist.

Ringgarn (ring spun yarn): Garntyp, der auf der Ringspinnmaschine hergestellt wird. Es unterscheidet sich in wesentlichen Merkmalen von den sog. → OE-Garnen oder Rotorgarnen. Ringspinnmaschinen zeichnen sich durch eine kontinuierliche Herstellung eines Fadens aus (vom Vorgarn bis zum Garn). Die Eigenschaften des Ringgarns findet man im Vergleich bei → OE-Garn.

Rippensamt: → Corduroy.

Rips (ribbed fabric): Ableitung der Leinwandbindung. Der Kettrips (z. B. R 2/2) hat quer liegende Rippen (Querrips → Abb. 193), der Schussrips zeichnet sich durch Längsrippen aus (Längsrips → Abb. 194). Kettripse haben eine mindestens doppelt so hohe Kett- wie Schussdichte. Mechanisch wird hier also nur die Kette beansprucht, während im Schuss auch geringerwertiges Material eingesetzt werden kann (geringer muss nicht schlechter sein). Schussripse haben einen dichten Anschlag, die Garne sind aber meist wesentlich gröber als die Kettfäden. Der überwiegende Teil der Ripse wird als Kettrips konstruiert.
Ein Rips wird nur dann als solcher bezeichnet, wenn man deutlich eine Rippenwölbung erkennt. So ist es natürlich möglich, mit anderen Bindungen eine Art „Ripsgewebe" zu konstruieren (z. B. P 3/1, das Verhältnis von Kett- und Schusszahl 2 : 1, → Ottomane, → Abb. 167). Werden bei dieser Konstruktion noch unterschiedlich starke Schüsse verwendet, entsteht ein sehr robuster Möbelottomane. Wird über die Verwendung der Leinwandbindung das Einstellungsverhältnis entsprechend verändert (2 : 1), entsteht bei ähnlicher Fadenfeinheit in Kette und Schuss ein → Popeline. Setzt man einen dickeren Schuss ein, so entsteht ein falscher Rips, kräftig im Griff, mit starker, halbrunder Rippenwölbung (→ Abb. 195 und → Abb. 198/198 a) im Gegensatz zum echten Rips, der stets eine weichere, flache Wölbung zeigt (→ Abb. 198/198 b). Wird beim falschen Rips Seide oder glänzendes Endlosmaterial eingesetzt, verwendet man den französischen Namen „Taft faille" (taftbinding, grob gerippter Stoff, → Abb. 195 und → Abb. 198/198 a). Somit handelt es sich bei dem Begriff Rips um eine Handelsbezeichnung, die mehr eine Bild- als eine Bindungsbezeichnung ist.

Rips

Anmerkung: Zu gering (offen) eingestellte Ripse und auch zu lang flottierende Bindungen neigen zur Schiebeanfälligkeit (→ Abb. 196/196 A) und führen so zu Verarbeitungsproblemen. Daher konstruiert man diese weichen, eleganten Ripse mit einer Anbindung und erhält zusätzlich eine klare Rippenoptik (→ Abb. 197/197 A). Man kann die Festigkeit dieser Ware mittels einer Daumendruckprobe prüfen. Einsatz: Kostüme, Hosen, Jacken, Mäntel, Kleider und Möbelstoffe.

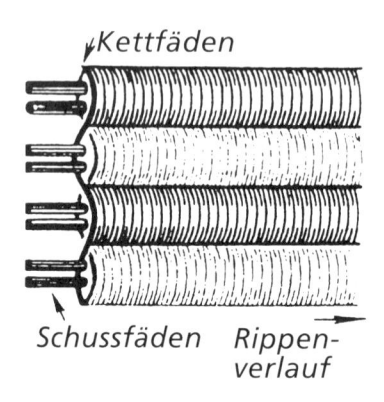

Abb. 193: Querrippenbildung beim Kettrips durch dichte, feine Kette und dickeren Schuss: 10-0202-01-00 (R 2/2)

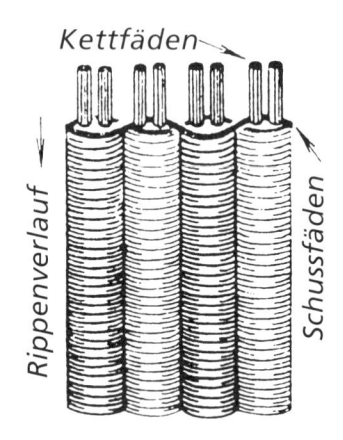

Abb. 194: Längsrippenbildung beim Schussrips durch offene Ketteinstellung mit dickeren Fäden und hoher Schussdichte: 10-0101-02-00 (R 1/1 2 Fd)

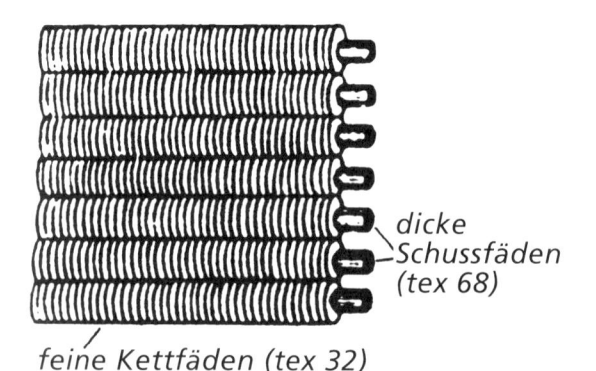

Abb. 195: Falscher Rips: feine, dichte Kette und dickerer Schuss, Leinwandbindung: 10-0101-01-00 (L 1/1)

Rips

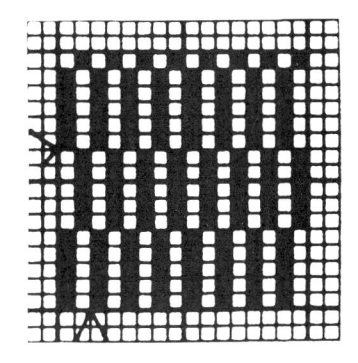

Abb. 196: Rips ohne Anbindung
10-0505-01-00 (R 5/5)

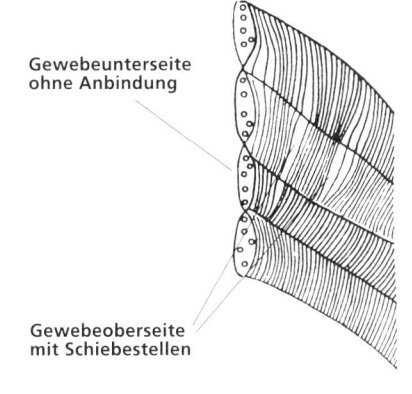

Abb. 196 A: Rips ohne Anbindung

Gewebeunterseite ohne Anbindung

Gewebeoberseite mit Schiebestellen

Abb. 197: Rips mit Anbindung
10-0505-01-11

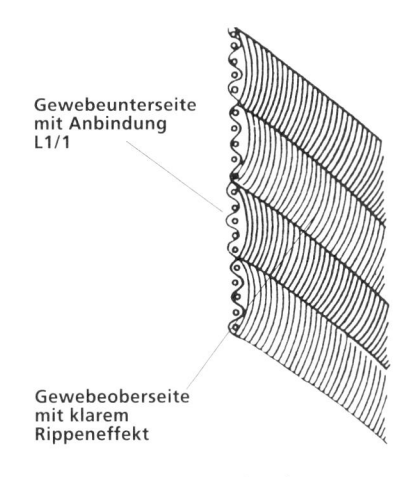

Abb. 197 A: Rips mit Anbindung

Gewebeunterseite mit Anbindung L1/1

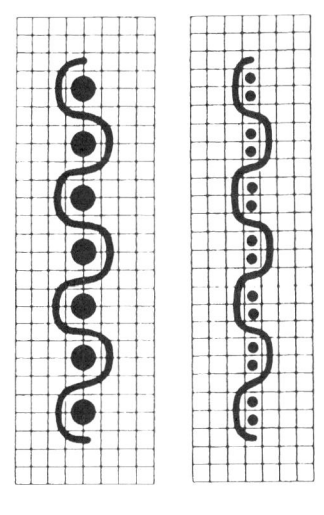

Gewebeoberseite mit klarem Rippeneffekt

Abb. 198: Bindungsbeispiel für einen echten und einen falschen Rips:
a) Schussschnitt eines falschen Rips; ein dickes Schussgarn ergibt eine halbrunde Rippe.
b) Schussschnitt eines echten Rips; dünne Schussgarne ergeben eine flache Querrippe.

Ripspapillon, Schmetterlingsrips:
→ Papillon.

Römerstreifen (rome stripe): stark farbige, kontrastreiche Streifengruppen in gleicher Breite werden so genannt. Weitere Streifenstoffe: → Streifen.
Einsatz: Hemden und Kleider.

Rohgewebe (grey cloth, grey fabric): alle Gewebe, die vom Webstuhl ohne Ausrüstung in den Handel kommen. Webstuhlrohware wird häufig in der Kurzform „Stuhlroh" genannt. Normalerweise wird diese Rohware im Stück veredelt. Typische Rohgewebeart ist der → Nessel mit seinen durch die Einstellung (Stellungsware) gekennzeichneten Handelstypen. → Grobnessel. → Cretonne. → Renforcé. → Kattun. → Batist.

Rohköper (grey twill cloth): alle köperbindigen Rohgewebe aus Baumwolle oder Mischgarnen mit betontem Diagonalgrat. Die Klassifizierung wird auch hier wie bei leinwandbindiger Stellungsware vorgenommen: Fadenzahl pro Zentimeter (Inch), Garnfeinheit in Nm (Ne). Griff und Verwendungszweck richten sich nach der verwendeten Köperbindung, kettbetont, schussbetont, gleichseitig oder mit brechender Gratrichtung (S und Z).

Rohnessel (grey cotton cloth): → Nessel.

Rohölverbrauch für Chemiefasern: Die Erdölproduktion lag 1998 bei 3,6 Mrd. t (1996: 3,4 Mrd. t). Die statistische Reichweite beträgt 42 Jahre. Hiermit sind die sicheren und wirtschaftlich gewinnbaren Rohölreserven gemeint.
Die tatsächliche Reichweite unter Berücksichtigung weiterer Reserven wie Teersande, Schwerölvorkommen und Ölschiefervorkommen umfasst mehrere 100 Jahre. Aus 0,4 % Rohöl, für Fasern verwendet, werden folgende Produktbereiche abgedeckt: 36,0 % Heimtextilien, 33,0 % technischer Einsatz und 31,0 % Bekleidung. Für Bekleidungsfasern werden demnach nur 0,124 % des gesamten Rohöls verbraucht.

Romain: → Crêpe Romain.

Rosshaargewebe (horsehair cloth): Dieser Gewebetyp wird meist in einfachen Grundbindungen gewebt (Leinwand, Panama oder Köper). Material ist das Schweif- und Mähnenhaar des Pferdes; es zählt zu den ältesten und besten Polstermaterialien. Herkunft: Russland, Dänemark, Deutschland, Südamerika und Australien. Rosshaar wird entweder durch Auskämmen (kürzere Längen, Wirrschweifhaar) oder durch Abschneiden (Langschweifhaar) in einer Länge von ca. 50–80 cm gewonnen. Die Farbe ist sehr unterschiedlich (Farbtöne aus dem Bereich Braun, Schwarz, Beige). Je stärker und länger das Haar, desto wertvoller (elastischer) ist es. Es besitzt eine geringe Hygroskopizität und geringe Wärmaufnahme; Feuchtigkeit (Schweiß) verdunstet schnell. Rosshaargewebe haben eine hohe Lebensdauer, sind elastisch und formstabil, glatt und glänzend und werden meist vor der Verarbeitung gefärbt. Rosshaarstoffe waren ursprünglich 45–60 cm breit, der Haarlänge ent-

sprechend (für Einlagezwecke), da man Rosshaar nicht verspinnen konnte. Man legte das Rosshaar von Hand in das von der Kette gebildete Fach ein. Heute werden Rosshaare mit Baumwollgarn umsponnen und können normal verwebt werden. Bei Rosshaaren unterscheidet man:
1. *Fach-Rosshaar:* Hier wird neben dem Rosshaar ein Baumwoll-, Zellwoll- oder Wollschuss eingetragen.
2. *Zwirn-Rosshaare:* kürzere, mit Baumwolle umzwirnte Mähnenhaare, auch im Wechsel geschossen. Hiermit wird ein mögliches Durchstechen des Rosshaarschusses wie bei 1. verhindert.
3. *Kunstrosshaar* ist ein grobes, monofiles Cupro-Rosshaar und wird nach dem Viskose- oder Kupferammoniakverfahren (Cuprama) hergestellt, aber in Deutschland aus Umweltschutzgründen nicht mehr produziert.
Einsatz: Überwiegend Möbelstoffe oder Einlagen und Unterpolsterung.

Rouen: alte Bezeichnung für einen Schürzen- und Haushaltskleiderstoff mit klein karierter Musterung, benannt nach der französischen Stadt Rouen. Die Bindung war Leinwand, bei der die Grundware in Richtung Cretonne (Züchen) ging. Neben Baumwolle wurden auch Leinen oder Halbleinen verwendet.

Royal (engl., royal = königlich): Dieser Gewebetyp wird auch Granité oder Perlrips genannt; eine verwandte Bindungsart ist auch der → Armure. Gekennzeichnet ist die Ware durch eine klare Oberfläche, die Struktur ist rippig mit perlartiger Optik und körnigem Griff. Die Einstellung im Kettbereich ist doppelt so hoch wie im Schuss. Materialeinsatz: Viskosefilament, Kammgarn oder aber Viskose/Kammgarn fasergesponnen (Kammgarnspinnverfahren). Kettfadenfeinheit ca. tex 25–18, der Schuss ist etwas stärker bei ca. tex 34–28. Das Gewebe hat Rippen, die aber nicht gleichmäßig über die ganze Breite verlaufen, sondern nach vier, sechs oder acht Kettfäden versetzt werden. So können auch Diagonalripse entstehen. Die Gebrauchseigenschaften sind ähnlich wie bei Ripsgeweben. Es ist eine klassische Ware, die häufig uni ist, aber auch fadengemustert oder als Melange bedruckt wird. Kleiderqualitäten liegen bei ca. 140–180 g/m^2, Anzugqualitäten bei ca. 250–300 g/m^2.

Rutensamt (wire velvet): → Samt.

Sablé (sand crêpe; frz., sable = Sand, sablé = mit Sand bestreut): → Sandkrepp.

Sakings: → Baggings.

Samt (velvet, cut warp pile fabric; frz. velours; ital. velluto; span. terciopelo): In Deutschland wird ein Baumwollsamt oft als Velvet, Chemiefasersamte als Velours bezeichnet (→ Blumensamt). Der größte Teil der Samtqualitäten wird mit dem französischen Begriff „velours" bezeichnet, daher → Velours.
Das mittelhochdeutsche „samit" geht auf altgriechisch „hexamitos" = sechsfädig zurück (eine Zusammensetzung aus „hex" = sechs und „mitos" = Faden, Schlinge). Es bezeichnete ursprünglich ein sechsfädiges Seidengewebe (sechsfacher einstufiger Zwirn), also noch keinen Samt in unserem Sinne. Er wurde vor allem für mittelalterliche Gewebe verwendet. Meist waren Schussköper und zusammengesetzte Bindungen.
Das Alter des Samtes ist nicht mit Bestimmtheit nachzuweisen und auch die etymologische Herkunft des Begriffs wird unterschiedlich gedeutet. Die ältesten plüsch- oder samtähnlichen Stoffe sollen Atlasgewebe mit mehrfädigem Schuss gewesen sein, von denen einige Schüsse aufgeschnitten oder nur aufgeraut wurden. Sie bildeten mit ihren losen Enden ein weiches, langhaariges Vlies (Flor). Zu Plinius' Zeiten (ca. 23–79 n. Chr.) waren ähnliche Gewebe aus Wolle bekannt.
Die Samtweberei ist mit der Seidenweberei eng verbunden. Die ersten Hinweise auf europäischen Samt stammen aus den bekannten Seiden-

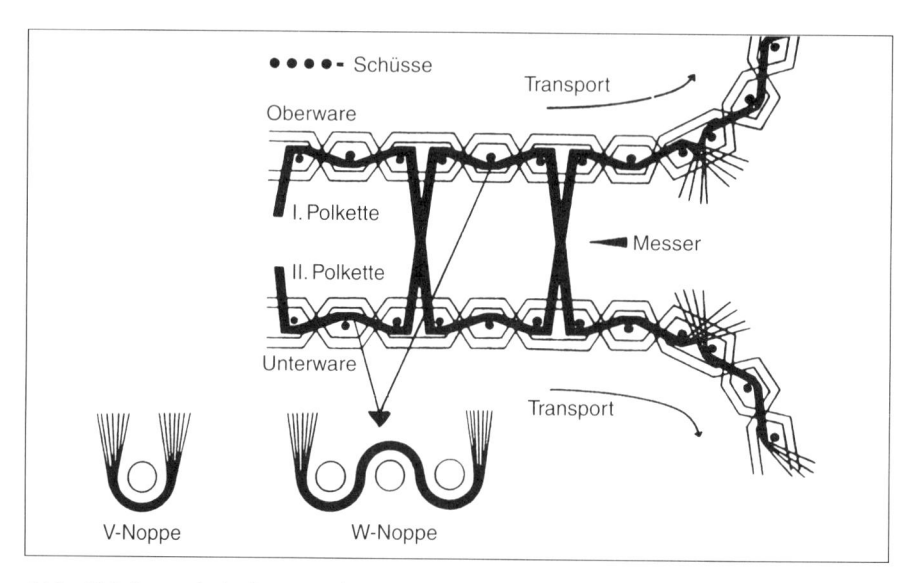

Abb. 199: Samtschnitt in Kettrichtung

weberstädten des Mittelalters. Ihren Ursprung hatten die Samte in Persien; dort wurden sie in der Teppichknüpferei (Wandteppiche) entwickelt. Sie kamen über Byzanz nach Italien. 1247 wurde in Venedig die erste Seidenweberzunft gegründet. In der Renaissance wurde die Technik von den Seidenwebern verfeinert. Zu Beginn des 15. Jh. gab es in Venedig zwei Gruppen von Samtwebern. Die eine hatte sich auf einfache Samte spezialisiert, während die andere gemusterte Samte webte (auf Zug- oder Zampelwebstühlen, → Abb. 73). Alten Zunftrollen nach gab es auch Samtweber in Lucca, Florenz, Mailand und Genua.

Berühmt waren auch die Lyoner Samtweber mit ihren kunstvollen Geweben. Erhalten geblieben sind Seidensamte aus dem 15.–18. Jh. aus Italien, Frankreich, China, Persien und der Türkei. Sie zeigen einen sehr hohen Stand der Samttechnik. In Deutschland begann man erst im 18. Jh., Samte zu weben. Über Frankreich kam die Samtweberei zum Niederrhein. Hier entwickelt sich seit ca. 200 Jahren das größte Samt- und Plüschzentrum der Welt. In Krefeld wurde 1721 die erste Band- und Samtfabrik „von der Leyden" gegründet. Es folgten Viersen, Gefrath usw. So ist Deutschland zum klassischen Land für hochwertige Florgewebe geworden. Die Qualität zeichet sich durch eine gleichmäßige, dichte Flordecke aus guten Materialien aus.

Samtgewebe: Der Samt der heute als Raschelware produziert wird, ist an den senkrecht stehenden Faserbüscheln, dem sog. Pol, zu erkennen. Die Decke sollte so dicht sein, dass

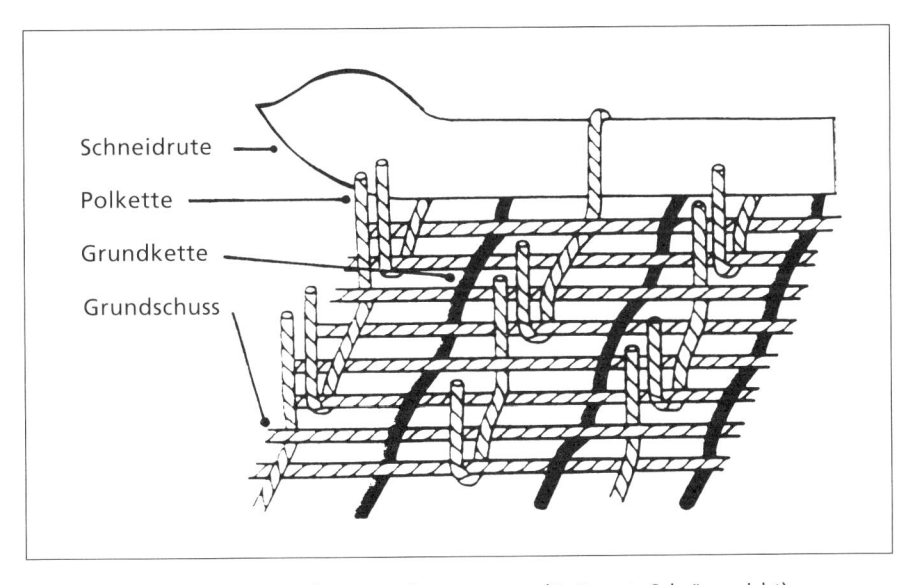

Abb. 200: Prinzip der Herstellung von Rutensamten (Kettsamt, Schrägansicht)

Samt

Abb. 201: Schneidrute

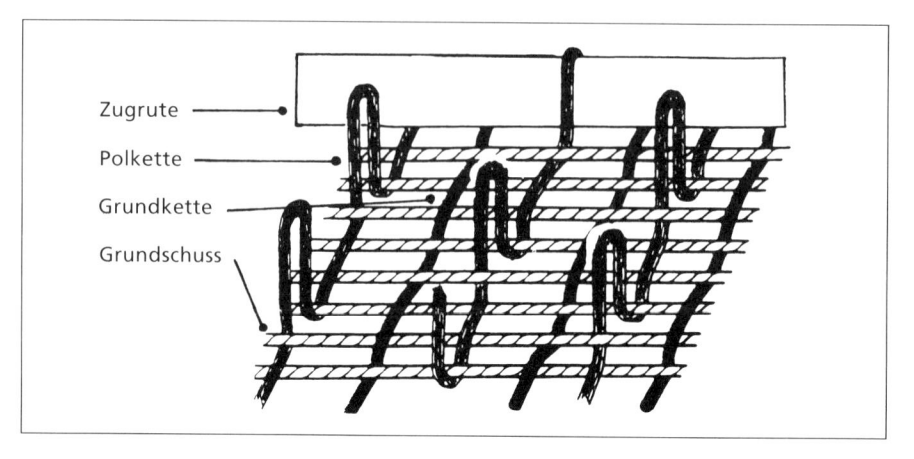

Abb. 202: Prinzip der Herstellung von Épinglé (Schlingenware, Schrägansicht)

Abb. 203: Zugrute

das Grundgewebe nicht zu erkennen ist. Die Polhöhe des Samtes liegt bei ca. 1–3 mm. Alle Samtarten mit einer Polhöhe ab 3 mm werden als → Plüsche bezeichnet. Webereitechnisch gibt es zwei Möglichkeiten, Samte herzustellen: Kettsamte benötigen neben der Grundkette und dem Grundschuss (Grundgewebe) eine Polkette. Schusssamte werden als → Velvets bezeichnet (→ Abb. 58/58C) und haben ein Grundgewebe und einen Polschuss. Die eingesetzten Grundbindungen Leinwand und Köper bestimmen die Dichte und das Warengewicht. Leinwandbindige Samte können nicht so dicht geschlagen werden wie köperbindige und haben damit auch ein geringeres Warengewicht. → Webpelz. → Astrachan. → Krimmer.

Herstellungstechniken:
1. Rutensamt: Während des Webvorgangs liegen unter der Polkette Stahlruten, an deren Enden sich Messer befinden, die beim Herausziehen die Schlingen aufschneiden (→ Abb. 204). Dieser Samt wird als *Rutensamt* oder auch als *Velours coupé* bezeichnet (→ Abb. 200/201). Die Einbindungsarten sind den Schusssamten gleich (V-Noppe und W-Noppe). Die Festigkeit hängt nicht nur allein vom Noppentyp ab, sondern vom eingesetzten Ma-

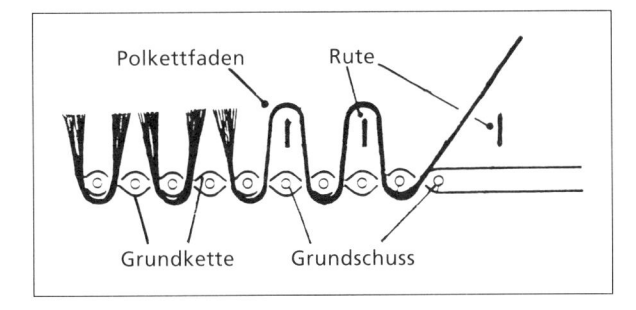

Abb. 204: Rutensamt (Querschnitt)

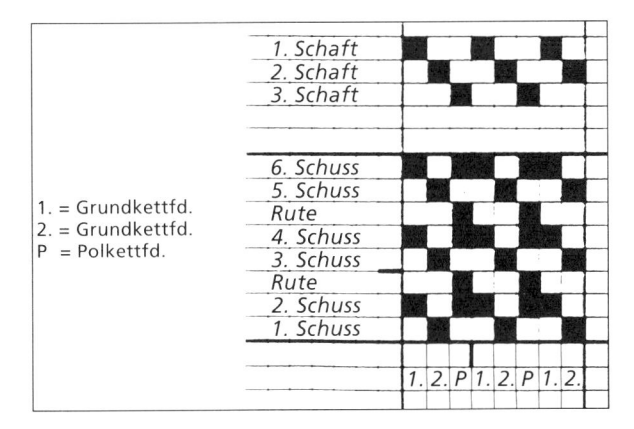

Abb. 204 A: Rutensamt (Bindung). Die Grundbindung ist Leinwandbindung; der Polkettfaden bindet als V-Noppe ein.

terial, von der Einstellung von Kette und Schuss und vor allem von der Ausrüstung. Sollen die Schlingen nicht aufgeschnitten werden, setzt man Zugruten ein (→ Épinglé, → Abb. 202/203).
Bei den Rutensamten wird die Höhe des Pols von der Breite und Höhe der Rute bestimmt. So entsteht z. B. ein niedriger Pol durch eine niedrige und dünne Rute.
2. Eine weitere Verfahrensweise ist die sog. *Doppelsamttechnik* (→ Abb. 199). Hier werden in einem Arbeitsgang auf der Webmaschine zwei Samtgewebe produziert. Durch die Polkette werden zwei Grundgewebe miteinander verbunden. Die Polfäden gehen vom oberen zum unteren Gewebe hin und her. Noch bevor die Ware aufgewickelt wird, schneidet ein Messer den Pol mittig auf. Zwei Samtgewebe entstehen. Kettsamt ist optisch vom Schusssamt kaum zu unterscheiden; allerdings hängen beim Kettsamt die Polnoppen am Schussfaden, während sie beim Schusssamt an den Kettfäden hängen. Samte werden normalerweise in Strichrichtung verarbeitet; dann wirkt die Farbigkeit heller. Bei Coupon- und Rollenware zeigen Pfeile die zu verarbeitende Richtung an.
Einsatz: DOB-, HAKA-, Deko- und Möbelstoffe, Accessoires usw.

Samt geätzt: → Ätzsamt.

Sandkrepp, Sablé (sand crêpe, ice crêpe): Im Gegensatz zum echten Krepp (hochgedrehte Kreppgarne/-zwirne) wird dieses Gewebe über die sog. Kreppbindung konstruiert, bei der normal gedrehte Garne/Zwirne verwendet werden (günstigerer Preis, bessere Dimensionsstabilität). Das Gewebe ist in Kett- und Schussfadenzahl ausgeglichen. Besonders porös und nervig wird der Sandkrepp durch relativ kurze Flottierungen, die auch für eine bessere Schiebefestigkeit verantwortlich sind. Für Sakkos und Anzuggewebe setzt man gern den „wilden Krepp" ein, da er ein Bildern der Ware am besten verhindert. Die Bindungsentwicklung wird meist auf der Jacquardmaschine (große Rapporte) vorgenommen. Aber auch auf dem Schaftwebstuhl sind großrapportige Kreppbindungen über einen gemusterten Einzug möglich. Zeigt der Krepp eine stark körnige Oberfläche, nennt man ihn Granité. Der Faserstoffeinsatz spielt bei dieser Bezeichnung keine Rolle. Ausrüstung: Kahlveredlung. Sandkrepp ist unter den unechten Krepptypen ein relativ leichtes Gewebe. → Kreppgewebe. → Mooskrepp. → Crêpe.
Einsatz: Kleider, Blusen, Röcke, Jacken, Sakkos, Anzüge, Kostüme usw.

Sanfor (sanforized): Der Name Sanfor leitet sich vom Vornamen des amerikanischen Ingenieurs und Erfinders Sanford L. Cluett ab (1874–1963) und ist eine seit 1928 eingetragene Schutzmarke der Firma Cluett, Peabody & Co., USA.
Bei diesem Verfahren handelt es sich um eine kompressive Schrumpfung von Baumwoll-Leinen-Geweben und Halbleinengeweben ohne Chemikalien. Es gewährleistet einen maximalen Einlauf von ± 1 % der konfektionierten Ware. Das Gewebe wird als Stück gekrumpft und erst anschließend konfektioniert. Der Mehrpreis liegt bei ca. 10 % gegenüber „Normalware". Allerdings braucht man beim Zuschnitt die Einlaufwerte nicht mehr zu berücksichtigen.
Beschreibung des Krumpfprozesses (→ Abb. 205):
Der Stoff (S, z. B. Jeansgewebe) läuft durch eine Dampfkammer (D), wo er mittels Wasser und Dampf weich und geschmeidig gemacht wird. Der Längszug der Gewebebahn gibt hier dem Stoff die gewünschte Krumpfung in der Breite. Danach läuft das Gewebe über einen Kluppenrahmen (K) in die Krumpfmaschine, dem sog. Filzkalander (F), dem wichtigsten Teil dieser Ausrüstungsmaschine. Dieser Filzkalander ist eine mit Dampf beheizte Stahltrommel (T), über die ein endloses, 6–10 mm dickes Filztuch oder ein Gummituch (F) läuft. Das zu krumpfende Gewebe wird als nächstes, immer im gleichen Arbeitsgang, auf diesen Filz geführt, der dort, wo er mit dem Gewebe zusammentrifft, über eine Krumpfwalze (W) läuft. Eine elektrisch geheizte Vorrichtung, der sog. Heizschuh (Sch), der sich über dieser Krumpfwalze befindet, bewirkt, dass das Gewebe stark auf den durchlaufenden Filz gepresst und dadurch die eigentliche Längskrumpfung ermöglicht wird. Sobald der endlos fortlaufende Filz die Krumpfwalze verlässt und auf die Kalandertrommel läuft (T), verkürzt sich natürlich gleichzeitig die starke Dehnung seiner äuße-

Sanfor

ren Oberfläche. Das Gewebe, das mittels des „Schuhs" fest auf den Filz gepresst war, muss die Verkürzung zwangsläufig mitmachen, wobei es in der Kettrichtung um einen berechenbaren Prozentsatz „zusammengeschoben" wird. So entsteht der Längskrumpf, auch kompressive Schrumpfung genannt. Die weiteren Schritte dienen noch der Trocknung und der Fixierung. Mit der Sanfor-Ausrüstung werden so die Gewebespannungen, die sich beim Spinnen, Weben und Ausrüsten ergeben, auf rein mechanischem Wege „entspannt".

Andere Sanfor-Verfahren sind:
- *Sanfor-Set*, eine Behandlung für Baumwoll-Leinen-Gewebe sowie Halbleinengewebe. Es ist eine Kombination aus einer Ammoniakbehandlung und dem Sanfor-Verfahren mit sehr guten Pflegeeigenschaften. Vor der Behandlung wird das Gewebe mit Ammoniak getränkt. Die anschließende Rückgewinnung des Ammoniaks macht diesen Prozess umweltfreundlicher als die früher verwendete Natronlauge.

Abb. 205/206: Schematische Darstellung des kompressiven Krumpfverfahrens

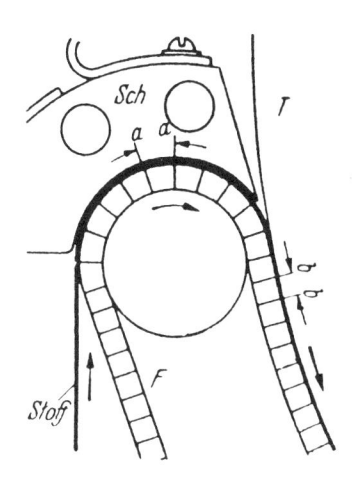

Abb. 206: Ausschnitt Krumpfwalze
Die Strecke b-b in der geraden Laufrichtung ist kürzer als die Strecke a-a in der Krümmung der Walze. Der Stoff ist fest auf den Filz (F) gepresst und macht so die Schrumpfung mit. (Sch) ist der „Heizschuh".

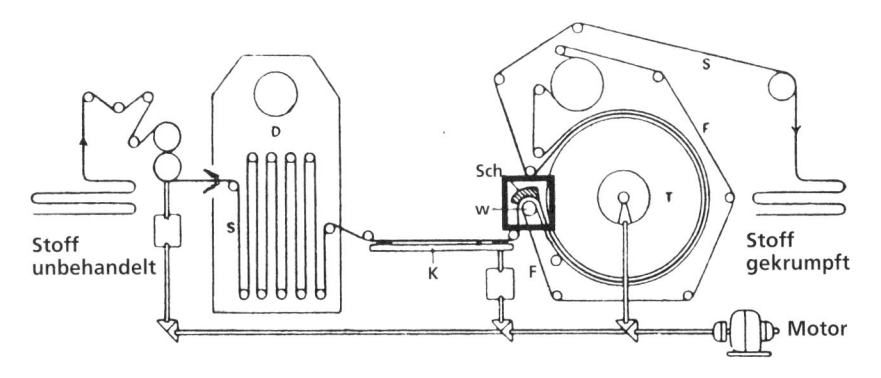

Abb. 205: Maschinenansicht (Beschreibung im Text)

Saphir

Das Ergebnis ist eine glatte Faseroberfläche, eine Optimierung des Glanzes, ein weicher, natürlicher und voller Griff, eine permanente Entspannung des Gewebes, eine verbesserte Einreißfestigkeit, eine erhöhte Scheuerfestigkeit und eine geringe Knitterneigung. Der Restschrumpf ist mit maximal ± 1 % als gut zu bewerten. Das Verfahren ist lizenzpflichtig,
- *Sanfor plus:* Hier wird neben der kompressiven Krumpfung eine Kunstharzausrüstung vorgenommen. Zugleich ist der Begriff ein Markenname für bügelfreie Gewebetypen (Baumwolle, Leinen, Halbleinen),
- *Sanfor plus 2:* Schutzmarke für Baumwollmischungen mit einem Mindestanteil von 15 % Chemiefasern. Die Ware ist einlaufsicher, knitterunempfindlich und dimensionsstabil. Auch hier besteht seitens der Konfektionäre die Verpflichtung, regelmäßig Fertigteile im Labor des Lizenzgebers prüfen zu lassen.

Saphir: → Vapeur. → Musselin.

Satin (sateen, satin): Alle glänzenden Gewebe, die in Atlasbindung (einer Bindung, bei der sich die Bindepunkte nicht berühren, → Atlas) gewebt sind, tragen diesen Namen, der aus dem arabischen „Zaitun", dem Namen für den chinesischen Ausfuhrhafen Tsen-tung, abgeleitet ist. Die von dort aus exportierten glänzenden Gewebe in Atlasbindung (Seidenstoffe) nannte man „Atlas Zaituni". Ist z. B. ein atlasbindiges Baumwollgewebe glanzveredelt, wird es als Baumwollsatin gehandelt.

Satin double face, Doppelsatin (double-faced satin): starkes Satingewebe, welches als Kettdoublé gearbeitet ist (ein Schusssystem und zwei Kettsysteme). Beide Seiten weisen einen Kettatlas auf und können wahlweise in einer Farbe oder beidseitig in unterschiedlichen Farben konstruiert werden. Wichtig ist eine hohe Ketteinstellung. Technisch gesehen handelt es sich um eine Doppelstoffimitation. Seiden- oder Chemiefasersatins mit sehr hoher Kettdichte werden auch als Doppelsatins bezeichnet.
Einsatz: Kostüme, Mäntel, Jacken und Besatz.

Satindrell (sateen ticking, satin drill): → Drell.

Satinella: anderer Ausdruck für → Cloth und → Zanella.

Satinet, Satinett (satinet): leinwandbindiges Baumwollgewebe in Renforcéeinstellung, z. B. 27 x 27 Fd/cm, Nm 50 x 50. Es ist ein sog. Halbseidengewebe mit Baumwollschuss oder ein mercerisiertes Baumwollgewebe. Den Namen erhält die Ware durch den milden, satinähnlichen Glanz.
Einsatz: Futter, Steppdeckenrückseiten und Unterbetten.

Satinette: Gewebekombination aus Satin und Finette, d. h. die Kette dieser Ware besteht meist aus Viskosefilament, kühl, seidig und glatt, und der Schuss aus Baumwollimitatgarn (Viskosegarn), weich, lose gedreht und stumpf. Die Bindung ist in der Regel ein 5-bindiger Kettatlas. Der Glanz auf der rechten Warenseite und stumpfe, geraute, aber wärmende Innenseiten

machen den Satinette zu einem idealen Schlafanzug-, Hemden-, Freizeit- und Jackengewebe.
Andere geraute Gewebe sind → Biber, → Molton, → Kalmuck, → Flanell, → Velveton und → Duvetine.

Savina®: eingetragenes Markenzeichen von Kanebo Ltd., Japan, Vertriebsgesellschaft J. L. de Ball, Gefrath, Deutschland. Es ist ein aus der Mikrofaser → Belima X entwickeltes, sehr leichtes, lederähnliches Gewebe und gehört zur Produktpalette von → Belleseime® und → Belseta®. Savina® ist leichter als Belleseime® und hat einen antilopenlederähnlichen Griff und eine entsprechende Optik. Die Ware hat einen sehr geschmeidigen Griff bei guter Drapierfähigkeit und eignet sich für den Bekleidungsbereich DOB und HAKA.

Saxony (engl., Saxony = Sachsen): feine, merinoweiche Streichgarngewebe mit flanellartigem Griff und einer klaren Warenoptik. Die Dessins sind sportiv oder klassisch englisch: Checks, Hahnentritt, Vichy usw.
Einsatz: Blazer, Kostüme, Röcke, Jacken und Mäntel.

Schaft (heald frame): Rahmen aus Holz oder Metall, auf dem sog. Litzen befestigt sind. Sie stellen das Fadenführungsorgan für die Kettfäden dar (→ Schaftwebstuhl). Mehrere Schäfte nennt man Geschirr.

Schaftgewebe (dobby weave fabric): klein gemusterte Gewebe (→ Façonné) mit begrenzten Bindungsrapporten. Da unterschiedlich bindende Kettfäden je einen eigenen Schaft brauchen, liegt die Anzahl der Schäfte bei ca. 40. Alle Gewebe in Grundbindungen, wie Leinwand, Köper, Altlas, und deren Ableitungen sowie Farbeffekte (z. B. Fil à Fil, Pepita), Armure, Fischgrat usw. sind Schaftgewebe. Groß gemustert gewebte Stoffe werden auf dem Jacquardwebstuhl (→ Jacquardgewebe) produziert.

Schaftwebstuhl (dobby loom): Dieser Webstuhl arbeitet mit Schäften (→ Schaft), durch die alle gleichbindenden Kettfäden laufen und die entsprechend die Senkungen und Hebungen eines Schaftes, gemäß einer → Bindung, mitmachen müssen. Durch das Heben eines Schaftes wird das Webfach erzeugt, das aus hoch und tief liegenden Kettfäden besteht und in das der Schütze (auch Projektil, Greifer oder Luftdüse) den Schuss einträgt. Da die Schaftanzahl eines Webstuhls dem Rapport der Bindung entspricht, können nur klein gemusterte Gewebe produziert werden. → Jacquardgewebe. → Schaftgewebe.
Bilderläuterung → Abb. 207: Die Kettfäden bilden den Kettbaum (1). Der Streichbaum bringt die Kette in eine waagerechte Position (2). Die Kreuzstäbe dienen einem einfachen Einzug durch die Litzenaugen und einem schnelleren Auffinden von defekten Fäden (3). Die (4) stellt den → Schaft dar. Riet und Webblatt (5) sind entscheidend für die Anzahl der Kettfäden pro cm (Gewebedichte). Der Schütze trägt den Schuss horizontal ins Webfach ein (6). Das Gewebe entsteht aus dem Zweifadensystem Kette und Schuss (7). Die (8) stellt den Brustbaum, die (9) den Warenbaum dar. Hier wird die gewebte Ware auf-

Schappeseidengewebe 298

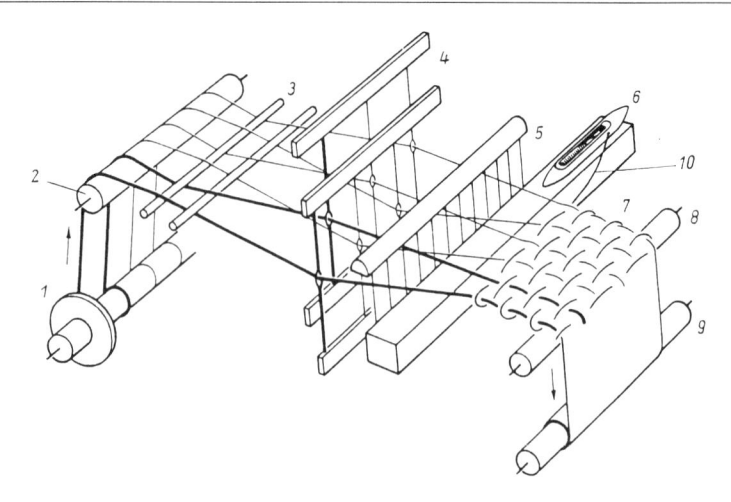

Abb. 207: Schaftwebstuhl (Funktionsweise im Text beschrieben)

gewickelt. Ist die Kette in ihrer Länge abgewebt, nennt der Weber die fertige Rohware ein Stück. Unter (10) sieht man den Schussfaden.

Schappeseidengewebe (schappe silk fabric, chappe silk): Schappeseidengarne sind Abfälle der Haspelei (Haspelseide). Diese wertvollen „Reste" (60–150 mm Stapel) werden im Kammgarnspinnverfahren zu Schappegarn verarbeitet, um als Nähseidenzwirne oder als Gewebe ihren Einsatz zu finden. Diese Qualitäten werden überwiegend in Taft- oder Panamabindung gewebt. Ein klassischer Schappeseidenartikel ist → Toile de soie.

Schattenkaro: → Schatten-Rayé.

Schatten-Rayé (shadow rayé fabric, shadow stripe pattern): Hier werden gleichfarbige Garne (Zwirne) mit unterschiedlicher Drehungsrichtung eingesetzt. Durch die Lichtreflexion ergibt sich ein hellerer und ein dunklerer Farbton. Die Grundbindung ist häufig Leinwand. Schärt man breitere Streifen, teilt diese ebenso in S- und Z-gedrehte Fäden auf und färbt das Gewebe am Stück, entsteht eine dezente Ton-in-Ton-Wirkung. Auf diese Weise lassen sich auch Carrés weben, indem dann auch im Schuss mit wechselnder Drehung Garne eingetragen werden. Schärung z. B. 10 Fd Z-gedreht und 10 Fd S-gedreht, in Schär- und Schussfolge. Bezeichnung auch Schattenkaro oder Schatten-Carré.

Schattenrips (shadow rep): Variante von → Rips, → Ottomane oder → Épinglé. Der wesentliche Unterschied besteht hier in der Verwendung Z- und S-gedrehter Garne. Gewebeaufbau: erste Rippe Z-Garne, zweite Rippe S-Garne; dadurch wirkt eine Rippe heller als die andere.
Einsatz: Kostüme, Jacken, Mäntel- und Möbelstoffe.

Schaumkrepp: → Mooskrepp.

Scheindreher: Bindungsbezeichnung für eine Ware, bei der z. B. Bindepunkte hinzu- oder weggenommen werden (→ Abb. 114, Frottesina). Die Grundbindung ist überwiegend Leinwand. So entsteht ein sommerliches Gewebe, welches optisch dem → Drehergewebe ähnelt (→ Aida, → Ajourgewebe). Nicht zu verwechseln mit dem → Gerstenkorn (→ Abb. 122/123).

Scheuertücher (scouring cloth): Je nach Einsatzgebiet unterscheidet man Nass- und Trockenreinigungstücher:
1. *Nassreinigungstücher* werden in nassem Zustand verwendet, sollen den Schmutz in Lösung bringen und ihn aufnehmen. Die Saug-, Scheuer- und Nassfestigkeit stehen an erster Stelle.
Technische Daten: Leinwand-, Köper- (K 2/2) oder Waffelbindung. Kette: Vigogne, Schuss: Grobgarn. Die Kettfäden werden etwas feiner gewählt als die Schussfäden. Voluminöse Garne mit weicher Drehung. Einstellung ca. 4–6 Fd/cm in Kette wie im Schuss.
2. *Trockentücher* (Staub-/Poliertücher) sollen losen Staub oder Farbpigmente aufnehmen oder binden.
Gewebeeinstellung: Leinwandbindung. Kette ca. 11–20 Fd/cm, Nm 34 (Garne); Schuss ca. 8–15 Fd/cm, Nm 5–10 (Garne mit loser Drehung). Durch beidseitiges Rauen werden die Weichheit und das Volumen erhöht.
Quelle: H.-U. Kuhtz u. a.: Handbuch der Textilwaren. VEB Fachbuchverlag, Leipzig 1980.

Schiffchen (shuttle): → Schusseintrag.

Schilfleinen (reed linen): Handelsbezeichnung, die sich auf den schilfähnlichen Farbton des Gewebes bezieht, früher auch Jägerleinen oder Jagdleinen genannt. Eingesetzte Materialien können neben Baumwolle auch Flachs, Hanf, bei groben Geweben auch Jute sein. Den typischen Effekt erreicht man durch eine spezielle Schär- und Schussfolge. In der Kette wechselt man dunkle oder hellgrüne mit dunklen oder hellbraunen Baumwollgarnen ab. Im Schuss verwebt man rohfarbenes Baumwollgarn oder naturfarbiges Leinen oder oben genannte Arten. Durch entsprechende Kontraste kann Schilfleinen auch moulinéartigen Charakter bekommen. Titerschwankungen im Garn machen die Ware interessant. Die Festigkeit erhöht man, indem eine 2-fädige Leinwandbindung (R 1/1 2-fädig) verwendet wird. Nur grobe Ware wird in Leinwandbindung gewebt. In der Veredlung wird die Ware wasserdicht imprägniert. Man unterscheidet je nach Einsatz fein-, mittel- oder grobfädiges Schilfleinen.
Einsatz: Hemden, Rucksäcke, Arbeitshosen, früher auch Sportkleidung.

Schirting: → Renforcé.

Schitrikot: → Skitrikot.

Schlafanzugflanell (pyjama flanel): Neben atlas- und köperbindigen Geweben (meist bedruckt, höherwertig auch fadengemustert) werden auch leinwandbindige Pyjamagewebe angeboten. Faserstoffeinsatz: Baumwolle, Viskose (Filament, Faserstoff) oder Mischungen. Leinwandgewebe sind meist feiner und glatter als köperbindige, vergleichbar mit einer Ober-

Schlafanzuggewebe 300

hemdenqualität wie z. B. → Renforcé oder Hemdenpopeline (→ Popeline). Bedruckte Leinwandgewebe werden meist linksseitig geraut, während Schaftmusterungen wie Streifen z. B. zweiseitig geraut angeboten werden. Bei 4-bindigem Gleichgratköper wird die linke Warenseite geraut (Finette), um die rechte prägnanter hervorzuheben. → Atlas. → Satinette. → Finette. Einstellungen sind in Kette und Schuss:

30 x 27 Fd/cm   Nm 34 x 24
24 x 16 Fd/cm   Nm 34 x 24
24 x 24 Fd/cm   Nm 34 x 28
30 x 27 Fd/cm   Nm 40 x 30

Schlafanzuggewebe: → Schlafanzugflanell.

Schlafdecken (blanket; amerikan., pallet): Man unterscheidet bei dieser Warengruppe, je nach Verwendungszweck und Material, drei Arten:
1. Schlafdecken (Naturfaser, Chemiefaser oder Mischungen),
2. Reisedecken und
3. Kinderdecken.

1. *Schlafdecken*
1a. *Baumwollschlafdecken:* Hier unterscheidet man Gewebe mit einem Schusssystem oder zwei Schusssystemen. Einfache Preislagen sind dünn, meist bedruckt und einkettig-einschüssig. Die Kette besteht meist aus Dreizylindergarnen Nm 28–34, sehr selten aus Zwirn. Häufig werden auch für die Anfangspreislagen Abfallgarne verwendet. Stark geraut ergeben sie einen guten Griff, aber einen offenen Rauflor und die Einlaufwerte sind sehr hoch. Gute bis hochwertige Decken sind in der Oberfläche dicht und sehen wie verfilzt aus. Bei Baumwollflauschdecken sieht man den in sich aufgerichteten Flor. Doppelschussdecken werden meist in der Konstruktionstechnik des → Kalmuck gewebt.

Baumwolldecken kommen unifarbig, schaft- oder jacquardgemustert in den Handel.

1b. *Chemiefaserdecken* haben sich im Laufe der Jahre einen großen Marktanteil gesichert. Meist in Schussdoublétechnik gewebt, sind sie sehr leicht, haben hervorragende wärmeisolierende Eigenschaften und sind in der Pflege unproblematisch (Bindung → Kalmuck). Der volle Warengriff wird über die texturierten Garne und auch über das Rauen und Einspringen der Ware erreicht. Die Musterungsarten sind der Baumwolldecke gleich. Einsatz: überwiegend Fasergespinste und keine Filamente (Acryl, Polyester, in zunehmendem Maße auch Polypropylen unter Berücksichtigung des Umweltverhaltens).

1c. *Woll- und Wollmischdecken:* Hier sind es die natürlichen Eigenschaften der Wolle, die besonders für Schlafdecken geeignet sind (Wärmeisolation, Filzvermögen, Kräuselung). Die Eigenschaften der Decke werden meist über das Schussmaterial bestimmt, weil hiermit der Rauflor und der Walkflor gebildet werden. Wenn Ober- und Unterschuss verwendet werden, erscheint das Kettmaterial überhaupt nicht auf der Oberseite.

Bei Schlafdecken mit Baumwollkette Nm 20/2–34/2 wird wollenes Streichgarn im Titer mit Nm 3–10 im Schuss eingesetzt, als Kettmaterial Wolle mit Nm 6–12. Wolldecken sind mit kurzem Rauflor im Handel, aber auch in Strich gelegt oder mit Langflauschausrüstung versehen.

2. *Reisedecken:* Hier werden unterschiedliche Materialien wie Baumwolle, feine Wollen oder immer häufiger Chemiefasern verwendet. Auch der Einsatz von Feinhaaren wie Alpaka, Mohair, Kaschmir, Kamelhaar oder Seide wird von Kunden sehr geschätzt. Man unterscheidet auch die Art der Konfektionierung: Reiseplaids werden mit Fransen, Reisedecken mit Bandeinfassung angeboten. Die Konstruktion wie Einfachgewebe, Schussdoublé oder Doppelgewebe ist nach Verwendungszweck zu unterscheiden.

3. *Kinderdecken:* Auch hier unterscheidet man nach Materialeinsatz, vor allem aber nach der Größe (→ Tabelle 21). Die Webtechnik ist meist einkettig-einschüssig oder es wird mit Kalmuckbindung und Schussdoublé gearbeitet. Als Farben kommen Pastelltöne zum Einsatz, die Dessins in Druck- oder Jacquardtechnik sind auf die Altersgruppen abgestimmt.

Schleiertüll (bobbinet, tulle, net): sehr feinfädiger → Erbstüll aus Chemiefäden oder reiner Seide, auch als Brautschleier- oder Illusionstüll bekannt.

Schlichte, Schlichten (size): In der Weberei werden Kettfäden (Fasern und Filamentgarne) geschlichtet, um ihnen eine höhere Abriebfestigkeit und Glätte zu verleihen. Ungeschlichtete Kettgarne würden durch die hohe mechanische Belastung, den Abrieb durch Litzenaugen und Webblatt, beim Weben auffasern und zerreißen. Zum Schlichten werden Stärkemittel wie Kartoffel-, Mais- oder Reisstärke, aber auch Polyacrylate, Polyester und Polyvinyl verwendet. Ebenso setzt man sog. Mischschlichten ein.

Die Schlichte soll außerdem die Chemiefasern vor elektrostatischer Aufladung schützen. Die verwendeten Präparate sollten auswaschbar sein und möglichst recycelt werden können.

Schlichtemittel sind im Endprodukt nicht mehr vorhanden, da sie vor dem ersten Veredlungsschritt ausgewaschen werden müssen. Jedoch gibt es zwei Warengruppen, bei denen die Schlichte im Endprodukt bleibt, nämlich der → Rohnessel und die → Jeans. → Abb. 208 zeigt schematisch eine Schlichtemaschine.

Schlitzwirkerei: besondere Form der Webtechnik (→ Abb. 125). Herstellung → Gobelin.

Schlosserflanell, Schlosserbarchent: Berufsbekleidungsbezeichnung, die sich auf köperbindige Gewebe be-

Kinderbettdecken	135 x 170 cm	130 x 90 cm	140 x 100 cm
	140 x 90 cm	150 x 100 cm	
Kinderwagendecken	90 x 70 cm	100 x 75 cm	

Tab. 21

Schlunzenvelours 302

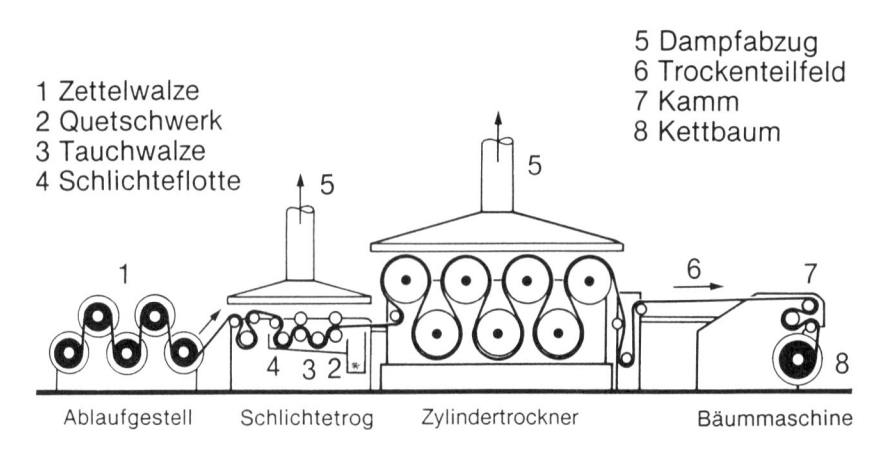

1 Zettelwalze
2 Quetschwerk
3 Tauchwalze
4 Schlichteflotte

5 Dampfabzug
6 Trockenteilfeld
7 Kamm
8 Kettbaum

Ablaufgestell Schlichtetrog Zylindertrockner Bäummaschine

Abb. 208: Schlichtemaschine

zieht, mit meist blauem Grund und weißen Streifen. Die Bindung ist überwiegend 4-bindiger Köper (Twill), früher meist S-Grat und weniger Z-Grat. Die Längsstreifen (Rayé) haben einen Abstand von ca. 0,8–1,2 cm. In der Kette werden Watergarne oder Zwirne, im Schuss weicher gedrehte Baumwollgarne verwendet, um den Rauprozess zu vereinfachen.
Einsatz: je nach Gewicht, Jacken, Hosen und Hemden.

Schlunzenvelours (flake velours): → Velours flammé.

Schneiderleinen (brown cloth, tailor's canvas): → Wattierleinen.

Schnürchenbatist, Schnürchenzefir (batiste rayé): Batistgrundgewebe mit zusätzlich geschärten Fäden, die in einer anderen Bindung, z. B. Atlas oder Kreuzköper, einen erhabenen, kordel- oder schnurähnlichen Längsstreifen bilden (Rayé). Weitere Streifengewebe → Streifen.
Einsatz: Hemden, Kinderkleider und Röcke.

Schotten (tartan, clan; frz. écossais): Der Name steht für groß karierte Gewebe in unterschiedlicher volltoniger Farbigkeit wie Blau, Grün, Schwarz, Rot, Weiß und Gelb. Neben diesen Standard- oder Basicfarben gibt es eine Reihe von Abwandlungen, die man als Fantasieschotten bezeichnet. Sie richten sich mehr nach den jeweiligen Modetrends und sind nicht als Klassiker anzusehen. Schottendessins zeigen eine Rapportgröße von ca. 3,5–12,0 cm, Fantasieschotten sind oft noch wesentlich größer. Je nach Faserstoffeinsatz bezeichnet man diese Gewebe als Baumwoll- oder Wollschotten. Als Bindung werden überwiegend Köper- (K 2/2 Breitgrat, → Abb. 7), aber auch Leinwandbindungen verwendet, selten Kreuzköper oder kettbetonter Köper (K 3/1). Häufig wird der Schottenstoff in Verbindung mit der Konstruktion genannt: Köperschotten oder Leinwandschotten. Einsatz: In DOB, HAKA und KIKO, Röcke, Kostüme, Jacken, Hosen, Hemden, Kleider usw.

Schubnoppenpolgewebe: Ausdruck, der vornehmlich in den neuen Bundesländern als Synonym für Frottiergewebe verwendet wird/wurde. → Frottier.

Schülertuch (school cloth): Baumwollgewebe in Leinwandbindung aus kräftigem Garn oder Zwirn. Schülertuch wird gebleicht, gefärbt, auch mercerisiert angeboten und ist ein typisches Handarbeitsgewebe. Im Gegensatz zu anderen Stickereigeweben (z. B. Aida) wird das Schülertuch weich ausgerüstet, damit sich die einzelnen Fäden, um Effekte zu erzielen, bei der Handarbeit gut herausziehen lassen. Typische Einstellung:
12 x 12 Fd/cm, Nm 28/2 x 28/2.
Gewicht ca. 159 g/m².
Einsatz: Für alle Stickereitechniken, Kleider, Buchhüllen, Decken, Sets usw.

Schürzensiamosen: → Siamosen.

Schütze, Schützeneintragssystem (shuttle): → Schusseintrag.

Schuhfutter (shoe lining): Cretonnegrundqualität (sheeting), z. B. 24 x 24 Fd/cm, Nm 34 x 34 in Leinwand, aber auch Köper oder Atlas gewebt, das roh, gefärbt oder bedruckt verwendet wird.

Schurwolle plus Lycra®: Woolmark Blend des Internationalen Wollsekretariats (IWS), um mehr Komfort, Bequemlichkeit, Passform und eine gute Rücksprungkraft von Wollbekleidung zu erreichen, 1995 in Zusammenarbeit mit DuPont (→ Lycra®) entwickelt. Es müssen folgende Anforderungen erfüllt werden: mindestens 50 % Schurwolle, mindestens 1,5 % Elastan (Lycra®) bei Kammgarnartikeln und mindestens 0,5 % Elastan (Lycra®) bei Streichgarnartikeln. Konfektionsware sollte in der Regel chemisch gereinigt werden, Strickware ist meistens für regelmäßige Handwäsche geeignet. Es gibt aber auch waschmaschinenfeste Bekleidung, die mit einer Filzfreiausrüstung versehen und besonders gekennzeichnet ist. Woolmark arbeitet auch im Elastanbereich nur mit Markenproduzenten wie DuPont zusammen, um eine Garantiesicherheit für das komplette Produkt gewährleisten zu können.
Einsatz: Hosen, Sakkos, Anzüge, Kostüme, Röcke usw.

Schuss: → Schussfaden.

Schusseintrag, Schusseintragsverfahren (weft insertion): verschiedene Systeme zum Eintragen der Schussfäden:
– Das *Schiffchen* ist das älteste Eintragssystem. Es besteht aus einem flachen Brettchen, welches an beiden Enden eingekerbt ist. In Längsrichtung wird der Schussfaden aufgewickelt. Dieses veraltete System wird nicht mehr in der Industrie genutzt, aber immer noch in Designateliers.
– Der *Schütze* oder *Webschütze*, in dem sich eine Garnspule befindet, wird durch eine Schlagvorrichtung

Schusseintrag, Schusseintragsverfahren

aus dem seitlich vom Gewebe befindlichen Schützenkasten nach jedem Fachwechsel durch das Webfach geschlagen. Man erkennt dieses Eintragssystem an dem an den Webkanten durchlaufenden Schussfaden. Auch hierbei handelt es sich um ein veraltetes System, das nur noch in Niedriglohnländern Anwendung findet.
- Der *Greifer* (rapier), ein Stangen- oder Bandgreifer, ist ein schnelles einseitiges Schusseintragssytem.

Der Schuss wird von einer festen Kreuzspule abgezogen und in der Gewebemitte vom Bringgreifer an den Nehmergreifer übergeben.
- Das *Projektil* ist ein schnelles einseitiges Eintragssystem (ca. 600–800 Schussmeter in der Min.).
- Das *Luftdüsensystem* (air-jet picking system) ist ein schützenloses Eintragssystem mit sehr hoher Geschwindigkeit (ca. 2.000 Schussmeter in der Min.). Zur Vermeidung von Fadenabrissen wird die für ei-

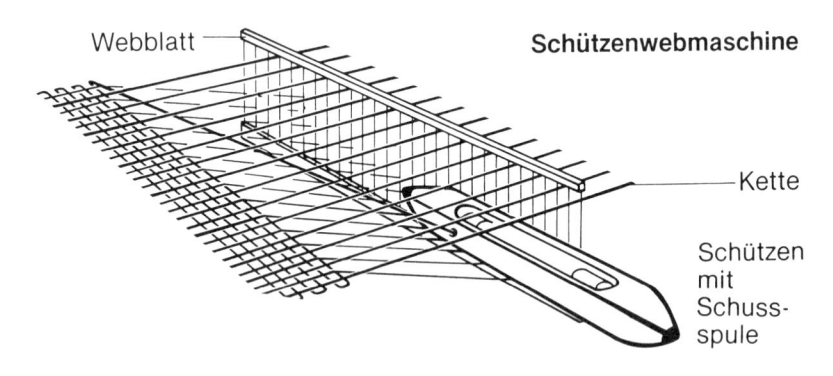

Abb. 209: Schütze

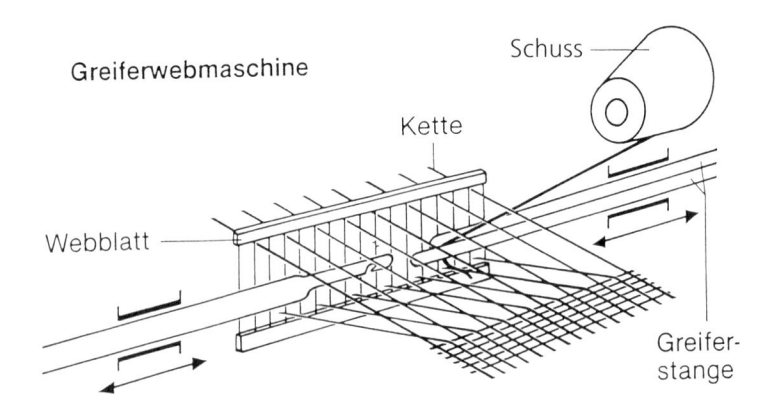

Abb. 210: Greifer

nen Schuss benötigte Fadenmenge (sie entspricht der Gewebebreite) in einem Garnspeicher vorgelagert.
- Auch das *Wasserdüsensystem* (water jet pick system) ist ein schützenloses Eintragssystem mit hoher Eintragsgeschwindigkeit (ca. 1.500–2.000 Schussmeter in der Min.).

Schussfaden (weft yarn, pick): Garneintrag im rechten Winkel zur Kette in das Webfach. Der Schuss ist das passive Fadensystem im Gegensatz zum aktiven Kettfadensystem. Der Schuss bildet die Ergänzung zum Gewebe. → Bindung.

Schusssamt (velvet): Bei diesem Gewebe wird der aufgeschnittene Flor vom Schuss gebildet. Hier werden ein Kettsystem und zwei Schusssysteme verwendet (Grundschuss, Polschuss). Man unterscheidet zudem die glatte Ware, auch → Velvet genannt, von der gerippten Ware, die uns als Cordsamt

Abb. 211: Projektil

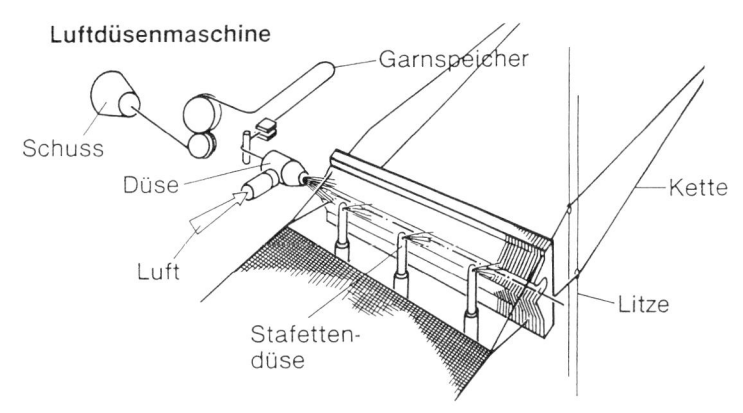

Abb. 212: Luftdüse

Schwanboy, Swanboy

(→ Samt) bekannt ist. Nicht verwechseln mit → Cord.
Beim sog. Kettsamt wird der Flor noch auf dem Webstuhl geschnitten, beim Schusssamt liegt eine Schussdoublébindung vor, die Polnoppen (Flornoppen) sitzen hier also an der Kette. Die typische Optik bzw. das Warenbild entsteht erst in der Veredlung durch den Schneidvorgang. Grundbindungen werden in Leinwand oder Köper gewebt und die für den Flor vorgesehenen Schüsse als längere Flottierungen über eine Atlasbindung gleichmäßig über das Gewebe verstreut. Schusssamt wird, da teuer, relativ selten produziert.
Einsatz: Jacken, Mäntel und Möbelstoffe.

Schwanboy, Swanboy (swanboy): → Kalmuck.

Schwedenstreifen (swedish stripes): Dekogewebe in Leinwandbindung, welches durch die Schärung verschiedenfarbiger Kettgarne eine unregelmäßige Längsstreifenmusterung erhält. Es wirkt oft ripsartig aufgrund der feineren Kette und des wesentlich dickeren Schusses. Als Material wird häufig Baumwolle eingesetzt, aber auch Mischungen mit Viskose oder Polyester. Reine Chemiefaserkonstruktionen haben sehr gute Pflegeeigenschaften. → Streifen.

Schweißblatt-Batist (dress preserver): preisgünstigere Ausführung des → Seidenbatists, überwiegend aus mercerisierter Baumwolle hergestellt, allerdings in einer offeneren Einstellung. Bei der Ausrüstung verzichtet man auf die zusätzliche Säurebehandlung. Die Bindung ist Leinwand.
Einsatz: Einlage zum Schutz vor Schweißrändern auf der Oberware.

Scotchgard™: Faserschutzausrüstung von 3 M Deutschland GmbH (Produktübersicht → 3 M). Es handelt sich hierbei um eine sog. oleophobe Ausrüstungsart (Scotchgard™ Oleophobol), auf der Basis von Kunstharzen (Fluorcarbonharzen, den sog. Fluorcarbonpolymeren). Fluorchemikalien sind organische Verbindungen, bei denen die an Kohlenstoff gebundenen Wasserstoffatome ganz oder teilweise gegen Fluor ausgetauscht werden. So entstehen stabile Verbindungen, die eine Unverträglichkeit mit Öl und Wasser und eine außergewöhnliche Oberflächenaktivität aufweisen. Gleichzeitig wird zwar die Scheuerfestigkeit reduziert, aber dieser Negativeffekt wird von der Schmutzresistenz aufgewogen. Diese Ausrüstungsform ist auf allen Faserarten anwendbar. Der Schmutz abweisende Effekt bezieht sich auf Fruchtsaft-, Rotwein-, Kaffee-, Tinten-, Salatöl-, Maschinenöl-, Hautöl-, Milch-, Cognac- und Likörflecken. Bei Butter, Mayonnaise und Handcreme ist häufig eine Nachbehandlung nötig.
Bei hellen Mantel- und Jackenstoffen bevorzugt man Scotchgard™ gegenüber einer Siliconausrüstung, weil die Ware voluminöser und weicher wird und der Hinweis auf Fleckenschutz durch Scotchgard™ eine gute Verkaufshilfe ist.
Im Heimtextilsektor ist dieser Fleckenschutz bei Tischdecken und Teppichböden bekannt. Bei Servietten sollte kein Fleckenschutz verwendet werden.

Bei konfektionierten Kleidungsstücken mit einem Scotchgard™-Etikett müssen auch das Futter und die Zutaten diesen Schutz besitzen.
Der Griff und das Bindungsbild der Textilware wird nicht beeinträchtigt. Die Imprägnierung bleibt bis ca. 200 °C erhalten. Feinwäsche als auch chemische Reinigung minimiert nicht die Flecken abweisende Eigenschaft.

Scotchgard ™ Protector: Unter diesem Namen bietet die Firma Schoeller, ein Hersteller hochwertiger Sportswear, z. B. Sport- und Lodenprodukte an. Hier ist die Wasser und Schmutz abweisende Ausrüstung mit reiner Schurwolle kombiniert und verspricht dauerhaften Schutz vor Flecken, auch nach wiederholten Wäschen und Chemischreinigungen, und der Regen perlt einfach ab. Die wollspezifischen Eigenschaften werden durch diese Ausrüstung nicht eingeschränkt. Die mit Scotchgard™ Protector ausgerüstete Ware wird von → 3 M auf Öl- und Wasserabweisung getestet. Einsatz: Wander- und Skibekleidung, Freizeitstrickware, Berufskleidung für Bahn, Post, Behörden, Bundeswehr usw.

Scotchlite™: → Reflective Material der 3 M Deutschland GmbH. Produktübersicht → 3 M.

Sea Island: sehr gute Baumwollzüchtung, aber ohne Weltmarktbedeutung. → Baumwolle.

Sealskin (engl., seal = Robbe, skin = Haut, Fell): webtechnische Imitation des Robbenfells. Es sind → Plüsche und Plüschimitationen zu unterscheiden:

1. Sealskinplüsch: Ein Baumwollgewebe aus einer Zwirnkette und einem Garnschuss. Für die 3–5 mm hohe Flordecke verwendet man Schappeseide oder Chemiefaserpolketten. Hierdurch erreicht man einen sanften Glanz. Auch sehr weiche Mohairplüsche findet man unter dieser Bezeichnung.
2. Plüschimitationen: Hier handelt es sich ein „normales" Gewebe, beispielsweise aus einer Baumwollzwirnkette und einem weich gedrehten Schussgarn (z. B. Mohair, Kaschmir, Viskose, Acetat). Die Ware wird dann in der Veredlung kräftig geraut.
Einsatz für beide Qualitäten: Damenmäntel, Jacken, Kragen usw. Sealskin wird aber auch im Dekosektor eingesetzt.

Seersucker (engl., seersucker = Saug- oder Krumpfkrepp; pers. schir = Milch, o = und, schekar = Zucker): früher ein in Ostindien hergestelltes, leichtes, hellblau-weiß-gestreiftes Baumwollgewebe. Heute wird diese Bezeichnung für Baumwoll- und Baumwollmischgewebe verwendet, die meist in Längsrichtung (Rayé-Effekt) gekreppte Streifen haben (borkige Optik). Der echte Seersucker wird durch unterschiedliche Kettfadenspannung und die Verwendung zweier Bindungen hergestellt (Leinwand im Wechsel mit Schussrips). Durch die verschiedene Einarbeitung der Kettfäden entsteht der typische Blasen- oder Kräuseleffekt. Ein ähnlicher Effekt entsteht durch das Verwenden von schrumpfenden und nichtschrumpfenden Garnen (z. B. PA, PES), durch Laugieren (Laugierkrepp) oder durch Prägen (→ Kräu-

Segeltuch

selkrepp). Je nach Grundwarentyp hat das Gewebe einen kräftigen, manchmal etwas nervigen Griff (kann bei Blusen oder Bettwäsche als störend empfunden werden). Positiv ist die Pflegeleichtigkeit: Waschen, tropfnass aufhängen und dann nur noch in Form ziehen.
Einsatz: Freizeit- und Sommerware für Hemden, Blusen, Kleider und Bettwäsche.

Segeltuch (heavy canvas, duckcloth): Allgemeinbezeichnung für fest gewebte, leinwand- oder duckbindige Ware. Sie wird Wasser abweisend imprägniert und war früher überwiegend aus Hanf, Leinen oder Baumwolle. Heute bevorzugte Materialien sind Polyamid, Polyester usw. Sie sind leichter, werden nicht hart und trocknen schnell.
Einsatz: Segel, Zeltplanen, Rucksäcke und Schuhoberstoffe.

Seide (silk): Zuchtseide (SE), Wildseide (ST). Dieses kostbare Material, einziges Naturprodukt tierischen Ursprungs, welches als Endlosfaden gewonnen werden kann, lässt sich auf das Jahr 2698 v. Chr. zurückführen. Die Gemahlin Xiling des chinesischen Kaisers Huangdi, der 2698–2598 v. Chr. regierte, soll die Technik der Seidenfadengewinnung entwickelt haben.
Die Züchtung des Maulbeerspinners, der die Blätter des Maulbeerbaumes frisst, blieb 3.000 Jahre China vorbehalten. Es war Chinas kostbarstes Handelsgut, das auf der sog. Seidenstraße von China in den Vorderen Orient gelangte und durch die lange Transportzeit so teuer wurde, dass sich nur die Reichsten diese Seidengewebe leisten konnten. Erst im 4. Jh. n. Chr. gelangte die Seide über Japan nach Europa. Frankreich und Italien versuchten sich in der Raupenzucht mit anfänglich gutem Erfolg. Aufgrund mangelnder Erfahrung und Überzüchtung der Raupen kam es dann aber zu einer verheerenden Seuche, die die gesamte Seidenindustrie Europas bedrohte. Selbst China blieb von dieser Seidenpest nicht verschont. Da Japan als Inselstaat nicht betroffen war, wurde es zum „Land der Seide" und blieb es bis zur Entdeckung und Entwicklung der Chemiefasern (bis ca. 1938). Die allgemein gebrauchten japanischen Begriffe, wie z. B. → Momme oder → Habutai, stammen aus dieser Zeit der Marktführung Japans.

Überblick über die Haupterzeugerländer anhand der jährlichen Produktionsmenge an Grège:

Weltproduktion 1991: Rohseide Grège	
China	48.486 t
Indien	11.600 t
Japan	5.527 t
Russland	4.000 t
Brasilien	1.903 t
Nordkorea	1.500 t
Thailand	900 t
Südkorea	650 t
Türkei	360 t

Man unterteilt die Seiden in:
1. Raupenseide (Zuchtseide, Wildseide),
2. Spinnenseide,
3. Muschelseide (→ Byssusseide) und
4. Ameisenseide.

An dieser Stelle soll, wegen ihrer großen Bedeutung in textiler Hinsicht, nur auf die Raupenseide eingegangen werden. Sie wird unter verschiedenen Namen geführt, die, je nach Zucht- oder Wildseide, in zwei Gruppen unterteilbar sind:

1. Zuchtseide oder Endlosseide, Echte Seide, Bombyxseide (lateinischer Name des Spinners: Bombyx mori), Maulbeerseide, Haspelseide.

2. Wildseide vom Tussahspinner, Tussahseide, Eichenspinnerseide (Eichenspinner fressen verschiedene Arten von Eichenblättern). Hierbei unterscheidet man die Wildspinner aus den unterschiedlichen Ländern: chinesische Spinner (Antheraea pernyi), japanische (Antheraea yamamai) und indische Spinner (Antheraea mylitta), ferner → Eri(a)seide (Samia ricini) vom Rhizinusspinner (Attacus ricini) und aus Assam (Region Nordostindien) → Moonga- oder Mugaseide (Antheraea assamensis).

Zu 1: Die Bombyxraupe spinnt zwei Seidenfäden in einer Gesamtlänge von ca. 3.000–4.000 m. Der abhaspelbare, „unendlich" abwickelbare Faden ist ca. 700–1.500 m lang, bei neueren Züchtungen sogar bis zu 2.000 m. Der abhaspelbare Teil wird als Rendite bezeichnet. Um 1 kg Rohseide zu erhalten, benötigt man ca. 5–10 kg Kokons.

Der Eiweißkörper besteht aus dem Fibroin (ca. 75 %), der Seidensubstanz, und dem Sericin (ca. 25 %), dem Seidenleim oder Seidenbast. Im Strang oder nach dem Weben kann das Sericin der Zuchtseide durch Abkochen in heißem Seifenwasser (Marseiller Seife) entfernt werden. Dieser Vorgang wird Entbasten genannt.

Je nach Entbastungsgrad teilt man die Seide folgendermaßen ein:

– *Ecru-Seide:* Sie wird auch Hart- oder Bastseide genannt. In lauwarmem Seifenwasser mit entsprechenden Zusätzen verliert die Seide ca. 1–4 % Sericin. Dieser Seidentyp wird gerne für gaze- und schleierartige Gewebe verwendet,

– *Souplé-Seide:* Sie ist eine halbentbastete Seide (Gewichtsverlust ca. 8–10 %), die durch die Behandlung in warmer, verdünnter Schwefelsäure einen sehr schmiegsamen Griff erhält,

– *Cuite-Seiden:* Diese Seide wird ganz abgekocht. Der Gewichtsverlust, je nach Sericingehalt, liegt zwischen 18 und 30 %. Cuite-Seiden haben einen sehr schönen Glanz und die daraus gefertigten Gewebe sind weich und fließend (z.B. Seidenpongé, Twill, Satin).

Um den Gewichtsverlust auszugleichen, kann die Seide durch Metallsalze, Kunstharze oder pflanzliche Stoffe erschwert werden. Mit Metallsalzen erschwerte Ware sollte nur gerollt gelagert werden, da das Gewebe in geknicktem Zustand brechen kann.

2/3 des Seidenkokons sind „Abfallseiden", die z. T. in der Haspelei anfallen. Diese „Reste" nennt man Schappeseide (Florettseide), die, je nachdem welches Kammgarnspinnverfahren zum Einsatz kommt, in Stapellängen von 120–200 mm oder 30–120 mm zu Garn oder Zwirn verarbeitet wird. Schap-

peseiden sind glatt und fest und trotzdem weich und geschmeidig im Griff und haben ein gleichmäßiges Aussehen. Die Feinheiten der Garne liegen etwa bei dtex 25–167 (Nm 400–60).
Die „Abfälle" der Schappeseide sind kurze Kämmlinge (ca. 10–50 mm Stapellänge), die nach dem Streichgarnverfahren verarbeitet und als Bouretteseide gehandelt werden. Ihre Ausspinngrenze liegt bei ca. dtex 167 (Nm 60). Bouretteseide ist stumpf, ungleichmäßig noppig und wird zu Geweben und Maschenware verarbeitet. Die Bouretteabfälle verwendet man als Polstermaterial.
Während Endlosseide einen edlen, schönen Glanz hat, sind Spinnseiden eher von matter Optik.
Die wertvolle Japanseide hat einen absolut gleichmäßigen Faden in einer Stärke von dtex 1,3–1,6 (1,3 g dieses Fadens sind 10.000 m lang). Sie ist somit die feinste Naturfaser und wird nur von den Mikrofilamenten der Chemiefasern übertroffen (PES, PA, PAN, CMD und CLY), die mindestens ≤ dtex 1 sein müssen.
Die Seidenfilamente unterscheidet man zusätzlich noch durch ihre Anzahl (ca. 4–16 Einzelfilamente) und nach ihrer Drehung (T/m).
Man unterscheidet folgende Zuchtseidenarten:
1. *Grège:* Hierbei handelt es sich um abgehaspelte, ungedrehte und aus 3–8 Konkonfäden bestehende Seide. Die Filamente kleben durch das enthaltene Sericin zusammen.
2. *Trame:* Dies ist eine typische Schussseide, die aus ca. 2–3 Grègefäden (6–24 Einzelfilamente) besteht und ohne Vordrehung mit ca. 100–150 T/m mouliniert wird (Z-Drehung). Es entsteht ein weicher voluminöser Griff.
3. *Organsin:* Hierbei handelt es sich um eine Kettseide, die aus zwei oder mehr vorgedrehten (filierten) Grègefäden besteht, welche in entgegengesetzter Drehrichtung mouliniert (verzwirnt) werden (S/Z-Drehung). Organsinfäden besitzen eine gute Zugfestigkeit und einen festen Griff.
4. *Grenadine:* Dies ist ein Zwirn mit sehr starker Drehung (Z/S-Drehung), der zugfest und glatt ist.
5. *Crêpe:* Dies ist ein sehr stark gedrehter Zwirn (S/Z-Drehung) mit ca. 1.200–3.500 T/m.
Zuchtseide zeichnet sich durch folgende typische Eigenschaften aus:
Die Farbe der Rohseide ist gelb-grünlich, die entbastete Seide ist weiß. Unentbastet ist Seide stumpf bis matt, entbastet hochglänzend.
Die Feinheit des Filaments beträgt ca. dtex 1,3, daher ist Seide als Filamentbündel sehr weich und geschmeidig. Seide besitzt die höchste Festigkeit aller Naturfasern. Die Feuchtigkeitsaufnahme beträgt 9 % bei 65 % Luftfeuchtigkeit und 21 °C. Die Dehnungsfähigkeit ist mit ca. 10–30 % der Ausgangslänge sehr gut. Im trockenen Zustand ist die Knitterneigung von Seide hoch, nass ist die Knitterung reversibel. Die Anschmutzbarkeit ist mittelstark und hängt vom Seidentyp ab. Die Scheuerempfindlichkeit ist sehr hoch, die Lichtechtheit sehr gering. Abhängig ist die Rückerholung allerdings von der Konstruktion, vom Gewicht und vom Entbastungsgrad. Seide hat eine geringe elektrostatische Auflagung, da sie ein Drittel ihres Gewichts an Feuchtigkeit aufnehmen kann. (Die Auflagung ist daher vom Warengewicht des Textils und ebenso

von der Luftfeuchtigkeit abhängig.) Seidenverbrauch an Kokons: Für eine Krawatte braucht man ca. 100–120, für eine Bluse ca. 200–300 und für einen Kimono ca. 3.000 Kokons.

Zu 2: Die Wildseide des Tussahspinners (→ Shantung) stammt von den Kokons wild lebender Raupen und ist meist von bräunlicher Farbe (Zuchtseidenkonkons sind dagegen schneeweiß bis gelblich). Einige indische Wildseiden können gehaspelt werden (Tussahgrège). Die meisten, vor allem die chinesischen Tussahseiden, werden jedoch in Seifenwasser abgekocht und nach dem Schappespinnverfahren (Florettspinnerei) verarbeitet (Stapellänge ca. 60–180 mm, Kammgarnverfahren). Wildseide lässt sich bleichen und teilentbasten, z. B. mit Wasserstoffsuperoxid, büßt dann allerdings einen Teil der Festigkeit ein. Die Stärke und die Kräftigkeit lässt sich durch die gröberen Querschnitte erklären (40–100 μm). Der typisch krachende Griff, die gelegentliche Steife und Härte erklärt sich dadurch, dass das Sericin im Fibroin sehr stark inkrustiert ist und sich nur schwer entfernen lässt (im Gegensatz zum Zuchtspinner). Wildseiden haben aber dadurch eine geringere Laugenempfindlichkeit. Sie sind aber wie Zuchtseide sehr lichtempfindlich. Wildseide hat eine stumpfe, matte Optik, ist also nie glänzend. Im Heimtextilienbereich wird Tussah für Samt, Plüsche und Dekostoffe verwendet, im DOB-Bereich eignet sich Tussah sehr gut für Kostüme und Jacken.

Seidenbatist (silk batiste): Dieser Begriff ist irreführend, da keine Seide, sondern überwiegend Baumwolle verwendet wird. Lediglich der Glanz und evtl. der Griff rechtfertigen diese Bezeichnung. Sein seidenmäßiges Aussehen erhält der Seidenbatist durch folgende Arbeitsgänge: Sengen der Rohware, Mercerisieren, Bleichen, ggf. Färben oder Bedrucken. Dann wird die Ware gespannt und heiß kalandert. Wenn das Gewebe den typisch knirschenden Seidengriff erhalten soll, wird eine Behandlung mit Essig- oder Ameisensäure durchgeführt.

Seidensamt, Transparentsamt (silk velvet): durchscheinender Seiden- oder Chemiefasersamt mit dünner Flordecke und zartem Grundgewebe (andersfarbige Unterkleider schimmern evtl. durch). Das Gewebe ist sehr leicht und weich und trotzdem dicht. Grundgewebe und Polkette sind aus Endlosgarnen (Seide, Acetat oder andere Chemiefaser). Herstellung → Samt.
Einsatz: Abendgarderobe, Jacken und Röcke.

Seidenshoddy: wird durch Reißen und Öffnen aus alten seidenen Lumpen gewonnen. → Seide.

Seidentwill (silk twill): Gleichgratköperware aus überwiegend 4-bindigem Köper (→ Abb. 7). Das Gewebe hat durch Flottierungen ein höheres Materialaufnahmevermögen, ist also schwerer als z. B. Taft oder → Pongé. Die Lichtbrechung ist unregelmäßig; daher ist Twill nicht so stark glänzend wie Pongé oder Satin. In der Kette wird Organsin, im Schuss Trame verwendet. Der Griff ist weich, die Ware fließend und hat einen sportlichen Charakter. Das mittlere Gewicht liegt

Selenik

bei ca. 45 g/m², die Lieferbreite bei 90 und 140 cm.
Einsatz: Blusen, Kleider, Jacken, Schals, Krawatten usw.

Selenik (Fantasiename): Bezeichnung für Gewebe, die eine Leinenoptik aufweisen, aber nicht aus diesem Material bestehen. Um den Leineneffekt zu imitieren, gibt es verschiedene Möglichkeiten: Die typischen flammenartigen Verdickungen des Leinens werden sowohl im Baumwoll- als auch im Chemiefasergarn durch Titerschwankungen imitiert, dann in Kette und Schuss oder in Kette oder Schuss verarbeitet. Gemusterte Panamabindungen können auch eine Fadenverdickung vortäuschen, da sich die gleichbindenden Kettfäden von den leinwandbindigen abheben. So kann man mit größeren Rapporten schöne Unregelmäßigkeiten erzielen. Weitere Entwicklungen stehen einem guten Textildesigner mit Technikkenntnissen auf der Jacquardmaschine zur Verfügung. Das Gewebe hat meist eine gute Knitterresistenz, ist luftporös und gut für den Sommergewebebereich einzusetzen. → Leinenimitat.

Serge (serge; lat., sercia = Seide): Es handelt sich um einen überwiegend 3-bindigen Kett- oder Schussköper, der für Futterstoffe, aber auch für leichte Kostüm- und Anzugstoffe verwendet wird. Der Faserstoffeinsatz ist sehr unterschiedlich. Serge weist nur auf die Bindung dieses Gewebes hin. Klassisches Beispiel ist „Serge de Nîmes", aus dem der Begriff → Denim wurde. Aber auch der glänzende → Futterserge ist ein bekanntes Gewebe. Für den gleichseitigen Köper K 2/2 oder K 3/3 wird nicht Serge, sondern überwiegend der Begriff → Twill verwendet.

Shahtoosh: Haar der Tibetantilope (Pantholops hodgsonii), auch Tschiru genannt. (Es ist persisch und bedeutet „aus Natur und gemacht für einen König".) Das feine seidige Haar ist sehr begehrt und wird zu den sog. Shahtoosh-Schals verarbeitet.
Da man im Gegensatz zu Kaschmir- und Pashminaziegen Shahtoosh-Antilopen nicht domestizieren kann, um das Haar zu zupfen oder auszukämmen, verfolgte man sie rücksichtslos, sodass diese Art heute vom Aussterben bedroht ist, obwohl inzwischen Verkauf und Besitz dieser Produkte unter Strafe gestellt ist.
Die scheuen Antilopen leben auf dem Tibetischen Hochplateau, einem unwirtlichen Gebiet mit Minustemperaturen von 40 °C im Winter und Schneestürmen selbst im Sommer. Geschützt sind die Antilopen durch ihr sehr feines Unterhaar, das sog. Duvet, welches noch etwas feiner als Pashmina (Kaschmir) und fünfmal feiner als das menschliche Haar ist. Shahtoosh-Schals kosten bis zu 10.000 DM. Da Shahtoosh-Haare zu fein sind, um sie verstricken zu können, werden sie ausschließlich verwebt. Man kann z. B. Shahtoosh-Schals (2 x 1 m), ähnlich wie Pashmina, durch einen Fingerring ziehen. Sie werden daher auch Ringshawls genannt. Verbotenerweise handelt man Shahtoosh-Schals nicht nur in den Luxushotels von Bombay, sondern auch in den Geschäften großer Modedesigner in New York, Paris und London.
Einsatz: überwiegend Schals und Stolen.
Quelle: Stern 49/1999, S. 80–83.

Shantung: Wildseide (→ Seide) aus der chinesischen Provinz Shantung. Der Begriff stellt eine Qualitäts- und Handelsbezeichnung dar. Gegenüber der indischen Wildseide ist es eine feinere, festere Ware. Im Schuss weist sie stärkere Titerschwankungen auf und wirkt daher immer unregelmäßig querstreifig. Shantung ist, wie auch andere Tussahseiden, aufgrund des hohen und inkrustierten Sericingehalts sehr hydrophob (Wasser abweisend). In der Kette werden feine Haspelseiden verwendet, im Schuss kräftige Tussahseide. Vorsicht: Bei sehr feinen Kettfäden ist die Lichtanfälligkeit besonders hoch, was eine geringe Lebensdauer bedeutet. Dies gilt übrigens auch für indische Wildseiden bei ähnlich ungleichen Feinheiten in Kette und Schuss.

Sheeting (engl., sheet = Wäsche, Bettzeug): englische Bezeichnung für → Cretonne.

Shetland: Wollsorten von den Schafen der Shetlandinseln. Diese Wollen sind im Vergleich zu Cheviotwollen nicht so glänzend und steif. Die Handelsbezeichnung bezieht sich auf eine grobe, melierte, sportive Qualität mit leicht verfilzter Oberfläche, die aber das Bindungsbild nicht immer ganz verdeckt. Shetland wird farblich in Grau oder Braunmeliert in Köper-, Fischgrat-, Fantasie- oder Tuchbindung (Leinwand) angeboten. Der Unterschied zwischen Wollflanell und Melton besteht in dem relativ langen Faserbesatz auf beiden Seiten. Ausrüstung: Walken und leichtes Rauen. Shetland ist sehr strapazierfähig und eignet sich gut für Sakkos oder Mäntel. Leichtere Ausführungen werden für Kostüme und Anzüge eingesetzt.

Shirting (engl., shirt = Hemd, Hemdengewebe): englische Bezeichnung für → Renforcé.

Siamosen (frz., siamois = siamesisch): Der Begriff bezeichnet in erster Linie einen dunkelfarbigen Schürzenstoff (Schürzensiamosen). Früher war es ein Modename für bunte französische Seiden-, Halbseiden- und Leinenstoffe. Gut erkennen kann man dieses Gewebe an den verschiedenfarbigen, meist blauen und grauen Längsstreifen, die durch einen oder zwei andersfarbige Kettfäden (rot oder weiß) begleitet werden. Heute ist es eine Allgemeinbezeichnung für bunte, farbig gestreifte Gewebe aus gröberen Garnen in Leinwandbindung (Cretonne-Einstellung, z. B. 21 x 21 Fd/cm Nm 34 x 34). Karierte Stoffe dieser Art werden als Kottonade oder Watersiamosen bezeichnet. → Züchen.
Einsatz: Kleider, Schürzen und Bettbezüge.

Silfresh: Faserentwicklung von Novaceta, Italien (in Jointventure mit Snia) für Unter- und Nachtwäsche. Das Ausgangsmaterial bei Silfresh ist antibakterielles Cellulose-Acetat. Die Feinheit des Materials fühlt sich angenehm auf der Haut an, der Stoff bleibt länger frisch und hygienisch. Andere Marken → Antibakterielle Ausrüstungsarten.

Silicone, Polysiloxane: wichtige Gruppe von synthetischen polymeren

Siroset

Stoffen mit wertvollen Eigenschaften. Sie stellen unterschiedliche Substanzen dar; je nach Molekulargröße und Struktur sind sie leichtflüssig, ölig, harzig oder kautschukähnlich. Silicone sind vielseitig verwendbar, beispielsweise als Schmiermittel, Brems- und Hydraulikflüssigkeiten, Kosmetika; Kautschuke für Dichtungen, Draht- und Kabelisolierungen und zur Hydrophobierung von Geweben. Für die Herstellung von Siliconen wird auch Chlor eingesetzt, das aber im Endprodukt nicht auftritt.

Siroset: ältestes Permanentfixierverfahren für Wolltextilien, und zwar für Bügelfalten im Hosen- und für Plisséfalten im Rockbereich. Im sog. Faltenbereich wird die Ware mit einer Reduktionslösung (die Anwendungskonzentration liegt zwischen 60 und 70 % Monoäthanolaminosulfitkonzentrat, das sind 40–50 g pro Liter) besprüht, maschinell oder von Hand. Ein ungenügende Menge an Lösung führt nicht zum gewünschten Erfolg. Eine Permanenz der Falte wird durch die Behandlung eines Gewebeabschnittes in 70 °C heißem Wasser während einer halben Stunde erreicht. Nach der Trocknung muss die Falte genau so scharf sein wie vorher. Ware, die so behandelt worden ist und das Wollsiegel trägt, wird mit der Zusatzbezeichnung „mit Dauerbügelfalte" versehen.
Nach der chemischen Reinigung ist besonders darauf zu achten, dass die Bügelfalte genau an der Stelle der ursprünglichen Bügelfalte wieder eingebügelt wird, da sonst zwei Bügelfalten entstehen können. → Lintrak-Verfahren. → Filzfreiausrüstung.

Sisal (SI) (sisal hemp): Die Sisalfaser, fälschlich auch als Sisalhanf bezeichnet, stammt von der mexikanischen Sisalagave (sisalana), wird aber auch in West- und Ostafrika sowie Brasilien angebaut. Die 1,50–2 m langen steifen Blätter (Hartfasern) sind nach ca. sieben Jahren schnittreif und können 20–30 Jahre geerntet werden. Die Blätter werden geschnitten oder geschlagen, einem Fäulnisprozess unterzogen, anschließend gestampft und gequetscht. Danach kann die Faser geschält, gebleicht, getrocknet, gehechelt und versponnen werden, ganz ähnlich wie Hanf und Flachs. Die gewonnene Faser ist steif, holzig, aber sehr gleichmäßig, leicht, lang und von hellgelber Färbung. Sie ist widerstandsfähig gegen Wasser und Fäulnis. Sisal wird heute noch für Läufer, Teppiche und Teppichböden verwendet. → Aloehanf.

Situssa: Kombinationsgarn aus Acetat und Polyamid von Novaceta, Italien, gehört zur Acordis-Gruppe (Jointventure mit Snia). Es wird matt und glänzend sowie echt gefärbt angeboten und hat einen weichen, seidigen Griff. Bei der Materialkomposition werden die Vorzüge des → Acetats (CA) mit den mechanisch elastischen Eigenschaften des → Polyamids (PA) voll ausgenutzt. Situssa lässt durch die thermoplastische Verformungsmöglichkeit auch kreativen Spielraum für Mode- und Textildesigner. Die Pflege bei 40 °C Waschtemperatur ist unproblematisch, da das Textil kaum knittert und nicht einläuft. Erweitert wird das Programm durch Mischungen mit anderen Chemiefasern oder mit Naturfasern. → Dicelesta.

Situssa Fresh: Acetatgarn mit antibakteriellen Eigenschaften für mehr Frische und Hygiene von Novaceta Italien, gehört zur Acordis-Gruppe (Jointventure mit Snia). Es ist fein, weich und seidig im Griff und unterstützt so das Wellness-Gefühl. Situssa Fresh wird bei 40 °C in der Feinwäsche gewaschen. → Antibakterielle Ausrüstungsarten.
Einsatz: feine Unterwäsche.

Skein (s) (engl., skein = Strang, Garnstrang): Längenmaß; 1 s entspricht einem Hank, das sind 840 yards, 2.520 feet oder 768 m. → Super 100, Super 100's.

Skitrikot, Schitrikot (ski tricot): Dieses Gewebe gehört zu den Trikoloden-Typen und wird in verschiedenen Qualitäten hergestellt – nicht verwechseln mit der Maschenware Skitrikot (ski knits, norwegian jersey cloth). Bekannt sind reinwollene → Meltons, buckskinartige Halbwollware (→ Buckskin), stückfarbige Skiloden und melierte Joppenstoffe. Bindungstechnisch ist bei diesem Gewebetyp die Konstruktion der Maschenware ähnlich. Sie wird aus einer Doppelgewebebindung mit Leinwandbindung auf beiden Warenseiten und einem Warenwechsel nach vier Kettfäden konstruiert, wodurch feine Einschnitte in Längsrichtung der Ware entstehen (ähnliche Bindung → Abb. 82).

Slink: englische Bezeichnung für das fein gekräuselte weiße Fell der 5–6 Monate alten Lämmer der Mongolei und Mandschurei. Außerdem nennt man Kleider, die locker geschnitten und aus weich fließendem Jersey gearbeitet sind, Slinky Look.

Slinkkrimmer: → Krimmer.

Smok-Arbeit (engl., smocking = Schmuckfaltennäherei): Hier wird das Gewebe eingereiht oder gefaltet und in dieser Form mit Zierstichen festgehalten. Diese Arbeit darf nicht mit → Plissé oder → Crash verwechselt werden.

Snagging (engl. snagging = Zieheranfälligkeit): Dieser Begriff wird überwiegend im Maschenwarenbereich verwendet, wenn eine Fadenzieheranfälligkeit vorliegt. Um dieser Problematik zu entgehen, entwickelte man die sog. → Antisnag-Ausrüstung.

Sofrina: Markenprodukt der Firma Haru-Kuraray. → Amaretta™.

Sojafasern (soya-fibre): Dieser natürlich nachwachsende Rohstoff, der langsam an Bedeutung gewinnt, bietet der Industrie eine breite Palette an Produkten, wobei die Proteine am stärksten genutzt werden (36 %). Das Sojaprotein liefert hochwertige Fasern für die Textilindustrie. Durch das Schmelzspinnen (auch Extrusionsspinnen genannt) dieses Rohstoffes unter Zusatz von Polyvinylalkohol erhält man ein seidenartiges Filament mit sehr guten Festigkeitseigenschaften (extreme Zugfestigkeit lässt sich durch Cross-linking erreichen). Die Textilien aus dieser Faser zeichnen sich zusätzlich durch einen angenehmen Tragekomfort aus.
Einsatz: DOB, Blusen Kleider und Wäsche.
Quelle: Textilfasern aus Soja, in: Melliand 5/1999, S. 328.

Soleil, Ripsatlas

Soleil, Ripsatlas (soleil; frz., soleil = Sonne): sehr schön glänzende, unifarbene, seidene oder wollene Kleiderstoffe, die neben der Atlasbindung noch feine, leicht verschwommene Rippen aufweisen (die Rippen wirken wie eine Trennlinie in Querrichtung). Die Gewebekonstruktion besteht aus verstärkten Atlasbindungen. Aufgrund der dichten Einstellung wirkt die Rückseite leinwandbindig. → Abb. 214 zeigt einen Kett-Soleil, → Abb. 213 einen Schuss-Soleil.

Sonnenschutz-Textilien: → Sun-Protect-Textilien.

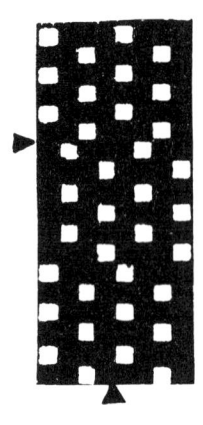

Abb. 214: Kett-Soleil

Spagnolett, Espagnolette (spagnell): Ursprünglich ein zweiseitig stark gerautes Deckengewebe aus Merinowolle. Aus Wolle ähnelt er dem → Düffel. Heute werden auch die Handelsbezeichnungen →Biber, →Molton, →Fancy und → Kalmuck verwendet. Hier handelt es sich allerdings überwiegend um Baumwollgewebe in Leinwand- (Biber, Molton), Köper-, Kreuzköper- oder Atlasbindung. Die leichteren Typen sind einkettig-einschüssig, die schwereren werden als Schussdoublé oder Doppelgewebe mit Anbindung gearbeitet. Ein anderer Name ist Schwerflanell.
Einsatz: Tischunterlagen, Betteinlagestoff, Bügelbrettauflage oder gefärbt im experimentellen Bereich für Modedesigner.

Spiegelsamt (mirror velvet, panne): → Panne.

Spinnfasergarn (staple fibre): wird, je nach Rohstoff, mit unterschiedlichen Spinnverfahren zu Garnen zusammengedreht. Stapelfasern sind natürliche Fasern wie Baumwolle, Wolle, Leinen usw. sowie Abfälle der Seidenspinnerei (→ Schappe-Seidengewebe oder → Bourette) und zu Sta-

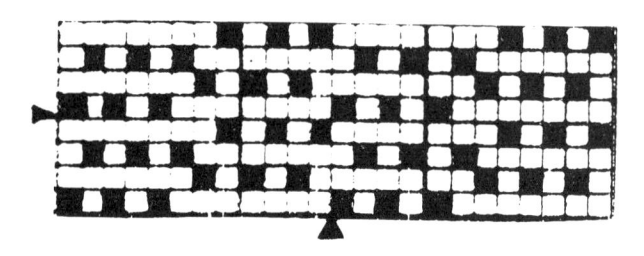

Abb. 213: Schuss-Soleil

peln geschnittene oder gerissene Chemiefasern. → Faserübersicht. → Garn.

Spinnkabel (tow, textile cable): Im Gegensatz zum → Monofil oder → Multifil besteht ein Spinnkabel aus einer Vielzahl (bis zu 1,5 Mio.) Einzelfilamenten. Sie werden durch Spinnen, Verstrecken, ohne Drehung zusammengefasst, um anschließend texturiert (→ Texturieren) und zu Fasern geschnitten oder gerissen zu werden. Die Spinndüsenbohrungen sind den entsprechenden Feinheiten der Naturfasern angepasst. Spinnfasern werden rein oder in Mischung mit Naturfasern zu Garnen weiterverarbeitet.
Die Verwendung liegt überwiegend im der Naturfaser angepassten Bereich.

Spitzköper, Zickzackköper (pointed twill, serpentine twill, zigzag twill, wave twill): Hierbei handelt es sich eher um eine Bindungs- als um eine Handelsbezeichnung, da aus der Köperbindung ein Spitzdessin entwickelt wurde. Die Spitzmusterung entsteht durch das Aneinandersetzen von Z- und S-Gratköper. Hier spricht man vom „Einfachspitz" (→ Abb. 215/216). Liegen zwei Fäden in der Spitze, ist es „Doppelspitz" (→ Abb. 217). Der Des-

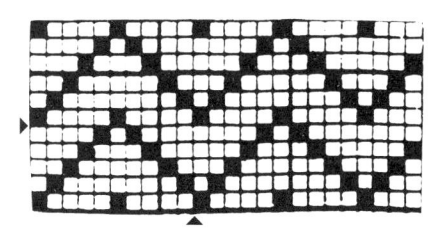

Abb. 216: Spitzköper/Zickzackköper schussbetont

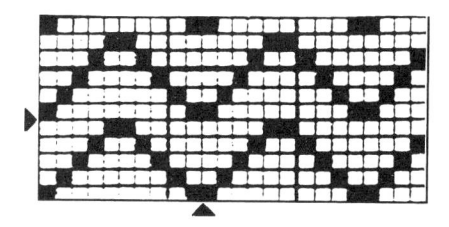

Abb. 217: Doppelspitzköper schussbetont

sinverlauf ist beim Kettspitz horizontal, beim Schussspitz vertikal.
Einsatz: DOB und Dekosektor.

Sportflanell (gypsy cloth): beidseitig, meist kräftig geraute Baumwollware in Leinwand- oder Köperbindung, überwiegend garngefärbt, bei modischen unteren Preislagen aber auch bedruckt (meist eingeschränkte Echtheiten).

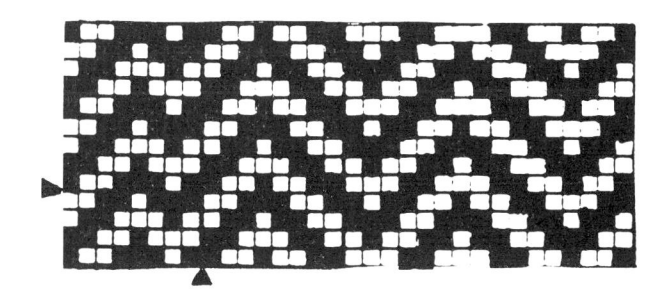

Abb. 215: Spitzköper/Zickzackköper gleichseitig

Sprungtuch (jumping sheet, safety blanket): Gewebe, die von Rettungsmannschaften (Feuerwehr, Technisches Hilfswerk) eingesetzt werden. Sprungtücher werden nach DIN- oder ISO-Standards hergestellt. Als Material wird Ramie, Leinen, heute überwiegend Chemiefasern verwendet. Bindung: Leinwand, Duck.

Spun silk taffeta: Handelsbezeichnung für ein taftbindiges → Schappeseidengewebe, das in dichter Einstellung gewebt wird und kleine, feine, in Schussrichtung unregelmäßige Verdickungen aufweist. Näheres → Toile de soie.

Square Inch: englisches Flächenmaß. 1 Square Inch = 6,45 cm^2. → Inch.

Stangenleinen: → Damast (Bett-Damast).

Stapel (staple): Bezeichnung für längenbegrenzte Natur- und Chemiefasern (→ Faser). Es werden z. B. Baumwoll- oder Wollfasern in Millimeter-Stapellängen angeben. Eine langstaplige Baumwolle hat z. B. 38 mm Stapellänge, eine langstaplige Wolle (Kammgarn) z. B. 120 mm Stapellänge.

Staubtücher: → Scheuertücher.

Stehvelours (upright pile velvet): Hierunter versteht man den sehr kurzen, senkrecht stehenden Flor eines Gewebes (im Gegensatz zum Strichflausch). Der Begriff wird für Samtgewebe (→ Samt) und für Wollgewebe (→ Velours) verwendet.

Steifleinen, Wattierleinen (stiffness cloth, interlining canvas): leinwandbindiger Futterstoff (auch Zwischenfutter) in unterschiedlicher Materialzusammensetzung, auch unter dem Namen Schneiderleinen bekannt. Man unterscheidet Halbleinen- und Reinleinenqualitäten. Baumwollausführungen werden allgemein als Steifnessel bezeichnet.
Halbleinengwebe werden aus naturfarbenen Baumwollgarnen (Kette) und aus naturfarbenen Flachswerggarnen (Schuss) hergestellt. Daher hat die Ware ein bastgraues Aussehen. Bei den Reinleinengeweben werden in Kette und Schuss naturfarbene Flachswerggarne verwendet. Die Einstellung ist unterschiedlich; 10–20 Fd/cm bei Kett- und Schussfäden, Garnnummern ca. Nm 10–12. Die Abschlussbehandlung für Steif-/Wattierleinen ist die Steifappretur (Leimen), das Trocknen und Kalandern. Steifleinen eignet sich im Oberstoffbereich gut für die Kombination mit anderen Naturfasern. → Einlagestoff.

Steifnessel (stiff cotton cloth): → Steifleinen.

Steilgratköper (upright twill): → Gabardine. → Whipcord. → Trikotgewebe. → Trikotine.

Stellungsware (spacing, pick count, formulation): Rohgewebebezeichnung für Baumwoll- und Viskosefaserqualitäten und auch standardmäßig gewebte Mischgewebe (z. B. Cotton-Polyester-Blend), die nach Fadenzahl pro Zentimeter (Inch) und Fadenfeinheit Nm (Ne) gehandelt werden. → Einstellungsgewebe.

Stepper (quilter): Die Grundlagenqualität des Steppers ist überwiegend → Cretonne. Die steppartige Optik entsteht durch die Kombination zweier Bindungen. Die Grundware in Leinwandbindung wird durch den zusätzlichen sog. Lancierschuss (meist andersfarbig) dessiniert. Es ist ein einkettig-einschüssiges Gewebe.
Einsatz: Bettwäsche, Kleider und leichte Sommerjacken.

Stichelhaar (bristle effect): überwiegend Mantel-, Kostüm- und Jackenstoffe in Grundbindungsarten, die mit Stichelhaareffektgarnen/-zwirnen gewebt sind. Stichelhaare werden aus Grobfasern (Grannen) dem Garn beigemischt und eingesponnen. Ob Natur- (wie Rentierstichel) oder Chemiefaservarianten spielt bei den Handelsbezeichnung keine Rolle. Um die Jahrhundertwende war ein mit Stichelhaareffektgarnen gewebter Stoff, der sog. → Zibelinestoff, sehr beliebt.

Stößelleinen (linen sheeting): typische Bezeichnung für ein gebleichtes, reinleinenes Betttuchgewebe in Leinwandbindung. Die Ware ist durch das Leinen kräftig, glatt und kühl im Griff. Kette und Schuss sind meist aus Garnen der Feinheiten Nm 12–20 (tex 84–50). Stößelleinen ist eine sehr strapazierfähige Qualität, die man auch als Bettleinwand bezeichnet.

Stout (engl., stout = kräftig): mittelkräftige Baumwollware in 3-bindigem Kettköper. Es ist eine Art Drell oder → Inlett und wird vornehmlich in unifarbenen und schaftgemusterten Streifen angeboten. Wenn die Leinwandbindung verwendet wird, nennt man den Stout Waterstout oder Bettstout. In der Kette wird Watergarn, im Schuss Mulegarn verwendet.
Einsatz: Inlettgewebe, Kissenbezüge und Dekostoff.

Stramin (duck, canvas; lat., stramen = Stroh): Ein vergleichbares Gewebe ist → Canvas, nur dass hier die glatte Panamabindung verwendet wird. Faserstoffe sind Baumwolle, Leinen oder Halbleinen, aber auch Polyester und Polyamid. Hier ist die Verwendung von hochgedrehten Kett- und Schussfäden notwendig, meist in Scheindreherbindung. Das Gewebe, das auch als Gitterstoff oder Stickereistoff bezeichnet wird, wird stark appretiert. Dadurch wird es nach dem Waschen meist weicher, manchmal sogar lappig. Grundgewebe werden überwiegend für Stickereien, Wirk- und Knüpfarbeiten verwendet.

Streichgarn (carded wool yarn): Im Gegensatz zum → Kammgarn ein kurzstapliges Fasermaterial (20–60 mm) aus Wolle oder Chemiefasern, ebenso aus Mischungen (z. B. 55 % WV und 45 % PES). Es ist voluminös, wärmeisolierend, weich, hat keine parallele Faserlage und hat stark abstehende Faserenden sowie eine geringere Zugfestigkeit. Die Garnfeinheiten liegen zwischen Nm 1–40 (1.000–25 tex).

Streichgarngewebe (carded wool fabric, carded yarn fabric): Diese wolligen Gewebe zeichnen sich garnbedingt und im Gegensatz zu den → Kammgarngeweben durch ein etwas unruhiges und voluminöses Bild aus. Ty-

Streifen

pische Gewebe sind z. B. → Donegal, → Homespun, → Tweed, → Foulé, → Tuch, → Loden und → Shetland. In beiden Ausführungen (Streich- und Kammgarn) gibt es → Fresko, → Nadelstreifen, → Kreidestreifen, → Pepita, → Vichy, → Hahnentritt usw. → Tabelle 6, S. 120. → Faser.

Streifen (stripe): Diese übergeordnete Bezeichnung für vertikal (rayé) und horizontal (travers) gemusterte Gewebe unterteilt man wiederum in genauere Musterungsbezeichnungen, von denen nachfolgend einige aufgeführt werden. Beschreibungen findet man unter den entsprechenden Handelsbezeichnungen: → Bajadere, → Damaststreifen, → Hosenstreifen, → Kadett, → Kohlestreifen, → Kreidestreifen, → Markisenstreifen, → Nadelstreifen, → Metzgersatin, → Mille rayé, → Mille travers, → Römerstreifen, → Schwedenstreifen, → Damast (Streifendamast), → Streifensatin (Taschentuchkaro), → Stresemannstreifen, → Tennisstreifen, → Umbradrell und → Zefir (Zefir rayé, Zefir carré).

Streifensatin (satin stripes): atlasbindige Streifen, überwiegend auf leinwandbindigem Grund, die häufig Ton in Ton oder im Wechsel Weiß plus Farbe gemustert sind. Wenn sich bei Taschentüchern die Satinstreifen kreuzen, nennt man diese Musterungsart Taschentuchkaro.
Streifensatins als Streifendamastgewebe werden auch als Stangenleinen bezeichnet. → Damast (Bett-Damast).

Stresemannstreifen: nach dem Politiker Gustav Stresemann (1878–1929) benannter Anzug, bestehend aus einer anthrazitfarbenen, gestreiften, langen Hose ohne Aufschlag, kombiniert mit grauer Weste und Sakko. Die Qualität ist meist → Marengo. Die Streifenbreite ist nicht zu stark, allerdings breiter als die von Nadel- oder Kreidestreifen und setzt sich in Weiß sehr schön vom übrigen Dunkelgrau ab.
Einsatz: klassischer Gesellschaftsanzug.

Sun-Protect-Textilien: Textilien bieten, wenn sie den Körper möglichst vollständig bedecken, einen einfachen und effektiven Schutz vor der UV-Strahlung. Spezielle UV-Schutz-Textilien sind nur sinnvoll, wenn sie bei sehr geringem Gewicht eine hohe Gewebe- oder Maschendichte aufweisen, die alleinige „Pigmentierung" stellt natürlich keine Lösung dar. Drei dieser Entwicklungen werden exemplarisch für diese textile Warengruppe vorgestellt, bei der der „Sunblocker-Effekt" verwendet wird. Es sind dies ENKA® Sun (→ ENKA® Sun und Modal® Sun) von Acordis Deutschland, → Fashmo Sun Safe™ von Fashion and More, Aßlar, Deutschland und → Meryl® mit UV-Schutz. Sun-Protect-Textilien haben inzwischen das Interesse der Faserhersteller geweckt, sodass eine Zunahme dieser Artikel in nächster Zeit zu erwarten ist.

Super 100, Super 100's: Qualitätsbegriff für hochpreisige Wollgewebe, wobei „s" für → skein (engl., skein = Garnstrang) steht. Die Zahl „100" (auch „120" und „140") geht auf das englische Bradford-Wollqualitätssystem zurück.

Im englischen Kammgarn-Nummerierungssystem (worsted count) stellt die Nummereinheit die Anzahl von Strängen (hanks) je 560 yards pro englisches Pfund (pound, lb) dar. Abgekürzt wird die englische Kammgarnnummer im Deutschen mit Nek (→ Ne und → Nm). Zwischen der Nummer metrisch (Nm) und der englischen Kammgarnnummer besteht folgende Beziehung: Nm = 1,13 x Nek. Demnach sind 100's Nek = Nm 113.

Man konnte aus einer 100's-Wolle ein 100er-Kammgarn nach dem englischen Garnnummern-System spinnen. Aus einem englischen Pfund (lb) dieser Wolle, das sind 454 g, ließen sich 560 x 100, also 56.000 yards Garn spinnen.

Um ein Garn mit Nm 100–110 zu spinnen, bräuchte man natürlich sehr feine Wollen von guter Länge und Kräuselung. Die Frage ist, ob überhaupt und wenn ja, in welchen Mengen diese feinen Wollen produziert werden. Für Züchtung und Gewinnung dieser Qualität kommen nur Australien und evtl. Südafrika als Erzeugerländer in Frage. Nach Aussage von Herrn G. Blankenburg (Wollforschungsinstitut Aachen) sind solche Qualitäten nicht aus Südamerika zu erhalten und nur extrem wenig aus Neuseeland. Geht man von einem Faserdurchmesser von ca. 16 µm aus, so liefert einzig Australien diese feine Wolle mit einem Jahresertrag von ca. 50.000 kg (Basis: Kammzug). Aus ca. 50.000 kg Garn mit einer Feinheit von Nm 100 lassen sich 250.000 m Stoff weben, legt man ein lfm-Gewicht von 200 g zugrunde. Für einen Herrenanzug benötigt man ca. 3 m Stoff, sodass man etwa 80.000–85.000 Anzüge aus dem Weltaufkommen so feiner Wolle produzieren kann.

Sollte also die Bezeichnung Super 100 wirklich in der ursprünglichen Bedeutung ein Spitzenprodukt darstellen, sind diese Anforderungen zu erfüllen. Würde heute mit den vorhandenen Mengen an Super-100-Qualitäten eine Prüfung vorgenommen werden, stellte sich bestimmt heraus, dass sich in einer großen Anzahl der Produkte wesentlich gröbere Wollen befinden. Super 100's ist kein geschütztes Warenzeichen und es gibt bisher keine klaren Beurteilungskriterien. Der Kunde verlangt eine außergewöhnliche Qualität (bei entsprechendem Preis), was nicht nur eine superfeine Wolle umfasst, sondern auch optimale Verarbeitungsbedingungen über den gesamten Produktionsablauf, inklusive der Ausrüstung.

Die Qualität eines Stoffes durch objektive Eigenschaftsparameter festzustellen, ist bei den heutigen Prüfsystemen durchaus möglich:

Faserbeschreibung	Anforderung: mittlerer Faserdurchmesser
Super 80's	19–20 µm
Super 100's	18–18,9 µm
Super 120's	17–17,9 µm
Super 140's	16–16,9 µm

Tab. 22

Diese Anforderungen gelten für Garne in Kette und Schuss.
Quelle: DWI, Aachen.

Supplex

Supplex: Markenname der Firma DuPont für eine Weiterentwicklung des bekannten Nylongarns PA 66 mit der Optik und dem Griff einer Naturfaser (Seide, Baumwolle). Die Festigkeit und Langlebigkeit entsprechen jedoch PA 66. Die Weichheit und Geschmeidigkeit der Kleidung aus Supplex ist auf die feinen Filamente zurückführbar, die als „Bündel" flexibler und komfortabler sind als konventionelle Chemiefasern.
Beispiele:

Abb. 218: Standard Nylon dtex 44 f 13 (Einzelfilamentstärke dtex 3,389)

Supplexfilamente liegen in ihrer Feinheit sehr nahe an der bekannten Mikrofaserfeinheit dtex ≤ 1. Ist die Ware mit Microsupplex ausgezeichnet (dtex 100 f 132), ist das Textil extrem weich, sehr leicht und anschmiegsam. Dennoch ist Supplex so fest und haltbar wie das Standard-Nylon. Aufgrund der hohen Gewebedichte, die diese feinen Garne ermöglichen, ist die Ware winddicht und Wasser abweisend. Die Kleidungsstücke für Indoor und Outdoor bieten alle praktischen und pflegeleichten Eigenschaften, die man von modernen Chemiefasern erwartet, denn sie sind einlaufsicher, knitterarm, kofferfreundlich, fleckenunempfindlich, schnelltrocknend und bügelfrei.

Supplex lässt sich sowohl ungemischt als auch mit anderen Chemiefasern zusammen verarbeiten. Mit seinen spezifischen Eigenschaften ist es nur eine bestimmte Warentype eines großen Programms. Die Griffpalette als auch die verschiedenen Optiken sind sehr vielseitig. Aus diesem Grund ist eine sichtbare Auslobung des Markenproduktes mehr als wichtig, denn

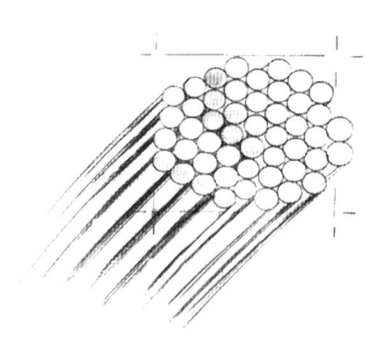

Abb. 219: Suppelx dtex 78 f 68 (Einzelfilamentstärke dtex 1,18)

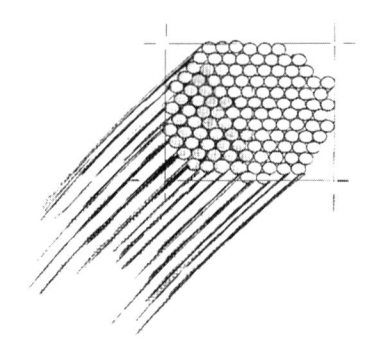

Abb. 220: Microsupplex dtex 100 f 132 (Einzelfilamentstärke dtex 0,75}

ohne diese Hilfe sind die Hightech-Produkte nicht mehr zu erkennen. Größere Bewegungsfreiheit bietet eine Mischung mit → Lycra® (Elastan von DuPont), z. B. aus 95 % Polyamid und 5 % Elastan.
Aber auch Mischungen mit Naturfasern, wie Wolle oder Baumwolle, sind möglich. Der Anteil an Supplex sollte aber hier mindestens 35 % betragen. Werden diese Qualitäten mit Teflon® Protector ausgerüstet, sind sie zusätzlich gegen Flecken und Wasser geschützt.
Einsatz: Sportbekleidung, wie Trainings- und Jogginganzüge, Bademoden, Wintersportbekleidung, ferner Jacken, Anoraks, Regenmäntel, Hemden usw.

Surah, Surahseide (surah): klassisches Seiden- oder Chemiefasergewebe in Köperbindung. Wichtig ist hier der Breitgratköper, der das Gewebe mit einer plastischen Diagonalstruktur überzieht. Den Flottierungen entsprechend muss die Ware dichter eingestellt werden und bekommt dadurch einen herrlich weichen Griff und einen fließenden Fall. Man unterscheidet noch zwischen schmaler und breiter Rippe, indem man schmale diagonale Rippen als „Surah-fine-côte" und breite Typen als „Surah-grosse-côte" bezeichnet.
Das Gewicht liegt bei Chemiefasern bei ca. 330 g/m², bei reiner Seide bei ca. 120–160 g/m².
Einsatz: Kostüme, Kleider und festliche Garderobe.

Swanboy, Schwanboy: → Kalmuck.

Swanskin (engl., swan = Schwan, skin = Pelz, Haut): etymologisch gesehen eine Griff- und Bildbezeichnung für einen Weichflanell mit flaumartiger Oberfläche, die durch intensives, aber vorsichtiges Rauen entsteht. Besonders schön ist Swanskin, wenn langstaplige Baumwolle (Sea Island) verwendet wird. Bindungsarten sind Leinwand und Köper. In der Kette wird Watergarn, im Schuss Mule eingesetzt. → Flanell.
Einsatz: Hemden, Kleider und Futter.

Sympatex®: farblose, nahezu transparente Membran vom Hersteller Sympatex Technologies (gehört zur Acordis-Gruppe), die in ihrer Struktur keine poröse Oberfläche aufweist, d.h. sie ist porenlos im Gegensatz zu Gore-Tex®. Die Membran besteht aus 5 % quellbarem Polyester (bewirkt durch die blockartig eingefügten hydrophilen Polyether-Komponenten) und ist nur 0,015 mm, neuere Entwicklungen sogar nur 0,010 mm stark. Bei einem Temperaturunterschied zwischen Körper und Außenluft entsteht ein Druckgefälle von innen nach außen. Diese hydrophile Membran nimmt dann die Körperfeuchtigkeit in Form von Dampf auf und leitet sie nach außen weiter. Die Wasserdampfdurchlässigkeit beträgt 112,5 g pro m² und Std. (nach → ASTM 2.700 g/m² nach 24 Std.). Die Wasserdichtigkeit beträgt ca. 1 bar (10 m Wassersäule, → Gore-Tex®). Außerdem ist die Membran in alle Richtungen hoch dehnbar (Reißdehnung 300 %) und chemikalienbeständig. Alle Nähte müssen bei der Konfektionierung mit einem Nahtabdichtband verschweißt werden. Dies gilt übrigens für alle Membranen, wenn die Textilien für den Active-Sportswear-

Sympatex®

Bereich verwendet werden (Anordnung des Heißsiegelbandes → Abb. 221–224). Die Angebotspalette reicht vom Oberstofflaminat, Futterlaminat, Insertlaminat bis zum Dreilagenlaminat (→ Abb. 225–228). Die Textilien werden bei 40 °C gewaschen oder auch chemisch gereinigt. Wird Sympatex® mit Polyestermaterialien kombiniert (bei einem Anorak: Oberstoff, Futterstoff, Reißverschluss, Nähte usw.), ist das Produkt recyclingfähig (→ Ecolog Recycling Network).

Für die Herstellung einer Sympatex®-Jacke werden Erdöl, Gas und Kohle verwendet – Erdöl als Ausgangsprodukt für die Kunststoffherstellung, Gas und Kohle sind Primärenergien, die Kohle dient dabei vor allem der Stromproduktion.

Die Rohstoffe pro Jacke in Gramm (3,9 m^2 Membranen = 49,3 g) setzen sich wie folgt zusammen: Gas: 58,5 g; Rohöl: 50,7 g; Kohle: 25,4 g; Lignit: 9,8 g; Holz: 8,6 g und Biomasse: 2,4 g ergeben zusammen 155,4 g.

Für die Membranen einer Outdoor-Jacke wird nur 7,2 MJ Energie verbraucht. Eine Waschmaschine verbraucht im Vergleich dazu für eine Buntwäsche ca. 1 kWh bzw. 3,6 MJ.

Die Luftemission pro Jacke in Gramm besteht aus: 241,8 g CO_2; 2,1 g Kohlenwasserstoffe; 1,6 g sonstige orga-

Abb. 221–224: Sympatex Heißsiegelband

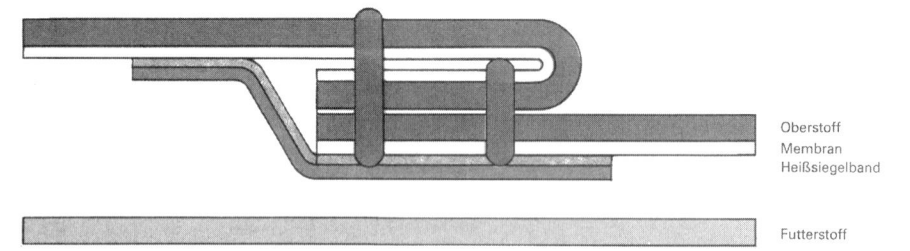

Abb. 221: Anordnung und Abdichtung der Naht bei Bekleidungssystemen aus Oberstofflaminat

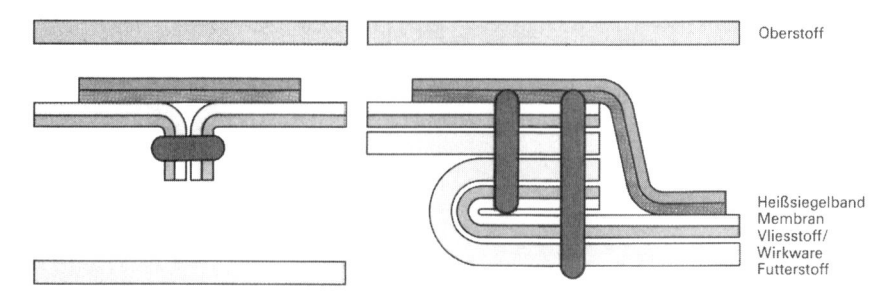

Abb. 222: Anordnung und Abdichtung der Naht bei Bekleidungssystemen mit Insertlaminat. Links: loses Insert. Rechts: gedoppelte Verarbeitung von Insert und Futter

nische Stoffe; 1,5 g Schwefeloxide (SO$_x$); 1,4 g Stickoxide (NO$_x$); 0,7 g CO und 0,5 g Staub. Der CO$_2$-Ausstoß von 241,8 g erhöht sich aufgrund des großen Energiebedarfs bei der Laminierung im weiteren Produktionsverlauf sogar noch deutlich.

Da Kohlendioxid wesentlich zum Treibhauseffekt beiträgt, ist man bei Sympatex® durch die Entwicklung effizienter Energieerzeugung auf eine Verringerung der Emissionen bedacht. (Zum Vergleich andere Emissionswerte: Bei einer Reise von 500 km entstehen pro Person mit dem Flugzeug 130.000 g CO$_2$, mit dem PKW 88.000 g CO$_2$, mit der Bahn 19.000 g CO$_2$, mit dem Reisebus 14.000 g CO$_2$.)

Der Wasserverbrauch für die Herstellung für alle Membranen einer Jacke beträgt insgesamt 10,5 l. Zum Vergleich: Für eine einzige WC-Spülung liegt der Verbrauch bei 6–9 Litern.

Bei der Produktion von 49,3 g Membranen (Verbrauch pro Jacke) entstehen 41,6 g Abfälle. Das Verhältnis von Produkt zu Abfällen beträgt damit 1:0,8. Der Abfall pro Jacke setzt sich wie folgt zusammen: Gestein: 18,7 g; Industrieabfälle: 13,3 g; Chemieabfälle: 4,2 g; Schlacke, Asche: 1,8 g; Papier: 1,5 g; recyclingfähiges Material: 2,1 g, sodass sich als Summe 41,6 g ergibt.

Bei der Herstellung eines 36 kg schwe-

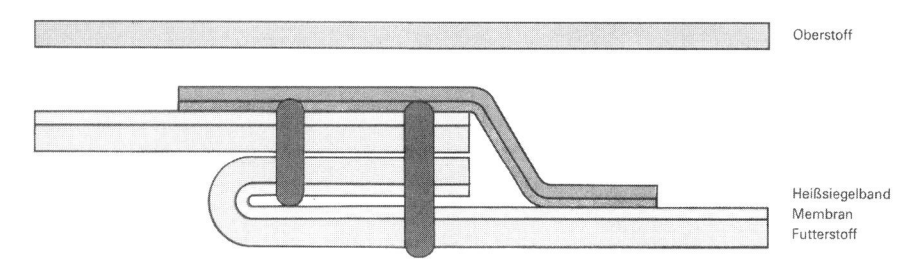

Abb. 223: Anordnung und Abdichtung der Naht bei Bekleidungssystemen mit Futterstofflaminat

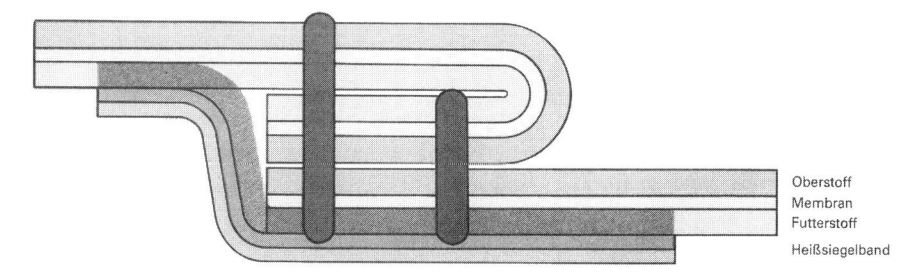

Abb. 224: Anordnung und Abdichtung bei Bekleidungssystemen aus Dreischichtlaminat. Die Heißsiegelband-Verarbeitung sollte bei allen Membranen unterschiedlicher Produzenten eine 10 %ige Wasserdichtigkeit aufweisen.

Sympatex® Thermotion® Wear

ren Fernsehers entstehen im Vergleich dazu insgesamt 492 kg Abfälle, 482 kg Abraum im Rahmen der Werkstoffbereitstellung und 10 kg Produktionsabfälle. Das Verhältnis von Produkt zu Abfällen beträgt in diesem Fall 1 : 14.
Literatur: Umwelt und Chemie von A-Z. Hg. v. Verband der Chemischen Industrie. Herder, Freiburg i. Br. 1990[8].
Ökoprofil von Boustead Consulting Ltd. London, Mai 1999, veröffentlicht von Sympatex Technologies GmbH, Mitglied der Acordis-Gruppe.

Abb. 225: Oberstofflaminat
(Obermaterial / Membran / Futterstoff)

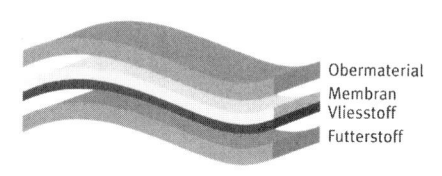

Abb. 226: Insertlaminat
(Obermaterial / Membran / Vliesstoff / Futterstoff)

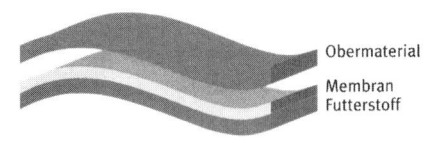

Abb. 227: Futterlaminat
(Obermaterial / Membran / Futterstoff)

Abb. 228: Dreilagenlaminat
(Obermaterial / Membran / Futterstoff)

Sympatex® Thermotion® Wear: neues Insertlaminat von → Sympatex® Technologies (gehört zur Acordis-Gruppe) und der → 3 M Deutschland GmbH, seit 1999 auf dem Markt.
Der Name verweist auf die thermischen und bewegungstechnischen (engl., motion = Bewegung) Eigenschaften und auf das Tragegefühl (engl., emotion = Gefühl). Denn das neue funktionelle Produkt für den Outdoor-Bereich vermittelt durch den hohen Wärmewert, das geringe Gewicht und die hohe Bewegungsfreiheit ein angenehmes Tragegefühl.
Der Pinguin im Logo zeigt, dass sich Thermotion® Wear an der Natur orientiert, er steht für die Wasser- und Winddichtigkeit des Produkts und die flexible Schicht vor der Kälte. Die hohe Wärmeisolation gegenüber anderen Produkten wird durch ein Wärmevlies, bestehend aus ultrafeinen Fasern mit großer Gesamtoberfläche bei geringer Materialstärke, erreicht.
Thermotion® Wear kann für Sport-, Freizeit-, Berufs- und Schutzkleidung eingesetzt werden. Durch die Leichtigkeit des Materials kann daraus gefertigte Bekleidung saisonübergreifend verkauft werden.
Quelle: www.Sympatex.de.

Sympatex® Transactive: neues Membransystem, das von Sympatex Technologies (gehört zur Acordis-Gruppe) zusammen mit dem Outdoor-Spezialist Vaude und dem Laminierer Ploucquet entwickelt wurde. Bei starken körperlichen Anstrengungen wird Transactive als besonders komfortabel empfunden und ist somit eine sinnvolle Ergänzung zu den bekannten Funktionsjacken.

Sympatex® Ultralight

An der Membraninnenseite ist eine speziell entwickelte hydropische (wassersüchtige) Schicht aufgebracht, die den flüssigen Schweiß aufsaugt und zur hydrophilen (Wasser anziehenden) Sympatex®-Membran transportiert, d. h. der Schweiß wird sofort von der Hautoberfläche weggesaugt und auf eine größere Fläche verteilt (→ Abb. 229).

Der Vorteil ist, dass große „feinfilmige" Feuchtigkeitsflächen schneller verdunsten als kleine dichte. Das Jackenfutter fühlt sich so trocken an, der Träger hat ein höheres Komfortgefühl. Sympatex® Transactive wird als Dreilagen-, Oberstoff- und Futterlaminat angeboten. Als besonderes Highlight wird eine Sportkollektion Transactive in Verbindung mit →

ComforTemp® von Schoeller angeboten, eine Klimatechnik mit sehr hohem Komfort. Alle Produkte werden mit besonderen Hang-tags (Anhängeschilder) versehen.
Einsatz: Hightech-Sportswear.
Quelle: www.Sympatex.de.

Sympatex® Ultralight: Laminatentwicklung von Sympatex® Technologies (gehört zur Acordis Gruppe), seit 2000 auf dem Markt. Sympatex® Ultralight wurde für hochfunktionelle und besonders leichte Sportswear-Bekleidung konzipiert (exklusiv von der Firma Elho). Neben dem leichten Packvolumen (diesen Begriff verwendet auch Gore für das Produkt Packlight) macht der Einsatz von Tactel®-HT-Garnen (→ Tactel®) die Ware extrem strapazierfähig.

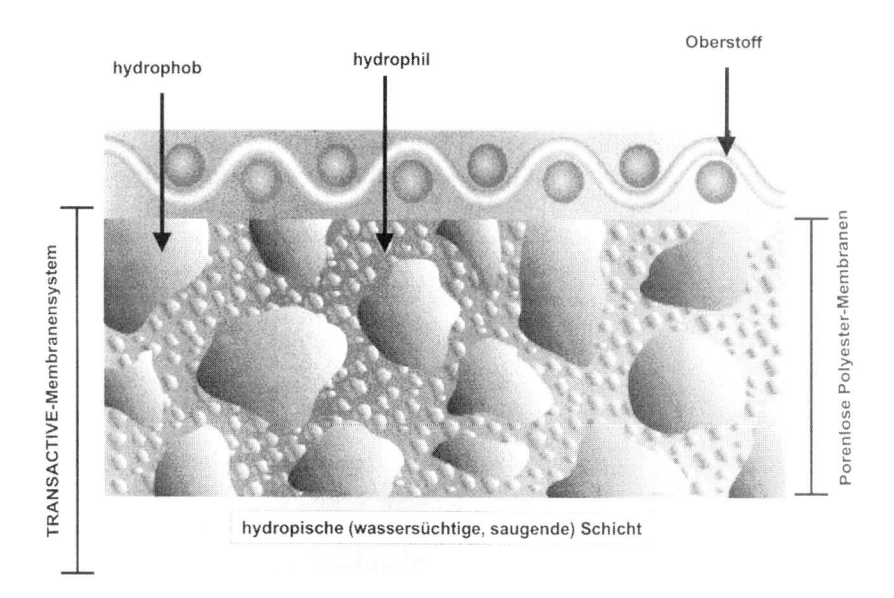

Abb. 229: Sympatex® Transactive

Sympatex® Urban Performance

Ultralight-Laminate werden als Zweischichtlaminate (Gewichtsklasse von 70–100 g/m^2) und Dreischichtenlaminate (Gewichtsklasse von 100–150 g/m^2) angeboten. Das Label für dieses Produkt zeigt eine Libelle.
Quelle: www.Sympatex.de.

Sympatex® Urban Performance: Stoffinnovation mit optimaler Membrantechnik von Sympatex® Technologies (gehört zur Acordis-Gruppe). Bei diesem Programm werden technisch und visuell aktuelle Optiken für den Sportswear-Bereich vorgestellt. Der „coole" Citylook verbindet sich hier mit bestem Tragekomfort, gerade bei schlechtem Wetter. Die City- und Casual-Jacken sind puristisch im Design und technisch hochwertig in den Oberstoffen.
Quelle: www.Sympatex.de.

Sympatex® Windliner: dampfdurchlässige und absolut winddichte Membran, von Sympatex® Technologies entwickelt. Mit einem sehr geringen Gewicht (12,7 g/m^2) und einer Stärke von nur 10 µm ist dieses Produkt gut für Segler, Ski- und Fahrradfahrer geeignet. Verarbeiten lässt sich der Windliner mit den verschiedensten Materialien, z. B. Wolle, Baumwolle, Polyester oder Polyamid und mit Produkten wie Web- und Maschenwaren sowie Non Wovens.
Die Membran besteht aus hydrophilem Polyester (5 % quellbar). Es ist eine homogene, porenlose Flachfolie. Die Bruchdehnung liegt bei über 500 %, die Wasserdampfdurchlässigkeit beträgt 2.700 g/m^2 in 24 Std., das sind 112,5 g/m^2 stündlich.
Quelle: www.Sympatex.de.

T 190, T 210: internationale Handelsbezeichnung textiltechnischer Gewebeinstellungen. Sie werden auch unter „Nylon T 190" gehandelt.
Es handelt sich hierbei um ein Polyamid- oder Polyesterfilamentgewebe, bei dem die Zahl 190 bzw. 210 auf die Anzahl der Kett- und Schussfäden pro Inch (2,54 cm) hinweist. Im Detail stellt sich die Gewebeeinstellung wie folgt dar:
Kette 110 Fd/Inch (43,0 Fd/cm), Schuss 80 Fd/Inch (31,5 Fd/cm). Überwiegend wird ein Filamentgarn den 70 (dtex 77) eingesetzt. Das Gewicht pro Quadratmeter liegt bei ca. 60. (Bei diesem Beispiel rundet man auf T 190 auf.) Man rechnet mit ca. 5 % Gesamtschrumpf für Einwebung und Veredlung. Weitere Einstellungen in der Zusammenfassung:

	T 190	T 190	T 210
Kette/Inch	112	114	123
Schuss	78	76	86
Gewicht/m²	62,09	61,09	67,38

Tab. 23

Verwendet werden die Konstruktionen für Outdoor-Bekleidung (Blousons, Anoraks) sowie für Futter.
Quelle: Miles Fashion Group, Hamburg.

Tactel®: Markenname für eine Hightech-Faser aus Polyamid 66 von DuPont, Oestringen, Deuschland (früher ICI), seit 1983 im Handel.
Unter dem Markennamen wird eine Garnpalette mit den unterschiedlichsten Filament-/Faserquerschnitten und Feinheiten angeboten. Ursprünglich für den Sportswear-Bereich entwickelt, erobert Tactel® mittlerweile die Textilsegmente wie Underwear, den DOB-, HAKA-, KIKO- und Leisure-Bereich.
DuPont wirbt mit dem „Tactel®-Effect"; dieser Slogan spielt auf die unterschiedlichsten Gefühlsempfindungen des Menschen beim Berühren und Tragen von Tactel®-Produkten an („The Tactel®-Effect, Yes!"). Die Polyamid-Variationen sind mit fein abgestimmten Feinheiten und Querschnittsformen ausgestattet. Folgende Produkte werden in Abb. 230 vorgestellt:

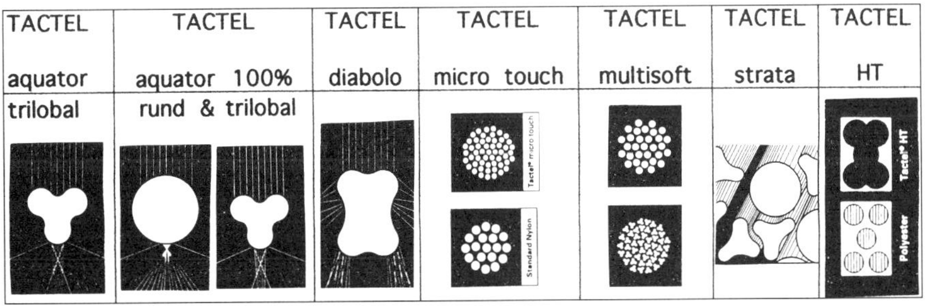

Abb. 230: Tactel®-Produkte

Tactel®

Markenregeln und Bedingungen für die Verwendung von Tactel®:
DuPont testet und lizensiert alle Stoffqualitäten. Die Verwendung der Marke Tactel® kann von DuPont verweigert werden, wenn die Stoffqualitäten und Kleidungsstücke von minderer Qualität sind oder nicht die spezifischen Eigenschaften von Tactel® aufweisen. Lingerie und nahtlose Kleidungsstücke (seamless fabric) müssen, um mit Tactel® ausgezeichnet werden zu können, im Oberstoff einen Mindestanteil von 50 % lizenzierter Tactel® Stoffe oder -Spitze enthalten, alle anderen Keidungstypen müssen einen Anteil von 80 % genehmigter Tactel®-Stoffe im Oberstoff aufweisen.
Quelle: Auszug aus dem Lizenzsierungsantrag von DuPont.
Die einzelnen Produkte sind:
- *Tactel® aquator:* eine doppelflächige Maschen- oder Webware, bei der es folgende Varianten gibt: Auf der Innenseite der Textilkonstruktion ist Polyamid 66 (35 %), auf der Außenseite Baumwolle (65 %). Einsatz: Funktionswäsche für den leichten Sportswear-Sektor. Konstruktionsbedingt wird der Schweiß von der Polyamid-Innenseite sehr rasch an die darüber liegende Baumwolle abgegeben, da der feine PA-Faserquerschnitt trilobal (mit dreilappigem Querschnitt) ist (→ Abb. 230), und kann dann an der Oberfläche besser verdunsten. Bei starker körperlicher Beanspruchung ist aber der Baumwolleinsatz nicht mehr sinnvoll. In diesem Fall kommt eine andere Tactel®-Variante, Tactel® aquator 100 %, zum Einsatz,
- *Tactel® aquator 100 %:* Komposition für den funktionellen Sportswear- und Wäschebereich sowie für Socken, insgesamt für sportliche Aktivitäten von hoher Intensität. Diese Variante besitzt ebenfalls eine atmungsaktive, zweilagige Textilkonstruktion, aber aus 100 % Tactel® (Polyamid 66) und mit hohem Anspruch an den Tragekomfort. Die Fasern (Filamente) der Textilinnenseite sind trilobal und transportieren den Schweiß sehr schnell von der Haut weg an die feinfilamentige Stoffaußenseite, deren Fasern einen runden Querschnitt aufweisen (→ Abb. 230). So kann die Feuchtigkeit schneller verdunsten. Verglichen mit einlagigen Stoffkonstruktionen ermöglicht Tactel® aquator 100 % trotz Schweißabsonderung ein angenehm trockenes Gefühl auf der Haut. Darüber hinaus wird das Auskühlen des Körpers nach dem Sport erheblich verringert. Die Ware hat einen angenehm weichen Griff, ist leicht und hat optimale Pflegeeigenschaften bei geringer Trocknungszeit,
- *Tactel® diabolo:* zeichnet sich durch die „knochenartige" Querschnittsform des Filaments aus (→ Abb. 230). Die Ware besitzt einen wunderschönen Rundum-Glanz, ein sehr gutes Nahtbild, einen fließenden Fall und einen angenehm weichen Griff. Durch das geringe spezifische Gewicht des PA 66 sind die Textilien von hoher Leichtigkeit, aber sind trotzdem robust und strapazierfähig. Eine verbesserte Passform und ein höherer Komfort werden durch

den Einsatz von Elastan (→ Lycra®) erreicht; Mischungen mit anderen Fasern ermöglichen neue Lüstervarianten.
Einsatz: Abendkleidung, elegante Wäsche, Strickbekleidung und Feinstrümpfe,
- *Tactel® micro touch:* Die Feinheit der Filamente liegt bei diesem Produkt im „mikronahen" Bereich, daher ist der Griff besonders weich. Die Faser eignet sich für komfortable und luxuriöse Qualitäten (Querschnitt → Abb. 230).
Darüber hinaus erlauben diese Mikrogarne eine besonders dichte Gewebekonstruktion. Die Folge ist eine sehr gute Deckkraft (Abdeckung der textilen Warenoberfläche durch Texturierung der Garne), die Ware ist Wind und Wasser abweisend bei gleichzeitiger Dampfdurchlässigkeit. Durch die hohe Abrieb- und Reißfestigkeit und das geringe Gewicht empfiehlt sich Tactel® micro touch besonders für den Active-Sportswear- und Casualwear-Bereich.
Ursprünglich ist Tactel® micro touch für den Streetwear- und Regenbereich entwickelt worden, denn die Ware trocknet schnell und kann unproblematisch in der Maschine gewaschen werden. Nun findet sie auch im Spitzen- und Wäschebereich und im Strickbekleidungssektor Verwendung.
- *Tactel® multisoft:* Produktgruppe aus Multifilamentgarnen im feinen Dtex-Bereich. Es ist mit seinem weichen Griff und durch die gute Deckkraft (geschlossene, sehr gleichmäßige Oberfläche) sehr gut für Bekleidung geeignet. Multisoft bietet eine große Palette an Lüstervarianten an, die durch unterschiedliche Querschnitte, wie rund und trilobal, erzeugt werden (Querschnitte → Abb. 230).
Einsatz: Spitzen, Feinstrümpfe, Ready-to-Wear und Active Sportswear,
- *Tactel® strata:* wurde entwickelt, um der aktuellen Nachfrage der Bekleidungsindustrie nach Melange-Optiken und Bicolor-Effekten nachzukommen. Die gewünschte Optik, ein Bi-Ton-Farbeffekt und zwei unterschiedliche Lichtreflexionseffekte, wurde durch ein Bi-Spinnverfahren erreicht, bei dem runde und trilobale Filamentquerschnitte miteinander kombiniert wurden (Querschnitt → Abb. 230). Die Melange-Optik ist dauerhaft reproduzierbar, da sie unabhängig von der Färberate ist. Im mittleren Farbtonbereich kommt dieser Effekt am besten zur Geltung.
Im Strickbereich zeichnet sich Tactel® strata durch ein klares Maschenbild und einen fließenden Fall aus. Der ursprüngliche Einsatzbereich Wäsche, Bademoden und Active Wear als Rundstrickware ist ausgeweitet worden auf den Webbereich, um auch hier interessante Melange-Effekte zu erzielen,
- *Tactel® HT:* Palette mit High-Tenacity-Garnen (engl.; tenacity = Zähigkeit) für Extremsportarten im Outdoor-Segment, angeregt durch Spezialgarne für Fallschirme und Heißluftballons. Sie besitzen eine sehr hohe Reißfestigkeit (10–35 % höher als Normalgarne), sehr gute Abriebfestigkeiten von 50–250 % und Gewichteinsparungen von 10–35 %. Unterstützt werden diese

Eigenschaften durch taslanisierte Garne (Air-Jet-Texturierung). Ferner gibt es Tactel® HT thermomechanisch texturiert (Falschdrahtverfahren) und glatt (→ Abb. 230). Bedingt durch die unterschiedliche spezifische Dichte der verschiedenen Materialien (z. B. PA und PES), variieren die Garne verschiedener Fasertypen im Durchmesser bei gleicher Dtex-Zahl. So hat z. B. Tactel® HT verglichen mit PES eine geringere spezifische Dichte und ermöglicht somit Stoffe, die bei niedrigerem Gewicht eine vergleichbare Deckkraft haben.
Diese Produktreihe gibt es matt und glänzend, sie bietet einen guten Tragekomfort, verbunden mit modischen Optiken.
Einsatz: Bekleidung für Ski, Mountaineering, Trekking und Snowboarding,

- *Tactel® ispira:* weiterentwickeltes Bi-Komponenten-Filamentgarn aus PA 66 mit einer permanenten Kräuselung (Texturierung), seit Herbst/Winter 2000/01 auf dem Markt. Die Besonderheit bei dieser Qualität liegt im Zusammenspiel von Komfort-Stretch und modernen volumigem und dabei sehr weichem Griff (Techno-Touch),
- *Tactel® Coloursafe:* wird mit speziell von DyStar entwickelten Farbstoffen gefärbt, die die Farbtiefe und die Waschechtheit der Fasern verbessern. Mit Coloursafe sind interessante Farbkontraste möglich, es kommt zum reduzierten Ausbluten der Farben und sie haben eine bessere Waschechtheit bei höheren Waschtemperaturen. Der Kundennutzen besteht in einer längere Lebensdauer der Farben, die Bekleidung sieht länger neu aus, es kommt zu weniger Retouren aufgrund des Auswaschens der Farben und es gibt eine größere Auswahl an tieferen, echten Farben.

Taffet: → Taft.

Taft, Taffet (taffeta; pers. tafteh = weben, taftan = glänzend): Alle leinwandbindigen Gewebe aus Seide oder Chemiefasern (Endlosfäden und keine Fasergarne) werden Tafte genannt (DIN-Norm). So kann man schon anhand der Handelsbezeichnungen, die den Begrif „Taft" enthalten, gleich auf die Filamentkonstruktion schließen. Früher setzte man in der Kette Organsin und im Schuss Trame ein. Die Gewebeeinstellung sollte ca. 2:1 sein. Der Schussfaden ist aber häufig doppelt so dick wie der Kettfaden, sodass das Verhältnis von Kette und Schuss sich entsprechend annähern kann. Die typischen Eigenschaften von Taft sind durch seine Einstellung und durch den Bastgehalt (Serizin) bedingt. Das Gewebe weist einen matten Glanz und eine leichte Querrippenstruktur (ähnlich → Popeline) auf und sollte eine bestimmte Steife besitzen (kann ausrüstungstechnisch unterstützt werden). Je höher die Gewebedichte, desto stärker ist die Knitteranfälligkeit (Drapierfähigkeit). Kleidertafte sollten in jedem Falle steifer sein als → Futtertafte. Naturseidentafte dürfen nur gerollt gelagert werden, da sonst die Gefahr des Brechens besteht. Die meisten Tafte bestehen heute aus Viskosefilament, Acetat, Polyester, Polyamid oder Mischungen und inzwischen wieder aus Cupro. Diese Tafte sind meist schwerer als Seidentafte und haben häufig einen zu lappigen, seifigen Griff. Auch die Gewebeeinstellung hinsichtlich der Querrippenstruktur lässt häufig zu wünschen übrig. Klassische Einstellungen:

Naturseidentafte
Kette ca. 50–120 Fd/cm
(dtex 22–24 Organsin)
Schuss ca. 40–70 Fd/cm
(dtex 40–44 Trame)

Chemiefasertafte
Kette ca. 30–70 Fd/cm
(dtex 65–110)
Schuss ca. 20–40 Fd/cm
(dtex 44–80)

Preisunterschiede können also auch einstellungsbedingt sein.
Einsatz: Blusen, Kostüme, Kleider, Mäntel, Regenschirme usw.

Taftbindung (taffeta weave, tabby weave): → Leinwandbindung.

Tanguis: peruanische Baumwollsorte. → Baumwolle.

Tapestry-Teppich (tapestry carpet): Wollteppich, der auf Rutenstühlen hergestellt wird und bei dem die Noppen nicht aufgeschnitten sind (gezogene Noppen oder Schlingen). Vor dem Weben wird die Polkette bedruckt (wie beim → Chiné), weswegen man auch von einem Druckteppich spricht. Hier kann also einchorig gearbeitet werden, da nur eine Polkette notwendig ist. Der Vorteil liegt im günstigen Preis bei einer großen Farbanzahl. Die Verfahrensweise ist allerdings veraltet, da heute sog. Chromojetanlagen wesentlich schneller und noch kostengünstiger arbeiten.

Tapisseriestoffe (tapestry fabrics): alle klassischen Stickereigrundgewebe wie → Canvas, → Aida oder → Stramin. Sie werden zum Aussticken verwendet, wobei die Stickereitechnik den Wert der Ware bestimmt, z. B. Kelim, Kreuzstich, Plattstich, Halbstich usw. Einsatz: Kissen, Läufer, Decken, Wandbehänge, Taschen usw.

Tarlatan (tarlatan; frz., tarlatane): feines, durchsichtiges, leinwandbindiges Baumwollgewebe, welches meist stark appretiert wird. Es wird auch als Gaze-Linon oder Tirleton bezeichnet und mit Gold- oder Silber-Lamèfäden oder → Lahn gemustert, meist in einfachen Streifen und kleinen Schaftmusterungen. Die Einstellung ist ca. 7–10 Fd/cm in der Kette, 7–12 Fd/cm im Schuss, die Garnfeinheit liegt bei ca. Nm 60–85.
Einsatz: Dekorationssektor, Theaterkostüme und Faschingsstoffe.

Tarpawling, Tarpauling (tarpaulin fabric; engl., tarpaulin = Teerstoff): Handelsbezeichnung für ein grobes, kräftiges Jutegewebe in 2-fädiger Leinwandbindung (R 1/1 2-fädig). Die Zugfestigkeit wird über eine stark gedrehte Kette (Water) erreicht, ergänzt durch einen groben Schuss. Es ist ein sehr strapazierfähiges, undurchsichtiges Gewebe.
Einsatz: Verpackungen von Mehl, Zucker, Salz, Zement u. Ä.

Tartan (tartan, clan): Tartan stammt vom französischen „tartaine" und ist

Taschenfutter

die Bezeichnung für farbig karierte, schottische Wollstoffe. Das alte gälische Wort für Tartan ist „breac" und bedeutet so viel wie kariert oder bunt. Die meisten Tartans wurden im 18. und 19. Jh. entwickelt. Nur wenige wurden vor 1746 gewebt. Dass jeder Clan (Familie, Sippe) seinen eigenen Tartan hatte, ist bis heute nicht bewiesen. Der Tartan wurde für Uniformen und Alltagskleidung verwendet. Bedienstete durften nur einfarbige Kleidung tragen, Lehnbauern zwei Farben, Offiziere drei und Stammesfürsten fünf Farben. Dichter und Druiden trugen sechs Farben; nur dem König war es vorbehalten, einen siebenfarbigen Tartan zu tragen. Die Tartans teilten sich in folgende Kategorien ein:
- *Clan Tartans:* Sie werden von den Mitgliedern eines Familienclans getragen und sind von Familie zu Familie unterschiedlich,
- *Dress Tartans:* Sie werden zu festlichen Anlässen von Frauen und Männern getragen. Helle Farben auf meist weißem Grund. Dress Tartans sind eine Abwandlung der klassischen Clan Tartans,
- *Mourning Tartans:* der Tartan für Trauerfälle (schwarz-weiß),
- *Hunting Tartans:* Jagdkleidung. Tarnfarben wie Braun und Grün dominierten,
- *Chief Tartans:* für Stammesoberhäupter und deren direkte Familienangehörige,
- *District Tartans:* sie sind die ältesten Tartans und waren die Vorläufer der Clan Tartans,
- *Royal Tartans:* für Mitglieder der königlichen Familie,
- *Military Tartans:* Uniformen für die schottische Armee.

Bekannte Dessins sind Royal Stewart, Hunting Stewart, Dress Stewart, Mac Donald, Black-Watch (Gordon) usw. → Schotten.

Taschenfutter (pocketing): allgemeine Bezeichnung für Baumwoll-, Viskose- oder Chemiefasergewebe wie → Moleskin, Taschenköper und → Pocketing. Taschenfutter werden meist appretiert, kalandert und in der halben Breite (60–80 cm) verkauft.

Taschenköper (pocketing): → Pocketing.

Tauchschleuder-Verfahren: → Curing.

TC (engl., Abkürzung für T = → Tetoron®, C = Cotton): leinwandbindiges Mischgewebe aus 65 % Polyester und 35 % Baumwolle (oder Mindestgehalt an PES: 60 %); eine klassische Importware. Verwendet wird es vornehmlich im Wäsche- und Hemdensektor. Das Gewicht liegt bei ca. 100–140 g/m². Diese Fasermischung hat sehr gute Pflegeeigenschaften wie Knitterunempfindlichkeit, gute Scheuer- und Reißfestigkeit, kurze Trocknungszeit und gute hygienische Eigenschaften. Wird TC allerdings z. B. reaktiv gefärbt, erhält man „Melangen", da das PES nicht anfärbt. Wenn Vollfarbigkeit gewünscht ist, muss daher zweibadig gefärbt werden (z. B. Reaktiv-/Dispersionsfarbstoff).

Tech-tex™: Markenname der Miles Fashion Group, Hamburg.
Tech-tex™ besteht aus einem Polyester- oder Polyamidgewebe, z. B.

taft- und twillbindig, mit einer mikroporösen PU-Rückenbeschichtung. Die Wasserdichtigkeit liegt der DIN-ENV 343 entsprechend bei >1,5 m und die Wasserdampfdurchlässigkeit nach → ASTM bei 2.500–2.700 g/m² in 24 Std. (ca. 108 g/m² pro Std.). Tech-tex™ hat eine hohe Abriebfestigkeit und ist winddicht, muss aber auch wie eine Membran verschweißt werden, um an den Nähten das Eindringen von Wasser zu verhindern. Der Einsatzbereich liegt im Outdoor-Jacken-Bereich (DOB, HAKA, KIKO) im mittleren Preissegment.
Quelle: Miles Textillabor.

Teflon®-Ausrüstung: Markenname von DuPont, Markteinführung von Teflon® 1938, insbesondere als Pfannenbeschichtung bekannt (Bekanntheitsgrad von ca. 80 %).
Dieses Markenprodukt steht aber auch für eine neuartige Fleckenschutzausrüstung bei Textilien, neuerdings auch für Federn und Daunen. Sie stellt eine Alternative zu der bekannten Scotchgard™-Ausrüstung dar.
Teflon® ist wie Gore-Tex® aus PTFE (Polytetrafluorethylen), eine synthetische Substanz, die sehr widerstandsfähig und absolut hydrophob (Wasser abweisend) ist. Die gewebten oder vermaschten Stoffe werden imprägniert, d. h. sie werden vom Ausrüster in einem Tauchbad aufgebracht, wobei die Fadensysteme von einem dünnen Film ummantelt werden. Dieser Film ist so dünn, dass man ihn weder sehen noch fühlen kann und somit die natürlichen Griffeigenschaften des Stoffes (z. B. hochwertige Merinoprodukte) nicht beeinflusst. Nach dem Tauchvorgang wird die Ware kondensiert und ist somit für die Konfektionierung vorbereitet. Kundenvorteile dieser Ausrüstung: Durch die geringere Saugfähigkeit perlen Flüssigkeiten (Rotwein, Regen) ohne Probleme ab. Aber auch Schmutz kann an dieser Ausrüstung nicht haften. Da eine geringere Quellung der Fasern stattfindet, wird auch das Knittern der Ware auf ein Minimum reduziert. Ebenso wichtig ist, dass die Stoffe porös bleiben und somit den Wasserdampf zwischen den Fäden von innen nach außen durchlassen (gutes bekleidungsphysiologisches Verhalten). Geeignet ist diese Form der Ausrüstung für Oberbekleidung, die nicht direkt auf der Haut aufliegt. Bei Hosen sollte man darauf achten, dass sie nicht zu eng geschnitten sind, um einen guten Luft- und Feuchtigkeitstransport zu gewährleisten.
Wie bei vielen Ausrüstungen lässt auch bei Teflon® die Schutzfunktion im Laufe einiger chemischer Reinigungs- oder Waschprozesse nach. Es ist aber nach 5–6 Reinigungen/Wäschen immer noch ca. 85 % Teflon® vorhanden. Der Ausrüstungseffekt lässt sich aber einfach mit Hitze (Bügeleisen, Trockner) wieder auffrischen.
Ein Anzug aus reiner Schurwolle (Superwash) mit Teflon®-Ausrüstung sollte, wenn überhaupt, bei maximal 40 °C in der Extremschonwäsche gewaschen werden und nicht in den Trockner (Tumbler) kommen, sondern aufgebügelt werden. Das Recycling von Teflon® in der Kombination mit Wolle oder Baumwolle ist nicht möglich. Aber die Menge, die man benötigt, um einen Anzug zu imprägnieren, entspricht ungefähr der Größe einer

Erbse und ist auf der Deponie absolut bedenkenlos zu entsorgen.
Die Ökobilanz ist insgesamt positiv, denn man spart durch Teflon® eine Anzahl von Reingungs- und Waschprozessen (Energie, Lösungsmittel und Wasser). Das Produkt ist FCKW-frei, ungiftig und dermatologisch getestet. Man benutzt es z. B. auch in der Medizin für Zahnimplantate oder künstliche Hüften.

Tekko: Textiltapete aus bedrucktem Baumwollgrundgewebe, die mit Ölfarbe überzogen ist. Durch anschließende Gaufrage (Prägung) wurden Damasteffekte und ein seidenähnlicher Glanz erzielt. Sie ist seit 1800 bekannt.

Tencel®: Stapelfaser, Markenprodukt von Acordis (früher Courtaulds), ist ähnlich kühl wie Seide und kann weich wie Kaschmir sein. Spezifische Eigenschaften → Lyocell.
Tencel® zeichnet sich durch extreme Weichheit, einen seidigen Glanz und einen fließenden Fall aus, es schafft ein Wohlfühlklima, ist in intensiven Farben erhältlich, hat eine hohe Schlingenfestigkeit und eine hohe relative Nassfestigkeit (85 %).
Tencel® wird nicht für Bekleidung eingesetzt, die gegenüber Abscheuerung besonders exponiert ist (z. B. Hosen). Geeignet ist das Material für modische Artikel im DOB-Bereich mit einer Zusatzausrüstung gegen Abscheuerung. Die typische Fibrillierung ist gewünscht und gut geeignet für Waren mit Peach-Skin-Effekt, Sand-washed-, Soft-touch- und Schmirgeloptik und auch Used Look.
Durch Kombiverfahren aus Cellulasen, mechanischen Maßnahmen und weichen Fluorpolymerisaten kann man sehr gute Öl und Wasser abweisende Effekte erzielen (Sport-und Freizeitbekleidung).
Die Fasereigenschaften, die das Fertigprodukt prägen und dem Kunden entgegenkommen, sind die Reißfestigkeit, Maßbeständigkeit, der Tragekomfort durch die Saugfähigkeit und die Farbbrillanz. Die Faser ist vom Erscheinungsbild stark glänzend bis matt, zeichnet sich ferner durch Gleichmäßigkeit und einen kompakten Griff aus. Der nachwachsende Rohstoff steht unbegrenzt zur Verfügung. Zudem ist ist die Faser biologisch abbaubar.
Auch die Verarbeitbarkeit ist sehr vorteilhaft: Die hohe Faserfestigkeit bewirkt eine hohe Garnfestigkeit (z. B. neue Anwendungsmöglichkeiten für Rotorgarne). Der geringe Flächenschrumpf beim Veredeln bringt Kostenvorteile. Der niedrige Waschschrumpf führt zur Einsparung von Kunstharz (ökologisch und finanziell von Vorteil). Auch die hohe Farbausbeute ist von ökologischem Nutzen und erspart Kosten. Das Material ist gut vernähbar.
Mischungen mit Naturfasern ergeben interessante Ergebnisse in Bezug auf Haptik und Tragekomfort: Eine *Woll-Tencel®-Mischung* ist ganz besonders weich, besitzt einen kühlen Griff und, je nach Einstellung und Stoffart, einen fließenden Fall.
Baumwolle in Kombination mit Tencel® hat einen weichen Warengriff, einen guten Fall und vor allem eine feine, gleichmäßige Textilanmutung.
Tencel® mit Leinen gemischt hat eine gute Knittererholung und eine verbesserte Strapazierfähigkeit.

Ein Seide-Tencel®-Gemisch zeichnet sich durch Glanz, extreme Weichheit und Leichtigkeit sowie Waschbarkeit aus.
Eine *Mischung mit Polyamid und Polyester* bietet dem Designer innovative und kreative Möglichkeiten, den Fall und Griff unnachahmlich weich zu gestalten.
Um die Trageeigenschaften zu verbessern, wird Tencel® auch mit Kunstharzen ausgerüstet und mit PES oder Baumwolle gemischt.
Dauerwaschverhalten: Mit zunehmender Anzahl der Wäschen sind bei den Versuchsgeweben steigende Festigkeitsverluste aufgetreten. Gewebe aus Lyocell (Tencel®) und auch bei Mischungen aus 50 % Baumwolle und 50 % Viskose zeigen nach 50 Wäschen einen Festigkeitsverlust von etwa 30 %. Bei Normalviskose wird der Wert schon nach 20 Wäschen erreicht. (Die Modaltype auf der Basis von Fichtenzellstoff zeigt nach 50 Wäschen aber nur einen 18 %igen Festigkeitsverlust.)
Tencel® kann momentan in fünf Ausrüstungsziele/Trends unterteilt werden:
1. *Classic Touch* mit einer klaren Warenstruktur, unvergleichlichem Griff und Fall, in leichten und mittleren Gewichtsklassen,
2. *Silk Touch* mit seidenweichen Griffvariationen, Peach-Skin-Oberflächen und sandgewaschenen Oberflächen für modische Oberbekleidung,
3. *Soft Denim*, das sind luftig-leichte „Jeansstoffe" mit authentischer Optik für Blusen, Hemden und Sommerjeans, häufig in Mischung mit Baumwolle,
4. *Maschenstoffe* für sportive Unterwäsche und
5. hochwertige *T-Shirts* und *Pullover*.

Tennisflanell (tennis flannel): leitet sich vom Kammgarnflanell ab und ist damit eigentlich im Wollbereich angesiedelt. Tennisflanelle werden als Anzug- und Hemdengewebe eingesetzt. Hemdenflanelle werden dabei überwiegend zweiseitig geraut und kommen in Woll-, Halbwoll- und auch in Baumwoll- und Viskosequalitäten zum Verkauf. Die Bindungen sind Leinwand und Gleichgratköper (K 2/2), seltener Fischgrat. Baumwollwaren werden, um sie wollähnlicher zu gestalten, im Schuss mit Imitatgarn gewebt. Die Kette ist garngefärbt oder naturfarben aus 3-Zylinder-Garnen gewebt. Wenn farbige Schärungsketten entwickelt werden, können sich in der Fertigware → Kreidestreifen ergeben. Tennisflanelle aus Wolle werden vor dem Rauen gewalkt, um die Festigkeit zu erhöhen.

Tennisstreifen (tennis stripe): schmale → Streifen auf breitem, weißem Fond. Klassische Farbstellung ist Marineblau-Weiß, außerdem werden aber auch Schwarz, Rot oder Gelb verwendet.

Teppich (carpet, amerikan. rug): Man unterscheidet Teppiche nach ihrem Verwendungszweck als Wandbehang oder Bodenbelag. Florteppiche z. B. für den Fußboden teilt man ein in geknüpfte und gewebte Teppiche. Daneben gibt es den großen Sektor der Tuftingwaren. Teppichbezeichnungen sind u. a.: → Axminster-Teppich, Brüsselteppich, Tournay-Tep-

Terinda

pich, Bouclé-Teppich, → Tapestry-Teppich, Kokosteppich, Allgäuer Teppich, Kelim, → Gobelin (Wandteppich) oder Orientteppich (Knüpfteppiche). Aufgrund des enormen Umfangs dieses Spezialgebietes sei an die entsprechende Fachliteratur verwiesen.

Terinda: eine aus Dacron (PES von DuPont) entwickelte Spezialfaser. Gedacht ist diese Entwicklung für Bekleidung im Active-Wear-Bereich, wie z. B. Trekking, Climbing, Wandern, aber auch für Golfer. Da dieses Material „raschelfrei" ist, eignet es sich auch für die Bekleidung von Jägern. Außerdem ist Terinda sehr weich, geschmeidig und anpassungsfähig an modische Tendenzen.
Besonders Spezialeffekte, wie Velours oder Wildleder Finish mit hoher Abriebfestigkeit sowie ein Antisnagging bei Maschenwaren, zeichnen dieses Polyester aus. Terinda ist ein Mikrofilament (dreißigmal feiner als das menschliche Haar). Der Einsatzbereich sind der Outdoor- und Indoor-Bereich, Homewear und Heimtextilien.
Bei der Verarbeitung zu DOB und HAKA braucht man bei Terinda kein Futter, da es selbst eine sehr geschmeidig-weiche Innenseite besitzt.
Der gute Feuchtigkeitstransport von innen nach außen sorgt dafür, dass die Kleidung trocken und komfortabel bleibt.
Trotz der Weichheit ist Terinda-Kleidung sehr widerstandsfähig, lässt sich in der Maschine waschen, verzeichnet keinen Einlauf und besitzt eine sehr gute Farbechtheit.

Tetoron®: Markenprodukt. Filament und Faser bestehen aus Polyester der japanischen Firmen Teijin Ltd., Japan, und Toray Industries Inc., Japan. → TC.

Textile Rohstoffe: → Faserübersicht.

Textilien (textiles; lat., textilis = gewebt, gewirkt): Der Begriff bezieht sich auf alle Faserstoffe, die gewebt, gewirkt, gestickt, getuftet, geflochten oder geknüpft sind. Grob unterscheidet man Textilien in DOB (Damenoberbekleidung), HAKA (Herrenbekleidung), KIKO (Kinderkonfektion), KOB (Kinderoberbekleidung). Darüber hinaus gibt es den Heimtextilienbereich (Heimtextilien beinhalten die Dekorations- und Möbelstoffe). Textilien, die für öffentliche Bereiche produziert werden, nennt man Objektstoffe (Büros, Schulen, Krankenhäuser, Hotels usw.).

Textilgifte: → Gifte/Toxine.

Texturieren (texture, bulk): Behandlung glatter, synthetischer Filamentgarne durch mechanisch-thermische (Torsionskräuselung), chemisch-thermische sowie mechanische Verfahren (Lufttexturierung). Hierdurch wird ihnen Volumen, Bauschkraft, Elastizität, Wärmeisolations- und Feuchtetransportvermögen sowie ein textiler Charakter verliehen.
Vornehmlich werden folgende Texturierverfahren verwendet: Falschdrahtverfahren, Blasverfahren (Taslan) und Stauchkräuselverfahren. Bei allen Thermoplasten ist die Texturierung permanent, wenn die Waschtemperatur unter der Texturierungstemperatur liegt.
Es folgt eine Gegenüberstellung glatter und texturierter Filamente:

Eigenschaften	glatte Filamentgarne	texturierte Filamentgarne
Glanz	sehr stark durch glatte Oberfläche	gering bis matt, kaum Reflexion
Griff	kalt, glatt	wärmer, weicher, voluminöser
Volumen	gering, da glatt	groß, da gekräuselt
Pilling	stark, keine Elastizität, große Abriebflächen	geringer, da kleinere Abriebflächen
elektrostatische Aufladung	groß, da geringe Feuchtigkeitsaufnahme, kein Luftaustausch	geringer, da Kräuselung mehr Feuchtigkeit bindet, Lufteinschluss, Luftaustausch
elastische Dehnung	sehr gering durch Verstreckung und glatte Filamente	durch starke Kräuselung gut bis sehr gut
Wasseraufnahme	sehr gering	höher, da zwischen den Kräuselbögen mehr Feuchtigkeit gespeichert wird
Wärmerückhaltevermögen	gering, wegen fehlender Lufteinschlüsse haften die glatten Filamente aneinander	höher, bedingt durch Luftkammern zwischen den gekräuselten Filamenten

Tab. 24

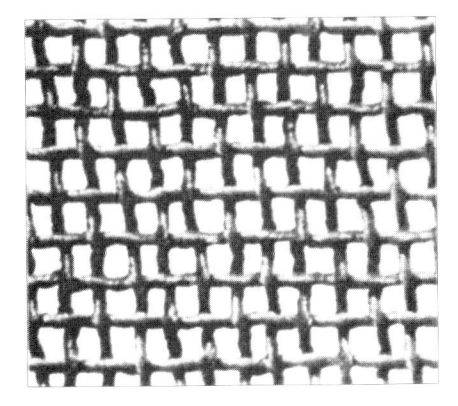

Abb. 231: Glatte, überdrehte Filamentgarne (Taftbindung)

Abb. 232: Texturierte Filamentgarne (Köperbindung)

Zu den wichtigsten Texturierverfahren gehört das Falschdrahtverfahren, welches Anfang der 30er-Jahre entwickelt wurde. Das Multifilgarn wird hochgedreht, fixiert (Wärmebehandlung) und anschließend wieder zurückgedreht. So öffnet sich das Filamentbündel und bildet Schlingen und Kräuselbögen. Auf diese Art kann man hoch- und geringelastische Garne herstellen. Filamentmaterial ist meist Polyester, → Polyamid, seltener → Polypropylen.

Thai-Seide (thai silk): Herkunftsbezeichnung für ein feines, hochwertiges Wildseidengewebe (→ Honan). Die typische Struktur zeichnet sich durch leichte Titerschwankungen mit z. T. knötchenartigen Verdickungen aus. Hier werden die heimischen Zuchtseiden mit ihrem unregelmäßigen Fadenverlauf für die Kette verwendet. Der gleichmäßige Schuss kommt häufig aus China. Thai-Seide wird uni in leuchtenden Tönen angeboten, aber auch im Multicolor-Charakter. Die Bindung ist überwiegend Taft, der Griff etwas krachend und die Drapierfähigkeit ist sehr gut.
Einsatz: Kostüme, Jacken und Heimtextilien.

ThermaStat™: Markenname der Firma DuPont für eine Polyesterfaser (Markenfaser Dacron) mit der vornehmlichen Aufgabe, Wärme zu speichern. Dacron ist mit den typischen Eigenschaften von Polyester ausgestattet: Es nimmt sehr wenig Feuchtigkeit auf, somit neigt das Material zu sehr geringer Quellung und ist schnell trocken (nach dem Tragen und auch nach dem Waschen). Die Ware bleibt dimensionsstabil und verzieht nicht. Polyester hat ein sehr gutes Rücksprungvermögen, dadurch knittern Polyestergewebe kaum und brauchen nicht gebügelt zu werden. Zur Spezialität der ThermaStat™-Type:
Sie wurde für den Sportbereich entwickelt und ist eine spezielle Hohlfaser, die einen geregelten Wärmeaustausch ermöglicht. Die extrem feinen Faserröhrchen (Filamente) blockieren Strahlungswärme besser, sind sehr leicht, wärmen den Träger schnell auf und bewahren wirkungsvoll die Wärme. Das Anpassen an veränderte Körperreaktionen verhindert beim Träger ein Überhitzen oder ein klammes Gefühl. Normalerweise hält ThermaStat™ den Körper ohne zusätzliche Abfütterung ausreichend warm. Unter Extrembedingungen eignet es sich aber auch sehr gut als Innenfutter, kombiniert mit anderen Thermotextilien. Auch hier wird, wie bei → Coolmax, nur nach einem modifizierten Prinzip, die Feuchtigkeit sehr schnell nach außen abgeführt. ThermaStat™ ist waschmaschinenfest, läuft nicht ein, bleibt formbeständig und zeigt keine Geruchs- und Schimmelneigung. ThermaStat™ wird rein sowie in Mischung mit anderen Chemiefasern oder z. B. mit Coolmax und Naturfasern (Seide, Baumwolle) angeboten.
Verkaufsargumente (wichtig, da gegen Chemiefasern immer noch große Vorbehalte bestehen): ThermaStat™ ist sehr leicht, sehr geschmeidig, bleibt während des Tragens sowie auch nach der Wäsche weich, scheuert nicht, lässt sich problemlos waschen (Pflegehinweise beachten), trocknet rasch, besitzt eine hohe Farb- und Lichtecht-

heit, läuft nicht ein und hat eine lange Tragedauer. Von Nachteil ist der relativ hohe Preis. Einsatz: Unterwäsche, Sportbekleidung, Socken, Kopfbedeckung, Strumpfhosen usw.

Thermotion® Wear: → Sympatex® Thermotion® Wear.

Thermotron®: von de Ball, Nettetal, japanisches Markenzeichen für eine Polyesterfaser, die im Inneren feinste Zirkonium-Karbid-Partikel (ZrC) umschließt. Dieses Material nimmt Kurzwellenstrahlen auf, die immer in der Atmosphäre vorhanden sind, und speichert sie als thermische Energie im Stoff, und das bei jedem Wetter sowie Tag und Nacht. Dagegen wird die vom Körper produzierte Wärme von Thermotron® exclusiv reflektiert, sodass kein Wärmeverlust entsteht. Man spricht von einem Solar-Power-Stoff. (Das Logo zeigt eine stilisierte Sonne hinter einem wellenförmigen Garn.) Die Textilkonstruktion beruht bei diesen Qualitäten auf einer Kombination von Thermotron®-Garnen in der Kette und „Microart", eine rechteckige, sehr leichte japanische Hohlfaser im Schuss. Thermotron® exclusiv bietet mit der sehr guten Wärmeisolation, mit einem verstärkten Wasser abweisenden Effekt und mit der leicht glänzenden Oberfläche einen hohen Komfort und entspricht damit dem Wellnes-Gedanken.
Einsatz: Ganzjahresmode für den gesamten Outdoor-Bereich.

Thinsulate™ Insulation: spezielles Mikrofaservlies aus Polyester oder einem Polyester-Polyolefin-Gemisch mit hervorragendem Wärmeschutz von 3 M Deutschland GmbH, Produktübersicht → 3 M. Die Wärme bleibt auch dann noch erhalten, wenn die Kleidungsstücke nass sind; das atmungsaktive Vlies sorgt für ein exzellentes Wohlfühlklima (→ Abb. 233/234).
3 M bietet eine große Produktpalette von Spezialvliesen für die unterschiedlichsten Einsatzbereiche, von denen nachfolgend einige exemplarisch vorgestellt werden:
– *Thinsulate™ Lite Loft™ Insulation Type THL:* Vlies mit geringem Gewicht, hoher Wärmeisolierung und sehr weichem Griff, ideal für Outdoor-Bekleidung sowie Schlafsäcke. Das Vlies kann gesteppt oder freihängend verarbeitet werden. Der Kunde hat die Wahl zwischen THL 1 bis THL 4.
THL 1 und THL 2 besteht aus 77,5 % Polyester und 22,5 % Polyolefin. Das Gewicht beträgt 60–90 g/m^2, die Stärke des Vlieses liegt zwischen 1,5 und 2,0 cm. Beide Vliestypen können bei 30 °C in der Schonwäsche gewaschen, bei 100 °C (1 Punkt) gebügelt werden und sind für den Trockner geeignet.
Einsatz: Outdoor, Skikleidung, Bettzeug und Schlafsäcke.
3 M gibt für den Konfektionär folgende Verarbeitungsvorschläge: freihängend verarbeiteter Oberstoff aus Endlosfilamenten, glatt (nicht texturiert), daunendicht gewebt mit mehr als 160 Kettfäden/Inch (63 Fd/cm) und mit Taftkonstruktionen, die dichter sind als 104 x 88 Fd/Inch (41 x 34,5 Fd/cm). In jedem Fall müssen Ober- und Futterstoff mit dem Vlies nach bekleidungsphysiologischen Gesichtspunkten kombiniert werden.

Tibet 342

- *Thinsulate™ Insulation Type P:* Dieses Vlies besteht aus 100 % Polyester und wird ebenso wie Lite Loft™ universell für den Outdoor-Bereich verwendet. Type P zeichnet sich durch sehr gute Atmungsaktivität, einen weichen Griff und schnelle Trocknungszeiten aus. Die Stärke des Materials liegt zwischen 0,7 und 1,5 cm bei einem sehr niedrigem Gewicht von 59 bis 151 g/m^2. Dieses sehr feine Vlies kann bei 60 °C in der Waschmaschine gewaschen oder auch gereinigt werden, ist trocknergeeignet und mit der Bügeleinstellung 1 Punkt bügelbar.
- *Thinsulate™ Insulation Type FX:* besteht aus 65 % Polyolefin und 35 % Polyester und wird eingesetzt, wenn für das Produkt hohe Dehnbarkeit und Rücksprungkraft wichtig sind, z. B. für Handschuhe, Mützen und Textilien für Active Sportswear. Type FX kann laminiert (Oberstoff und Futterlaminat) und gesteppt verarbeitet werden. Sehr gut lässt es sich mit Fleece (→ Lycra®) oder Trikotware verbinden. Es wird in drei verschiedenen Stärken und Gewichtsklassen angeboten, in 0,32 cm Stärke mit 43 g/m^2 Gewicht, 0,50 cm stark und 74 g/m^2 schwer und 0,55 cm stark mit einem Gewicht von 105 g/m^2. Dieses Vlies ist bei 30 °C waschbar, trocknergeeignet, sollte aber weder gereinigt noch gechlort werden.

Alle Produkte sind nach dem → Öko-Tex Standard 100 zertifiziert.
Quelle: 3 M Deutschland GmbH, Carl-Schurz-Str. 1, D-41453 Neuss.

Tibet (tibet cloth): Handels- als auch Qualitätsbezeichnung für eine feine, sehr weiche, köperbindige (4-bindiger gleichseitiger Köper, → Abb. 7) Ware mit mattem Glanz. In Kette und Schuss werden Kammgarne verarbeitet, daher besitzt Tibet eine gute Zugfestigkeit und Dimensionsstabilität.
Einsatz: überwiegend Damenkleider, Kostümstoffe.

Abb. 233/234: Feinheitsvergleich

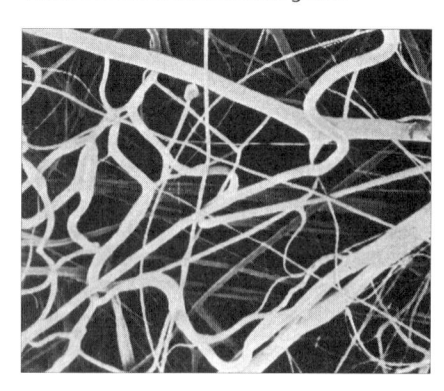

Abb. 233: Thinsulate™ Insulation

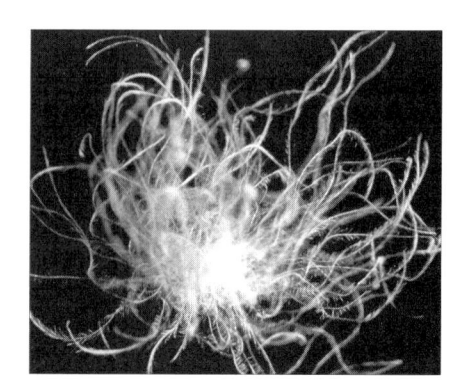

Abb. 234: Daune

Tirtey (engl., tirtey = grobes Zeug, grobes Tuch): englische und deutsche Handels- und Qualitätsbezeichnung, auch Tirtey-Loden genannt. Es sind vornehmlich Halbwollgewebe aus farbiger Baumwollzwirnkette und Streichgarnwollschuss (Reißgarn), im Gegensatz zum → Buckskin, der in beiden Fasersystemen Streichgarnwolle aus Reißgarn verwendet. Tirtey hat eine sehr dichte Schusseinstellung, wodurch das Kettmaterial verdeckt wird. Unterstützt wird die Dichte durch das Walken und Rauen. Es besteht eine geringe Musterungsmöglichkeit, daher ist Tirtey etwas „langweilig" im Gegensatz zum Buckskin oder → Cassinet. Die Bindung ist meist Köper K 1:2 oder K 2/2, aber auch Schussrips- (R 1/1 2 fd, R 1/1 4/1 fd) oder gemusterte Längsripsbindung ist möglich.
Einsatz: Arbeitshosen, Jacken, Mäntel und früher ein sog. „Dienerstoff".

Titer (titer): Gewichts- oder Längennummerierung von Garnen/Zwirnen. Hierunter vesteht man die Feinheit eines Einzelfilaments oder es wird der Gesamttiter genannt, der sich aus der Anzahl der Filamente ergibt. → Feinheit, Feinheitsbezeichnungen.

Titian (titian): Plüschgewebe aus Leinen, das überwiegend für den Deko- und Möbelstoffsektor verwendet wird. Im Doppelplüschverfahren (→ Samt) gewebt, besteht das Grundgewebe aus Baumwollgarn und der Flor (Florkette) aus Leinen.

Toile (toile; frz., toile = Leinwand):
1. In Frankreich wird jeder leinwandähnliche Stoff „Toile" genannt. Fehlt die Zusatzbezeichnung, ist es meist ein Chemiefasertyp, z. B. Polyester. Die Einstellung in Kette und Schuss ist fast gleich. Dadurch erhält der Toile seine ausgewogene Optik. Er hat eine dezente matte Optik, nicht ganz so weich im Griff wie der → Toile de soie. Das Gewicht liegt höher (ca. 80–150 g/m^2), wenn normale Titer verwendet werden. Nachahmungen in Mikro können leichter sein.
Einsatz: Hemden, Blusen, Freizeitbekleidung und Unterwäsche.
2. Bezeichnung für ein woll- oder wollähnliches Gewebe. Es handelt sich um einen feinfädigen, überwiegend stückfarbigen und kahlappretierten Kammgarnstoff in Tuchbindung (Leinwandbindung). Der Griff ist weich, das Gewebe fließend. Die Konstruktion ähnelt dem → Tropical, allerdings mit veränderter Haptik. Wenn Merinomaterial verwendet wird, gehört er in die Gruppe der Cool-Wool-Artikel.

Toile de soie (spun silk taffeta; frz., toile de soie = leinwandbindiges Seidentuch): taftbindiges Seidengewebe aus Schappeseide (→ Fujiseide). Obwohl diese Seiden ungleichmäßiger und gröber sind als Haspelseiden, werden die nach dem Kammgarnverfahren hergestellten Schappeseiden als hochwertig eingestuft. Aufgrund des Einstellungsverhältnisses von ca. 2:1 (ca. 52:26 Fd/cm in Kette und Schuss) erhält die Ware eine leicht querrippige Optik, vergleichbar dem Popeline. Toile de soie ist fülliger als Japon und etwas weicher. Er hat sehr gute Gebrauchseigenschaften, ist elastisch, also wenig knitteranfällig, und ist meist stückfarbig uni oder bedruckt

Total Easy Care Wool 344

im Handel. Toile de soie hat ein gutes Wärmehalte-, Luftaustausch- und Feuchtetransportvermögen. Das Gewicht liegt bei ca. 65–90 g/m². Darüber hinaus ist das Gewebe weich, geschmeidig und schmutzt aufgrund seiner glatten Oberfläche nicht so schnell an (es sei denn, es ist mit einer Sandwashed-Ausrüstung versehen).
Pflegehinweis: Feinwäsche und bei ca. 150 °C (2 Punkt) feucht bügeln. Nicht verwechseln mit → Toile.
Einsatz: Blusen, Kleider, Unterwäsche und Freizeitkleidung.

Total Easy Care Wool: Auszeichnung für Woolmark-Maschenwaren, wenn sie der IWS-Spezifikation (Internationales Wollsekretariat) entsprechen. Diese Bekleidungstextilen sind waschmaschinenfest, d. h. filzfrei und einlaufsicher ausgerüstet, und können bei 30 °C im Wollwaschgang oder bei 40 °C im Superschonwaschgang gewaschen werden. 30 °C bedeutet eine geringere mechanische Belastung, bei der die Waschtrommel weniger Rechts-links-Bewegungen pro Min. macht. Bei 40 °C sollte die Maschine nur mit 30 % der Füllmenge beladen werden, um eine schonende Behandlung des Kleidungsstückes zu gewährleisten.

Tote Baumwolle (dead cotton): Sie bildet sich bereits in der Wachstumsperiode. Die Zellwand der Baumwollfaser ist extrem dünn und besteht aus der Primärmembran. Sie ist vollkommen transparent und weist keine korkenzieherartigen Drehungen auf (nur Faltungen und Überschlagungen). Tote Fasern bestehen normalerweise nur aus der Cuticula, während unreife Fasern je nach Reifegrad eine mehr oder weniger starke Zellwand zeigen. Garne, Gewebe, Gestricke usw., die tote Baumwolle enthalten, zeigen nach der Färbung, besonders bei tiefen Tönen, weiße oder helle Punkte. Eine Beseitigung ist nur beschränkt und bei entsprechender Vor- bzw. Nachbehandlung und Auswahl der Farbstoffe möglich. Durch Vorlaugieren mit Natronlauge (15–20 % bei 20 °C) unter Zusatz eines Netzmittels wird eine Besserung erreicht, was aber bei dichten Geweben zur Verminderung der Durchfärbung und zu einer ungleichmäßigen Färbung führt. In bestimmten Fällen empfiehlt sich ein Nachlaugierungsverfahren, um eine einwandfreie Ware zu erhalten. Tote Baumwolle findet sich z. B. häufig in einfachen indischen Qualitäten.

Toxin: → Gifte/Toxine.

Trame (tram, weft silk; frz., trame = Schussfaden): Der Begriff wird für sehr weich gedrehte Seidenfäden verwendet, die nur für den Schuss eingesetzt werden. Sie sind weich und voluminös, besitzen aber keine Kettfestigkeit wie z. B. Organsin.
Um ein Seidengewebe zu beschreiben, wird das Kett- und Schussmaterial angegeben, z. B. Kette Organsin, Schuss Trame.

Transactive: → Sympatex® Transactive.

Travers (horizontal stripes): → Zusatzbezeichnungen.

Treffertuch®: Markenname für ein Wäschegewebe ohne jede Füllappretur der Firma Christian Dierig, Augs-

burg. Es wurde auch als „Hausfrauentuch" bezeichnet. Das Gewebe besteht aus amerikanischer Baumwolle in unterschiedlichster Qualität, ist gebrauchstüchtig und mit einem sehr guten Waschverhalten ausgestattet (dimensionsstabil). Garantiezeichen war ein schwarzer Pfeil im roten Feld mit der Inschrift „Treffertuch".
Einsatz: Hemden, Unterwäsche und Bettwäsche.

Trenkercord: benannt nach dem Tiroler Bergsteiger Louis Trenker (1892–1990). → Cordsamt.

Trevira Finesse®: Gewebe aus feinstfibrilligen Polyesterfilamentgarnen (z. B. PES dtex 167 f 256), die eine enorm hohe Gewebedichte ermöglichen, hergestellt von der Hoechst Trevira GmbH, Frankfurt, Deutschland. Je nach Querschnitt der Fibrillen gibt es einen seidigen oder baumwollenen Typ. Das Textil ist Wind abweisend und wasserdicht bis 600 mm Wassersäule. Die Ware hat sehr gute Durchgangswerte bezüglich der Dampfdiffusion und ist wasch- und reinigungsbeständig.
Einsatz: Sport- und Freizeittextilien.

Trevira 350®: Polyester von Hoechst Trevira GmbH, Frankfurt, Deutschland. Dieser spezielle Polyestertyp wird durch ein Copolymer so modifiziert, dass eine Steuerung von Festigkeit, Haltbarkeit und Knittererholung nach Maß möglich wird. Dadurch kann während der einzelnen Produktionsstufen zum fertigen Gewebe, beim Färben und Thermofixieren, die Biegebeständigkeit (Knickscheuerung) gezielt reduziert werden.

Die Faser bewirkt, dass das fertige Gewebe eine gute Festigkeit, Formbeständigkeit, Knittererholung, Haltbarkeit und Pillingresistenz besitzt, bedingt durch den Abbau der Biegefestigkeit, und beim Gebrauch des Gewebes entstehende Pillingknoten einfach abbrechen. Hier unterscheidet sich Trevira 350® grundsätzlich von anderen Low-Pill-Fasern (→ Pilling).
Die Mischung mit Wolle (z. B. Merino) bildet eine Basis für hochwertige Artikel im HAKA- und DOB-Sektor, die kaum mit anderen Fasern erreichbar ist.
Der Low-Pill-Effekt von Trevira 350® ermöglicht Garne und Zwirne mit weicher Drehung (geschmeidiger Griff), die Gewebe sind leichter einzustellen (ca. 8-10 %) und durch das höhere Volumen kann die Qualität und Wertigkeit des Endprodukts optimiert werden.
Die verbesserte Farbstoffaufnahme (ca. 15–20 %) bei geringerer Färbetemperatur (ca. 5 %) sowie der Ver-

Abb. 235: 2 REM-Aufnahmen zum Vergleich: oben häßliche Flusenknoten durch Normalfasern, unten die saubere Oberfläche durch pillingarme Trevira-Typen

Trevira CS®

zicht auf zusätzliche Arbeitsgänge für eine Ausrüstung gegen Pilling führen zu erheblichen Kosteneinsparungen in der gesamten Verarbeitungskette. Tevira 350® wird seit Jahren in der gleichen Partienummer angeboten, d. h. physikalische Eigenschaften und Färbeverhalten der Fasern werden in engen Grenzen konstant gehalten. So entfällt jeder Aufwand für des Getrennthalten verschiedener Lieferungen.

Eine andere pillingarme Fasertype ist Trevira 353®, die letzte 3 steht für einen trilobalen (dreilappigen) Faserquerschnitt, der die Lichtreflexion gegenüber Trevira 350® mit einem runden Faserquerschnitt entscheidend verändert. So wird dem Kunden die Möglichkeit gegeben, pillingfreie Ware mit unterschiedlicher optischer Anmutung zu kaufen.

Trevira CS®: schwer entflammbare Polyesterfaser für den Objektbereich, das „C" steht für „comfort", das „S" für „security" (engl., = Sicherheit). Während andere Stoffe nachträglich flammenhemmend imprägniert werden, ist bei Trevira CS® ein Comonomer fest im Faserpolymer verankert. So kann die Schwerentflammbarkeit weder durch Waschen, Reinigen, Abrieb noch durch Alterung beeinträchtigt werden. Was den Komfort betrifft, kann man die Faser mit Baumwolle oder Wolle in jeder Hinsicht vergleichen, die spezifischen Eigenschaften, z. B. Atmungsaktivität, Farbechtheit, Druckfestigkeit und Langlebigkeit, entsprechen oder übertreffen klassische Fasern. Die Faserfeinheiten einer großen Faserpalette reichen von feinsten Titern für Gardinen mit dtex 1,3-1,7 über feine Titer von dtex 2,4–3,6 bis zu groben Titern für Teppiche von dtex 13. Die Herstellung als Ringgarn oder OE-Garn sowie als Filament bietet Möglichkeiten für eine breite Anwendung. Trevira CS® trägt das ÖKO-Zeichen „Schadstoffgeprüft".
Einsatz: für textile Objekte im Theater, Kino, auf Passagierschiffen, in Schulen, Büros, Krankenhäusern usw.

Trikoline® (tricoline): geschütztes Markenzeichen der englischen Firma Witworth & Mitchel Ltd. für einen Vollzwirnpopeline. In Deutschland wird dieses Gewebe als → Popeline bezeichnet. Es besteht in Kette und Schuss aus feinen, mercerisierten Baumwollzwirnen. Dadurch ist es dezent glänzend, elegant und repräsentativ. Trikoline ist fester als der „normale" Hemden- und Blusenpopeline, aber auch teurer. Wegen seiner Feinheit nennt man ihn auch „Ripsbatist". Einstellungen sind z. B. 40 x 40 Fd/cm, Nm 80/2 x 80/2 bis 75 x 36 Fd/cm, Nm 100/2 x 100/2.

Trikotgarn (tricot yarn): sehr weich gedrehte Baumwollgarne für den Wirkereisektor (Trikotagen). Eingesetzt wird langstaplige Baumwolle, superkardiert, von hoher Reinheit. Fadenfeinheit: Nm 34 (dtex 300) und Nm 50 (dtex 200).

Trikotgewebe (tricot fabric): In Frankreich leitet man das Wort von der Ortschaft Tricot (Departement Oise) ab, ein Zentrum der Weber und Sergefabrikanten (köperbindige Ware). Es ist keine Kettenwirkware, sondern eine spezielle Gewebebindung, die

man nach der Art der Rippenbindung unterteilt:
- *Längstrikot:* Rippen in Vertikalrichtung,
- *Quertrikot:* Rippen in Horizontalrichtung und
- *Diagonaltrikot:* Rippen mit schrägem Verlauf.

Bei Trikotherrenstoffen setzt man überwiegend den Längs- oder Diagonaltrikot ein. Schwere Qualitäten verstärkt man durch eine Unterkette. Ober- und Unterkette arbeiten dann im Tausch (Austauschbindung) und bewirken somit eine markante Rippe. Die Längstrikotbindung wird bei → Doppeltuchen und beim → Skitrikot verwendet. Einfache Trikotbindungen sind kettbetonte Steilgratköper mit Doppelrippe, die der Ware ein wirkwarenähnliches Aussehen verleihen.

Der Diagonaltrikot (sehr elastisch) wird/wurde gerne für Reithosen, Dienstkleidung (Zoll, Polizei usw.) eingesetzt. Hosen in Basic-Ausführungen gehören zur klassisch-konservativen Warengruppe. Kammgarn- und Halbkammgarnartikel werden kahlausgerüstet, Streichgarngewebe mit einer kaum sichtbaren Strichausrüstung versehen (mehr zu fühlen als zu sehen). Die Ware ist sehr strapazierfähig, aber auch nicht billig. Zudem ist das Warengewicht für unser heutiges Komfortempfinden zu schwer: Leichtere Gewebe ca. 300–400 g/m^2, schwere Ware ca. 420–530 g/m^2.

Literatur: A. Hofer: Stoffe 2. Deutscher Fachverlag, Frankfurt/Main 1994.

Trikotine (tricotine): Kammgarn- oder Halbseidengewebe in Steilgratköperbindung, das Ähnlichkeiten mit der Wirktrikotware aufweist (→ Abb. 236). Das Gewebe zeichnet sich optisch durch prägnante, diagonal verlaufende Rippen aus. Tricotine ist sehr feinfädig und von geringer Knitteranfälligkeit, hat einen matten Glanz und ist kahlappretiert. Der Griff ist durch die in der Kette verwendeten Voilezwirne etwas körnig, sandig. Im Schuss liegen Normalgarne (Zwirne). Die Einstellung ist ähnlich wie Gabardine oder Whipcord 2:1 oder 3:1. Die leichteren Trikotinestoffe für den DOB-Bereich liegen bei 120–160 g/m^2. Bei Übergangsmänteln oder Herrenhosen werden schwerere Gewebe gewählt. Konstruktionen mit gebrochenem Diagonalgrat heißen Trikotine-Chevron. Trikotbindungen werden aber auch z. B. für Loden (Trikotloden), Militärtrikot oder → Skitrikot und Sportstoffe eingesetzt.

Einsatz: Hosen, Kleider, Kostüme und Mäntel.

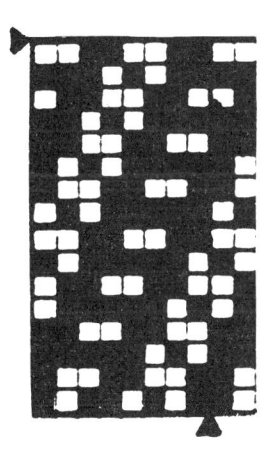

Abb. 236: Trikotine
20-0402010204010101-02

Trikotine-Chevron: → Trikotine.

Tritik: Tritik ist eine malaiische Reservetechnik. Hierbei werden die Musterkonturen mit einem Heftstich versehen (→ Abb. 237 A–C). Das Gewebe wird danach eng zusammengezogen, sodass die reservierten Stellen beim Färbevorgang geschützt sind. Es ist eine überwiegend in Indonesien verwendete Technik, die oft mit der → Plangi- und → Batik-Technik kombiniert wird. Das Tritik-gemusterte Textil nennt man „kain gembangan".

Tropical (tropical cloth): leichtere Ausführung des → Fresko, ca. 220–300 g/lfm (150 cm breit). Seine Charakteristika sind Kammgarneinsatz, Kahlausrüstung, klares Gewebebild und Leinwandbindung. Die Drehung der Zwirne ist höher als beim Fresko, dadurch bekommt der Tropical einen leicht porösen, nervigen Griff, eine hohe Festigkeit und Knitterresistenz (ein sog. Springtuch). Tropical ist ein Garnfärber und kein Stückfärber. Man unterscheidet hier zwischen einer Vollzwirnware und einer Halbzwirnware. Häufig ist Tropical uni oder als → Carré gemustert, eine Sommerqualität, oft in → Cool-Wool-Ausführung.

Tuch (cloth, pile fabric): Diese Handelsbezeichnung bezieht sich auf die Tuchveredlung. Typische Erkennungsmerkmale sind der in Strich liegende Rauflor, das verdeckte Bindungsbild und sein edler Glanz. Die Tuch-Strichausrüstung ist sehr langwierig, teilweise sind bis zu 30 verschiedene Arbeitsgänge nötig, um ein Volltuch herzustellen (z. B. Waschen, Walken, Imprägnieren, Trocknen, Rauen, Scheren, Dekatieren, Pressen). Verarbeitet werden hochgekräuselte Merinowollen, oft in Mischung mit Chemiefasern (PES). Gebräuchliche Bindungen sind neben Leinwand (klassische Wollbezeichnung: Tuchbindung) Köper und Köperneuordnungen (Croisétuch), seltener Atlas (Satintuch). Der beim Walken entstandene

Abb. 237 A–C: Tritik

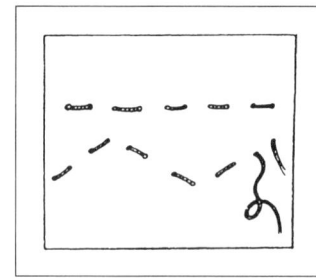

Abb. 237 A: eingezogener Faden

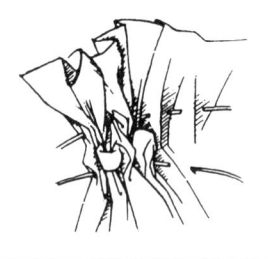

Abb. 237 B: zusammengezogener Stoff

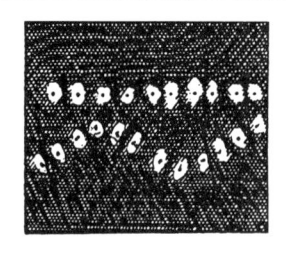

Abb. 237 C: gemusterter Stoff

Filz wird mit Naturdisteln (Kardendisteln, heute durch Metallkarden ersetzt) aufgeraut und in Strich gelegt. Dem Fasereinsatz entsprechend unterteilt man Tuche in Streichgarnkette-Streichgarnschuss, Kammgarnzwirnkette-Streichgarnschuss und Kammgarnkette-Kammgarnschuss.
Einfache sog. Liefertuche werden meist „nur" meltoniert. Sie werden überwiegend als Uniformtuche verarbeitet (Gewicht ca. 300–400 g/m^2). Manteltuche werden mit gröberen Garnen gewebt und wiegen ca. 400–500 g/m^2.
Einsatz: Mäntel, Kostüme, Uniformen, Hosen und Röcke.

Tuchbindung: → Leinwandbindung.

Tüll: → Erbstüll.

Tuftingplüsch (tufted plush; engl., tuft = Haar- oder Faserbüschel): → Pelzimitation.

Tussah (engl., tussah = Rohseide, Bastseide): schwere Seiden vom Tussahspinner (Eichenspinner), die auch als Wildseide bekannt sind und fast nur taftbindig dicht verwebt werden. Je nach Qualität weist Tussah leichte bis starke Titerschwankungen auf, teilweise noppen- oder knotenartig. Man unterscheidet zwischen dem indischen (Antheraea mylitta), dem chinesischen (Antheraea pernyi) und dem japanischen (Antheraea yamamai) Tussahspinner. In Indien bildete sich durch Züchtung der Tussahspinner Antheraea paphia heraus. Er galt als heiliges Tier, da seine Flügel das Abbild der Sonnenscheibe des Gottes Shiva tragen (hellweißer Silberfleck mit schwarzem Keil). Die chinesischen Tussahzüchtungen sind so gut, dass das Abhaspeln des Tussahkokons ohne weiteres möglich ist. Deshalb spricht man von Tussahgrège und Tussahtrame.
Literatur: I. Timmermann: Die Seiden Chinas. Eugen Diederichs Verlag, München 1988.

Tussahspinner: → Seide.

Tussor: Handelsbezeichnug für Tussahgewebe (→ Tussah), aber auch für Viskosefaserstoffe mit Titerschwankungen. Diese Nachahmungen sind besonders in England, Frankreich und den Beneluxstaaten beliebt. → Honan.

Twaron®**:** Dieser Aramidtyp (→ Aramidfasern) von Acordis (1999 durch den Zusammenschluss der Faseraktivitäten von Akzo Nobel und den Faser- und Chemieaktivitäten von Courtaulds gegründet) wird aufgrund seiner extrem hohen Hitzbeständigkeit und Dichte für Sicherheitsgewebe in verschiedenen Bereichen eingesetzt. Twaron®-Garne sind sehr reißfest, zwei- bis dreimal fester als Polyester oder Polyamid und fünfmal fester als Stahl. Twaron® brennt und schmilzt nicht, die Zersetzungstemperatur liegt bei 500 °C. Es wird als Faser und Filament angeboten.
Twaron® Microfiber wurde speziell für Kugelschutzwesten auf der Basis von Twaron® Mikrofilament entwickelt. Das Besondere daran ist die sehr hohe Titerfeinheit gegenüber dem Elementartiter (bis zu 60 % niedriger). Es ist auch für andere Sicherheitsgewebe (Handschuhe, Hosen und Jacken) ge-

Tweed

eignet und bringt dafür eine 10 % höhere Schnittfestigkeit mit, verbunden mit einem weichen Griff und verbessertem Tragekomfort im Vergleich zu herkömmlichen Entwicklungen. Twaron® ist bis zu viermal schnittfester als Baumwolle und achtmal sicherer als Leder.

Das toxische Verhalten in Bezug auf Blausäureentwicklung ist bei Twaron® wegen seiner Unbedenklichkeit besonders hervorzuheben: Während bei Acryl und Wolle die Gasbildung schon bei 300 °C einsetzt, ist dies bei Twaron® erst bei 500 °C der Fall. Im Bereich von 800 °C ist die Blausäureentwicklung bei Acryl um den Faktor 8 und bei Wolle um den Faktor 3 größer als bei Twaron®. Twaron® hat sich daher für Gewebe und Nadelfilz für Löschdecken (für kleinere Brände) ausgezeichnet bewährt. So ermöglicht Twaron® wegen seiner längeren Haltbarkeit Kosteneinsparungen und verringert die Gefahr von Verletzungen und Produktionsausfällen.

Einsatz: Textilien für Feuerwehr, Rettungsdienste, Stahlindustrie, Holzfäller, Sicherheitskräfte und Chemiearbeiter.

Quelle: Twaron Products GmbH, ein Mitglied der Acordis-Gruppe.

Tweed: Bezeichnung nach dem Fabrikationsort Tweed in Schottland. Handgewebt wird fast nur noch der bekannte → Harris-Tweed auf der Hebrideninsel Harris. Es ist ein gröberes Streichgarngewebe, noppig und meliert, bei dem sowohl Köperbindung als auch Fischgrat verwendet werden kann. Es ist eine Art Homespuntype, die entweder klarfädig oder mit leicht unklarer Oberfläche im Handel angeboten wird. Echt schottische Tweeds wirken unifarben oder haben kleinrapportige Dessins, die irischen Tweeds werden häufig farbintensiver und großflächig gemustert hergestellt. Tweed wird als Mantelstoff und Kostümstoff leicht meltoniert. Gewebe für die Schwerkonfektion werden verstärkt oder als Doppelgewebe gewebt. Kleidertweed ist mittelfein mit leichtem Cheviotcharakter. Durch den Melange-Effekt wirkt Tweed etwas wie Stichelhaar; durch den Einsatz der härteren Wollfasern erhält das Gewebe seinen typisch kräftigen Griff. Wenn Bouclés verwendet werden, spricht man vom Bouclé-Tweed.

Twill (engl., twill = Köper): Allgemeinbezeichnung für alle köperbindigen Gewebetypen, die im 4- oder 6-bindigen Gleichgratköper gewebt sind. Dabei werden Seide (→ Seidentwill), Chemiefaser, feine Kammgarne und (ursprünglich) langstaplige Baumwolle eingesetzt. Twill wird manchmal auch als Feinköper bezeichnet. In England, Asien und Indien wird Twill als allgemeine Handelsbezeichnung für alle köperbindigen Gewebe verwendet. Twill als Anzuggewebe ist ein typischer Kammgarnartikel aus Schurwolle oder Schurwolle-Polyester-Mischungen, immer mit einer Kahlausrüstung versehen. Ein Kleidertwill mit offener Einstellung wird auch als → Croisé bezeichnet.

Twist (engl., twist = drehen, spinnen): im ursprünglichen Sinne ein auf der Faserspinnmaschine hergestelltes Baumwollgarn. Die Drehungszahl des Garnes ist entscheidend für eine genauere Bezeichnung: Watergarn für höhere, Mulegarn für weichere Drehung. Die mittlere Drehung nannte man dann Mediotwist. Daneben gibt es sog. Stick- und Stopftwiste, die weich gedreht oder nur gefacht sind (fachen = ohne Drehung nebeneinander legen). Sie besitzen gute Fülleigenschaften und lassen sich sehr gut trennen.

Neben diesen Bedeutungen wird der Twist auch als höher gedrehter Zwirn verstanden, bei dem die Drehung nicht so stark ist wie beim → Fresko. Wenn Wolle oder wollähnliche Chemiefasern verwendet werden, wird er in Kamm- oder Streichgarntypen ausgesponnen und als mehrfarbiger Zwirn eingesetzt. Dadurch erhält die Ware oft eine gesprenkelte Optik.

Im Textilhandel wird der Begriff Twist als strapazierfähiges Kammgarngewebe verstanden, das in Köper- aber auch in Leinwandbindung gewebt ist. Leinwandbindig weist er Ähnlichkeiten zum → Fresko auf, allerdings muss der Twist etwas weicher im Griff sein. Twist ist somit keine eindeutige Handelsbezeichnung wie etwa Fresko oder Tropical.

Einsatz: Hosen, Kostüme und Mäntel.

Typar: Markenname eines Polyethylen-Spinnfaservlieses von DuPont de Nemours & Co., Delaware, USA → Tyvek®.

Tyvek®: Warenzeichen und Produktname für ein aus Polyethylenfasern hergestelltes Spinnfaservlies (spunbonded fabric). Der Markenname dafür von DuPont de Nemours & Co., Delaware, USA ist → Typar.

Die Gattungsbezeichnung ist Polyethylen (HDPE, hochverdichtetes Polyethylen). Dieses spezielle Spinnvlies (→ Non Wovens) wird überwiegend für Reinraum- und Schutzkleidung verwendet. Eines der wichtigsten Kriterien bei der Wahl von Stoffen für Schutzkleidung sind die Barriere-Eigenschaften, nämlich die Haut vor Kontakt mit gefährlichen Chemikalien zu schützen. Da Tyvek® aus 100 % HDPE besteht, lässt es sich sehr gut recyceln, kann aber auch thermisch oder auf Deponien entsorgt werden (erzeugt keine halogenierten Verbindungen) und ist daher als umweltfreundlich einzustufen.

Der Schmelzpunkt von Tyvek® liegt bei ca. 135 °C, der Flammpunkt bei 330–365 °C. Die Dichte beträgt 0,955 g/cm³. Es ist wasserunlöslich, geruchlos und hat eine weiße Farbe.

Einsatz: Die daraus gefertigte Bekleidung wird bei der Arbeit mit und der Entsorgung von gefährlichen Substanzen verwendet, beim Umgang mit chemischen Abfällen, bei der Anwendung von Pestiziden, Sprays und Appreturen, bei der Wartung und Qualitätskontrolle von chemischen Prozessen, zudem bei der Handhabung und Verarbeitung von Nahrungsmitteln für Menschen und Tiere und allgemein bei der Lebensmittelherstellung. Darüber hinaus eignet sich das Spinnvlies hervorragend zum Experimentieren im Kreativbereich (Mode- und Textilbereich).

Quelle: DuPont de Nemours, Deutschland, Bad Homburg. Information: Protemo, Köln.

Überkaro: Musterungseffekt, bei dem über dem Grund (Fond) ein mehr oder weniger feines Karo liegt. Hier ist der Einsatz von Effektfäden typisch, von denen zwei bis sechs Fäden in größeren Abständen geschärt und geschossen werden. Um eine plastische Wirkung zu erzielen, kann man das Überkaro in Kett- und Schussbindungen weben (Kettkreuzköper oder Kettatlas). Die meisten Karos sind in Grundbindungen wie Leinwand oder Köper gewebt, denn hier soll die Farbigkeit den Warencharakter bestimmen. Alle Faserstofarten finden ihre Anwendung.
Einsatz: Kleider, Röcke, Hosen, Jacken, Mäntel, aber auch Blusen und Hemden.

Ulster (ulster cloth): grobfädiges, kräftiges Mantelgewebe in einfacher Ausführung, benannt nach der Provinz Ulster in Irland. Es ist einkettigeinschüssig und schwerer als Kettdoublé oder Doppelgewebe. Bindungen: Tuch, Panama, Köper oder Fischgrat. Als Doppelgewebe ist das Futter sozusagen angewebt, die rechte Warenseite meliert (einfarbig), die Rückseite häufig kariert. Bessere Gewebe werden in Streichgarnqualitäten gewebt, preisgünstigere in Reißwolle oder in anderen Reißspinnfaserstoffen. Es gibt zwei Ausrüstungsvarianten:
1. Gewebe mit sportiver Dessinierung werden einer Walkwäsche unterzogen, geschoren (klares Gewebebild) und gepresst, sodass eine glatte Oberfläche entsteht. Die Rückseite ist mit einem Faserflor besetzt.
2. Ulsterstoffe mit unifarbener, melierter Optik werden gewalkt, auf der Oberseite geraut und geschoren und erhalten dadurch ein veloursähnliches Aussehen. Die Bindungs- und Garnkonstruktionen des Ulster sind sehr materialintensiv und schwer, im Gebrauch aber praktisch.
Einsatz: Mäntel, Sakkos und Kostüme.

Ultralight: → Sympatex® Ultralight.

Umbradrell, Markisendrell, Schattendrell, Doppeldrell (awning duck; lat., umbra = Schatten): Doppelgewebe mit zwei Kett- und zwei Schussfadensystemen. Es handelt sich um einen starken Markisendrell (→ Drell) mit Einstellungen wie 60 x 40 Fd/cm oder 65 x 44 Fd/cm in Kette und Schuss und Fadenfeinheiten zwischen Nm 30 und 40. Bindung: Köper 3/1. Diese Ausführungen zeigen meist eine unifarbene Unterseite und sind rechtsseitig uni oder gestreift.
Der einfache Markisendrell ist sehr dicht in Leinwand oder Köper gewebt, zuweilen auch in Fischgrat. Als Material werden Leinen, Halbleinen, Baumwolle, heute überwiegend Chemiefasern (PES und Polypropylen, umweltunproblematisch, da recyclingfähig) verwendet. Weitere Streifengewebe → Streifen.
Einsatz: Markisen, Liegestühle und Strandkörbe.

Umrechnungstabellen für Garnnummern und Einstellungen (conversion tables of yarn counts and fabric constructions): → Tabellen 25/26, S. 353.

Uralflanell, Sportflanell

Englisch (Ne)	4	6	7	10	12	14	16	18	20	24	28	30	33	36	40	42
metric (Nm)	7	10	12	17	20	24	28	30	34	40	48	50	56	60	67	70
Englisch (Ne)	44	47	50	53	56	59	65	70	76	83	89	94	100	105	112	120
metric (Nm)	75	80	85	90	95	100	110	120	130	140	150	160	170	180	190	200

Tab. 25: Garnfeinheit (yarn count)

Faden pro cm	per Inch	Fehler pro cm	per Inch
9,0	23,0	44,5	113,0
10,5	26,5	46,0	117,0
12,0	30,5	47,5	120,5
13,5	34,5	49,0	124,5
15,0	38,0	50,0	127,0
16,5	42,0	51,5	131,0
17,5	44,5	53,0	134,5
19,0	48,5	54,5	138,5
20,5	52,0	56,0	142,0
22,0	56,0	57,0	144,5
23,5	60,0	59,0	150,0
25,0	63,5	60,0	152,5
26,5	67,5	62,0	157,5
28,0	71,0	63,5	161,5
29,5	75,0	65,0	165,0
31,0	79,0	66,5	169,0
32,5	82,5	68,0	172,5
34,0	86,5	69,5	176,5
35,5	90,0	71,0	180,5
37,0	94,0	72,5	184,0
38,5	98,0	74,0	188,0
40,0	100,0	75,5	191,5
41,5	105,0	77,0	195,5
43,0	110,0	78,0	198,0

Tab. 26: Fadeneinstellung (number of threads

Quelle: Otto Aversano, Hamburg.

Uni, Unicolor (single colour, solid; frz., uni = einfarbig): → Zusatzbezeichnungen.

Uniformstoffe (uniform cloth, military cloth, career apparel): → Lieferungstuch.

Unzensatin: ältere Bezeichnug für japanische Seidengewebe aus 4-bindigem → Kreuzköper (Lauseköper). Der Name bezieht sich auf die übliche Handelseinheit für Seidenraupeneier. Hier entspricht eine Unze ca. 30 g (ca. 35.000 Eier). In Kette und Schuss werden Grègeseiden verwendet. Das Gewebe ist etwas kräftiger als → Japon.

UPF-Wert: UV-Protection Factor, im Deutschen als USF = UV-Schutz-Faktor bekannt.

Upland (engl., upland = Hochland): amerikanische Baumwollvarietäten. → Baumwolle.

Uralflanell, Sportflanell: kräftige Baumwollflanelltype, die beidseitig geraut ist. Es werden Dreizylindergarne in Kette und Schuss verwendet. Ural-

Uralkrimmer

flanell ist meist in dunklen Farben gehalten und wird gestreift oder kariert angeboten, z. B. Blau-Weiß, Grün-Weiß, Braun-Weiß.
Einsatz: Hemden und Jacken.

Uralkrimmer (caracul cloth, imitation astrakhan): → Krimmer.

Urban Performance: → Sympatex® Urban Performance.

USF: → UPF.

UV-Schutz-Textilien: → Sun-Protect-Textilien.

Vapeur, Saphir: Wollmusselin in Tuchbindung (Leinwand), aus feinsten Kammgarnen gewebt. → Musselin.

Vellutini: italienische Bezeichnung für leichte → Samte.

Velours (velour, warp velvet, frz., velours = Samt):
1. *Wollvelours:* Mit dieser Bezeichnung wird auf die samtähnliche Weichheit dieser Stoffe hingewiesen. Wollvelours darf nicht mit Samtvelours (→ Samt) verwechselt werden, da diese Gewebetypen im sog. Doppelsamtverfahren hergestellt und geschnitten werden. Im DOB- und HAKA-Bereich wird dieser Typ überwiegend als Mantel- und Jackenstoff verwendet. Typisch ist die dichte, geschlossene Oberfläche von samtartigem Griff und gleichmäßiger Optik. Wichtig sind die verwendeten Wollen: Streichgarne mit loser Drehung (Nm 9–12, Einstellung ca. 10/18 oder 12/26 Fd/cm). An der Einstellung erkennt man, dass hier schussbetonte Bindungen verwendet werden (z. B. Schussköper, Schussatlas). Guter Velours ist aus feinen Merinostreichgarnen. Wichtigster Prozess ist das Walken (beim Flausch nur Rauen), wodurch eine Filzdecke entsteht, die anschließend von beiden Seiten aufgeraut wird. Hierbei wird also nur der Filz geraut, während bei geringerwertigen Velourstypen (Reißwolle) mangels ausreichender Decke nur der Faden geraut wird, was den Stoff in seiner Haltbarkeit beeinträchtigt. Nach dem Rauprozess kann der Flor in Strich gelegt werden oder durch eine Spitzenschur eine kurze Decke erhalten. Dementsprechend unterscheidet man zwischen Stehvelours und Strichvelours. Eine weitere Bezeichnung ist auch Volltuch. Schwere Gewebe können als Doppelgewebe konstruiert werden. Bei diesen Qualitäten ist auf der Rückseite das Bindungsbild klar zu erkennen. Leichtere und weiche Typen werden als Kostüm- oder Jackenstoffe eingesetzt. Beim Verarbeiten ist Vorsicht geboten: Die Ware kann schieben und besitzt keine hohe Maßstabilität. Wollvelours ist überwiegend als Stückfärber im Handel. Durch sein Volumen und die eingeschlossene Luft verfügt der Wollvelours trotz seines relativ geringen Gewichts über ein hohes Wärmeisolationsvermögen.
2. *Velours als Kettsamt:* Nachfolgend werden einige typische Kettsamt-Velours aufgeführt. Die französischen Wortkombinationen sind die gebräuchlichen Bezeichnungen.

Velours broderie (frz., broderie = Stickerei): Samtart mit einer oder mehreren Florketten. Es handelt sich um einen Warentyp, dessen Muster nur teilweise aufgeschnitten wird. Die Florhöhe liegt bei 1–3 mm (→ Velours cisélé).
Einsatz: Abendkleider, Deko- und Möbelstoffe.

Velours-Chiffon (chiffon velvet): ein feinfädiger Samt mit gelegtem Flor. Klassisches Merkmal ist eine leichte Traversbetonung, die bindungsbedingt auftritt. Sehr feine Chiffonsamte werden als Velours-transparent oder Velours-Mousselin bezeichnet. Alle Seiden- oder Chemiefasersamte werden als Chiffonsamte ausgezeichnet. Velours-Chiffon wird in unterschiedlichen Materialkompositionen hergestellt:

Velours-Chiné

- Grundkette: feiner Baumwollzwirn, Schappezwirn, Naturseidenorgansin, Chemiefasern wie Viskosefilament, Acetat und Cupro,
- Schuss: oft gleiches Material wie Grundkette, häufig aber nur in Garnqualitäten,
- Florkette: Naturseidenorgansin, feiner Schappezwirn, Viskosefilament, Acetat, Cupro und Polyester.

Velours-Chiné (chiné velvet): besondere Form des Samtes, da hier die Florkette vor dem Webprozess bedruckt wird (→ Chiné). Die Dessins wirken im fertigen Produkt leicht verschwommen und in Kettrichtung verzogen.

Velours ciselé (frz., ciseler = schneiden): Samtart wie → Velours broderie. Die Musterung wird ebenfalls durch einen auf- und einen nicht aufgeschnittenen Flor gebildet. Der geschnittene Flor ist jedoch höher als die Frisénoppen (Schlingen).
Einsatz: Möbel-, Deko- und Abendstoffe.

Velours couché, Spiegelsamt, Panne (mirror velvet, panne; frz., coucher = hinlegen): Hierunter versteht man ganz allgemein den in Strich gelegten Seiden- oder Chemiefasersamt (niedergedrückter Flor). Häufig werden diese Bezeichnungen noch unterschieden. Der Velours miroir und der Panne-Samt weisen eine gleichmäßig niedergedrückte Flordecke auf, während der Velours couché eine mustermäßig gelegte Flordecke hat, also eine Imitation eines Jacquardsamtes darstellt. Herstellung → Samt.
Einsatz: elegante Abendkleidung.

Velours dévorant, Ätzsamt (burnt-out velvet; frz., dévorant = verzehrend): Seiden- oder Chemiefasersamt, auch als Velours enlevé gehandelt, dessen Flor (z. B. Acetat, Viskose) nach bestimmten modebedingten Dessins aus dem Grundgewebe auf drucktechnischem Weg (z. B. Benzol-Superoxid) in der Ausrüstung stellenweise herausgeätzt wird. Da hierbei das Grundgewebe sichtbar wird, verwendet man oft Garne, die feiner und besser sind als die für „Normalsamte" verwendeten, z. B. Grundgewebe aus Viskosefilament oder Cupro und der Flor aus Acetat oder Baumwolle.

Velours de laine (velours de laine; frz., velours de laine = Wollsamt): Bezeichnung für Ruten- oder Doppelsamte mit einer wollenen Polkette. Herstellung → Samt.

Velours flammé (velours flammé; frz., flammé = geflammt): Samtgewebe, dessen Flor durch Flammeneffekte mustermäßig unterbrochen wird. Das Effektmaterial ist ein Flammenzwirn, der in bestimmte Schusswechsel eingetragen wird. Dieser Samt wird auch als Schlunzenvelours bezeichnet.
Einsatz: Deko- und Möbelstoffe und Abendkleider.

Velours gaufré (velours gaufré; frz., gaufrer = gaufrieren, Muster aufprägen): geprägter Samt, der oft eine Jacquardmusterung imitiert. Bei diesem Gewebe werden nicht nur Dessins unterschiedlicher Art angeboten, sondern häufig auch Bindungsstrukturen wie Rips, starke Köperrippen usw. eingepresst (heiße gravierte Zylinder, Metallplatten). Geprägte Baumwollsamte sind in ihrer Gaufrage reversible. Wenn sie hochausgerüstet sind (Kunstharz), tragen sie die Bezeichnung „permanent echt gepresst". Einsatz: Deko- und Möbelstoffe sowie DOB.

Velours miroir: → Velours couché.

Velours transparent: → Velours-Chiffon.

Veloutine (veloutine): → Eolienne.

Velpel, Felbel (velpel): → Felbel und → Samt.

Velvet: baumwollener Schusssamt, daher dem → Cordsamt bindungstechnisch mehr verwandt als dem → Kettsamt. Die Konstruktion besteht aus der Kette, dem Schuss und einem Polschuss (Florschuss). Die Grundbin-

Abb. 238/239: Velvetkonstruktionen

Gewebeschnitt in Schussrichtung

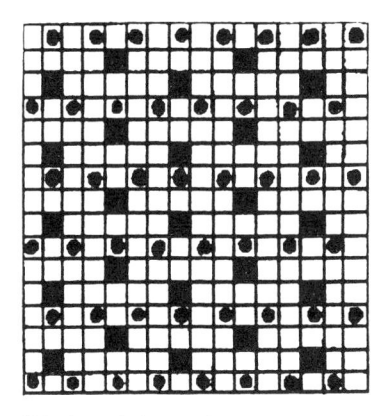

Abb. 238: Velvet in Polaufbindung (V-Noppe), Grundbindung Leinwand

Gewebeschnitt in Schussrichtung

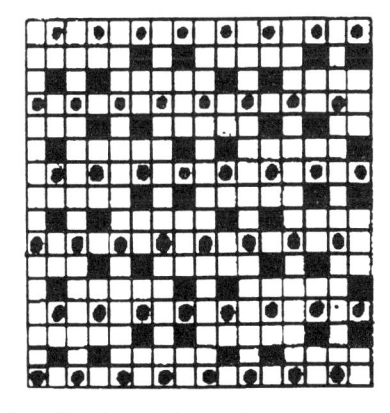

Abb. 239: Velvet in Poldurchbindung (W-Noppe), Grundbindung Leinwand

Velveton, Rausamt

dung ist Leinwand oder Köper (so unterscheidet man Leinwand- oder Köpervelvet). Nach jedem Grundschuss folgen zwei oder drei Florschüsse, die gleichmäßig über die gesamte Fläche verteilt eingebunden werden (die V-Noppe nennt man auch Polaufnoppe, → Abb. 238, und die W-Noppe nennt man auch Poldurchnoppe, Abb. → 239). In der Veredlung werden dann die Florschüsse in der Mitte der Flottierung aufgeschnitten. Es folgen Bürsten, Sengen, Putzen, Trocknen, Bürsten, Glätten u. v. m., sodass ein sehr kurzfloriges, weiches und geschmeidiges Gewebe entsteht.
Einsatz: HAKA-, DOB-, Deko- und Möbel- sowie Futterstoffe.

Velveton, Rausamt (velveton, suedette): Er wird auch als unechter → Samt bezeichnet. Die samtartige Oberfläche hat eine stumpfe Optik und einen kurzen, gleichmäßigen Rauflor auf der rechten Warenseite. Die linke Seite ist klarfädig, wodurch die Bindung sehr gut zu erkennen ist. Die Ausrüstungsart wird auch schon durch den deutschen Namen „Rausamt" (geraut und nicht geschnitten) erklärt. Er ist technisch gesehen verwandt mit dem → Flausch oder anderen baumwollenen Rauwaren (z. B. → Kalmuck), aber nicht mit dem Samt. Das Bindungsbild ist nicht mehr zu erkennen. Es werden meist Baumwollzwirne in der Kette und Garne im Schuss verwendet. 5- bis 8-bindiger Schussatlas oder Schussköper 3/1, 4/1, aber auch verstärkte Schussatlastypen sind als Bindungen üblich. Wichtigste Arbeit ist wie beim → Duvetine das Schmirgeln und Rauen. Es dürfen bei diesen Arbeitsgängen keine Schädigungen entstehen. Das Gewicht beträgt ca. 400–500 g/m^2. Aufgrund seiner hohen Schussfadenzahl (bis zu 50 Fd/cm) hat Velveton sehr gute mechanische Festigkeiten und ist somit gut waschbar. Der Velveton wird überwiegend als Stückfärber angeboten.
Einsatz: Besatz, Jacken, Mäntel, Kostüme und Möbelstoffe.

Venezia: Markenname für einen → Futterstoff (→ Deoson Plus, → Elastoson-Stretch-Futter, → Neva'Viscon®) der Gebrüder Colsmann GmbH & Co., Essen. Die Materialzusammensetzung, Farbpalette und die Pflegeeigenschaften dieses Futterstoffes sind sehr gut. Venezia besteht aus 75 % Triacetat und 25 % Polyamid (beides Filamentgarne). Mit 95–100 g/lfm (ca. 68–72 g/m^2) bei einer Warenbreite von 138–140 cm gehört dieser Futterstoff zu den Leichtgewichten. Weitere technische Daten: Kette: 45 Fd/cm, Schuss: 26 Fd/cm, Garnfeinheit in Kette und Schuss ca. dtex 90. Gerade die Zusammensetzung ist für Futter ideal, denn es kann ohne Einlagerung von Kunstharzen und Antistatika hergestellt werden. Das Acetat bringt Glanz, Feinheit und eine gute Feuchtigkeitsaufnahme mit, das Polyamid besitzt eine hohe Festigkeit und eine sehr gute Knitterrückerholung. Durch die Unterschiedlichkeit der Materialien – beide Filamenttypen sind miteinander verdreht – entsteht durch die Färbung eine jaspéartige Zweifarbigkeit, auch Jaspéfärbung genannt. Die Reinheit der Materialien bürgt für Hautverträglichkeit und die Konstruktion bewirkt eine gute Atmungsaktivität. Venezia hat einen seidenartigen, weichen und geschmeidigen Griff, der Stoff

klebt oder klettert nicht, lässt sich problemlos bei 30 °C in der Schonwäsche waschen (Einlaufwert ca. 1 %) und ist wird bereits durch leichtes Bügeln glatt. Venezia ist in über 40 Farben erhältlich.
Einsatz: Futterstoff, Blusen, Kleider, Kissenbezüge, Patchworkarbeiten und Seidenmalerei.

Vichy (vichy): Da es in Bezug auf die Beschaffenheit von Vichy unterschiedliche Meinungen gibt, wird hier versucht, die Verschiedenartigkeit der → Farbeffekte über die genaue Konstruktion zu klären:
Vichy ist ein ausschließlich köperbindiges Gewebe, welches seine rautenähnliche Musterung durch die Schär- und Schussfolge erhält. Nicht mit → Pepita verwechseln (der Unterschied liegt in der Musterung). Man verwendet nur die Breitgratköperbindung K 2/2. Schär- und Schussfolge werden mit dem Rapport des Köpers (4) abgestimmt. Beim K 2/2 = Rapport 4 werden also 4 Fäden weiß und 4 Fäden schwarz gewählt. Ist der Köper 6-bindig, so muss der Farbrapport 6 Fäden betragen (→ Abb. 240). Es entsteht ein klein kariertes Muster, aber nicht auf der Basis eines Quadrats, sondern eines Rhombus (Raute). In Bezug auf seinen Griff ist der Vichy weicher und geschmeidiger als der leinwandbindige Pepita. Musterungstechnisch kann man sagen, dass das Vichymuster eine Kombination aus Pepita und → Hahnentritt ist. Die Dessinaussage ist der Positiv-Negativ-Effekt. Es gibt keinen Zwischeneffekt wie z. B. beim Pepita.

Vigoureux (vigoureux; frz., vigoureux = stark, kräftig): Melangegewebe oder Sprenkelstoff, der seine zarte Mehrfarbigkeit durch die Effektgarne oder -zwirne erhält. Diese Technik wird auch als Kammzugdruck (top print) bezeichnet.
Der Name geht auf den Erfinder dieser Technik, den französischen Textildrucker J. S. Vigoureux (19. Jh.), zurück. Das Gewebe wird überwie-

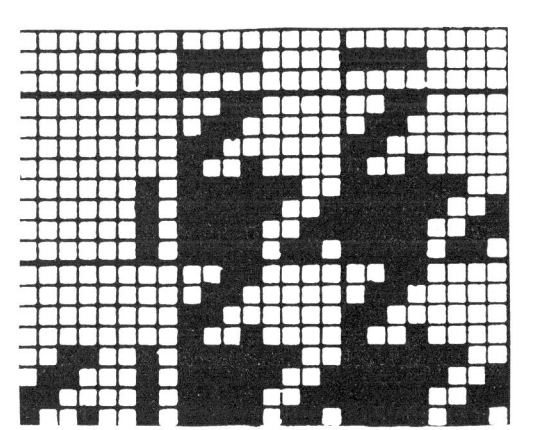

Abb. 240: Kleider-Vichy
Grundbindung:
Köper 20-0202-01-01
Schärung: 4 Fd dunkel
             4 Fd hell
Schussfolge: 4 Fd dunkel
             4 Fd hell
Dieser Farbeffekt ist eine Mischung aus Pepita und Hahnentritt. Das Muster ergibt sich, wenn der Bindungsrapport mit dem Farbrapport identisch ist (4-bindiger Köper, Farbrapport 4 Fd). Das Hahnentrittmuster ist wie der Pepita horizontal und vertikal ausgerichtet. Das Vichykaro wirkt rautenähnlich verzogen und hat eine Positiv-Negativ-Figur.

Vigoureux-Druck

gend für Kleider- und Jackenstoffe verwendet. Vigoureux zeichnet sich durch eine glatte Oberfläche aus und wird in Leinwand oder kleinen, gemusterten Bindungen gewebt. Natürlich gibt es diesen Effekt auch im Maschenwarenbereich. Vigoureux ist ein Hochdruckverfahren, bei dem → Kammzüge mit Diagonalstreifen bedruckt (Kammzugdruck) werden (→ Abb. 241). Der Melangecharakter kommt durch das Doppeln und Verstrecken der Kammzüge zustande und ist gleichmäßiger in der Farbanmutung als z. B. eine klassische Vorgarnmelange. Es ist ein relativ teures Verfahren, aber günstiger als in der Flocke zu färben. Ursprünglich verwendete man den Namen nur für schwarz-weiße „Melangen".

Vigoureux-Druck: → Vigoureux.

Viskose (CV): Spinnlösung der Cellulose (überwiegend von Laub- und Nadelhölzern), die zur Herstellung der

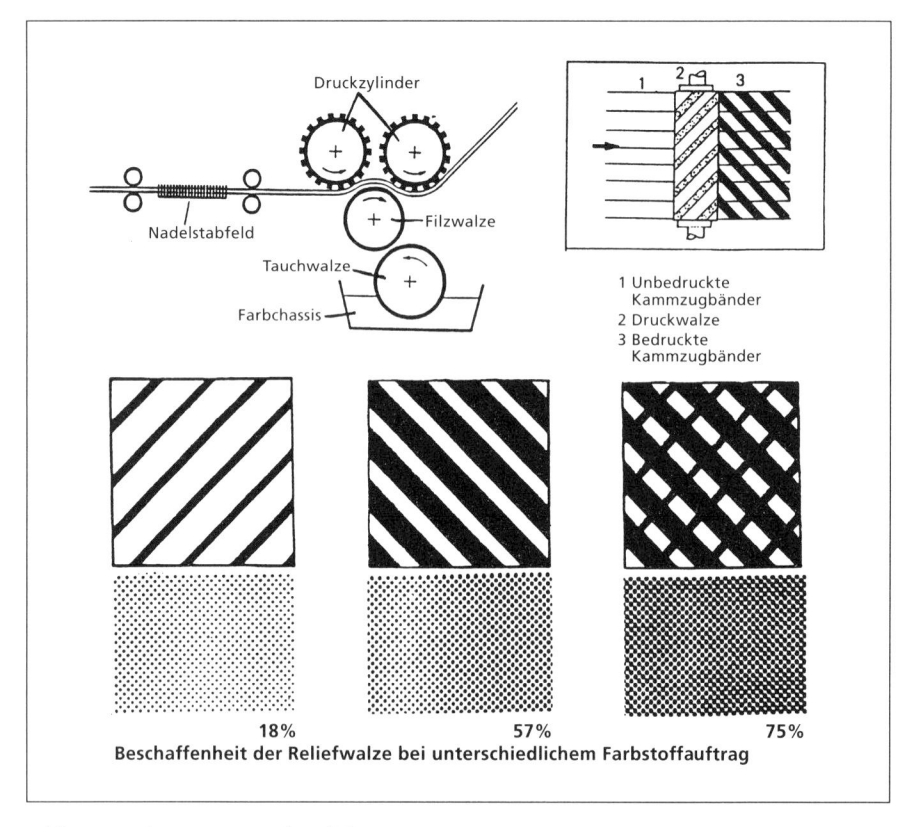

Abb. 241: Vigoureux-Druckverfahren

Viskosefaser durch feine Düsen gepresst wird (1884 erfunden, 1904 Patentierung des Nassspinnverfahrens). Viskose wird als Filament und Fasergespinst verarbeitet. Bei den Fasertypen unterscheidet man die sog. B-Type (Baumwolltype) mit einer Stapellänge von 30–60 mm und die sog. W-Type (Wolltype) mit einer Stapellänge von 30–80 mm für Streichgarne und 80–150 mm für Kammgarne.
Viskose wird unter folgenden Markennamen angeboten: Danufil und Danuflor (Hoechst AG, Deutschland), Lenzing Viskose (Lenzing AG, Österreich), → ENKA®-Viskose (Acordis Deutschland), Rayon FTC 3.000 (Nuova Rayon Italia SpA, Italien) und Viscofil (Glanzstoff Austria AG, Österreich).
Eigenschaften:
Der Polymerisationsgrad liegt typenabhängig zwischen 200–600. Die Oberfläche weist Längsrillen auf, der Querschnitt ist gezähnelt, gelappt und auch rund und trilobal. Viskose ist sehr gut verspinnbar. Der Glanz ist unterschiedlich, von hochglänzend bis matt (Mattierungszusätze). Viskose ist glatt (Filament) oder weist eine Kräuselung von bis zu 40 Bogen pro Zentimeter (Faser) auf. In gebleichtem Zustand ist Viskose reinweiß.

Die Reißfestigkeit ist sehr gering im nassen, gering im trockenen Bereich, die Elastizität ist gering (→ Tabelle 16). Viskose ist knitteranfällig, diese Eigenschaft kann aber durch Kreppgarne verbessert werden. Der Griff ist weich, geschmeidig, teilweise lappig, je nach Bindung und Garntyp. Die kritische Bügeltemperatur liegt zwischen 150 und 170 °C (Einstellung: 2–2,5 Punkte). Bei zu langer Hitzeeinwirkung tritt wie bei der Baumwolle eine Verfärbung ein, es kommt zur Zerstörung des Materials sowie zu einem Zugfestigkeitsverlust. Aufgrund der glatten Oberfläche und fehlender Lufteinschlüsse ist das Wärmerückhaltevermögen schlecht, bei Spinnfasern aufgrund guter Kräuselung sehr gut. Die Feuchtigkeitsaufnahme beträgt 6–14%. Viskose hat lange Trocknungszeiten (→Tabelle 27).
Die Farbstoffaufnahme ist sehr gut, das Laugenverhalten bei Vollwaschmittel mäßig, bei Feinwaschmittel gut, das Säureverhalten ist schlecht. Gewaschen werden Textilien aus Viskose bei 30–40 °C. Große mechanische Einwirkung führt zu einer Faserschädigung, daher ist der Schonwaschgang zu empfehlen. Viskose lädt sich kaum elektrostatisch auf.

Reißfestigkeit	**trocken (cN/dtex)**	**Nass (cN/dtex)**
CV-Spinnfasern	1,5–2,4	0,7–1,4
CV-Spinnfasern hochfest	3,0–4,6	1,9–3,0
CV-Filament	1,5–2,4	0,7–1,4

Tab. 27

Viyella, Vijella: englische Bezeichnung für → Waschwolle. Der Name ist eine Wortschöpfung und leitet sich vom Namen einer bei Nottinghamshire stehenden Mühle, der „Via Gellias Mills", ab. Diese bekannte englische Qualität wurde schon Ende des 19. Jh. in England hergestellt. Die typische Zusammensetzung ist 55 % Lammwolle (Merino) und 45 % Baumwolle, es kommt aber auch Viyella mit einem relativ geringen Anteil Wolle (Merino) von 20 % und einem hohen Baumwollanteil von 80 % vor. Die Ware ist angenehm flauschig, hat einen weichen Griff, kratzt nicht und ähnelt dem → Flanell. Um eine höhere Wärmeisolation zu erreichen, kann sie linksseitig leicht geraut werden. Als Bindungen werden Leinwand und Köper verwendet. Aufgrund des hohen Baumwollanteils ist sie filzfrei und nimmt sehr gut Feuchtigkeit auf. Viyella ist waschmaschinenfest (40 °C) und leicht zu bügeln. Die Ware kommt überwiegend bedruckt, aber auch buntgewebt als Karo in den Handel.
Einsatz: Hemden, Blusen, Kleider und Accessoires.

Vogelauge (bird's eye, peacock's eye): → Pfauenauge.

Voile (voile): Voile ist , ähnlich wie ein offener Batist oder Organdy, schleierartig transparent. Um einen guten Griff und Fall zu erreichen, ist der Einsatz von Fäden mit harter Drehung, der sog. Voiledrehung, erforderlich, ebenso die Leinwandbindung und eine geringe Einstellung (z.B. 24 x 21 Fd/cm, Nm 100 x 100). Voile wird überwiegend aus fasergesponnenen Materialien wie Baumwolle, Viskose, Polyesterfaser, seltener aus Wolle oder Seide hergestellt. Man unterscheidet drei Arten:
1. *Vollvoile:* In Kette und Schuss werden Zwirne verwendet (Vollzwirnware). Die Drehung liegt hier bei ca. 800–1.000 T/m und der Zwirn bei Nm 140/2–170/2. Die relativ gute Schiebefestigkeit wird durch diese hohe Drehung erreicht. Im Gegensatz zum → Crêpe Georgette hat der Voile ein vollkommen klares Gewebebild, da die Fäden relativ glatt im Geweberband liegen und gasiert sind. Voile ist transparent und hat einen körnigen Griff. Einstellungsbeispiel: 42 x 22 Fd/cm, Nm 85 x 85 (58 g/m^2). Die Voiledrehung der Garne in Kette und Schuss beträgt ca. 1.140 T/m.
2. *Halbvoile:* Die Kette besteht aus Voilezwirn, der Schuss aus Voilegarn. Halbvoile ist etwas weicher und ungleichmäßiger als Vollvoile, aber preisgünstiger und verfügt über weichere Trageeigenschaften. Einstellung: 22 x 20 Fd/cm, Nm 100/2 x 80.
3. *Imitatvoile:* Kette und Schuss bestehen aus Voilegarnen. Das Gewebe ist ungleichmäßig, weicher als Vollvoile und Halbvoile und billiger. Einstellung: 18 x 16 Fd/cm, Nm 100 x 100.
Einsatz: Blusen, Kleider, Accessoires, Gardinen usw.

Wabentüll (honeycomb tull): → Erbstüll.

Wachstuch (wax cloth, oil cloth): Diese Warengruppe (besonders beliebt Ende der 50er-, Anfang der 60er-Jahre) gehört zu den beschichteten Geweben. Die Grundware wird aus leinwand- oder köperbindigen Baumwoll- oder Halbseidengeweben hergestellt. Vor dem Präparieren wird die rechte Seite kalandert (geglättet) und die linke meist geraut. Die aufgerakelte Grundemulsion besteht aus Öl und Kreide (1. Rakelvorgang), der Deckstrich aus Leimlösung, Leinöl, gemahlenem Kork und Irischmooslösung. Homogen vermischt wird sie gleichmäßig auf der Ware verteilt (2. Rakelvorgang) und anschließend getrocknet. Es können auch noch zusätzliche Harzöle, gestäubte Kreide und Spezialsikkative verwendet werden. Bedruckte Wachstücher werden vor der Beschichtung über das Rotationsdruckverfahren oder durch Filmflachdrucktechnik mit entsprechenden Dessins bedruckt.
Einsatz: Tischdecken (Küche, Esszimmer) und Möbelstoffe. Speziell in diesem Bereich war das Wachstuch Anfang der 60er-Jahre eine echte Konkurrenz zu Leder und anderen Textilien.
Quelle: R. Hünlich: Warenkunde raumgestaltender Textilien. Fachverlag Schiele & Schön, Berlin ca. 1954.

Waffelpiqué, Faux Piqué (honeycomb piqué): Dieses Gewebe ist einkettig-einschüssig, hat also mit der Piqué-Technik nichts zu tun (→ Piqué). Die piquéähnliche Wirkung wird hier durch die Waffelbindung erreicht. Aufgrund des Positiv-Negativ-Aufbaus der Spitzmusterung entsteht immer ein gleichseitiger Gewebetyp. Der stark plastische Effekt kommt durch die unterschiedliche Länge der Kett- und Schussflottierungen sowie durch die Fadenfeinheiten zustande. Um die

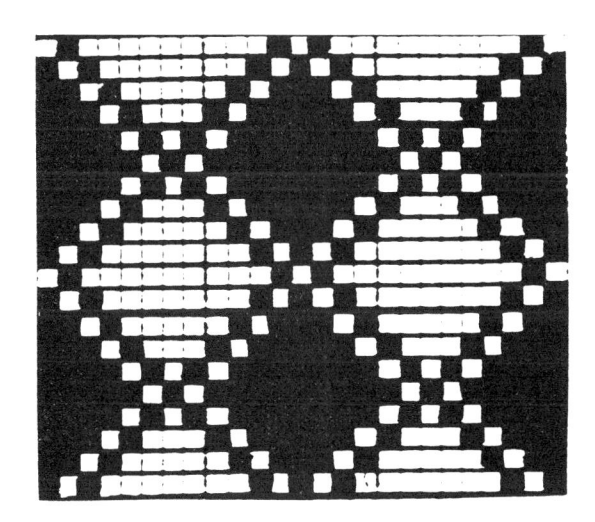

Abb. 242:
Typisches Waffelmuster
(zwei gleiche Warenseiten)

Walkfilz

Abb. 243:
Englisches Waffelmuster

viereckige Wirkung zu erreichen, ist ein fast gleiches Zahlenverhältnis zwischen Kette und Schuss notwendig sowie gleiche Fadenstärke (→ Abb. 242). Waffelgewebe zeigen überwiegend ein klares Gewebebild. Streichgarnqualitäten werden meltoniert und haben dadurch eine leicht verfilzte Oberfläche.
Eine Variante dieses Gewebes ist als englische Waffelbindung bekannt (→ Abb. 243).
Etwas gröber hat der Waffelpiqué auch ein gutes Feuchtigkeitsaufnahmevermögen und wird für Handtücher verwendet. Die Gewichte liegen bei 100–200 g/m^2.
Einsatz: Kleider, Röcke, Blusen und Tücher.

Walkfilz (felt fabric, pressed felt): Woll- und Haarfilz. → Filz.

Warenbeschreibungskarte (WBK): (description order, description sheet): Beispiel eines funktionellen Textils als Mikroware: → Tabelle 28. Weiteres Beispiel → Neva'Viscon®.

Warenerkennung: → Warenprofile.

Warenpass (fabric order): → Warenbeschreibungskarte.

Warenprofile (fabric profiles):
I. Erkennen der linken und rechten Gewebeseite:
1. Die rechte Gewebeseite ist in der Regel die edlere und schönere.
2. Die Löcher der Nadelleiste an der Webkante (leider nicht immer auf der Kante, sondern in der Ware) sind auf der linken Seite kleiner und zeigen rechts eine leichte Kraterbildung. Dies liegt an den konisch spitz zulaufenden Nadelkuppen (Ketten), die die Ware seitlich festhalten.
3. Die Strichlage ist immer rechtsseitig (z. B. Croisédrapé, Tuche). Besondere, durch die Appretur erzielte Effekte oder Figuren liegen auch immer rechts (Floconné, Ratiné, Frisé).

Warenprofile

Hersteller: Nylstar	**Marke: Meryl® Micro**
Artikel: funktionelle Oberbekleidung (Anorak)	Rohstoff: PA 66 (100 %)
Kette: Meryl® Micro, texturiert 76 dtex f 96 tm (tiefmatt)	Kettfäden: 46/cm
Schuss: Meryl®, texturiert 190 dtex f 136 (glänzend)	Schussfäden: 31/cm
110 g/m²	Bindung L 1/1 10-0101-01-00
Handelsbezeichnung: Micro-Popeline	
Ausrüstung: hydrophob ausgerüstet wasserdicht kalandert	Muster:
Wassersäule: ca. 300 mm Luftdurchlass: weniger als 20 l/m²/Std. Wasserdampfdurchlass: über 200 g/m²/Std.	(...)

Tab. 28

4. Gewebe, die durch besondere Bindungen gemustert sind, lassen den Effekt immer auf der rechten Seite zur Geltung kommen.
5. Zeigt ein Gewebe längere Fadenflottierungen, so handelt es sich meist um die linke Warenseite.
6. Gewebe mit Unterkette weisen oft längere Fadenflottierungen und gröbere Garne auf. Dies ist dann die linke Warenseite.
7. Kahlappretierte Stoffe zeigen rechtsseitig eine glatte und gleichmäßige Oberfläche. Die Rückseite hat wirr abstehende Faserenden, die ungleich lang sind.
8. Bei einseitig gerauten Baumwollgeweben ist die angeraute Seite die linke Warenseite (z. B. Finette), wenn sie Funktions-, Feuchtigkeitsaufnahme- und Wärmeisolationsvermögen haben soll. Gibt man Baumwollgeweben einen wolligen Charakter, wird die geraute Seite als rechte Gewebeseite gesehen.
9. Bei bedruckten Geweben sind die Farben auf der rechten Seite immer leuchtender und kräftiger und die Konturen sind schärfer.
10. Bei Haushaltswäsche ist die rechte Seite oft durch einen glänzenden Effekt gekennzeichnet (z. B. Linon).
11. Bei Lancé-découpé-Geweben liegt der abgeschnittene Faden überwiegend auf der linken Warenseite (nicht verwechseln mit Broché) und wird entsprechend verarbeitet.

Warenwechsel

II. Erkennen von Kette und Schuss:
Das Kettfadensystem wird bei der Herstellung des Gewebes und während der gesamten Veredlung stark auf Zug und Dehnung beansprucht. Um Fadenbrüchen vorzubeugen, wird für die Kette ein festeres Fadenmaterial verwendet. Im Normalfall werden die Gewebe so verarbeitet, dass die Kette im Kleidungsstück längs verläuft, weil das Gewebe beim Tragen in der Kettrichtung auf Zug beansprucht wird. Quer verarbeitete Gewebe bringen schlechte Trageeigenschaften mit sich. Sie verziehen leicht und wirken wenig elegant.
1. Hat ein Gewebe eine Webkante (Leiste), so weist diese immer auf die Kettrichtung hin. Die Leistenfäden binden oft zweifädig in Leinwand-, Rips-, Panamabindung, oder es wird eine offenere Bindung als im Gewebe verwendet. Verzichtet man ganz auf die Kante, so erkennt man oft zwei andersfarbige Fäden, die als Dreherfäden Aufgabe einer Leiste übernehmen.
2. Die Kettfäden sind oft schärfer (härter, höher) gedreht als die Schussfäden, da sie einer größeren Reibung und Zugbeanspruchung unterliegen.
3. Besteht ein Fadensystem aus Zwirn und das andere aus Garn, so liegt der Zwirn in der Kette.
4. Die Anzahl der Kettfäden ist oft größer als die der Schussfäden (trifft bei Stellungsware nicht immer zu).
5. Schottenmuster (Clans, Tartans) sind vorwiegend rechteckig, um eine querstreifige Wirkung zu vermeiden. Exakt quadratische Karos wirken optisch etwas gedrückt. Die längere Seite ist die Kettrichtung.
6. Liegen bei einem Schaftgewebe mehrere Bindungen aneinander, so weisen sie auf die Kettrichtung hin.
7. Ein Gewebe lässt sich besser in Schuss- als in Kettrichtung dehnen. Beim Waschen hat aber die Kette mehr Schrumpf als der Schuss. Ursache dafür ist die enorme Spannung, der das Kettsystem während des gesamten Arbeitsprozesses ausgesetzt ist.
8. Bei Geweben in Drehertechnik umschlingen sich die Kettfäden, während der Schussfaden glatt im Gewebe liegt.
9. Brochierte Gewebe erkennt man daran, dass der Brochéfaden immer in Schussrichtung (technisch bedingt) mustermäßig einbindet.
10. Bei Halbleinengewebe wird in der Kette nur Baumwolle und im Schuss Leinen verwendet (mindestens 40 % Leinen und 60 % Baumwolle).
11. Halbseidengewebe bestehen in der Kette aus Seide, im Schuss aus Baumwolle, Wolle, Chemiefasern oder anderen Mischungen.
12. Bei Strichwaren gibt die Lage der Fasern die Kettrichtung an, da der Strich immer parallel zur Kette verläuft.
13. Geraute Waren weisen immer lose gedrehte Schussfäden auf.
14. In Geweben mit geringer Anzahl Kettfäden sind manchmal Rietstreifen vorhanden, d. h. in regelmäßigen Abständen kleine Lücken (gut zu sehen bei einigen Cretonne- oder Leinenrohgeweben: z. B. zwei Fäden dicht, dann eine kleine Lücke, zwei Fäden dicht usw.).

Warenwechsel (double-faced fabric): Doppelgewebe, bei dem mustermäßig das Untergewebe mit dem Obergewebe getauscht bzw. gewechselt wird. Bei einem Schwarz-Weiß-Karo

z. B. wird auf der einen Seite das weiße und auf der anderen Seite das schwarze Karo erscheinen (positiv-negativ). Da keine Bindekette verwendet wird, ergeben sich dem Muster entsprechend Taschenbildungen.

Warp (engl., warp = Kette, → Weft):
1. englische Bezeichnung für härter gedrehtes Baumwollgarn für die Kette.
2. hart gedrehtes Kammgarn (Cheviot, Crossbred).
3. Ausdruck für preisgünstige, bunt gewebte Schürzenstoffe.

Waschcord: → Cordsamt (Waschsamt/Waschcord).

Waschsamt, Waschcord (washable velvet): Andere Bezeichnungen sind Babycord oder Feincord (→ Cordsamt). Der Begriff bezieht sich auf die relativ gute Druck- und Wasserfestigkeit von Waschsamt.

Waschverfahren: → Jeanswaschverfahren.

Waschwolle (washable wool): Man unterscheidet zwei Bedeutungen:
1. Wollflanell, überwiegend köperbindig, bei dem wenig filzende Wollen verwendet werden, sodass er waschbar ist. Man kann aber auch den Anteil der Wolle so weit reduzieren (nur 30–60 %) und durch Chemiefasern (z. B. PAN oder PES) ersetzen, dass die Filzfähigkeit sehr stark oder ganz aufgehoben wird. Es ist ein typischer Streichgarnartikel mit nur leicht flanellartiger Optik. Der weiche Griff und die gute Wärmeisolierung hängen auch mit der etwas losen Einstellung des Gewebes zusammen. Er wird in Uni und auch bedruckt angeboten. Eine besondere Fasermischung aus 55 % Lammwolle und 45 % Baumwolle ist → Viyella.
Einsatz: Hosen, Anzüge, Röcke, Kleider, Hemden und Blusen.
2. Unter Waschwolle versteht man in der Wollverarbeitung die gewaschene Wolle für die Streichgarnindustrie. Im Gegensatz zur Kammwolle ist Waschwolle kürzer und etwas gröber.

Wash and Wear (amerikan., wash 'n' wear = Waschen und Tragen: Wash and Wear, → No Iron, → Easy Care usw. sind nicht geschützte Fantasienamen. Klassische Verfahren verbesserten bei dieser Ausrüstung nur den Trockenknitterwinkel. Textilien, die nach neueren Verfahren hergestellt werden, behalten auch während des Trocknens ein gutes Knittererholungsvermögen. Auch die Dimensionsstabilität des Kleidungsstückes ist gewährleistet. Durch Kunstharzeinsatz kann es zu einer ca. 8–10 %igen Gewichtszunahme der Ware kommen.
Eigenschaften: müheloses Waschen, schnelles, faltenfreies Trocknen, somit kein Bügeln notwendig.
Der Begriff „wash 'n' wear" bezieht sich nicht nur auf den Oberstoff, sondern auch auf Futter und Accessoires.

Wasserdampfdurchlässigkeit (water vapour permeability): An Stelle dieses Begriffs wird zum besseren Kundenverständnis auch „Atmungsaktivität" benutzt (→ Sympatex®, → Gore-Tex®, →Techtex). Bei allen Membranen und mikroporösen Beschichtungen basiert die Dampfdiffusionsfähigkeit auf einem Klimaunterschied zwischen der Innen- und der Außen-

Wassersäule

seite des Kleidungsstücks. Auf der Innenseite entsteht durch die Wasserverdunstung der Haut (Schweiß) eine höhere Konzentration von Wasserdampfmolekülen und eine höhere Temperatur als auf der Außenseite. Diese Unterschiede rufen einen Druckunterschied zwischen Außen- und Innenseite hervor. Das bestehende Druckgefälle treibt den Wasserdampf von der Innen- zur Außenseite durch die Membranen oder die mikroporöse Beschichtung und somit durch das gesamte Kleidungsstück. Dies funktioniert nur, wenn alle verwendeten Materialien korrekt aufeinander abgestimmt sind. Bildbeispiel → Gore-Tex® und → Sympatex® Transactive.

Wassersäule: Messgröße zur Bestimmung der Wasserdichtigkeit. Es wird der Wasserdruck gemessen, den eine Wassersäule von bestimmter Höhe auf Membranen oder Stoffe ausübt, ohne dass Wasser sie durchdringt.

Watergarn (engl., water yarn = Wassergarn): festgedrehte Baumwollgarne. Die Herkunft weist auf die Einführung des Spinnmaschinenbetriebes durch Wasserkraft hin, die höhere Drehungen erlaubte. Vorher wurde als Antriebskraft das Maultier eingesetzt (daher auch der Begriff „Mule" oder „Mulegarn" für Garne mit weicher Drehung).
Quelle: M. Matthes: Textil-Fachwörterbuch. Fachbuchverlag Schiele & Schön, Berlin 1995.

Watersiamosen: → Siamosen.

Waterstout: → Stout.

Wattierleinen (linen, interlining): mittlere bis grobe, leinwandbindige Qualitäten in Reinleinen und Halbleinen, versehen mit einer Leimappretur (Dextrin, Knochenleim, Wachs und Füllmittel), auch als → Steifleinen oder Schneiderleinen bekannt. Meist wird die Ware nach dem Appretieren noch kalandert oder gemangelt. In Kette und Schuss wird Werggarn (Leinen) verwendet, die Einstellung ist ca. 14 x 11 Fd/cm, das Gewicht beträgt ca. 150–170 g/m². → Bougram.
Einsatz: Einlagen für den DOB- und HAKA-Bereich.

WBK: → Warenbeschreibungskarte.

Webblatt (weaver's reed): Vorrichtung aus meist in gleichen Abständen eingebundenen Rietstäben zur Parallelführung der Kettfäden und zum Anschlagen des Schussfadens, auch kurz Blatt oder Riet genannt.

Weben (weave): Weben ist ein Verfahren zur Herstellung textiler Flächen aus mindestens zwei Fadensystemen, die bindungstechnisch rechtwinklig miteinander verkreuzt werden.

Webfach (shed, lease): Öffnung der Webkette an der Webmaschine in eine obere oder untere Kettfadenebene für das bindungsgerechte Eintragen des Schussfadens.

Webkette (warp): Kettfäden bestimmter Länge, Breite und Fadendichte mit Aufwicklung auf den Kettbaum.

Weblade (loom sley): schwingender Trägerteil der Webmaschine, an dem das → Riet befestigt ist und der zur Führung des Schützens dient.

Weblitze (heald): Teil des Schaftes aus Stahldraht (oder Schnur) mit einem als „Auge" bezeichneten Loch zum Führen und Bewegen des Kettfadens, auch kurz Litze genannt.

Webpelz (artificial fur): Hochflorige Gewebe sind immer dem Pelztyp entsprechend mit einer Spezialausrüstung versehen, wie Pressen, Effektbürsten, Gaufrieren oder Bedrucken. Plüschhohe Gewebe (über 3 mm) werden in der Samtweberei (Ruten- oder Doppelsamte) entwickelt. Hier sind die Garne/Zwirne der Polkette in V- oder W-Noppen eingebunden. Bei der Handelsbezeichnung „Flausch" handelt es sich um Webware mit schussbetonten Bindungen, bei der der Faserflor über das Rauen des lose gedrehten Schussfadens entsteht. Persianerkrimmer z. B. und andere lockige Pelztypen werden gerne durch Chenillezwirne nachgestellt. Hier wird auf ein Grundgewebe (Leinwand) in der entsprechenden Struktur der Chenille-Effekt aufgeklebt. Bei Maschenwaren (Rundwirk-, Rundstrick- oder Vliesraschel) wird der Effekt durch Einkämmen von Faservliesen (Kammzuglunte) erzeugt. So werden Imitationen in entsprechende Musterungen unterteilt: Lammfell, Ozelot, Teddyplüsch, Astrachan, Leopard, Kuhfell usw. → Pelzimitation.

Webschaft (heald frame, shaft of the loom): Rahmen mit eingehängten Litzen zum gemeinsamen Heben und Senken gleichbindender Kettfäden, auch kurz Schaft genannt.

Webschütze (weaving shuttle): Der klassische (Web-)Schütze ist ein schmaler, langer, an den Enden spitzer Stahl- oder Holzkörper zum Eintragen (Einschießen) des Schussfadens. Der Schuss wird aber heute überwiegend mit dem sog. Greiferschützen, dem Projektil oder aber schützenlos mit Wasser oder Luft eingetragen.

Weft (weft yarn, filling yarn; engl., weft = Einschlag, Schusseintrag): normal gedrehtes Schussgarn, insbesondere Normalgarn aus Cheviot-/Crossbredwolle. → Warp.

Welliné (ripple cloth): ein in Wellen gelegter Ratiné, der auch als Wellenflausch bekannt ist. Der Name der Musterungsvariante vom Ratiné kommt vom Wellinieren mit der sog. Welliniermaschine, auf der der Rauflor wellenartig zusammengeschoben wird. Leichtere Ware nimmt man für Morgenmäntel oder lockere Outdoor-Bekleidung. Schwere Wellinés werden für Wintermäntel und Jacken verwendet.

Whipcord (engl., whip = Peitsche, cord = Schnur, Seil): Gewebe mit erhabenen diagonalen Steilgratrippen, worauf der Name anspielt. Es hat eine Ähnlichkeit mit dem echten → Gabardine (nicht mit dem → Trikotgewebe verwechseln), jedoch sind hier die Steilrippen stärker ausgeprägt. In der Kette werden überwiegend Moulinézwirne eingesetzt, im Schuss normal gedrehte Streichgarne/Zwirne (je nach Qualität). Zur Herstellung des Moulinézwirns werden ein Kammgarn und ein Streichgarn unter-

Wickelreserve

schiedlicher Farbigkeit miteinander verzwirnt, sodass eine gesprenkelte Optik entsteht. Die Einstellung in der Kette sollte wesentlich höher sein als im Schuss, z. B. 42 x 18 Fd/cm, (Halbzwirnware). Die Bindung besteht aus kettbetonter Mehrgratköperbindung mit der Steigungszahl 2 (→ Abb. 244), die Ausrüstungsart ist Kahlausrüstung. Aufgrund der Bindungskonstruktion und der Ausrüstung hat der Whipcord eine gute Haltbarkeit und eine geringe Anschmutzbarkeit. Das Gewicht liegt bei ca. 230–300 g/m².

Windchill-Effekt: Sobald Wind durch die Maschen eines Textils dringt, verändert sich das Temperaturempfinden der Haut. Bei Windstille beginnt man etwa bei 18 °C zu frösteln, bei mittlerem Wind bereits ab 25 °C. Je kälter es ist und je stärker der Wind weht, desto größer wird der Unterschied zwischen der tatsächlichen Lufttemperatur und der empfundenen Temperatur. Beispiel: Bei einer Talfahrt mit dem Rad (= 50 km/h) bei einer Außentemperatur von +5 °C fühlt sich ein Biker wie bei -11 °C.

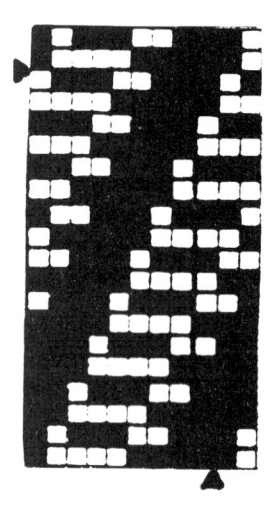

Abb. 244: Whipcord
20-07010102010101010102-01-02

Wind in km/h	10	20	30	40
14	12	8	6	5
12	10	6	3	2
10	8	3	1	-1
8	5	1	-2	-4
6	3	-2	-5	-7
4	1	-5	-8	-10
2	-1	-7	-11	-13
0	-4	-10	-14	-16
-2	-6	-12	-16	-19
-4	-8	-15	-19	-22
-6	-10	-17	-22	-25
-8	-12	-20	-25	-28
-10	-15	-23	-28	-31
-12	-17	-25	-30	-34
-14	-19	-28	-33	-37

(Außentemperatur in Celsius)

Einsatz: Reithosen, Arbeitskleidung, Hosen und Anzüge.

Wickelreserve (lap reserve): → Plangi.

Wildseide: → Seide (Tussahseide).

Tab. 29: Windchill-Effekt

Eine Übersicht von gemessener und gefühlter Temperatur bei verschiedenen Windgeschwindigkeiten (→ Tabelle 29) :

Windelnessel (cheesecloth): → Mull.

Windliner: → Sympatex® Windliner.

Wintercotton (engl., winter cotton = Winterbaumwolle): → Barchent.

Winterflats (winter flats): meist leinwandbindige, strukturlose Gewebe mit rückseitiger Rauung. Winterflats werden aber auch zu sog. Thermohosen (konfektionierte Ware), wenn die Grundware aus Sheeting, Shirting oder Chintz besteht und mit Flanellen oder Moltons abgefüttert ist.

Woilach (saddle-blanket): Pferdedecke: Der Name Woilach, Woilok leitet sich aus russisch woilok = Filz ab und bezeichnet die in Russland hergestellten Decken aus Wolle und Rinderhaaren.
Es ist ein grobes, dickes Wolldeckengewebe, oft als Doppelgewebe konstruiert, das nach dem Webprozess beidseitig kräftig geraut wird. Als Material werden Streichgarn, Reißwolle oder grobe Tierhaare eingesetzt. Maße ca. 233 x 200 cm, Gewicht ca. 3.000 g. Woilache werden auch als Kotzendecken bezeichnet. → Kotze.

Wolle (wool): Die Nutzung von Schafwollen als Bekleidung ist schon seit ca. 7.000 Jahren bekannt. Die ersten Wollfilze entstanden in China und im alten Ägypten. In Europa hatte Wolle erst im 14. Jh. ihren Aufschwung (Tucherzeugung in England). 1999 lag der Anteil der Wolle an der Weltfaserproduktion bei 3,5 %, das waren 1,8 Mio. t. Als „Wolle" wird nur das Fell des Schafes bezeichnet, Haare von anderen Tierarten, wie z. B. Kaschmir, Angora, Lama, Kamel, werden nicht zu Wolle gezählt. Grundsätzliche Unterschiede bestehen aber nicht, was die Erscheinungsform und den Feinbau betrifft. Wolle gehört zur Gruppe der Eiweißfasern (Proteinfasern). Die Hornmasse Keratin besteht aus 50–55 % Kohlenstoff, 21–25 % Sauerstoff, 15–21 % Stickstoff, 6–7 % Wasserstoff und 3–4 % Schwefel.

Das Wollhaar ist röhrenförmig, besteht aber nicht aus einer einheitlichen Masse, sondern aus verschiedenen Schichten. Der besondere Unterschied zu anderen Fasern ist, dass Wolle mit feinen, dachziegelartigen Schuppen versehen ist, die sich bei entsprechender Behandlung ineinander verhaken oder verzahnen, d. h. filzen können.

Wolle besitzt einen natürlichen Fettgehalt und kann bis zu 30 % Feuchtigkeit in Form von Wasserdampf aufnehmen, ohne sich feucht anzufühlen. Die Faserschicht hat keine luftgefüllten Hohlräume (Luftzellen), sondern ist mit Keratin ausgefüllt und diese Eiweißsubstanz kann Wärme speichern. Die Faserschicht, auch Rindenschicht genannt, gibt der Wolle die Elastizität und die Festigkeit. Die Schuppenschicht ist von einer dünnen Haut, der sog. Epicuticula, überzogen. Dadurch ist die Schicht semipermeabel, ähnlich der Membrantypen, wie z. B. Gore-Tex® und Sympatex®.

Wolle kann bei trockener Luft gespeicherte Feuchtigkeit wieder abgeben. Bei anfallender Feuchtigkeit kann

Wolle

Wolle diese nur in Dampfform aufnehmen; Chemiefasern können dagegen begrenzt Feuchtigkeit sofort aufnehmen, sie aber auch schneller wieder abgeben.

Die Kräuselung der Wolle wird durch die Zweikomponentenstruktur aus Orthocortex und Paracortex hervorgerufen, denn bei Feuchtigkeitsaufnahme quellen beide Komponenten unterschiedlich. Die Kräuselung bewirkt auch die hohe Wärmeisolationsfähigkeit.

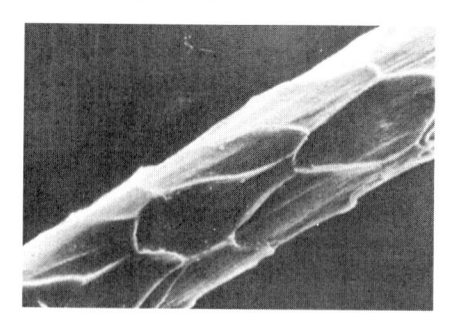

Abb. 245: Wollfaser (Längsansicht)

Rohwolle (Schweißwolle) enthält hohe Anteile an Verunreinigungen, wie Wollfett, Wollschweiß, Schmutz, Feuchtigkeit, Kot, Sand, Kletten und Futterreste. Die Wollsorten werden nach Schafrassen unterschieden (→ siehe Tabelle 30).

Kammgarn hat eine Stapellänge von 60–220 mm. Es ist fein, gleichmäßig, zugfest, glatt, besitzt wenig abstehende Faserenden und zeichnet sich durch eine geringe Scheuerfestigkeit und eine geringe Wärmeisolierung aus. Verarbeitet wird durch Ringspinntechnik.

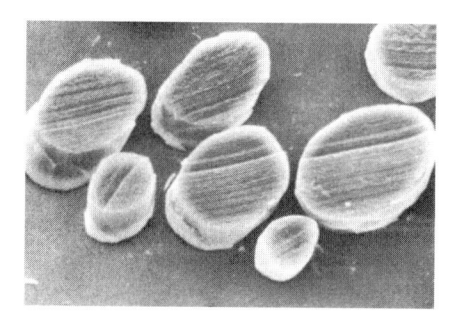

Abb. 246: Wollfaser (Querschnitt)

Wollsorten:	Feinwollen	Mittelwollen	Grobwollen
Rassen:	Merino	Crossbred	Cheviot
Feinheit:	feinst 15–23 µm	mittel 24–30 µm	grob ab 30 µm
Länge:	40–120 mm	40–150 mm	60–250 mm
Kräuselung:	über-/hochbogig	normalbogig	schlichtbogig
Herkunft u. a.:	Australien Südafrika Spanien	Neuseeland Argentinien Uruguay Australien	England

Tab. 30

Streichgarn hat eine Stapellänge von 20–60 mm (→ Fasern, Spinnfaser). Es ist weich, voluminös, besitzt eine geringe Zugfestigkeit, eine höhere Scheuerfestigkeit, weist viele abstehende Faserenden auf und kann gut Wärme isolieren. Verarbeitet wird es durch die Ringspinn- und auch durch die Rotortechnik (OE).
Weitere Eigenschaften:
Gröbere Wollqualitäten besitzen einen stärkeren Glanz; feine, gekräuselte sind eher matt. Die Scheuerfestigkeit ist gering, jedoch sehr abhängig von der Zwirnung und der Textilkonstruktion. Im trockenen Zustand ist die Formbarkeit sehr gering, im nassen bei gleichzeitiger Behandlung mit Hitze und Druck sehr gut (Einbügeln von Falten). Dehnbarkeit und Elastizität sind sehr gut. Das Wärmerückhaltevermögen ist sehr gut, da die Eiweißsubstanz ein schlechter Wärmeleiter ist und die Faser durch die Kräuselung und die Schuppenstruktur einen großen Lufteinschluss ermöglicht.
Die Säurebeständigkeit ist gut, die Laugenbeständigkeit schlecht. Durch Quellung spreizen sich die Schuppenspitzen. So begünstigen Laugen u. a. in Verbindung mit Schub und Druck den Filzvorgang. Die Schmutzanfälligkeit ist gering, die Feuchtigkeitsaufnahme sehr gut. Wolle ist schwer entflammbar, lädt sich nur wenig elektrostatisch auf. Die Filzfähigkeit ist sehr gut (neutral, alkalisch und sauer). Von Motten kann Wolle sehr schnell befallen werden. → Woolmark.

Literatur: H. E. Schiecke: Wolle als textiler Rohstoff. Verlag Schiele & Schön, Berlin 1987². J. Tensfeldt: Fachspezifische Unterlagen „Wollwaren", Textilchemie. FH Hamburg, Hamburg o. J.

Wollflanell: → Flanell.

Wollkrepp: Bindungskrepp mit normal gedrehten Garnen in Kette und Schuss und einer Kahlveredlung. → Sandkrepp und → Krepp.
Einsatz: Kostüme, Jacken und Kleider.

Woolmark: Markenname in Verbindung mit dem Wollsiegelzeichen (lizenzpflichtig). The Woolmark Company hat in Deutschland ihren Sitz in Düsseldorf.
Das Internationale Wollsekretariat (IWS) ist 1937 als gemeinnützige Organisation gegründet worden. Es arbeitet mit Marketing-Organisationen

PURE NEW WOOL   WOOL RICH BLEND   WOOL BLEND

Abb. 247: Wollsiegel

Woolmark

der Wollerzeugerländer Australien, Südafrika, Neuseeland und Uruguay zusammen. Gemeinsam produzieren sie 80 % der weltweit für Bekleidungszwecke gewonnenen Rohwolle.

Das weltbekannte stilisierte Wollknäuel ist ein Entwurf des Mailänder Designers Francesco Saroglia. Produkte, die unter dem Markennamen Woolmark angeboten werden, werden ausnahmslos mit diesem Siegel versehen, z. B. → Cool Wool, → Light Wool, → Merino Extrafine, → Pure Merino Wool, → Schurwolle plus Lycra® (Woolmark Blend), → Super 100's bis Super 140's, Wool Blend, Wool Cotton, Woolmark (reine Schurwolle), Woolmark Blend, Wool & Supriva, →Total Easy Care Wool.

Zur Erläuterung:
- *Wool Blend* (IWS): Das Siegel ziert ein weißes Wollknäuel mit stärkerer Außenkontur. Diese Qualitätsgruppe zeichnet sich dadurch aus, dass die Artikel 30–50 % Schurwolle und damit maximal 70 % Fremdfasern aufweisen,
- *Wool Cotton* (IWS): Kombinationen aus mindestens 50 % Schurwolle, mindestens 30 % Baumwolle und maximal 5 % Elastan. Außer Elastan darf keine andere Faser verarbeitet werden,
- *Woolmark* (IWS): Produkt aus reiner Schurwolle (mindestens 99,7 %),
- *Woolmark Blend* (IWS): Die Produkte mit dem flächig schwarz-weißen Knäuel im Siegel müssen mindestens 50 % Schurwolle und maximal 50 % Fremdfasern aufweisen,
- *Wool & Supriva*™ (IWS): Hier liegen folgende Mindestanforderungen an verschiedene Produkte vor: entweder mindestens 50 % Schurwolle und höchstens 50 % Polyester (Dacron) oder mit Elastan (→ Lycra®) mindestens 45 % Schurwolle und 45 % Polyester (Dacron). Bei diesen Produkten ist ein Maximumgewicht von 220 g/m^2 vorgeschrieben. Der durchschnittliche Faserdurchmesser muss 23 µm betragen oder kleiner sein. Diese Marke kann maschinenwaschbar ausgerüstet sein (Zusatzhinweis).

XCR® (englische Abkürzung für Extended Comfort Range = erweiterter Komfortbereich): Produkt der Firma Gore. Herstellung: Ein Mischgewebe (z. B. PES/WO) oder ein Chemiefasergewebe (z. B. PES) wird rückseitig unter Druck thermoplastisch verformt, sodass sich eine filmartige Oberfläche bildet, die eine atmungsaktive, Wind abweisende Funktion hat, jedoch keinen Nässeschutz bietet wie eine → Gore-Tex®-Membran. Gore bietet zwei Ausführungen an:
1. Bei Fasermischungen wird der Chemiefaseranteil linksseitig wärme- und druckbehandelt; die rechte Warenseite hat eine textile Optik, je nach Materialeinsatz, z. B. Wollflanell, einen Kammgarnserge oder einen Baumwolloberstoff.
2. Gore-Tex® XCR® wird als Gewebe (z. B. PES, PA) thermisch unter Druck verformt und anschließend z. B. mit einer Maschenware als Futter verarbeitet.
In bekleidungsphysiologischer Hinsicht bietet Gore-Tex® XCR® durch die Erhaltung des Mikroklimas zwischen Körper und Kleidung einen hohen Tragekomfort. Das Gewebe ist Wind abweisend, aber nicht wasserdicht, und besitzt eine äußerst hohe Atmungsaktivität.
Einsatz: Anzüge, Hosen, Röcke, Kostüme, Strickjacken und Pullover für HAKA und DOB.

XPAND by Trevira: elastisches, texturiertes Polyesterfilamentgarn für den Web- und Strickbereich von der Trevira GmbH & Co. KG. Seine Stärke liegt in der chemischen Modifikation des Rohstoffes, wodurch es sich von anderen Polyestergarnen unterscheidet. Die große Elastizität und die Rücksprungkraft von XPAND (20 %) wird durch den Kräuselungseffekt der Texturierung erreicht. Die kompaktdynamische Rücksprungkraft wird durch eine optimale Kombination der Garnkonstruktion und Ausrüstung erzielt. Elastane sind zwar in ihrer Dehnbarkeit bei sehr guter Rücksprungkraft mit bis zu 40 % hochelastisch, aber nicht textil. XPAND ist ein textiles Filament, welches sich harmonisch der textilen Fläche anpasst.
Der Einsatz ist vor allem bei stark beanspruchten Textilien, wie z. B. Jeans und Casuals, zu sehen. Es hat die klassischen Eigenschaften von Trevira PES und ist zudem beständig gegen Chlor, Creme, Salzwasser, Öl, Hitze und UV-Strahlung sowie formstabil bei Nässe (Bademoden). XPAND ist bei 130 °C färbbar.
Sehr gut lassen sich mit diesem Material borkige Oberflächen sowie Seersucker- oder Cloqué-Qualitäten entwickeln. Für den Winter sind Kombinationen mit Wolle genauso gut möglich wie feine Hemdenqualitäten. Auch Möbelstoffe werden aus XPAND hergestellt.

Yamamaiseide (yamamai silk): Wildseide des japanischen Tussahspinners (Antheraea yamamai; → Tussah), die große Ähnlichkeit zur Zuchtseide des Maulbeerspinners aufweist.

Yard: englisches Längenmaß. 1 yard = 3 feet oder 91,44 cm. Coupons oder Stücke werden statt in Metern oft in yards angegeben.

Zanella (zanella, italian cloth): baumwollener Glanzfutterstoff aus 5-bindigem Schussatlas (durch die Chemiefaserfuttergewebe etwas aus der Mode gekommen). Bei diesem Gewebe ist die Schussdichte immer höher als die Kettdichte, die Abschlussbehandlung ist Mercerisieren und Kalandern (Glanzerhöhung). Zanella wird sowohl schaft- als auch jacquardgemustert angeboten. Wenn heute noch im Handel, dann meist uni oder bedruckt. Unter dieser Bezeichnung findet man auch farbige Kittel- und Schürzenstoffe. Die ursprüngliche Konstruktion, Baumwollkette und Wollkammgarnschuss (Cloth), ist durch reine Baumwollgarne ersetzt worden. Ein Futtersatin in Kettatlas ist der → Cloth oder Satinella.

Zefir (zephir): typisches Hemden- und Blusengewebe aus Baumwolle oder Mischungen mit Polyester oder Viskose (zu je 50 %, 65 zu 35 % oder 85 zu 15 %). Das Gewebe wird auch als Zefirbatist bezeichnet und legt damit bestimmte Garnfeinheiten fest (→ Batist). Die Bindung ist immer Leinwand, die Musterungen sind Rayé, Travers oder Carré (→ Zusatzbezeichnungen). Zefir ist immer fadengemustert und nicht bedruckt (schaftgemustert). Materialeinsatz: häufig amerikanische Baumwolle oder Giza. Upland-Baumwolle wäre eine Mittelpreislage. Zur Erhöhung der mechanischen Festigkeit können in der Kette auch Zwirne verwendet werden.
Typische Einstellungen sind:
27 x 21 Fd/cm, Nm 60 x 60
27 x 24 Fd/cm, Nm 50 x 50
30 x 20 Fd/cm, Nm 60 x 50
Hohe Preislagen bei Gizagarnen in folgenden Einstellungen:
Gizazefir: 32 x 48 Fd/cm, Nm 20–135 in Kette und Schuss.
Zefirbatist: 46 x 48 Fd/cm, Nm 70–135 in Kette und Schuss.
Die Garne über Nm 80 sind gekämmt oder supergekämmt.
Zefir wird bestimmt durch seinen weichen, fließenden Griff und eine glatte Oberfläche. Wird die Rückseite geraut, handelt es sich um einen Zefirflanell, setzt man Ripsstreifen ein, spricht man von einem → Schnürchenzefir (→ Schnürchenbatist)

Zeltstoff (tent cloth): → Segeltuch.

Zeolith: wird als antibakterieller Wirkstoff in Polyester eingesponnen (→ Bactekiller®). Zeolithe sind kristalline, hydrophile Alkali- und Erdalkali-Aluminumsilikate. Der Anteil der Hohlräume am Gesamtvolumen des Zeolith kann bis zu 50 % ausmachen, was eine aktive innere Oberfläche von ca. 600 m^2/g bei einer äußeren Oberfläche von ca. 40 m^2/g ergibt.
Das spezifische Gewicht liegt bei 2,15 g/cm^3. Die große Sauerstoffmenge stellt den eigentlichen antibakteriellen Wirkstoff dar. Zeolithe werden auch unter dem Markennamen Zeopac® verkauft. Sie dienen z. B. als Geruchsabsorbator und in Kläranlagen als Bioaktivator zur Verbesserung des Klärschlammes.
Quelle: Zeochem, D-77815 Bühl/Baden.

Zeopac®: → Zeolith.

Zephir: → Zefir.

Zibeline (zibeline): → Spitzköper. → Stichelhaar.

Zitz (calicot): alte Handelsbezeichnung für einen farbig bedruckten, feinen → Kattun. Manchmal wird der Begriff auch für → Chintze verwendet, bei denen die Einstellungen von Nesselqualitäten die Grundlage bilden. In Deutschland war unter Friedrich Wilhelm I. (Regierungszeit: 1861–1888) der Besitz und das Tragen von Zitz zum Schutz der heimischen Textilindustrie vor Textilimporten verboten.

Zuchtseide (mulberry silk): → Seide.

Zucker und Zimt: Farbeffektbezeichnung, die auf die eingesetzten, hell- bis dunkelbraunen Garne oder Zwirne hinweist. Konstruktion → Fill à Fil und → Pfeffer und Salz.

Züchen (althochdt., Züchen = grobes Bettzeug): kräftiges, bunt kariertes (blau-weiß, rot-weiß) Bettwäschegewebe, das auch „Buntsiamosen" genannt wird. In der Konstruktion ähnelt es dem → Cretonne. Die Musterung erreicht man durch eine farbige Schär- und Schussfolge, z.B. 20 Fd rot, 20 Fd weiß in Kette und Schuss. Hohe Zugfestigkeit, Schmutzunempfindlichkeit und stumpfe Optik sind typische Merkmale. Preisunterschiede werden durch den Fadeneinsatz bestimmt (Vollzwirn, Halbzwirn oder Garnware). Es wird auch im KIKO-Bereich verwendet.

Zusatzbezeichnungen zu Handelsnamen: Zu den üblichen Handelsbezeichnungen werden Gewebe mit zusätzlichen Musterungsbezeichnungen ausgestattet. Auf S. 379 sind einige dieser Begriffe aufgelistet.

Zwillich (ticking, twill): Verwendung und Musterung (Streifen, Karos) entsprechen dem → Drell. Die Handelsbezeichnung weist ebenso wie beim Drell auf den Fadeneinsatz hin. Hier werden einstufige Zwirne zweifach eingesetzt.

Zwirn (twist, ply yarn): Wie → Faden und → Garn ist Zwirn ein Sammelbegriff für alle linienförmigen textilen Gebilde, die durch das Zusammendrehen (im Gegensatz zum → Fachen) von mindestens zwei Garnen entstehen. Kaschmirware wird häufig mit dem Begriff „zweifädig" (double ply) ausgezeichnet. Hierbei handelt es sich um einen einfachen Zwirn, der nur indirekt etwas mit „Kaschmirqualität" zu tun hat (→ Abb. 248–250).

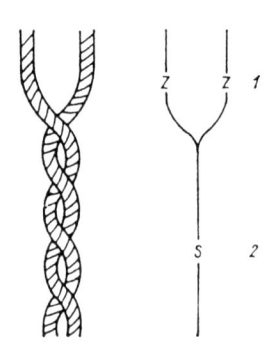

Abb. 248: Einstufiger Zwirn, zweifach (Schaubild und Sinnbild)
Drehungsrichtungen:
1 Garn – Z-Drehung
2 Zwirne – S-Drehung

Zwirnrosshaareinlage: → Einlagestoff.

barré	=	etwas erhabene Querstreifenmusterung
boutonné	=	erhabene Punktmusterung
broché	=	stickereiähnlich durchwirkt (immer in Schussrichtung)
carré	=	dezente Viereckmusterung, überwiegend durch Bindungseffekte erzielt
changeant	=	schillernd durch Kontrastfarben (feinfädig)
écossais	=	schottisch, groß kariert
façonné	=	bindungstechnisch klein gemustert
gaufré	=	geprägt, eingepresstes Muster
imprimé	=	bedruckt (Seide oder Chemiefasern)
lancé	=	geführter Faden (von Webkante zu Webkante), meist mit Flottierungen verbunden. Im Gegensatz zu façonné wird hier ein zusätzlicher Schuss- oder Kettfaden verwendet.
lancé découpé	=	abgeschnittener Lancéfaden (zieheranfällig)
multicolor	=	vielfarbig
pointillé	=	punktiert, mit einem Punktmuster bedruckt
quadrillé	=	kleine karierte Musterung durch das Zusammentreffen von Rayé- und Traversstreifen
unicolor	=	einfarbig
rayé	=	liniert, längsgestreift, vertikal
travers	=	quergestreift, horizontal (bedruckt, gewebt)

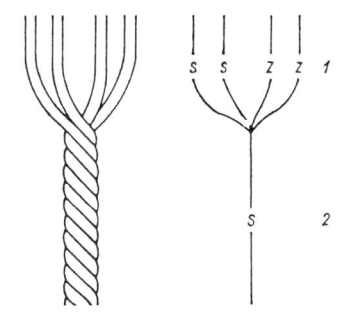

Abb. 249: Einstufiger Zwirn, vierfach (Schaubild und Sinnbild)
Drehungsrichtungen:
1 Garn – S- und Z-Drehung
2 Zwirne – S-Drehung

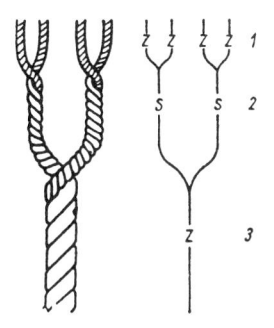

Abb. 250: Zweistufiger Zwirn, vierfach (Schaubild und Sinnbild)
Drehungsrichtungen:
1 Garn – Z-Drehung
2 Vorzwirne – S-Drehung
3 Nachzwirne – Z-Drehung

Zwischenfutter (insert lining): allgemeine Bezeichnung für Futterstoffe, die zur Festigung, Drapierfähigkeit, Formgebung oder zum Standvermögen eines Kleidungsstückes beitragen. → Taft. → Bougram. → Steifleinen. → Gore-Tex®. → Sympatex®.

Verzeichnis der wichtigsten Handels- und Qualitätsbezeichnungen
(englisch – deutsch)

In diesem Verzeichnis sind die im Lexikon auf Deutsch beschriebenen Handels- und Qualitätsbezeichnungen und andere im Tagesgeschäft wichtigen Begriffe in englischer Übersetzung in alphabetischer Reihenfolge aufgeführt. Bezeichnungen, die im Englischen und Deutschen synonym gebraucht werden, wurden nicht aufgeführt.
Integriert wurden darüber hinaus Fachbegriffe aus der Ausrüstung und Appretur. Sie sind im Lexikonteil nicht erklärt und hier mit einem * gekennzeichnet.

A

ada canvas	Aida
adhesion	Adhäsion
adhesive joint	Lanisieren, Verkleben
adhesive power	Adhäsionskraft
adria	Adria
aeterna	Äterna
aircoat	Aircoat, Wind- und Wettermantel
air-intermingled EL	luftverwirbeltes EL
air-jet picking system	Luftdüseneintrag
air lace	Luftspitze
ajour fabric	Ajourgewebe
aloe hemp	Aloehanf
alpaca, paco	Alpaka
alpaca rayon	Alpakka
ammonia finish	Ammoniakausrüstung
angora goat hair	Angoraziege, Mohair
angora rabbit hair	Angorakanin
antifelt finish	Filzfreiausrüstung
armure dress goods	Armure
artificial fur	Pelzimitation
artificial leather	Kunstleder
atlas, sateen, satin	Atlas
authentic	ursprünglich (bei Jeansarten)
awning duck	Markisenstreifen, Umbradrell
axminster carpet	Axminster-Teppich

B

baby cord	Babycord
back cloth	Mitläuferstoff
bake	Backen, trockenes Erhitzen
bare elastomer yarn	blank-/nacktverarbeitetes Elastangarn
bark crêpe	Borkenkrepp
barré	Barré (Querstreifen)
basket weave	Leinwandbindung
bast silk	Rohseide, Bastseide
batavia silk	Batavia
batic style	Batik
batiste	Batist
batiste rayé	Schnürchenbatist, Schnürchenzefir
bayadère	Bajadere
bed damask	Bett-Damast
bed sheeting	Daunenperkal
bedstout	Bettstout, Stout, Inlett
beaver	Biber
bio-bleached	biologisch gebleicht
bio-stoning	auf biologischem Weg getragene Optik erzielen
bio-washed	wassergepült
bird's eye	Pfauenauge, Vogelauge
black denim	schwarze Jeans, Jeansarten
black watch	Black Watch (Schottenmuster)
blanket	Schlafdecke
*bleaching in full width	*Breitbleichen
blended fabric	Melange, Mischgewebe
blister cloth	Cloqué
blouse twill	Blusenserge
blue printing	Blaudruck
bobbinet, tulle	Erbstüll, Schleiertüll
*boil off	*Abkochen
bonded crimped fabric	Astrakin
bouclé flake yarn fabric	Bouclé mit Flammenoptik
bouclé twisted yarn	Bouclézwirn
breathability	Atmungsaktivität, -fähigkeit
bristle effect	Stichelhaar
brocade	Brokat
brocatelle	Brokatelle
broken twill	Kettkreuzköper

Handels- und Qualitätsbezeichnungen

brown cloth	Schneiderleinen
*brush	*Rauen
brushed fabric	geraute Baumwollstoffe
buckram	Bougram
bullhide	Reformflanell
bullion	Kantille, Bouillon
bunt, bunting	Fahnentuch
burnt-out fabric	Ausbrenner
burnt-out lace	Ätzspitze, Luftspitze
burnt-out satin	Ätzsatin
burnt-out velvet	Ätzsamt, Velours évorant
Byssus silk	Byssusseide

C

cablecord	Kabelcord
cachenez	Crêpe-Chiffon, Cachene
cadet cloth	Kadett
cadet satin	Matrosensatin
calender	Kalander
calico	Kaliko, Kattun, Zitz
cambric	Cambric, Grobnessel, Kammertuch
caméléon	Changeant, Caméléon
cannelé rep	Cannelé
canvas stramin caracul cloth	Krimmer
caracul pile fabric	Karakulplüsch
carded wool fabric	Streichgarngewebe
carded wool yarn	Streichgarn
carpet	Teppich
*caustic soda	Ätznatron
*caustic scouring	*in Natronlauge waschen
caustic treatment	Laugieren
cashmere	Kaschmir
cassimere	Kasimir
cellenik	Sellenik, Cellenik
cerecloth	Billroth-Batist
ciré fabric	Ciré
civilian uniform	Behördentuch
chalk-stripe	Kreidestreifen
chappe silk	Schappeseide
chemical bleached	chemisch gebleicht

Handels- und Qualitätsbezeichnungen

chemical stoned	auf chemischem Weg getragene Optik erzielen
Cheesecloth	Mull, Käseleinen, Windelnessel
chiffon	Chiffon, Crêpe-Chiffon
chiffon velvet	Velours-Chiffon
china grass	Chinagras, Ramie
chiné cloth	Chiné, Kettdruck
chiné velvet	Velours-Chiné
chintzing	Chintzen
cloth	Tuch
clothing system	Bekleidungssystem
coal stripe	Kohlestreifen
coarse cotton cambric	Grobnessel
coarse stiff fabric	Aida
coated fabric	beschichtetes Gewebe
coating	Beschichtung
coating	Coating, Mantelstoff
colour effect	Farbeffekt
colour interlacing	Farbverflechtung
*coloured discharge print	*Buntsätze
coloured striped damask	Buntsatin
coloured twisted yarn	Moulinézwirn
combed cotton	gekämmte Baumwolle
combed yarn	Kammgarn
combined twill	Mehrgratköper
compression shrinkage	kompressive Krumpfung
congress canvas	Kongressstoff
conversion table	Umrechnungstabelle
corduroy	Corduroy, Rippensamt
corkscrew	Adria
corset fabric	Miederstoffe
*cotelé fabric	*Cotelé
cotton	Baumwolle
cotton cambric	Makobatist
cotton duck	Canvas
count	Feinheit (Garn), Feinheitsnummer
cover coating	Covercoat
crêpe	Kreppgewebe
crêpe effect	Laugenkrepp
crimped fabric	Cloqué

Handels- und Qualitätsbezeichnungen 384

crinkle fabric	Craquelé
crossing-point	Bindepunkt, Bindungspunkt
cross weave	Bindung, Gewebebindung
crystal	Kristalline
cure	Kondensieren, Aushärten
curing	Curing, Kondensation, Aushärtung
*cut	*Scheren
cut warp-pile fabric	Samt

D

damask	Damast
damask stripe	Damaststreifen
damassé fabric	Damassé
dead cotton	tote Baumwolle
*decatize	*Dekatieren
*delustre	*Mattieren
description sheet/order	Warenbeschreibungskarte (WBK)
*desize	*Entschlichten
devina print	Devina-Druck
diagonal rip	Diagonal
dimity	Barchent, Dimity
dip tumble process	Tauchschleuderverfahren
*discharge print	*Ätzdruck
dobby weave fabric	Schaftgewebe
dogtooth	Hahnentritt
double cloth	Doppeltuch
double-face fabric	Doubleface
double plush	Doppelplüsch
double ply	Zwirn
double twill	Doppelköper
double velvet	Doppelsamt
down percale	Daunenperkal
dress fabric	Kleiderstoff
dress preserver	Schweißblatt-Batist
downproof fabrics	daunendichte Gewebe
*dry out	*Trocknen
duck	Stramin
duckcloth	Segeltuch
dyeing method	Färbeverfahren

Handels- und Qualitätsbezeichnungen

E

easy care	pflegeleicht, Easy Care
écossais	Schottenstoff, Écossais
ecru silk	Bastseide, Rohseide
embroidered fabric	Lancé
*emerize	*Schmirgeln
energy and raw material	Energie und Rohstoffe
eskimo cloth	Eskimo
*extend	*spannen

F

fabric	Gewebe, Erzeugnis, Ware
fabric construction	Einstellung, Gewebeeinstellung
fabric order	Warenpass
*face and back scorch	*beidseitig sengen
fagara silk	Fagaraseide, Wildseide
false uni	Falsch-Uni, Faux uni
felt fabric	Walkfilz
fibre blend	Fasermischung
fibre cross-section	Faserquerschnitt
fibre diameter	Faserdurchmesser
filling yarn	Weft
*final control	*Endkontrolle
finish, finishing	Avivage
*finisher	*Appretur
*fixation	*Fixierung
flag cloth	Fahnentuch
flake velours	Schlunzenvelours
flattened metal thread	Lahn
flax, linen	Flachs, Leinen (Bastfaser)
floating	Flottung
floral ticking	Pers
fluorescent brightening agents	optische Aufheller
fold	Fachen
foam back	Laminat
*form of supply	*Aufmachung
formulation	Einstellung, Stellungsware
four-end twill	Doppelköper
freeze	Ratinieren
furniture damask	Möbeldamast

G

*garment dyeing	*Kleiderfärbung, Konfektionsfärbung
*gassing	*Gasieren
*gas singeing	*Gasieren
gauffer	Plissieren
*gauffering	*Gaufrieren, Prägen
gauze	Mull, Flor
genua corduroy	Genuacord, Manchester
glass cambric	Glasbatist, Organdy
glen plaid	Glencheck
goffering	Gaufrieren, Prägen
granite weave	Grain
granite fabric	Granité
grass cloth	Grasleinen
grass linen	Grasleinen
grège silk	Grège
grenadine twist	Grenadine
grey cloth	Rohgewebe
grey cotton cloth	Nessel
grey twill cloth	Rohköper
gripper	Greifer (Schusseintragssystem)
gummed silk	Rohseide, Bastseide
gypsy cloth	Sportflanell

H

haircord	Haircord, Nadel-/Niedelrips
half linen	Halbleinen
*hand block printing	*Handdruck
*hand printing	*Handdruck
*hank dyeing	*Strangfärben (Garn)
hank, skein	Strang, Garnstrang
heald frame	Schaft
*heat setting	*Thermofixieren
*heat transfer print	*Thermodruck
heavy canvas	Segeltuch
heavy poplin	Bengaline
hemp	Hanf (Cannabis sativa)
herringbone	Fischgrat
high warp	Hautelisse
honeycomb piqué	Waffelpiqué

hopsack	Hopsack, Panama
*hot press	*Dekatieren
houndstooth	Hahnentritt
housecoat	Kittel
household cloth	Haustuch
horsehair cloth	Rosshaargewebe
huckaback	Gerstenkorn
huck weave	Gerstenkorngewebe
hush cloth	Molton

I

ice crêpe	Eiskrepp
imitation astrakhan	Krimmer
*impregnate	*Imprägnieren (Durchtränken)
industrial clothing	Berufsbekleidung
insert lining	Zwischenfutter
interlacing-point	Bindepunkt
interlining canvas	Steifleinen, Wattierleinen
*intermediate inspection	*Zwischenkontrolle
irish linen	Irisch Leinen
italian cloth	Zanella, Glanzatlas

J

jeans finishing	Jeansausrüstung
jumping sheet	Sprungtuch
jute fabric	Jutegewebe

K

khaki cloth	Khakigewebe
knopped fabric	Noppé

L

lace	Spitze
lamé effect yarn	Laméfaden
laminate fabric	Laminat
lapel silk	Reversseide
lacquer printing	Lackdruck
lattice tull	Gittertüll
*laundering	*Waschen
lawn, batiste	Batist

Handels- und Qualitätsbezeichnungen

leather	Leder
leatherette	Kunstleder
linen, flax	Leinen, Flachs (Bastfaser)
linen interlining	Wattierleinen
linen sheeting	Stößelleinen, Bettleinwand
lining	Futterstoff
lining serge	Futterserge
lining twill	Glanzköper, Futterköper
loom	Webstuhl/Webmaschine
loom sley	Weblade
low warp	Basselisse

M

madras cloth	Madras
*make up	*Aufmachen
mako cloth	Makotuch
mako cotton	Makobaumwolle
man-made fibre	Chemiefasern
man-made leather	Lederimitation
marengo yarn	Marengo
mattress drill	Matratzendrell
melton finish	Melton
mercerize	Mercerisieren
microfil non-woven fleece	Mikrofaserwirbelvlies
milanese fabric	Milanese
military cloth	Behördentuch
*milling	*Walken
minimum iron	bügelarm
mirror velvet	Spiegelsamt, Panne-Samt
mixed fabric	Melange
modacrylic	Modacryl
moiré	Moirieren
moleskin	Moleskin, Deutschleder
molleton	Molton
moquette	Mokett
moss crêpe	Mooskrepp
mouliné fabric	Mouliné
mulberry silk	Maulbeerseide
multicolour fabric	Multicolor
muslin	Musselin

N

needle point lace	Nadelspitze
net	Schleiertüll, Tüll
no iron	No Iron, bügelfrei
number of threads	Fadeneinstellung

O

oil cloth	Wachstuch
ombré fabric	Ombrégewebe
open end yarn	OE-Garn, Rotorgarn
open work weave	Ajour-Bindung
optical brightener	optische Aufheller
organdy	Organdy, Glasbatist
organzine	Organsin

P

*pad	*Aufklotzen von Farbstoff
paisley pattern	Paisley
panne	Panne-Samt
panne satin	Panne-Atlas, Spiegelsatin
parachute silk	Fallschirmseide
parament	Paramentenstoff
pattern	Patrone
pattern paper	Patronenpapier
peacock's eye	Pfauenauge
pea tull	Erbstüll
pékin	Péquin
pencil stripe	Nadelstreifen
percale	Perkal
phase change material	PCM (den Aggregatzustand wechselnde Materialien)
pick count	Stellungsware
piqué	Piqué
pile fabric	Polgewebe, Tuch, Plüsch
pilling effect	Pilling
pilot cloth	Pilot
pin stripe	Nadelstreifen
plain weave	Leinwandbindung (Tuchbindung)
pleat	Plissieren

Handels- und Qualitätsbezeichnungen

pleating	Plissé
ply	Fachen
pocketing	Taschenfutter, Hosentaschenfutter
point design paper	Patronenpapier
pointed twill	Spitzköper
point paper design	Patrone, Bindungspatrone
polka dot pattern	Pointillé
poplin, popelin	Popeline
post-curing	Nachkondensieren
pre-curing	Vorkondensieren
*press	*Pressen
printed fabric	Imprimé
printing method	Druckverfahren
professional clothing	Berufsbekleidung
prunella	Lasting
pure linen	Reinleinen
pure wool	reine Wolle
pyjama cloth	Pyjama
pyjama flanell	Schlafanzugflanell

Q

quilt damask	Steppdecken-Damast
quilter	Stepper

R

*rainproof	*Imprägnieren (Durchtränken)
raised fabric	geraute Baumwolle
rapier	Greifer, Stangen- oder Bandgreifer (Schusseintragssystem)
raschel pile fabric/plush	Raschelplüsch
rateen	Ratiné
rateen	Ratinieren
raw silk	Rohseide, Bastseide
raw stock	Flocke
rayé fabric	Rayé
Recycling Network (Ecolog)	Netzwerk zur Aufbereitung
reed linen	Schilfleinen
reeled silk	Haspelseide
reserve dyeing	Reservedruck

ribbed fabric	Rips
rib lengthwise	Längsrips
rib velvet	Cordsamt
*rinse	*Spülen
ripple cloth	Welliné
rome stripe	Römerstreifen
rope dyeing	Strangfärben (Web- und Maschenware)
*rotary screen printing	*Rotationsfilmdruck
*roughen	*Rauen
runner cloth	Mitläuferstoff

S

safety blanket	Sprungtuch
sail-cloth	Persenning
salt and pepper	Pfeffer und Salz
sand crêpe	Sandkrepp
sanforize	Sanforisieren
sateen	Satin
sateen ticking	Satindrell
satin drill	Satindrell
satin stripes	Streifensatin
scallop	Languette, Schlingenstich
schappe silk	Schappeseide
school cloth	Schülertuch
*scorching	*Sengen
scouring cloth	Scheuertuch
*screen printing	*Filmdruck, Schablonendruck
sea silk	Byssusseide
seersucker	Seersucker, Kräuselkrepp
serpentine twill	Spitzköper
shadow rayé fabric	Schatten-Rayé
shadow rep	Schattenrips
shadow stripe pattern	Schatten-Rayé
shaggy blanket	Kotze
sheeting	Cretonne
shell silk	Byssusseide
shirting	Renforcé
shoe lining	Schuhfutter
shrink	Krumpfen

Handels- und Qualitätsbezeichnungen

shuttle	Schütze, Schützeneintragssystem, Schiffchen
*shuttle loom	*Schützenwebmaschine
side twill	Mehrgratköper
silence cloth	Molton
silk	Seide
silk batiste	Seidenbatist
silk velvet	Seidensamt
single colour	Uni
single covered	einfach umwunden
size	Schlichten
skein, hank	Strang, Garnstrang
smoke	Kittel
smoking	Smok-Arbeit
*soaping	*Seifen
*soften	*Weichmachen
spacing	Stellungsware
spagnell	Spagnolett
spot removal	Fleckenentfernung
spun silk taffeta	Toile de soie
stain removal	Fleckenentfernung
staple	Stapel
*steam	*Dämpfen
*steaming	*Dekatieren
*stenter	*Spannen
stiff cotton cloth	Steifnessel
stiffness cloth	Steifleinen
*stock dyeing	*Flockefärbung
stripe	Streifen
stripe damask	Streifensatin
stripe pattern	Rayé
suedette	Velveton
swedish stripes	Schwedenstreifen

T

tabby weave	Leinwandbindung
table damask	Tisch-Damast
taffeta weave	Taftbindung
*take off the lustre	*Mattieren
tapestry carpet	Tapestry-Teppich
tapestry fabric	Tapisseriestoff

tarpaulin fabric	Tarpauling
tartan	Schotten
tailor's canvas	Schneiderleinen
tennis flannel	Tennisflanell
tent cloth	Zeltstoff
textiles	Textilien
thread	Faden
thread by thread	Fil à Fil, Pfeffer und Salz
tibet cloth	Tibet
ticking	Einschütte, Inlett, Zwillich
*tie dyeing	Knüpfbatik
tinsel	Lahn
*top dyeing	*Kammzugfärbung
top print	Kammzugdruck, Vigoureux
tow	Spinnkabel
tram, weft silk	Trame, Schussseidenfaden
tree bark crêpe	Borkenkrepp
tricoline	Trikoline®
tricot fabric	Trikotgewebe
tricotine	Trikotine
trimmings	Posamente
tropical cloth	Tropical
trousers shoe guard	Hosenschoner
trousers stripe	Hosenstreifen
tufted plush	Tuftingplüsch
twill	Köpergewebe, Zwillich
twilled cloth	Croisé
twill weave	Diagonal
twin cocoon	Doupion
twist	Zwirn, Drehung
two-sided stuff	Beiderwand

U

ulster cloth	Ulster
unbleached linen	Klötzelleinen
unboiled silk	Rohseide, Bastseide
uniform cloth	Uniformstoffe
upholstery grey cotton cloth	Polsternessel
upright pile velvet	Stehvelours
upright twill	Steilgratköper

V

*vaporize	*Dämpfen
*vat dyeing	*Küpenfärbung
velvet	Samt
vigoureux	Vigoureux, Kammzugdruck

W

waist lining	Bundfutter
warp	Kette
warp beam	Kettbaum
*warp beam dyeing	*Kettbaumfärbung
warp printing	Kettdruck
warp rib	Querrips, Kettrips
warp velvet	Velours, Kettsamt
washable velvet	Waschsamt
wash and wear	pflegeleicht
*washing	*Waschen
waste silk	Florettseide
watered effect	Moiré
water jet pick system	Wasserdüseneintrag
water vapour permeability	Wasserdampfdurchlässigkeit
water yarn	Watergarn
wave twill	Spitzköper; Zickzackköper
wax cloth	Wachstuch
weave, cross wearing	Bindung, Gewebebindung
weft	Schuss
weft insertion	Schusseintrag
weft rib fabric	Längsrips
weft silk, tram	Schussseidenfaden, Trame
*weft straightener	*Schussrichter
weft yarn	Weftgarn
*wetting power	*Benetzungsvermögen
whip-cord	Whipcord
*white discharge print	*Weißätze
*width of material	*Gewebebreite
winter cotton	Wintercotton, Winterbaumwolle
winter flats	Winterflats
wool	Wolle
worsted cloth	Kammgarngewebe
worsted poplin	Papillon
worsted yarn	Kammgarn

Y

yamamai silk	Yamamaiseide
yarn	Garn
yarn count	Garnfeinheit, Fadeneinstellung
*yarn dyeing	*Garnfärben

Z

zanella, italian cloth	Zanella, Glanzatlas
zephir	Zefir
zigzag twill	Spitzköper; Zickzackköper

Verzeichnis der wichtigsten Ausrüstungs- und Appreturbegriffe
(deutsch – englisch)

A
Abkochen	boil off
Appretur	finisher
Aufklotzen von Farbstoff	pad
Aufmachen	make up
Aufmachung	form of supply

B
beidseitiges Sengen	face and back scorch
Benetzungsvermögen	wetting power
Breitbleichen	bleaching in full width

C
Chintzen	chintzing

D
Dämpfen	vaporize, steam
Dekatieren	decatize, hot press, steaming

E
Endkontrolle	final control
Entschlichten	desize

F
Fixieren	fixation

G
Gasieren	gassing, gas singeing

I
Imprägnieren (Spannrahmen)	impregnate (rain proof) frame

K
Kalandern	calender
kompressives Schrumpfen	compression shrinkage

Ausrüstungs- und Appreturbegriffe

Kondensieren	cure
Krumpfen	shrink

M
Mattieren	delustre, take off the lustre
Mercerisation	mercerizing
Mercerisieren	mercerize
Moirieren	moiré

P
Plissieren	gauffer, pleat
Prägen, Gaufrieren	gauffering, goffering
Pressen	press

R
Ratinieren	rateen
Rauen	rush, roughen

S
Sanforisieren	sanforize
Scheren	cut
Schmirgeln	emerize
Seifen	soaping
Sengen	scorching
Spannen	extend, stenter
Spülen	rinse

T
Thermofixieren (Spannrahmen)	heat setting (frame)
Trocknen (Zylindertrockner)	dry out (cylinder drying)

W
Waschen	washing, laundering
Weichmachen	soften
Walken	milling

Z
Zwischenkontrolle	intermediate inspection

Verzeichnis der wichtigsten Druck- und Färbeverfahren
(deutsch – englisch)

A
Ätzdruck   discharge print/printing

B
Buntätze   coloured discharge print/printing

D
Druckverfahren   rinting method

F
Färbeverfahren   dyeing method
Filmdruck (Schablonendruck)   screen printing, film screen printing
Flachfilmdruck   flat screen printing
Flockefärbung   stock dyeing

G
Garnfärben   yarn dyeing

H
Handdruck   hand printing, hand-block printing

K
Kleiderfärbung/
  Konfektionsfärbung   garment dyeing
Kammzugfärbung   top dyeing
Kammzugdruck/Vigoureux   top print
Kettbaumfärbung   warp beam dyeing
Knüpfbatik   tie dyeing
Kreuzspulfärben   cheese and cone dyeing
Küpenfärbung   vat dyeing

R
Reservedruck   resist printing, reserve printing
Rotationsfilmdruck
  (Rotationssiebdruck)   rotary screen printing

S

Spinnfärben	spin dyeing
Strangfärben	
(Web- und Maschenware)	rope dyeing
Strangfärben (Garne, Zwirne)	hank dyeing
Stückfärben	piece dyeing

T

Thermodruck	heat-transfer printing

W

Walzendruck, Rouleauxdruck	roller printing, cylinder printing
Weißätze	white discharge printing

Verzeichnis der Bildquellen

Im Folgenden werden unter dem jeweiligen Stichwort die Abbildungen aus fremden Quellen aufgeführt. Eigene Zeichnungen und Darstellungen des Autors werden nicht explizit genannt.

Bildmaterial aus Fachbüchern, die auch im Literaturverzeichnis stehen, sind nur in Kurzform (Autor, evtl. Kurztitel und Jahreszahl) angegeben.

Amaretta: Abb. 21/22: ERM-Aufnahmen der Haru-Kuraray GmbH.

Amicor: Abb. 23: Aufnahme aus den labortechnischen Unterlagen der Firma Courtaulds, England 1999.

Baumwolle: Abb. 32: Cotton, Leitgedanken und Studienmaterial für den Fachunterricht über die Naturfaser Baumwolle. Internationales Baumwoll-Institut. Frankfurt/Main 1981 (Abb. 21); Abb. 33: Latzke; Hesse 1988, S. 38.

Belima X: Abb. 34 aus: Firmenbroschüre zum 10. Geburtstag von Belima X, Kanebo Ltd. Osaka-Japan. o. O., o. J.

Belseta: Abb. 35–37 aus: Firmenbroschüre zum 10. Geburtstag von Belima X, Kanebo Ltd. Osaka-Japan. o. O., o. J.

Bindepunkt, Bindungspunkt: Abb. 38/39: Kuhtz u. a. 1980, S. 417 (Abb. 38/39).

Broché: Abb. 44–47: unbekannte Quelle, vom Autor überarbeitet.

Chiné: Abb. 51/52: Quelle unbekannt.

Coolmax: Abb. 53/54: Handbuch für Strumpfwaren. Lycra Marketing, 1999, S. 1 f (DuPont de Nemours, Deutschland GmbH, D-61352 Bad Homburg).

Cord, Kord: Abb. 57: Hofer: Stoffe 2, 1994[7], S. 207 (Abb. 148).

Cordsamt, Kordsamt: Abb. 58: Quelle unbekannt; Abb. 59/60: Hofer: Stoffe 2, 1994[7], S. 366 f. (Abb. 287, 289).

Damast: Abb. 68/68 A, 69/69 A: Quelle unbekannt; Abb. 70–72: Kuhtz u. a. 1980, S. 479 (Abb. 266–268); Abb. 73: Geijer 1979, S. 97 (Abb. ergänzt und zusätzlich beschriftet).

Daunendichte Gewebe: Abb. 75–77: Buurman 1996[2], S. 89, 119, 159.

Drehergewebe: Abb. 85/86: Hofer: Stoffe 2, 1994[7], S. 136 (Abb. 50); Abb. 87/88: Quelle unbekannt.

Elastan: Abb. 95–98: Handbuch für Strumpfwaren. Lycra Marketing, 1999, S. 12 (Du Pont de Nemours, Deutschland GmbH, D-61352 Bad Homburg).

Faserdurchmesser: Abb. 103: Meryl „Open your I", Firmenbroschüre von Nylstar CD, SpA Marketing Department Milano, Italien 2000, S. 7 (Querschnitte wurden modifiziert).

Faserquerschnitt: Abb. 104–107: Latzke; Hesse 1988, S. 72, 85, 70, 59.

Flockdruck: Abb. 110: Quelle unbekannt; Abb. 111: Samtfibel, Verband deutscher Samt- und Plüschfabrikanten. Krefeld o. J., unpaginiert.

Flottierung: Abb. 112/113: Quelle unbekannt.

Frottiergewebe: Abb. 115–117: Quelle unbekannt.

Garn: Abb. 119-121: Fachwissen Bekleidung. Verlag Europa-Lehrmittel Nourney, Vollmer, Haan-Gruiten 1998[5], S. 43.

Gobelin: Abb. 124/125: Brigitte Khan Majlis: Indonesische Textilien. Bestandskatalog der Museen in Nordrhein-Westfalen. Rautenstrauch-Joest-Museum für Völkerkunde, Köln 1984, S. 364 f.

Gore-Tex®: Abb. 126–128: Gore-Tex® Fachhandels-Info/Textil, S.10 f (W. L. Gore & Associates GmbH, D-83620 Feldkirchen-Westerham, Internet: www.gore.com).

Ikat: Abb. 134 A–E: Quelle unbekannt.

Jeanschnitte: Abb. 136: Quelle unbekannt.

Kalander: Abb. 137: Quelle unbekannt; Abb. 138: Infoblätter, hrsg. vom Gesamtverband der deutschen Textilveredelungsindustrie (TVI-Verband e. V.). Frankfurt/Main o. J., S. 35 a.

Kaschmir: Abb. 141: J. Irwin: The Kashmirshawl. Publikation des Victoria & Albert Museum, London 1973.

Lancé: Abb. 142: Quelle unbekannt (vom Autor modifiziert).

Lancé découpé: Abb. 143–145: Quelle unbekannt (vom Autor modifiziert).

Leinen, Flachs: Abb. 148/149: Latzke; Hesse 1988, S. 40.

Lyocell: Abb. 151: Information zur textilen Verarbeitung. Infobroschüre von Lenzing Lyocell GmbH & Co. KG, A-7561 Heiligenkreuz, S. 6.

Meryl: Abb. 152–155: Nylstar CD, Marketing Support Marianne Rehm, Freiburg.

Mikrofasergewebe: Abb. 156: Hofer: Stoffe 1, 2000[8], S. 342.

Monofil: Abb. 161–163: Beurteilungsmerkmale textiler Faserstoffe, Band 1, hrsg. vom Bundesinstitut für Berufsbildung, Berlin. Bertelsmann Verlag, Bielefeld 1986, S. 7.

Outlast: Abb. 168: www.outlast.com (Ploucquet GmbH & Co., Heidenheim); Abb. 169, 169 A–C: TW sports 1/2000.

PCM: Abb. 179: Schoeller Textil AG, CH-9475 Sevelen.

pH-Wert: Tabelle 18/19: Verhalten textiler Faserstoffe gegenüber Che-

Bildquellen

mikalien in Lösungen, Band 4; Beurteilungsmerkmale textiler Faserstoffe, hrsg. vom Bundesinstitut für Berufsbildung, Berlin. Bertelsmann Verlag, Bielefeld 1986, S. 7f.

Piqué: Abb. 185: Quelle unbekannt.

Plangi, Plangi-Färbung: Abb. 188 A–D: Brigitte Khan Majlis: Indonesische Textilien. Bestandskatalog der Museen in Nordrhein-Westfalen. Rautenstrauch-Joest-Museum, Köln 1984.

Reflective Material: Abb. 191: Infomappe 3M Scotchlite Reflective Material, hrsg. von 3M Deutschland GmbH, Carl-Schurz-Straße 1, D-41453 Neuss.

Rips: Abb. 193–198: Quelle unbekannt.

Samt: Abb. 199–203: Quelle unbekannt.

Sanfor: Abb. 205/206: Schematische Darstellung des kompressiven Krumpfverfahrens, in: Textil-Band VI – Veredlung, o. O. 1960, Textblatt 26.

Schafwebstuhl: Abb. 207: Textile Herstellungsverfahren: Schaftwebstuhl, Kett- und Gewebeablauf. VEB Fachbuchverlag, Leipzig 1976, S. 29 (Abb. 5/9).

Schlichte, Schlichten: Abb. 208: Verband der Baden-Württembergischen Textilindustrie e. V., o. J.

Schusseintrag, Schusseintragsverfahren: Abb. 209–211: Weberei, Schusseintragsverfahren: Verband der Baden-Württembergischen Textilindustrie e. V., o. J.; Abb. 212: tpi, Sonderdruck aus textil praxis international. Konradin Verlag, Robert Kohlhammer GmbH, Leinfelden Echterdingen 1979, S. 47.

Supplex: Abb. 218-220: DuPont, Supplex-Broschüre, 1999. www.dupont.com/supplex.

Sympatex: Abb. 221–228: Sympatex Bekleidung, Infobroschüre 2000, Sympatex Technologies GmbH, D-Wuppertal.

Sympatex Transaktive: Abb. 229: www.sympatex.de, Pressearchiv Dezember 1999.

Tactel: Abb. 230: DuPont.

Texturieren: Abb. 231/232: Beurteilungsmerkmale textiler Faserstoffe, Band 3, hrsg. vom Bundesinstitut für Berufsbildung, Berlin. Bertelsmann Verlag, Bielefeld 1986, S. 20.

Thinsulate™ Insulation: Abb. 233/234: 3M Deutschland GmbH, Carl-Schurz-Str.1, D-41435 Neuss.

Trevira 350®: Abb. 235: IN & OUT, Trevira 350®, Trevira GmbH & Co. KG, Marketing-Services, D-60528 Frankfurt/Main.

Tritik: Abb. 237 A–C: Quelle unbekannt.

Vigoureux-Druck: Peter; Rouette 1989[13]. S. 627.

Windchill-Effekt: Tabelle 29: Gore-Tex®, Windchill-Tabelle, W. L. Gore &

Associates GmbH, D-83620 Feldkirchen-Westerham, 2000 (vom Autor modifiziert).

Wolle: Abb. 245/246: Latzke; Hesse 1988, S. 46.

Wollsiegel: Abb. 247: Woolmark-Spezifikation für Bekleidung, The Woolmark Company, Düsseldorf, Mai 1999.

Zwirn: Abb. 248–250: Textile Herstellungsverfahren, VEB + Fachbuchverlag, Leipzig 1976[4], S. 19.

Fachliteratur

Ein Teil der in diesem Lexikon zitierten Fachbücher sind vergriffen und nur über Bibliotheken resp. Fernleihe zu beschaffen. Die zitierten Diplomarbeiten können in der Bibliothek der Fachhochschule Hamburg, Fachbereich Gestaltung, Armgartstraße, eingesehen werden.

Arbeitgeberkreis Gesamttextil: Textilveredlung, Färben. Ausbildungsmittel Unterrichtshilfen. Frankfurt/Main 1990.

Bain, Robert: The Clans and Tartans of Scotland. Fontana/Collins, Glasgow and London 1987[4].

Baldwin, Ernest: Das Wesen der Biochemie, dtv-Wissenschaftliche Reihe, München 1970.

Bonsack, Andrea; Sabine Umbreit: Tartans, von den Anfängen bis zur Gegenwart. Diplomarbeit, FH Hamburg, Hamburg 1990.

Buurman, Dieter C.: Lexikon der textilen Raumausstattung, Buchverlag Buurman, Bad Salzuflen 1996[2].

Fahl, Josef: Textilwaren im Verkauf. Winklers Verlag, Darmstadt 1983.

Fontaine, Arthur: Technologie für Bekleidungsberufe, Fachstufe 2. Verlag H. Stamm GmbH, Köln-Porz 1986[5].

Geijer, Agnes: A History of Textile Art. W. S. Maney & Sons Ltd., Leeds 1979.

Gesamtverband der deutschen Textilveredlungsindustrie, TVI-Verband e. V. (Hrsg.): Wissen kleidet. Textilveredlung und was man darüber wissen sollte. TVI-Verband e. V., Frankfurt/Main ca. 1991.

Goerschel, Hans Jürgen: Blaudruck, ein altes Handwerk. Mobile, Aurich 1979.

Graff-Höfgen, Gisela: Die Spitze. Verlag Georg D. W. Callwey, München 1983.

Hauptmann, Bruno: Gewebetechnik: Bindungslehre. Fachbuchverlag, Leipzig 1952.

Hecht, Ernst: Welches Gewebe ist das? Franckh's Werkstoff-Führer. Franckh'sche Verlagsbuchhandlung, Stuttgart 1961[2].

Heiden, Max: Handwörterbuch der Textilkunde aller Zeiten und Völker. Enke, Stuttgart 1904.

Herer, Jack: Die Wiederentdeckung der Nutzpflanze Hanf Cannabis Marihuana. Mit einer Kurzstudie vom Katalyse-Institut für angewandte Umweltforschung e. V. Hg. v. Mathias Bröckers. Zweitausendeins, Frankfurt/Main 1993[12].

Hofer, Alfons: Textil- und Modelexikon. Deutscher Fachverlag, Frankfurt/Main 1984[6].

Hofer, Alfons: Stoffe 1, Deutscher Fachverlag, Frankfurt/Main 1992.

Hofer, Alfons: Stoffe 2. Deutscher Fachverlag, Frankfurt/Main 1994[7].

Hohenadel, Paul; Relton Jonathan: A Modern Textile Dictionary. English – German. Verlag Brandstetter, Wiesbaden 1991[2].

Hohenadel, Paul; Relton Jonathan: Textil-Wörterbuch. Deutsch – Englisch. Verlag Brandstetter, Wiesbaden 1979.

Horn, Christa: Funktionelle Sporttextilien. Ein Nachschlagewerk. Verlag Isi, München 1989.

Hünlich, Richard: Warenkunde raumgestaltender Textilien. Fachverlag Schiele & Schön, Berlin ca. 1954.

Kienbaum, Martin: Bindungstechnik der Gewebe. Fachverlag Schiele & Schön, Berlin 1987.

Kilgus, Roland: Fachwissen Bekleidung. Verlag Europa-Lehrmittel, Haan Gruiten 1993[3].

Koch, Paul-August; Günther Satlow: Großes Textil-Lexikon. Deutsche Verlagsanstalt, Stuttgart 1965.

Koch, Paul-August: Faserstofftabellen. Deutscher Fachverlag, Frankfurt/Main 1989.

Koslowski, Hans J.: Chemiefaserlexikon. Deutscher Fachverlag, Frankfurt/Main 1993[10].

Kuhtz, Hans-Ulrich u. a.: Handbuch der Textilwaren, VEB Fachbuchverlag, Leipzig 1980.

Fachliteratur

Laksmi, Sri; Indira Padma: Indonesische Zermonialtücher aus Sumatra und Bali. Diplomarbeit FH Hamburg, Hamburg 1995.

Latzke, Peter M.; Rolf Hesse: Textile Fasern. Deutscher Fachverlag, Frankfurt/Main 1988.

Lösch, Josef: Fachwörterbuch Textil. Verlag J. Lösch, Frankfurt/Main 1975.

Lhote, Gilles; Christian Audigier: Jeans of Heroes. Edition Lincoln, Lincoln 1992.

Loy, Walter: Taschenbuch für die Textilindustrie. Fachverlag Schiele & Schön, Berlin 1994.

Loy, Walter: Die Chemiefasern: ihr Leistungsprofil in Bekleidungs- und Heimtextilien. Schiele und Schön, Berlin 1997.

Lübke, Regina: Die Entwicklung von der Qualitätskontrolle zum TQM und ihre Bedeutung für die Bekleidungsindustrie. Diplomarbeit FH Hamburg, Hamburg 1993.

Markert, Dieter: Maschen ABC. Deutscher Fachverlag, Frankfurt/Main 1990[9].

Masson, Irmalotte; Ursula von Wiese: Die Levi-Strauss-Saga. Knaur, München 1991.

Matthes, Max: Textil-Fachwörterbuch. Fachverlag Schiele & Schön, Berlin 1985[4].

Meincke, Marianne: Atmungsaktive Wunderstoffe. Diplomarbeit, FH Hamburg, Hamburg 1992.

Niemeyer, Petra; Marianne Kröger: Jeans — Das Kleidungsstück des 20. Jahrhunderts. Diplomarbeit FH Hamburg, Hamburg 1990.

Novo Nordisk: Enzyme und was sie leisten. Bagsvaerd, Dänemark 1992

Orthmann, Barbara: Webpelz. Facharbeit FH Hamburg, Hamburg 1985.

Peter, Max; Hans Karl Rouette: Grundlagen der Textilveredlung. Deutscher Fachverlag, Frankfurt/Main 1989[13].

Ried, Meike: Chemie im Kleiderschrank. Rowohlt Verlag, Hamburg 1989.

Rosenkranz, Bernhard; Edda Castello: Textilien im Umwelt-Test. Rowohlt Taschenbuch Verlag, Reinbek 1993.

Schiecke, Hans Erich: Wolle als textiler Rohstoff. Fachverlag Schiele & Schön, Berlin 1987².

Schuette, Marie; Sigrid Müller-Christensen: Das Stickereiwerk. Wasmuth, Tübingen 1963.

Tensfeldt, Jochen: Warenkunde I und II. Manuskript. FH Hamburg, Hamburg 1972.

Tensfeldt, Jochen: Fachspezifische Unterlagen „Wollwaren", Textilchemie. FH Hamburg, Hamburg o. J.

Textilveredlung: Appretieren. Arbeitgeberkreis Gesamttextil, Frankfurt/Main 1991.

Textilveredlung: Färben. Arbeitgeberkreis Gesamttextil, Frankfurt/Main 1990.

Timmermann, Irmgard: Die Seide Chinas. Eugen Diederichs Verlag, München 1988².

Verband der Chemischen Industrie e. V. (Hrsg.): Umwelt und Chemie von A–Z. Freiburg i. Br.: Herder-Verlag 1990⁸.

Vokabular der Textiltechniken Deutsch. Centre International D'étude des textiles Anciens (C.I.E.T.A.) 34, Rue de la Charité 2e 1971.

TEXTILTECHNIK

Hans J. Koslowski
Chemiefaser-Lexikon
Begriffe - Zahlen - Handelsnamen

11., überarbeitete und erweiterte Auflage, 322 Seiten, zahlreiche s/w-Abbildungen, Tabellen und Statistiken, gebunden

ISBN 3-87150-496-3

Aus dem Inhalt:
Über 1.500 technische Begriffe mit Erklärung ● Marktdaten, Produktionsländer und Einsatzgebiete chemischer Fasern ● Handelsmarken und Produzenten weltweit ● u. v. m.

Jetzt auch in Englisch erhältlich!

Hans J. Koslowski
Dictionary of Man-Made Fibers
Terms - Figures - Trademarks

328 pages, with a wealth of pictures and tables, hardback

ISBN 3-87150-583-8

The standard work for the fiber, textile and clothing industry contains:
technicals terms and their explanation ● market data, producer countries and man-made fiber application ranges ● fiber trade marks and producers throughtout the world ● a. s. o.

Erhältlich in jeder Buchhandlung!
Deutscher Fachverlag · 60264 Frankfurt am Main

dfv **DEUTSCHER FACHVERLAG**
*FACH*BUCH